T0132917

Modes de l'Analyse
&
Formes de la Géométrie

DU MÊME AUTEUR

La forme de la quantité / La forma della quantità, Cahiers d'Histoire et de Philosophie des Sciences, vols. 38 et 39, 1992.

Nombres. Eléments de mathématiques pour philosophes, Diderot, Paris, 1999 ; ENS édition, Lyon, 2007.

Isaac Newton, Les Belles Lettres, Paris, 2003.

*Newton et l'origine de l'*analyse *: 1664-1666*, Paris, Blanchard, 2005.

(avec Andrea Sereni) *Introduction à la Philosophie des Mathématiques*, Flammarion, Paris 2013.

(avec Hourya Benis Sinaceur et Gabriel Sandu) *Functions and Generality of Logic*, Springer, Cham, etc., 2015.

MATHESIS
Directeur: Hourya BENIS SINACEUR

Marco PANZA

Modes de l'Analyse
&
Formes de la Géométrie

Textes recueillis par Sébastien MARONNE

*Ouvrage publié avec le concours
du Centre national du livre*

PARIS
LIBRAIRIE PHILOSOPHIQUE J. VRIN
6, Place de la Sorbonne, Vᵉ

2021

© *Librairie Philosophique J. Vrin*,
ISSN 1147-4920
ISBN 978-2-7116-3035-6

www.vrin.fr

Imprimé en France

PRÉFACE

Les cinq chapitres qui composent ce livre ont été écrits, en anglais, sur une période de plus de vingt ans. Le plus ancien, qui apparaît ici comme le chapitre V, l'a été en 1987, à la sollicitation de Ivor Grattan-Guinness, qui m'avait invité à un colloque à Cambridge et me suggérait de prolonger mes études de la "métaphysique du Calcul" à la mécanique et à la physique mathématique (une suggestion suivie seulement à moitié, car la physique mathématique est toujours restée pour moi un territoire inexploré).

Une dizaine d'années plus tard, vers 1995-1996, j'écrivis l'article qui apparaît ici comme le premier chapitre, pour combler ce qui me paraissait être une lacune inadmissible dans un livre sur l'analyse et la synthèse en mathématique que j'éditais avec Michael Otte, puis paru en 1997 (Otte et Panza, 1997).

L'histoire du chapitre II est plus complexe. L'idée originale m'était venue en 1996, au cours d'un semestre d'enseignement et de recherche passé à Mexico, invité par l'UNAM, grâce à l'initiative de Carlos Alvarez. J'en avais tiré un premier travail, qui fut traduit en Castillan et parut en 2002 (Panza, 2002). J'étais pourtant resté sur ma faim, car il me semblait ne pas être allé suffisamment au fond de la question. La lecture du livre de Reviel Netz (1999), puis de l'article, alors manuscrit, de Ken Manders (2008*b*), consacrés à un sujet voisin, sinon au même sujet que mon article, confirmèrent cette impression, et me poussèrent à revenir sur la question pour écrire un nouvel article, dont j'ai rédigé plusieurs versions entre 2004 et 2011, et qui a finalement paru en 2012.

Mon intérêt pour la géométrie de Descartes date de 1994, quand, au cours d'un séjour d'enseignement à l'université Aristote de Thessalonique, à l'invitation de Yorgos Goudaroulis, ami profondément regretté, j'avais occupé de longues matinées à la plage, en lisant et annotant le traité de 1637. Cette lecture ouvrit un monde que je n'ai pas cessé d'explorer au cours de nombreuses années. Un premier résultat de ce travail tient dans une courte partie du premier chapitre de ma dissertation d'habilitation, qui parut en 2005 dans une version révisée (Panza, 2005). Mais là aussi, j'étais resté sur ma faim, et, en 2005, j'ai bien volontiers saisi l'invitation de Sébastien Maronne à participer à un hommage à Henk Bos, pour revenir sur la question, et rédiger, dans les années suivantes, l'article qui apparait ici comme le chapitre III.

La gestation de l'article qui apparaît ici comme le chapitre IV fut encore plus longue. Elle commença par la rédaction du dernier chapitre de ma thèse de doctorat, soutenue en 1990 et publiée deux ans plus tard (Panza, 1992). Celle-ci fut lue par Giovanni Ferraro, qui manifesta son accord avec certaines des idées historiographiques que j'y avais défendues. Ce fut le début d'une collaboration qui déboucha sur la rédaction d'un premier article commun (Ferraro et Panza, 2003), puis sur le projet de revenir ensemble sur le chapitre de ma thèse mentionné auparavant, pour le réécrire à quatre mains. Cela donna lieu à plusieurs aller-retours entre nous deux, et à pas moins de vingt-cinq réécritures, dont les dernières ont bénéficié des suggestions et des critiques précieuses de plusieurs collègues, dont Jeremy Gray, Niccolò Guicciardini et Jesper Lützen.

Si j'ai choisi aujourd'hui de réunir ces cinq articles en un seul volume en français, c'est que je crois une fois ceux-ci ajoutés à d'autres travaux déjà disponibles en français, l'ensemble marque un parcours de recherche cohérent qui offre une vue originale sur l'évolution des mathématiques entre l'Antiquité grecque et l'âge des lumières. Cette vue tient aussi à une manière assez particulière de faire de l'histoire de cette science, nourrie, certes, d'une part, par ma formation philosophique, mais peu encline, d'autre part, à chercher les raisons de l'évolution des mathématiques en dehors de celles-ci, convaincu, comme je suis, que leur évolution tient bien plus à une dynamique interne et à ses détails techniques, qu'à des influences externes, qu'elle soient philosophiques ou d'autre nature.

Hourya Benis-Sinaceur, Marie-Jo Durand-Richard, Emmylou Haffner et Sébastien Maronne ont généreusement contribué à la réussite de ce projet en traduisant les articles originaux, avec la compétence, la précision, et le sens de la langue qui sont les leurs. Je n'aurais certes pas pu faire de même tout seul. Je me suis pourtant permis de revenir, avec leur accord, sur leurs traductions. Davantage que pour vérifier la fidélité de celles-ci aux articles originaux, je l'ai fait pour introduire ici et là des éclaircissements concernant des passages de ces articles que je perçois aujourd'hui comme particulièrement imprécis. Encore que ces modifications concernent surtout les chapitres venant des articles plus anciens, en particulier le chapitre V (dont le § 3.3 a été largement réécrit et complété de nombreuses notes de bas de page), on les retrouvera un peu partout. Dans aucun article, je n'ai pourtant modifié les thèses que j'ai avancées, y compris lorsqu'elles ne correspondent plus parfaitement à ma vision actuelle des choses. Je n'ai pas non plus mis à jour la bibliographie, sauf pour des renvois entre les différents chapitres.

Un travail ayant ses racines si loin n'a pu être accompli qu'avec l'aide d'un grand nombre de collègues et amis. Au début de chaque chapitre, j'ai reporté les remerciements propres aux articles originaux. Ils valent encore aujourd'hui en tant que signe d'une reconnaissance qui est encore la même que naguère. Ici je me limite à mentionner et remercier certains des amis et collègues qui ont contribué à la présente traduction et édition, en la rendant possible.

D'abord et surtout Hourya Benis Sinaceur, qui n'a pas seulement traduit un article, mais a aussi longuement insisté pour me convaincre de me lancer dans cette entreprise et l'a soutenue de bout en bout, avec une compétence, une générosité et une gentillesse que seuls ceux qui la connaissent peuvent imaginer. Mais ce n'est pas seulement cette entreprise qu'elle a soutenue. C'est l'ensemble de ma carrière, de mon parcours de recherche, qu'elle n'a jamais manqué d'encourager, et d'illuminer par son exemple, depuis le premier jour où j'ai débarqué en France, en mars 1985. Merci, Hourya, de tout mon cœur.

Sébastien Maronne, qui a été mon doctorant depuis le premier jour après mon HdR, ne s'est pas, non plus, limité à traduire deux articles. Il a relu l'ensemble du livre, éliminé d'innombrables coquilles, apporté sa voix intelligente et critique à tout l'ensemble. C'est d'ailleurs ce qu'il fait constamment pour une grande partie de mes productions scientifiques, qui lui doivent bien plus que tout mot pourrait exprimer. Merci à toi aussi, Sébastien, de tout mon cœur.

L'apport de Marie-Jo Durand-Richard et Emmylou Haffner est aussi allé bien plus loin que celui d'une simple traduction. Elles ont discuté avec moi, passage par passage, le contenu de mes articles en me suggérant bon nombre de modifications, apportant ainsi une clarification essentielle lors de leur traduction en français. Merci, Marie-Jo. Merci, Emmylou.

Paolo Mancosu, ami et complice scientifique depuis nos études universitaires à Milan, au début des années 80, a ouvert la route à mon travail en produisant un livre pour *Mathesis*, similaire au mien, dans son format. Il m'a généreusement fourni sa maquette LaTex, que Sébastien Maronne, encore lui, s'est chargé d'adapter à des exigences particulières à mon livre. Qui fait du LaTeX sait quelle précieuse contribution vient d'un tel geste de générosité et d'amitié. Mais c'est une contribution encore incomparable à celle qui me vient constamment de nos discussions scientifiques, de nos échanges de vue sur la vie universitaire, de notre compagnonnage continu. Merci, Paolo.

Giovanna Giardina a minutieusement controlé toutes les citations en grec et les traductions du grec contenues dans les deux premiers chapitres, en m'évitant de nouvelles fautes et en en corrigeant certaines contenues dans les versions originales. Merci Giovanna.

Le nombre des autres personnes qui ont, d'une manière ou d'une autre, contribué à ce travail est trop grand pour que je puisse ici consacrer une phrase à chacune d'elles. Je les remercie toutes, en ne pouvant mentionner que certaines d'entre elles : Carlos Alvarez, Karine Chemla, Davide Crippa, Vincenzo De Risi, Giovanni Ferraro, Marie Gaille, Brice Halimi, Gerhard Heinzmann, Vincent Jullien, Abel Lassalle Casanave, Antoni Malet, Daniele Molinini, Andrew Moshier, David Rabouin, Jean-Michel Salanskis, Jean-Jacques Szczeciniarz, Daniele Struppa, Pierre Wagner, David Waszek.

Aucune collaboration scientifique ne donnerait ses fruits s'il n'y avait pas la chaleur d'un lieu où travailler, s'occuper des autres, vivre avec eux. C'est pour cela que ce livre est dédié à ma famille : Annalisa, ma femme, et Leonardo et Marie Elisa, mes deux enfants.

Irvine et Orange, CA, Octobre 2019

RÉFÉRENCES BIBLIOGRAPHIQUES DES ARTICLES ORIGINAUX

« Classical Sources for the concepts of analysis and synthesis », in M. Otte and M. Panza (eds.) *Analysis and Synthesis in Mathematics*, Kluwer A. P., Dordrecht, Boston, London, 1997 (*Boston Studies in the Philosophy of Science*, 196), p. 365-414.

« The twofold role of diagrams in Euclid's plane geometry », *Synthese*, 186, n° 1, 2012, p. 55-102.

« Rethinking Geometrical Exactness », *Historia Mathematica*, 38, n° 1, 2011, p. 42-95.

Avec Giovanni Ferraro, « Lagrange's theory of analytical functions and his ideal of purity of method », *Archive for History of Exact Sciences*, 66, n° 2, 2012, p. 95-197.

« The analytical foundation of mechanics of discrete systems in Lagrange's *Théorie des fonctions analytiques*, compared with Lagrange's earlier treatments of this topic », *Historia Scientiarum*, 44, n° 1-2, 1991, p. 87-132 et 45, n° 1-3, 1992, p. 81-212.

INTRODUCTION

Géométrie, analyse et algèbre sont conçues aujourd'hui comme les trois branches principales des mathématiques. On les distingue par leur contenu disciplinaire, bien qu'elles soient séparées par des frontières très floues et qu'elle renvoient à nombreux champs de recherche communs.

Il n'en a pas été toujours ainsi. Encore que, influencés par la séparation disciplinaire actuelle, certains historiens insistent pour parler du passage de la géométrie à l'analyse, ou pour opposer les solutions géométriques et algébriques de certains problèmes, et vont jusqu'à penser que l'on pourrait reconstruire des histoires disciplinaires séparées de ces trois domaines, il reste que projeter sur le passé les séparations modernes relève bel et bien d'une erreur de perspective qu'on ne devrait pas commettre.

En tant que branche des mathématiques, la géométrie s'est longuement opposée à l'arithmétique. Cette opposition a d'abord été la conséquence de la découverte, bien avant Euclide, de la possibilité de construire, avec des moyens élémentaires (à la règle et au compas, comme on le dira plus tard), des couples de grandeurs géométriques incommensurables entre elles, ainsi que de la persistante incapacité à mesurer des grandeurs d'une certaine sorte par des grandeurs d'une autre sorte. La preuve de l'incommensurabilité entre le côté et la diagonale d'un carré est l'exemple paradigmatique du premier phénomène. La résistance millénaire à tout effort de quarrer le cercle est celui du second. Cette longue période d'opposition a souvent été vécue comme une blessure inadmissible pour une science aspirant à l'unité. Analyse et algèbre ont été, au cours de cette période, des outils de communication, ou même des terrains d'expérimentation de l'unité.

Dans ce livre, il ne sera pas vraiment question d'algèbre comme telle. Il ne sera question, dans le chapitre IV, et, plus partiellement, dans le chapitre V, que d'une manière algébrique de faire de l'analyse, pensée comme une théorie des fonctions. J'y reviendrai un peu plus bas. J'ai consacré quelques travaux (Panza, 2007*b*, 2008, 2010) à reconstruire les relations entre algèbre, analyse et géométrie avant l'âge classique. Aucun de ces travaux n'est pourtant inclus dans le présent recueil. Je me limite, donc, ici, à mentionner rapidement le cadre d'ensemble que j'ai esquissé dans ces travaux, en y renvoyant pour les détails techniques, philologiques et bibliographiques.

Avant l'âge moderne, et depuis son origine arabe, l'algèbre n'a guère été une discipline séparée, mais plutôt un art au service autant de l'arithmétique que de la géométrie. Cet art consistait à résoudre des problèmes demandant de déterminer un nombre ou une grandeur, typiquement un segment de droite, étant données certaines relations entre ces nombres ou grandeurs et d'autres nombres ou grandeurs donnés. La structure de ces problèmes restait la même pour des nombres et des grandeurs. Dans le dernier cas, les relations pertinentes ne pouvaient donc que dépendre de la taille des grandeurs concernées, et jamais de leurs positions respectives. Dans quelques cas, la référence aux grandeurs était accessoire, les relations en question ne dépendant que de leurs mesures numériques. Dans d'autres cas, la question ne tenait qu'à des relations purement géométriques, dérivant du fait que le segment cherché était supposé déterminer (éventuellement en présence d'autres segments donnés) un parallélogramme ou un prisme dont seule la taille importait.

L'analogie entre les relations additives et multiplicatives entre nombres, et les relations de construction ou de proportionnalité entre parallélogrammes et prismes et les segments donnant leurs dimensions, rendues manifestes par la comparaison entre différents livres des *Eléments* (en particulier les livres II, V, VI, VII et XI), ainsi que la structure commune aux problèmes en question, permettaient d'énoncer et d'aborder ces derniers à l'aide d'un langage et d'une technique ne tenant qu'à cette structure, et donc indépendants de la nature des quantités concernées. Cela faisait de l'algèbre un art commun à l'arithmétique et la géométrie. De plus, comme un tel art dépendait essentiellement de la considération de quantités inconnues comme si elles étaient connues, celui-ci était typiquement analytique. L'algèbre exploitait, en particulier, une modalité particulière d'analyse, celle consistant en la transformation de la configuration reliant données et inconnues d'un problème, en tant qu'étape préliminaire à sa solution. En découlait une liaison stricte entre algèbre et analyse, non pas en tant que deux branches des mathématiques en collaboration réciproque, mais plutôt en tant que, respectivement, un art de solution de problèmes (autant arithmétiques que géométriques) et une forme d'argumentation.

La compréhension de la nature de ce lien ne peut dériver que d'une compréhension de la nature de l'analyse en tant que forme d'argumentation. C'est l'objet principal du chapitre I de ce livre.

Avant de décrire l'analyse et la synthèse comme deux volets d'une même méthode mathématique, celle que précisément l'on nomme 'méthode d'analyse et de synthèse', je vais les décrire en tant que modes de la raison ayant des relations opposées avec le connu et l'inconnu, le donné et le cherché, le présent et le futur, le disponible et l'imaginaire. Car c'est en tant que formes particulières de la raison qu'elles deviendront deux volets de la méthode mathématique en question. Le premier mode, celui de l'analyse, a été celui qui a d'abord fait l'objet d'une conceptualisation générale. La raison en est qu'il inverse l'ordre spontané de la pensée, allant du connu vers l'inconnu. Aristote en considère au moins trois champs d'applications différents : la géométrie, la logique et l'éthique. Décrite en générale, la démarche est la même dans tous ces cas : un but étant fixé, on le suppose réalisé, et on revient en arrière, de cette hypothèse jusqu'à la situation réelle, ou à la configuration connue, en espérant que le parcours virtuel suivi lors de cet exercice contre-factuel suggère un parcours effectif à suivre pour parvenir au but désiré. Pour faire simple, appelons une telle démarche 'argumentation à rebours'. À l'exception du cas particulier dans lequel elle parvient à dévoiler l'impossibilité d'atteindre le but fixé (comme dans le cas d'une preuve par l'absurde), une telle démarche demande à être suivie par une autre démarche, positive, permettant enfin d'atteindre un tel but.

Alors qu'en géométrie cette autre démarche prend rapidement, sous la plume d'Apollonius et d'Archimède, par exemple, le nom de 'synthèse', sa forme générale n'est pas reconnue en même temps que celle de l'analyse. Le terme même de 'synthèse [σύνθεσις]' est trop générique pour la suggérer, car il n'évoque, à la lettre, que l'acte de mettre ensemble ce dont on dispose. C'est, par contre, encore Aristote qui, au tout début de la *Physique*, décrit un cas particulièrement intéressant d'une telle démarche, sous le nom platonicien de 'διαίρεσις' : la découverte des premiers principes, à partir de l'évidence donnée par l'observation même de la nature.

Cette démarche a été souvent confondue, à son tour, avec une analyse (ἀνάλυσις). C'est une erreur de perspective, mais elle tient à une raison historique précise. Si l'analyse conduit de ce qui n'est pas (encore) donné, à ce qui est, elle se réalise dans deux directions contraires, selon qu'elle est l'affaire de l'homme ou de Dieu, c'est-à-dire selon que ce qui est donné est le monde de la nature ainsi qu'il se présente à la première appréciation humaine, ou le royaume des principes qui ordonnent le monde, ainsi qu'il se présente à son Créateur. C'est ainsi une inversion de la perspective mondaine aristotélicienne, propre à sa contamination scolastique et néoplatonicienne, qui est à l'origine d'un nouveau sens d'analyse comme décomposition de ce qui est donné dans ces composants ultimes.

Encore que très présent dans le développement de plusieurs sciences, à l'instar de la διαίρεσις aristotélicienne, ce sens nouveau reste, cependant, essentiellement étranger aux mathématiques qui continuent, encore à l'âge moderne, à parler de l'analyse comme d'une argumentation à rebours.

C'est Viète qui marque la voie, en se référant explicitement à l'analyse géométrique en tant qu'argumentation de ce type, allant de ce qu'on cherche à ce qu'on sait être vrai. Et il le fait en identifiant cette démarche avec celle d'une solution algébrique d'un problème donné, commençant par sa mise en équation, et continuant par la transformation et la solution de celle-ci à l'aide d'une formalisme littéral approprié, que Viète lui-même se charge de mettre au point. C'est l'origine d'un usage plus spécifique du terme 'analyse [*analysis*]' pour indiquer une démarche algébrique employant un tel formalisme.

Bien qu'il opposera, dans le *Discours de la méthode*, « l'Analyse des anciens » à « l'Algèbre des modernes » (Descartes, 1637, p. 19), Descartes se servira largement de ce terme en lui donnant ce sens, associé, pourtant, à son propre formalisme, bien plus souple que celui de Viète, grâce à la définition de la multiplication entre grandeurs qui, se servant d'un paramètre, choisi comme unité, permet de concevoir un produit comme étant homogène à ses facteurs. C'est le début d'une nouvelle histoire dont une étape importante est (partiellement) racontée dans les chapitres IV et V. J'y reviendrai plus bas.

Revenons, pour l'instant, à « l'Analyse des anciens », pour le dire comme Descartes, c'est-à-dire à l'application d'une argumentation à rebours au sein de la géométrie d'Euclide, éventuellement étendue à la considération d'autres courbes que le cercle, comme chez Apollonius ou Archimède. Pour faire simple, limitons nous, ici, au cas où cette application vise à résoudre un problème (plutôt qu'à démontrer un théorème). C'est sans doute le cas le plus fréquent, même si je ne pense pas qu'il puisse être considéré comme le seul, à l'instar de ce que certains historiens ont suggéré.

Pour qu'une telle sorte d'analyse soit possible, il faut fournir une manière pour rendre possible d'opérer, selon le canon propre à une telle géométrie, sur ce qui est cherché dans un certain problème, avant que le problème ne soit résolu, c'est-à-dire que ce qui est cherché soit trouvé.

Or, au sein de cette géométrie, résoudre un problème consiste à identifier une construction légitime pour un objet satisfaisant à certaines conditions, à partir d'objets supposés donnés, c'est-à-dire déjà construits de manière légitime. Il faut donc trouver la manière de rendre possible d'opérer, selon ce canon, sur un objet non encore construit, de sorte à retrouver ces autres objets à partir de lui.

Cette manière est fournie par la représentation diagrammatique des objets géométriques. Plus précisément, elle est fournie par le fait que la géométrie d'Euclide admet des représentations diagrammatiques des objets géométriques obéissant à deux régimes distincts et opposés : un, proprement constructif, selon lequel une telle représentation est obtenue à l'aide d'une démarche réglée par des clauses de construction appropriées, que le dessin du diagramme sur un support ne fait que suivre ; un autre régime, purement hypothétique, selon lequel une telle représentation est, par contre, simplement obtenue à l'aide d'un dessin libre, qui est supposé satisfaire des conditions fixées. La solution d'un problème consiste précisément dans l'obtention d'une représentation diagrammatique d'un objet satisfaisant les conditions posées par le problème, selon le premier régime (à partir d'une représentation diagrammatique, supposée obtenue de la même manière, des objets que le problème considère connus).

Ce qui rend une argumentation à rebours possible tient au fait de pouvoir remplacer provisoirement et conjecturalement une représentation diagrammatique soumise à ce premier régime par une représentation soumise au second, et d'opérer sur cette dernière comme si elle avait été obtenue selon celui-là.

Pour comprendre, ainsi, la nature de l'« Analyse des anciens », il faut comprendre, entre autres, la manière dont les diagrammes fonctionnent au sein de la géométrie d'Euclide, en tant que représentations d'objets géométriques. C'est justement l'objet du chapitre II de ce livre, où je me limite, pourtant, par souci de simplicité, au cas de la géométrie plane (en supposant que celui de la géométrie dans l'espace puisse être traité de manière analogue, en procédant à des ajustements appropriés, qu'il serait, cependant, fastidieux de décrire dans les détails).

En accord avec de nombreux autres commentateurs, tels que Ken Manders (2008*a*, 2008*b*), j'y soutiens que le rôle des diagrammes dans la géométrie plane d'Euclide n'est pas purement auxiliaire, mais indispensable. Leurs indispensabilité ne tient pourtant pas, à mon avis, au fait qu'il faille nécessairement les produire pour pouvoir argumenter (prouver un théorème ou résoudre un problème) au sein d'une telle géométrie. Au cours d'une argumentation propre à la géométrie plane d'Euclide, rien ne dépend, en effet, des propriétés matérielles effectives des diagrammes qu'on pourrait produire. Ce qui les rend indispensables est, plutôt, le fait que des propriétés essentielles des objets dont traite la géométrie plane d'Euclide sont attribuées à ces objets moyennant leur représentation diagrammatique, qu'elle soit effectivement produite, ou simplement imaginée. Ces propriétés sont de deux types.

Il y a d'abord celles qui permettent de distinguer différentes composantes d'un diagramme comme des objets distincts, et ainsi de doter ces objets de conditions d'identité. Dire, par exemple, d'un segment, qu'il est distinct d'un autre signifie tout simplement supposer, dans la géométrie plane d'Euclide, qu'il est représenté ou représentable par un trait distinct de celui qui représente ou pourrait représenter cet autre segment. Deux segments (non superposés) y sont conçus comme distincts non pas parce que, par exemple, ils consistent en deux ensembles de points différents propres à l'espace $\mathbb{R}^2$, mais parce qu'ils possèdent deux localisations différentes dans une portion d'espace plan représenté par un support donné, ou même simplement imaginé, et que ces localisations ne sont que celles des traits dessinés sur ce support, ou disposés par l'imagination sur cet espace. Cela fait que les conditions d'identité des objets géométriques propres à la géométrie plane d'Euclide sont purement locales, et n'opèrent qu'au cours non seulement d'un argument singulier, mais aussi d'une seule instance particulière d'un tel argument. Ce fait a des conséquences profondes sur la structure de l'ontologie propre à cette géométrie que je ne considère que très partiellement dans le chapitre II, et qui demeurent objet de ma réflexion (certaines de ces conséquences sont considérées aussi dans le chapitre III).

Il y a, ensuite, les propriétés spécifiques attribuées aux diagrammes particuliers (ou à leurs composantes), considérés un par un, ou les uns relativement aux autres. Je dis bien les propriétés attribuées, et non pas celles que ces diagrammes ont comme tels. Car ce qui compte n'est pas qu'une marque soit précisément tracée sur un trait, plutôt qu'un peu à côté de celui-ci, pour que l'on puisse obtenir la représentation d'un point sur un segment, ou que deux traits se touchent réellement sans apparemment se superposer, pour que l'on puisse obtenir la représentation d'un angle entre deux segments. Ce qui compte est qu'on prenne la marque comme étant sur le trait, ou qu'on les imagine l'une sur l'autre, ou qu'on prenne les deux traits comme se touchant sans se superposer, ou qu'on les imagine ainsi. En d'autres termes, les diagrammes n'entrent pas dans une argumentation propre à la géométrie plane d'Euclide en tant qu'artefacts à examiner pour ce qu'ils sont, mais plutôt en tant que représentations des objets géométriques auxquelles on attribue, *mutatis mutandis*, certaines propriétés que ces objets sont censés avoir. Leur indispensabilité au sein d'une telle géométrie dépend du fait que cette dernière ne fournit aucun moyen pour concevoir (et définir) les propriétés de ses objets autre que celui consistant à leur transposer des propriétés matérielles attribuées à des diagrammes. Le cas le plus évident est celui de la continuité. C'est un cas omniprésent, mais aussi très difficile à décrire en bref. Mieux vaut, ici, en considérer d'autres, comme ceux mentionnés ci-dessus : la propriété d'un point d'être sur un segment, ou celle de deux segments de partager une extrémité et, donc, de former un angle. Ce sont des propriétés que j'appelle 'diagrammatiques'.

Ces propriétés sont cruciales pour assigner aux objets géométriques une nature spatiale (et, donc, une forme). Mais elles ne sont pas les seules qui interviennent dans la géométrie plane d'Euclide. La raison en est que cette géométrie est essentiellement une géométrie métrique, et doit, de ce fait, inclure des relations métriques, qui ne consistent certes pas en des relations métriques entre des composants d'un diagramme. Dire d'un segment qu'il est plus long qu'un autre ne correspond certes pas à transposer à ces segments une relation d'ordre assignée aux traits qui les représentent. La relation d'ordre entre segments dépend plutôt de liens constructifs entre ces segments. On dira, par exemple, qu'un segment donné est plus long qu'un autre possédant la même extrémité, si le cercle centré sur cette extrémité et ayant ce dernier segment comme rayon coupe le premier segment. Pourtant, comme cet exemple suffit à le montrer, la définition d'une relation métrique entre objets géométriques ne peut que dépendre, en dernière instance, de l'appel à certaines propriétés diagrammatiques de ces objets. Ceci fait que ces relations sont, en effet, réduites à des propriétés diagrammatiques, et que c'est justement dans cette réduction que consiste, en dernière analyse, leur définition constructive.

S'il est certain que la géométrie d'Euclide admet plusieurs reformulations plus récentes, dans lesquelles les choses fonctionnent de manière très différente, comme la géométrie analytique, celle de Hilbert, ou celle de Tarski, il reste que les caractéristiques de cette géométrie que je viens de décrire, en particulier la structure de son ontologie induite par le premier des deux rôles des diagrammes que je viens de mentionner, marquèrent profondément et pour longtemps l'histoire des mathématiques et leur évolution, en rendant encore plus radicale que ce qu'on pourrait imaginer l'opposition mentionnée ci-dessous entre géométrie et arithmétique, en raison d'une différence structurelle fondamentale entre les ontologies de ces deux branches des mathématiques. Un des facteurs les plus importants ayant permis une transformation conduisant à une conception nouvelle de la géométrie et de ses objets fut sans doute l'avènement de la géométrie de Descartes. Encore qu'on y retrouve certainement les racines de ce qui deviendra bien plus tard la géométrie analytique, la géométrie de Descartes plonge à son tour ses racines dans celle d'Euclide, et ne peut, de ce fait, s'expliquer autrement que par comparaison et en continuité avec celle-ci. C'est l'objet du chapitre III de ce livre.

Il a été souvent observé que *La Géométrie* (Descartes, 1637) est centrée sur la solution de problèmes, plutôt que sur la preuve de théorèmes. C'est vrai sans nul doute. Ce qui est de loin moins certain est la lecture qu'on a souvent faite de ce fait, et qui consiste à décrire ce traité comme un manuel pour bien résoudre des problèmes géométriques, plutôt que comme un traité organique de géométrie, et à voir son auteur comme s'intéressant plus à l'heuristique géométrique qu'à la fondation de la géométrie. Le chapitre III questionne ouvertement cette lecture, pour ainsi dire déflationniste, du traité de 1637, et vise non seulement à établir dans toute sa portée sa dimension fondationnelle, mais aussi à montrer comment celle-ci ne tient aucunement à une rupture drastique avec la géométrie précédente d'inspiration euclidienne, mais plutôt à une véritable réforme de cette géométrie. L'introduction d'un outil algébrique (qu'on qualifierait aujourd'hui plutôt d'analytique, du fait du glissement de sens subi par le terme 'analyse' mentionnée plus haut), comme les équations algébriques, pour exprimer une large classe de courbes dont seules quelques unes étaient auparavant connues, est, à mon sens, autant une nouveauté que la conséquence d'une telle réforme, laquelle apparaît ainsi à la fois comme une condition préalable mais aussi comme parfaitement indépendante.

La clef de cette interprétation tient à la considération du rôle des problèmes dans la géométrie pré-cartésienne, en particulier dans celle d'Euclide, qui, je le maintiens, est prise par Descartes comme un présupposé de sa réflexion. L'absence de conditions globales d'identité pour les objets d'une telle géométrie empêche de considérer ces objets comme formant un domaine fixé sur lequel il serait possible de quantifier. Le théorème que nous exprimons aujourd'hui en disant que tous les triangles isocèles ont deux angles internes égaux (le second théorème énoncé dans les *Eléments*, lors de la proposition I.5, et le premier vraiment démontré, du fait que la proposition I.4 ne l'est pas vraiment et doit, *de facto*, être traitée comme une admission liminaire), ne saurait être conçu ainsi dans une telle géométrie. Il devrait être plutôt exprimé en disant que la construction d'un triangle isocèle va de de pair avec celle de deux angles égaux.

Si c'est cela, résoudre un problème, c'est-à-dire, comme je l'ai dit plus haut, exhiber la construction d'un objet satisfaisant une certaine condition, alors cela revient à prouver qu'un tel objet, ou, pour être plus précis, des objets de la sorte, sont constructibles, et ont, donc, droit de cité dans une géométrie qui admet les normes de construction employées lors de sa construction. La question de l'établissement de ces normes, que Henk Bos a suggéré de comprendre comme celle de l'exactitude géométrique (Bos, 2001), devient, donc, bien différente de celle demandant de fournir des outils licites pour résoudre des problèmes ouverts, et vient se confondre, plutôt, avec celle de la fixation des frontières mêmes de la géométrie. Et il n'est donc pas anodin qu'au centre de son traité Descartes pose la distinction entre courbes dites 'géométriques' et courbes dites 'mécaniques' : les premières, que nous appelons aujourd'hui 'algébriques', sont les seules dont le statut constructif relève d'un acte géométrique ; les secondes ne sont redevables que d'une confiance donnée à des instruments dont le fonctionnement dépend de phénomènes empiriques, tels que la friction ou la traction, ou la comparaison entres les vitesses de deux ou plusieurs mouvement indépendants, et donc, de considérations dynamiques, ou, du moins, cinématiques.

On pourrait rétorquer que les courbes géométriques sont aussi, pour Descartes, non seulement exprimées par des équations algébriques (ou, pour être plus précis, par de classes d'équivalence d'équations algébriques), mais aussi supposées constructibles (ou même construites) par des instruments, auxquels Descartes prête une grande attention. Certes. Mais le point est que ces courbes ne dépendent pas de la mise en action effective de ces instruments, de leur fonctionnement effectif : elles ne sont que les trajectoires obligées, et, donc, uniquement déterminées d'un point traçant fixé sur ces instruments ; déterminer l'instrument revient *de facto* à identifier la courbe qu'il décrit dans toutes ses propriétés. De ce fait, un tel instrument ne fonctionne pas du tout comme un instrument mécanique, mais comme une configuration géométrique, dont on identifie des parties mobiles dont le mouvement est imposé par la nature même d'une telle configuration, et, donc, par des conditions purement géométriques. De plus, conçus comme de telles configurations, ces instruments peuvent être construits à l'aide d'une procédure qui peut être décrite comme commençant par une construction à la règle et au compas, répondant, donc, aux standards euclidiens, et continuant par réitération, en une sorte de *feedback* avec les courbes géométriques elles-mêmes. Je suggère que c'est justement cela qui garantit, aux yeux de Descartes, qu'une courbe est géométrique (c'est-à-dire constructible au moyen de tels instruments) si et seulement si elle est exprimable par une équation algébrique. C'est ici que le geste novateur qui fournit les racines de la future géométrie analytique trouve sa justification ultime, sa condition même de possibilité. Et comme ce geste est à l'origine d'un parcours qui conduira à modifier profondément la structure de l'ontologie géométrique, ceci fait apparaitre la manière dont cette transformation majeure s'enchaîne avec une histoire ancienne.

J'ai consacré mon ouvrage principal en histoire des mathématiques (Panza, 2005) à une des plus importants aboutissements mathématiques rendus possible par la géométrie cartésienne : l'édification de la théorie des fluxions de la part du jeune Newton, entre 1664 et 1666. Le titre même de cet ouvrage montre que j'ai présenté cet aboutissement comme un de ceux qui ont donné naissance à l'*analyse*, écrite en italique pour la distinguer de l'analyse en tant que forme d'argumentation, dont j'ai parlé plus haut. Bien que distincte de celle-ci, celle-la en relève directement pour un ensemble de raisons que j'ai exposées dans l'introduction à un tel ouvrage. Je n'y reviendrai pas ici. Il suffira de dire que j'y décris l'*analyse* (souvent dite aussi 'analyse algébrique') comme une théorie mathématique qui se développe au xvIII^e siècle, à partir, surtout, des travaux d'Euler, puis de Lagrange, se présentant comme un cadre général englobant les mathématiques dans leur entier sous la forme d'une théorie générale des fonctions. Le chapitre IV de ce livre (écrit en collaboration avec Giovanni Ferraro) est consacré à étudier un aspect important de cette théorie que Lagrange présente sous le nom présomptueux de 'théorie des fonctions analytiques' (Lagrange, 1797, 1801, 1806, 1813) et qui vise à intégrer le calcul différentiel et intégral, aussi bien, naturellement, que la théorie des fluxions, au sein de l'*analyse* (pour une étude plus ample mais, sans doute moins mûre, de cette dernière théorie, on pourra voir (Panza, 1992)).

La nature de la théorie de Lagrange dépend de manière essentielle de sa notion de fonction. Une fonction n'est pas, pour lui, une loi de correspondance entre deux ensembles (comme elle est pour nous, dans la plupart des cas), mais une expression d'un langage codifié exprimant une quantité, ou, selon les circonstances, une quantité exprimée par une telle expression. Il ne s'agit pas là d'une ambiguité, mais d'une simple différence d'emphase. La raison tient à une conception très différente de la nôtre des relations entre dénoté et dénotation : pour Lagrange, ainsi que pour la plupart (sinon la totalité) des mathématiciens de son époque, il était parfaitement légitime de supposer que des quantités entrent dans une expression. Une « fonction d'une ou de plusieurs quantités » est, en effet, pour Lagrange, une « expression de calcul dans laquelle ces quantités entrent d'une manière quelconque » (Lagrange, 1797, art. 1 ; 1801, p. 6 ; 1806, p. 6 ; 1813, Introduction, p. 1). Ce qui rend une telle conception possible est la notion de quantité qui la fonde. Loin de se référer à des quantités particulières, telles que des nombres, ou des grandeurs géométriques ou mécaniques, Lagrange se réfère ici à ce qu'il appelle des « quantités algébriques », c'est-à-dire des quantités qui ne sont identifiées que par les réseaux de relations, exprimées par un formule appropriée, qui les lient à d'autres quantités, dont cette formule fait état, et qui, dans la terminologie qui est la sienne, entrent dans cette formule.

Une conséquence immédiate de cette conception est qu'une fonction n'a pas d'ensembles de départ et d'arrivée, et, pour être précis, même pas un domaine et un codomaine. Elle se limite à admettre certaines substitutions pour ses variables (les quantités dont elle est une fonction), en en interdisant d'autres, et à être susceptible de prendre certaines valeurs plutôt que d'autres.

C'est de ce fait que découle le théorème fondamental de la théorie de Lagrange, qui assure que pour toute fonction $f(x)$ de x, la fonction associée $f(x + \xi)$ du binôme $x + \xi$, où ξ est un incrément indéterminé, est développable en une série de puissances de cet incrément, exception faite de certaines substitutions isolées parmi celles qu'elle admet pour ses variables. Ce théorème a été souvent considéré comme erroné, et plusieurs prétendus contre-exemples lui ont été opposés. Giovanni Ferraro et moi même nous nous efforçons de montrer, dans le chapitre IV, qu'il n'en est rien, c'est-à-dire que, convenablement compris, ce théorème n'admet pas ces contre-exemples.

Ceci ne signifie nullement que la théorie de Lagrange soit exempte de toute difficulté. Déjà la preuve de ce théorème est loin d'être irréprochable. Mais les difficultés plus importantes ne viennent pas de cela, mais plutôt d'une tension insurmontable entre l'étroitesse de la notion de fonction que je viens de décrire et l'ambition de la théorie, qui est celle de reformuler tout l'ensemble du calcul différentiel et intégral en tant qu'une théorie des coefficients des développements d'une fonction $f(x + \xi)$ de $x + \xi$ en une série entière de ξ. Cette tension émerge clairement à travers plusieurs détails de la reformulation proposée par Lagrange, dont un exemple important est fourni par la manière dont il traite des solutions singulières des équations aux dérivées partielles.

Dans la conception de Lagrange, le calcul différentiel et intégral comprenait aussi, de manière essentielle, ses applications géométriques et mécaniques. L'outil sur lequel la reformulation de ces applications est fondée est le théorème du reste. Encore que ce théorème possède un corrélat dans les mathématiques modernes, connu aujourd'hui sous le nom de théorème du reste de Taylor-Lagrange, il diffère de ce théorème moderne de manière profonde, en raison, à nouveau, de la notion de fonction de laquelle il dépend. Une large partie du chapitre est consacrée à l'étude détaillée de ce théorème et de ses preuves et applications par Lagrange. Le chapitre V étudie, en revanche, les applications mécaniques de la théorie des fonctions analytiques, dans le cadre plus général du programme fondationnel de la mécanique des systèmes discrets poursuivi par Lagrange tout au long de sa carrière.

Le but principal de ce dernier chapitre est de montrer le fil rouge qui parcourt ce programme malgré deux transformations importantes. La première est due au passage du principe de moindre action, en tant que principe fondamental de la mécanique, tel qu'il est proposé dans le mémoire de 1760-1761, au principe des vitesses virtuelles. Ce passage remonte au mémoire de 1764 sur la libration de la lune (Lagrange, 1764). La seconde est due, en revanche, à l'abandon d'une interprétation infinitésimaliste du calcul différentiel et intégral, s'étendant, naturellement, à la notion même de variation, et, donc, de vitesse virtuelle, en faveur d'une interprétation au sein de la théorie des fonctions analytiques.

Si on la regarde suffisamment en profondeur, la première de ces deux transformations apparaît, d'abord, comme une parfaite conséquence du choix de faire de la méthode algébrique des coefficients indéterminés l'outil mathématique principal de la mécanique. Ce propos se manifeste déjà clairement dans le mémoire de 1760-61, où Lagrange se nourrit de l'usage du calcul de variations, pour exprimer la dynamique d'un système discret de points matériels attirés par des forces centrales, en considérant une équation de la forme '$\sum_{i=1}^{n} a_i v_i$' dans laquelle les facteurs v_i fonctionnent comme éléments d'une base d'un espace vectoriel. L'interprétation des variations des variables de position des points du système, comme des déplacements mutuellement indépendants, permet au principe des vitesses virtuelles, référé à un système donné, de se présenter d'emblée comme une équation aisément transformable en une équation de cette forme, au moyen de substitutions appropriées.

Cette idée, d'abord avancée dans le mémoire cité de 1764, repris en 1780 sous la forme d'un mémoire plus accompli et conséquent (Lagrange, 1780), est à la base du chef d'œuvre de Lagrange, la *Mécanique analytique* (1788, 1811-1815). Mais elle est aussi à l'œuvre dans la partie mécanique de la *Théorie des fonctions analytiques* (1797, 1813), grâce à l'introduction d'un paramètre temporel et au remplacement des variations par des dérivées premières partielles. Ceci fait que la seconde transformation n'a, *de facto*, aucune conséquence majeure sur la structure de la mécanique des système discrets suggérée par Lagrange, en tant que théorie analytique. Il s'ensuit que les difficultés mentionnées pour la théorie des fonctions analytiques ne se répercutent aucunement, comme telles, sur la première théorie.

La théorie des fonctions analytiques constitue l'effort le plus avancé et radical d'étendre le programme de l'*analyse* à l'ensemble des mathématiques. De ce fait, ses difficultés sont un miroir des difficultés d'un tel programme. Les comprendre permet aussi de comprendre la raison de son éclipse à l'aube du xixe siècle et de l'émergence du mouvement « d'arithmétisation de l'analyse », profondément opposé à celui-là sur plusieurs aspects importants.

Dans ce terme d'arithmétisation de l'analyse, le mot 'analyse' en vient à prendre, définitivement, la connotation disciplinaire qui est propre aux mathématiques d'aujourd'hui. Bien que cette connotation ait ses racines dans l'histoire que je viens d'esquisser, c'est une époque nouvelle qui s'ouvre ici, au seuil de laquelle ce livre s'arrête.

CHAPITRE PREMIER

SOURCES CLASSIQUES POUR LES CONCEPTS D'ANALYSE ET SYNTHÈSE

Différentes significations des termes 'analyse' et 'synthèse' et des termes qui leurs sont apparentés peuvent se rapporter de diverses manières aux mathématiques et l'on en rencontre une grande variété en histoire de la philosophie. Il est alors tout à fait naturel de se demander si, lorsque nous parlons d'analyse et de synthèse en mathématiques, nous abordons une question vraiment unique et bien définie, ou si, au contraire, nous traitons de plusieurs questions différentes et sans rapport les unes avec les autres. Au premier regard, on pourrait croire à cette seconde éventualité, et penser que le seul trait commun aux différentes significations de ces termes consiste précisément en ce que ces derniers véhiculent celles-là. Cependant, qu'un même terme soit utilisé avec différentes significations, il y a plausiblement une raison à cela. Même si les significations sont réellement différentes, il est encore possible qu'elles soient reliées, par exemple, par une chaîne causale si longue que sa fin n'a plus rien à voir avec son début. Si c'était effectivement le cas, nous serions en présence d'une succession de changements et d'extensions sémantiques plutôt qu'en face d'une véritable question historique et philosophique. Je ne crois pourtant pas que c'est le cas. Je pense, au contraire, que les

* Traduit de l'anglais par Hourya Benis Sinaceur. Publié initialement dans M. Otte and M. Panza (éds.) *Analysis and Synthesis in Mathematics*, Boston Studies in the Philosophy of Science, 196, Dordrecht, Boston, London, Kluwer A. P., 1997, p. 365-414. Remerciements à Clotilde Calabi, Jean Dhombres, Agnese Grieco, Michael Hoffmann, François Loget, Michael Otte, Jackie Pigeaud, et Bernard Vitrac, pour leurs suggestions et leurs conseils linguistiques et philosophiques.

différentes significations des termes 'analyse' et 'synthèse' sont intrinsèquement reliées entre elles. Dans ce qui suit, je vais essayer de montrer
qu'elles renvoient à une et même question et que celle-ci peut être traitée
comme une question aussi bien historique que philosophique.

Je voudrais fournir deux arguments pour cela. Le premier est fondé sur
la manière dont je comprends les relations entre histoire et philosophie
des mathématiques, le second repose sur la manière dont je comprends
les termes 'analyse' et 'synthèse' et les termes apparentés dans certaines
de leurs occurrences les plus courantes. Le but principal de cet essai est
de développer le second argument. Aussi vais-je considérer le premier de
façon extrêmement brève.

Mathématiques et philosophie sont des activités humaines. La
première crée et étudie des objets mathématiques, la seconde crée et
étudie des concepts, des catégories générales qui nous servent à expliquer
certains phénomènes, par exemple le phénomène de la connaissance. En
tant que les mathématiques sont une activité explicative, elles incluent
la philosophie comme une de leurs parties. Mais en tant qu'elles sont
une activité humaine, elles sont aussi un phénomène que nous pourrions
vouloir expliquer. Une telle explication est précisément le but d'une sorte
d'activité différente, généralement appelée « histoire » (ou « historiographie ») ou « philosophie » des mathématiques. L'usage de l'une ou l'autre
de ces expressions distinctes dépend du type d'explication sur lequel on
désire insister. Par la première nous insistons sur une explication locale,
c'est-à-dire l'explication d'un fragment des mathématiques tel qu'il a été
réalisé (et d'après les résultats qu'il a produits). Par la deuxième expression nous insistons sur la recherche et la discussion des catégories générales que nous utilisons dans une telle explication. Cela ne veut naturellement pas dire que j'entends par histoire (ou historiographie) des mathématiques une application particulière de la philosophie des mathématiques.

En tant qu'activité, les mathématiques sont un phénomène unique
et singulier, qu'il ne me semble pas possible de considérer comme une
succession de répétitions de certains modèles. La philosophie des mathématiques n'est donc pas la description de certains modèles. Les catégories
générales dont je parle ne renvoient pas à des modèles généraux de l'activité mathématique, mais aux concepts généraux que nous utilisons pour
parler d'une telle activité ou pour l'expliquer.

De ce point de vue, la question de l'analyse et de la synthèse en
mathématiques est la question de la légitimité, de la nature et de l'usage
des catégories générales d'analyse et de synthèse pour expliquer certains
fragments des mathématiques. C'est donc d'une question vraiment unique

qu'il s'agit, si les termes 'analyse' et 'synthèse' renvoient ou peuvent renvoyer à deux concepts généraux utilisés, bien que de manière différente, pour parler des mathématiques ou les expliquer. De fait, ces termes ont été utilisés à la fois pour faire des mathématiques et pour les expliquer. De nombreux travaux ont essayé de comprendre et discuter ces usages. Si ceux-ci concluaient à une différence radicale entre les différents usages, il ne serait pas possible de les considérer comme des éléments de réponse ou des réponses partielles à une seule et même question philosophique et historique. Nous ne serions alors autorisés à parler du problème de l'analyse et de la synthèse en mathématiques que si nous spécifiions au préalable un sens particulier pour les termes 'analyse' et 'synthèse'. Mais ce n'est pas ce que je vais faire, dans la mesure où je pense qu'il n'y a pas de différence radicale entre les différents usages admis de ces termes. Bien au contraire, je pense que les différents concepts particuliers en usage sont éléments de deux classes d'équivalence constituant en tant que telles deux concepts généraux et que les concepts particuliers peuvent être compris comme des modes de présentation de ces deux concepts généraux. Le but du présent essai est d'exposer quelques aspects importants de ces concepts généraux en discutant quelques sources classiques.

1. Philologie et littérature

Les deux termes 'analyse' et 'synthèse' viennent du grec. En tant que ce sont des termes composés à partir d'éléments plus simples, ils peuvent passer pour des sortes de descriptions. Que nous dit l'étymologie ?

En grec 'ἀνάλυσις' est composé du préfixe 'ἀνά' et du substantif 'λύσις'. Le préfixe 'ἀνά' était généralement utilisé pour exprimer un mouvement vers le haut et pourrait être rendu par des expressions telles que : 'vers le haut', 'au-dessus de', 'vers', ou même 'près' ou 'proche de'. Cependant, en composition, il est parfois utilisé pour signifier 'arrière' ou 'en arrière'. Le substantif 'λύσις' a également plusieurs sens, celui de solution ou conclusion, mais étant dérivé du verbe 'λύω', qui signifie 'libérer', 'affranchir', 'desserrer', 'délier', 'dissoudre', et même 'briser' ou 'détruire', il est aussi utilisé pour désigner les idées de libération, relâchement, dissolution ou destruction. Ainsi 'ἀνάλυσις' pourrait être rendu par 'retour à partir de la solution' — ou, selon la traduction latine usuelle des textes grecs, 'résolution' —, ou 'retour à partir de la conclusion', mais aussi 'vers la solution', 'proche de la solution', ou encore 'ce qui conduit à la solution' ou 'à la dissolution', ou même 'à la destruction', 'ce qui rend possible de dénouer quelque chose', etc.

Les choses sont plus simples avec 'synthèse', traduction de 'σύνθεσις' ou (plus rarement) 'ξύνθεσις', qui est composé du préfixe 'σύν' (ou 'ξύν') signifiant 'avec' ou 'ensemble' et du verbe 'τίθημι' signifiant 'poser', 'stipuler', 'fixer', 'établir'. Ainsi une synthèse pourrait étymologiquement désigner l'acte de poser ensemble ou d'établir (quelque chose).

Ces rapides considérations étymologiques nous suggèrent un point de départ : pour les Grecs les termes 'analyse' et 'synthèse' ne s'opposent pas directement l'un à l'autre. L'opposition sémantique est entre le verbe 'λύω' qui véhicule l'idée de séparation et le préfixe 'σύν' qui porte l'idée de composition. Mais bien que le terme 'σύνθεσις' renvoie directement à l'action de composition, le terme 'ἀνάλυσις' ne renvoie qu'indirectement à l'action de séparation, par le truchement du préfixe 'ἀνά' et selon l'idée complexe de 'λύσις'.

Cela est confirmé par les occurrences des termes 'ἀνάλυσις' et 'σύνθεσις' (et des termes apparentés) dans le corpus grec, où ils ne sont généralement pas utilisés pour exprimer des idées opposées.

'ἀνάλυσις' est souvent utilisé pour exprimer une idée certes proche de celle de séparation mais généralement plus complexe et non directement opposée à celle de composition véhiculée par le terme 'σύνθεσις' [1]. Dans l'*Odyssée*, Pénélope attendant le retour d'Ulysse « analysa [ἀλλύεσκεν] » sa toile durant la nuit, mais elle ne la synthétisa pas durant le jour ; elle la « tissa [ὑφαίνεσκεν] » (*Odyssée β* 104-105 et *τ* 149-150). Dans la tragédie de Sophocle, le chœur reproche à Électre son incapacité à « s'analyser », (ou s'affranchir) de ses hommes (*Électre*, 142) ; en revanche Électre ne se synthétise jamais avec eux. Pour l'auteur de *Sur l'univers* (longtemps attribué à Aristote) certains vents se forment par « analyse », par dissolution de l'épaisseur de nuages, mais aucun nuage ne se forme par synthèse (*Sur l'univers*, 349b 17). Dans ces trois exemples 'analyse' et les termes apparentés véhiculent respectivement les idées de démontage, libération et dissolution, trois expressions de séparation non directement opposées à la composition par synthèse.

On peut faire le même exercice en partant du terme 'synthèse'. Selon Pindare (*Pythiques*, IV, 168), l'accord entre Pélias et Jason, qui précède le départ de ce dernier à la recherche de la Toison d'or en Colchide, est une « synthèse ». On trouve la même signification dans Plutarque

---

1. Nous empruntons un certain nombre de nos exemples d'occurrences des termes 'analyse' et 'synthèse' dans le corpus grec, et ailleurs, à Timmermans (1995).

(*Vie de Sylla*, 35, 10), qui utilise le verbe 'synthétiser [συντίθημι]' pour désigner l'acte de marchandage d'un mariage (celui de Sylla à la fin de sa vie avec Valéria). D'après Isocrate (X, *Éloge d'Hélène*, 11) une « synthèse » est l'acte d'ébaucher un discours — cinq siècles plus tard une « synthèse » deviendra pour Plutarque (*Moralia*, 747d) l'acte de composer un poème —, tandis que pour Eschyle (*Prométhée enchaîné*, 460d), c'est plus fondamentalement la science de l'écriture, c'est-à-dire l'art d'arranger des lettres pour former un mot. Dans ce sens, c'est l'un des dons de Prométhée aux hommes, qui les rend capables de raisonner et de penser. Six siècles plus tard, Plutarque associe l'idée de synthèse à un autre art, celui de compter, ou même à la science des nombres. Dans son traité (*La disparition des oracles*), il généralise une vielle définition des nombres (entiers positifs) comme « synthèse d'unités », définition déjà mentionnée par Aristote, comme étant coutumière (*Métaphysique* 1039 a12), et il emploie le mot 'σύνθεσις' pour désigner aussi bien la composition des nombres (entiers positifs) à partir de nombres plus petits (*Moralia* 429b, 744b) que l'addition des nombres (416b). En outre, des mots parents de 'σύνθεσις' sont utilisés dans le même sens dans les *Éléments* d'Euclide (par exemple, dans la définition VII, 13-14) pour désigner la composition de nombres ou de grandeurs. Dans les cinq exemples ci-dessus 'synthèse' a un sens proche de composition, mais ne requiert, ni avant ni après lui, aucune sorte d'analyse.

Bien entendu, on ne doit pas prendre trop à la lettre ces exemples, surtout lorsque sont impliqués des verbes aussi communs que 'ἀναλύω' et 'συντίθημι'. Ces exemples confirment pourtant que l'opposition entre analyse et synthèse n'était pas aussi naturelle pour les Grecs qu'elle ne l'est pour nous. De plus, en tant que l'analyse et la synthèse sont, dans tous ces exemples, des sortes particulières de séparation et de composition, elles semblent opérer sur certains objets pour changer leur état relationnel, ou pour obtenir une autre sorte d'objets de même nature logique. Ni la synthèse ni l'analyse n'impliquent un passage du particulier à l'universel, ou de l'universel au particulier, ou bien un passage d'objets à concepts ou *vice versa*.

2. Platon

La même chose semble valoir pour l'idée de synthèse telle qu'elle apparaît dans les dialogues de Platon. Dans le *Cratyle* (431c), Platon reprend l'idée d'Eschyle en la généralisant à propos de la structure du

langage. Il dit qu'une proposition est une « synthèse » de verbes et de
noms (voir aussi *Sophiste* 263d et Plutarque, *Moralia*, 1011e, qui attribue
une telle définition à Platon). Dans *La République*, Platon utilise le mot
'synthèse' pour désigner la combinaison de parties dans un système.
Il soutient (en 611b) qu'il ne faut pas croire que l'âme est constituée
de parties distinctes, puisqu'il est difficile d'être immortel pour un être
« composé [σύνθετον] » d'un certain nombre de parties, excepté dans le
cas où la « synthèse » est parfaite. Ailleurs dans le même dialogue (533b),
il évoque la « synthèse » des « choses manufacturées [συντιθεμένα] »
comme étant l'affaire des « τέχναι ». Dans le Phédon (92e-93a), il traite
de l'« harmonie [ἁρμονία] » comme de quelque chose produite par un
acte de « synthèse ». Dans tous ces exemples, la synthèse ressemble au
processus de composer ou d'arranger des objets dans une structure ou un
système, et, en tant que telle, elle n'est opposée à aucune sorte d'analyse.
De plus, au contraire du terme 'synthèse', le terme 'analyse' ne fait pas
partie du lexique de Platon.

Cela n'empêche pas Platon de faire ressortir le contraste entre les idées
de composition et de séparation au cœur même de sa philosophie, dans
sa présentation de la dialectique. Dans le *Phèdre* (265c-266c), il appelle
'dialecticiens' ceux qui sont capables de manipuler la « division et l'assemblage [διαίρεσις καὶ συναγωγή] ». Par la seconde de ces démarches,
des idées éparses sont groupées ensemble, tandis que par la première, une
idée est présentée selon ses articulations naturelles. Le fait que Platon
choisisse 'συναγωγή' plutôt que 'σύνθεσις' pour désigner la seconde
opération pourrait être interprété comme un symptôme de sa volonté de
distinguer deux sortes de composition : l'assemblage d'objets distincts
pour former un certain système (que nous pourrions appeler 'σύνθεσις')
et la subsomption d'idées distinctes sous une idée de type supérieur (que
nous pourrions appeler 'συναγωγή'). Puisque pour Platon, les idées s'opposent aux apparences comme des objets réels s'opposent à des objets
fictifs, cette distinction ne correspond pas à la distinction entre composition d'objets et composition de concepts et la συναγωγή ne renvoie pas
à la subsomption d'objets sous un concept. Comme Platon ne disposait
pas de la notion de concept, la σύνθεσις et la συναγωγή opèrent sur
des objets, les « idées », mais tandis que le résultat de la σύνθεσις est
un nouvel objet, qui en tant que tel appartient à un certain domaine,
le résultat de la συναγωγή est la reconnaissance d'une certaine relation
liant différentes idées et produisant, selon les termes de Platon, « clarté
et cohérence » du discours (*ibid.* 265d). Grâce à elle, nous pouvons dire,

par exemple, ce qu'est l'amour, mais nous ne reconnaissons pas nécessairement les différentes sortes d'amour, c'est-à-dire les différentes idées
subordonnées à l'idée d'amour (mais ne la composant pas). Cela est
l'affaire de la διαίρεσις, qui opère sur une idée (rendue claire par la
συναγωγή), dont elle reconnaît les différentes espèces.

3. ARISTOTE

3.1. *Synthèse*

Quand Aristote, dans la *Politique* (1294a30-1294b1), parle de
διαίρεσις et de σύνθεσις, il semble ne pas entendre ces termes en un sens
très différent de celui de Platon. La διαίρεσις est le caractère distinctif de
certaines formes de gouvernement, la démocratie et l'oligarchie, tandis
que la σύνθεσις est la composition de ces formes donnant, comme
résultat, une nouvelle forme de gouvernement. Il en va de même dans la
Métaphysique, quand Aristote oppose σύνθεσις et διαίρεσις (1027b19,
1067b26) en renvoyant respectivement à la composition et à la séparation du sujet et du prédicat, ou quand il observe (1042b 12-18) que les
« différences [διαφοραί] » entre sujets peuvent dépendre de la manière
dont ceux-ci sont « synthétisés ». Dans ces passages, Aristote associe
la notion de synthèse avec une idée de séparation, mais ne désigne pas
cette dernière par le terme 'analyse', et utilise, en revanche, les termes
platoniciens 'διαίρεσις' et 'διαφορά'. Ici la synthèse est une manière de
produire des objets (sujets ou formes), qui peut être distinguée (séparée)
d'une autre par le caractère particulier de la synthèse même. Ailleurs
dans la *Métaphysique*, le terme 'synthèse' est employé pour indiquer un
mode particulier de composition — qu'Aristote distingue explicitement
du « mixte [μῖξις] » (1043a13-1092a26) et de l'« union [συνουσία] »
(1045b12) — ou la composition en général (1113b22 ; 1114b37).

3.2. *Analyse : Premiers et Seconds Analytiques*

Ainsi, prise en tant que telle, l'idée de synthèse semble ne pas avoir
souffert de modification profonde en passant de Platon à Aristote ; les
deux auteurs l'emploient pour exprimer la composition d'objets en vue de
former de nouveaux objets. Ce qui est nouveau chez Aristote est plutôt la
conception des objets sur lesquels la synthèse peut opérer. Comme Platon,
Aristote pense que la connaissance implique comme sa condition nécessaire une dualité fondamentale. Mais il remplace la dualité platonicienne

entre objets réels (les idées) et objets fictifs (les apparences) par la dualité entre matière et forme, entre sujet et prédicat, qu'on pourrait interpréter, de façon moderne, comme la dualité entre objet et concept [1]. Ainsi les objets aristotéliciens sont les objets tombant sous certains concepts, les sujets de certains prédicats, ou des morceaux de matière ayant une certaine forme.

Donc, un énoncé comme 'Socrate est mortel' ne signifie pas pour Aristote, au contraire de Platon, que l'idée de Socrate est subordonnée, dans la hiérarchie des idées, à l'idée de mortalité, mais elle signifie que le prédicat ⌜(être) mortel⌝ est attribué au sujet ⌜Socrate⌝, ou que l'objet Socrate appartient à l'extension du concept d'être mortel. 'Socrate' est ici le nom d'un objet (qui fonctionne comme sujet de prédication). Cependant, selon Aristote, un objet n'est pas simplement un morceau de matière, c'est plutôt une substance, c'est-à-dire un morceau de matière ayant une certaine forme. Et c'est cette forme qui fait de la substance ce qu'elle est (qui fait la quiddité de la substance). Ainsi le terme 'Socrate' réfère à cette forme, c'est-à-dire à un prédicat ou même à un concept. Se pose alors la question suivante : à quel morceau de matière s'applique la forme Socrate ? Ou encore : quel est le sujet du prédicat ⌜(être) Socrate⌝ ou quel est l'objet qui appartient au concept de ce qui est Socrate ? En répondant que cet objet (sujet ou morceau de matière) est Socrate, nous acceptons d'employer un concept (une forme ou un prédicat) pour identifier un morceau de matière, un sujet ou un objet. Il n'y aurait pas de connaissance possible si nous n'étions pas capables de cela. Mais aucune connaissance ne serait possible si toutes les formes, prédicats ou concepts, étaient traités comme pouvant identifier des morceaux de matière, sujets ou objets. La connaissance exige donc de distinguer entre les formes, prédicats ou concepts indiquant des morceaux de matière, sujets ou objets,

---

1. Mon usage de la distinction objet/concept pour rendre compte de la notion aristotélicienne d'analyse (et de synthèse) ne doit pas faire penser que je prétends que cette distinction soit explicitement présente chez Aristote. J'utilise celle-ci dans un effort de compréhension moderne d'une conception qui, en tant que telle, n'en dépend pas. Il reste cependant que la manière dans laquelle Aristote pense la distinction sujet/prédicat peut être conçue comme une étape essentielle dans la constitution de la notion de concept. C'est par exemple l'opinion de Wieland qui attribue à Aristote un « concept fonctionnel fondamental » caché dans son usage de la locution 'en tant que [ἧ]'. Cela permet à ce dernier de sortir de l'impasse dans laquelle était tombé Platon du fait de son « objectivation du prédicat », car il peut « mettre sous forme de concepts (*in Begriffe zu fassen*) les structures fondamentales de la compréhension du monde » (Wieland, 1962, p. 197-198). Düring est encore plus explicite. Selon lui, Wieland aurait « soutenu à juste titre que la découverte aristotélicienne du 'en tant que' constitue *de facto* une découverte du concept » (Düring, 1966, p. 20).

et les formes, prédicats ou concepts ne faisant pas cela. Bien sûr, une telle distinction est relative à des actes spécifiques de connaissance, puisque nous pouvons prononcer aussi bien 'Socrate est mortel' que 'Cet homme est Socrate'. Par conséquent, des problèmes nouveaux et essentiellement non platoniciens apparaissent dans la théorie aristotélicienne de la connaissance : est-il possible — dans un certain contexte épistémique — de traiter une forme, un prédicat ou un concept comme pouvant identifier un morceau de matière, sujet ou objet ? Sous quelles conditions est-ce possible, si tel est le cas ? Quel morceau de matière, sujet ou objet, est identifié par cette forme, ce prédicat ou ce concept ? En termes plus simples : un concept peut-il servir à identifier un objet ou une pluralité d'objets, ou non ?

Demander cela n'est pas la même chose que de demander si un ou plusieurs objets tombent sous un certain concept, puisque ceci peut arriver même si le concept ne peut indiquer un objet. Considérons le cas du prédicat ⌜(être) rouge⌝. Dans le contexte de la connaissance empirique, l'extension de ce prédicat n'est certainement pas vide. Pourtant il échoue à indiquer quelque objet empirique que ce soit. La question n'est pas non plus celle consistant à demander si un certain prédicat est essentiel d'un certain sujet, puisqu'il est possible que nous soyons d'accord pour considérer qu'un certain prédicat est essentiel d'un certain sujet (par exemple le prédicat ⌜(être) humain⌝ pour Socrate), même si nous soutenons que ce prédicat ne sert à désigner aucun objet en tant que tel.

Bien qu'il semble accepter la distinction intensionnelle entre prédicats identifiant un sujet et prédicats qui sont essentiels d'un certain sujet, Aristote semble penser qu'aucun prédicat ne peut être essentiel d'un certain sujet, s'il n'est pas capable d'identifier un objet. Il considère (*Seconds Analytiques* 73a34-73b3) qu'un prédicat Q est essentiel d'un certain sujet P s'il appartient à l'essence de P d'être Q (comme il appartient à l'essence de Socrate d'être un homme), mais tout aussi bien si Q identifie un objet tel qu'il appartient à son essence d'être P. Donc un prédicat Q est un prédicat essentiel d'un sujet P si et seulement si la prédication 'P est Q' ou la prédication 'Q est P' sont des prédications essentielles, c'est-à-dire qu'elles assignent au sujet un prédicat tel qu'il appartient à l'essence de ce sujet d'être comme le prédicat l'indique [1].

---

1. À vrai dire la définition d'Aristote n'est pas claire. Le passage que je cite appartient à un argument plus étendu, dans lequel Aristote pose quatre significations différentes pour l'expression '(être) en soi'. Selon la troisième signification (*Analytiques Seconds* 73b 5-10) Q est en soi s'il n'est pas dit être d'un certain sujet, disons P, tandis que selon la quatrième

Aristote se fonde sur cette définition pour argumenter, dans les chapitres I.19-22 des *Analytiques Seconds*, en faveur de la thèse suivante [1] :

Si '*P* est *Q*' est une prédication essentielle et $\{P_j\}$, $\{Q_j\}$ et $\{S_j\}$ sont trois séries de prédicats intervenant respectivement dans les séries de prédications suivantes :

(*a*) {'P_1 est *P*', 'P_2 est P_1', 'P_3 est P_2', ...}

(*b*) {'*Q* est Q_1', 'Q_1 est Q_2', 'Q_2 est Q_3', ...}

(*c*) {'*P* est S_1', 'S_1 est S_2', ..., 'S_{n-1} est S_n', ''S_n est *Q*'},

alors

(*i*) si les prédications des séries (*a*) et (*b*) sont toutes essentielles, alors les séries $\{P_j\}$ and $\{Q_j\}$ sont finies ;

(*ii*) si les prédications de la série (*c*) sont toutes essentielles, alors la série $\{S_j\}$ est finie ;

(*iii*) si les négations des prédications des séries (*a*), (*b*) et (*c*) sont toutes essentielles, alors les séries $\{P_j\}$, $\{Q_j\}$ and $\{S_j\}$ sont finies.

Une preuve ne pouvant contenir, selon Aristote, que des prédications essentielles, cela signifie qu'aucune preuve ne va à l'infini et qu'il n'y a pas une preuve de toute chose (*ibid.* 82a 6-8). Dans les chapitres I. 20-21, Aristote argue que si (*i*) est vraie, alors, (*ii*) et (*iii*) sont aussi vraies. Finalement dans le chapitre I.22 Aristote argue que (*i*) est vraie.

(*ibid.* 10-16) *P* est *Q* en soi s'il est *Q* exactement en tant qu'il est *P* (et pour aucune autre raison extérieure). Les deux premières significations sont celles que nous avons exposées dans le texte. Cependant, Aristote semble insister sur le fait que les prédications '*P* est *Q*' et '*Q* est *P*' interviennent respectivement dans les définitions de *P* et de *Q*. C'est pourquoi Barnes (Aristote, *Posterior Analytics*, p. 112 et 114) soutient que la troisième et quatrième significations sont ontologiques, tandis que la première et la seconde sont logiques et qu'elle sont toutes des significations de '*Q* vaut pour *P* en soi'. Barnes soutient de plus que les arguments des chapitres 19-22, que nous allons discuter plus bas, renvoient aux deux premières significations. Pourtant il me semble que la troisième signification est très différente de la quatrième et concerne spécifiquement le fait que le prédicat *Q* désigne un certain sujet, tandis que la quatrième intègre les deux premières en précisant qu'elles concernent une essence, plutôt qu'une simple définition (ou même une définition essentielle plutôt qu'une définition purement linguistique).

1. Bien que je m'en éloigne beaucoup sur certains points, ma reconstruction de l'argument qui suit est largement redevable à la traduction et aux commentaires de Barnes (Aristote, *Posterior Analytics*).

Au début de ce dernier chapitre, Aristote affirme qu'aucun sujet ne peut être défini ni connu si ses prédicats essentiels sont en nombre infini (82b 37- 83a 1) [1], et qu'aucun prédicat ne peut être essentiel d'un sujet s'il n'est pas susceptible d'indiquer un sujet : à savoir, soit le sujet même auquel il s'applique, soit l'une de ses espèces (83a 24-25). Selon une lecture littérale de la seconde thèse, il n'est pas possible qu'une prédication 'P est Q' soit essentielle si le prédicat Q ne désigne pas un sujet qui soit précisément P (car si Q est une espèce de P, il n'est certainement pas essentiel pour P d'être Q). Cependant, Aristote semble penser que cette prédication pourrait aussi être essentielle si le prédicat Q indiquait un sujet dont le sujet P est juste une espèce. En tout cas, Aristote dit qu'il n'y a pas de blanc qui soit seulement blanc et ne soit pas en outre autre chose (83a 30-32), car le prédicat ⌐(être) blanc⌐ ne peut être essentiel de n'importe quel sujet. Cela signifie que pour Aristote les idées platoniciennes doivent être rejetées, ou, au moins, qu'elles ne peuvent intervenir dans une preuve (83a 32-33).

Ensuite, Aristote avance trois arguments différents en faveur de (i), dont le troisième est dit 'analytique' (84a 17-28) en opposition aux deux autres qui sont dits 'logiques [λογικῶς]' ou — comme on traduit en suivant Gérard de Crémone —'dialectiques'.

Considérons cet argument. Si la série descendante des prédicats 'P_j' est infinie, il y aura pour tout nombre (entier positif) i un prédicat 'P_i, tel que 'P_i est P_{i-1}' (où P_0 est le même que P) est une prédication essentielle ; donc en remontant la série nous devrions conclure que pour tout nombre (entier positif) i il y a un prédicat 'P_i' tel que 'P_i est P' est une prédication essentielle. Mais cela est impossible, car il n'est pas possible qu'une infinité de choses appartienne à une seule chose. Ainsi la conclusion est démontrée pour la première série. Le même argument est valable pour la seconde série, car si la série était infinie il y aurait pour tout nombre (entier positif) j un prédicat Q_i tel que 'Q est Q_i' est une prédication essentielle, ce qui rendrait impossible de définir Q.

Il n'importe pas ici que cet argument soit correct ou non [2]. Ce qui importe c'est qu'Aristote l'appelle 'analytique'. Que veut-il dire par

---

1. Remarquez que, par soi, la thèse principale des chapitres I.19-22 ne dérive pas de cette thèse pas plus qu'elle ne l'implique puisqu'il est possible que P ne soit pas susceptible d'être défini et connu, et que toutes les séries de prédications comme celles ci-dessus soient finies, tout en étant en nombre infini.

2. Selon Barnes (Aristote, *Posterior Analytics*, p. 180) l'argument pour la série descendante des P_j n'est pas correct. Cela est tout à fait juste, si on considère, comme le fait Barnes, que cette série est une série de prédications où le prédicat « est inhérent à la définition » du

là ? Quel caractère de cet argument veut-il souligner par le choix de cet adjectif ? Si nous considérons deux autres passages des *Seconds Analytiques* où intervient le terme 'analyse' avec un sens plus clair, deux réponses sont possibles [1]. La première convoque un passage du chapitre I.32 (88b 14-20) : Aristote soutient que, de la prémisse évidente que toute conclusion (correcte) peut être démontrée en partant de tous les principes, il ne s'ensuit pas que les principes soient les mêmes pour toute science. Comme contre-exemple, il cite le cas des mathématiques et de l'analyse syllogistique. Il est clair que le terme 'analyse' renvoie à la science des syllogismes ou, généralement, à la science de la preuve, en concordance avec le titre du traité d'Aristote consacré à cette matière (voir aussi *Métaphysique* 1005b 4). Avec ce sens du terme 'analyse' nous dirons que l'argument d'Aristote est analytique, parce qu'il procède par syllogismes (implicites). La seconde réponse en appelle à un passage du chapitre 1, 12 (78a 6-8). Aristote y dit que s'il était impossible de dériver le vrai à partir du faux, l'« analyse » serait aisée, car il y aurait nécessairement « réciprocabilité [ἀντέστρεφε] ». Ici le terme 'analyse' semble renvoyer à la déduction du connu à partir de l'inconnu, ou de prémisses (acceptées ou acceptables) à partir de la conclusion que nous cherchons à prouver (Aristote, *Posterior Analytics*, [traduction Barnes, p. 147]). Avec cette acception nous pouvons dire que l'argument d'Aristote est analytique parce que, supposant que la conclusion est vraie, il en déduit quelque chose qui est connue comme étant fausse (ou considérée comme fausse) ; il s'agit donc d'une réduction à l'absurde.

Prises séparément ces deux réponses pourraient être convaincantes. Mais si on les prend ensemble, surgit le problème de comprendre

---

sujet (*ibid.*, p. 112), et que l'on considère que l'argument d'Aristote concerne directement la possibilité d'une définition. S'il en est ainsi, le fait que pour tout nombre (entier positif) i il y a un prédicat P_i tel que 'P_i est P' est une prédication essentielle (au sens ci-dessus) signifie seulement que P est inhérent à la définition d'un nombre infini de sujets. Pour rendre correct l'argument d'Aristote, nous devons supposer que P_i est un sujet et, plus précisément, une espèce de P — (essentiellement) défini par le genre auquel il appartient — et qu'aucun sujet ne peut contenir un nombre infini d'espèces (ce qui rend clair le rôle de la seconde prémisse avancée par Aristote au début du chapitre I.22). En tout cas, si, à la différence de Barnes, nous ne considérons pas que l'argument d'Aristote concerne directement la possibilité d'une définition, c'est l'argument pour la série ascendante des Q_j qui échoue, excepté si nous acceptons que le prédicat d'une définition essentielle est un genre du sujet et qu'aucun sujet ne peut appartenir à une infinité de genres enchâssés (voir la note 1, p. 34 et la note 1, p. 35).

1. L'interprétation de Waitz (Aristote, *Organon Graece*, vol. II, 353-354) selon laquelle une preuve « analytique » est rigoureuse, tandis qu'une preuve « logique » ne l'est pas, me semble inacceptable.

comment elles pourraient être compatibles. Pourquoi la science de la démonstration est-elle appelée 'analyse' si, en un autre sens, l'analyse est une déduction régressive ? On peut trouver une réponse à cette question dans la première leçon (*Proemium*) du Commentaire de Saint Thomas d'Aquin aux *Seconds Analytiques*. Le raisonnement de Thomas est le suivant. Au début de la *Métaphysique*, Aristote dit que l'on vit grâce à l'art et à la raison. L'art est un certain ordre de la raison, selon lequel les actes humains atteignent certaines fins. La raison non seulement dirige les actes des parties inférieures de l'homme, mais encore elle est elle-même un acte. Ainsi, il y a un art de la raison qui nous permet d'ordonner sans faute les actes de la raison. Cet art est la logique, qui est ainsi à la fois rationnelle (comme tout art) et concerne la raison. La logique est donc divisée en parties différentes correspondant aux différents actes de la raison. Le premier est la compréhension de l'indivisible et du simple, c'est l'affaire des *Catégories*. Le second est l'acte de composition et de division, qui produit de jugements respectivement affirmatifs et négatifs, c'est la substance du *De Interpretatione*. Enfin, le troisième concerne « ce qui est propre à la raison [*secundum id quod est proprium rationis*] » et c'est l'acte d'inférence (c'est, selon les termes de Thomas, « *discurrere ab uno in aliud, ut per id quod est notum deveniat in cognitionem ignoti* »). Ce troisième acte peut être exécuté selon trois modalités différentes, puisque la raison peut agir avec ou sans nécessité (ou certitude) et si elle agit sans nécessité, elle peut atteindre le vrai ou le faux. La partie de la logique traitant de la première de ces modalités est la logique « *iudicativa* » : elle produit des jugements qui ont la certitude de la science. Or une telle certitude n'est possible que si ces jugements sont réduits aux premiers principes (s'ils sont ramenés à la certitude du premier acte de la raison, c'est-à-dire à la compréhension de l'indivisible et du simple). À cause de cela cette partie de la logique est appelée 'analyse' et c'est la matière des *Analytiques* d'Aristote.

Ce splendide argument laisse de côté le fait que pour Aristote l'analyse concerne la certitude et la démonstration (plutôt que la probabilité et la découverte — matière selon Thomas des *Topiques* — ou les arguments faux — ce qui est la matière des *Réfutations Sophistiques*)[1]. Il est certain, en effet, que pour Aristote l'analyse concerne la certitude et la démonstration. Mais si Thomas a raison, comme je le crois, cela ne tient pas au fait que l'analyse est démonstrative, mais au fait que la démonstration

---

1. C'est l'une des racines de l'idée fausse souvent défendue d'après laquelle la synthèse ne serait rien d'autre que l'invention (ou même l'« intuition » en tant qu'acte créatif).

est nécessairement analytique, c'est-à-dire qu'elle garantit la vérité de la conclusion en la réduisant aux premiers principes. Cela ne signifie pas qu'une démonstration d'une proposition T est nécessairement une déduction de quelques premiers principes à partir de T, Aristote sachant parfaitement que du faux peut être déduit le vrai. Le point est plutôt le suivant. Si une proposition T est donnée afin d'être prouvée (ou réfutée), la seule chose que l'on puisse faire est de chercher de quels premiers principes T peut être déduite. Ainsi, si nous considérons une preuve du point de vue de sa conclusion, plutôt que de ses principes, elle est nécessairement précédée par une démarche régressive réduisant cette conclusion à ses principes. En appelant 'analyse' la science de la preuve, Aristote entend insister sur cet aspect de la preuve (Ross, 1949, p. 400), qui est le plus important si l'on se soucie, comme le faisait Aristote, de la vérité de la conclusion et des conditions d'une telle vérité. Naturellement, si la régression consiste à déduire de T la négation d'un premier principe, il est *ipso facto* (au moins du point de vue classique, qui est celui d'Aristote) une preuve de ¬T. C'est exactement le cas de l'argument ci-dessus, mais ce n'est pas le cas général.

Ainsi, quand Aristote affirme que son argument est analytique, il renvoie à l'analyse comprise comme démarche régressive, qui nous mène de certaines affirmations aux principes qui les rendent vraies (ou prouvables)[1]. Une idée semblable apparaît dans un court passage de la *Métaphysique* (1063b 15-19), où Aristote affirme que des affirmations contraires ne peuvent être vraies toutes les deux. La raison de cela, écrit-il, est évidente « en analysant les définitions de contraires en leurs principes [ἐπ' ἀρχὴν τοὺς λόγους ἀναλύουσι τοὺς τῶν ἐναντίων] ». Ici, l'analyse est une régression qui d'une définition nous mène au principe qui en explique le sens.

Cela semble assez clair, mais ce n'est pas encore la fin de l'histoire. En effet dans les *Premiers Analytiques*, Aristote emploie souvent (par exemple en 51a 18-19) le terme 'analyse' avec un sens strictement différent (Hintikka et Remes, 1974, p. 31). Ici l'analyse est une réduction ou plus exactement une transformation d'une certaine figure syllogistique en une autre (Smith, 1983, p. 161), qui nous permet de savoir si les syllogismes de la première figure sont valides ou invalides. La science de la démonstration est donc concernée par la réduction régressive de deux façons. D'une première façon, la preuve exige la réduction régressive de la conclusion aux premiers principes, et de l'autre la correction d'une preuve

---

1. Voir Proclus, *In primum Euclidis*, 18.10-19.5, et *A Commentary*, p. 15-16.

a pour condition nécessaire sa réductibilité à l'une des figures acceptées du syllogisme. C'est seulement parce que l'acte de cette double réduction régressive est analyse que la preuve est concernée par l'analyse : ce n'est pas, pour Aristote, l'analyse qui est démonstrative — comme le pensent Thomas et, de nos jours, Timmermans (1995), par exemple — mais c'est la preuve qui est nécessairement analytique.

Mais nous ne sommes pas encore au bout de nos peines. Avant de quitter les *Analytiques*, revenons un instant à l'argument ci-dessus. Ce qu'Aristote affirme avec un tel argument [1] est qu'il n'y a pas de preuve possible d'un certain sujet, identifié par un prédicat P, si la série régressive des prédicats $\{P_j\}$ spécifiant P n'aboutit pas à un prédicat P_n qui ne peut pas être davantage spécifié. Aristote parle de preuve, mais il paraît renvoyer à la connaissance en général. Nous dirions qu'il affirme qu'il n'y a pas de connaissance possible s'il n'y a pas de concepts qui soient, comme tels, des concepts d'objets plutôt que des concepts de propriétés ou de relations. En termes aristotéliciens : il n'y a pas de connaissance possible s'il n'y a pas de formes qui ne soient intrinsèquement des substances.

3.3. *Analyse : L'Éthique à Nicomaque*

Retenons ceci et considérons à présent le fameux argument des chapitres III.3-5 de *L'Éthique à Nicomaque* (1111a 21- 1113a 12). Aristote discute ici de la différence entre « acte volontaire [ἑκούσιος] » et « choix [προαίρεσις] ». Un acte volontaire est celui dont le principe moteur est dans l'agent lui-même (111a 22-23). Un choix est un acte volontaire, mais pas n'importe quelle sorte d'acte volontaire. D'abord le choix n'est ni « appétit », ni « colère » ni « souhait [βούλησις] ». De plus, ce n'est ni une « opinion [δόξα] » ni, en général, une sorte particulière d'opinion. Il y a différentes raisons à cela. Deux d'entre elles sont les suivantes : d'abord l'opinion peut se rapporter à n'importe quelle sorte d'objet, tandis que le choix ne peut s'appliquer qu'à des choses qui sont en notre propre pouvoir ; ensuite une opinion est vraie ou fausse, tandis qu'un choix est bon ou mauvais. Ainsi l'opinion diffère du choix, même si elle le précède ou l'accompagne. En effet (1112a 15) le choix est un acte volontaire « qui a été délibéré [προβεβουλευμένον] [2] » : l'acte volontaire

---

1. Voir la note 2, p. 35.
2. Littéralement 'pré-délibéré', puisque le verbe 'βουλεύω' signifie 'délibérer' en tant qu'acte d'un conseil, car la βουλή était le conseil administratif d'une communauté politique.

suit (et dépend d'une « délibération [βούλευσις] ». En renvoyant à l'acte de la βουλή [1], Aristote semble affirmer que le choix est un acte qui résulte d'une considération plurielle, voire même publique ou politique, en vue de déterminer une action.

Or, conformément à la caractérisation d'un acte volontaire, l'agent d'une délibération ne peut être que le sujet lui-même qui fait le choix. Mais quel est l'objet d'une telle délibération ? Implicitement la réponse a déjà été donnée, puisqu'Aristote a dit que le choix ne peut être fait que sur des choses qui sont en notre propre pouvoir. Mais il essaie à présent d'expliciter cette réponse en l'étendant à n'importe quelle sorte de délibération et en disant quelles sortes de choses sont ou ne sont pas en notre propre pouvoir. En premier lieu, selon Aristote, les choses éternelles (c'est-à-dire nécessaires) [2] — telles celles dont traitent les mathématiques — ne sont pas objet de délibération. La même chose vaut pour celles qui changent si elles changent toujours de la même façon — comme le sujet des mouvements naturels — ou qui changent de façon totalement irrégulière — comme la pluie — ou encore qui changent par hasard — comme le fait de trouver un trésor. Cela est parfaitement clair, puisqu'aucun sujet humain (ou politique) — i.e. l'agent possible d'une délibération — ne peut intervenir sur ces choses. Selon Aristote, le champ de la délibération est même plus étroit, puisque tout sujet délibère seulement sur les choses qu'il est capable de modifier. Par exemple, dit Aristote, aucun lacédémonien ne délibère sur le gouvernement scythe. Ainsi, concernant la délibération, le pouvoir humain doit être compris comme pratique et politique, c'est-à-dire un pouvoir fixé par des contraintes accidentelles et même par des conventions sociales. De plus, la délibération ne concerne pas les fins, mais seulement les moyens nécessaires pour atteindre des fins préalablement fixées. Plus précisément les objets de la délibération sont au nombre de deux seulement. Premièrement, si la même fin peut être atteinte par plusieurs moyens distincts, la délibération établit lequel entraîne la réalisation la plus simple et la meilleure. Deuxièmement, si la fin ne peut être atteinte que d'une seule manière, la délibération établit, en allant de cette manière à la situation effective du sujet, la chaîne des moyens produisant cette manière.

Aristote continue (1112b 20-21) ainsi : « celui qui délibère semble chercher et analyser la manière en question comme [il arrive] avec une

---

1. Voir la note 2, p. 39.

2. L'identification par Aristote de l'éternité avec la nécessité (sa conception non modale de la nécessité) a été discutée par nombre d'auteurs. Voir par exemple Hintikka (1975).

figure géométrique [ὁ [...] βουλευόμενος ἔοικε ζητεῖν καὶ ἀναλύειν τὸν εἰρημένον τρόπον ὥσπερ διάγραμμα]». La traduction est littérale, mais nous pourrions interpréter ce passage comme suit : « celui qui délibère semble chercher de la manière décrite, comme s'il analysait [une] figure géométrique ». Ainsi Aristote semble dire que ce qui a été décrit est précisément le chemin de l'analyse. La délibération est donc une sorte d'analyse ou, mieux, l'analyse est la forme de la délibération ; c'est une forme de pensée, la forme satisfaite précisément par la délibération. Mais comment caractériser en général cette forme ? Qu'est-ce qui est propre à cette forme, plutôt qu'à la nature particulière de la délibération ? Aristote semble vouloir répondre à cette question, puisqu'il remarque immédiatement après (1112b 21-23) que si toute délibération est une recherche, toute recherche n'est pas une délibération — « comme la recherche en mathématiques [οἷον αἱ μαθηματικαί] » — et affirme (1112b 23-24) que ce qui est dernier en analyse est premier « en génération [ἐν τῇ γενέσει] ». Le sens de la comparaison d'Aristote n'est pas tout à fait clair. Des traductions différentes en donnent des versions différentes. Il me semble, quant à moi, qu'Aristote compare la délibération au chemin qui nous porte de la définition d'une figure aux éléments dont part la construction (ou génération de la dite figure), et qu'il affirme que délibération et chemin sont des exemples d'analyse. Néanmoins, une comparaison n'est pas une identification, car le chemin qui va de la définition d'une figure aux éléments par lesquels la construction commence est une recherche mathématique, et une recherche mathématique n'est pas une délibération (même si une délibération est une recherche).

Si cela est correct, Aristote pense que, en tant qu'elle est une réduction régressive, l'analyse peut à la fois être la réduction de la définition d'une figure géométrique aux éléments à partir desquels la construction (géométrique) de la figure est possible — ce que je vais appeler une 'réduction géométrique' —, et la réduction d'une fin aux moyens effectivement disponibles à partir desquels une chaîne de moyens nous conduit à cette fin. Dans le premier cas, l'analyse nous conduit d'une condition (ce n'est pas encore un objet, mais seulement un caractère qu'un objet devrait finalement satisfaire) aux objets effectifs à partir desquels un autre objet satisfaisant la condition donnée sera certainement (et toujours) construit. Dans le second cas, l'analyse nous conduit de la détermination d'une certaine fin (non encore réellement atteinte) aux moyens qui peuvent la produire. Dans ce second sens, mais pas dans le premier, l'analyse est une délibération.

Comme nous venons de le voir, une délibération ne concerne jamais, selon Aristote, des choses éternelles (c'est-à-dire nécessaires), et n'est donc jamais accompagnée par la garantie que la fin sera atteinte en suivant la chaîne des moyens effectivement indiquée. Ici, Aristote semble très proche d'une conception platonicienne, puisqu'il soutient que la délibération est affaire d'opinion et non de connaissance. Selon ce point de vue, l'analyse doit nécessairement accompagner la nécessité démonstrative des mathématiques. Ainsi, tandis que l'agent de la première sorte d'analyse n'est autre que le mathématicien, qui sait qu'une certaine construction est possible et qui construit un objet satisfaisant certaines conditions, l'agent de la seconde sorte d'analyse est la βουλή, ou généralement une communauté politique, qui doit évaluer les risques et les chances d'un choix. Je ne dis pas que, en tant que l'analyse est une réduction régressive, elle n'est pas nécessairement une déduction régressive ; je ne dis pas non plus que nécessairement l'analyse n'est ni une déduction régressive, ni une réduction régressive préparant une déduction possible. Ce que je dis c'est qu'il n'est pas nécessaire que l'analyse soit une déduction régressive ou une réduction régressive préparant une entreprise réussie (et donc, *a fortiori*, une réussite démonstrative, comme l'est une construction géométrique).

Mais c'est là seulement un aspect de la question. Il y a un autre aspect important et plus profond, je crois, partagé par la délibération (au sens d'Aristote) et la réduction géométrique, au regard duquel elles apparaissent logiquement similaires en dépit de la différence radicale entre la raison pratique (à laquelle la délibération semble appartenir) et la raison purement spéculative (à laquelle la construction géométrique semble appartenir). Une délibération commence par fixer une fin et se préoccupe de considérer les moyens convenables pour l'atteindre. Mais, fixer une fin signifie présenter à la fois le concept d'un état de choses et arrêter la volonté de le réaliser. Ainsi, dans le cas de la délibération, l'analyse se termine par la détermination d'une action possible à effectuer pour produire un certain état de choses. De même, une réduction géométrique ne commence pas simplement avec l'établissement d'une définition, mais seulement avec l'établissement de l'objectif d'exhiber un objet effectif répondant à cette définition. Aussi dans le cas de la construction géométrique, la conclusion de l'analyse est donc la détermination d'une action possible à effectuer ; la différence est ainsi que, dans le premier cas, l'action produit, ou doit produire un nouvel état de choses, alors que dans le second cas, l'action permet d'exhiber un objet géométrique. Mais dans le premier, comme dans le second cas, le résultat d'une telle action est quelque chose tombant sous le concept présenté initialement ; c'est l'objet de ce concept. Donc, dans les deux cas, l'analyse est une réduction d'un concept, donné en tant que tel (indépendamment de l'objet correspondant), aux conditions d'une réalisation effective de l'objet correspondant, c'est-à-dire aux conditions qui rendent effectivement possible cette réalisation (pour l'agent de l'analyse).

4. Les formes aristotéliciennes de l'analyse

Suivant l'argumentation d'Aristote dans les *Analytiques* et l'*Éthique à Nicomaque*, nous avons rencontré quatre exemples de ce qu'il nomme « analyse » : la démarche régressive liée à une preuve (c'est-à-dire la réduction de la proposition à démontrer à des principes admis ou à leur négation), ou à une explication d'une définition, que nous pourrions appeler 'réduction aux principes' ; la réduction d'une figure du syllogisme à une figure différente, que nous pourrions appeler 'réduction syllogistique' ; la réduction géométrique ; la délibération. Qu'ont de commun ces quatre exemples ?

Une première réponse est déjà implicitement contenue dans ce que j'ai dit : ils sont tous des exemples d'une réduction régressive [1]. Mais les troisième et quatrième exemples diffèrent des deux premiers en ceci qu'ils ne sont pas une réduction régressive par laquelle quelque chose est réduit à quelque chose d'autre déjà donné ou connu comme étant vrai ou faux ; ce sont des exemples d'une réduction régressive d'un concept aux conditions qui peuvent être satisfaites dans la situation effective d'un sujet. Cette observation suggère une généralisation possible de l'idée de réduction régressive. Une réduction est régressive si *i*) elle est finie ; *ii*) elle est telle que sa dernière étape est une étape finale ne supportant pas de réduction supplémentaire (dans la mesure où une analyse est une recherche, elle

---

1. Bien sûr la réduction régressive est une partie de ce que nous faisons quand nous « travaillons à rebours ». Ainsi la notion aristotélicienne d'analyse est complètement compatible avec le sens général que Szabó (1987) a attribué au terme 'ἀνάλυσις' comme désignant un « travail à rebours ». Nous pouvons la considérer comme la source de conceptions épistémologiques modernes qui ne se limitent pas aux exemples discutés par Szabó ; je veux parler de l'heuristique de Polya (1945, p. 141, en particulier), et de l'« analyse des preuves » de Lakatos ou « méthode de preuve et de réfutation » (Lakatos, 1976, p. 82 et 1978, vol. II, chap. 5, « La méthode de l'analyse et de la synthèse », p. 70-113). Toutefois, il me semble que la notion aristotélicienne d'analyse est plus profonde. Elle n'est pas du tout restreinte à la méthodologie, elle est liée aux questions épistémologiques et métaphysiques fondationnelles.

est finie, dit Aristote, seulement si sa dernière étape n'exige pas d'autre recherche du même genre) ; *iii*) la raison de ceci en est qu'une telle étape correspond à ce que le sujet connaît, à ce dont il dispose, ou à ce qui lui est possible effectivement. Cette généralisation nous permet de dire que, pour Aristote, toute analyse est une réduction régressive.

Un autre trait commun aux quatre exemples ci-dessus est qu'ils réfèrent à l'analyse comme à une forme de pensée inférencielle, plutôt qu'à une forme de système d'énoncés ou de propositions. Bien qu'Aristote présente directement le troisième argument du chapitre I.22 des *Seconds Analytiques* comme « analytique », il est tout à fait évident qu'il veut dire que la démarche du raisonnement suivie dans un tel argument est analytique. C'est complètement évident dans le cas de la délibération. Aussi pourrions-nous dire que, pour Aristote, l'analyse est une forme de pensée inférencielle, c'est-à-dire un système, ou même une chaîne d'actes intentionnellement connectés qui nous mènent d'un état à un autre foncièrement différent. Ce sont des actes de représentation et d'assertion de certains contenus. De plus, la représentation de ces contenus peut être entendue comme un énoncé dans un langage disponible. Si c'est bien le cas, leur assertion est un énoncé de ce langage. En employant — comme je l'ai fait maintes fois ci-dessus — le même terme pour désigner à la fois la forme et la substance dont cette forme est la forme, nous pourrions dire qu'une analyse est un système d'actes de pensée exprimés par un système d'énoncés.

Pour Aristote une analyse est, suivant les deux remarques précédentes, un système d'actes de pensée réalisant une réduction régressive. Cela signifie que pour être une analyse, un système d'actes de pensée doit réaliser une transition d'un état à un autre essentiellement différent. Nous pourrions appeler le premier état 'état initial de l'analyse' et le second 'état final de l'analyse'. Notre caractérisation de la notion de réduction régressive spécifie la nature de l'état final. Mais la notion de réduction étant accordée, cette caractérisation ne spécifie ni la nature de l'état initial, ni les relations entre état initial et état final.

Ce que les exemples précédents rendent clair, c'est qu'à l'état initial on doit pouvoir fixer un certain objectif et que l'état final doit être non seulement conclusif eu égard aux conditions (*i*) et (*ii*), mais aussi eu égard à la possibilité de réaliser un tel objectif. Sur ce point cependant les quatre exemples présentent une différence. Tandis que dans la réduction géométrique et dans la délibération, un concept est donné à l'état initial, dans la réduction aux principes et dans la réduction syllogistique, ce qui est donné est un objet. Nous devons donc conclure que selon Aristote il y a deux sortes d'analyse : celle qui opère sur un objet (nous pourrions l'appeler 'analyse d'objet') et celle qui opère sur un concept (nous pourrions l'appeler 'analyse de concept').

De plus, si dans la réduction aux principes l'objectif est seulement de prouver la proposition donnée (ou la classification de la définition donnée) et dans la réduction syllogistique de valider une inférence, dans la délibération il s'agit de réaliser une fin caractérisée par un concept donné, et dans la réduction géométrique de montrer un ou plusieurs objets remplissant le concept donné. Il apparaît donc clairement que l'objectif n'est pas le même pour tous les types d'analyse, qu'il s'agisse d'analyse d'objets, ou d'analyse de concepts.

Cependant, tandis que dans la délibération, dans la réduction géométrique et dans la réduction aux principes — quand elle ne consiste pas à déduire la négation d'un principe à partir d'un énoncé donné — l'analyse ne réalise pas l'objectif, mais indique seulement les conditions de sa réalisation, dans la réduction syllogistique et dans la réduction aux principes — quand elle consiste à déduire la négation d'un principe à partir d'un énoncé donné — l'analyse réalise l'objectif (ou fournit au moins le matériau permettant de dire que l'objectif a été réalisé). Les deux derniers cas sont des exemples d'analyse d'objets. Mais ces objets sont donnés de telle sorte que le sujet ignore quelque chose à leur propos, plus précisément il ignore s'ils ont ou non certaines propriétés. L'objectif spécifie quelles sont les propriétés pertinentes et pose la volonté de savoir si ces objets les ont ou pas. Ainsi, en disant que dans de tels cas un objet est donné, nous soulignons que ce qui est donné sera considéré comme un objet de l'acte de pensée (ou, si vous préférez, de l'énoncé) qui établit finalement que l'objectif a été atteint. Les exemples précédents semblent montrer que dans ce cas l'analyse peut à elle seule réaliser l'objectif. Dans le cas de l'analyse de concepts, le donné peut aussi bien être entendu comme un objet, en un certain sens, puisque tout concept peut être traité comme objet et qu'un sujet le traite bien ainsi quand il le considère comme donné. Néanmoins ces concepts ne se présentent pas comme des objets dans l'acte de pensée (ou, si vous préférez, dans l'énoncé) qui établit que la fin a été atteinte ; ils s'y présentent juste comme des concepts. Cette remarque devrait refléter la différence entre analyse d'objets et analyse de concepts. De plus, elle devrait justifier la conclusion générale suivante : aucune analyse de concept ne peut, en tant que telle, produire la réalisation de l'objectif présent dans l'état initial. Nous devons donc affiner notre analyse en distinguant trois genres différents d'analyse : l'analyse de concepts, l'analyse d'objets qui ne réalise pas à elle seule l'objectif présent dans l'état initial — qu'on pourrait appeler 'analyse d'objets non conclusive' —, et l'analyse réalisant à elle seule l'objectif présent dans l'état initial — qu'on pourrait appeler 'analyse d'objets conclusive'.

Considérons d'abord les exemples précédents d'analyse de concepts, c'est-à-dire la délibération et la réduction géométrique. Il est clair que les conditions de réalisation de l'objectif ne sont pas les mêmes dans les deux cas. Les deux suivantes sont évidemment des conditions de réalisation nécessaires.

Dans le cas des constructions géométriques, le sujet a à opérer sur l'objet donné indiqué par l'analyse et à réaliser la construction conformément aux clauses admises. Si nous supposons que ces clauses sont des clauses constructives, comme les postulats d'Euclide, cette construction peut être comprise comme une synthèse au sens usuel de ce terme (voir la section 5.4 suivante) : c'est une construction d'un nouvel objet à partir d'objets donnés. Nous dirions dans ce cas que l'objectif fixé par l'état initial de l'analyse n'est pas réalisé tant qu'aucune synthèse n'a suivi l'analyse.

Dans le cas de la délibération, le sujet doit agir, il doit passer de la délibération au choix. Dans ce cas, cependant, aucun des sens précédents du terme 'synthèse' ne semble nous autoriser à décrire la situation en disant que l'objectif fixé par l'état initial de l'analyse n'est pas réalisé tant qu'aucune synthèse n'a suivi l'analyse.

Ces deux conditions nécessaires sont-elles également suffisantes ? À première vue la réponse est négative, puisqu'aucune synthèse ni aucun choix ne produit la réalisation de l'objectif, si l'analyse n'a pas indiqué le point de départ correct. Cette réponse est certainement juste, mais triviale. Et la trivialité ne peut être évitée simplement en limitant le regard aux cas où l'analyse est correcte, puisque nous n'avons pas de critères généraux pour distinguer *a priori* entre analyse correcte et analyse incorrecte. La situation est différente dans chacun de ces deux cas. Cela est clair si nous considérons des exemples de constructions pris dans la géométrie d'Euclide ; tandis que dans la délibération nous ne disposons certainement pas de tels critères, nous pouvons en disposer dans la réduction géométrique. Cette remarque jette de la lumière sur la différence essentielle entre délibération et « analyse mathématique » selon Aristote. En outre, elle rend cette distinction indépendante de l'attitude platonicienne inhérente à l'argument de l'*Éthique à Nicomaque*. D'un point de vue intensionnel, la distinction correcte est donc celle entre analyse de concepts réglée par un

critère de correction (relativement à l'objectif), qui opère *a priori* relativement à l'application effective des indications de ces concepts — appelons-
la 'analyse de concepts réglée' —, et analyse de concepts non réglée par
un critère de ce genre — appelons-la 'analyse de concepts non réglée'. Le
seul exemple d'une analyse de concepts réglée qu'Aristote présente est
un exemple où l'objectif est atteint si et seulement si une synthèse suit
l'analyse.

Considérons maintenant l'exemple précédent d'une analyse d'objets
non conclusive. C'est une réduction aux principes qui ne consiste pas
à déduire la négation d'un principe à partir de l'énoncé donné. Dans
cet exemple, une condition nécessaire pour que l'objectif soit réalisé est
d'effectuer une déduction de l'énoncé à partir de principes premiers. Dans
ce cas, l'analyse a deux tâches distinctes : indiquer quels premiers principes il faut prendre comme point de départ de la déduction et suggérer
le chemin de la déduction. Il est clair que cela n'est pas encore donner
la preuve de l'énoncé en question. La preuve exige que la déduction
soit effectuée. Si l'analyse n'est rien d'autre qu'une déduction régressive,
l'indication des premiers principes que l'on doit prendre comme point
de départ de la déduction est évidente. Dans ce cas, le seul critère de la
correction de l'analyse (relativement à l'objectif) est la convertibilité de
la déduction. Or ce critère est *a priori*, au sens indiqué ci-dessus, seulement s'il s'applique à l'analyse elle-même. Donc il est *a priori* seulement
s'il établit que l'analyse ne doit contenir que des inférences par équivalence. Mais c'est généralement un critère trop restrictif, puisque l'énoncé
T pourrait être déduit de certains principes premiers même si *T* ne leur est
pas équivalent. Néanmoins, il ne semble pas y avoir dans ce cas d'autre
critère *a priori* de la correction de l'analyse. Dans la mesure où il s'agit
d'une analyse (d'objets) non conclusive, une réduction aux principes est
soit réglée, soit non réglée. Si elle est réglée, elle échoue, en général,
à exhiber toutes les conditions suffisantes de déductibilité de l'énoncé
donné.

Dans les premier et second cas, la réalisation de l'objectif exige que
l'analyse soit suivie par une déduction, qui, d'après tous les sens précédents du terme, n'est pas une synthèse. Il y a pourtant un aspect de la
réduction non conclusive des principes (telle que l'entend Aristote) qui
la rend semblable à la construction géométrique et suggère même une
généralisation de l'idée de synthèse incluant une telle déduction. Pour
saisir ce point, revenons à la toute dernière remarque de la section 3.2,
où j'ai soutenu que pour Aristote aucune preuve n'est possible à propos

de quelque chose qui est P s'il n'y a pas de prédicat P_n désignant intrinsèquement un sujet. Cela signifie que les premiers principes de n'importe
quelle preuve sont des énoncés à propos d'un objet effectivement donné,
plutôt que d'un objet qui est simplement pris comme tombant sous un
certain concept. C'est dire qu'aucune preuve n'est possible si un objet
n'est pas exhibé. Du fait que l'une des tâches de la réduction non conclusive aux principes est d'indiquer les premiers principes dont la preuve
peut partir, cela signifie, dans ce cas, qu'une des tâches de l'analyse est
précisément d'indiquer certains objets effectivement donnés pour servir
de point de départ à la preuve (ces objets ne sont clairement pas des
premiers principes, mais ce sur quoi portent les premiers principes, car
un premier principe n'est pas un objet effectivement donné, mais plutôt
un objet identifié au moyen du concept ⌐être connu comme vrai⌐). Cela
est vrai également d'une construction géométrique : une de ses tâches
est d'indiquer un objet effectivement donné et servant de point de départ
à la construction. Ainsi, tant qu'elles suivent une analyse, la preuve et
la construction géométrique commencent toutes deux par des objets qui
doivent être effectivement donnés, plutôt que par des objets satisfaisant
certains concepts de propriétés.

Bien qu'il n'y ait pas d'indices suffisants pour attribuer à Aristote une
telle généralisation, nous pourrions appeler 'synthèse' toute démarche de
pensée suivant une analyse non conclusive qui réalise l'objectif fixé par
l'état initial, et opérant sur un objet effectivement donné (plutôt que sur
un objet simplement pris comme tombant sous un certain concept). Ce
sens du terme 'synthèse' est devenu commun dans les temps modernes,
mais il nous paraît qu'il n'y a pas de place pour lui dans la culture
grecque classique. Tandis que la notion d'analyse développe, grâce à
Aristote, une complexité gnoséologique qui permet de la décrire comme
une démarche fondamentale de la connaissance, la notion de synthèse
paraît ne pas connaître une évolution comparable et renvoie toujours,
dans la culture grecque classique, à la composition d'objets donnés pour
obtenir de nouveaux objets, ou plus généralement, à la construction de
nouveaux objets à partir d'objets donnés. De plus, quand Pappus, dans la
première moitié du quatrième siècle de l'ère chrétienne, oppose analyse et
synthèse, il ne considère pas la notion d'analyse dans toute la complexité
qu'elle a chez Aristote. Il semble plutôt que la généralisation de la notion
de synthèse n'aura lieu que plus tard, quand l'opposition entre synthèse
et analyse faite par Pappus sera considérée dans le cadre de la conception
générale aristotélicienne de la notion d'analyse.

5. ANALYSE ET SYNTHÈSE SELON PAPPUS

5.1. La définition de Pappus

Au début du septième livre de la *Collection mathématique* (VII, 1-2), exposant la méthode de l'analyse et de la synthèse, Pappus semble présenter une reconstruction d'un important fragment des mathématiques grecques. Il ne dit pas simplement que le « domaine (ou trésor) de l'analyse [ἀναλυόμενος] » [1] est une certaine matière (une matière préparée pour ceux qui, ayant acquis les éléments usuels, souhaitent conquérir « dans les figures (géométriques) [ἐν γραμμαῖς] » le pouvoir de résoudre les problèmes qui leur sont proposés — et la seule matière utile pour ce faire). L'affirmation de Pappus est plus complexe : « Ὁ καλούμενος ἀναλυόμενος [...] κατὰ σύλληψιν ἰδία τίς ἐστιν ὕλη [...] ». Il y a un problème avec les expressions 'καλούμενος [étant appelé]' et 'κατὰ σύλληψιν [selon la compréhension]'. Hintikka et Remes, suivant Heath, traduisent la première par 'ledit' et remplacent la seconde par l'adverbe 'en bref' : « Ledit trésor de l'analyse, mon cher Hermodorus, est, en bref [...] » (Heath traduit ainsi : « The so-called ἀναλυόμενος ('Treasury of Analys') is, to put it shortly, [...] »). Jones est d'accord avec Heath pour la première expression, mais rend la seconde par l'expression verbale impersonnelle 'pris comme un tout [*taken as a whole*]' : « That which is called the Domain of Analyis, my son Hermodorus, is, taken as a whole, [...] ». La même idée de rendre 'κατὰ σύλληψιν' par une expression verbale se trouvait déjà dans Friedrich Hultsch (Pappus, *Collectionis*, vol. II, p. 635). Mais Hultsch use d'une forme verbale personnelle et même à la première personne du singulier : « ut paucis comprehendam » [2]. C'est également la solution de Ver Eecke qui traduit 'ὁ καλούμενος ἀναλυόμενος' par 'le champ de l'analyse' et 'κατὰ σύλληψιν' par une auto-référence : « Le champ de l'analyse, tel que je le conçois, mon fils Hermodore, est [...] » [3].

D'un point de vue philologique, la solution de Ver Eecke est probablement trop extrême. Mais elle suggère au moins que Pappus est en train

---

1. 'Trésor de l'analyse' est la traduction de Heath (Euclid, *Elements*, vol. I, p. 138), et de Hintikka et Remes (1974, p. 8). Jones et Ver Eecke traduisent la même expression grecque respectivement par 'domaine de l'analyse' (Pappus, *Book 7 of the* Collection, vol. I, p. 82) et 'champ de l'analyse' (Pappus, *La Collection mathématique*, vol. I, p. 477).

2. Hultsch suit ici la traduction de Halley dans la préface à *La Section de rapport* d'Apollonius (*De sectionis rationis*, p. XXVIII), qui traduit 'κατὰ σύλληψιν' par 'ut paucis dicam'.

3. Pour la référence, voir la note 1, p. 49.

d'interpréter l'œuvre des mathématiciens grecs de l'âge classique plutôt que d'exposer une méthode largement et explicitement employée dans la géométrie grecque. Selon une telle interprétation, qui est aussi celle de Hultsch, nous pourrions même conjecturer qu'encore qu'ils eussent suivi des démarches de pensée ou des arguments qui pourraient être entendus comme des exemples d'analyse et de synthèse au sens de Pappus, ces mathématiciens ne les eussent pas conceptualisés de la même manière que Pappus lui-même.

L'exposé de Pappus de la méthode d'analyse et de synthèse est bien connu. Je me limiterai à quelques remarques. Comme nous venons de le voir, le domaine de l'analyse est d'abord présenté comme portant sur des problèmes géométriques non élémentaires. Selon Pappus, cette « matière » était traitée par Euclide, Apollonius et Aristée l'Ancien au moyen de la méthode de l'analyse et de la synthèse. Cette méthode est donc appliquée pour réaliser un objectif : cela concorde parfaitement avec la conception aristotélicienne de l'analyse. La description que fait Pappus de la première étape de cette méthode, c'est-à-dire de l'analyse seulement, concorde aussi avec la conception d'Aristote [1]. L'analyse y est présentée comme une méthode, ou un « chemin [ὁδός ; ἔφοδος] », qui conduit de l'assomption de ce qui est cherché, comme si cela était admis, à quelque chose qui est déjà admis, c'est-à-dire à un premier principe. C'est donc un chemin « inverse [ἀνάπαλιν] », plus précisément c'est une solution ou une « conclusion inverse [ἀνάπαλιν λύσιν] ». L'étape finale de l'analyse est, selon Pappus, l'étape initiale de la synthèse. Celle-ci suit la première et considère ce qui est donné comme donné. C'est donc aussi un chemin, qui est l'inverse de celui de l'analyse. Pappus écrit : « dans la synthèse, d'autre part, en inversant le chemin [ἐξ ὑποστροφῆς], ce qui a été saisi en dernier par l'analyse [τὸ ἐν τῇ ἀναλύσει καταληφθὲν ὕστατον] est supposé avoir été déjà obtenu et les conséquences [ἑπόμενα] et les prolégomènes [προηγούμενα] sont ordonnés selon leur nature [κατὰ φύσιν τάξαντες] et sont liés les uns aux autres pour arriver finalement [εἰς τέλος] à la construction de ce qui est cherché [τῆς τοῦ ζητουμένου κατασκευῆς] ». Le terme grec pour 'construction' est donc apparenté au verbe 'κατασκευάζω', qui a un sens réellement plus général, signifiant 'organiser', 'disposer' ou 'préparer'. Couplé avec le terme 'τέλος', il est généralement compris comme se référant à la réalisation de l'objectif.

---

1. Sur la correspondance entre la définition de Pappus et l'argument d'Aristote du chapitre III.3-5 de *L'Éthique à Nicomaque*, voir Hintikka et Remes (1974), p. 86-87 et Knorr (1986), p. 356-357, qui conjecture que Pappus « présente non pas une distillation [...] de l'ancienne tradition, mais une reformulation de conceptions philosophiques standard ».

Pappus emploie donc le terme 'synthèse' pour renvoyer en général à l'argument qui suit une analyse non conclusive et, lors de son étape finale, conduit à la réalisation de l'objectif. L'intégralité de son texte a une justification évidente : il essaie de fournir une description générale de différentes sortes de processus. Cependant Pappus n'est pas aussi général qu'Aristote. Selon lui, il y a deux types d'analyse. L'une nous permet de « chercher le vrai [ζητητικὸν τἀληθοῦς] » et est appelé 'théorétique [θεωρητικόν]', l'autre est capable d'« obtenir ce qui fut proposé [ποριστικὸν τοῦ προταθέντος] » et est appelé 'problématique [προβλη-ματικόν]'. Dans le premier cas, dit Pappus, ce qui est cherché est supposé être vrai, tandis que dans le second ce qui est proposé est supposé être connu. Partant de ces suppositions, l'analyse théorétique nous mène à quelque chose qui est admis comme étant vrai ou faux, tandis que l'analyse problématique nous mène à quelque chose admis comme possible (réalisable ou donné) ou impossible. Bien que le langage de Pappus soit très général (et même ambigu et inexact), il est clair qu'il ne se soucie que de la géométrie et pense que, dans la mesure où il fournit un argument géométrique, l'analyse est soit une régression aux principes, soit une réduction géométrique. De plus, il semble restreindre sa description à l'analyse convertible, puisqu'il soutient que la vérité et la fausseté, ou la possibilité et l'impossibilité, qui apparaissent respectivement à l'étape finale de l'analyse théorématique ou problématique, entrainent respectivement vérité et fausseté, ou possibilité et impossibilité de la chose cherchée ou proposée. La preuve ou la construction ne sont donc rien d'autre que l'inverse de l'analyse. Dans ce cas, la synthèse n'a besoin que d'exhiber la preuve ou la construction, puisque l'analyse est capable de conclure à la fois que l'énoncé donné est vrai ou faux et que la définition proposée peut être satisfaite ou non, et d'indiquer donc l'entière conduite de la preuve ou de la construction. Une restriction (logique) si forte ne paraît cependant pas être en accord avec sa pratique mathématique, ni même avec l'étendue (historique et mathématique) que Pappus attribue à la méthode de l'analyse et de la synthèse [1]. Néanmoins sa présentation révèle son attitude. Si d'une part il généralise, en un sens, la notion classique de synthèse comprise comme simple composition, d'autre part, en un autre sens, il la restreint. Non seulement il fait de la synthèse le simple prolongement de l'analyse, mais encore il considère l'analyse et la synthèse comme des procédures bien codifiées appartenant à un domaine technique spécifique.

5.2. *Héron et/ou un Scholie aux* Éléments *d'Euclide*

La présentation par Pappus de la méthode de l'analyse et de la synthèse n'est probablement pas la toute première, bien qu'elle soit certainement la plus étendue et la plus explicite. Nous pouvons apporter deux éléments de preuve. Le premier est le compte rendu arabe de Al-Nayrīzī sur certains passages du commentaire de Héron au livre II des *Éléments* d'Euclide (Al-Nayrīzī, *Anaritii [...]*, p. 89) ; le second consiste en une interpolation introduite en différents endroits du livre XIII du même traité (Euclide, *Opera Omnia*, vol. IV, p. 364-381). La similarité des deux exposés a conduit Heiberg (1903, p. 58) à attribuer également le second exposé à Héron, qui vécut à Alexandrie durant le premier siècle de l'ère chrétienne, d'après Neugebauer (1938, p. 58), ou au troisième siècle, peu avant Pappus, d'après Heath (1961, vol. II, p. 298-306). Knorr au contraire (1986, p. 355) suppute que le second exposé est postérieur à Pappus et dépend simplement de celui de Héron (et de celui de Pappus).

Selon la traduction de l'arabe donnée par Gérard de Crémone [1], Héron décrit l'analyse (nommée '*dissolutio*') comme une manière de répondre à la question : « nous posons d'abord ce qui est dans l'ordre de la chose cherchée [*primo ponamus illud in ordinem rei quesite*] » (Al-Nayrīzī, *Anaritii [...]*, p. 89 et 14-15), puis nous « la réduisons <à ce> dont la preuve a déjà précédé [*reducemus <ad illam>, cujus probatio iam precessit*] » (*ibid.* p. 89, 15-16). La synthèse (nommée '*compositio*') n'est alors rien d'autre qu'une composition : « nous partons d'une chose connue, puis nous composons jusqu'à ce que la chose cherchée apparaisse [*incipiamus a re nota, dinde componemus, donec res quesita inveniantur*] » (*ibid.* p. 89, 18-19).

Héron [2] semble, comme Pappus, inclure dans sa présentation générale à la fois l'analyse problématique et l'analyse théorétique (c'est-à-dire la réduction géométrique et la réduction aux principes). Mais, à la différence de Pappus, il présente la synthèse comme une simple composition d'objets, qui ne s'accorde donc qu'avec la première sorte d'analyse. Cela ne l'empêche pas d'illustrer la méthode en prouvant par elle des théorèmes, plus précisément en l'appliquant à la démonstration des treize premiers théorèmes du livre II des *Éléments* (*ibid.*, p. 89-110).

---

1. Pour un essai de traduction littérale du texte arabe, voir Knorr (1986), p. 376.

2. D'autres exemples de l'analyse dans les œuvres de Héron se trouvent dans la liste dressée par Hintaikka et Remes (1974, p. 19-20, n. 2), et Knorr (1986, p. 376-377, n. 87). On peut aussi prendre en considération le paragraphe 136, 7 des *Definitiones*, dû au pseudo-Héron, qui ne peut être antérieur au 3e siècle après J. C., vu qu'il mentionne Porphyre.

L'application de la méthode de l'analyse et de la synthèse à la démonstration de théorèmes est pourtant beaucoup plus claire dans l'interpolation du livre XIII des *Éléments*. Une preuve, différente de celle d'Euclide, y est fournie pour chacune des propositions XIII.1- XIII.5. Ces preuves consistent en deux parties distinctes, la première partie étant appelée 'analyse' et la seconde 'synthèse'. De plus, une définition générale est avancée. Selon elle, « l'analyse, d'un côté, est la supposition de ce qui est cherché comme s'il était admis, jusqu'à arriver, au moyen de ses conséquences, à quelque chose admis comme vrai [ἀνάλυσις μὲν οὖν ἐστι λῆψις τοῦ ζητουμένου ὡς ὁμολογουμένου διὰ τῶν ἀκολούθων ἐπί τι ἀληθὲς ὁμολογούμενον] » (Euclide, *Opera Omnia*, vol. IV, p. 364, 18-20). D'un autre côté, « la synthèse est la supposition de ce qui est admis jusqu'à arriver, au moyen de ses conséquences, à quelque chose admis comme vrai [σύνθεσις δὲ λῆψις τοῦ ὁμολογουμένου διὰ τῶν ἀκολούθων ἐπί τι ἀληθὲς ὁμολογούμενον] » (*ibid.*, p. 366, 1-2). Dans la version de Théon cela donne : « l'assomption de ce qui est admis pour atteindre et, en vérité, saisir au moyen de [ses] conséquences ce qui est cherché [λῆψις τοῦ ὁμολογουμένου διὰ τῶν ἀκολούθων ἐπί τὴν τοῦ ζητουμένου κατάληξιν ἤτοι κατάληψιν] » (*ibid.* n. 2).

À titre d'exemple, considérons la preuve alternative de XIII.1 (*ibid.*, vol IV, p. 366-369) : si un segment AB (Fig. I) est coupé en C (conformément à la construction exposée dans la proposition II.11) de telle sorte que AC est la moyenne proportionnelle entre AB et CB, et le segment DA est égal à sa moitié, alors le carré construit sur AC + DA est cinq fois le carré construit sur DA ; en d'autres termes,

$$[(AB : AC = AC : CB) \wedge (AB = 2\,DA)] \Rightarrow$$
$$[Quad.(AC + DA) = 5\,Quad.(DA)].$$

En termes modernes, posant AB = K et AC = x, l'antécédent donne l'équation '$x^2 + Kx - K^2 = 0$', d'où l'on tire que $\left(x + \frac{K}{2}\right)^2 = 5\left(\frac{K}{2}\right)^2$, ce qu'il fallait démontrer.

Le scholiaste prend AB et AC (< AB) comme donnés sur la même ligne droite de manière à ce que AB : AC = AC : CB, et il construit sur la même ligne mais dans le sens opposé un segment DA tel que AB = 2DA. Puis il suppose que

(*a*.1) $Quad.(CD) = 5\,Quad.(DA)$

et procède à la déduction suivante :

(*a*.2) $Quad.(CD) = Quad.(DA + AC)$

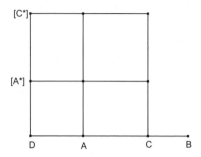

FIGURE I. Preuve alternative, par analyse et synthèse,
dans la proposition XIII.1 des *Éléments*

(a.3) $Quad.(CD) = Quad.(DA) + Quad.(AC) + 2\,Rect.(DA, AC)$

(a.4) $Quad.(AC) + 2\,Rect.(DA, AC) = Quad.(CD) - Quad.(DA)$

(a.5) $Quad.(AC) + 2\,Rect.(DA, AC) = 4Quad.(DA)$

selon (a.1) et (a.4),

(a.6) $2\,Rect.(DA, AC) = Rect.(AB, AC)$

(a.7) $Quad.(AC) = Rect.(AB, CB)$

d'après la proportion 'AB : AC = AC : CB',

(a.8) $Rect.(AB, AC) + Rect.(AB, CB) = 4\,Quad.(DA)$

d'après d'après (a.5), (a.6) et (a.7)

(a.9) $AC + CB = AB$

(a.10) $Rect.(AB, AC) + Rect.(AB, CB) = Quad.(AB)$

(a.11) $Quad.(AB) = 4\,Quad.(AD)$

d'après (a.8) et (a.10).

Comme (a.11) suit de l'hypothèse 'AB = 2 DA', sans faire appel à (a.1), il est vrai, et donc (a.1) implique quelque chose de vrai. L'analyse termine, donc, avec $(a.11)$, et la synthèse doit commencer par cette même égalité :

$(s.1)$ $$Quad.\,(\mathsf{AB}) = 4\,Quad.\,(\mathsf{AD})$$

$(s.2)$ $$Quad.\,(\mathsf{AB}) = Rect.\,(\mathsf{AB},\mathsf{AC}) + Rect.\,(\mathsf{AB},\mathsf{CB})$$

$(s.3)$ $$4\,Quad.\,(\mathsf{DA}) = 2\,Rect.\,(\mathsf{DA},\mathsf{AC}) + Quad.\,(\mathsf{AC})$$

d'après $(s.1)$, $(s.2)$ et $(a.6)$ et $(a.7)$, qui ne dépendent pas de $(a.1)$,

$(s.4)$ $$5\,Quad.\,(\mathsf{DA}) = Quad.\,(\mathsf{CD})$$

d'après $(s.3)$ et la figure qui est une partie de la figure construite par Euclide dans sa preuve de la même proposition XIII.1.

Il est clair que cette analyse est, selon notre terminologie, un exemple d'analyse d'objets non conclusive et non réglée [1] : c'est une réduction aux principes non conclusive et non réglée. À son étape finale, elle indique le point de départ de la preuve, en exprimant une propriété évidente d'un objet effectivement donné, à savoir le segment DB, construit en partant de AB et y ajoutant DA qui est la moitié de AB. Prise comme telle, elle ne comporte aucune nouveauté logique par rapport à la conception d'Aristote. La même chose vaut pour la preuve (c'est-à-dire la synthèse) : prise comme telle, elle ne diffère pas dans son aspect logique des preuves euclidiennes habituelles. La différence entre cette preuve et celle proposée par Euclide pour la même proposition XIII.1 ne porte pas sur son caractère logique. La preuve (la synthèse) du scoliaste est significativement plus simple et plus astucieuse que celle d'Euclide. Il est clair que cela est rendu possible par le fait que l'analyse suggère un bon (mais non évident) point de départ [2]. Ce que fait le scoliaste dans son interprétation, c'est appliquer de manière astucieuse une idée aristotélicienne afin d'obtenir une suggestion non évidente pour améliorer la preuve d'Euclide. Ce qui est essentiellement neuf par rapport aux conceptions d'Aristote et à la pratique mathématique d'Euclide, c'est de présenter explicitement l'analyse comme point de départ de la preuve, comme un argument suggérant le point de départ de la preuve, et par conséquent d'interpréter la preuve comme la seconde étape d'une même et unique méthode générale pour

---

1. Il est clair que la chaîne d'inférences $(a.1\text{-}10)$ n'est pas convertible, à cause de l'appel essentiel à $(a.1)$ dans le passage de $(a.4)$ à $(a.5)$.

2. L'objectif particulier de l'analyse ici semble, justement, de fournir une telle suggestion. Ainsi elle ne semble pas « complètement artificielle » comme le dit Knorr (1986, p. 358).

obtenir des arguments mathématiques ayant un double aspect heuristique et démonstratif. Ces innovations sont soulignées par l'usage du terme 'synthèse' pour renvoyer à la seconde étape de cette méthode, qui n'est en fait rien d'autre que ce qui pour Aristote et Euclide est simplement une preuve.

5.3. *Indices de l'application de la méthode de Pappus à l'âge classique : Apollonius, Archimède, et Aristote, à nouveau*

Dans le septième livre de *La Collection*, Pappus soutient que la méthode d'analyse et de synthèse, telle qu'il l'a décrite, était effectivement à l'œuvre dans les mathématiques grecques de l'âge classique, à savoir dans un large corpus de textes qui, pris comme un tout, forment le « καλούμενος ἀναλυόμενος » : les *Données*, les *Porismes* et les *Lieux rapportés à la surface* d'Euclide, les *Coniques*, les *Lieux plans*, les traités *Sur la Section de rapport*, *Sur la Section d'aire*, *Sur la Section déterminée*, les *Contacts*, et les *Inclinaisons* d'Apollonius, les *Lieux solides* d'Aristée, le traité *Sur Les Moyens* d'Ératosthène. Le but du VIIe livre de *La Collection* est d'exposer quelques résultats et « lemmes [λήμματα] » susceptibles d'être utiles pour obtenir les résultats principaux contenus dans ces traités.

Malheureusement, parmi ces traités, seules les *Données* d'Euclide nous sont parvenues dans une version grecque intégrale. Nous disposons en outre du texte grec des quatre premiers livres des *Coniques* d'Apollonius et des versions arabes des livres V-VII (le livre VIII est perdu) et du traité *Sur la Section de rapport*. Des autres traités ne restent que quelques fragments.

Les *Données* d'Euclide s'occupent du problème de déterminer ce qui peut être donné (construit) lorsque certains objets géométriques sont considérés comme donnés (en grandeur, espèce ou position) et tous les arguments semblent typiquement synthétiques au sens de Pappus [1].

Bien qu'elles exposent la théorie des coniques « sur un mode synthétique » (Knorr, 1986, p. 293), les *Coniques* d'Apollonius présentent au contraire de nombreux exemples de réduction conclusive aux principes et nous pouvons même y trouver quelques arguments tels le suivant, dont le but est de prouver que si d'un point D extérieur à une section conique (figure II) nous traçons à la fois une tangente DB et une corde DEC à celle-ci, et du point B, une droite BZ qui coupe la corde DEC en un point Z de

---

1. Une justification de l'inclusion par Pappus des *Données* d'Euclide dans le corpus de l'analyse est avancée ci-dessous dans la note 2, p. 63.

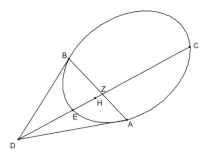

FIGURE II. Proposition IV.1 des *Coniques* d'Apollonius

telle sorte que ZC : EZ = DC : DE, alors cette droite BZ coupe la section conique en un point A tel que DA est la seconde tangente passant par D (proposition IV.1). Pour prouver cette proposition — qui nous permet de construire la seconde tangente à une section conique lorsqu'une tangente a été déjà tracée — Apollonius suppose que la tangente DA est déjà tracée et que la droite BA coupe la corde DEC en un point H, distinct du point Z qui satisfait la proposition. Puis il s'appuie sur la proportion III.37, qui est la réciproque de celle qu'il est en train de prouver, pour conclure que ceci conduit à une absurdité. De là il déduit que la droite BA coupe DEC au point Z satisfaisant la proportion donnée, ce qui conclut la preuve.

Le schéma logique de la preuve est le suivant :

(1) $[Tg\,(\mathsf{DB}) \wedge Tg\,(\mathsf{DA})] \Rightarrow$ (BA coupe DEC en Z)

d'après III.37,

(2) $Tg\,(\mathsf{DB})$

(3) $Tg\,(\mathsf{DA}) \wedge \neg$ (BA coupe DEC en Z)

par hypothèse,

(4) $\neg\,(1)$

par *modus tollens*,

(5) $\neg\,(3)$

par réduction à l'absurde.

Il est clair que (5) n'est pas équivalent à '$Tg\,(\mathsf{DA})$' et la preuve n'est donc pas concluante. Pour prouver la proposition, nous avons encore besoin de nous réclamer de l'existence et de l'unicité d'une seconde tangente et de la quatrième proportionnelle. L'argument (1)-(5) n'est donc pas une analyse conclusive. Mais d'après la conception aristotélicienne, ce n'est pas non plus une réduction non conclusive aux principes, sauf si nous la considérons comme une suggestion à commencer la preuve par la négation simultanée (hypothétique) des deux membres de (3). Dans ce cas nous avons affaire à une réduction non conclusive aux principes, préparant une réduction conclusive aux principes. Cet exemple pourrait être considéré comme un symptôme d'un usage libéral d'une réduction régressive comme outil heuristique en géométrie grecque, mais pas encore comme un symptôme de l'application générale de la méthode générale de Pappus à la preuve de théorèmes.

Dans le livre II (*Apollonii Pergæi quæ Græce extant*, propositions II.49-51, vol. I, p. 274-305), on trouve, en revanche, des cas où l'analyse et la synthèse sont appliquées à la solution de problèmes [1], nommément à la construction d'objets géométriques satisfaisant certaines conditions.

Considérons un exemple simple. Dans la première partie de la proposition II.49, le problème est de tracer une tangente à une parabole en un certain point. L'argument d'Apollonius est le suivant. Soient, respectivement, AB et A (figure III) une parabole et un point sur elle. Supposons tracée la tangente AE, le point E étant sur la droite prolongeant le diamètre de la parabole. Du point A traçons la perpendiculaire AD à ce diamètre. Puisque autant le point A que (le diamètre de) la parabole sont donnés, le segment AD est également donné en position. De plus, d'après la proposition II.35 des *Coniques*, EB est égal à BD. Donc, puisque BD est donné, EB est aussi donné et, puisque B est donné, le point E est aussi est donné. Donc la tangente est donnée en position. Il s'agit de la première partie de l'argument. La seconde partie est introduite par les phrases : « il sera synthétisé de cette manière [συντεθήσεται δὴ οὕτως] » (*ibid.*, p. 274, 21) [2], et naturellement elle consiste en la présentation de la construction de la tangente. Traçons la perpendiculaire AD au diamètre DB et prenons le point E sur la droite prolongeant le diamètre de telle sorte que EB = BD. La droite EA passant par les points E et A sera la tangente cherchée.

---

1. Sur la distinction classique entre théorèmes et problèmes dans les mathématiques grecques voir, par exemple, Caveing (1990), p. 133-137.

2. La même formule apparaît aussi, quelquefois sans la particule 'δὴ' en 276, 3 et 18 ; 278, 13 et 24 ; 282, 8, 286, 5 ; 298, 20 et 300, 22, tandis que en 288, 15, 290, 24 et 297, 7 nous trouvons la formule plus explicite « le problème va être synthétisé de cette manière [συντεθήσεται δὴ τὸ πρόβλεμα οὕτως] ». De plus, après avoir présenté la dernière analyse dans la proposition II.49, Apollonius conclut en disant que « la synthèse [est] comme [celle] du [problème] précédent [ἡ δὲ σύνθεσις ἡ αὐτὴ τῇ πρὸ αὐτοῦ] ».

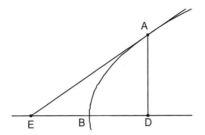

FIGURE III. Proposition II.49 des *Coniques* d'Apollonius

Bien que des arguments de ce genre soient plutôt exceptionnels dans les *Coniques*, ils sont courants dans le traité *Sur la Section de rapport*, dont nous disposons grâce à la traduction latine de E. Halley à partir de l'arabe (Appollonius, *De sectionis rationis*).

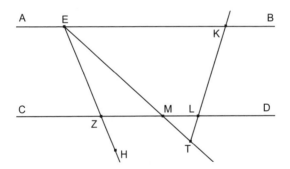

FIGURE IV. Proposition I du traité *Sur la Section de rapport* d'Apollonoius

Considérons par exemple le premier problème de ce traité (*ibid.*, p. 1-3). Deux parallèles AB et CD (figure IV) sont données en position, ainsi que trois points, E sur AB, Z sur CD, et T sur aucune de ces lignes mais à l'intérieur de l'angle $D\widehat{Z}H$ (où H est un point quelconque sur la droite EZ situé au delà de Z). Apollonius cherche la position d'une droite passant par T et coupant AB et CD respectivement en deux points K et L de telle sorte que les deux segments découpés EK et ZL soient dans un rapport donné. Il imagine d'abord que cette droite coupe la droite AB entre E et B et la droite CD entre Z et D, et appelle respectivement K et L les points d'intersection. Il suppose ces points donnés et trace la droite TLK. Puis il trace la droite ET, qui est de toute évidence donnée puisque les points E et T sont donnés. Le point M d'intersection de cette droite avec CD est donné lui aussi. Donc le rapport *RAT* [ET, MT] est donné. Mais (par la proposition VI.2 des *Éléments*) ce rapport est égal au rapport *RAT* [EK, ML], de sorte que ce dernier est aussi donné. Ainsi, le rapport *RAT* [EK, ZL] étant donné, le rapport *RAT* [ZL, ML] est donné par composition et donc le rapport *RAT* [ZM, ML] est donné par soustraction. Or, comme ZM est donné, il s'ensuit que ML est aussi donné et donc le point L et la droite TLK cherchée sont donnés également.

Après la présentation de cet argument, le traité d'Apollonius continue par un nouveau paragraphe où est donnée la construction de la droite TLK, partant de deux segments donnés ayant entre eux le même rapport que les segments EK et ZL sont censés avoir entre eux.

Bien qu'Apollonius ne le dise pas explicitement, les deux constructions dont il est question dans ces deux exemples sont précédées par une analyse et sont donc une synthèse au sens de Pappus. Dans le second comme dans le premier cas, l'analyse est problématique ou, si vous préférez, elle est juste une réduction géométrique. Si la traduction de Halley à partir du texte arabe est fidèle au traité d'Apollonius, nous devons conclure non seulement qu'Apollonius procède selon la méthode de Pappus dans un court fragment des *Coniques*, mais encore qu'il a écrit un authentique traité analytique (au sens de Pappus). Cela justifie l'hypothèse que les autres traités d'Apollonius sont en fait du même style.

Nous pouvons encore trouver d'autres indices d'un usage de la méthode décrite par Pappus également en dehors du corpus qu'il mentionne, par exemple dans le livre II du traité *Sur la Sphère et le Cylindre* d'Archimède (*Opera Omnia*, vol. I, p. 168-229)[1]. Ce livre est composé de neuf propositions : trois théorèmes (2, 8 et 9) et six problèmes (1 et 3-7). La solution de tous les problèmes se fait en deux étapes : la première est une réduction géométrique classique (ou, dans les termes de Pappus, une analyse problématique), tandis que la seconde est une construction géométrique, explicitement présentée par Archimède lui-même comme une synthèse[2].

Considérons un exemple très simple, le problème 3 (*ibid.*, p.184-187) : couper par un plan une sphère en deux calottes dont le surfaces soient

---

1. Voir Knorr (1986), p. 170-174.

2. La seconde étape de la solution des problèmes 1, 4, 5 et 7 est introduite par la formule 'συντεθήσεται δὴ τὸ πρόβλημα οὕτως' (Archimède, *Opera Omnia*, vol. I, p. : 172, 7 ; 192, 7 ; 198, 13 ; 208, 15), tandis que la seconde étape de la solution des problèmes 3 et 6 est introduite par la formule 'συντεθήσεται δὴ οὕτως' (*ibid*, p. 184, 21 et 204, 11).

entre elles en un rapport donné. Archimède suppose que le plan cherché coupe le grand cercle ADBE (figure V) de la sphère aux points D et E, en étant perpendiculaire en C au diamètre AB de ce même cercle, et trace les cordes AD et DB. Puis il remarque que les surfaces des calottes ADE et DBE sont respectivement égales aux surfaces des cercles de rayon AD et DB (par les propositions I.42 et I.43 du même traité), qui sont entre eux comme le carrés sur AD et DB, c'est-à-dire — par la proposition VI.8 des *Élements* — comme AC et CB. Il en conclut que le rapport des surfaces des calottes ADE et DBE est donné, que le rapport entre AC et CB est aussi donné, et donc que le plan cherché est donné également. La synthèse est évidente : il s'agit de diviser la diamètre AB par un point C tel que le rapport entre AC et CB est égal au rapport donné — ce qui est fait par une simple application de la proposition VI.10 des *Éléments* —, et de prouver que ce point satisfait les conditions du problème initial.

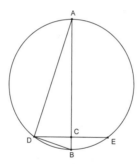

FIGURE V. Problème 3 du traité *Sur la Sphère et le Cylindre* d'Archimède

L'évidence de l'application par Archimède de la méthode d'analyse et de synthèse devient même plus flagrante lorsqu'on observe qu'au cours de la solution du problème 4, il suppose qu'un certain problème est résolu — le problème de diviser un segment donné de telle sorte qu'une de ses parties est à un autre segment donné dans le même rapport qu'une surface donnée au carré de la surface construite sur l'autre partie —, et il annonce que le problème sera à la fois analysé et synthétisé à la fin du traité : « ἐπὶ τέλει ἀναλυθήσεταί τε καὶ συντεθήσεται » (*ibid.*, I, 192, 5-6)[1]. Ni l'analyse ni la synthèse ne sont effectivement données par Archimède dans

1. Voir Dijksterhuis (1956), p. 195.

son traité. Elles sont reconstruites par Eutocius dans son commentaire et attribuées à Archimède lui-même (*Opera Omnia*, vol. III, p. 132-149). De plus, Eutocius attribue également trois autres applications explicites de la méthode de Pappus à des mathématiciens de l'époque classique : deux à Ménechme (*ibid.*, vol. III, p. 78-85) et une à Dioclès (*ibid.*, vol. III, p. 166-177)[1]. Dans tous ces cas, Eutocius introduit la seconde étape de la solution par la même formule que nous trouvons dans les traités d'Apollonius et d'Archimède 'συντεθήσεται δὴ οὕτως' (*ibid.*, vol. III, p. 136, 14 ; 80, 4 ; 82, 18 ; et 168, 26).

Un argument extrinsèque mais pertinent en faveur de l'acceptation des exemples précédents comme des indices de preuve de l'application explicite de la méthode d'analyse et de synthèse par des mathématiciens grecs de l'époque classique pourrait être tiré d'un bref passage du chapitre 16 des *Réfutations Sophistiques* d'Aristote. L'auteur y insiste sur la différence entre notre capacité de voir et corriger les fautes d'un argument quand nous l'examinons et notre aptitude à le repérer rapidement dans une discussion. Il soutient que souvent nous ne savons pas, en certaines occasions, des choses que nous savons en d'autres circonstances et que rapidité et lenteur dépendent de l'entraînement. Il conclut ainsi (175a 26-28) : « parfois il arrive comme ce qui se passe avec les figures [géométriques][καθάπερ ἐν τοῖς διαγράμμασιν], car là, parfois, après avoir analysé, nous ne sommes pas capables de synthétiser [ἀναλύσαντες ἐνίοτε συνθεῖναι πάλιν ἀδυνατοῦμεν] »[2]. Le verbe 'συνθεῖναι' semble se référer ici à la construction effective de la figure après que l'analyse a indiqué le point de départ. Nous pouvons donc imaginer qu'il a ici son sens habituel dans la langue grecque usuelle et indique simplement une composition d'objets pour produire un nouvel objet. Mais il est également possible qu'Aristote renvoie à une procédure usuelle en géométrie, la procédure de l'analyse et de la synthèse (Hintikka et Remes, 1974, p. 87).

---

1. Les arguments de Ménechme visent à résoudre le même problème, qui consiste à trouver deux segments qui sont moyens proportionnels entre deux segments donnés. Considérez comme exemple le premier de ces arguments. A et E étant les segments donnés, appelons B et C les segments cherchés. Imaginez que ces deux derniers soient pris sur deux droites perpendiculaires l'une à l'autre de telle sorte qu'ils aient une extrémité commune. Comme *Rect* (A, C) = *Quad*. (B), il est clair que l'autre extrémité de B appartient à une parabole donnée passant par l'autre extrémité de C. Mais comme *Rect*. (C, B) est donné — étant égal à *Rect* (A, E) –, ce point appartient aussi à une hyperbole, elle aussi donnée. Ainsi ce point est donné par l'intersection de deux coniques. Cela montre que ce point peut aisément être construit au moyen de deux coniques convenables.

2. Notez qu'Aristote n'est ici guère concerné par une convertibilité possible de l'analyse.

5.4. *Retour à Pappus*

Les exemples précédents devraient suffire à étayer une hypothèse historique : les mathématiciens grecs de l'époque classique appliquaient effectivement une méthode en deux étapes pour résoudre les problèmes [1], couplant la construction d'objets mathématiques satisfaisant certaines conditions avec une réduction géométrique antérieure leur indiquant à la fois le point de départ et un plan pour la construction. Cette thèse est parfaitement cohérente avec notre interprétation ci-dessus de la comparaison d'Aristote de l'analyse avec la délibération au chapitre III.5 de *L'Éthique à Nicomaque*. Pourtant, pour d'autres raisons, cette comparaison ne s'accorde pas avec les exemples précédents de l'usage des termes 'analyse' et 'synthèse'.

Tandis qu'Aristote emploie seulement le terme 'analyse', 'synthèse' apparaît de manière saillante à la fois dans les arguments d'Apollonius et d'Archimède. Cela n'est peut-être pas significatif, puisque le terme a ici une signification très proche de celle du langage usuel. Bien qu'il ne désigne pas, à strictement parler, la composition d'objets donnés pour former un nouvel objet, il désigne du moins la construction d'un nouvel objet à partir d'objets donnés en suivant certaines clauses constructives admises.

En revanche, la quasi totale absence du terme 'analyse' dans les arguments d'Apollonius et d'Archimède pourrait bien indiquer une profonde différence entre la conception aristotélicienne de l'analyse comme forme de pensée et la conceptualisation d'une procédure géométrique consistant en l'investigation de ce qui serait donné lorsque les objets cherchés sont pris comme étant donnés [2] en vue d'identifier un point de départ et un plan de construction. Il se pourrait bien que le terme 'analyse' ait été employé à l'époque classique en référence à la notion aristotélicienne, mais pas, ou peu fréquemment, à ladite procédure géométrique.

---

1. Le caractère problématique de l'analyse géométrique de l'époque classique est souligné par Knorr (1986). Voir aussi Hintikka et Remes (1974), p. 84.

2. Celle-ci est en fait la structure de toutes les analyses problématiques précédentes, qui, de ce fait, sont très similaires à de nombreux arguments du 7e livre *La Collection* de Pappus. À titre d'exemple, voir la proposition 155 (*Collectionis*, vol. II, p. 905-907), citée et discutée par Hintikka et Remes (1974, p. 52-53). Un argument similaire se trouve dans les *Météorologiques* d'Aristote (375b, 30- 376a, 9). Le fait que l'analyse a affaire ici à ce qui serait donné si le problème était résolu pourrait expliquer l'inclusion par Pappus des *Données* d'Euclide dans le corpus des traités relevant du domaine de l'analyse : Heath (1961), p. 422, et Knorr (1986), p. 109-110.

Si cette hypothèse était vérifiée, les deux passages précédemment mentionnés de *L'Éthique à Nicomaque* et des *Réfutations Sophistiques* contiendraient un jugement philosophique, à savoir la reconnaissance de la nature analytique de ladite procédure géométrique. D'un tel point de vue, la description générale de la méthode d'analyse et de synthèse par Pappus occuperait une position moyenne entre les conceptions d'Aristote et la pratique des mathématiciens [1]. Bien que Pappus emploie le terme 'analyse' pour désigner cette procédure géométrique (qui est juste une réduction géométrique), il lui attribue un sens bien spécifique et technique. Mais ce sens est assez large pour que ce terme renvoie aussi à la réduction aristotélicienne aux principes. De plus, la description de Pappus associe — comme l'avait fait Aristote — sous le même terme d''analyse théorétique', à la fois la réduction à l'absurde (ou réduction conclusive aux principes) et la réduction non conclusive aux principes. La pertinence mathématique d'une telle unification est compréhensible si l'on observe que la troisième de ces procédures, la réduction non conclusive aux principes, est presque absente de la pratique géométrique de l'époque classique, alors que l'exemple pris dans le scholie au livre XIII des *Éléments* rend manifeste le gain technique d'application de la réduction non conclusive aux principes pour prouver des théorèmes géométriques. Bien que le commentaire d'Al-Nayrīzī semble montrer que ce n'est pas là une idée originale de Pappus, les indices disponibles semblent néanmoins confirmer que c'est une acquisition de l'époque de Pappus, si nous supposons, du moins, que le scholie remonte à cette époque (tel devrait bien être le cas si Heiberg et Heath ont raison de l'attribuer à Héron et de supputer que Héron vécut au troisième siècle). Le passage de l'idée de synthèse comme simple composition ou construction à l'idée de synthèse comme procédure d'inférence succédant à une analyse semble être lié à cette acquisition tardive.

Néanmoins, l'intérêt de la description de Pappus n'est pas épuisé par cela. Il consiste aussi en l'idée de la synthèse comme reconstruction de l'ordre (ou d'un ordre) naturel. Comme nous venons de le voir, Pappus utilise le terme 'φύσις' qui est proprement aristotélicien, en disant que la synthèse ordonne les conséquences et les prolégomènes des données « κατὰ φύσιν ». Il ne se réfère pas simplement à un ordre logiquement correct, mais à l'ordre naturel. Une comparaison avec le chapitre 1 du livre I de la *Physique* est donc inévitable. Aristote y soutient (184a, 16-18) que le « chemin [ὁδός] » de la connaissance mène de ce qui est plus connu et plus clair pour nous à ce qui et plus connu et plus clair « par nature

---

1. Voir ci-dessus la note 2, p. 63.

[τῇ φύσει] », et il précise (184a 21-26) que ce qui est manifeste et plus clair pour nous est « ce qui est le plus confus [τὰ συγκεχυμένα μᾶλλον] » ou « le tout [ὅλον] ». C'est seulement ensuite, ajoute-t-il, que partant de là, « les éléments et les principes [τὰ στοιχεῖα καὶ αἱ ἀρχαί] » deviennent connus, par division. Finalement, il conclut que dans la connaissance nous devons procéder « du général au particulier [ἐκ τῶν καθόλου ἐπὶ τὰ καθ' ἕκαστα] », puisque le général est une sorte de tout, car il contient une « pluralité de choses [πολλὰ] » comme ses parties. Le terme d'Aristote pour 'division' n'est pas 'ἀνάλυσις', mais 'διαίρεσις', et il y a une raison à cela. En fait quand il s'agit du chemin de la connaissance au sens aristotélicien, la division va de ce qui nous est donné à ce que nous cherchons, de l'objet donné en tant que tel aux conditions de sa réalisation. Ce processus est exactement l'inverse de la réduction régressive. Cependant, la description d'Aristote a été comprise au Moyen Âge latin et à l'âge moderne comme une caractérisation typique de l'analyse (et le terme 'διαίρεσις' a été généralement traduit par 'analyse' ou 'résolution').

La référence de Pappus à la notion de nature fournit une clé pour comprendre ce déplacement. Celui-ci semble provenir d'une inversion du point de vue d'Aristote selon lequel ce qui est donné en tant que tel n'est pas ce qui nous est donné, mais ce qui est donné en soi (ou dans l'éternité de la vérité). Le problème est alors de comprendre ce qui nous est donné en accord avec la vérité éternelle de ce qui est donné en soi, c'est-à-dire de nous le représenter comme un système ou comme une collection de parties ou de propriétés, ces parties ou propriétés étant entendues comme éléments premiers qui sont donnés en soi. Je ne soutiens pas que Pappus se rend effectivement compte de cette inversion (qui est très naturelle d'un point de vue platonicien, et surtout à propos de choses mathématiques). J'observe seulement que l'argument de Pappus semble suggérer une telle possibilité ou peut même être suggéré par elle [1]. En ce sens non aristotélicien, analyse et synthèse vont naturellement ensemble, puisque la « résolution » d'un objet en ses éléments ou parties exige sa reconstitution, conformément à la nature (ou même à sa nature). Toutefois cette reconstitution (qui est une synthèse dans le sens originel de ce terme)

---

1. Hintikka et Remes (1974, p. 91) observent que « l'analyse en tant que méthode philosophique était en vogue aux siècles antérieurs à celui de Pappus », quand « des méthodes largement différentes étaient appelées 'analyse' » (*ibid.*, p. 89-91). Ils évoquent les influences combinées des traditions platonicienne et stoïcienne sur ces conceptions. Knorr (1986, p. 357, soutient même que « Pappus a pu recevoir ses conceptions générales par l'intermédiaire de commentateurs tel que Geminus ou d'autres, familiers d'une forme syncrétique de Platonisme ».

n'est pas nécessaire à la réalisation de l'objectif, car le problème était de comprendre l'objet, non de le reconstruire comme objet. Quand nous effectuons une synthèse, nous ne faisons que répéter un processus qui a dû déjà avoir lieu dans la nature. Ainsi une nouvelle sorte d'analyse conclusive d'objets apparaît. Et bien que la notion ne soit certainement pas aristotélicienne, elle peut être caractérisée en des termes renvoyant à la *Physique* d'Aristote. Nous pourrions appeler cela « réduction aux éléments » [1].

6. Thomas

L'exposé du chemin de la connaissance fait par Aristote au début de la *Physique* fut une référence majeure pour les conceptions médiévales de la « résolution » (c'est-à-dire « *re-solutio* » : « ἀνα-λύσις ») et de la « composition » (c'est-à-dire « *cum-positio* » : « σύν-θέσις »). Selon B. Garceau (1968, p. 217) [2], c'est précisément sur cette base qu'Albert le Grand, le maître de Thomas, lut le commentaire au *Timée* de Platon par Chalcidius, où sont discutées ces notions. Cela signifie à la fois qu'il les comprit comme référant au procès de connaissance — plutôt qu'à l'ordre de la réalité cosmologique — et qu'il considéra que la *résolution* nous mène de ce qui est premier dans notre connaissance à ce qui est premier en soi. Pour le sujet connaissant, il s'agit d'une démarche ascendante

---

1. Nous ne devons pas confondre la réduction aux éléments, en ce sens, avec un processus naturel de décomposition, tel celui qu'évoque Aristote au chapitre 4 du livre H de la *Métaphysique* (1044a, 15-25). Ici Aristote oppose deux processus (naturels) selon lesquels une chose vient d'une autre. Le premier va de la matière à la substance et est illustré par le passage du doux au gras et du gras au flegme. Au contraire, le second va de la substance à la matière et est illustré par le passage de la bile au flegme. Aristote décrit ce processus en général, en disant qu'une chose vient d'une autre en tant qu'« analysée en ses principes [ὅτι ἀναλυθέντος εἰς τὴν ἀρχήν] » (1044a, 24-25) et il dit que le flegme vient de la bile « en analysant celle-ci [τῷ ἀναλύεσθαι] en sa première matière [εἰς τὴν πρώτην ὕλην] » (1044a, 23). Il est clair que l'analyse n'est pas ici une démarche de pensée, elle est plutôt un processus naturel de décomposition d'objets, le verbe 'ἀναλύω' étant employé dans une acception proche de celle évoquée dans la section 1, ci-dessus. Le fait que cette acception se trouve parfois dans les écrits d'Aristote n'implique pas qu'Aristote ne réfère pas généralement à l'analyse comme à une démarche (régressive) de pensée. C'est précisément en ce sens que la notion aristotélicienne nous intéresse ici.

2. Les remarques qui suivent sur la conception qu'avait Thomas de l'analyse et de la synthèse et sur ses sources reposent largement sur le livre de Garceau, particulièrement p. 209-220.

menant du complexe en soi, qui est premier pour nous, au simple en soi [1], qui est dernier pour nous. En d'autres termes, il s'agit d'une réduction en éléments. Cependant, ce qui est complexe en soi (et premier pour nous) est l'individu en tant que tel, tandis que ce qui est simple en soi (et dernier pour nous) est ce qui fait que les individus appartiennent à une certaine espèce. La *résolution* nous mène donc de l'individu à l'espèce. Mais l'individu est un tout, tandis que ses éléments en sont des parties ; la *résolution* va donc du tout à ses parties. En définitive, si on ne se réfère pas à un acte isolé de connaissance, mais à la connaissance humaine comme telle, l'individu est partie du multiple et l'espèce est unité ; la *résolution* va donc du multiple à l'un (ainsi que Thomas l'écrit dans le *De Trinitate* : qu. 6, a.1.c). La *composition* est alors (toujours du point de vue du sujet connaissant) une démarche descendante, allant du simple en soi au complexe en soi, de l'universel comme principe à l'individu, des parties au tout, de l'un au multiple.

Bien que cette conception inverse l'ordre extensionnel de l'analyse d'Aristote, elle n'en inverse pas la logique (ou l'un des ordres intensionnels caractérisant l'analyse aristotélicienne) : l'analyse y procède toujours régressivement du dernier au premier, de ce qui n'est pas donné au donné, du problème à sa solution, ou aux conditions de la solution. En outre il s'agit d'une démarche de pensée, d'un chemin de connaissance.

Ce n'est pourtant pas le sens attribué au couple résolution/composition au 13e siècle philosophique. Un autre sens apparaît chez Pierre d'Espagne, provenant des vues éclectiques exposées par Boèce dans son *Commentaire* de l'*Isagoge* de Porphyre, où les conceptions platoniciennes et aristotéliciennes sont toutes deux employées à fournir une représentation complexe de la logique (Garceau, 1968, p. 210-213). Selon Boèce il y a deux manières différentes et complémentaires de distinguer les différentes parties de la logique : ou bien ces parties sont *definitio*, *partitio* et *collectio* ou bien ce sont *inventio* et *judicium*. Tandis que la seconde distinction vient d'Aristote, en passant par les *Topiques* de Cicéron, la première renvoie à la distinction du *Phèdre* entre 'διαίρεσις' et 'συναγωγή'. La complémentarité de ces distinctions apparaît lorsque Boèce soutient que l'*inventio* fournit le matériau pour la *definitio*, *partitio* et *collectio* — ce

---

1. L'idée que l'analyse (géométrique) nous mène « du complexe au simple » fut défendue au VIe siècle par Jean Philopon dans son commentaire aux *Premiers Analytiques* d'Aristote (*Comm. Ar. Gr.*, XIII-2, 2, 16-17) : voir Hintikka et Remes (1974), p. 94. Le point de départ de l'analyse n'est cependant pas clair : s'agit-il du complexe en soi ou du complexe pour nous ? C'est probablement les deux en ce qui concerne l'analyse géométrique.

qui inclut la *demonstratio*, *dialectica*, et *sophistica*, qui traitent respectivement d'arguments nécessaires, probables, ou faux — tandis que le *judicium* détermine si nous avons bien défini et divisé, si nos arguments sont nécessaires, probables ou faux, et s'ils sont liés par des relations d'inférence ou non. De cette manière la distinction platonicienne entre 'διαίρεσις' et 'συναγωγή' est greffée sur un schéma aristotélicien. Il n'est donc pas surprenant que Pierre d'Espagne, plusieurs siècles plus tard, dans son commentaire du *De anima* (*Qæst. Præmb.*), interprète l'idée de *resolutio* et *compositio* comme référant à la dialectique de Platon en effaçant la distinction essentielle entre 'διαίρεσις' et 'σύνθεσις'. La *resolutio* devient, dans ce cadre, un chemin descendant nous menant du genre à l'espèce, de l'un au multiple, tandis que la *compositio* devient un chemin ascendant nous menant de l'espèce au genre, du multiple à l'un.

Même si Pierre d'Espagne s'accorde avec Aristote sur la nature régressive de l'analyse, il semble changer le point de vue d'où est considérée l'analyse. L'analyse n'est pas régressive en ce sens qu'elle nous mène du dernier au premier, de ce qui n'est pas donné au donné ; elle est régressive en ce sens qu'elle va du supérieur à l'inférieur. Ce n'est pas un chemin de connaissance, mais un sens dans la disposition de l'être.

Dans la *Qæstio* 14 de la *Summa, prima secundæ* (a. 5) Thomas traite la question suivante : « est-ce que la délibération [*consilium*] procède par ordre *resolutorio*? » Dans la première objection, il soutient que cela ne peut pas toujours être le cas, puisque la délibération « concerne ce qui est fait par nous [*est de his quæ a nobis aguntur*] », et nos opérations [*operationes*] procèdent « *modo compositivo* » plutôt que « *modo resolutorio* » ; c'est-à-dire, selon les vues d'Albert le Grand, elles vont « *de simplicibus ad composita* ». Dans la deuxième objection, Thomas ajoute que la délibération est une « *inquisitio rationis* », et la raison, conformément à l'ordre le plus convenable « commence par ce qui est antérieur et va vers ce qui est postérieur [*a prioribus incipit, et ad posteriores devenit*] ». Ainsi la délibération doit aller du présent (qui est antérieur) au futur (qui est postérieur), et non *vice versa*. Thomas se référant au chapitre III. 5 de *L'Éthique à Nicomaque*, sa réponse est évidemment positive : la délibération doit procéder selon l'ordre de la *resolutio*. L'argument renvoie implicitement au début de la *Physique*. Nous pouvons considérer l'antérieur et le postérieur, soutient-il, soit selon « l'ordre de la connaissance [*cognitione*] », soit selon « l'ordre de l'être [*esse*] ». Si ce qui est antérieur selon l'ordre de la connaissance était aussi antérieur selon l'ordre de l'être, la délibération serait *compositiva*. Mais il n'en est pas toujours ainsi et, en particulier, pas dans le cas de la délibération où la « fin [*finis*] » est antérieure dans l'ordre de l'intention [*intentio*], mais postérieure dans l'ordre de l'être. Ainsi la délibération est *resolutiva*. Les solutions des objections précédentes ne sont pas essentiellement différentes : la délibération traite d'opérations et « l'ordre du raisonnement à propos d'opérations est contraire à l'ordre opératoire [*ordo ratiocinandi de operationibus, est contrarius ordini operandi*] » ; la raison commence par ce qui est antérieur pour la raison [*secundum rationis*], mais pas toujours par ce qui est antérieur selon le temps.

Six ordres sont mentionnés dans cet argument : l'ordre de la connaissance, l'ordre de la raison, l'ordre de l'être, l'ordre du temps, l'ordre de l'intention, l'ordre des opérations (humaines) ou actes. La délibération, dit Thomas, procède analytiquement, puisqu'elle va de ce qui est dernier dans l'ordre des actes à ce qui est premier dans le même ordre. La délibération étant une *inquisitio* de la raison, elle doit aller de ce qui est premier dans l'ordre de la raison à ce qui est dernier dans cet ordre. Mais quand la raison s'applique à l'action, ce qui est premier pour la raison, est dernier dans l'ordre des actes : la fin que nous avons fixée. Et cela est certainement aussi dernier dans l'ordre du temps, alors qu'il est premier dans l'ordre de l'intention. De plus, il semble que ce qui est premier pour la raison soit aussi, selon l'argument de Thomas, premier dans l'ordre de la connaissance, donc dernier dans l'ordre de l'être. Il s'ensuit que pour Thomas, la délibération est un exemple d'analyse, puisqu'elle nous mène de ce qui est dernier dans l'ordre de l'être (des actes, du temps) à ce qui est premier dans l'ordre de la connaissance (de l'intention) et de la raison, alors que, pour Aristote, c'était un exemple d'analyse puisqu'elle nous mène de ce qui nous est donné en tant qu'objet d'un certain concept (le but) à ce qui nous est donné comme tel (l'acte que nous effectuons ici et maintenant). Par conséquent, si la conclusion de Thomas est identique à celle d'Aristote, c'est à cause du fait que dans la délibération la connaissance n'est pas autre chose qu'un moyen d'action, et qu'elle n'est pas intentionnée pour elle-même (*ibid.*, I-II, qu. 14, a. 3). Cette remarque permet à Thomas d'accepter la thèse aristotélicienne du chapitre III.5 de l'*Éthique à Nicomaque*, en invoquant un argument semblable à celui avancé par Aristote au début de la *Physique*. Mais ce double accord repose sur de nombreuses différences. Il n'en reste pas moins que Thomas et Aristote sont d'accord sur deux points essentiels : l'analyse est une démarche de pensée (ou de raison dans la terminologie de Thomas) régressive ; cette démarche peut être appliquée pour réduire soit des concepts à leurs conditions de satisfaction soit des objectifs à leurs conditions de réalisation.

La même tension entre point de vue de la connaissance et point de vue de l'être apparaît quand nous considérons la conception de Thomas des relations entre les paires *resolutio/compositio* et *inventio/judicium* (Garceau, 1968, p. 218-220). De fait, Thomas identifie parfois *resolutio* avec *judicium* et *compositio* avec *inventio*, d'autres fois *resolutio* avec *inventio* et *compositio* avec *judicium*.

Il établit la première double identification quand il parle du point de vue de la connaissance et considère l'*inventio* comme une recherche de conclusions, à partir de principes, et le *judicium* comme une évaluation des conclusions à la lumière des principes [1]. Cela semble le cas dans le *Proemio* du commentaire aux *Seconds Analytiques*. Thomas est ici proprement préoccupé par la démarche de la raison qui nous mène à l'acte de juger plutôt que par cet acte lui-même. Selon Garceau c'est aussi le cas dans les autres occurrences de la première double identification dans les écrits de Thomas. Si cela est correct, Thomas affirme que l'acte de jugement est préparé par une analyse. Les *Quæstiones* 13 et 14 de la *Summa, prima secundæ* sont même plus explicites. Dans la *Quæstio* 13 (a. 1) il soutient que dans les affaires douteuses et incertaines la raison ne prononce pas de jugement [*profert judicium*] sans une *inquisitio* préalable « concernant le choix [*de eligendis*] », laquelle est appelée « délibération ». Il dit que l'acte de prononcer un jugement est une sorte de « choix [*electio*] », c'est-à-dire formellement un acte de la raison, mais substantiellement un acte de la volonté. Si nous admettons que la synthèse est ce qui suit l'analyse et est rendu possible par elle, nous pouvons conclure que l'acte de juger est une synthèse, qu'il est rendu possible par une analyse, et peut même exprimer un acte de volonté, comme le choix. En ce sens la synthèse n'est, à strictement parler, pas plus qu'une démarche de pensée ou un chemin nous conduisant d'une certaine étape à une autre, différente. C'est un acte de raison singulier qui clôt une analyse et finalement exprime une volonté. Que le jugement soit, à son tour, ou bien analytique, ou bien synthétique, cela ne peut pas dépendre de la nature de cet acte, mais plutôt des caractères de l'analyse qui y conduit. Il semble que ce soit exactement l'idée de Kant (Panza, 1997).

Thomas établit la seconde double identification quand il parle du point de vue de la nature intrinsèque de l'être, que les résultats de l'*inventio*

---

1. Nous pourrions soutenir que cela est dû aux conceptions d'Albert, puisque la recherche va nécessairement du simple au complexe, alors que l'évaluation des résultats d'une recherche va du complexe au simple. Pourtant, il semble ici qu'il n'est pas question du simple et du complexe en eux-mêmes, mais du simple et du complexe pour nous, qui ne coïncident pas nécessairement avec ceux-là.

et du *judicium* expriment ou identifient. De ce point de vue l'*inventio* assume le caractère d'une analyse, puisqu'elle réduit ce qui est premier pour nous, mais qui est en soi dernier et le plus complexe, à la simplicité intrinsèque de ses principes. Le *judicium*, au contraire, est une synthèse, puisque par lui la complexité intrinsèque de la réalité est comprise à partir de la simplicité intrinsèque des principes. Dans ce cas, le terme *judicium* réfère clairement à l'acte de jugement en tant que tel.

Ainsi, du point de vue du jugement, les deux doubles identifications ci-dessus ne sont pas mutuellement contradictoires : dans les deux cas l'acte de jugement semble être compris comme un acte de synthèse, précédé et préparé par une démarche analytique.

7. Viète et Descartes

La caractérisation par Pappus de la méthode mathématique de l'analyse et de la synthèse et les doctrines médiévales de la *resolutio* et *compositio*, dans leurs relations avec la théorie du jugement de Thomas semblent être les deux intermédiaires par lesquels l'idée aristotélicienne de l'analyse est entrée dans l'âge moderne. Au passage, elle a été associée à une idée non aristotélicienne de synthèse, qui généralise la conception platonicienne et même pré-platonicienne de cette dernière comme une simple composition d'objets (intégrant par exemple l'idée platonicienne de συναγωγή), et en même temps restreint son champ du fait même de cette association. À travers le remaniement de Pappus, l'idée d'analyse est clarifiée, et même codifiée, en étant restreinte au domaine spécifique de la géométrie, et étant restreinte à la réduction géométrique et à la réduction aux principes. À travers les doctrines médiévales, cette idée perd sa spécificité aristotélicienne, étant à la fois confondue avec la διαίρεσις (et intégrée de cette manière à la dialectique platonicienne) et projetée sur plusieurs ordres distincts, souvent opposés l'un à l'autre.

En rencontrant l'idée aristotélicienne d'analyse modifiée par son passage entre les mains de Pappus, Viète formule un programme ambitieux : appliquer à la géométrie les méthodes et les résultats de l'arithmétique diophantienne. Ce programme est clairement exposé dans l'*Isagoge* (Viète, 1591*a*), et partiellement réalisé dans nombre de travaux publiés ultérieurement.

L'application à la géométrie des méthodes arithmétiques avait rencontré divers obstacles dans les mathématiques pré-modernes, le plus essentiel étant probablement l'absence d'une définition générale de la multiplication interne entre grandeurs géométriques. Si pour les mathématiciens grecs, les nombres (entiers positifs) pouvaient être multipliés entre eux et pour n'importe quelle sorte de grandeurs, il n'en était pas de même pour les grandeurs en général. La construction de carrés, de rectangles, de cubes ou de parallélépipèdes était bien sûr comprise comme étant analogue à la multiplication des nombres quand deux ou trois segments étaient impliqués. Mais ce n'était pas une définition générale de multiplication entre grandeurs géométriques. En outre, une telle proto-multiplication géométrique n'était pas conservative de l'homogénéité, produisant un résultat qui ne pouvait être additioné ni aux multiplicandes ni à une autre grandeur de même genre. L'idée fondamentale de Viète pour surmonter cette difficulté fut de fournir une définition quasi axiomatique de multiplication comme opération générale sur des quantités (à la fois nombres et grandeurs), permettant de passer de proportions entre grandeurs géométriques telles que $a : b = A : B$, à des équations comme $aB = bA$, et d'exprimer différentes sortes de problèmes impliquant des grandeurs géométriques en termes d'équations. Pour accomplir cela Viète proposa d'employer une procédure authentiquement analytique.

Au tout début de l'*Isagoge*, Viète définit l'analyse comme « une certaine voie pour chercher la vérité en mathématiques [*veritas inquendæ via qædam in Mathematicis*] » (Viète, 1591*a*, p. 4r)). Il mentionne l'opinion selon laquelle Platon fut le premier à la « trouver [*invenire*] » [1] ; il attribue à Théon (qui vécut à Alexandrie au IVe siècle après J.C.) le mérite d'avoir, le premier, nommé cette voie 'analyse' et affirme que sa définition n'est autre que celle de Théon. Il est possible que Viète renvoie ici au scholie du livre XIII des *Élements*, dans la forme qu'il prend dans la version de Théon. L'analyse, dit-il, est « l'assomption de ce qui est questionné comme s'il était admis, [en vue d'arriver], au moyen de ses conséquences, à ce qui est admis comme vrai [*adsumptio quæsiti tanquam concessi per consequentia ad verum concessum*] » ; « en revanche [*ut contra*] », la synthèse est « l'assomption de ce qui admis [en vue d'arriver],

---

au moyen de ses conséquences, à la fin et à la compréhension de ce qui est en question [*adsumptio concessi per consequentia ad quæsiti finem & comprehensionem*] » [1]. L'emploi des termes '*finis*' et '*comprehensio*' est parfaitement cohérent avec la conception aristotélicienne de l'analyse, telle que je l'ai présentée, et sert en même temps le programme de Viète. En fait, bien qu'il mentionne les deux sortes d'analyse distinguées par Pappus (en les appelant 'ζητητική' et 'ποριστική'), en disant que sa définition est totalement pertinente pour eux, — et en affirmant même en avoir ajouté une troisième sorte qu'il appelle 'ῥητική' (de 'ῥέω' : 'couler' mais aussi 'expliquer') ou "ἐξηγητική' (de 'ἐξηγήομαι' : 'conduire' mais aussi 'expliquer' ou 'exposer'), il change profondément le sens donné par Pappus à la distinction entre analyse et synthèse. Loin d'être trois espèces distinctes d'un même genre, la zététique, la poristique et l'exégétique (ou thétique) de Viète sont trois étapes successives de la même démarche. Selon la définition générale de Viète, à la première étape « une équation ou une proportion est obtenue entre la grandeur cherchée et la donnée [*invenitur æqualitas proportione magnitudine, de quâ quæritur, cum ijs quæ data sunt*] », à la seconde « la vérité du théorème relatif à l'équation ou la proportion est examinée [*de æqualitate vel proportione, ordinati Theorematis, veritas examinatur*] », et à la troisième « la grandeur est exhibée [en partant] de l'équation ou de la proportion relative à ce qui est en question [*ex ordinate æqualitate vel proportione ipsa de qua quæritur exhibetur magnitudo*] ». La zététique consiste plus proprement à transformer le problème posé en une équation, en passant par une ou plusieurs proportions, et à résoudre l'équation ; il est clair que c'est une procédure analytique. La poristique consiste à vérifier les conclusions de la zététique ; elle peut être, nous allons le voir, une procédure analytique ou synthétique. Enfin, l'exégétique consiste à exhiber la grandeur cherchée ; c'est certainement une procédure synthétique.

Pour comprendre les relations entre les trois étapes de Viète, nous devons examiner la nature de la zététique. Tant qu'elle est exposée en termes généraux, l'idée de Viète est très simple. Si le problème de chercher certaines grandeurs est posé, Viète propose de supposer données ces grandeurs et de les indiquer par certaines lettres (Viète emploie en fait des voyelles en lettres capitales, mais nous pouvons utiliser les lettres de la fin de l'alphabet latin comme nous le faisons habituellement). Puis il propose de travailler sur ces grandeurs comme si elles étaient données dans le

---

1. Les termes '*finem*' et '*comprehensio*' pourraient en fait traduire les termes 'κατάληξιν' et 'κατάληψιν', qui apparaissent ici.

but de traduire, conformément à la nouvelle définition de la multiplication géométrique, les conditions du problème en une équation susceptible d'être résolue par les techniques arithmétiques habituelles, ou d'être transformée en une nouvelle proportion. Imaginez que le problème exige la construction de deux segments formant un rectangle égal à un carré B et ayant le même rapport que deux autres segments S et R, ce qui est un cas particulier de la zététique II.1 (Viète, 1591b, lib. II, z.1). Si on désigne par 'x' et 'y' ces segments, nous avons la proportion $x : y = S : R$ et, ainsi, en suivant Viète (mais avec une notation moderne) $x = \frac{Sy}{R}$ et $y = \frac{Rx}{S}$, et, donc, $B = \frac{Sy^2}{R} = \frac{Rx^2}{S}$ ou $Sy^2 = RB$ and $Rx^2 = SB$. Même si ces équations étaient résolues comme si elles étaient des équations arithmétiques usuelles, l'exhibition de leurs racines ne serait pas encore la construction des segments cherchés. Par conséquent, la solution du problème n'a pas encore été exhibée. La situation ne change pas si nous transformons ces équations en deux proportions, ainsi que le fait effectivement Viète. Nous avons donc les proportions '$S : R = B : y^2$' et '$R : S = B : x^2$', qui n'exhibent pas les segments cherchés. Face aux racines des équations précédentes ou aux proportions correspondantes, deux problèmes restent ouverts : en premier lieu, vérifier, en partant des grandeurs effectivement données, que les relations exprimées par ces racines ou proportions sont correctes, et deuxièmement interpréter ces racines ou ces proportions comme étant des suggestions convenables pour réaliser la construction que nous cherchions. La poristique devrait résoudre le premier problème, l'exégétique le second.

Je viens de dire que la première étape de la méthode de Viète est un exemple d'analyse. La raison en est claire : c'est une démarche de pensée répondant à un certain objectif, qui part de l'hypothèse qu'un certain objet, présenté seulement comme objet d'un certain concept, est donné en tant que tel, et se poursuit en supposant que nous pouvons effectivement opérer sur et avec un pareil objet. C'est également le cas de la construction géométrique aristotélicienne. Mais la zététique ne nous conduit pas de cette hypothèse à l'exhibition d'un objet qui est donné en tant que tel ; elle se termine aussitôt que l'objet cherché est présenté comme objet d'un nouveau concept : le concept de racine d'une certaine équation ou, pour être plus précis, le concept d'être la grandeur (géométrique) exprimée par une racine d'une certaine équation. Ce n'est donc pas une démarche strictement régressive puisqu'elle ne remonte pas de ce qui n'est pas donné à ce qui est donné. Plutôt, elle exploite l'hypothèse assumée à la première étape pour exhiber une certaine relation opérationnelle, qui était inconnue auparavant, entre l'objet cherché et les objets donnés. Par conséquent, n'étant pas une démarche régressive, la zététique de Viète est une manière d'arriver à une certaine configuration relationnelle qui était inconnue auparavant. Bien qu'elle ne soit pas conclusive eu égard à l'objectif apparaissant à la première étape, elle est conclusive eu égard à un autre objectif, qui est d'exhiber une telle configuration. Elle est donc un exemple d'une nouvelle sorte, non aristotélicienne, d'analyse, que nous pourrions appeler « analyse configurationnelle ».

À cause du caractère particulier de cette analyse — et malgré la déclaration de Viète au chapitre VI de l'*Isagoge* (Viète, 1591*a*, p. 8r), qui la décrit comme une sorte de synthèse —l'étape qui suit la zététique peut être une procédure analytique ou une procédure synthétique. La raison en est claire : son objectif essentiel est de prouver un théorème — c'est justement la conclusion de la zététique — et elle peut faire cela soit par une réduction conclusive aux principes, soit par une preuve synthétique, qui peut, éventuellement, être précédée par une réduction non conclusive aux principes. Cependant, dans les deux cas, la poristique ne réalise pas l'objectif de la première étape de la zététique. Elle est conclusive seulement eu égard à l'objectif intermédiaire, qui est justement l'objectif livré par les conclusions de la zététique. La tâche de réaliser l'objectif principal est donc laissée à la troisième étape, l'exégétique.

Bien que l'exégétique soit une construction géométrique et une synthèse parfaitement normale, en raison de sa forme logique, sa connexion avec l'analyse qui la précède n'est pas la même que chez Pappus et dans les exemples médiévaux. En fait, elle ne prend pas son point de départ dans l'objet que l'analyse a indiqué. Vu qu'elle commence à la dernière étape de l'analyse (qui est la dernière étape de la zététique), elle doit interpréter cette dernière étape ; à savoir elle doit transformer l'expression d'une certaine configuration relationnelle en une suggestion de construction géométrique. Ainsi, dès son tout début, elle doit procéder comme l'analyse, en commençant par la présentation d'un concept et en cherchant les premiers éléments de la construction. Cela est particulièrement difficile à cause du caractère non géométrique de la configuration exhibée par la zététique. En réalité, dans la méthode de Viète, la zététique réalise son objectif spécifique et exhibe une telle configuration grâce à une définition quasi axiomatique de multiplication interne. Mais même si une telle définition permet aux mathématiciens d'écrire et de manipuler des équations dans lesquelles apparaissent des produits (et des proportions) de grandeurs, elle ne spécifie pas ce qu'est un produit (ou une proportion) de grandeurs. Cela est la source de l'une des principales difficultés du programme de Viète, puisque, pour attribuer un sens géométrique à ses équations et ses racines, Viète propose de les interpréter selon une généralisation de la définition classique du produit de segments comme des constructions de rectangles ou de parallélépipèdes. Cette suggestion comporte un double problème. Premièrement, une telle définition ne marche pas pour n'importe quel genre de grandeurs géométriques. Deuxièmement, elle nous force à distinguer les grandeurs selon leur degré, par rapport à une certaine base, puisque, selon la définition, la multiplication entre segments ne conserve pas l'homogénéité.

Cette difficulté est un des points de départ du programme de Descartes en géométrie. De nombreux chercheurs ont souligné que la géométrie cartésienne n'est rien d'autre qu'une collection de méthodes pour résoudre des problèmes géométriques. Je ne suis pas de cet avis. Je pense, plutôt, que l'objectif de Descartes, dans *La Géométrie*, était une nouvelle fondation de la géométrie dans son ensemble. Or cette fondation fait essentiellement appel au mode analytique de pensée. C'est la dernière étape de l'histoire de la notion d'analyse que je vais considérer ici, étant donné que c'est la première étape d'une nouvelle ère, dans laquelle la notion originelle d'Aristote prend son aspect moderne.

Comme cela est bien connu, dans son *Discours de la méthode*, Descartes oppose « l'Analyse des anciens » à « l'Algèbre des modernes » (Descartes, 1637, p. 19). Il en parle comme de deux « art » et les considère avec un troisième « art », qui est la logique. Les fameux quatre premiers préceptes sont exposés comme les seules « lois » d'une méthode qui « comprenant les avantages de ces trois [art], fût exempte de leurs défauts ». Le premier et le troisième précepte semblent recommander une démarche de pensée absolument non analytique : ne jamais accepter comme vraie une chose que nous ne connaissons évidemment comme telle ; commencer toujours avec les objets les plus simples et les plus aisés à connaître et monter pas à pas à la connaissance des plus composées. Bien que cet apparent refus de l'analyse semble contrebalancé par le second précepte, qui recommande de toujours diviser toute difficulté en autant de « parcelles » qu'il est possible, ce second précepte ne recommande pas réellement une démarche analytique. Cette attitude paraît en contradiction avec le précepte également fameux de *La Géométrie*, qui, lui, recommande une démarche vraiment analytique (*ibid.*, p. 300) :

> Ainsi voulant resoudre quelque problesme, on doit d'abord le considerer comme desia fait, & donner des noms a toutes les lignes, qui semblent necessaires pour les construire, aussy bien a celles qui sont inconnuës, qu'aux autres.

Le contraste apparaît de manière encore plus évidente si l'on observe que, tout de suite après avoir énoncé ses quatre préceptes, Descartes présente un très bref résumé de sa géométrie, comme exemple de sa méthode.

Pour une bonne démarche de pensée, comment ces préceptes peuvent-ils être rendus cohérents avec l'usage de l'analyse dans la *Géométrie* ? La réponse dépend de la conception cartésienne de la méthode conçue comme une combinaison des avantages de la logique (aristotélicienne), de la géométrie grecque classique (qu'il appelle 'analyse des Anciens' en se référant à l'interprétation de Pappus), et de ce qu'il appelle 'algèbre des modernes'. Du premier de ces « art » — qu'il comprend ici comme l'art de conduire des preuves logiques — Descartes retient la progressivité de pensée et la certitude des points de départ. Du second, il retient à la fois les modalités de la donation d'objets et les conditions de leur comparaison possible. Enfin, du troisième, il retient les modalités d'expression des opérations et des objets et l'agilité permise par ces modalités. En fait, quand il parle d'« algèbre », il semble renvoyer aux techniques modernes (pour lui) de transformer et résoudre des équations. La clé pour comprendre le point de vue de Descartes semble résider précisément dans la distinction entre modalités de donation et de comparaison et modalités d'expression. Cette distinction est déjà visible dans le programme de Viète, dont l'objectif est justement de trouver une manière de travailler, avec les « techniques algébriques », sur certaines expressions d'objets géométriques afin d'obtenir des suggestions convenables pour effectuer les constructions classiques. Mais la distinction est bien plus explicite dans la nouvelle géométrie de Descartes.

Suivant la suggestion d'Israel (1997 et 1998), nous pourrions revenir aux *Regulæ* pour comprendre les vues de Descartes. Dans la Règle XIV (Descartes, *Œuvres*, vol. X, p. 450-452), Descartes affirme qu'il y a seulement deux sortes de choses qui se comparent les unes aux autres (le verbe latin est '*confero*', littéralement mettre ensemble, est il est employé à la forme passive) : les multitudes et les grandeurs. Et Descartes ajoute que nous disposons de deux « genres [*genera*] » de figures « pour les concevoir [*ad illam conceptui nostro proponendas*] ». Les figures du premier type sont celles qui « doivent exhiber [*exhibendam*] les multitudes », telles les systèmes de points qui représentent des nombres triangulaires, ou les arbres généalogiques. Celles du second type sont celles qui « expliquent [*explicant*] les grandeurs », telles les figures géométriques. Pour justifier son choix, Descartes observe que toutes les conditions (*habitudines*) qu'il peut y avoir (*esse*) entre entités du même genre (c'est-à-dire toutes les relations entre de telles entités) doivent être rapportées (*esse referenda*) à l'ordre et à la mesure. Puis il affirme que la mesure diffère essentiellement de l'ordre à cause de la nécessité de considérer un troisième terme par rapport auquel on compare les deux entités (ce qui n'a pas lieu pour l'ordre). Finalement, Descartes soutient que « sous le bénéfice de l'assomption d'une unité [*beneficio unitatis assumptia*] », les grandeurs peuvent être ramenées à des multitudes, les multitudes peuvent ensuite être disposées dans un ordre tel que la difficulté, « qui était relative à la connaissance de la mesure [*quæ ad mensuræ cognitionem pertinebat*] », ne dépende plus que de l'ordre. Partant de telles prémisses, Descartes conclut que lorsqu'il est question de proportions entre grandeurs, il ne faut considérer que des segments, et que les figures elles-même peuvent servir à exhiber autant les multitudes que les grandeurs.

L'argument de Descartes peut sembler obscur ; il devient très clair aussitôt qu'il est considéré en relation avec sa géométrie. Ce que dit Descartes c'est que si une certaine grandeur est prise pour paramètre pour mesurer toutes les autres grandeurs du même genre (une unité de mesure), alors la différence essentielle entre la comparaison selon l'ordre et la comparaison selon la mesure — pour laquelle un troisième terme est nécessaire — s'efface, puisque le troisième terme est donné une fois pour toutes. Ainsi il est possible de voir en toute proportion une relation selon l'ordre, et de passer de cette proportion à l'identité usuelle. Comme il va l'enseigner au tout début de *La Géométrie* (Descartes, 1637, p. 297-298), et comme il l'anticipe dans la Règle XVIII (Descartes, *Œuvres*, vol. X, p. 463), une proportion telle que '$u : a = b : c$' (où u est pris comme l'unité) signifie que b est le produit de a et de b. Cette définition est totalement indépendante de la nature des quantités mesurées, qui peuvent être des multitudes ou des grandeurs, et dans le dernier cas, n'importe quelle sorte de grandeurs. Par conséquent, pour donner un sens au produit de deux grandeurs a et b, il est seulement nécessaire que l'unité choisie soit homogène à a ou à b. Mais, dans ce cas, la comparaison de quantités distinctes peut être exprimée par un formalisme cohérent, qui ne dépend pas de la nature particulière de ces quantités, de sorte que, en les comparant, on peut considérer toutes les quantités comme des segments.

La Règle XIV s'arrête là. Mais ce n'est pas la fin de l'histoire, car ces considérations n'impliquent ni que toute quantité peut être comparée à toute autre quantité (puisque l'argument de Descartes réfère aux modalités de la comparaison, mais non à la possibilité de celle-ci), ni que le produit de deux quantités peut être exhibé si ces quantités sont données en même temps qu'une unité de mesure homogène à l'une d'entre elles. Selon la définition ci-dessus, ce n'est possible que si la quatrième proportionnelle entre ces quantités et l'unité peut être exhibée. Si ces quantités sont des segments, le théorème VI.12 des *Éléments* d'Euclide nous apprend que cela est toujours possible. Mais en d'autres cas aucune garantie *a priori* ne peut être donnée. Donc la définition de Descartes du produit interne de grandeurs de n'importe quelle sorte (qui peut aussi bien être aisément appliqué aux multitudes) ne va pas avec la possibilité d'exhiber ce produit en toute circonstance. Si nous voulons que cette possibilité existe toujours, nous devons non seulement traiter ou représenter toutes les quantités comme des segments, tant qu'il s'agit de les mesurer, mais encore supposer en plus qu'elles sont des segments. Le même argument peut être appliqué à la division interne, la puissance entière, l'extraction de racine (la seule différence étant que, dans le dernier cas, la possibilité d'exhiber toute racine d'un segment donné ne découle d'aucun théorème euclidien, mais de l'extension par Descartes des clauses euclidiennes de construction).

Si nous voulons faire de la géométrie en général, nous ne pouvons naturellement nous restreindre à la seule considération de segments. Mais nous pouvons supposer que seuls les segments sont donnés en tant que tels et essayer de construire pas à pas n'importe quelle entité géométrique (une grandeur ou une configuration de grandeurs) en partant des segments donnés. C'est la voie progressive de la logique (aristotélicienne). Néanmoins, si nous voulons, par cette construction, obtenir des figures non rectilignes autres que des cercles, nous ne pouvons nous restreindre aux clauses euclidiennes de construction. Selon Descartes, il n'est pas question d'ajouter d'autres postulats à ceux d'Euclide. Il est même préférable d'éliminer ces derniers. Nous devons seulement avoir confiance en notre capacité de distinguer et de tracer des segments et d'effectuer des opérations élémentaires (comme construire un cercle par rotation d'un segment) ou d'utiliser des machines idéales composées de segments ou d'autres objets, qui ont été déjà construits (comme dans le cas de la construction d'une ellipse par la méthode du jardinier). Il s'ensuit que la construction d'objets géométriques en partant de segments n'est soumise à aucune règle générale, mais doit simplement satisfaire une condition d'exactitude, formulée par Descartes dans sa *Géométrie* de différentes façons, non toujours compatibles, du moins en apparence. Ce précepte général exprime à la fois la condition que les points de départ soient certains — condition héritée de la logique (aristotélicienne) — et les modalités de donation des objets géométriques. J'ai dit que Descartes avait hérité ces modalités de la géométrie grecque

classique (lue à travers les lunettes de Pappus). En fait, ces modalités
sont formellement les mêmes que celles de la géométrie grecque classique : seuls sont donnés comme objets les objets construits explicitement à partir des objets élémentaires. Cependant, la substance de cette
condition a changé, puisqu'une condition n'est plus exprimée en termes
de contrainte déductive (comme dans le système déductif euclidien), mais
par une capacité constructive à la recherche de sa propre exactitude. Ainsi
l'ordre progressif de la méthode cartésienne n'est pas l'ordre de la preuve
aristotélicienne, c'est un ordre constructif ou, dans le sens original du
terme latin, un ordre de l'*inventio* (c'est-à-dire littéralement l'acte d'arriver à ou sur) [1].

1. Bien sûr, la construction géométrique n'est pas aveugle, elle ne fonctionne pas sans
but, et elle ne fournit pas des objets seulement par hasard. Elle est guidée par l'objectif
de construire des objets satisfaisant certaines conditions données *a priori* par rapport à
elle. Ainsi soit elle est précédée (à la fois pour Euclide et Descartes) par une réduction
géométrique (c'est-à-dire une analyse), soit elle consiste en cette réduction elle-même. De
fait, *La Géométrie* de Descartes est exceptionnellement riche en exemples où la construction
est présentée comme une démarche progressive. Mais la différence essentielle entre la
progressivité selon Euclide (c'est et c'était ce qui était visé comme synthèse par Pappus)
et la progressivité cartésienne pourrait suggérer que cette dernière est moins éloignée de
l'analyse que la première, ou est aisément convertible en elle. Cela pourrait expliquer les
fameuses remarques de Descartes sur l'analyse et la synthèse dans *les Secondes Réponses*,
que cite Israel (1997, p. 5-6), et dans lesquelles l'analyse est considérée à la fois comme
une démarche démonstrative et une *inventio*. La différence essentielle entre les vues de
Descartes — telles que je les ai exposées ici — et celles d'Aristote ne réside pas, ainsi
que plusieurs chercheurs l'ont soutenu (par exemple Timmermans qui construit son livre,
1995, autour de l'opposition des deux) dans l'identification par Descartes de l'analyse
avec une démarche d'*inventio*. D'ailleurs, le sens du terme 'invention' (en anglais et en
français) est strictement différent du sens du latin '*inventio*' (qui fut simplement transféré
au français sous le terme 'invention' au 17ᵉ siècle). '*Inventio*' en latin a un sens proche de
l'idée originelle exprimée par le verbe '*invenire*' (littéralement 'venir à' ou 'sur') signifiant
'trouver', 'obtenir' ou 'atteindre' plutôt qu' 'inventer.' Si nous parlons d'*inventio* en ce sens,
il est facile de s'apercevoir que pour Aristote aussi, l'analyse est une démarche d'*inventio*. Le
problème est plutôt que pour Aristote l'analyse (en tant qu'elle n'est pas conclusive) n'atteint
pas un théorème, ou plus généralement la réalisation de l'objectif, elle atteint les premiers
principes de la preuve ou, plus généralement, les conditions de réalisation de l'objectif. Elle
est « inventive » en tant qu'elle n'est pas « démonstrative » (ou au moins démonstrative de
mani !ère conclusive). Pour Descartes, au contraire, l'analyse semble à la fois « inventive »
et « démonstrative ». Comme je viens de le dire, nous pouvons éliminer cette difficulté
d'interprétation du texte de Descartes en rappelant la différence entre la preuve au sens de
Descartes et les déductions usuelles. Mais nous pouvons aussi remarquer que la difficulté est
vraiment locale, puisque Descartes, quelques lignes plus bas, quand il parle de l'application
de l'analyse et de la synthèse à la métaphysique, revient à un point de vue très classique,
parlant des « premières notions [*notiones primæ*] » de la géométrie et observant (*Œuvres*,

Si les objets géométriques sont donnés en tant que tels, les modalités selon lesquelles nous pouvons les soumettre à des opérations ou des comparaisons sont les mêmes que dans la géométrie grecque classique : deux segments sont additionnés, par exemple, par juxtaposition (le terme est explicite) et comparés par référence aux conditions de leur inclusion mutuelle. C'est le second aspect de la géométrie grecque classique hérité par Descartes. Néanmoins les objets donnés en tant que tels ne sont pas les seuls que nous sommes capables de considérer. Nous pouvons aussi considérer des objets qui sont caractérisés simplement par les conditions auxquelles ils doivent satisfaire. Ces derniers ne sont pas donnés en tant que tels, mais tant qu'il s'agit de les comparer à d'autres objets (qui, eux, sont donnés), nous pouvons les exprimer par des termes convenables et leur appliquer les règles usuelles des proportions. De plus, si une unité est donnée, les proportions peuvent être exprimées par des équations (ou, si vous préférez, traduites en équations). Cette possibilité nous permet de déterminer la configuration relationnelle d'un domaine de quantités connues ou inconnues, et de caractériser celles-ci des comme objets satisfaisant (ou, mieux, pouvant satisfaire) certaines conditions. C'est la modalité pour représenter aussi bien les quantités que les opérations sur les quantités. C'est l'agilité du formalisme que Descartes hérite de « l'algèbre des modernes ». C'est également la procédure analytique sur laquelle est fondée la géométrie de Descartes. Il ne s'agit pas d'une démarche régressive, mais comme chez Viète, d'une analyse configurationnelle.

Deux innovations rendent l'analyse de Descartes essentiellement différente de celle de Viète. D'abord, l'introduction d'une unité (en termes modernes l'introduction de l'élément neutre pour un groupe multiplicatif) qui élimine la nécessité de distinguer les quantités par leur degré, tant qu'il s'agit seulement d'exprimer leurs relations mutuelles, et qui, si ces quantités sont supposés être des segments, nous permet d'effectuer une construction finie et réglée, qui exhibe l'objet (évidemment un segment) exprimé par une composition algébrique finie de quantités données. Cela signifie que si l'analyse se termine par l'exhibition d'une identité telle que '$x = f(a, b, \ldots, q)$' — où '$f(a, b, \ldots, q)$' est une composition algébrique

---

vol. VII, p. 57) que la démarche analytique est celle qui convient le mieux en métaphysique, puisque ce qui est important en ce domaine est « de percevoir clairement et distinctement les premières notions [*de primis notionibus clare et distincte percipiendis*] ». Ainsi la différence par rapport à Aristote se réduit à celle que nous avons amplement discutée ci-dessus : Descartes réfère aux notions ontologiques (plutôt qu'épistémologiques) de clarté, d'évidence et de primauté.

finie de termes désignant les quantités données a, b, ..., q —, alors la construction qui devrait suivre est certainement possible et est complètement déterminée par l'analyse elle-même. Ensuite, le recours à l'idée de coordonnées permet d'exprimer les lieux géométriques par des équations, indépendamment de notre capacité à résoudre celles-ci. Ici, 'exprimer' ne signifie pas la même chose que 'donner', mais ne signifie pas non plus 'dénommer'. En fait, grâce à l'expression de ces lieux au moyen d'équations, nous pouvons établir un certain nombre de leurs propriétés géométriques et même les classifier. De plus, quand ces équations sont résolubles, nous pouvons effectivement construire un nombre fini quelconque de points appartenant à ces lieux. Encore une fois, ce n'est pas une donation de ces objets en tant que tels, mais une caractérisation géométrique très forte et informative de ces objets, en tant qu'objets satisfaisant certains concepts.

Ces différences entre l'analyse de Viète et celle de Descartes sont responsables des résultats d'un nouvel « art », nommément l'analyse moderne en tant que théorie mathématique : la nouvelle théorie des fonctions. Je ne pense pas que cela soit l'effet d'un simple oubli de la construction géométrique, ou bien de la transformation des équations, conditions de caractérisation des courbes, en objets d'étude. Il me semble plutôt que ce soit l'effet de l'introduction par Descartes d'une nouvelle sorte d'objets constructifs, qui ne sont pas des quantités particulières, mais des expressions de relations entre quantités ou — comme il le deviendront au dix-huitième siècle — des quantités abstraites ou fonctions (Panza, 1992).

C'est là l'origine de plusieurs significations nouvelles et plus modernes des termes 'analyse' et 'synthèse'. Mon objectif dans cet essai fut seulement de suggérer la dépendance intrinsèque de ces significations par rapport à une seule source : la notion aristotélicienne d'analyse comme démarche régressive de pensée visant le but de rendre possible la réalisation d'un certain objectif.

CHAPITRE II

LE DOUBLE RÔLE DES DIAGRAMMES DANS LA GÉOMÉTRIE PLANE D'EUCLIDE

La proposition I.1 des *Éléments* [1, a] d'Euclide demande de « construire » un triangle équilatéral sur une « droite limitée donnée », autrement dit sur un segment donné, pour le dire de façon moderne. Pour ce faire, Euclide prend le segment AB (Figure I), décrit deux cercles ayant pour centres les deux extrémités A et B, et tient pour acquis que ces cercles se coupent en un point C distinct de A et B. Ce dernier pas de la démonstration n'est garanti par aucune stipulation explicite (définitions,

* Traduit de l'anglais par Sébastien Maronne. Publié initialement dans *Synthese*, 186, n° 1, 2012, p. 55-102. Remerciements à Carlos Alvarez, Andrew Arana, Jeremy Avigad, Jessica Carter, Karine Chemla, Annalisa Coliva, Davide Crippa, Paolo d'Alessandro, Enzo Fano, Michael Friedman, Massimo Galuzzi, Giovanna Giardina, Bruce Glymour, Pierluigi Graziani, Jan Lacki, Abel Lassalle Casanave, Danielle Macbeth, Paolo Mancosu, Sébastien Maronne, John Mumma, Michael Hallett, Ken Manders, Michael Otte, Mircea Radu, Ferruccio Repellini, Giuseppina Ronziti, Ken Saito, Wagner Sanz et Bernard Vitrac pour leurs commentaires, suggestions et critiques.

1. Le texte des *Éléments* auquel je me réfère est celui établi par Heiberg dans Euclide (*Opera Omnia*). Le terme 'droite' traduit le terme grec 'εὐθεῖα' employé ici à la place de 'εὐθεῖα γραμμή'. Cette traduction va de soi, même si Euclide utilise cette dernière expression pour se référer aux segments (de droite) dans la plupart des cas.

a. Dans cette traduction française, sauf mention contraire, les citations des *Éléments* d'Euclide sont tirées de l'édition de Bernard Vitrac (Euclide, *Les Éléments*) et non de l'édition anglaise donnée par Heath (Euclide, *Elements*) comme c'est le cas dans l'article original (ici, et dans la suite, les notes appelées par une lettre latine minuscule sont celles de la traductrice ou du traducteur).

postulats ou notions communes). Dès lors, ou bien l'argument d'Euclide
est défectueux, ou bien il possède d'autres fondements.

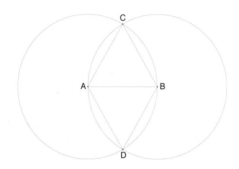

FIGURE I. La construction du triangle équilatéral par Euclide

Selon un point de vue classique, « le principe de continuité » fournit un
tel fondement, dans la mesure où il garantit « l'existence réelle des points
d'intersection » des deux lignes (Euclid, *Elements* [traduction Heath],
vol. I, p. 235 et 242 ; voir aussi Euclide, *Les Éléments*, vol. I, p. 196).
Friedman (1985, p. 60) fait cependant remarquer, à juste titre, que dans
les *Éléments* « la notion de 'continuité' [...] n'est pas analysée sur le
plan logique » et qu'il n'y a donc aucune place pour « une inférence
syllogistique valide de la forme C_1 est continu[,] C_2 est continu [, donc]
C existe » (où C_1 et C_2 sont bien sûr les deux cercles considérés).

Une solution possible pour lever cette difficulté consiste à admettre
que l'argument d'Euclide est fondé sur un diagramme et que le principe
de continuité en procure une justification dès lors qu'on comprend que cet
argument s'applique aux diagrammes.

La proposition I.1 est, de loin, l'exemple le plus couramment utilisé
pour justifier la thèse selon laquelle nombre de justifications géométriques
données par Euclide sont fondées sur un diagramme. De nombreux chercheurs ont récemment développé et plaidé cet argument en différentes
manières[1]. Le but de mon article est de donner une formulation plus
générale de cette thèse, en rendant compte de ce que je considère être le

---

1. Pour une recension de la littérature récente sur les justifications fondées sur un
diagramme dans la géométrie d'Euclide, voir Manders (2008*a*). D'autres travaux, qui ne
sont pas mentionnés par Manders, seront cités dans la suite.

double rôle joué par les diagrammes dans la géométrie plane d'Euclide [1] (dorénavant 'GPE') [2]. Cela nécessite de rendre compte de certains aspects cruciaux de la GPE, c'est-à-dire d'offrir une interprétation partielle mais basique de la GPE prise comme un tout [3].

Je considère que les arguments dans la GPE portent sur des objets géométriques : les points, les segments de droite (segments, à partir de maintenant), les cercles, les angles plans (angles, à partir de maintenant),

1. Les diagrammes doivent être soigneusement distingués des « figures » au sens établi par la définition I.14 des *Eléments* : voir ci-dessous la note 1, p. 95.

2. Par « géométrie plane d'Euclide », j'entends la géométrie plane exposée par Euclide dans les six premiers livres des *Éléments* et dans les *Données*, qui fut largement pratiquée jusqu'à la période moderne : voir le chapitre III de ce livre. Celle-ci ne doit pas être confondue avec la géométrie plane euclidienne, en général, ou la géométrie synthétique plane élémentaire (Stekeler-Weithofer, 1992). Je considère en outre la géométrie plane d'Euclide comme une théorie mathématique même si l'on ne doit pas comprendre ce vocable en termes logiques modernes. La GPE est une théorie dans la mesure où elle consiste en un domaine clos caractérisé par un système précis de règles (informelles) qui permettent d'obtenir des objets et de tirer des conclusions sur ces objets : sur ce thème, voir le chapitre III de ce livre, § 1, 2.1, 2.2, p. 151-175.

3. On pourrait s'interroger sur le statut d'une telle interprétation. Parmi les travaux récents arguant du rôle essentiel des diagrammes dans la GPE, beaucoup (comme Mumma 2006, 2010, 2012 ; Miller 2008, Avigad, Dean *et al.* 2009) proposent et discutent des systèmes formels conçus pour capturer certaines caractéristiques des arguments d'Euclide. Plus généralement, l'interprétation philosophique moderne que donnent ces travaux et d'autres (comme Manders 2008*b*) de la géométrie d'Euclide, même si elle tente d'en révéler quelques-uns des aspects les plus importants, ne se veut pas nécessairement fidèle à des sources historiques pertinentes. Mon ambition est autre. Je voudrais offrir une compréhension de la GPE qui dépende d'une interprétation fidèle de ces sources (sur cette question, voir les remarques faites au début de Le § 2). Un exercice différent serait de lire la GPE à la lumière de certaines des thèses ou discussions philosophiques contemporaines. On considère souvent à la suite du commentaire de Proclus (cf. (Proclus, 1873, *In primum Euclidis*) et (Proclus, 1970, *A commentary*)) que la géométrie d'Euclide est d'inspiration platonicienne et qu'elle traite en conséquence d'objets purement idéaux. Bien que mon interprétation diffère de cette compréhension usuelle de la géométrie d'Euclide et qu'elle puisse être considérée comme proche du point de vue aristotélicien selon lequel les objets géométriques résultent d'une opération d'abstraction appliquée aux objets physiques, je suis néanmoins loin d'affirmer qu'Euclide suit en définitive une perspective plutôt aristotélicienne que platonicienne. D'une part, les *Éléments* et les *Données* n'offrent aucune preuve textuelle indubitable d'une telle thèse qui devrait, de toute façon, être défendue ou rejetée en s'appuyant sur la discussion de nombreuses sources que je ne peux offrir ici. D'autre part, la notion aristotélicienne d'abstraction s'accorde mal avec la relation entre objets géométriques et diagrammes décrite ici (alors que la notion de continuité que je comprends être à l'œuvre dans la GPE est proche de celle d'Aristote, voir la note 1, p. 112). Enfin, les considérations que j'avance dans le § 1.2 sur les thèses de Platon suggèrent que la nature anti-platonicienne de mon interprétation pourrait être questionnée avec raison.

et les polygones. Selon moi, de tels arguments ne peuvent être fondés sur un diagramme à moins que les diagrammes soient supposés posséder une relation adéquate avec ces objets. Je considère cette relation comme un type bien particulier de représentation [1].

Ce type bien particulier de représentation dépend des deux thèses suivantes que je défendrai :

(*C.i*) Les conditions d'identité des objets de la GPE sont fournis par les conditions d'identité des diagrammes qui les représentent ;

(*C.ii*) Les objets de la GPE héritent certaines de leurs propriétés et de leurs relations de ces diagrammes.

---

1. Pour faire court, j'emploie le terme 'diagramme' dans un sens restreint, afin de référer seulement au type particulier de diagrammes qu'on rencontre dans la GPE. Si le même terme est utilisé dans son sens usuel plus étendu, il nous faut distinguer entre ce que Norman appelle des diagrammes 'intrinsèquement représentationnels' (*intrinsically depictive*) et 'intrinsèquement non représentationnels' (*intrinsically non depictive*) (Norman, 2006, p. 78). Selon lui, les premiers sont ceux qui « peuvent représenter [un ou des objets] en vertu d'une similitude d'apparence visuelle avec cet objet ou ces objets », les seconds sont ceux qui ne le peuvent pas. Pourtant, cela ne me paraît pas être une bonne manière d'opérer la distinction : si les objets en question sont abstraits, rien ne peut les représenter en vertu d'une similitude d'apparence visuelle puisque, en tant que tels, les objets abstraits n'ont pas d'apparence visuelle (au mieux, ils en auraient une dans la mesure où ils sont associés à quelque autre chose qui possède une telle apparence, comme un diagramme). J'opère plutôt une distinction entre les diagrammes qui exhibent, ou n'exhibent pas, des propriétés et des relations avec d'autres objets (possiblement abstraits) qui leur sont associés. Il est naturel d'appeler 'représentation' la relation (assez complexe) que les premiers entretiennent avec les objets qui leur sont associés. C'est à ce cas spécifique de représentation que je m'intéresse ici. Le terme 'représentation' est aussi utilisé par Parsons dans un autre sens qui, bien que proche du premier, est néanmoins plus général d'un certain point de vue, et plus précis d'un autre. Selon Parsons (2008, § 7 et chap. 5), certains objets mathématiques sont « quasi concrets ». Il s'agit d'objets abstraits « qu'on distingue des autres car ils possèdent une relation intrinsèque avec le concret », si bien qu'ils sont « déterminés » par des objets concrets (*Ibid.*, p. 33-34). D'après Parsons, la nature spécifique de la relation entre les objets quasi concrets et les objets concrets correspondants diffère selon le type d'objets quasi concrets considérés. Pourtant, il appelle généralement cette relation 'représentation'. De mon point de vue, les objets sur lesquels porte la GPE sont quasi concrets, et cela dépend justement de la relation qu'ils entretiennent avec les diagrammes (que je considère comme des objets concrets). Ainsi, je considère que la notion de représentation à laquelle je m'intéresse est un cas de représentation au sens de Parsons. Le principal objectif de mon article est de rendre compte de la nature particulière qu'acquiert la relation de représentation, dans le premier sens et le sens de Parsons, lorsqu'on considère les objets de la GPE.

Pour faire bref, je dirai que les diagrammes jouent un rôle global et local dans la GPE pour signifier, respectivement, qu'ils vérifient les thèses (*C*.*i*) et (*C*.*ii*) [1].

De fait, je n'ai aucun argument direct pour défendre ces thèses, et n'ai pas d'idée claire sur la façon d'élaborer un tel argument, que ce soit à propos de ces thèses ou d'autres semblables qui regardent la façon dont la GPE fonctionne. Tout ce que je peux faire pour faire valoir mon point de vue consiste à expliquer ces thèses et, en me fondant sur cette explication, à donner ma propre interprétation de la GPE [2]. Si une telle interprétation est jugée plausible (ou préférable à d'autres interprétations), alors elle produira un argument indirect en faveur de (*C*.*i*) et (*C*.*ii*).

Mon plan sera le suivant. Dans le § 1, je présenterai cette interprétation en termes généraux. Alors que les § 1.2 et 1.3 sont respectivement consacrés aux rôles global et local des diagrammes, le § 1.1 porte sur une question liée et cruciale : celle de la généralité des résultats de la GPE (à savoir, les théorèmes et les solutions des problèmes). Dans le § 2, j'illustre ensuite mon interprétation par des exemples, en l'appliquant à un fragment pertinent du premier livre des *Éléments*. Enfin, le § 3 procure quelques remarques de conclusion.

1. LES RÔLES GLOBAL ET LOCAL DES DIAGRAMMES

Klein (1934-1936, p. 119-123) a argué en faveur d'une distinction qui caractériserait la différence essentielle entre la science grecque, en particulier les mathématiques d'Euclide, et les mathématiques de la période moderne. Il s'agit de la distinction entre « la *généralité de méthode* et la *généralité des objets* soumis à l'investigation ». Selon Klein, les mathématiques de la période moderne sont caractérisées par la généralité de la méthode : celle-ci « détermine ses objets *en réfléchissant à la façon dont ses objets deviennent accessibles au moyen d'une méthode générale* ».

---

1. Cet usage des adjectifs 'local' et 'global' ne doit pas être compris comme évoquant une perspective plus générale quant au rôle des diagrammes dans la GPE. Ces adjectifs sont simplement utilisés pour renvoyer aux thèses (*C*.*i*) et (*C*.*ii*).

2. Pour des points de vue différents, mais (au moins en partie) complémentaires, sur le rôle des diagrammes dans Euclide et, plus généralement, sur la géométrie grecque, voir entre autres : Netz (1999), chap. 1 ; Shabel (2003), partie 1 ; Azzouni (2004) ; Norman (2006) ; Manders (2008*b*) ; Macbeth (2010). Pour une interprétation complémentaire de celle présentée ici, je renvoie le lecteur au chapitre III de ce livre, § 2, p. 156.

C'est précisément ce qui fait qu'elle est symbolique. La science grecque, au contraire, n'est pas du tout symbolique, puisqu'elle « représente le complexe entier des *connaissances 'naturelles'* qui sont impliquées dans une activité pré-scientifique », et « n'identifie *pas* l'objet représenté au moyen de sa représentation » ; ses concepts sont plutôt « formés dans une dépendance continue avec une expérience pré-scientifique 'naturelle' », si bien que la « connaissance directe [*acquaintance*] » des objets considérés peut seulement dépendre d'une « intuition immédiate [*immediate insight*] » de ces objets. Klein semble ensuite suggérer que la science grecque atteint la généralité uniquement lorsqu'elle est accompagnée d'une intuition immédiate des objets généraux (qui est assez difficile à posséder), alors que la science classique est *ipso facto* générale dans la mesure où sa méthode l'est aussi.

Mon interprétation de la GPE est fondamentalement différente, et même diamétralement opposée. Je concède que les objets de la GPE peuvent être conçus comme formes d'objets concrets, c'est-à-dire, d'objets dont nous avons une intuition immédiate. Mais je nie qu'on puisse avoir une intuition immédiate des objets de la GPE eux-mêmes. Toutefois, je ne considère pas ces objets comme généraux. De mon point de vue, « notre connaissance directe » passe par les diagrammes conçus comme des objets concrets, mais ce ne sont ni les diagrammes, ni les *types* dont les diagrammes sont des *tokens* [1]. La pratique de la GPE s'appuie plutôt sur notre capacité d'opérer sur les diagrammes pour tirer des conclusions sur les objets abstraits représentés par ces diagrammes. Dès lors que ces diagrammes sont considérés comme étant les symboles des objets qu'ils représentent, la GPE peut être elle-aussi considérée comme étant symbolique, bien que dans un sens assez particulier, à savoir celui que les thèses (**C.***i*) et (**C.***ii*) visent à préciser, dans la mesure où celles-ci rendent compte de la relation de représentation liant les diagrammes aux objets de la GPE. La manière dont la GPE est générale dépend, en retour, de cette relation. En bref, la GPE est générale, non pas parce que ses objets sont généraux, ni parce que ses théorèmes et ses solutions de problèmes disent quelque chose de totalités déterminées d'objets, mais plutôt parce qu'elle asserte

---

1. Pris en tant qu'objet concret, un diagramme est, bien sûr, un *token* d'un certain *type*. Mais ce *type* n'est pas, de mon point de vue, un objet géométrique de la GPE, mais simplement un type de diagramme. Il s'ensuit que la GPE n'est ni une théorie empirique, ni, pour le dire comme Hilbert, une théorie d'« entités discrètes extra-logiques qui intuitivement sont présentes en tant qu'expérience immédiate antérieure à toute pensée » (Hilbert, 1998, p. 202 ; trad. Largeault, 1992, chap. V, p. 117).

que certaines procédures reproductibles ne peuvent que produire certains résultats.

Bien que mon article ne concerne pas au premier chef la généralité de la GPE, il me paraît approprié de commencer par en dire un peu plus sur cette matière. En clarifiant une différence cruciale entre mon interprétation et un point de vue très largement répandu sur la GPE, j'éviterai peut-être ainsi des malentendus.

1.1. *Le problème de la généralité et le point de vue schématique*

Les objets géométriques sont abstraits. En revanche, je considère que les diagrammes sont des objets concrets, bien que j'admette bien sûr que ce sont des *tokens* appartenant à des *types* appropriés [1]. Ainsi compris, un diagramme est une configuration de lignes concrètes [2] tracées sur un support matériel plan approprié [3].

Un diagramme est un objet compositionnel : il peut être élémentaire ou bien inclure d'autres diagrammes. Un diagramme composé inclut d'autres diagrammes distincts (soit élémentaires, soit composés à leur tour). Mais des diagrammes peuvent aussi être distincts sans être inclus dans un même diagramme composé. Par exemple, un diagramme tracé le 1er décembre 2010 à 15h23 par l'un de mes collègues sur le tableau noir d'une salle de cours de l'université de Paris 1, et un autre dessiné par Euclide lui-même sur une tablette de cire durant l'un de ses cours au Musée d'Alexandrie, sont très certainement distincts, et ne sont certainement pas inclus dans un même diagramme composé. Je dis que des diagrammes comme ceux-là sont mutuellement indépendants, et que chacun d'entre eux est auto-suffisant.

---

1. Voir la note 1, p. 88.

2. À chaque fois que le contexte ne sera pas assez clair pour éviter la confusion entre des termes dénotant des objets de la GPE et des termes dénotant les configurations de lignes les représentant, j'ajouterai à ces termes les adjectifs 'géométriques' et 'concrets', selon qu'ils sont supposés référer au premier ou au second cas. La clarification de la distinction entre objets concrets et abstraits est une tâche philosophique cruciale que je ne saurais bien sûr entreprendre ici. J'espère cependant que ce que j'entends en disant que les diagrammes sont des objets concrets et les objets de la GPE des objets abstraits est assez clair, ou sera à tout le moins clarifié par mon interprétation.

3. Bien que de nombreuses formes d'exposition d'arguments de la GPE s'appuient sur des diagrammes qui ne sont pas tracés durant l'exposition (mais ont été complétés auparavant ou imprimés), afin de suivre un argument, on doit concevoir que ces diagrammes sont tracés au fur et à mesure de sa progression. C'est ainsi que les diagrammes de la GPE sont conçus ici.

Je suppose qu'on retrouve parmi les compétences (cognitives) nécessaires pour comprendre et pratiquer la GPE les compétences suivantes :
reconnaître le *type* auquel un diagramme appartient en tant que *token* ;
identifier les diagrammes distincts élémentaires ou composés qui sont
inclus dans un même diagramme composé ; distinguer deux diagrammes
mutuellement indépendants ; identifier un diagramme auto-suffisant.

Considérons deux diagrammes mutuellement indépendants, et supposons qu'ils représentent tous les deux un triangle équilatéral. Prenons par
exemple deux diagrammes comme ceux mentionnés auparavant qui repré-
sentaient un triangle équilatéral, ou bien ceux qui sont imprimés sur ma
copie de la traduction de Bernard Vitrac des *Éléments* à côté du texte des
propositions I.1 et I.10, ou encore ceux qui sont imprimés respectivement
sur la copie du même livre et sur celle de mon ami Ken à côté du texte
de la même proposition I.1. Est-il nécessaire pour comprendre et pratiquer la GPE d'être capable d'établir qu'ils représentent le même triangle
équilatéral ? Je considère comme allant de soi que la réponse est négative
et même qu'une telle question ne fait guère sens, ou plutôt qu'il n'est pas
besoin de lui attribuer un sens clair pour comprendre et pratiquer la GPE [1].
En effet, je considère que la thèse (**C**.*i*) signifie que les objets de la GPE
sont distincts dès lors qu'ils sont représentés par des diagrammes distincts
ou des éléments distincts de diagrammes inclus dans un même diagramme
composé auto-suffisant [2], et qu'aucune autre condition d'identité pour les
objets de la GPE n'est disponible (à l'exception de certains cas particuliers, dans lesquels des stipulations appropriées sont ajoutées) [3].

---

1. Voir McLarty (2008), p. 354 : [...] il est absurde de demander [...] [si] le sommet
A d'un triangle ABC [...] est identique ou distinct du sommet A d'un carré ABCD dans un
autre diagramme. [...] Si les points étaient distincts, alors d'après un postulat, une unique
[droite] les joindrait ; mais une ligne [tracée] entre deux diagrammes est absurde dans la
pratique d'Euclide. »

2. Pour être plus précis, on devrait considérer le cas des angles à part. Ceci sera clarifié
dans les § 1.2 et 2.1. Le cas des points est aussi un cas particulier puisque, selon mon
interprétation, les points ne sont pas, à proprement parler, représentés par des diagrammes
mais par des éléments de diagrammes, c'est-à-dire par les extrémités ou les intersections
de lignes concrètes (voir la note 2, p. 109 et le § 2.1 ci-après). Pour faire court, je dirai, de
façon générale, que les diagrammes représentent les objets de la GPE pour signifier que ces
objets sont représentés individuellement soit par des diagrammes, soit par des éléments de
diagrammes. Mais j'emploierai un langage plus précis quand je m'appuierai sur la relation
de représentation entre les diagrammes et les objets de la GPE afin de spécifier les conditions
d'identité des points.

3. Ces cas sont très aisés à concevoir. En suivant un argument, il peut par exemple
être pratique de reproduire un certain diagramme à côté d'un autre, ou en-dessous, ou

On pourrait rétorquer que pour comprendre et pratiquer la GPE, il n'est pas nécessaire d'attribuer un sens clair à la question de savoir si deux démonstrations mutuellement indépendantes portent sur les mêmes objets. Ainsi, on pourrait faire valoir que la raison pour laquelle il est non pertinent de savoir si deux diagrammes mutuellement indépendants représentent les mêmes objets de la GPE tient à ce que les arguments de la GPE ne portent pas sur des objets singuliers, mais plutôt sur quelque chose comme des schémas généraux ou, mieux, seulement sur des concepts. Tennant a développé ce point de vue en arguant que dans les démonstrations géométriques comme celles d'Euclide, un terme singulier comme 'le triangle ABC' n'est « rien d'autre qu'un tenant de place [*placeholder*] dans le raisonnement schématique », et que le diagramme correspondant « ne correspond à aucun triangle particulier » (Tennant, 1986, p. 303-304). Je nommerai à présent un tel terme singulier 'diagrammatique'.

Ce point de vue peut être précisé de différentes façons, mais, *mutatis mutandis*, il est assez commun. John Mumma fait par exemple valoir que dans le théorème selon lequel « les trois bissectrices d'un triangle ABC sont concourantes », « le triangle ABC n'est pas un triangle individuel », puisque « rien n'est spécifié quant à sa position ou son orientation, ni quoi que ce soit d'autre quant à la grandeur relative de ses côtés et de ses angles, mais [on considère] plutôt [que] [...] toutes ces données peuvent varier continûment et [que] le théorème continue à s'appliquer » (Mumma, 2012, p. 217). Il en conclut que la façon par défaut de rendre compte de cela est de présenter le théorème comme un énoncé universellement quantifié.

Il ne fait guère de doute que ce théorème est général, c'est-à-dire qu'il ne concerne pas un triangle singulier, quel que puisse être ce triangle. Mais si l'on veut énoncer cela dans le langage utilisé au sein des *Éléments*, on ne doit pas s'appuyer sur un terme singulier diagrammatique. Les propositions I.16-20 suggèrent les énoncés suivants : « dans tout triangle, les

---

même sur une autre page ou bien au tableau, tout en admettant que le nouveau diagramme représente les mêmes objets que le premier. Dans des cas comme ceux-ci, on considère explicitement que deux diagrammes mutuellement indépendants représentent les mêmes objets (on pourrait aussi décrire la même situation en disant qu'il y a un seul diagramme-*type* avec deux ou plusieurs diagrammes-*tokens* qui lui appartiennent, et que les objets en question sont représentés par le premier diagramme). Ces cas sont gouvernés par des stipulations explicites locales et on peut aisément en rendre compte en se plaçant dans le cadre du cas le plus simple, le cas le plus commun dans lequel aucune condition d'identité n'est disponible pour les objets représentés par des diagrammes mutuellement indépendants. Par souci de simplicité, je me limiterai dans ce qui suit à considérer ce cas le plus simple.

trois bissectrices sont concourantes'[b]. Mais d'autres formulations sont possibles, par exemple, celles qui suivent, suggérées par les propositions I.5 et I.6 : 'dans les triangles, les trois bissectrices sont concourantes', ou 'dans un triangle, les trois bissectrices sont concourantes'.

Des termes singuliers diagrammatiques n'entrent jamais dans l'énoncé d'une proposition géométrique (qu'il s'agisse d'un théorème ou d'un problème) des *Éléments* ou des *Données*. Ils entrent plutôt dans les démonstrations ou les solutions. C'est précisément parce qu'il s'agit de démonstrations ou de solutions de propositions qui sont à juste titre considérées comme générales, qu'on nie souvent que les termes diagrammatiques singuliers qui y figurent réfèrent à des objets particuliers. Dans la mesure où les diagrammes sont liés à ces termes de telle façon qu'il ne fait aucun doute qu'un terme réfère à un certain objet particulier si et seulement si le diagramme correspondant (ou un élément du diagramme) représente cet objet, cela explique pourquoi l'on nie souvent que les diagrammes représentent des objets particuliers dans les arguments d'Euclide.

La compréhension du rôle joué dans ces arguments par les termes singuliers diagrammatiques et les diagrammes correspondants reste ainsi un problème ouvert.

Une réponse possible est de nier que les diagrammes aient quelque rôle effectif que ce soit et de soutenir que les termes singuliers diagrammatiques fonctionnent comme des *dummy letters*. Une difficulté évidente posée par cette solution est précisément celle par laquelle j'ai débuté cette discussion : si l'on adopte une telle solution, on doit renoncer à faire valoir que certains de ces arguments sont fondés sur un diagramme ; on doit alors offrir une autre explication pour ces arguments, à moins de les considérer ouvertement défectueux.

Mais l'idée que des termes singuliers diagrammatiques fonctionnent dans les arguments d'Euclide comme des *dummy letters* est aussi compatible avec le fait d'admettre que les diagrammes entrent de façon indispensable dans ces arguments. C'est le cas, par exemple, si l'on soutient qu'un diagramme représente une variété (ou une multitude, une famille, une

---

b. Cet énoncé correspond d'ailleurs à la traduction de B. Vitrac : Euclide (*Les Éléments*), vol. I, p. 226-234.

classe, &c.) d'objets géométriques ou de configurations d'objets géométriques qui inclut tous ceux appartenant à l'extension de la proposition en
question. C'est précisément le choix de Mumma [1].

Le principal problème que je vois dans ce choix option est qu'elle
nécessite que les objets abstraits sur lesquels porte la GPE forment un
domaine d'individus fixé une fois pour toute à l'intérieur duquel l'extension de n'importe quelle proposition est en quelque sorte sélectionnée.
C'est tout aussi nécessaire si les théorèmes d'Euclide sont compris comme
des énoncés quantifiés universellement dont le domaine des quantificateurs inclut des objets géométriques, comme dans les énoncés de la forme
'$\forall x[(x$ est un triangle) $\implies \ldots]$', au moins si le quantificateur universel
est interprété comme dans la logique prédicative usuelle. Pour que ce
point de vue convienne, on devrait donc procurer des conditions d'identité globales pour ces objets. Autrement dit, on devrait expliquer ce qui
fait que l'un quelconque de ces objets est absolument distinct des autres,
c'est-à-dire, qu'il s'agit d'un objet géométrique particulier, par exemple
un triangle particulier. Cette condition peut être aisément satisfaite : il
suffit d'admettre que ces objets existent éternellement comme tels, indépendamment de la GPE et de notre pratique de la GPE, ceci en accord
avec le point de vue platonicien usuel ; ou, à tout le moins, qu'ils existent à
l'intérieur de l'espace de la GPE (cet espace étant convenablement défini),
de telle façon que chacun d'eux ait une position distincte dans cet espace,
comme c'est le cas dans l'image de la GPE à laquelle Mumma s'est trouvé
conduit. Le problème est que ces deux points de vue s'accommodent mal
avec le langage constructif adopté par Euclide et le rôle assigné par lui
aux constructions et aux solutions de problèmes [2].

Mon interprétation, qui est assez différente, s'accommode en revanche
assez bien avec ces deux derniers éléments. D'après celle-ci, dans la

1. Maurice Caveing, si je comprends bien son point de vue, pense plutôt que c'est ce qui
se produit dans la géométrie pré-euclidienne (en particulier la géométrie de Thalès). Selon
lui (Caveing, 1997, p. 73-75, 148-149), cette géométrie portait sur des « schémas » compris
comme des diagrammes « donné[s] dans l'intuition visuelle [...], dont le « mode d'être »
était « le même que celui des dessins décoratifs » mais dont le *sens* non plus esthétique,
[était] de représenter une situation problématique », afin d'ouvrir « un champ de possibles ».
Caveing soutient cependant que les choses changent radicalement avec la géométrie d'Euclide (Caveing, 1982, p. 155, 164), puisque dans celle-ci « l'intuition empirique est hors de
question » et le continu n'est pas « une détermination intuitive simple », avec le résultat que
les diagrammes perdent leur rôle essentiel.

2. Pour mon interprétation du rôle des problèmes dans la GPE, voir chapitre III, § 2.2,
p. 162.

GPE, les propositions générales sont démontrées ou résolues en travaillant sur des individus particuliers. Bien sûr, s'ensuit le problème d'expliquer comment cela est possible. Ce problème n'est pas très différent, cependant, de celui qui requiert d'expliquer comment on peut parvenir à des conclusions générales et solides en travaillant selon le point de vue schématique avec les schémas sur lesquels porterait la GPE. Dans les deux cas, on doit expliquer comment il se peut que les arguments d'Euclide, qui sont à première vue particuliers, produisent des conclusions générales. Mais alors que dans le second cas, on tient pour acquis que ces conclusions sont générales dès lors qu'elles concernent une totalité fixée d'objets géométriques (de telles conclusions peuvent ainsi être rendues au moyen d'énoncés quantifiés dont le domaine des quantificateurs inclut les objets en question), mon interprétation suggère une autre façon de comprendre la généralité des propositions d'Euclide. D'après celle-ci, ces propositions sont générales dès lors qu'elles assertent que certaines règles régissant la construction des objets géométriques sont telles que les objets en question ne peuvent être construits qu'en possédant certaines propriétés ou relations, si bien qu'à chaque fois que l'un de ces objets est construit, on obtient un objet possédant les propriétés ou relations en question. En comprenant la notion de donné comme je me propose de le faire dans la prochaine sous-section, cela revient à dire que n'importe quel objet donné d'une certaine sorte est tel ou tel ou possède telle ou telle relation avec d'autres objets donnés de la même sorte ou d'autres sortes. En effet, ainsi compris, un objet donné n'est pas un objet sélectionné à l'intérieur d'une totalité fixée d'objets géométriques, mais plutôt un objet construit d'une certaine façon qui ne saurait exister ni être déterminé indépendamment de l'acte qui le construit [1].

Proposer cette façon de comprendre la généralité des propositions d'Euclide n'est certainement pas suffisant pour expliquer comment ces propositions peuvent être solidement démontrées ou résolues au moyen d'arguments comme ceux d'Euclide. Toutefois, cela apporte, je pense, une base satisfaisante d'explication. Ce n'est cependant pas le but de cet article (je laisse cette tâche pour d'autres occasions), qui sera plutôt consacré à

---

1. Donc, pour en revenir à l'exemple de Mumma, bien que j'admette que le théorème qu'il considère peut être rendu dans le langage de la GPE par l'énoncé 'dans tout triangle, les trois bissectrices sont concourantes', en suivant l'exemple des propositions I.16-20, je suggère de comprendre le quantificateur universel figurant dans l'énoncé de cette proposition comme ne variant pas sur la totalité des triangles, mais sur des actes possibles de construction. Clarifier davantage cette interprétation et exposer la logique (non classique) qui irait avec demanderait par trop de temps. J'espère être capable de le faire ailleurs.

un aspect particulier d'une question plus fondamentale, une question que toute solution prétendue au problème de la généralité des propositions d'Euclide doit traiter de manière préliminaire. Il s'agit de la question de comprendre la manière dont les arguments d'Euclide fonctionnent. L'aspect de la question que j'aborderai ici concerne, bien sûr, le rôle joué par les diagrammes dans ces arguments.

1.2. Le rôle global des diagrammes

Comme n'importe quelle autre théorie mathématique, la GPE repose sur des stipulations. Dans le cas de la GPE, celles-ci peuvent être comprises comme des prescriptions adressées aux membres d'une communauté supposés doués de compétences leur permettant de comprendre, appliquer, et suivre ces prescriptions.

Certaines de ces prescriptions visent à procurer des conditions appropriées pour qu'un objet géométrique soit d'une certaine sorte, c'est-à-dire, pour qu'il tombe sous un certain concept « sortal » : ce sont les conditions d'application de ce concept. D'autres visent à procurer des conditions appropriées pour qu'un objet tombant sous un certain concept soit distinct de n'importe quel autre objet tombant aussi sous ce concept : ce sont les conditions d'identité des objets tombant sous ce concept.

Comme je l'ai dit, les objets de la GPE sont les points, les segments, les cercles, les angles, et les polygones. Ils peuvent tous être compris comme des configurations de points et de lignes, ou comme (ce qui est commun à) des classes d'équivalence de telles configurations, dans le cas des angles [1].

---

1. Pour Euclide, les cercles et les polygones sont des « figures » et, selon la définition I.14, « une figure [σχῆμα] est ce qui est contenu par quelque ou quelques frontières ». Cela suggère de faire une distinction entre une ligne ou une configuration de lignes et ce qui est contenu par cette ligne ou cette configuration de lignes, lorsque celles-ci sont fermées (une portion du plan, peut-être ?). À strictement parler, la distinction n'est pas nécessaire, cependant, pour le fonctionnement de la GPE. Il est plutôt nécessaire de distinguer deux relations d'équivalence sur les lignes ou les configurations de lignes fermées, à savoir la congruence et l'égalité d'aire, en langage moderne. Le même Euclide suggère que la première distinction n'est pas essentielle en tant que telle en employant assez souvent le terme 'cercle [κύκλος]' pour référer à ce qu'il a nommé 'circonférence [περιφέρεια]' dans les définitions I.17-18 : c'est le cas par exemple lorsqu'il réfère au point d'intersection de deux cercles, comme dans la proposition I.1. Pourtant, si le lecteur attache quelque importance à cette distinction, il peut bien considérer les cercles ou les polygones comme ce qui est contenu par des lignes ou des configurations de lignes appropriées (et les opposer à ces mêmes lignes ou configurations de lignes, à savoir aux circonférences et aux configurations

Procurer les conditions d'application d'un concept sous lequel certains objets de la GPE sont censés tomber est donc la même chose que de procurer les conditions qu'une configuration de points et de lignes géométriques doit satisfaire pour être — ou, dans le cas des angles, pour déterminer — un objet tombant sous ce concept. Ces conditions incluent typiquement deux sortes distinctes de conditions. Par exemple, selon les définitions I.19 et I.22, un carré est un système de quatre segments égaux partageant deux à deux une extrémité et formant quatre angles égaux (ou la figure contenue par ces quatre segments) [1]. La condition énonçant que les carrés sont des systèmes de quatre segments partageant deux à deux une extrémité et formant quatre angles égaux diffère dans sa nature de la condition énonçant que ces segments et ces angles sont égaux. La première fixe une clause relative à la nature morphologique intrinsèque de la configuration en question, à savoir la nature et le nombre des éléments qui forment une telle configuration, et leur disposition spatiale respective. Dit en gros, elle est topologique. La seconde fixe une clause additionnelle relative à une condition qui ne dépend pas simplement de la nature morphologique de cette configuration. Sommairement parlant, elle est métrique. Je suggère que les conditions du premier type sont en fait relatives à des conditions que certains diagrammes doivent vérifier afin d'être en mesure de représenter les objets en question [2].

---

de segments fermées). La nécessité de tels ajustements terminologiques mise à part, cela n'aura aucune influence sur ce que j'ai à dire dans le présent article sur la GPE.

1. Voir la note 1, p. 95.

2. La distinction entre ces deux types de conditions est proche de celle faite par Avigad, Dean et Mumma (Avigad, Dean *et al.*, 2009, p. 703) entre les composantes métriques et topologiques entrant dans la signification de certaines des assertions d'Euclide. Cette dernière distinction est inspirée, à son tour, par la distinction de Manders entre attributions et attributs exacts et co-exacts (Manders, 2008*b*, p. 91-94). Je reviendrai sur cette dernière distinction dans le § 1.3 mais, à cause de son influence et de sa persistance dans les discussions récentes sur le rôle des diagrammes dans la géométrie d'Euclide, il est important de préciser dès maintenant que ma propre distinction entre conditions topologiques et conditions métriques ne peut pas être interprétée en disant que les premières sont des conditions co-exactes et les secondes des conditions exactes au sens de Manders. Il y a au moins deux raisons à cela. La première est que Manders considère le fait d'être droit ou circulaire comme un attribut exact pour les lignes (*ibid.*, p. 92), alors que je considère, par exemple, que la condition énonçant qu'un certain objet de la GPE est composé de segments est topologique dans la GPE (à cause de la remarque faite dans la note 3, p. 97). Pour comprendre la seconde raison, considérons la condition selon laquelle des segments et des angles forment un système de quatre segments inégaux en partageant un extrémité deux à deux. Selon Manders, une telle condition porterait sur des attributs co-exacts, alors qu'elle devrait être selon moi du même type que la condition énonçant que ces quatre segments et ces quatre angles sont égaux.

Ainsi l'on pourrait dire : les points géométriques sont les objets géométriques représentés par des extrémités et des intersections de lignes concrètes (et on peut les prendre pour des points concrets)[1] ; les segments sont les objets géométriques représentés par des lignes concrètes appropriées[2] dont le contour est ouvert ; les cercles sont les objets géométriques représentés par des lignes concrètes dont le contour est fermé, et qui sont censées vérifier une condition supplémentaire d'égalité[3] ; les angles sont les objets géométriques représentés par des couples de lignes concrètes qui représentent des segments ou des cercles ; les polygones sont les objets géométriques représentés par des systèmes de lignes concrètes dont le contour est ouvert, représentant des segments, et qui partagent deux à deux une extrémité et ne se coupent pas (afin de former une configuration dont le contour est fermé).

Dans la GPE, il ne suffit cependant pas de procurer les conditions d'application de concepts appropriés. Il faut également procurer des conditions d'identité pour les objets qui sont supposés tomber sous ces concepts. Typiquement, une condition d'identité pour les objets d'une certaine sorte est énoncée à travers une instance du schéma '$x = y$ SSI $C(x, y)$', où 'x' et 'y' réfèrent, ou sont prétendus référer (comme noms, descriptions, ou constantes schématiques) à des objets singuliers (bien que possiblement indéterminés) de cette sorte, et '$C(x, y)$' désigne une condition d'équivalence relative à ces objets ou à d'autres entités associées. Ainsi, afin de procurer les conditions d'identité d'objets qui sont supposés tomber sous un certain concept, il est nécessaire d'avoir une façon de référer, ou de prétendre référer, à de tels objets singuliers (bien que possiblement indéterminés). Mais dans la GPE, seuls les objets donnés ou supposés donnés sont susceptibles d'une référence individuelle. Ainsi, la GPE inclut seulement des conditions d'identité pour des objets donnés ou

---

Ces différences entre les distinctions faites par Manders et les miennes mises à part, ce qui est pertinent pour mon interprétation est que les conditions d'application des concepts sous lesquels les objets de la GPE sont censés tomber incluent deux sortes de conditions, et que la première est relative aux conditions que certains diagrammes doivent vérifier afin de représenter de façon appropriée les objets en question.

1. Voir ci-dessous la note 2, p. 109 et la note 2, p. 131.

2. Ce que signifie 'approprié' dans ce cas sera clarifié dans le § 2.1.

3. Notons que dans la GPE il y a seulement deux sortes de lignes : les lignes droites ou segments, et les cercles. Ainsi, la seule distinction pertinente entre lignes est celle entre ces deux sortes-ci, la première étant ouverte, la seconde fermée.

supposés donnés [1]. Pour comprendre la nature de ces conditions, il est donc nécessaire de comprendre ce que 'donné' signifie dans la GPE.

Bien que dans les *Éléments* les objets géométriques soient souvent dits être donnés, les conditions selon lesquelles un objet est donné ne sont jamais énoncées explicitement. Ce n'est pas davantage le cas dans les *Données*, dont les définitions 1, 3 et 4 établissent plutôt sous quelles conditions des objets géométriques appropriés sont donnés en grandeur, donnés en forme, et donnés en position, respectivement [2].

Taisbak a discuté ces définitions dans le détail dans les commentaires de sa traduction des *Données* (Taisbak, 2003). Il a argué que le terme 'donné [δεδομένος]' y possède sa signification usuelle : « qu'un objet nous est donné signifie qu'il est, dans un sens et avec une portée pertinents [*in some relevant sense and scope*], mis à notre disposition » (*ibid.*, p. 18). Autrement dit, le terme 'donné' figure dans ces définitions comme un « [terme] primitif ne nécessitant aucune définition », et le « concept lui-même de donné demeure indéfini » (*ibid.*, p. 25, 22). Pour Taisbak, les définitions 1, 3 et 4 des *Données* établissent simplement les conditions selon lesquelles « certains objets sont *aussi* donnés (au sens en question), outre [. . .] ceux qui sont déjà donnés » (*ibid.*, p. 25). Prenons l'exemple de la définition 1 : « Sont dits donnés de grandeur les figures, les lignes et les angles auxquels nous pouvons trouver des termes égaux » (*ibid.*, p. 17). Pour Taisbak, cette définition établit qu'un objet approprié x est donné de grandeur si, et seulement si, « nous pouvons procurer » une chose qui lui soit égale, ce qui est équivalent à énoncer qu'un objet approprié x est donné de grandeur si et seulement si il est égal à un objet a déjà donné (*ibid.*, p. 29).

Cette interprétation laisse ouvertes les questions cruciales suivantes : qu'est-ce que cela veut dire qu'un objet géométrique est mis à notre dispo-sition dans un sens et avec une portée qui sont pertinents et qu'il (nous) est ainsi donné ? Et qu'est-ce que cela veut dire que nous procurons quelque chose ? Cela ne résulte pas d'une insuffisance dans l'interprétation de

---

1. Pour être tout à fait fidèle au langage utilisé par Euclide dans les *Éléments*, on devrait dire que dans la GPE, seuls les objets donnés ou construits, ou supposés donnés ou construits, sont susceptibles d'une référence individuelle. C'est pourquoi, comme je le soulignerai plus tard, Euclide emploie le verbe 'donner [δίδωμι]' d'une façon assez restrictive. Cependant, dans ce qui suit, je suggérerai une compréhension plus extensive du participe passé 'donné', qui justifie mon affirmation précédente.

2. La définition 2 des *Données* établit sous quelle condition un rapport est donné. Le statut des rapports dans la GPE est controversé, mais pour mon but présent, il est inutile de considérer ce sujet.

Taisbak. C'est plutôt que les définitions d'Euclide ne visent pas à établir en général ce que 'donné' signifie.

Taisbak semble suggérer que nous pouvons procurer un objet *a* auquel un autre objet géométrique *x* est égal si et seulement si *a* est déjà donné et qu'on peut démontrer que *x* = *a*. Ainsi, dans la définition 1 des *Données*, Euclide n'emploierait pas le verbe 'procurer' [πορίζω]' comme synonyme du verbe 'donner [δίδωμι]' pris au sens actif, c'est-à-dire, pour indiquer l'action de mettre *a* à notre disposition. Ce verbe serait plutôt utilisé pour signifier la même chose que le verbe 'donner [δίδωμι]' pris au sens passif, c'est-à-dire, pour indiquer que *a* est déjà donné, *i.e* n'est pas mis à notre disposition, mais est *déjà* à notre disposition, étant entendu que les objets auxquels ce verbe s'applique sont ainsi donnés (dans ce dernier sens) qu'il est possible de démontrer que quelque chose d'autre leur est égal.

Mais même si cela était correct, cela ne suffirait pas à clarifier ce que 'donner' signifie, autant au sens actif que passif. Pour ce faire, Taisbak s'appuie sur un passage de Platon dans la *République* VII, 527*a-b* (sur laquelle je reviendrai très bientôt) et fait valoir sur la base de celui-ci que « lorsque les mathématiciens font de la géométrie, en décrivant des cercles, construisant des triangles, produisant des lignes droites, ils ne sont pas vraiment en train de *créer* ces objets, mais seulement en train d'en *dessiner des images* » (*ibid.*, p. 27). Ainsi, d'après lui, le fait de donner un objet géométrique concerne le « Royaume de l'Intelligence », où « La Main qui Aide [*the Helping Hand*][...] veille à ce que les lignes soient tracées, les points pris, les cercles décrits, les perpendiculaires élevées, &c. » et garde ces opérations « libres de la contamination de nos doigts mortels » (*ibid.*, p. 28-29). Taisbak donne l'exemple du Postulat I.1 des *Éléments* qui autorise à « tracer [une] ligne droite de tout point à tout point ». Selon lui, un tel postulat devrait être compris ainsi : « à chaque fois qu'il y a deux points, il y a aussi une (et une seule) ligne droite qui les joint », et le géomètre est « autorisé à agir en conséquence, c'est-à-dire à concevoir une image de cette ligne » (*ibid.*, p. 28).

Ce point de vue est ambigu. Je vois au moins deux manières de le comprendre. Selon la première, un objet géométrique peut être donné au sens actif seulement s'il est déjà donné au sens passif. Cette dernière condition a simplement trait à l'existence de cet objet dans le « Royaume de l'Intelligence », quel que puisse être ce Royaume. Donner un objet au sens actif consisterait donc simplement à le sélectionner parmi d'autres objets qui sont donnés au sens passif dans la mesure où ils sont les habitants d'un tel Royaume. Les diagrammes ne seraient alors rien d'autre que les images employées par les géomètres pour leur commodité, afin de dénoter les objets qu'ils sélectionnent avec succès. On pourrait aussi comprendre qu'il n'est pas requis, pour qu'un objet géométrique soit donné au sens actif, qu'il soit donné au sens passif, ou bien qu'il existe en quelque sens, et que ce n'est pas un acte accompli par un géomètre humain qui fait qu'il devient donné au sens actif. Il s'agirait plutôt d'un acte de « La Main qui Aide » (ou même la simple volonté d'un sujet transcendant). Tout acte accompli par un géomètre humain, en employant le cas échéant des diagrammes, serait alors plutôt un acte materiel faisant écho à cet acte (ou volonté) surhumain. La première interprétation s'accorde avec le point de vue platonicien usuel que j'ai mentionné à la fin de la section 1.1. Mais la seconde peut aussi être considérée comme platonicienne (ou mieux, néo-platonicienne) en un certain sens. D'après la première, les constructions ne sont rien d'autre que des moyens pour identifier des objets qui existent déjà comme tels et se distinguent les uns des autres par leur nature intrinsèque. D'après la seconde, il y a deux sortes de constructions : celles accomplies par « la Main qui Aide », et les constructions humaines leur faisant écho, qui sont les seules dans lesquelles peuvent entrer des diagrammes.

J'ai déjà dit que la première façon de comprendre le point de vue de Taisbak s'accorde assez mal avec le langage constructif d'Euclide et le rôle assigné par lui aux constructions et aux solutions de problèmes. Qu'il me soit permis d'apporter à présent quelques commentaires additionnels qui s'appliquent aussi à la deuxième manière de comprendre le point de vue de Taisbak. Pour ce faire, revenons au passage de Platon mentionné par Taisbak (*Rep.*, 527*a-b*)[c] :

> Or le point suivant, [...] même ceux qui ne possèdent qu'une expertise réduite de la géométrie ne nous le disputeront pas : cette connaissance est entièrement à l'opposé de ce qu'en disent ceux dont elle constitue

c. Nous citons la traduction française de Leroux (Platon, *La République*). Taisbak et l'article original à sa suite citent la traduction anglaise de Shorey (*Plato in twelve volumes*), vol. 6 :

> This at least [...] will not be disputed by those who have even a slight acquaintance with geometry, that this science is in direct contradiction with the language employed in it by its adepts [...] Their language is most ludicrous, though they cannot help it, for they speak as if they were doing something and as if all their words were directed towards action. For all their talk is of squaring and applying and adding and the like, whereas in fact the real object of the entire study is pure knowledge [...][,] the knowledge of that which always is, and not of a something which at some time comes into being and passes away.

le domaine. [...] Ils en traitent d'une manière bien ridicule et bien utilitaire. C'est en effet comme des praticiens, soucieux d'abord de leur pratique, qu'ils fabriquent toutes leurs propositions, en parlant de *mettre au carré*, ou alors d'*appliquer* et d'*additionner*, et en formulant tous leurs énoncés de cette manière, alors que tout cet enseignement, on ne s'y consacre qu'en visant la connaissance [...] on étudie la géométrie en vue de la connaissance de ce qui est toujours, et non de ce qui se produit à un moment donné puis se corrompt.

La phrase rendue dans cette traduction par « Ils en traitent d'une manière bien ridicule et bien utilitaire » est en Grec comme suit : 'λέγουσι μέν του μάλα γελοίως καὶ ἀναγκαίως'. L'adjectif 'ἀναγκαίως' indique clairement une sorte d'inévitabilité. Comme le remarque P. Shorey dans une note à sa traduction, ce que Platon est en train de dire ici est que « les géomètres sont contraints d'employer le langage de la perception sensitive ». Ce fait a été souligné par Burnyeat (1987, p. 219). Selon lui, Platon n'avancerait pas ici une critique du langage de la géométrie, au nom d'une conception idéaliste de la géométrie ; il ferait plutôt valoir que l'emploi d'un langage pratique est indispensable, puisque les êtres humains ne peuvent parler des objets éternels, immuables et purement intelligibles de la géométrie qu'en référant (au moins en apparence) à d'autre objets impermanents, changeants, et sensibles.

Voilà le point, un point qui serait aussi celui de Platon, si cette interprétation était correcte. Pourtant, même si l'on admet que les objets sur lesquels porte la GPE existent (éternellement) en tant que tels, et se distinguent les uns des autres par leur nature intrinsèque, et/ou que les constructions accomplies par les géomètres font seulement écho à d'autres constructions transcendantales, ces objets ne peuvent entrer dans la GPE, comprise comme une géométrie humaine [1], que dans la mesure où le géomètre est capable de les identifier et de les distinguer les uns des autres en suivant une voie appropriée et accessible aux hommes. C'est la raison pour laquelle une interprétation de la GPE ne peut éviter d'expliquer la manière dont nous pouvons identifier et distinguer ces objets. Et si l'on veut faire cela sans faire appel au fait qu'ils nous sont donnés au sens actif, ou que nous les donnons, la seule autre explication que je connaisse (qui est subrepticement admise dans de nombreuses interprétations de la

---

1. La GPE comprise comme une géométrie humaine est tout à fait concevable dans un cadre platonicien comme une sorte de connaissance, à savoir comme cette sorte de connaissance qui résulte de la connexion des opinions vraies les unes aux autres : voir *Ménon*, 97e-98a.

GPE), consiste à faire appel à la disposition de ces objets dans l'espace [1]. Mais il est très difficile d'apprécier cette disposition spatiale en l'absence d'un système externe de référence. Il suffit donc de remarquer que dans la GPE, on ne dispose d'aucun système de ce genre [2] pour mettre en lumière le fait que les deux manières de comprendre le point de vue de Taisbak concernant ce que c'est qu'être donné conduisent à une interprétation de la GPE pour le moins incomplète.

Cela étant dit, je peux à présent expliquer ma façon de comprendre la notion d'être donné dans la GPE, qui est assez différente de celle de Taisbak.

Je commencerai en observant qu'on pourrait comprendre, *a contrario* de Taisbak, que la définition I des *Données* affirme qu'un objet approprié *a* est donné de grandeur si et seulement s'il est donné (au sens actif ou passif) et que nous pouvons procurer un autre objet *x* et démontrer que *x = a*. Le verbe 'procurer' doit être compris ici comme un synonyme de 'donner' au sens actif, ou plus précisément, 'nous pouvons procurer *x*' devrait être compris comme signifiant que *x* peut être donné au sens actif. Ici 'peut' doit être pris au premier degré et indique qu'un opérateur modal figure implicitement dans la définition.

Je reviendrai bientôt sur la manière dont on doit comprendre un tel opérateur. Auparavant, je dois dire que je considère que des objets géométriques sont donnés dans la GPE si et seulement si l'on trace de manière canonique les diagrammes appropriés qui les représentent, ou bien qu'on imagine les tracer de manière canonique. Ils sont donc donnés au sens actif, ou procurés, lorsque nous traçons de manière canonique ces diagrammes, ou nous imaginons les tracer de manière canonique, et ils sont donnés au sens passif si et seulement si ces diagrammes ont été tracés de manière canonique, ou bien ils sont imaginés avoir été tracés de manière canonique. Je reviendrai dans un moment sur ce que 'canonique' signifie. À présent, il suffit de remarquer, quel que soit le sens de ce vocable, qu'il s'ensuit de cette condition — et du fait que j'ai fait valoir auparavant, que la GPE contient seulement des conditions d'identité

---

1. C'est précisément le choix de Taisbak (2003, p. 19) : « Le plan est supposé rempli de points, et l'on est libre de choisir parmi eux. La même [hypothèse] s'applique dans une certaine mesure aux lignes et aux segments ».

2. Bien sûr, l'adjectif 'externe' est crucial ici. Dans la GPE, n'importe quel objet fournit en effet un système de référence par rapport auquel la disposition spatiale de n'importe quel autre objet donné peut être appréciée. Le point est que la disponibilité d'un tel système de référence, bien qu'évidente, nécessite que certains objets soient donnés.

pour des objets donnés ou censés être donnés — que ces conditions s'appliquent uniquement aux objets représentés par des diagrammes appropriés, réels ou imaginés.

Pour éviter tout malentendu, une clarification concernant mon appel à l'imagination est nécessaire. Faire valoir que les diagrammes jouent un rôle indispensable dans la GPE n'est pas la même chose que de faire valoir qu'il est nécessaire de tracer réellement des diagrammes pour pratiquer la GPE. Dans de nombreux cas, il suffit (voire il est nécessaire) de les imaginer (ou d'imaginer qu'on les trace). On peut encore aller plus loin en disant que les diagrammes jouent un rôle indispensable dans la GPE uniquement dans la mesure où la GPE contient des prescriptions concernant la manière dont ils doivent être tracés ; ainsi la compréhension des ces prescriptions (ou à tout le moins de certaines d'entre elles) peut ne pas nécessiter de tracer des diagrammes. Comprendre ces prescriptions est plutôt une condition pour acquérir la compétence de tracer les diagrammes [1]. Ce qui est crucial n'est donc pas que les diagrammes soient réellement tracés, mais plutôt que, dans le cas où ils sont imaginés l'être, l'imagination est seulement l'imagination des diagrammes (compris comme des *tokens* concrets) et de leur tracé matériel, et non pas l'imagination de certains objets abstraits (quelque puisse être l'imagination des *abstracta*) [2].

Désignons maintenant par 'x' et 'y' deux objets de la GPE donnés ou censés être donnés. Sous quelles conditions x est le même objet que y ? Je suggère que la réponse correcte est la suivante : si x et y sont des segments, des cercles, ou des polygones, alors x est le même que y si, et seulement si, ils sont représentés par la même ligne concrète ou par la même configuration de lignes concrètes (ces lignes étant ou bien réellement tracées, ou bien imaginées) ; si x et y sont des points, alors x est le même que y si, et seulement si, ils sont représentés par la même extrémité d'une ou plusieurs lignes concrètes (ces lignes étant à nouveau, ou bien réellement tracées, ou bien imaginées) ; si x et y sont des angles, alors x est le même que y si,

---

1. Le fait que suivre de façon appropriée ces prescriptions nécessite pour l'apprenti d'observer certains diagrammes et pour l'enseignant de les tracer face à l'apprenti est une question distincte que je ne discuterai pas ici.

2. La notion ⌐censé être donné⌐ mérite aussi d'être clarifiée. J'y reviendrai dans la note 1, p. 106. Cependant, on peut faire dès à présent une remarque négative, à savoir qu'un objet soit seulement supposé donné ne doit pas être confondu avec le fait qu'il soit représenté par un diagramme qu'on imagine, un diagramme qui n'est pas (ou n'a pas été) réellement tracé. La supposition ne porte par sur le tracé des diagrammes afférents, mais bien sur le fait que les objets correspondants sont donnés.

et seulement si, ils sont respectivement représentés par des configurations appropriées de lignes concrètes (à nouveau, ou bien réellement tracées, ou bien imaginées) — à savoir des configurations formées par deux droites partageant une extrémité — appartenant à la même classe d'équivalence [1]. C'est la manière dont je comprends la thèse (**C**.*i*).

Avec cela en tête, nous pouvons revenir à la nature modale que j'ai suggérée devoir être assignée à la définition 1 des *Données*. Cela me permettra en outre de clarifier ce que j'entends par 'tracé de manière canonique'.

Pour Taisbak, cette définition devrait être compris schématiquement de la façon suivante :

x est donné de grandeur   SSI   un *a* tel que *a* = *x* est donné au sens passif.

Je suggère plutôt de comprendre cette définition ainsi :

a est donné de grandeur   SSI   *a* est donné (au sens passif ou actif), et un *x* tel que *a* = *x* peut être donné au sens actif.

D'après mon interprétation, le fait qu'un x puisse être donné au sens actif signifie qu'un diagramme apte à représenter x peut être tracé de manière canonique (c'est-à-dire, que nous pouvons tracer de manière canonique un tel diagramme). Par conséquent, je considère que la définition 1 des *Données* établit par exemple qu'un certain segment est donné de grandeur si, et seulement si, d'une part, une ligne concrète apte à le représenter est ou a été tracée de manière canonique, ou bien est imaginée être ou avoir été tracée, d'autre part, une nouvelle ligne concrète apte à représenter un autre segment qui lui est égal peut être à son tour tracée de manière canonique.

Afin de mieux illustrer cette interprétation, considérons la proposition 4 des *Données* : « si une certaine grandeur donnée est soustraite d'une grandeur donnée, le reste sera donné » (*ibid.*, p. 43). Une grandeur donnée est un objet géométrique donné de grandeur, et tel est aussi le cas du reste. La démonstration d'Euclide débute ainsi : « En effet, comme AB est donnée, il est possible de procurer une [grandeur] égale à elle. Qu'elle ait été procurée et qu'elle soit DZ » (*ibid.*, p. 44). Euclide poursuit en répétant le même argument pour une seconde paire de grandeurs — AC et DE — et conclut que comme AB = DZ et AC = DE, le reste de la soustraction

---

1. La nature de ces classes d'équivalence sera mise au clair dans le § 2.1.

de AC à AB est égal à celui de la soustraction DE à DZ, et donc le premier est une grandeur donnée, c'est-à-dire, est donné de grandeur. Euclide ne dit pas que, comme AB est donné, il est égal à une autre grandeur DZ. Il sépare l'assertion 'il est possible de procurer une grandeur égale à AB' de l'assertion 'qu'elle ait été procurée'. D'après mon interprétation, cela revient à distinguer la condition qu'un objet géométrique *x* pourrait être donné au sens actif à la fois de la condition que *x* est donné au sens passif, et de la condition que *x* est donné au sens actif.

L'argument d'Euclide est général, mais il est illustré par un diagramme dans lequel AB et DZ sont représentés comme des segments (FIGURE II). Supposons que tel soit bien le cas. L'argument d'Euclide peut être interprété ainsi : AB est un segment donné (au sens passif) représenté par une ligne concrète appropriée (c'est-à-dire qu'on considère qu'elle a été tracée de manière canonique) ; il est alors possible de tracer une autre ligne concrète qui représente un autre segment qui lui est égal ; qu'on trace cette ligne et soit DZ le segment qui la représente ; DZ est donc donné au sens actif si bien que AB est alors donné de grandeur.

FIGURE II. La proposition 4 des *Données*

Une question cruciale demeure ouverte : qu'est-ce-que cela veut dire qu'un diagramme est tracé de manière canonique, et donc qu'un objet géométrique est donné au sens actif ?

L'exemple de la proposition 4 des *Données* ne peut pas nous aider à répondre à cette question puisque, dans cette proposition, Euclide raisonne en général, et peut donc seulement supposer que certains objets géométriques sont donnés ou peuvent être donnés. Considérons plutôt la proposition I.3 des *Éléments* qui correspond clairement à un cas particulier de la proposition 4 des *Données*. Elle consiste en effet en un problème dont la solution montre comment donner la différence de deux grandeurs données dans le cas où ces grandeurs sont deux segments. La voici : « De deux droites inégales données, retrancher de la plus grande, une droite égale à la plus petite » (Euclide, *Les Éléments*, vol. I, p. 199).

Pour résoudre ce problème, Euclide se réfère à un diagramme (FIGURE III) qui inclut deux traits séparés représentant deux segments donnés qu'il appelle 'AB' et 'C'. Le diagramme contient en outre un troisième trait représentant un segment AD égal à C qui a été placé, d'après la solution de la proposition I.2, de telle sorte qu'il partage avec le segment

AB l'une de ses extrémités, à savoir le point A. Enfin, le diagramme contient une ligne fermée tracée autour de A qui passe par le point D et représente le cercle de centre A et de rayon AD tracé d'après le postulat I.3. Euclide admet tacitement que ce cercle coupe AB au point E et conclut que ce point coupe AB comme il était requis.

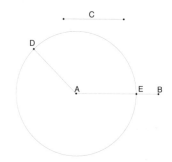

FIGURE III. La proposition I.3 des *Éléments*

Cela suggère qu'un diagramme — appelons-le $\mathcal{D}$ — est tracé de manière canonique dans la GPE si une certaine procédure de tracé de diagrammes, autorisée par les stipulations de la GPE, débouche sur $\mathcal{D}$ en partant d'autres diagrammes qui représentent des objets donnés ; ou bien si ces mêmes stipulations autorisent à prendre $\mathcal{D}$ comme point de départ d'une procédure de tracé de diagrammes. Ainsi, le fait qu'un objet géométrique puisse être donné au sens actif dans la GPE signifie qu'une procédure de tracé des diagrammes débouchant sur un diagramme qui représente cet objet est autorisée par ces stipulations, ou bien que ces mêmes stipulations autorisent qu'un diagramme représentant cet objet soit pris comme point de départ d'une procédure autorisée de tracé des diagrammes.

La plausibilité de cette interprétation dépend de la nature des procédures pertinentes autorisées. Je considérerai cette matière dans la section 2.2[1]. Ici, j'ai seulement besoin de dire que ces procédures débouchent sur ce qu'on appelle habituellement une 'construction [κατασκευή]'. Je

---

1. Il n'est pas besoin de spécifier la nature de ces procédures pour comprendre ce que signifie dans la GPE qu'un certain objet est supposé être donné. Cela signifie qu'on le suppose représenté par un diagramme approprié tracé de manière canonique. Si je comprends bien ce que veut dire 'être donné', pour qu'un objet géométrique soit donné, on doit tracer ou avoir tracé un diagramme approprié de manière canonique, ou bien imaginer que ce

suggère donc que dans la GPE une construction est une procédure autorisée pour tracer des diagrammes (Hartshorne, 2000, p. 19, Shabel, 2003,
p. 137, note 8), et qu'un diagramme est tracé de manière canonique dans
la GPE si, et seulement si, ou bien il résulte d'une construction appropriée,
ou bien il est le point de départ autorisé d'une telle construction (Norman,
2006, p. 21, 33).

Dans les *Éléments*, Euclide emploie le verbe 'donner [δίδωμι]' pour
référer aux objets géométriques qu'on considère donnés au sens passif,
comme dans les expressions de la forme 'un *x* donné' ou 'étant donné
x, faire telle ou telle chose'. Il emploie, en revanche, des verbes différents lorsqu'il a besoin que certains objets soient donnés au sens actif, ou
affirme qu'ils ont été donnés en ce sens. On trouve, par exemple, cinq
de ces verbes dans les postulats I.1-3 et les propositions I.1-2 : dans
la traduction de Vitrac, il s'agit des verbes 'mener [ἄγω]', 'prolonger
[ἐκβάλλω]', 'décrire [γράφω]', 'construire [συνίστημι]', et 'placer [τί-
θημι]'. De mon point de vue, ces verbes sont employés lorsqu'il est besoin
que certaines procédures particulières appropriées soient appliquées afin
de donner certains objets géométriques. Il s'agirait donc de spécifications
particulières du verbe 'donner', pris au sens actif [1].

Je ferai une dernière remarque. De fait, l'emploi explicite par Euclide
d'opérateurs modaux est limité. D'après la pratique d'Euclide, il est

diagramme est ou a été tracé de manière canonique. Ainsi, supposer qu'un tel objet est donné
est la même chose que supposer qu'un tel diagramme a été tracé ainsi, ou imaginé avoir été
tracé ainsi, quand bien même on aurait tracé ou imaginé avoir tracé ce même diagramme
de manière libre. Dans les cas les plus intéressants, cette situation se produit lorsque la
procédure appropriée à suivre pour tracer de manière canonique le diagramme en question
n'a pas été encore établie. Le lecteur averti ne devrait avoir aucune difficulté à comprendre
que ce dernier cas est typique des arguments analytiques qu'on trouve dans les solutions de
problèmes (bien que dans la géométrie grecque et moderne, le début d'un tel argument est
indiqué usuellement par la phrase 'qu'il soit fait [γεγονέτω] [*iam factus sit*]' qui ne contient
pas le verbe 'donner [δίδωμι]'). La littérature consacrée à l'analyse géométrique est assez
vaste. Pour mon point de vue sur cette matière, voir le chapitre 1 de ce livre et Panza (2007*b*).

1. On doit noter que dans mon interprétation les verbes 'mener', 'prolonger' et 'décrire',
aussi bien que d'autres de sens voisin, comme le verbe 'joindre', sont susceptibles d'être
employés en deux sens distincts : ils peuvent être ou bien appliqués aux objets de la GPE
(comme des spécifications particulières du verbe 'donner'), ou bien être appliqués aux
diagrammes. Cet usage double pourrait être évité au moyen de conventions appropriées,
mais ces conventions masqueraient une caractéristique essentielle de la GPE que je veux au
contraire souligner : le fait que les objets de la GPE peuvent être donnés seulement en traçant
des diagrammes. Pour cette raison, des phrases comme 'prolonger un segment' ou 'joindre
deux points' indiquent nécessairement à la fois la réalisation d'une construction géométrique
et l'acte matériel de tracé d'un diagramme (ou au moins l'imagination de cet acte). Il n'y a
ici aucune confusion mais plutôt le symptôme d'une caractéristique de la GPE.

cependant clair que toutes les constructions qui pourraient être mises en œuvre dans une situation particulière ne le sont pas réellement. Si l'on comprend ce que veut dire 'être donné' ainsi que je l'ai suggéré, l'appel à un opérateur modal est utile pour interpréter cette pratique [1]. Par souci de simplicité, j'emploierai dans le § 2 la tournure 'être susceptible d'être donné' et ses dérivées pour faire appel à un tel opérateur. Je dirai donc d'un objet géométrique qu'il est susceptible d'être donné pour signifier qu'il peut être donné au sens actif dans l'acception que je viens d'expliquer.

1.3. *Le rôle local des diagrammes*

J'ai mentionné que les diagrammes sont des objets compositionnels. C'est aussi le cas des objets de la GPE grâce au rôle global des diagrammes. Mais parler de compositionnalité nécessite d'opérer des distinctions. Jusqu'à présent, j'ai uniquement expliqué la manière dont les conditions d'identité des diagrammes se transféraient aux objets de la GPE. Un autre problème est de comprendre la manière dont on peut distinguer les diagrammes — en particulier les sous-diagrammes qui composent un diagramme auto-suffisant — et celle dont on peut les combiner pour donner naissance à des diagrammes composés qui représentent des objets singuliers de la GPE.

1.3.1. *La continuité.* Beaucoup de ces distinctions et de ces modes de composition dépendent de stipulations tout à fait évidentes (bien que souvent implicites). Par exemple, le fait qu'on considère une configuration de trois lignes concrètes appropriées partageant une extrémité deux à deux comme un diagramme représentant un seul objet, à savoir un triangle, alors que tel n'est pas le cas de deux configurations de la sorte, mutuellement disjointes à l'exclusion d'un sommet partagé, dépend de la présence ou de l'absence de définitions convenables. Mais les stipulations comme celles-là s'appliquent uniquement lorsque des diagrammes élémentaires ont été détectés, c'est-à-dire, uniquement si l'on a spécifié ce qui vaut comme un diagramme élémentaire, à savoir un diagramme qui n'est pas composé d'autres diagrammes.

Les diagrammes de la GPE sont tracés au moyen de constructions qui procèdent par étapes ; à chaque étape, une ligne est tracée. Les postulats I.1–I.3 fournissent les clauses de base pour faire cela. Elles autorisent respectivement à « tracer » et à « prolonger » des segments, et à « décrire »

---

1. La nature modale de la GPE a été soulignée dans Chihara (2004), p. 10.

des cercles. Si je comprends bien, cela signifie qu'elles autorisent le tracé de lignes concrètes représentant des segments et des cercles. Dans le § 2.2, j'arguerai que les constructions de la GPE respectent d'autres clauses de construction implicites parmi lesquelles on trouve celle prenant certains segments comme points de départ d'une construction. Je suggère de considérer comme diagrammes élémentaires à la fois les lignes représentant des segments et des cercles dont le tracé se réduit à une étape élémentaire (*i.e.* unique) de construction, ainsi que celles représentant les segments pris comme points de départ d'une construction selon la clause supplémentaire que je viens de préciser [1]. Cela tient au fait qu'être ainsi tracé confère à chacune de ces lignes — pour ainsi dire, par stipulation — la propriété d'être un diagramme singulier d'une manière plus fondamentale que celle qui s'attache au tracé d'une configuration de lignes en plusieurs étapes de construction. Disons, pour faire court, qu'en étant un diagramme singulier de cette manière fondamentale, un diagramme élémentaire est intrinsèquement un.

D'après ce critère, il s'ensuit que les points géométriques ne sont pas représentés par des diagrammes élémentaires. Ils sont plutôt représentés par les extrémités ou les intersections de lignes, dont certaines peuvent être des diagrammes élémentaires, alors que d'autres, qui résultent de leur division par intersection, sont des parties de ces diagrammes élémentaires. Je reviendrai sur cette question dans le § 2.1 [2]. Le plus important ici est de se demander ce qui sous-tend le fait de représenter des points au moyen

---

1. D'après ce critère, n'importe quelle ligne représentant un cercle est un diagramme élémentaire, puisque il n'y a pas d'autre façon de tracer une telle ligne dans la GPE que d'appliquer la clause de construction énoncée dans le postulat I.3. Mais il n'en va pas de même pour les lignes représentant des segments. La raison en découle clairement du postulat I.2, comme je vais le faire voir. Ce postulat permet de « prolonger continûment en ligne droite une ligne droite limitée » (Euclide, *Les Éléments*, vol. I, p. 168). L'adverbe 'continûment [κατὰ τὸ συνεχὲς]' peut donner lieu à différentes interprétations. Celle qui me paraît le plus plausible dit que le segment (ou la ligne droite limitée) donné est prolongé de telle sorte qu'un nouveau segment est formé dont ce segment donné est une partie. Soit AB un segment donné. Prolonger ce segment « continûment en ligne droite » est donc la même chose que de tracer une droite représentant un nouveau segment BC, partageant une extrémité avec la ligne représentant le segment AB, et placé de telle sorte par rapport à lui que les deux lignes prises ensemble représentent également un segment, à savoir AC (plutôt que deux segments formant un angle plat). Il s'ensuit que l'application de ce postulat permet de construire des segments (comme AC) représentés par des lignes concrètes dont le tracé ne se réduit pas à une étape élémentaire de construction. D'après mon critère, ces lignes ne sont donc pas des diagrammes élémentaires.

2. Dans nombre de ses arguments, Euclide représente certains points géométriques par des points isolés, plutôt que par des extrémités ou des intersections de lignes. On pourrait

de l'intersection de deux lignes (qui représentent des segments ou des cercles).

L'idée est que l'intersection de lignes produit une division de chacune de ces lignes en deux parties réelles (*actual part*) possédant une extrémité commune. Expliquons cela. Dans les diagrammes de la GPE, une intersection résulte du tracé d'une ligne qui en croise une autre déjà tracée, et cela n'importe où, si ce n'est en l'une de ses extrémités, si toutefois elle en possède. De cette façon, on obtient une division de la première ligne alors que la seconde, pour ainsi dire, est divisée dans le même temps qu'elle est tracée comme ligne singulière (elle est même intrinsèquement une). Une telle division a pour produit des parties réelles de ces deux lignes. Les extrémités de ces parties représentent des points qui sont ensuite construits par intersection. Passer des diagrammes aux objets géométriques qu'ils représentent signifie que l'intersection de lignes géométriques (segments ou cercles) débouche sur la construction de points dans la mesure où elle provoque la division de ces lignes, ainsi que la construction de certaines parties réelles de ces lignes ayant ces points pour extrémités.

C'est précisément le cas de la proposition I.1, discutée au début de ce chapitre. Durant la démonstration de cette proposition, le point C (Figure I) est construit par intersection des cercles de centre A et B. Chacun de ces cercles sépare ainsi l'autre en deux parties réelles possédant une extrémité commune qui n'est autre que le point C.

Une question pertinente en découle : est-ce que cette construction, ainsi expliquée, dépend de la propriété de continuité, comprise dans un certain sens approprié, et attribuée à certains objets appropriés ?

Une réponse naturelle à cette question est que cette construction dépend de la continuité des lignes concrètes qui représentent les cercles en question. Mais, qu'est-ce que cela signifie que ces lignes sont continues,

interpréter cela en supposant que ces points sont employés comme « raccourcis » pour des extrémités ou des intersections de lignes qui ne jouent aucun autre rôle dans ces arguments si ce n'est d'exhiber les points en question. Le désavantage évident de cette interprétation est qu'elle n'a rien d'obligé et ne se fonde en outre sur aucune preuve textuelle (un élément négatif de preuve textuelle sera mentionné dans le § 2.1). L'avantage en est qu'elle permet de considérer seulement des segments (plutôt que des segments et des points) comme points de départ des constructions de la GPE (ceci deviendra clair dans les § 2.1 et 2.2). C'est la raison pour laquelle je l'adopterai. C'est d'autant plus avantageux dans la mesure où une telle interprétation n'a aucune conséquence substantielle sur la plausibilité de mon interprétation. Celui qui préférerait être plus fidèle aux preuves textuelles (positives) et souhaiterait considérer des points isolés comme des diagrammes élémentaires fournissant des point de départ possibles à des constructions, n'a rien d'autre à faire que de compliquer, à peine, mon interprétation, sans rien y changer de substantiel.

exactement ? On pourrait arguer que cela signifie qu'elle ne souffrent aucune interruption dans l'espace. Mais alors, qu'est-ce qui nous garantit que tel est le cas ? Certainement pas l'examen des lignes elles-mêmes. Il y a deux raisons évidentes à cela. La première est qu'aucun examen ne peut être assez fin pour garantir que quelques petits trous n'ont pas été oubliés. La seconde est que rien ne nous oblige, lorsque nous conduisons la démonstration, à tracer réellement ces lignes plutôt qu'à seulement imaginer que nous les traçons.

On pourrait donc penser que ce qui importe ici n'est pas tant la nature des lignes concrètes représentant les cercles (en supposant qu'elles ont été réellement tracées), que ce qui est requis quant à la nature de ces lignes, à savoir le fait qu'elles ne souffrent aucune interruption dans l'espace. Cependant, on prête à nouveau le flanc à des objections évidentes. S'il en était ainsi, rien ne pourrait nous assurer que ce qui est requis est vérifié. De plus, tracer des lignes concrètes qui, en dépit d'être comprises comme représentant les cercles, exhibent des interruptions évidentes n'empêche pas de conduire correctement la démonstration. En effet pour que cette démonstration vaille, il suffit qu'on admette que ces lignes se coupent, et que leur intersection produit une division en deux parties réelles de chacune de ces lignes qui ont le point C comme extrémité commune. Cela revient à admettre qu'une telle démonstration ne dépend pas des propriétés des lignes concrètes qu'on pourrait tracer réellement ou bien imaginer.

Ceci suggère une autre interprétation. Ce qui importe ici n'est pas la nature des lignes concrètes représentant les cercles, réelle ou assignée, mais plutôt la manière dont on les considère [1]. Le point est donc que la démonstration d'Euclide de la proposition I.1 vaut (entre autres choses) parce qu'on considère que ces lignes sont continues. De mon point de vue, cela signifie, en retour, que chacune de celles-ci est considérée être à

---

1. Notons que considérer qu'un objet concret est tel ou tel n'est pas la même chose qu'imaginer qu'il est tel ou tel. Supposons que les lignes concrètes en question ne soient pas tracées mais seulement imaginées. Ce qui importe, ce n'est pas la manière dont on les imagine, mais plutôt la manière dont on les considère dans l'imagination. En effet, on peut imaginer un objet concret d'une certaine manière tout en le considérant d'une autre manière. Il faut cependant noter que dans le langage adopté ici, l'exigence que les diagrammes soient considérés d'une certaine manière est compatible avec le fait que ces diagrammes apparaissent ou soient imaginés être précisément en cette même manière, comme c'est généralement le cas lorsqu'ils sont correctement tracés ou imaginés. Par conséquent, dire qu'on considère qu'un certain diagramme est P ne saurait en aucune façon impliquer qu'il n'apparaît pas ou n'est pas imaginé être P.

la fois intrinsèquement une et capable d'être divisée en des parties réelles possédant des extrémités [1].

Mais, pourrait-on rétorquer, si tel est le cas, pourquoi devrait-on prendre en considération les diagrammes ? Après tout, on pourrait considérer directement que les segments et les cercles construits au cours des étapes élémentaires de la construction sont, chacun, intrinsèquement un, en tant que composants élémentaires d'une configuration d'objets géométriquesn et distincts les uns des autres, sans aucunement tracer ou imaginer des diagrammes. Ma réponse est que, dans ce cas, ni leur unité intrinsèque, ni leur identité n'aurait un caractère spatial : ces cercles et ces segments ne seraient pas des objets de l'espace élémentaires et distincts ayant des positions spatiales distinctes, mais seulement des contenus distincts et indéterminés d'une pensée intentionnelle. Aussi, en l'absence de diagrammes réels ou imaginés conférant à ces objets leur nature spatiale, il serait difficile de comprendre ce que cela peut bien signifier que de tels objets peuvent être divisés en des parties réelles possédant des extrémités, ou qu'ils sont construits dans certaines positions respectives. Il s'agit en effet essentiellement de caractéristiques spatiales qui ne sont possédées par les lignes géométriques que si celles-ci les héritent des diagrammes qui les représentent.

Dans cette section, je souhaite seulement insister sur un aspect particulier d'un fait beaucoup plus général : dans la mesure où la pratique de la GPE n'est pas une activité formelle déductive, on doit attribuer à chacune des étapes de ses arguments une signification claire ; prendre en compte les diagrammes, au moins dans l'imagination, est une condition nécessaire à l'attribution d'une telle signification.

C'est maintenant que la thèse (**C**.*ii*) entre en jeu. Il est donc urgent de la clarifier. Pour des raisons de simplicité linguistique, nous emploierons le terme 'attribut' pour référer à des propriétés ou bien à des relations. En conséquence, dans les stipulations qui suivent, dire que des objets possèdent un certain attribut est la même chose que de dire qu'un ou plusieurs objets possèdent une certaine propriété ou que des objets sont dans une certaine relation.

---

1. De mon point de vue, cette explication cadre bien avec la notion aristotélicienne de continuité, telle qu'elle est exposée dans les livres V, VI et VIII de la *Physique*. Cependant, je n'ai pas le temps d'exposer ici la manière dont je comprends la conception aristotélicienne de la continuité. Je me contenterai de renvoyer le lecteur à Panza (1992). Il s'agit néanmoins d'un texte assez ancien, et j'espère avoir bientôt l'opportunité de revenir sur cette matière pour rafraîchir mon analyse.

Cela admis, je dis que des objets de la GPE héritent un attribut P des diagrammes si et seulement si P est un attribut de ces diagrammes, c'est-à-dire, un attribut qu'on considère pouvoir être possédé par les diagrammes en question, et que les trois conditions suivantes sont vérifiées :

(i) Des objets de la GPE possèdent un certain attribut et il n'existe aucune autre manière d'expliquer, à l'intérieur du cadre de la GPE [1], ce que cela signifie que ces objets possèdent cet attribut si ce n'est dire qu'ils possèdent P (en expliquant le cas échéant ce que posséder P signifie au regard de certains diagrammes) ;

(ii) Les objets de la GPE possèdent cet attribut (c'est-à-dire, d'après la condition (i), qu'ils possèdent P) *si et seulement si* les diagrammes qui les représentent sont considérés posséder P (si bien que le fait que certains objets de la GPE possèdent P est la même chose que le fait de considérer que les diagrammes qui les représentent possèdent P) ;

(iii) *Si* des objets de la GPE possèdent P et *si* Q, attribut des diagrammes satisfaisant aux conditions (i) et (ii), est tel que les diagrammes qui représentent ces objets possèdent (sont considérés posséder) Q s'ils possèdent (sont considérés posséder) P, alors ces mêmes objets possèdent Q.

Supposons ainsi que les objets de la GPE héritent un certain attribut P des diagrammes. Je dirai alors, pour faire court, que P est un attribut diagrammatique de ces objets. Toujours pour faire court, je prendrai la liberté de parler d'attributs diagrammatiques des diagrammes pour désigner les attributs de diagrammes hérités par les objets géométriques correspondants.

---

1. En écrivant 'le cadre de la GPE', je ne réfère pas seulement à l'espace de possibilités concédé par les définitions, notions communes ou postulats d'Euclide, pris en tant que tels, mais, plus généralement, aux ressources intellectuelles qui sont requises afin de pratiquer de manière appropriée la GPE (ce qui exclut, bien sûr, les ressources requises uniquement afin de produire une certaine interprétation de la GPE, comme celles à l'œuvre ici ; en d'autres termes, ce qui importe ici, ce sont les ressources qu'on doit employer au sein de la GPE, et non pas celles qu'on doit employer pour raisonner sur la GPE). Il s'agit bien sûr d'une notion vague, mais ce caractère vague me paraît inévitable au sein d'une entreprise interprétative telle que la mienne. Pour clarifier un peu, je pourrais dire que, de mon point de vue, la précision 'au sein du cadre de la GPE' est à strictement parler redondante, puisque le type d'explication auquel je me réfère ici concerne les attributs d'objets de la GPE, plutôt que les attributs d'objets de la géométrie en général. Par exemple, je ne m'intéresse pas aux triangles, en général, mais bien aux triangles tels qu'ils sont conçus et traités au sein de la GPE.

Cela étant dit, revenons-en aux lignes concrètes qui entrent en jeu dans la démonstration d'Euclide de la proposition I.1 et aux cercles correspondants. Je n'ai pas de difficulté à admettre que ces cercles sont continus et même que cette démonstration est valide (entre autres raisons) parce les cercles sont tels. Pourtant, je soutiens que la continuité est une propriété diagrammatique des cercles et qu'ils sont continus pour la simple raison que les lignes qui les représentent sont considérées telles. C'est uniquement pour cette raison (et parce que d'autres propriétés pertinentes des objets qui entrent dans cette démonstration sont diagrammatiques) que cette démonstration est fondée sur un diagramme.

Ainsi comprise, la continuité est une propriété essentielle de certains des objets géométriques sur lesquels les arguments de la GPE portent. Mais cette propriété ne leur est jamais attribuée explicitement par Euclide.

L'adjectif 'continu [συνεχής]' et ses dérivés apparaît dans les *Éléments* avec trois sens distincts. Il est d'abord essentiellement employé pour identifier un type de proportion, la proportion continue. Plus rarement, il est employé pour spécifier qu'un segment est prolongé continûment (comme dans le postulat I.2[1] et dans la démonstration de la proposition X1.1) ou bien que plusieurs cordes d'un cercle sont placées « continûment », chacune par rapport à la suivante, afin de former un polygone régulier inscrit (comme dans la solution des propositions IV.16 et XII.16)[2]. Dans aucun de ces cas, cet adjectif avec ses dérivés n'est employé pour indiquer une propriété monadique des objets de la GPE (c'est-à-dire, pour dire que certains objets de la GPE sont continus, en tant que tels). Pourtant, si l'on admet que la continuité est une propriété diagrammatique des objets de la GPE consistant dans l'unité intrinsèque et la divisibilité en parties homogènes, comme je l'ai suggéré, il s'ensuit que son rôle dans la GPE est omniprésent, puisque le rôle global des diagrammes en dépend entièrement.

1.3.2. *Davantage sur les attributs diagrammatiques.* Au sein de la GPE, la continuité n'est certainement pas le seul attribut diagrammatique des objets à jouer un rôle essentiel. Entre autres, on peut mentionner les propriétés telles que ⌜posséder des extrémités⌝, ⌜posséder un contour ouvert ou fermé⌝; des relations telles que ⌜s'intersecter mutuellement⌝, ⌜être formé de⌝, ⌜être une partie de⌝, ⌜être à l'intérieur de⌝, ⌜être inclus dans⌝, ⌜se trouver sur ou se trouver sur les côté opposés de⌝, ⌜traverser,

---

1. Voir la note 1, p. 109.
2. Je remercie un rapporteur anonyme pour m'avoir suggéré cette classification.

posséder une extrémité sur⌐, ⌐partager une extrémité⌐ ; et, en général, toutes les relations qui dépendent des positions respectives des objets étudiés puisque les objets de la GPE ont des positions respectives seulement dans la mesure où c'est le cas des diagrammes qui les représentent[1].

Aussi, afin de clarifier l'énoncé (**C.**ii), je dois en dire davantage sur les attributs diagrammatiques et leur rôle dans la GPE. C'est l'objet de cette partie. Commençons par la définition des attributs diagrammatiques.

Prenons comme exemple la relation ⌐x et y s'intersectent⌐. Clairement, on peut considérer que cette relation vaut pour les diagrammes (à savoir pour deux lignes concrètes représentant un segment ou un cercle). D'autre part, il est clair que deux cercles (géométriques) vérifient cette relation si, et seulement si, chacun est en partie situé à l'intérieur de l'autre. La seconde condition est clairement énoncée au sein du cadre de la GPE. On pourrait ainsi dire, au sein de ce cadre, qu'il existe une autre façon d'expliquer ce que cela signifie que deux cercles s'intersectent, que de dire que la relation entre les cercles en question est la même que la relation d'intersection entre deux lignes concrètes. En conséquence, ma définition prêterait le flanc à une critique évidente, à savoir qu'elle devrait laisser ouverte[2] l'alternative suivante :

(i) l'intersection de cercles n'est pas une relation diagrammatique entre des objets de la GPE puisqu'elle peut être expliquée d'une autre manière, à savoir en disant que chacun des cercles est situé l'un en partie à l'intérieur de l'autre ;

(ii) l'intersection de cercles est une relation diagrammatique entre les objets de la GPE, mais le fait que chacun des cercles soit situé l'un en partie à l'intérieur de l'autre n'est pas une relation diagrammatique, puisque celle-là peut être expliquée en termes de celle-ci ;

(iii) aucune de ces deux relations n'est diagrammatique, puisque chacune peut être expliquée en termes de l'autre.

Ma réponse est qu'une équivalence logique comme la précédente ne procure aucune explication au sein du cadre de la GPE. Au sein de ce cadre, il s'agit uniquement d'une conséquence qu'on peut tirer de notre compréhension mutuellement indépendante des deux relations impliquées

---

1. Cela cadre bien avec la thèse de Reed selon laquelle la fonction d'un diagramme dans la GPE est « d'exhiber les relations entre les figures et leurs parties (Reed, 1995, p. 42). Mais je ne vois pas pourquoi on devrait soutenir, comme Reed le fait, que « demander d'autres choses aux diagrammes est mal comprendre la nature des démonstrations d'Euclide (*ibid.*).

2. Je remercie John Mumma d'avoir attiré mon attention sur ce problème.

dans l'équivalence, qui sont toutes les deux diagrammatiques, puisque cette compréhension dépend indéniablement de notre compréhension des relations correspondantes entre les diagrammes [1].

Une autre clarification importante qu'appelle ma définition des attributs diagrammatiques des objets de la GPE concerne l'idée que les diagrammes sont considérés posséder certains attributs. J'ai abordé cette question pour ce qui concerne la continuité. Plus généralement, mon idée est qu'aucun argument dans la GPE n'est fondé (ou ne pourrait être fondé) sur un examen (visuel ou autre) des diagrammes permettant de juger que ceux-là possèdent un attribut que les objets de la GPE héritent. Ce ne sont pas les caractéristiques réelles, voire microscopiques, des diagrammes réels ou imaginés qui importent, mais plutôt les caractéristiques conférées aux diagrammes réels ou imaginés lorsqu'on confère certains attributs diagrammatiques aux objets correspondants de la GPE. C'est précisément parce que nous conférons certaines caractéristiques aux diagrammes en conférant des attributs diagrammatiques aux objets de la GPE correspondants que nous pouvons, en conduisant les arguments de la GPE, tracer des diagrammes qui manifestent macroscopiquement ces mêmes attributs diagrammatiques. Et c'est seulement pour cette raison que, si les diagrammes sont tracés correctement, leur examen superficiel peut révéler certains attributs diagrammatiques des objets géométriques correspondants (Azzouni, 2004, p. 25).

Une dernière chose que je peux faire pour clarifier ma notion d'attribut diagrammatique est de considérer quelques exemples d'attributs non diagrammatiques. Les plus évidents sont la relation d'égalité et la relation d'ordre. Considérons le cas le plus simple : l'égalité des segments. Dire que deux segments sont égaux dans la GPE n'est certainement pas la même chose que de dire que les lignes concrètes qui les représentent sont égales. Pour qu'un argument de la GPE impliquant deux segments égaux fonctionne, il n'est certainement pas nécessaire de considérer les lignes concrètes (possiblement imaginaires) qui représentant ces objets comme égales. La raison en est claire : l'égalité des segments y est (implicitement) définie au moyen d'autres relations entre objets de la GPE, avec pour conséquence que dans le cadre de la GPE, il existe une autre façon d'expliquer ce que cela signifie pour deux segments d'être égaux que celle consistant à dire que la relation d'égalité qui s'applique à eux est la même que celle qui s'applique aux deux lignes concrètes qui les représentent.

---

1. C'est seulement dans une reconstruction logique de la GPE que l'une de ces relations pourrait se réduire à l'autre.

En effet, ces segments peuvent être égaux même si ces lignes concrètes ne sont pas considérées telles.

La définition (implicite) complète de l'égalité des segments donnés dans le livre I des *Éléments* est assez complexe[1]. Mais pour mon but présent, il suffit de considérer le cas simple qu'on retrouve dans la proposition I.1, c'est-à-dire, le cas de deux segments partageant une extrémité. Ce qui fait que ces deux segments sont égaux est qu'ils possèdent une extrémité sur la circonférence du cercle et une extrémité commune qui est le centre du cercle. Cette dernière condition implique un attribut diagrammatique (avoir une extrémité sur), mais il s'agit d'un attribut des segments (pas seulement des lignes concrètes qui les représentent), et il est *a fortiori* distinct de la relation d'égalité entre ces lignes concrètes[2].

Tout cela étant dit, nous pouvons à présent considérer deux distinctions introduites par K. Manders. Comme ces distinctions ont joué un rôle pivot dans la discussion récente sur le rôle des diagrammes dans la GPE, il est important de clarifier leur relation avec ma notion d'attribut diagrammatique.

La première distinction est celle entre les deux composantes d'une « démonstration » dans la GPE : le « texte discursif » — qui « consiste en une progression d'assertions ordonnée rationnellement, chacune [de ces assertions] se présentant sous la forme de l'attribution d'une caractéristique à un diagramme » — et le diagramme lui-même (Manders,

---

1. J'y reviendrai dans le § 2.4.

2. Pour clarifier ce point, supposons que les deux cercles qui entrent dans la solution d'Euclide de la proposition I.1 soient représentés par les deux lignes concrètes BCD et ACE dans la figure qui suit (afin de rendre plus clair mon point de vue, je choisis à dessein un diagramme inexact).

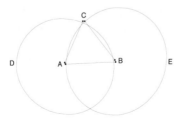

Pour que l'argument fonctionne, il n'est pas besoin de prendre des lignes AC et BC égales. Il suffit de prendre : ces lignes comme représentant deux segments ; les lignes concrètes BCD et ACE comme passant respectivement par les deux extrémités de la ligne concrète AB, et comme représentant deux cercles de centre A et B ; et les deux lignes concrètes AC et BC comme partageant une de leurs extrémités avec la ligne concrète AB, et ayant l'autre extrémité à l'intersection des deux lignes concrètes BCD et ACE.

2008*b*, p. 86). Selon Manders, une étape dans le texte discursif « est autorisée par des attributions soit déjà en vigueur dans le texte discursif, soit faites directement sur le diagramme qui fait alors partie de l'étape, ou bien par les deux à la fois » et « consiste en une attribution au sein du texte discursif, ou une construction au sein du diagramme, ou en les deux » (*ibid.*, p. 86-87).

La seconde distinction est celle entre attributs ou attributions « exacts » et « co-exacts » (*ibid.*, § 4.2.2)[1]. Les attributs exacts « sont ceux qu'on obtient seulement dans des cas isolés pour au moins certaines variations continues du diagramme ». Les attributs co-exacts « sont ceux [...] qui demeurent non affectés par certaines fourchettes de variation de toute variation continue d'un diagramme spécifié » (*ibid.*, p. 92).

La thèse cruciale de Manders est qu'une « attribution exacte est autorisée uniquement par des entrées dans le texte discursif et ne peut jamais être 'annoncée' à partir du diagramme », alors que « des attributions co-exactes résultent d'entrées appropriées dans le texte discursif [...] ou bien *sont autorisées directement par le diagramme* » (*ibid.*, p. 93-94).

Dans le cadre de Manders, les objets géométriques sont absents. La géométrie d'Euclide est décrite comme une activité impliquant des diagrammes et un texte discursif en telle façon qu'on procède à des attributions dont le contenu sémantique et la référence ne sont jamais spécifiés en faisant appel à un type quelconque d'objets abstraits. Pour que la distinction de Manders entre attributions exactes et co-exactes puisse jouer un rôle à l'intérieur de mon propre cadre d'interprétation, elle doit donc être quelque peu modifiée, à savoir être appliquée aux attributs d'objets géométriques. Dans le cas des attributs diagrammatiques, on peut faire dépendre le fait qu'ils soient exacts ou co-exacts de la propre définition de Manders, étant entendu que la condition d'obtention vérifiée uniquement dans des cas isolés pour une certaine variation continue ne porte pas sur les caractéristiques réelles, possiblement microscopiques, des diagrammes réels, mais bien sur les caractéristiques que les diagrammes réels ou imaginés sont considérés posséder. Mais dans le cas des attributs non diagrammatiques, comme l'égalité ou l'ordre, une définition différente est requise.

Supposons que nous nous limitons aux relations ou propriétés monadiques qui résultent de la saturation de $n - 1$ termes dans une relation à n

---

1. Bien sûr, Manders considère des attributions comme exactes ou co-exactes selon qu'elles confèrent des attributs exacts ou co-exacts. J'adopterai une convention semblable quand je parlerai d'attributions diagrammatiques et non diagrammatiques.

places. On pourrait prendre pour attributs exacts ceux qui sont possédés par les objets de la GPE dès lors que la configuration à laquelle ils appartiennent possèdent certaines propriétés qu'on obtient seulement dans des cas isolés, pour au moins certaines variations continues d'une telle configuration [1]. Mais pour de nombreuses propriétés monadiques (qui ne résultent pas de la saturation de relations) comme ⌜être circulaire⌝, ⌜être ouverte⌝, ⌜être fermée⌝, il est difficile de voir quelle variation serait pertinente, en supposant qu'une telle variation conserve la propriété d'être un objet de la GPE. Pour prendre un seul exemple, il est difficile d'imaginer la manière dont un cercle pourrait varier au point qu'il cesse d'être circulaire, sans cesser d'être un objet de la GPE (à moins que la variation soit supposée le transformer en un segment). Heureusement, pour mon présent but, on peut limiter la distinction exact–co-exact aux relations ou aux propriétés monadiques qui en résultent par saturation.

Ce qui est pertinent, en effet, est que les attributs co-exacts et diagrammatiques des objets de la GPE ne sont pas co-extensifs : il y a à la fois des attributs co-exacts d'objets de la GPE qui ne sont pas diagrammatiques et, *vice versa*, des attributs diagrammatiques d'objets de la GPE qui sont exacts [2]. Des exemples du premier cas sont les relations de comparaison ⌜être plus grand que⌝ ou ⌜être plus petit que⌝. Des exemples du second cas sont les relations ⌜traverser⌝, ⌜être situé sur⌝, ⌜posséder une extrémité sur⌝, ⌜partager une extrémité avec⌝.

Selon Manders, les diagrammes peuvent directement autoriser des attributions co-exactes, mais pas des attributions exactes. Mon interprétation est compatible avec les deux thèses si, bien sûr, les attributions en question sont comprises comme étant faites sur des objets géométriques.

Pour en comprendre la raison, il est nécessaire de comprendre, au sein de mon cadre d'interprétation, la manière dont l'attribution [d'une propriété] à un objet géométrique pourrait être autorisée par un diagramme. Cela se produit lorsqu'une telle attribution est autorisée du fait que le diagramme en question doit posséder (ou doit être considéré

---

1. Manders emploie sans doute l'expression 'variation continue' dans un sens moderne informel, les variations étant relatives au diagramme. Dans une version « adaptée » de cette définition, le même sens moderne informel doit être conservé, mais les variations devraient être considérées comme relatives à la configuration afférente des objets géométriques.

2. Cela manifeste clairement que le sens assigné par moi à l'adjectif 'diagrammatique' dans l'expression 'attribut diagrammatique' est différent du sens assigné par Avigad, Dean et Mumma dans l'expression 'assertion diagrammatique'. Ils emploient en effet cette expression uniquement pour référer aux attributions co-exactes de Manders (Avigad, Dean *et al.*, 2009, p. 701).

posséder) certains attributs, s'il possède (ou est considéré en posséder) d'autres attributs. Si ces attributs sont diagrammatiques, les inférences qui en dépendent se transmettent aux objets géométriques considérés, et les conclusions de ces inférences consistent donc en des attributions autorisées par des diagrammes. Un exemple nous est donné avec le cas de deux lignes fermées, dont chacune est située (ou considérée située) en partie à l'intérieur de l'autre : ces lignes (doivent) alors nécessairement s'intersecter (être considérées s'intersecter).

On retrouve ce cas au sein de la solution de la proposition I.1. Pour que cette solution soit valable, il suffit d'admettre que l'intersection des deux cercles divise chacun d'eux en deux parties réelles possédant un point comme extrémité commune. Il est aussi nécessaire d'admettre que les deux cercles en question s'intersectent réellement, ce qui est seulement garanti par leur positions respectives, l'un à l'intérieur de l'autre. Il s'ensuit que la solution d'Euclide de la proposition I.1 nous donne une preuve de l'occurrence au sein de la GPE d'attributions diagrammatiques co-exactes à des objets géométriques directement autorisées par les diagrammes.

Ce n'est cependant pas l'unique contribution des diagrammes à la justification d'attributions de propriétés à des objets géométriques dans la GPE. J'ai observé auparavant que la condition qui fait que deux segments partagent une même extrémité fait intervenir un attribut diagrammatique. Il s'agit seulement d'un exemple d'un fait crucial plus général dont il est temps à présent de rendre compte.

Dans ce but, revenons-en à l'exemple de la proposition I.3 des *Éléments* que nous avons déjà considéré. L'attribution diagrammatique de la relation co-exacte d'intersection mutuelle au cercle et au segment AB (FIGURE III) n'est pas directement autorisée par les diagrammes. C'est plutôt parce que le segment AB est plus grand que le segment C et que le segment AD est construit tel qu'il soit égal à C, si bien que AB est aussi plus grand que AD, que le cercle coupe AB. Dans la mesure où cette relation est diagrammatique, on doit considérer le diagramme de telle manière que celle-là soit exhibée par celui-ci. Ainsi, un diagramme dans lequel la ligne concrète représentant le cercle n'intersecte manifestement pas la ligne concrète représentant le segment AB (FIGURE IVa) serait considéré comme étant incapable de manifester les attributs diagrammatiques en question. Pourtant, l'argument d'Euclide n'inclut aucune justification explicite pour l'inférence qui conduit de la prémisse 'le segment AB est plus grand que le segment AD et partage l'extrémité A avec lui' à la conclusion 'le cercle de rayon AD et de centre A intersecte AB'. Cet argument semble plutôt dépendre de la réduction de la relation co-exacte non diagrammatique ⌜être plus grand que⌝, appliquée à deux segments, à deux relations diagrammatiques : la relation exacte ⌜partager une extrémité⌝, appliquée à ces mêmes segments, et la relation co-exacte ⌜s'intersecter mutuellement⌝, appliquée à l'un de ces segments et au cercle ayant l'autre segment pour rayon. Cette réduction résulte du fait qu'on a considéré comme acquis la condition suivante : si deux segments *a* et *b* partagent une extrémité, alors *a* est plus grand que *b* si et seulement si le cercle de rayon *b* ayant pour centre l'extrémité commune à *a* et à *b* coupe *a*.

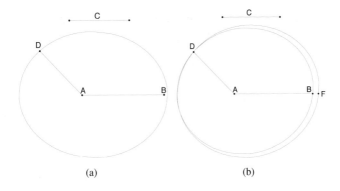

(a)   (b)

Figure IV. Retour sur la proposition I.3

On pourrait rétorquer que ce n'est pas parce que l'argument d'Euclide n'inclut pas la justification explicite susmentionnée, qu'on ne pourrait pas procurer une telle justification. De fait, il est possible de le faire de la manière suivante. Supposons que le cercle de centre A et de rayon AD n'intersecte pas AB. Ainsi, ou bien il passe par B, ou bien il est possible d'appliquer le postulat I.1 et de prolonger AB jusqu'à rencontrer le cercle au point F afin d'obtenir le nouveau segment AF (Figure IVb). Dans le premier cas, il suffit de faire appel à la définition I.15 pour conclure que AD et AB sont égaux, en contradiction avec ce qui a été garanti par la construction de AD. Dans le second cas, il s'ensuit de la définition I.15 que AD et AF sont égaux ; mais AB est une partie de AF et donc, d'après la notion commune I.8 (Euclide, *Les Éléments*, vol. I, p. 179)[d], AF est plus

---

d. Et non la notion commune I.5 comme dans l'édition donnée par Heath (Euclide, *Elements*). Vitrac suit en effet la numérotation de Heiberg en incorporant les notions communes interpolées.

grand que AB, et donc plus grand que AD (en admettant que la relation ⌐être plus grand que⌐ est transitive). Il n'est donc pas possible que le cercle de centre A et de rayon AD n'intersecte pas AB.

Les diagrammes qui entrent dans cet argument le font à au moins trois titres. D'abord, pour faire valoir que, soit le cercle passe par B, soit il est possible de prolonger AB jusqu'à ce qu'il rencontre le cercle en F, on s'appuie sur des évidences diagrammatiques. En second lieu, la définition I.15 est employée deux fois pour réduire la relation non diagrammatique exacte d'égalité, appliquée à deux segments (AD et AB, dans la première occurrence de cette définition, et AD et AF, dans sa seconde occurrence), à deux relations exactes diagrammatiques : la relation ⌐partager une extrémité⌐, appliquée à ces mêmes segments, et la relation ⌐passer par l'extrémité de⌐, appliquée d'une part au cercle possédant cette extrémité comme centre et l'un de ces segments comme rayon et, d'autre part, à l'autre segment. Enfin, la notion commune I.5 est utilisée pour réduire la relation non diagrammatique co-exacte ⌐être plus grand que⌐, appliquée aux deux segments colinéaires par construction (AF et AB), à la relation diagrammatique co-exacte ⌐être une partie de⌐, appliquée à ces mêmes segments.

Cette justification de l'inférence laissée implicite dans l'argument d'Euclide montre que la réduction d'une relation non diagrammatique aux deux relations diagrammatiques qui entrent dans cet argument peut être fondée, à son tour, sur deux réductions semblables : l'une faisant intervenir des relations exactes, justifiées par la définition I.15, l'autre (comme l'inférence originale) faisant intervenir des relations co-exactes justifiées par la notion commune I.5. La première réduction résulte d'un appel à la définition I.15 qui permet d'obtenir la condition suivante : si deux segments *a* et *b* partagent une extrémité, alors *a* est égal à *b* si et seulement si le cercle de rayon *b* et de centre l'extrémité partagée coupe *a*. La seconde réduction résulte, à son tour, de l'appel à la notion commune I.8 qui permet d'obtenir l'autre condition : si deux segments *a* et *b* sont colinéaires, alors *a* est plus grand que *b* si et seulement si *b* est une partie de *a*.

On pourrait suggérer d'autres justifications de cette inférence, mais il me semble qu'aucune de ces justifications ne peut éviter des réductions semblables. En effet, de telles réductions semblent être omniprésentes dans la GPE. Elles manifestent un aspect du rôle local des diagrammes. Cet aspect peut être décrit de façon générale comme suit : la réduction de certains attributs non diagrammatiques (à la fois exacts et co-exacts) à d'autres attributs diagrammatiques (de même, à la fois exacts et co-exacts) est nécessaire pour garantir certains arguments de la GPE. Mais ces réductions ne sont pas seulement nécessaires pour cela. Elles procurent aussi une explication des attributs non diagrammatiques. Pour prendre un seul exemple, qu'est-ce que cela signifie, à la toute fin, dans la GPE, que deux segments sont égaux l'un à l'autre ? La réponse ne laisse aucun doute : cela signifie que deux cercles appropriés passent par une extrémité de chacun de ces segments. J'ai déjà considéré auparavant un cas particulier de ce problème. Je reviendrai au cas général et justifierai ma thèse dans le § 2.4.

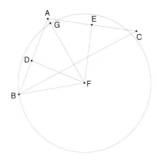

FIGURE V. Un faux raisonnement utilisant les diagrammes

Il convient de faire une dernière remarque avant d'en finir avec le rôle local des diagrammes. Mon but ici est de rendre compte du rôle positif joué par les diagrammes dans les arguments de la GPE. Jusqu'à présent, je n'ai pas insisté sur le fait évident qu'il existe des limitations à l'appel aux diagrammes dans les arguments de la GPE. L'exemple du faux raisonnement bien connu selon lequel tous les triangles sont isocèles, discuté également par Manders (2008b, p. 94-96), est souvent mentionné pour faire ressortir la nécessité qu'il y a à être conscient de telles limitations. Voici un autre exemple [1]. Soient ABC (FIGURE V) un triangle, D et E les milieux respectifs des côtés AB et AC, et F le point d'intersection des perpendiculaires à ces côtés tirées en D et en E. Joignons A à F et traçons le cercle de centre F et de rayon BF. Considérer que le diagramme contient, à côté du point A, un point G distinct, qui résulterait de l'intersection du segment AF éventuellement prolongé et du cercle, est une erreur, quel que soit le triangle ABC, parce qu'on peut démontrer que le

---

1. Je remercie John Mumma de m'avoir suggéré ce bel exemple.

cercle passe par le point A. C'est ce que fait précisément Euclide dans
la proposition IV.5. Selon moi, ce cas, ainsi que le faux raisonnement
selon lequel tous les triangles sont isocèles, ne montre pas que considérer
des diagrammes comme tels ou tels nécessite une discipline particulière,
comme l'a suggéré Manders (2008*b*, p. 96-104), mais simplement qu'on
doit considérer les diagrammes en accord avec les attributs diagrammatiques démontrables (ou supposés) des objets géométriques qu'ils représentent. C'est cette limitation à laquelle doit se soumettre la pratique
diagrammatique dans le développement d'un argument de la GPE.

On considère souvent que le cas de la *reductio ad absurdum* est différent et qu'il pose problème si l'on veut assigner, dans le cadre d'une interprétation de la géométrie d'Euclide, un rôle essentiel aux diagrammes.
Dans le cadre de ma propre interprétation, je ne vois, cependant, pas
la raison pour laquelle on devrait concéder que tel est le cas. Prenons
deux exemples souvent cités, et discutés également par Manders (2008*b*,
p. 109-115).

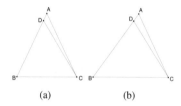

FIGURE VI. Le cas de la *reductio ad absurdum* : la
proposition I.6

Le premier de ces exemples porte sur la démonstration de la proposition I.6. Ce qu'on y démontre est qu'un triangle possédant deux angles
égaux a ses côtés égaux. Soit ABC (FIGURE VIa) un triangle tel que
$\widehat{ABC} = \widehat{BCA}$. Supposons que AB > AC. On peut construire sur AB un
point D tel que DB = AC. Traçons le segment DC : on obtient ainsi
un nouveau triangle DBC. Comme le côté BC est commun aux deux
triangles, et qu'on a DB = AC et $\widehat{DBC} = \widehat{BCA}$, on déduit du cas d'isomé-
trie coté-angle-côté (Proposition I.4) que les deux triangles sont égaux,
ce qui contredit le fait que l'un des deux triangles est inclus (au sens
strict) dans l'autre. Clairement, cet argument ne montre aucune impossibilité relative au diagramme qu'il fait intervenir. Ce qui est montré être
impossible est plutôt le fait que les côtés DB et AC des deux triangles
DBC et ABC soient égaux, au sens de la relation non diagrammatique

d'égalité, alors que, dans le même temps, l'un des deux triangles est inclus dans l'autre, au sens de la relation diagrammatique d'inclusion (stricte). On pourrait faire valoir que ce même argument pourrait être associé à un diagramme différent de celui de la figure 6(a) : c'est ce qu'on trouve dans la traduction de Heath (Euclide, *Elements*, vol. I, p. 255). Pourtant, en supposant qu'on trace ce diagramme de manière telle qu'il permette à l'argument de fonctionner, il pourrait différer du diagramme de la figure VIa uniquement par ses caractéristiques métriques. On pourrait prendre, par exemple, le diagramme de la figure VIb. Clairement cela ne ferait aucune différence pour mon point : en tout cas, le diagramme jouerait ici les rôles qui lui sont assignés dans mon interprétation, et cela sans aucune difficulté.

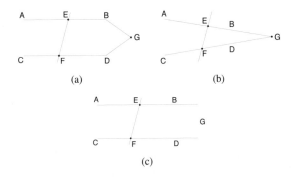

FIGURE VII. Le cas de la *reductio ad absurdum* : la proposition I.27

La situation est légèrement plus complexe dans le cas du second exemple, qui est celui de la proposition I.27. Ce qui est démontré ici est que si deux segments forment avec un troisième deux angles alternes égaux, alors ces segments sont parallèles (il me semble que la définition I.23 suggère de comprendre ce théorème comme portant sur des segments plutôt que sur des droites, au sens moderne de ce terme). Dans chacun des six manuscrits considérés par Ken Saito dans son « étude préliminaire » des diagrammes des *Éléments* (Saito, 2006, p. 123), cette démonstration accompagne des diagrammes analogues à ceux de la figure VIIa, qui correspondent à ce qu'on trouve dans les traduction de Heath (Euclide, *Elements*, vol. I, p. 307) et Vitrac (Euclide, *Les Éléments*, vol. I, p. 238). Mais dans l'un de ces mêmes manuscrits (MS. B : Bodleianus Dorvillianus 301), on trouve deux autres diagrammes comme ceux des figures VIIb et VIIc. L'argument est le suivant. Soient AB et CD deux segments, coupés par un troisième segment EF tel que $\widehat{AEF} = \widehat{EBD}$. Si ces segments, lorsqu'on les prolonge, se coupent au point G, on construirait alors un triangle GEF tel que son angle extérieur $\widehat{AEF}$ serait égal à l'angle interne opposé $\widehat{EFG}$. Mais cela est impossible d'après la proposition I.16. Bien qu'il soit clair que le diagramme de la la figure VIIb joue sans aucune difficulté le rôle que j'ai assigné aux diagrammes, on peut douter, à première vue, qu'il en soit de même pour les diagrammes des figures VIIb et VIIc. Mais ce doute est infondé. Rien n'interdit en effet de considérer que les lignes concrètes AG et CG de la figure VIIa représentent deux segments, construits en prolongeant les segments donnés AB et CD, qui se rencontrent en G, dans le but de démontrer qu'on ne peut avoir $\widehat{AEF} = \widehat{EFD}$. De la même façon, rien n'interdit de considérer que dans la figure VIIc les prolongements des lignes concrètes AB et CD se coupent en un certain point G, à nouveau dans le but de démontrer que cela ne peut se produire si $\widehat{AEF} = \widehat{EFD}$.

2. LA CONSTRUCTION D'UN ANGLE DROIT

Jusqu'à présent, j'ai parlé de la GPE dans des termes assez généraux. Il est temps à présent de mettre à l'épreuve mon interprétation sur quelques exemples. Je le ferai en reconstruisant, à la lumière de cette interprétation, un fragment du livre I des *Éléments*, ce qui nous conduira à la solution des problèmes posés dans les propositions I.11-12. Ces deux problèmes demandent de construire un angle droit : le premier demande de construire une perpendiculaire à un segment donné en un point donné sur ce segment ; le second demande de construire une perpendiculaire à une droite donnée à partir d'un point donné à l'extérieur de celle-ci.

Dans la GPE, un angle rectiligne est donné lorsque deux segments partageant une extrémité sont donnés ; il est dit droit si et seulement s'il est égal à un autre angle qui lui est adjacent. Pour interpréter les solutions d'Euclide de ces deux problèmes, il est donc nécessaire de rendre compte de la manière dont les deux segments considérés sont donnés ainsi que des conditions d'égalité d'angles. Cela fait entrer en jeu un certain nombre d'ingrédients fondamentaux de la GPE, que je considérerai l'un après l'autre.

Comme je l'ai dit dans la note 3, p. 85, mon interprétation de la GPE se veut fidèle aux textes d'Euclide mais diffère cependant d'une simple description ou d'une exégèse. Pour ce que j'en comprends, ces textes exposent une théorie mathématique, et mon but est de rendre compte de certains aspects fondamentaux de cette théorie en tant que telle, non de gloser sur ces textes. Il n'est donc pas surprenant que, dans ce qui suit, quelques divergences mineures apparaissent entre ma reconstruction et la lettre des *Eléments*. Il ne s'agit pas là d'un signe d'infidélité. Cela dépend plutôt à la fois du fait qu'Euclide, en offrant une exposition de sa théorie, recourt, par commodité, à des artifices ou des raccourcis (par exemple, en considérant une ligne droite entière, plutôt qu'un segment, dans la proposition I.12, afin d'éviter de distinguer deux cas), mais aussi de mon souhait d'éviter des hypothèses inutiles ou des détours dans ma reconstruction (je n'ai ainsi considéré que des segments comme points de départ des constructions de la GPE, comme je l'ai indiqué dans la note 2, p. 109, et j'ai choisi d'éviter de faire appel à la proposition I.8 dans la solution des propositions I.11-12). De mon point de vue, ce qui autorise les modifications que je suggère d'apporter aux arguments d'Euclide n'est donc pas le simple fait que ces modifications sont mineures, mais plutôt qu'elles ne donnent lieu à aucune altération de la théorie d'Euclide en tant que telle, mais conduisent à une version simplifiée d'une telle théorie.

2.1. *Quelques définitions du Livre I des Éléments*

Ma reconstruction commence avec les définitions I.1-4. Elles énoncent respectivement que : « un point est ce dont il n'y a aucune partie » ; « une ligne est une longueur sans largeur » ; « les limites [ou extrémités] d'une ligne sont des points » ; « une ligne droite est celle qui est placée de manière égale par rapport aux points qui sont sur elle ».

Chacune de ces définitions fait appel à des notions qu'on ne trouve, par la suite, jamais dans la démonstration de théorèmes ni dans la solution de problèmes présentés dans les *Éléments*, si bien qu'aucune inférence apparaissant dans ces démonstrations et solutions n'est ouvertement autorisée par ces définitions. C'est la raison pour laquelle de nombreux commentateurs ont fait valoir que ces définitions ne jouent aucun rôle effectif dans la GPE (l'un d'entre eux a même suggéré qu'elles étaient interpolées) [1]. Je ne suis pas d'accord et suggère que la fonction de ces définitions est de fixer la manière dont les points et les lignes géométriques, en particulier

---

1. C'est le point de vue de Russo (1988), pour qui ces définitions (comme les définitions I.5–I.8 qui leur sont semblables sous ce rapport, mais concernent les surfaces) seraient en fait dues à Héron.

les lignes droites, sont représentés dans la GPE, et de spécifier quelles propriétés des objets concrets qui procurent leur représentation sont pertinentes à cette fin [1].

Les définitions I.1 et I.2 sont indépendantes et ne présentent aucune analogie l'une avec l'autre. La définition I.2 semble présupposer la capacité cognitive première de distinguer et d'isoler des longueurs. Si cette capacité est accordée, cette définition suffit à imposer que les lignes géométriques soient représentées par des lignes concrètes considérées au regard de leur seule longueur. La définition I.1 est incapable, au contraire, de prescrire que des points soient représentés par une certaine sorte d'objets concrets. Elle est simplement une prémisse de la définition I.3 qui, à la lumière des définitions précédentes, impose, à son tour, que les points géométriques soient représentés par les extrémités de lignes concrètes limitées de contour ouvert, et soient ainsi considérés seulement comme les limites d'une longueur [2].

Prise comme telle, la définition I.3 n'impose pas que les points géométriques soient représentés seulement de cette façon : elle fournit en effet une condition suffisante, mais pas nécessaire, pour la représentation des points géométriques. Elle n'exclut pas, par exemple, que les points géométriques soient représentés par des points concrets, et n'exclut pas non plus la possibilité que les lignes géométriques soient composées de points géométriques sur toute leur longueur. De prime abord, cette dernière possibilité est même suggérée par la définition I.4, dans la mesure

---

1. Un point de vue semblable est avancé par Azzouni (2004, p. 126), et suggéré également par Shabel (2003, p. 12), qui fait valoir que les définitions d'Euclide (je suppose qu'elle veut dire certaines définitions d'Euclide, parmi lesquelles I.1-4) « permettent au géomètre de comprendre les implications des diagrammes ». On pourrait objecter à ce point de vue qu'il entre en conflit avec le fait que dans les *Éléments*, aucun diagramme n'est associé aux définitions. Mais il me semble qu'un tel conflit n'existe pas. La fonction des diagrammes dans la GPE est de représenter des objets géométriques individuels donnés, et les premières se conforment à cette fonction dans la mesure où ils sont tracés de manière canonique, ou supposés tels. Il est donc parfaitement naturel que les définitions ne soient accompagnés d'aucun diagramme, puisqu'elles définissent des sortes d'objets géométriques et sont énoncées avant que des règles ne soient établies pour tracer de manière canonique les diagrammes.

2. Quelle que puisse être la fonction attribuée aux définitions I.1-I.3, la définition I.1 semble être incomplète, si on la prend seule, et nécessiterait d'être complétée par la définition I.3. Niant cela, Proclus (*In primum Euclidis*, 93.6-94.7 ; *A Commentary*, p. 76) a avancé l'idée que le matière sur laquelle porte la géométrie est établie par avance, et que cette définition énonce en fait qu'un point est ce qui n'a aucune partie « dans la matière géométrique ». C'est cependant clairement insatisfaisant.

où elle semble caractériser les lignes droites (ou segments) sur la base de la relation qu'ils entretiennent avec les points qui sont sur elles (et pas seulement avec leurs extrémités). Cela contraste, cependant, avec l'absence de toute caractérisation *positive* des points, autre que celle fournie par la définition I.3, et capable de compléter la condition purement négative énoncée par la définition I.1. Si l'on admet cela, les deux suppositions qui posent que les points géométriques pourraient être représentés dans la GPE autrement que par les extrémités de lignes concrètes, et que les lignes géométriques sont composées de points géométriques, demeureraient sans explication. Je préfère donc, dans mon interprétation, considérer que les lignes géométriques ne sont pas composées de points géométriques, et que les points géométriques sont représentés seulement par les extrémités de lignes concrètes (en admettant que, lorsqu'Euclide considère des points géométriques isolés représentés par des points concrets, il suppose implicitement qu'une ligne appropriée est donnée, bien que celle-ci ne soit pas considérée en tant que telle) [1]. Il en découle que les points sont donnés (c'est-à-dire construits), seulement dans la mesure où des lignes limitées sont données (c'est-à-dire construites).

Cependant, on laisse ainsi ouvert le problème de l'explication de la définition I.4. Une explication naturelle consiste à soutenir que cette définition ne réfère pas à des points composant une ligne, mais plutôt aux points qu'on pourrait prendre sur une ligne. En supposant qu'une ligne concrète puisse être tracée, Euclide semble faire ensuite appel à deux capacités cognitives premières : celle qui consiste à prendre des points concrets n'importe où sur cette ligne, et celle qui consiste à apprécier sa propriété d'être placée de manière égale par rapport à ses points [2]. Par conséquent, la définition I.4 semble imposer que les lignes droites géométriques soient représentées par des lignes concrètes qui, lorsqu'on les considère entre deux points pris à discrétion sur elles, apparaissent toujours régulières (*i.e.* ne présentent aucune courbure apparente), et sont considérées seulement au regard de leur longueur et de leur régularité. Pour faire bref, on appellera à leur tour ces lignes concrètes des 'droites'. L'une quelconque de ces droites est doublement limitée (et a donc un

---

1. Sur cette matière, voir aussi la note 2, p. 109 et la note 2, p. 131.

2. Cela semble cadrer avec la conjecture de Heath qui énonce que la définition I.4 résulte de « la tentative [d'Euclide] d'exprimer [...] la même chose que la définition platonicienne », d'après laquelle une ligne droite est « celle dont le centre fait écran aux deux extrémités » (*Parménide*,137*e* ; Euclide, *Elements*, vol. I, p. 165, 181 ; Euclide, *Les Éléments*, vol. I, p. 154-155).

contour ouvert). En général (c'est-à-dire, à l'exception de cas particuliers dûment signalés), tel est aussi le cas des lignes droites géométriques dans la GPE : ce sont en fait des segments.

Une fois qu'on a fixé la manière dont les points et les lignes sont représentés dans la GPE au moyen des définitions I.1–4, on fait de même pour les angles avec les définitions I.8–9. Ces définitions précisent en outre quelle sorte d'objets sont les angles en énonçant respectivement qu'« un angle plan est l'inclinaison, l'une sur l'autre, dans un plan, de deux lignes qui se touchent l'une l'autre et ne sont pas placées en ligne droite » et qu'un angle est rectiligne quand « les lignes [le] contenant [. . .] sont droites ».

Les angles ne sont donc pas simplement des couples de lignes partageant une extrémité : de tels couples déterminent des angles, mais ne sont pas des angles. Bien qu'Euclide mentionne génériquement des lignes qui se « touchent l'une l'autre », il paraît clair que lorsqu'une, ou même les deux lignes, continue au delà du point d'intersection, seules comptent pour déterminer l'angle les portions qui se terminent en ce point, c'est-à-dire les lignes qui ont ce point comme extrémité commune. Pour mon but, seuls les angles rectilignes sont pertinents. Concentrons-nous sur eux. Pour fixer la manière dont ils sont représentés dans la GPE, Euclide semble s'appuyer sur au moins deux capacités cognitives premières : celle qui consiste à comprendre ce que signifie qu'un couple de lignes concrètes partage une extrémité, sans former, si on les prend ensemble, une autre ligne ; celle qui consiste à saisir ce qu'un tel couple de lignes aurait en commun avec n'importe quel autre couple de lignes partageant la même extrémité et ayant la même « inclinaison » (mutuelle). Chacun de ces couples de lignes droites concrètes représente un angle rectiligne (un angle tout court, à partir de maintenant), et elles représentent toutes le même, si bien que seules les propriétés d'un tel couple de lignes qui dépendent de l'inclinaison mutuelle sont pertinentes pour représenter cet angle. Il suffit donc d'admettre que l'inclinaison des lignes ne dépend pas de leur longueur pour conclure qu'il n'est pas pertinent de considérer cette longueur. Mais comme les lignes concrètes représentent les lignes géométriques seulement dans la mesure où elles sont regardées posséder une longueur, il s'ensuit que leur inclinaison mutuelle dépend seulement de leur position respective. Autrement dit, deux couples de lignes concrètes représentant des segments et partageant une extrémité représentent le même angle si, et seulement si, les extrémités communes de ces lignes coïncident et que ces mêmes lignes sont respectivement colinéaires.

Les angles droits sont des angles d'un type particulier. La définition I.10 établit que « quand une [ligne] droite, ayant été élevée sur une [ligne] droite, fait les angles adjacents égaux entre eux, chacun de ces angles égaux est droit, et la [ligne] droite qui été élevée est appelée perpendiculaire à celle sur laquelle elle a été élevée ». Si l'on comprend les lignes droites et les angles de la manière que j'ai proposée, cette définition est suffisamment claire, mais elle laisse ouvert le problème de spécifier les conditions sous lesquelles deux angles (distincts) sont égaux. Je considérerai ce problème dans le § 2.4. Avant d'y venir, j'ai besoin de dire quelque chose sur les constructions et les notions communes. Je le ferai dans les deux prochaines sections.

2.2. *Clauses de construction et règles de construction*

Dans le § 1.2, j'ai suggéré qu'on peut comprendre les constructions de la GPE comme des procédures pour le tracé des diagrammes. Ces procédures obéissent à un certain nombre de règles. Mon but nécessite que je clarifie quelques-unes d'entre elles.

Dans la GPE, n'importe quelle construction est initiée à partir d'objets donnés. Il s'ensuit que parmi ces règles, l'une devrait spécifier quels objets peuvent être considérés comme donnés sans qu'ils résultent d'une construction antérieure, de tels objets étant donc représentés par des diagrammes appropriés tracés à discrétion. À première vue, les postulats I.1 et I.3 [1] suggèrent que les constructions commencent avec des points, comme l'affirme, par exemple, Shabel (2003, p. 17-18). Mais, comme je l'ai fait remarquer auparavant (p. 129, *supra*), les points sont donnés seulement dans la mesure où des lignes limitées sont données, et sont représentés par les extrémités de lignes concrètes. Ainsi, n'importe quel pas de construction qui s'applique à un point donné le peut seulement si des lignes limitées appropriées sont données. Cela suggère la règle de base suivante pour les constructions de la GPE (que j'ai déjà mentionnée en passant dans le § 1.3.1) :

R.0 Un nombre quelconque (fini) de segments indépendants peut être considéré donné en tant que points de départ d'une construction. Ces segments sont représentés par des lignes concrètes appropriées tracées à discrétion [2].

---

1. J'ai déjà cité le premier de ces postulats dans le § 1.2, p. 99. Le postulat I.3 permet de « décrire un cercle à partir de tout centre et au moyen de tout intervalle ».

2. La raison pour laquelle on requiert que les segments en question soient indépendants est évidente : pour se donner deux segments en relation en tant qu'ils satisfont une certaine

Une fois cette règle énoncée, la question devient la suivante : supposons qu'un certain nombre de segments indépendants soient donnés (c'est-à-dire qu'un certain nombre de lignes concrètes appropriées soient tracées à discrétion dans n'importe quelle position les unes par rapport aux autres), quelles règles doit-on suivre pour construire, à partir de ces segments, d'autres objets de la GPE ?

Chacune de ces règles doit s'appliquer à des diagrammes représentant des objets déjà donnés, et établir quels autres diagrammes peuvent être tracés en leur présence, et quels objets ces diagrammes représentent. En faisant cela, une telle règle spécifie quels objets sont susceptibles d'être

condition (par exemple, être perpendiculaires l'un à l'autre), on a besoin d'une construction (je renvoie le lecteur au chapitre III de ce livre, § 2.2, p. 162, pour des développements plus détaillés de ce point). Comme je l'ai observé dans la note 2, p. 110, la règle **R**.0 pourrait être couplée avec une règle analogue —appelons-la '**R**.0_p' pour faire bref — dans laquelle des segments indépendants sont remplacés par des points indépendants. Mais on peut aller plus loin : en raison du postulat I.1, la règle **R**.0_p rendrait la règle **R**.0 strictement inutile, puisque, d'après ce même postulat, un segment peut toujours être construit si deux points sont donnés. Mais la règle **R**.0 rend aussi la règle **R**.0_p strictement inutile, puisque, comme je l'ai fait observer dans la note 2, p. 110, on peut toujours considérer un point donné isolé comme l'extrémité d'un segment donné qui ne joue nul autre rôle dans l'argument en question que celui d'avoir ce point pour extrémité. Prenons l'exemple de la proposition I.2 qui consiste en un problème demandant « de placer, en un point donné [comme extrémité], une [ligne] droite égale à une [ligne] droite donnée ». Rien n'interdit de considérer que le point donné est l'extrémité d'un segment donné qui, en tant que tel, ne joue aucun rôle dans la solution. Ainsi, bien qu'un souci de fidélité à la pratique d'Euclide pourrait suggérer d'adopter à la fois **R**.0 et **R**.0_p, un souci d'économie logique suggère d'adopter seulement l'une de ces deux règles. Dans le chapitre III de ce livre, note 1, p. 171, je soutiens que la définition I.3 fournit une raison pour préférer **R**.0 à **R**.0_p. Elle suggère en effet que les segments ont la priorité sur les points en impliquant que deux points sont donnés *ipso facto* si un segment l'est, alors qu'au contraire un segment n'est pas donné *ipso facto* si deux points le sont. Deux autres raisons sont implicites dans mon propos du § 2.1 :

(i) Adopter **R**.0 conduit à ajouter aux trois sortes d'étapes élémentaires de construction fixées par les postulats I.1-3 une autre sorte d'étape élémentaire de construction qui, en se rapportant à la construction de segments, est semblable à celles fixées par les postulats I.1-2 ; adopter, d'autre part, **R**.0_p conduit à admettre une sorte d'étape élémentaire de construction qui, en se rapportant à la construction des points, différerait de chacune des étapes de construction fixées par les postulats I.1-3. Ainsi, l'adoption de **R**.0 est compatible avec mon critère pour les diagrammes élémentaires, alors que l'adoption de **R**.0_p nécessiterait d'incorporer ce critère sans qu'il y ait une raison logique à le faire.

(ii) Adopter **R**.0_p présupposerait une caractérisation positive des points isolés, alors que la seule caractérisation positive des points offerte par Euclide est celle fournie par la définition I.3 qui décrit les points comme les extrémités des lignes.

donnés, à condition que d'autres objets le soient. Cette règle doit donc être double. Elle doit inclure une clause autorisant le tracé de certains diagrammes à condition que d'autres soient déjà tracés, ainsi qu'une règle d'inférence énonçant que certains objets géométriques sont susceptibles d'être donnés, si d'autres objets géométriques, vérifiant certaines conditions, le sont déjà.

Les postulats I.1–3 fournissent précisément trois règles comme celles-ci [1]. Les règles que procurent les postulats I.1 et I.3 sont aisées à saisir :

(**R**.1) Si deux points sont donnés, alors une et une seule ligne concrète représentant un segment joignant ces points peut être tracée ; ainsi, si deux points sont donnés, alors un et un seul segment joignant ces points est susceptible d'être donné.

(**R**.3) Si deux points sont donnés [2], alors deux et seulement deux lignes concrètes, chacune représentant un cercle ayant pour centre l'un des deux points donnés et passant par l'autre point, peuvent être tracées ; ainsi, si deux points sont donnés, alors deux et seulement deux cercles, chacun ayant pour centre l'un des deux points donnés et passant par l'autre point, sont susceptibles d'être donnés.

---

1. Azzouni avance aussi l'idée que les postulats I.1–3 fourniraient des règles pour tracer des diagrammes (Azzouni, 2004, p. 123-124). Mäenpää et von Plato capturent la double nature des règles fournies par les postulats I.1–3, en les présentant comme des règles d'introduction (Mäenpää et von Plato, 1990). Par exemple, le postulat I.1 est présenté comme suit (j'écris 's' et 'Segment' au lieu de 'l' et 'ligne' afin d'adapter la règle de Mäenpää et von Plato à mon langage) :

$$\frac{a : Point \quad b : Point}{s(a,b) : Segment}$$

Tout segment introduit au moyen de cette règle est une valeur d'une fonction à deux variables définies sur les points : si les points donnés sont a et b, ce segment est une valeur de cette fonction pour les arguments a et b. Dans la compréhension usuelle de la notion de fonction, cela suppose qu'on considère que la totalité des points est donnée, et qu'on comprenne n'importe quelle étape de construction dépendant de l'application de cette règle comme une procédure fixant la valeur de cette fonction pour deux arguments spécifiés. De surcroît, puisque le système de Mäenpää et von Plato n'inclut pas les diagrammes, les objets géométriques sont identifiés seulement en tant que référés par des termes appropriés. Ces deux circonstances rendent ce système incapable de rendre compte de certaines caractéristiques essentielles de la GPE. Mäenpää et von Plato l'admettent ouvertement en énonçant que leur système est conçu pour décrire des constructions, et non pas pour rendre compte des fondements de celles-là (Mäenpää et von Plato, 1990, p. 288-289).

2. On peut comprendre l'intervalle mentionné dans le postulat I.3 (voir la note 1, p. 131) soit comme un segment dont une des deux extrémités est le point pris pour centre, soit comme la distance entre les deux points donnés. D'après le postulat I.1 et la définition I.3, ces deux modes de compréhension ne se contredisent pas.

La règle fournie par le postulat I.2 est moins facile à saisir. J'ai déjà discuté un aspect de ce postulat dans la note 1, p. 109. Une autre question pertinente concerne les conditions sous lesquelles on est autorisé à prolonger le segment donné en question. Euclide admet-il la possibilité de prolonger ce segment à discrétion, c'est-à-dire, de le prolonger en un segment arbitrairement long ? Souvent, cela semble être le cas (comme dans les constructions relatives aux propositions I.2 et I.5). Un examen approfondi des applications de ce postulat montre pourtant que n'importe quel argument dans lequel Euclide met à profit cette possibilité peut être reformulé de sorte à en devenir indépendant. Une autre interprétation du postulat I.2 est donc possible : un segment donné est prolongé à discrétion seulement dans la mesure où cela permet d'abréger une construction plus complexe au sein de laquelle le postulat I.2 est seulement appliqué pour autoriser le prolongement d'un segment afin qu'il coupe une autre ligne donnée, comme dans la démonstration de la proposition I.21. Ainsi, raccourcis mis à part, l'application de ce postulat semble être soumise à la condition implicite que le segment donné pourrait être prolongé en sorte que le résultat de l'étape correspondante de construction ne soit pas simplement la construction de deux nouveaux segments, mais aussi la construction d'un nouveau point de cette autre ligne donnée, qui serait donc divisée en deux portions (deux segments ou bien deux arcs de cercle)[1]. Il n'en demeure pas moins qu'Euclide ne procure pas de critère général pour décider si un segment donné peut être prolongé de manière à rencontrer une ligne donnée. Il s'appuie simplement sur les diagrammes pour décider si tel est le cas.

Si l'on ajoute cela à ce que j'ai déjà dit dans la note 1, p. 109, on est conduit à penser que le postulat I.3 fournit la règle suivante :

(**R**.2) Si un segment est donné et si la ligne concrète le représentant est telle qu'elle peut être continuée en sorte qu'elle rencontre une ligne concrète représentant un autre segment donné ou un cercle donné, alors le premier segment peut être prolongé jusqu'à rencontrer cet autre segment ou cercle ; ainsi, si un segment a et une autre ligne appropriée b (soit un segment, à son tour, ou bien

---

1. Un démenti analogue à celui avancé dans la note 2, p. 109, s'applique ici aussi. Celui qui préfèrerait une reconstruction plus fidèle à l'évidence textuelle, d'après laquelle les segments sont autorisés à être prolongés à discrétion, n'a rien d'autre à faire que d'assouplir ma règle **R**.2 de façon à autoriser des applications du postulat I.2 qui cadre mieux avec cette évidence. Comme c'était le cas auparavant, aucun changement substantiel de mon interprétation ne serait alors requis.

un cercle) sont donnés, alors les objets suivants sont susceptibles d'être donnés : deux segments, dont un, disons *c*, étend *a* jusqu'à *b*, et l'autre, disons *d* est formé par *a* et *c* pris ensemble ; le point sur *b* de rencontre entre *c* et *d* ; les deux portions de *b* ayant ce point comme extrémité commune (qui sont soit deux segments, soit deux arc de cercle).

Les règles d'inférence qui entrent dans les constructions au sein de la GPE ne sont pas toutes associées à une clause de construction et ne possèdent pas toutes une nature modale. C'est le cas des deux règles d'inférence qu'on applique dans la construction d'un angle droit. L'une est implicite dans la définition I.3, l'autre repose sur le fait qu'on admet que l'intersection de deux lignes a pour résultat un point qui, d'une part, divise chacune de ces lignes en deux portions, d'autre part, est l'extrémité commune de ces portions. Ces règles sont les suivantes [1] :

(**R**.4) Si un segment est donné, alors deux points, qui consistent en ses extrémités, sont aussi donnés.

(**R**.5) Si deux lignes s'intersectent mutuellement, alors, à chaque fois qu'elles se rencontrent, le point où elles se rencontrent est donné, et ce point, d'une part, divise chacune d'entre elles en deux portions (soit deux segments, soit deux arcs de cercle), d'autre part, est l'extrémité commune de ces portions qui sont aussi données.

2.3. *Les notions communes*

Les règles d'inférence qu'on rencontre dans la GPE ne sont pas toutes constructives (c'est-à-dire concernées par l'être donné). Parmi celles qui ne le sont pas, les plus pertinentes pour mon propos concernent les relations d'égalité, d'inclusion, la relation ⌐être plus grand (ou plus petit) que⌐, ainsi que les procédures [2] d'addition et de soustraction. Dans la GPE, ces relations et procédures s'appliquent aux segments, polygones et angles, et ne peuvent donc pas être fixées une fois pour toute, puisque leur nature dépend de la nature des objets auxquels elles sont appliquées. Mais, quel que soit le type d'objets auxquels elles s'appliquent, chacune

1. Ces règles correspondent à la deuxième et à la troisième manière « selon lesquelles les points entrent dans les arguments au sein des *Éléments* » d'après Mäenpää et von Plato (1990, p. 286).

2. Je dis 'procédures' plutôt qu''opérations', car je ne considère pas qu'on trouve des opérations dans la GPE, au moins dans le sens moderne (fonctionnel) de ce terme.

de ces relations et procédures sont censées satisfaire certaines conditions générales appropriées. De mon point de vue, la tâche assignée aux notions communes dans les *Éléments* est de fixer certaines de ces conditions [1]. Dans la mesure où ces notions ne sont pas seulement communes à tout type d'objets de la GPE, mais s'étendent également aux objets géométriques tridimensionnels et aux nombres, les conditions fixées par elles ne se limitent pas uniquement à la GPE. Néanmoins, je me limiterai ici au cas de la GPE.

Dit en termes modernes, les notions communes I.1–I.3 énoncent que toute relation supposée d'égalité entre les objets de la GPE doit être transitive (à condition qu'on tienne pour acquis qu'elle est symétrique), et être préservée lorsqu'on prend ces objets ensemble ou qu'on les retranche l'un de l'autre.

Les notions communes I.4–6 (dans la numérotation d'Heiberg) sont probablement interpolées (Euclide, *Elements*, vol. I, p. 223-224), puisqu'elles découlent des précédentes : elles établissent respectivement que toute relation supposée d'égalité entre les objets de la GPE doit être telle que si des objets égaux sont pris ensemble respectivement avec des objets inégaux, les objets qui en résultent sont inégaux, et doit être aussi préservée par passage au double et à la moitié.

Les notions communes I.7–8 (toujours dans la numérotation de Heiberg) sont assez différentes. Elles énoncent respectivement que deux objets géométriques qui coïncident l'un avec l'autre sont égaux, et que le tout est plus grand que la partie. Je considère qu'elles se réfèrent aux diagrammes et possèdent différentes fonctions. Prise seule, la notion commune I.7 semble à la fois établir que des objets géométriques qui sont représentés par le même diagramme doivent être égaux les uns aux autres — ce qui, d'après le rôle global des diagrammes, revient à énoncer que toute relation supposée d'égalité doit être réflexive [2] — et autoriser l'argument (non constructif) sur lequel s'appuie Euclide pour démontrer la proposition I.4 (sur laquelle je reviendrai dans le § 2.4). Prise seule, également, la notion commune I.8 paraît établir qu'un objet géométrique représenté par un diagramme qui inclut un autre diagramme représentant

---

1. Une interprétation semblable des notions communes d'Euclide a été suggérée par Stekeler-Weithofer (1992, p. 136).

2. Cette propriété est bien sûr pertinente lorsqu'un même objet géométrique est conçu comme remplissant deux fonctions distinctes, par exemple lorsqu'un même segment est conçu comme étant un côté de deux triangles distincts. C'est un cas comme celui-là dont Coliva (2012) rend compte avec sa notion de vision comment (*seeing as*).

un autre objet géométrique du même type doit être plus grand que cet objet. Prises ensemble, ces notions communes établissent, de surcroît, que, lorsqu'elles sont définies pour le même type d'objets géométriques, les relations ⌈être égal à⌉ et ⌈être plus grand (ou plus petit) que⌉ doivent être exclusives les unes des autres et respecter la trichotomie.

Les considérations qui suivent montreront comment certaines de ces conditions s'appliquent dans certains cas. Plus généralement, on pourrait noter qu'elles sont cruciales si l'on veut permettre la réduction des attributs non diagrammatiques aux attributs diagrammatiques. Les exemples simples d'une telle réduction avancés dans le § 1.3.2 devraient suffire à illustrer ce point. D'autres exemples seront proposés ci-dessous.

2.4. *La construction des perpendiculaires*

Les solutions de problèmes dans la GPE comportent deux étapes : la construction de certains objets, et la démonstration que ces objets satisfont aux conditions du problème. Dans le cas des propositions I.11-12, la seconde étape consiste à démontrer que les deux angles construits lors de la première étape sont égaux l'un à l'autre. Ceci nécessite d'invoquer des conditions suffisantes pour l'égalité des angles.

Dans la solution donnée par Euclide de ces deux propositions, cette condition est procurée par la proposition I.8. C'est un théorème : « si deux triangles ont deux côtés égaux à deux côtés, chacun à chacun, s'ils ont, de plus, la base égale à la base, ils auront aussi un angle égal, à savoir celui qui est contenu par les droites égales » (Euclide, *Les Éléments*, vol. I, p. 212). Il s'ensuit que deux angles sont égaux s'ils sont inclus, ou susceptibles d'être inclus, dans deux triangles dont les côtés sont égaux chacun à chacun.

À travers cette condition, l'égalité des angles est réduite à l'égalité des segments. Cette réduction ne relève pas d'une stipulation, mais plutôt d'une démonstration. La démonstration s'appuie sur une condition précédente procurée par la proposition I.4 [1]. Il s'agit aussi d'un théorème qui établit, pour le dire de façon moderne, la condition côté-angle-côté pour la congruence des triangles. Dit à la façon d'Euclide, cette condition se décline en trois conditions distinctes, à savoir l'égalité des triangles, des côtés et des angles : « si deux triangles ont deux côtés égaux à deux côtés,

---

1. Pour être plus précis, la démonstration d'Euclide de la proposition I.8 dépend de la proposition I.7, dont la démonstration dépend à son tour de la proposition I.5, qui est elle-même démontrée à son tour en s'appuyant sur la condition procurée par la proposition I.4.

chacun à chacun, et s'ils ont un angle égal à un angle, celui contenu par les droites égales, ils auront aussi la base égale à la base, les triangles seront égaux et les angles restants seront égaux aux angles restants, chacun à chacun, c'est-à-dire ceux que les côtés égaux sous-tendent » (Euclide, *Les Éléments*, vol. I, p. 200). La démonstration d'Euclide de la proposition I.8 dépend de la condition suivante extraite du théorème : si un angle intérieur d'un certain triangle est égal à un angle intérieur d'un autre triangle, et si les côtés de ces triangles incluant ces angles sont aussi égaux chacun à chacun, alors les angles intérieurs restants de ces mêmes triangles sont égaux chacun à chacun. C'est aussi une condition suffisante pour l'égalité des angles, mais, contrairement à la condition procurée par la proposition I.8, elle ne conduit pas à réduire l'égalité des angles à une circonstance qui en serait indépendante : selon elle, deux angles appropriés sont égaux l'un à l'autre si, entre autres choses, deux autres angles appropriés le sont. C'est, pour ainsi dire, une condition inférenciellement conservative.

En dépit de cette différence, cette dernière condition, comme celle procurée par la proposition I.8, relève d'une démonstration, plutôt que d'une simple stipulation. Cette démonstration est très particulière et a été souvent interrogée [1] parce qu'elle est fondée sur la possibilité de déplacer un segment sans déformation, comme s'il s'agissait d'une configuration rigide formée par des barres rigides [2]. Elle n'est donc pas seulement fondée sur un diagramme, mais est aussi en quelque sorte mécanique : les clauses de construction et les règles d'inférence qui sont appliquées dans d'autres démonstrations et constructions de la GPE ne sont en effet pas suffisantes pour la valider [3]. Pourtant, il n'existe pas d'argument alternatif, répondant à ces contraintes de construction, pour remplacer l'argument

---

1. Pour deux points de vue opposés sur cette démonstration, voir le commentaire de Heath dans Euclide (*Elements*), vol. I, p. 225-231, et Mueller (1981), p. 21-26.

2. À première vue, c'est aussi le cas de la démonstration de la proposition I.8. Mais il est aisé de voir que, contrairement à I.4, cette démonstration admet une reformulation la rendant indépendante d'un déplacement rigide.

3. Soit ABC et DFE deux triangles donnés tels que AB = DF, AC = DE et $\widehat{CAB} = \widehat{EDF}$. Euclide affirme que, si le triangle ABC est déplacé de façon rigide en sorte que les membres respectifs de ces égalités coïncident les uns avec les autres, alors les points B et C coïncident avec les points F et E respectivement, et donc le côté BC coïncide avec le côté FE. Il s'ensuit, d'après la notion commune I.7, que ces côtés, les triangles dans leur entier, et les autres angles intérieurs sont égaux les uns aux autres. Le problème avec cet argument ne provient pas seulement de son appel à des déplacements rigides de triangles. Un autre problème est qu'il n'existe aucune stipulation faite explicitement par Euclide assurant que lorsque un triangle est ainsi déplacé, ses côtés et ses angles coïncident avec d'autres segments et angles qui sont supposés leur être égaux, respectivement. Pour qu'il en soit ainsi, la réciproque de

d'Euclide [1]. La raison à cela est directement liée au fait que la condition suffisante pour l'égalité des angles que procure la proposition I.4 est inférenciellement conservative : sa démonstration est fondée sur l'hypothèse que deux angles donnés sont égaux, mais aucun énoncé antérieur n'explique ce que cela signifie pour deux angles d'être égaux [2].

Pourtant, une fois que la proposition I.4 est acceptée et la proposition I.5 démontrée grâce à elle, les propositions I.11 et I.12 peuvent être aisément résolues sans faire usage de la proposition I.8, ni de toute autre condition suffisante pour l'égalité des angles. Le choix d'Euclide de faire appel à cette proposition I.8 dépend peut-être de son désir de remplacer dès que possible la condition inférenciellement conservative pour l'égalité des angles procurée par la proposition I.4 par une autre condition réduisant l'égalité des angles à une circonstance qui en serait indépendante. C'est assez raisonnable dans la perspective de composer un vaste traité comme les *Éléments*, mais dans celle, plus limitée, de résoudre les propositions I.11-12, on pourrait préférer un argument plus simple fondé sur les seules propositions I.4 et I.5. Pour abréger ma reconstruction, je me limiterai à cet argument.

Ma reconstruction prend pour point de départ la solution de la proposition I.1 qui demande, comme indiqué auparavant, de construire un triangle

la notion commune I.7 doit valoir pour les segments et les angles, ce qu'Euclide semble tenir pour acquis (Hartshorne, 2000, p. 34).

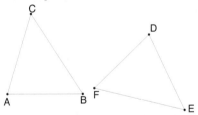

1. Shabel (2003, p. 31-34) interprète l'argument d'Euclide de telle manière qu'il ne s'appuie sur aucun déplacement. L'idée de base est d'appliquer les constructions impliquées dans la solution de la proposition I.2 (que je considérerai plus tard) pour construire deux segments ayant le point D pour extrémité commune et étant respectivement égaux à AB et AC. Mais cela n'empêche pas l'argument d'Euclide d'être défectueux, car, comme Shabel le fait à juste titre remarquer, la construction impliquée dans la solution de la proposition I.2 ne garantit pas que les deux autres extrémités des nouveaux segments construits coïncident respectivement avec F et E, lorsqu'on suppose que $\widehat{CAB} = \widehat{EDF}$.

2. C'est la raison pour laquelle Hilbert a inclus une version plus faible de cette proposition parmi les postulats de sa propre version de la géométrie euclidienne (Hilbert, 1899, Postulat IV.6, III.6 ou III.5, selon les éditions du traité).

équilatéral sur un segment donné. À condition que les segments soient définis, et que les diagrammes jouent leur double rôle, la définition des triangles ne présente aucune difficulté : « une frontière est ce qui est limite de quelque chose » (Déf. I.13) ; « une figure est ce qui est contenu par quelque ou quelques frontières » (Déf. I.14)[1] ; « les figures rectilignes sont les figures contenues par des droites », ou mieux des segments ; et, parmi elles, « [sont] trilatères [...] celles qui sont contenues par trois droites » (Déf. I.19). Les définitions des triangles équilatéraux, isocèles et scalènes sont tout aussi simples, à première vue (Déf. I.20) mais on doit expliquer l'égalité de segments pour qu'elles fassent proprement sens.

La définition I.15 fournit une base pour faire cela. Elle établit qu'« un cercle est une figure plane contenue par une ligne unique par rapport à laquelle toutes les doites menées à sa rencontre à partir d'un unique point parmi ceux qui sont placés à l'intérieur de la figure, sont égales entre elles ». En dépit de cette définition, Euclide considère souvent un cercle comme une ligne plutôt que comme une figure[2]. Il va sans dire que l'intelligibilité de cette définition dépend du double rôle des diagrammes qui permet aussi d'inférer que n'importe quel cercle donné enclôt bien un point donné tel que tous les segments qui l'ont pour extrémité et dont une autre extrémité est sur cette même ligne sont égaux les uns aux autres[3]. Loin d'exiger une explication préalable de l'égalité de segments, cette définition procure, comme on l'a déjà observé dans le § 1.3.2, une condition suffisante pour l'égalité des segments qui ont une extrémité commune, une condition qui dépend de la réduction d'une relation non diagrammatique à une relation diagrammatique : deux tels segments sont égaux si un cercle passe par l'autre extrémité de chaque segment.

En s'appuyant sur cette condition, la proposition I.1 est facilement résolue au moyen d'un argument que j'ai déjà discuté. Une nouvelle règle de construction est ainsi procurée qui peut être ajoutée à **R**.0–**R**.5 :

(**R**.6) Si un segment est donné, alors quatre lignes concrètes repré-
        sentant autant d'autres segments formant avec lui deux triangles

---

1. Voir la note 1, p. 95.
2. Voir la note 1, p. 95.
3. Cela contraste avec la proposition III.1. Cette proposition consiste en un problème demandant la construction du centre d'un cercle donné. Il implique donc qu'un cercle peut être donné sans que son centre soit donné. La GPE ne procure, cependant, aucune possibilité de construire un cercle sans avoir construit auparavant son centre, à moins qu'une règle pour les cercles analogue à **R**.0 ne soit admise. Il y a donc une tension entre la proposition III.1 et les clauses de construction admises dans la GPE.

équilatéraux peuvent être tracées ; ainsi, si un segment est donné, deux triangles équilatéraux ayant ce segment pour côté commun sont susceptibles d'être donnés.

FIGURE VIII. Construction d'un angle droit

Supposons maintenant qu'un nouveau segment AB soit donné (Figure VIII). Appliquons la règle **R**.6 pour obtenir [1] les deux triangles équilatéraux ABC et DBA, puis la règle **R**.1 afin d'obtenir le segment DC. D'après la règle **R**.5, le point E est donc donné et, en raison du double rôle des diagrammes, les quatre angles $\widehat{AEC}$, $\widehat{CEB}$, $\widehat{BED}$, et $\widehat{DEA}$ sont aussi donnés. Ces angles sont droits, mais, sans ressources supplémentaires, il n'y a aucune façon de le démontrer. Les ressources appropriées sont procurées par les propositions I.4-5.

En effet, notre problème serait-il de construire un angle droit, sans aucune condition supplémentaire, la construction précédente assez simple, de concert avec ces ressources, suffirait à le résoudre. Mais les propositions I.11 et I.12 nécessitent davantage : elles nécessitent la construction de deux angles droits dont les côtés vérifient certaines conditions que les segments AB et CD ne sont pas censés vérifier. Ainsi, afin de résoudre ces propositions, on a besoin d'autres constructions. Pourtant, une fois que ces constructions sont accomplies, les mêmes ressources procurées par les propositions I.4–5 suffisent à démontrer

---

1. En accord avec la terminologie employée dans le chapitre III de ce livre, j'utilise le verbe 'obtenir' comme synonyme du verbe 'procurer' compris au sens où je l'ai indiqué dans le § 1.2, p. 95. La phrase 'obtenir *a*' où '*a*' réfère à un objet géométrique, est entendue comme indiquant l'action de donner *a* (au sens actif), *i.e.* de mettre *a* à disposition, ce qui, dans le contexte de la GPE, signifie que *a* est construit de manière appropriée.

qu'elles résolvent les propositions I.11 et I.12. Considérons donc les propositions I.4–5.

Ce sont des théorèmes. J'ai déjà discuté la première proposition auparavant. Ici, j'ai simplement besoin d'ajouter que sa démonstration est fondée sur la supposition que deux triangles distincts ayant deux côtés et un angle compris entre ces deux côtés égaux, chacun à chacun, sont donnés. Ces triangles ne sont pas supposés équilatéraux, et la généralité de la proposition requiert qu'ils ne le soient pas nécessairement. La règle **R**.6 ne suffit donc pas pour permettre cette supposition. On peut le faire en s'appuyant sur la solution de la proposition I.2. C'est un problème qui demande la construction d'un segment égal à un autre segment donné ayant l'une de ses extrémités en un point donné[1]. Il n'est aucun besoin d'entrer dans les détails de la solution d'Euclide. Il suffit de dire que les règles **R**.1-3 et **R**.6 y sont appliquées explicitement et la règle **R**.4 implicitement, et qu'elle procure, en fait, la nouvelle règle de construction suivante :

(**R**.7) Si un segment et un point distinct des extrémités de ce segment sont donnés, alors une ligne concrète représentant un autre segment égal au segment donné et possédant pour extrémité le point donné peut être tracée ; ainsi, si un segment et un point distinct des extrémités de ce segment sont donnés, un autre segment tel est susceptible d'être donné.

Il est aisé de voir comment cette nouvelle règle peut être appliquée, de conserve avec une construction inspirée par celle qui résout la proposition I.1, afin de construire un triangle dont les côtés sont égaux à trois segments donnés[2]. Mais la solution de la proposition I.2 procure aussi implicitement une condition suffisante d'égalité pour deux segments donnés qui ne partagent pas une extrémité : ils sont égaux si l'on suppose que l'un des deux a été construit en partant de l'autre au moyen de la

---

1. Voir la note 2, p. 131.

2. Bien sûr, pour que la construction soit possible, ces segments doivent être tels que deux quelconques pris ensemble sont plus grands que le segment restant. Cela est rendu clair par la proposition I.20, qui est un théorème assertant que deux cotés quelconques d'un triangle pris ensemble sont plus grands que le côté restant. Ce théorème explique la raison pour laquelle Euclide diffère l'exposition de cette construction jusqu'à la proposition I.22, qui est un problème demandant la construction d'un triangle dont les côtés sont égaux à trois segments donnés, sous réserve que ces segments satisfassent cette condition : la raison claire en est qu'il veut éviter d'énoncer un problème qui ne pourrait être résolu. Sur la construction de triangles génériques, voir Proclus, *In primum Euclidis*, 218.12-220.6 et *A Commentary*, p. 171-172.

construction qui résout la proposition I.2 [1]. Ainsi, la solution de la proposition I.2 procure toutes les ressources nécessaires pour comprendre la supposition qui fonde la démonstration de la proposition I.4, exception faite de la condition d'égalité des deux angles considérés, qu'Euclide échoue à clarifier.

La proposition I.5 est aussi un théorème qui énonce que « les angles à la base des triangles isocèles sont égaux entre eux, et, [que] si les droites égales sont prolongées au-delà, les angles sous la base seront égaux entre eux ». La démonstration de ce théorème ne présente aucune difficulté, une fois que la proposition I.4 est admise.

Soit ABC (Figure IX) un triangle donné dont les côtés BA et CA sont égaux. Euclide applique le postulat I.2 afin de prolonger ces côtés à discrétion du côté de B et C, puis prend un point F au hasard sur la prolongement de BA et un point G sur la prolongement de CA tel que GA = FA. Puisque seule cette dernière égalité est essentielle dans la démonstration, on pourrait éviter de prolonger BA et CA et de prendre un point au hasard sur le prolongement du premier segment [2], en procédant plutôt de la façon suivante : appliquer la règle **R**.3 afin d'obtenir un cercle de centre B passant par A ; appliquer **R**.2 afin de prolonger BA jusqu'à ce qu'il rencontre le cercle en F ; appliquer **R**.3 à nouveau afin d'obtenir un cercle de centre A passant par F ; appliquer enfin à nouveau **R**.2 afin de prolonger CA jusqu'à ce qu'il rencontre ce dernier cercle en G.

Quelle que soit la manière dont les points F et G sont construits, l'argument d'Euclide continue ainsi. On applique **R**.1 afin d'obtenir deux segments joignant respectivement les points F et G aux points C et B. En raison du double rôle des diagrammes, les deux triangles ABG et AFC

---

1. En couplant cette condition avec la solution de la proposition I.3, déjà discutée dans les § 1.2 et 1.3.2, on obtient une condition suffisante pour qu'un segment soit plus grand ou plus petit qu'un autre.

2. J'ai déjà discuté auparavant la pratique euclidienne de prolongement des segments à discrétion dans le § 2.2 (voir en particulier la note 1, p. 134). La pratique qui consiste à prendre des points au hasard, à la fois sur des lignes données, ou non, est différente et, à strictement parler, non assimilable à la pratique de supposer que des points isolés soient donnés comme points de départ d'une construction (sur cette question, voir ci-dessus la note 2, p. 109 et la note 2, p. 131). Pourtant, comme cette pratique-ci, la pratique euclidienne n'est pas autorisée par les règles de construction admises dans ma reconstruction, et peut être laissée de côté grâce à des constructions appropriées en accord avec ces règles. Je comprends ainsi la pratique euclidienne comme un raccourci qui remplace les constructions décrites ci-dessus. Mais, comme auparavant, rien n'interdit à celui qui préfère une reconstruction plus fidèle aux preuves textuelles d'admettre une autre règle appropriée de construction. Cela ne nécessite aucun changement substantiel dans mon interprétation.

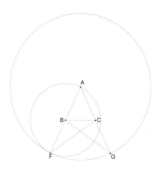

FIGURE IX. La proposition I.5

sont donc donnés, et incluent le même angle au sommet $\widehat{BAC}$. Ainsi, comme BA = CA, FA = GA et que l'égalité des angles est réflexive (d'après la notion commune I.7), ces triangles satisfont la condition de la proposition I.4 et $\widehat{ABG} = \widehat{FCA}$, $\widehat{BGA} = \widehat{AFC}$, FC = GB. En outre, d'après la règle **R**.2 et, à nouveau, d'après le double rôle des diagrammes, les segments FB et GC et les triangles BFC et BGC sont aussi donnés. D'autre part, le segment FA est formé par les deux segments FB et BA, comme le segment GA est formé par les deux segments GC et CA. Ainsi, il suffit de réduire la relation non diagrammatique $\ulcorner c$ résulte de la soustraction de b à $a \urcorner$ entre trois segments colinéaires a, b et c, à la relation diagrammatique $\ulcorner a$ est formé par b et $c \urcorner$ afin de conclure, d'après la notion commune I.3, que FB = GC. Les triangles BFC et BGC satisfont alors la condition de la proposition I.4 si bien que $\widehat{CBF} = \widehat{GCB}$ et $\widehat{FCB} = \widehat{CBG}$. La première égalité correspond à la seconde partie du théorème à démontrer. La seconde procure un lemme pour démontrer la première partie. Dans ce but, il suffit d'appliquer aux angles un argument analogue à celui qu'on vient d'appliquer aux segments : l'angle $\widehat{FCA}$ est formé par les deux angles $\widehat{FCB}$ et $\widehat{BCA}$, et l'angle $\widehat{ABG}$ est formé par les deux angles $\widehat{CBG}$ et $\widehat{CBA}$. Il suffit donc de réduire la relation non diagrammatique $\ulcorner \gamma$ résulte de la soustraction de β à $\alpha \urcorner$ entre trois angles α, β, γ de même sommet à la relation diagrammatique $\ulcorner \alpha$ est formé par β et $\gamma \urcorner$ afin de conclure, à nouveau d'après la notion commune I.3, que $\widehat{BCA} = \widehat{CBA}$, ce qu'il fallait démontrer.

Une fois que les propositions I.4 et I.5 sont démontrées, la solution des propositions I.11–12 ne présente plus de difficultés.

Considérons d'abord la proposition I.11. Soit AB un segment donné et C un point donné sur ce segment (Figure X). Le problème consiste à construire une perpendiculaire à AB passant par C. La première étape est la construction d'un segment colinéaire à AB ayant C pour milieu. Pour ce faire, Euclide suggère de prendre un autre point au hasard sur AB de telle sorte que le cercle de centre C qui passe par ce point, construit d'après la règle **R**.3, coupe AB. On peut parvenir au même résultat en évitant de prendre des points au hasard [1] : il suffit d'appliquer directement la règle **R**.3 afin d'obtenir le cercle de centre C passant par une des extrémités de AB, disons A. Si ce cercle coupe AB en un autre point D, alors le segment AD ayant C pour milieu est donné grâce au double rôle des diagrammes. Si ce cercle ne coupe pas AB en un autre point, on applique la règle **R**.2 afin de prolonger AB du côté de B pour qu'il rencontre ce cercle en D, et l'on obtient à nouveau le segment AD ayant C comme milieu. Pour construire la perpendiculaire demandée, il suffit alors d'appliquer la règle **R**.6 afin d'obtenir un triangle équilatéral AED, puis la règle **R**.1, afin d'obtenir le segment CE. D'après le double rôle des diagrammes, les triangles ACE et CDE sont donc donnés, ainsi que les angles adjacents $\widehat{ACE}$ et $\widehat{ECD}$. Ces angles étant égaux l'un à l'autre, ils sont donc droits. Pour le démontrer, Euclide s'appuie sur la proposition I.8 en remarquant que les côtés des triangles ACE et CDE sont égaux, chacun à chacun. Il est cependant évident que les propositions I.4 et I.5 sont tout aussi appropriées pour parvenir à ce résultat. En effet, comme le triangle AED est isocèle, on a $\widehat{EAC} = \widehat{CDE}$.

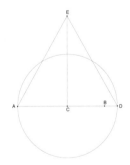

FIGURE X. La proposition I.11

1. Voir la note 2, p. 143.

La solution de la proposition I.12 demande un peu plus de travail. Soient AB un segment donné et C un point donné à l'extérieur de ce segment, par exemple une extrémité d'un autre segment CD (Figure XIa). Si ces objets sont arbitraires, il n'y a aucune garantie qu'une perpendiculaire à AB issue de C soit susceptible d'être donnée. Pour éviter de distinguer le cas où c'est possible (Figure XIa) du cas où c'est impossible (Figure XIb), Euclide suppose qu'une « droite illimitée » est donnée (c'est-à-dire, une droite au sens moderne du terme) — ce qui est une supposition assez rare dans les *Éléments* — ainsi qu'un point à l'extérieur de cette droite, et demande de construire une perpendiculaire à la droite à partir de ce point. Il existe cependant une façon assez simple de procéder afin de construire une perpendiculaire issue de C soit à AB, soit à un prolongement de AB, à condition que C ne soit pas situé sur ce prolongement.

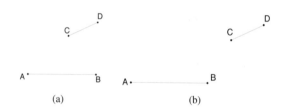

(a)   (b)

FIGURE XI. La proposition I.12 : le point C et le segment AB

Il suffit d'appliquer **R**.3 afin d'obtenir les deux cercles de centre C passant par A et B, respectivement, et de distinguer deux cas :

(i) l'un de ces cercles, par exemple celui passant par B, rencontre deux fois AB (Figure XIIa) ;

(ii) aucun cercle ne rencontre AB deux fois.

Dans le cas (ii), on applique la règle **R**.2 afin de prolonger AB jusqu'à ce qu'il rencontre un des cercles, par exemple celui passant par B, en G. Deux sous-cas sont alors possibles :

(ii.i) le point C ne se situe pas sur la prolongement de AB (Figure XIIb) ;

(ii.ii) le point C se situe sur le prolongement de AB (Figure XIIc).

Dans ce dernier cas, aucune perpendiculaire issue de C, soit à AB, soit au prolongement de AB, n'est susceptible d'être donnée. Dans les deux autres cas, cette perpendiculaire peut être construite au moyen de constructions analogues.

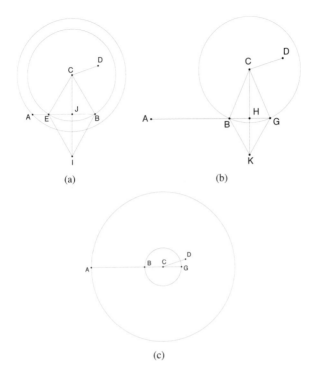

(a) (b)

(c)

FIGURE XII. La proposition I.12 : trois cas de figure

Voici comment cela fonctionne dans le cas (*ii.i*). On applique : la règle **R**.2 afin d'obtenir les segments BC et GC ; la règle **R**.6 afin d'obtenir le triangle équilatéral BKG ; et enfin, la règle **R**.1 afin d'obtenir le segment KC. Grâce au double rôle des diagrammes, les triangles BGC, BKC, KGC, BHC et HGC sont aussi donnés. En raisonnant sur ces triangles et sur le triangle BKG au moyen des propositions I.4 et I.5, il est aisé de démontrer que $\widehat{BHC} = \widehat{CHG}$, si bien que HC est la perpendiculaire qu'il fallait construire.

L'argument procède comme suit. Comme le triangle BKG est isocèle, d'après la proposition I.5, on a $\widehat{GBK} = \widehat{KGB}$. D'autre part, comme BC et GC sont des rayons du même cercle, ils sont égaux d'après la définition I.5, mais alors le triangle CBG est isocèle et, d'après la proposition I.5, $\widehat{CBG} = \widehat{BGC}$. Il suffit donc de réduire la relation non diagrammatique ⌜α est obtenu en prenant ensemble β et γ⌝ entre les trois angles de même sommet α, β, γ à la relation diagrammatique $\ulcorner\alpha$ est formé par β et $\gamma\urcorner$ afin de conclure, d'après la notion commune I.2, que $\widehat{CBK} = \widehat{KGC}$. Ainsi, les triangles BKC et KGC vérifient les conditions de la proposition I.4 si bien que $\widehat{KCB} = \widehat{GCK}$. Mais alors les triangles BHC et HGC vérifient aussi ces mêmes conditions, si bien que $\widehat{BHC} = \widehat{CHG}$, ce qu'il fallait démontrer.

Dans la propre formulation d'Euclide, le problème ne se divise pas en différents cas. Sa solution nécessite cependant qu'un point D soit pris au hasard de l'autre côté de C par rapport à la ligne droite donnée (Figure XIII)[1]. Une fois que cela est fait, Euclide recommande d'appliquer la règle **R**.3 afin d'obtenir le cercle de centre C passant par D. Grâce au double rôle des diagrammes, ce cercle coupe la ligne droite donnée deux fois, en G et en E. Il suffit donc d'appliquer la règle **R**.6 afin d'obtenir le triangle équilatéral GKE, puis la règle **R**.1 afin d'obtenir le segment KC. D'après la solution de la proposition I.9, ce segment bissecte l'angle $\widehat{ECG}$ et, d'après la solution de la proposition I.10, il bissecte également GE en H. Ainsi, les triangles GHC et HEC ont leurs côtés égaux, chacun à chacun, si bien que d'après la proposition I.8, $\widehat{GHC} = \widehat{CHE}$, ce qu'il fallait démontrer.

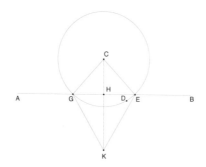

FIGURE XIII. La proposition I.12 : la formulation d'Euclide

Il est aisé de voir que les seules différences entre cet argument et celui que j'ai proposé tiennent à ce qu'Euclide suppose qu'une « ligne droite illimitée » est donnée, admet qu'un point soit pris au hasard, et fait appel à la proposition I.8 au lieu de la proposition I.4.

---

1. Voir *supra* la note 2, p. 143.

3. Conclusions

Les solutions des propositions I.11–12 — que je viens de reconstruire — devraient procurer un exemple du rôle que les diagrammes jouent dans la GPE. Ce rôle apparaît à la fois dans les constructions et les démonstrations, et dépend de la relation que les diagrammes entretiennent avec les objets géométriques de la GPE.

Mon interprétation de cette relation se concentre sur deux aspects cruciaux qui se rapportent aux thèses (**C.***i*) et (**C.***ii*) que j'ai essayé de clarifier dans le § 1. Plus généralement, j'ai également suggéré que les diagrammes sont capables de jouer leur rôle parce que ce sont des objets compositionnels, et que chacun des objets élémentaires qui les composent (des lignes concrètes représentant des segments et des cercles tracés en une seule étape de construction) est à la fois intrinsèquement un et divisible : ces objets élémentaires peuvent en effet à la fois composer des diagrammes complexes et être décomposés en parties.

L'unité intrinsèque et la divisibilité sont, dans ma lecture, les deux composantes de la notion de continuité à l'œuvre dans la GPE. J'affirme que cette notion est de nature aristotélicienne [1]. Pourtant, ce n'est pas une raison suffisante pour considérer mon interprétation de la GPE comme aristotélicienne, bien qu'elle soit certainement opposée à une conception de la GPE affirmant que celle-ci n'est rien d'autre que la contemplation de vérités éternelles et idéales, comme souvent on le dit, suivant en cela l'orthodoxie platonicienne communément acceptée. Mais mon but n'est pas de prendre parti dans la dispute sur la nature platonicienne ou aristotélicienne de la GPE. En conclusion, j'aimerais plutôt traiter de la relation entre mon interprétation de la GPE et la manière dont Kant comprend la géométrie d'Euclide.

Shabel (2003) a avancé l'idée qu'une interprétation de la géométrie d'Euclide fondée sur les diagrammes peut être utilisée pour motiver une interprétation de la manière dont Kant comprend cette géométrie. Friedman (2012), argue contre cette idée : la raison fondamentale en est que « Kant commence avec des concepts généraux [...] et montre ensuite comment 'schématiser' [ces concepts] dans le domaine sensible au moyen d'un acte intellectuel ou d'une fonction de l'imagination productive pure » (*ibidem*, p. 239). Cela dépend de la thèse fondamentale de Kant selon laquelle « l'intuition pure [...] se place avant la réception de toutes les sensations [...] comme une condition *a priori* de possibilité des

---

1. Voir ci-dessus la note 1, p. 112.

perceptions sensorielles et de leur objets » (*ibidem*), qui est motivée, à son tour, par son but « d'expliquer comment [...] autant l'espace lui-même et la nature physique dans l'espace acquièrent nécessairement leur nature mathématique objective » (*ibidem*, p. 254). C'est tout à fait convaincant pour moi. Mais ce n'est pas tout : pour des interprétations comme la mienne, qui se concentrent sur la relation entre diagrammes et objets abstraits, la situation est pire encore puisque, du point de vue de Kant, il n'y a aucun rôle précis pour quelque chose comme des objets abstraits pris dans mon sens.

Pourtant, comme Friedman lui-même le fait valoir, l'intuition sensible est pour Kant un ingrédient crucial (et non purement contingent) de la géométrie. Après tout, pour Kant[e], « nous ne pouvons pas penser une ligne sans la *tirer* dans la pensée, un cercle sans le *décrire* » (*KrV*, B 154 ; *Critique de la raison pure*, p. 175 ; cité aussi par Friedman (2012), p. 245) et « quoique tous ces principes [des mathématiques] et la représentation de l'objet dont s'occupe cette science soient produits pleinement *a priori* dans l'esprit, ils ne signifieraient pourtant rien du tout, si nous ne pouvions présenter toujours leur signification dans des phénomènes (dans des objets empiriques) » (*KrV*, A 239-244, B 299 ; *Critique de la raison pure*, p. 279). De surcroît, selon Kant, la construction géométrique est « ostensive » dans la mesure où elle est « construction [...] des objets mêmes » (*KrV*, A 717, B 745 ; *Critique de la raison pure*, p. 607). Ainsi, il me semble que pour interpréter le point de vue de Kant sur la géométrie, il est nécessaire d'interpréter, entre autres choses, la relation entre l'imagination productive pure kantienne et certains objets concrets qui, selon ce point de vue, entrent nécessairement dans la géométrie. Plus encore, c'est précisément le rôle de ces objets qui doit être expliqué.

Faire valoir que ces objets résultent de concepts généraux au moyen d'une schématisation opérée par l'imagination productive ne peut constituer qu'une part de cette interprétation. On doit aussi préciser, d'une part, quelles caractéristiques des concepts en question sont exhibées par les objets concrets correspondants, d'autre part, la manière dont ces objets entrent au sein d'arguments géométriques concernant ces caractéristiques. Je suggère que ma notion d'attribut diagrammatique peut offrir une aide pour atteindre ce but. Mais, bien sûr, travailler sur cette question est une tâche ultérieure à poursuivre.

---

e. Dans ce §, les citations de la *Critique de la raison pure* de Kant sont tirées de la traduction française de Jules Barni : Kant (1990).

CHAPITRE III

REPENSER L'EXACTITUDE GÉOMÉTRIQUE

1. INTRODUCTION

Un souci crucial des géomètres de la période moderne était de fixer des normes appropriées pour décider si certains objets, procédures, ou arguments devaient ou ne devaient pas être autorisées en géométrie. Henk Bos a consacré son principal ouvrage à cette préoccupation qu'il comprend comme « un effort de clarification et d'institution de l'exactitude » (Bos, 2001, p. 3). Dans cet ouvrage, il se concentre en particulier sur la figure de Descartes et la manière dont ce dernier à changé le « concept de construction ». C'est, de mon point de vue, la meilleure étude jamais écrite sur la géométrie de Descartes et son cadre historique. Bien que j'approuve largement la présentation qui est donnée par Bos, j'aimerais discuter et questionner, sinon partiellement, certaines des thèses qu'il avance.

* Traduit de l'anglais par Sébastien Maronne. Publié initialement dans *Historia Mathematica*, 38, n° 1, 2011, p. 42-95. Cet article, qui a été écrit en hommage à Henk Bos, est un témoignage de reconnaissance pour tout ce qu'il m'a appris et les réflexions qu'il m'a inspirées. Il se rattache au numéro spécial d'*Historia Mathematica* (37/3) qui lui est dédié. Remerciements à Carlos Alvarez, Andrew Arana, Rebekah Arana, June Barrow-Green, Henk Bos, Bernard Cache, Mario Carpo, Olivia Chevallier, Annalisa Coliva, Davide Crippa, Mary Domski, Jacques Dubucs, Massimo Galuzzi, Pierluigi Graziani, Niccolò Guicciardini, Robin Harthorne, Ignacio Jané, Vincent Jullien, Antoni Malet, Paolo Mancosu, Sébastien Maronne, Jean-Michel Salanskis, David Rabouin, André Warusfel, et aux deux rapporteurs anonymes pour leurs utiles commentaires et suggestions.

La géométrie de Descartes est une extension conservative de celle d'Euclide. La façon dont Descartes répond au souci d'exactitude consiste précisément à procurer une telle extension : voici la thèse principale que je défendrai. En guise d'introduction, qu'il me soit permis d'apporter une clarification préliminaire. Celle-ci tiendra en trois points.

Le premier point concerne ce que j'entends par « géométrie d'Euclide ». Il s'agit de la théorie exposée dans les six premiers livres des *Éléments* et dans les *Données*. Pour être plus précis, je l'appellerai 'géométrie plane d'Euclide', ou 'GPE' pour faire bref[1]. Il ne s'agit pas d'une théorie formelle au sens moderne, ni, *a fortiori*, de la clôture déductive d'un ensemble d'axiomes. En effet, la géométrie d'Euclide n'est pas un système clos, au sens moderne logique de ce terme. Cependant, il ne s'agit pas non plus d'une simple collection de résultats, ni d'une simple présentation générale. La géométrie d'Euclide est plutôt un système clairement délimité muni d'un langage codifié, de quelques hypothèses de base et de règles déductives relativement précises. En outre, ce système est clos en un autre sens (Jullien, 2006, p. 311-312), puisqu'il possède des limites strictes fixées par son langage, ses hypothèses de base, et ses règles déductives. Dans ce qui suit, en particulier dans le § 2, je proposerai une interprétation de certaines de ces limites, à savoir celles relatives à son ontologie. Plus précisément, je décrirai cette ontologie comme étant composée d'objets disponibles au sein du système, plutôt que d'objets qui seraient requis ou allégués exister en vertu des hypothèses qui fondent ce système et des résultats qui y sont démontrés. Cela rend la GPE radicalement différente des théories mathématiques modernes (qu'elles soient formelles ou informelles). L'une de mes thèses est que la géométrie de Descartes reflète en partie cette caractéristique de la GPE[2].

---

1. En me restreignant à la géométrie plane, je ne prétends pas que celle-ci soit nettement distinguée par Euclide de la géométrie dans l'espace, ou que tel fut le point de vue des mathématiciens qui lui succédèrent jusqu'à Descartes. Cette restriction dépend seulement du fait que certaines des thèses que je proposerai sur la géométrie plane ne s'appliqueraient à la géométrie dans l'espace qu'en procédant à des spécifications, des exclusions ou des ajustements. Comme il suffit de considérer la géométrie plane pour mon propos, je préfère donc me limiter à celle-ci par souci de simplicité. Je renvoie le lecteur à Arana et Mancosu (2012) pour des considérations pertinentes sur la nature de la relation entre géométrie plane et géométrie dans l'espace (je remercie les auteurs de m'avoir communiqué des versions préliminaires de cet article).

2. Si je dis que la géométrie de Descartes reflète cette caractéristique de la GPE en partie seulement, c'est du fait de raisons qui dépendent de l'algèbre géométrique de Descartes. C'est là une question cruciale, bien sûr, mais elle n'est pas directement pertinente pour mon

Durant la période moderne comme avant elle, la GPE a fait l'objet de nombreuses discussions critiques. Néanmoins, ces dernières ne visaient pas à contester la GPE, mais se concentraient sur son interprétation, son évaluation et sa systématisation. On pourrait même dire que la GPE constituait le noyau incontesté de la géométrie pré-cartésienne que je suggère d'appeler, dans son ensemble, 'géométrie classique'[a]. Un souci crucial au sein de la géométrie classique était d'étendre la GPE, c'est-à-dire, de rechercher des moyens appropriés de faire de la géométrie au delà de ses limites. Cependant, ces efforts ne produisirent pas un système clos (au sens précisé auparavant) et bien délimité comme celui de la GPE, si bien que la géométrie classique n'apparaît ni comme une théorie unique, ni comme une famille de théories, mais plutôt comme un foisonnement d'études. C'est là mon second point.

Mon troisième et dernier point est qu'il en va différemment de la géométrie de Descartes : il s'agit d'un système clos, bien délimité, comme celui de la GPE. En effet, Descartes ne prit pas seulement la GPE comme un pré-requis sur lequel il pouvait asseoir sa propre géométrie (Jullien, 1996, p. 10-11), mais il fonda celle-ci sur une conception des relations entre objets géométriques et constructions qui est structurellement similaire à celle qui s'applique au sein de la GPE. C'est en ce sens que je dis que l'extension par Descartes de la GPE est conservative[1].

Malgré ce lien strict entre la GPE et la géométrie de Descartes, de nombreuses interprétations de celle-ci soulignent ses nouveautés et ses différences par rapport à celle-là et la projettent vers son futur, plutôt que de l'ancrer dans son passé. Bien que tel ne soit pas le cas de Bos[2] qui souligne dans son livre la nature conservative de la géométrie de Descartes (Bos, 2001, p. 411-412), il me semble qu'il reste encore quelque chose à dire à propos de la relation entre la géométrie de Descartes et la géométrie classique.

but présent. Je ne considérerai donc pas cette question dans le corps de ce chapitre et je n'y reviendrai que brièvement dans mes remarques de conclusion (§ 4).

1. Ce terme doit être pris dans un sens très informel. Je le clarifierai davantage dans le § 2.3. Dans la note 3, p. 220, je considérerai brièvement la question de savoir si la géométrie de Descartes peut être considérée comme une extension conservative de la GPE dans un sens plus proche du sens technique usuel de ce terme en logique moderne.

2. Une autre exception notable est un article classique de Molland (1976). En dépit de nombreuses affinités et d'une même insistance sur les fondements, les vues défendues dans cet article sont, cependant, assez différentes de celles que je ferai valoir.

a. Cette géométrie classique inclut donc la géométrie grecque classique — celle d'Euclide, Archimède, Apollonius, pour le dire vite — qui a été évoquée dans le chapitre premier.

Je soutiens qu'on comprend mieux la géométrie de Descartes lorsqu'on met en évidence ses affinités structurales avec la GPE. En outre, si cela est fait, on peut rendre compte, au moins partiellement, des nouveautés les plus cruciales de la géométrie de Descartes, celles-ci apparaissant comme le résultat somme toute assez naturel d'un effort conjoint d'extension de la GPE et d'obtention d'un système à la fois clos et bien délimité.

Quand on voit les choses de cette façon, le but premier de Descartes en géométrie apparaît être fondationnel, et sa réponse au souci d'exactitude devient un ingrédient crucial pour atteindre ce but. Ce n'est pas de cette manière que Bos comprend la géométrie de Descartes. Il soutient plutôt que le « but premier » de la *Géométrie* « [est] de procurer une méthode générale pour la résolution des problèmes géométriques » (Bos, 2001, p. 228). Je ne nie pas pour ma part que la résolution des problèmes géométriques ne soit une préoccupation cruciale pour Descartes. Toutefois, je fais valoir qu'elle résulte naturellement de son programme fondationnel. Je viens de dire (et j'essaierai de le justifier plus tard) que la géométrie de Descartes reflète en partie une caractéristique essentielle de la GPE que j'interprète en affirmant que l'ontologie de celle-là est composée d'objets qui y sont disponibles (plutôt que d'objets dont on requiert ou allègue l'existence). D'après moi, cela permet d'expliquer la raison pour laquelle Descartes s'intéressait principalement à la solution des problèmes géométriques sans faire valoir pour autant que la *Géométrie* était écrite premièrement en vue de présenter une méthode pour la résolution de ces problèmes (quelque adéquate et générale que cette méthode ait pu apparaître à Descartes).

Ce point de vue a une autre conséquence importante. La « méthode générale de résolution des problèmes géométriques » à laquelle renvoie Bos ne doit pas être confondue avec la méthode « pour bien conduire sa raison et chercher la vérité dans les sciences » dont la *Géométrie* est réputée être un essai (Descartes, 1637 et *Œuvres*, VI, vol. VI). Cette méthode-là est plus célèbre encore pour être fondée sur le précepte du clair et du distinct (Descartes, 1637, p. 20, 34, 39 et *Œuvres*, vol. VI, p. 18, 33, 38). Cela conduit assez naturellement à penser que le souci d'exactitude géométrique chez Descartes n'est que l'aspect géométrique de sa quête du clair et du distinct [1]. Bos n'endosse pas cette thèse explicitement mais énonce un point très semblable qui impliquerait si on l'admettait (comme il est naturel de le faire) que, pour Descartes, le clair et le distinct sont des ingrédients nécessaires dans la quête de la vérité et de la certitude. De fait, Bos fait valoir que « selon Descartes le but du raisonnement méthodique [est] de trouver vérité et certitude », et que « dans un contexte géométrique, cette quête porte sur ce qu'[il] désigne par le terme d''exactitude' » (Bos, 2001, p. 229). Je ne saurais discuter cette question ici. J'observe néanmoins que si, pour Descartes, l'exactitude est la contrepartie géométrique du clair et du distinct, alors le clair et distinct en géométrie ne relèvent pas seulement de ce qu'on peut concevoir rationnellement, mais doivent aussi être rapportés à des exigences constructives qui, comme je le montrerai plus tard, dérivent directement de la géométrie d'Euclide.

La présente introduction mise à part, cet essai inclut deux sections principales suivies par quelques remarques de conclusion.

Le § 2 présente dans ses grandes lignes le souci d'exactitude dans la géométrie classique, et rend compte de la manière dont il s'est présenté à Descartes. Dans ce but, je reviens sur un matériau déjà connu qui été analysé de façon éclairante par Bos, en soulignant certains de ses aspects. dans le § 2.1, je distingue l'exactitude de la précision, et j'introduis une terminologie que j'emploierai dans la suite. dans le § 2.2, consacrée à la GPE, je souligne plus particulièrement le rôle qu'y jouent les problèmes et les constructions. Ce rôle explique la raison pour laquelle une extension conservative de la GPE nécessite d'admettre de nouvelles sortes de constructions et de nouveaux instruments pour résoudre les problèmes. Le § 2.3 offre différents exemples de la manière dont la géométrie classique procéda à l'extension de la GPE. Cela me permet de distinguer six différentes sortes de constructions non admises au sein de la GPE.

---

1. Les relations conceptuelles et méthodologiques entre le *Discours de la Méthode* et la *Géométrie* sont loin d'être simples et je ne saurai aborder cette matière ici. J'observe seulement qu'on trouve dans la Correspondance de Descartes des preuves textuelles qui permettraient de faire valoir tout autant que Descartes considère ces deux œuvres comme ou bien strictement liées, ou bien comme relativement indépendantes. Comme exemples, je citerai un passage tiré d'une lettre à Mersenne de la fin décembre 1637 et un autre d'une lettre à Vatier du 22 février 1638 : « i'ay seulement tasché par la Dioptrique & par les Météores de persuader que ma méthode est meilleure que l'ordinaire, mais ie pretens l'avoir demonstré par ma Géométrie » (Descartes, *Œuvres*, vol 1, p. 478) ; « ie n'ay pu auffi monstrer l'usage de cette méthode dans les trois traittez que i'ay donnez, à cause qu'elle prescrit un ordre pour chercher les choses qui est assez différent de celuy dont i'ay crû devoir vser pour les expliquer » (*ibidem*, p. 559).

Le § 3 rend compte des vues de Descartes sur l'exactitude[1]. Cette question est introduite dans le § 3.1 en considérant l'attitude de Descartes face au problème des moyennes proportionnelles. Le § 3.2 procure ensuite une interprétation systématique de la caractérisation que Descartes donne des courbes géométriques, alors que le § 3.3 rend compte des différentes attitudes de Descartes face aux six sortes différentes de construction distinguées dans le § 2.3.

Enfin, le § 4 rend brièvement compte des éléments de similitude structurale et des différences essentielles entre la géométrie de Descartes et la GPE.

2. Le souci d'exactitude dans la géométrie classique

2.1. *Normes d'exactitude*

Au sein de la géométrie classique, le souci d'exactitude n'était pas une question de précision. La précision était certainement exigée dans la géométrie pratique ou appliquée, mais l'exigence d'exactitude qui concernait la géométrie pure était assez différente[2] : alors que, pour les buts de la géométrie pratique, on exigeait de mettre en œuvre certaines procédures (matérielles) avec un degré suffisant de précision, une argumentation qui procède selon certaines voies légitimes était requise dans la géométrie pure. C'est ce sur quoi portait le souci d'exactitude. Afin de mieux expliquer cette matière, j'ai besoin d'introduire une terminologie adéquate.

J'emploie le terme 'concept' pour faire court et référer à ce qui devrait être appelé plus précisément 'concept sortal'. Dans la littérature philosophique, il n'existe pas de consensus sur la nature intrinsèque des concepts. Pourtant, il est largement admis que, quels que soient les concepts dont il puisse s'agir, des concepts sortaux devraient être tels que l'assertion selon laquelle certains objets tombent ou ne tombent pas sous ces mêmes concepts fait sens. En outre, il est aussi largement admis que chaque concept sortal est caractérisé si, et seulement s'il vérifie deux types de conditions, à savoir les conditions d'application et les conditions d'identité des objets qui sont censés tomber sous ce concept. Les premières sont

1. Sur cette question, je me permets de renvoyer également le lecteur à Panza (2005), p. 23-43.
2. Je souligne que la question concerne la géométrie pure afin de rendre plus claire la distinction entre précision et exactitude. À partir de maintenant, je ne ferai plus cette spécification et prendrai pour acquis que le terme 'géométrie' réfère à la géométrie pure.

des conditions nécessaires et suffisantes pour qu'un objet tombe sous un tel concept : un objet les vérifie si, et seulement s'il tombe sous ce concept. Les secondes sont des conditions nécessaires et suffisantes pour que les objets qui tombent sous un tel concept soient distingués les uns des autres : si *a* et *b* sont des objets qui tombent sous un tel concept, *a* est le même objet que *b* si, et seulement si, ces conditions sont vérifiées [1].

Fixer le premier type de conditions pour un certain concept n'est en général pas suffisant pour fixer le second type de conditions. De surcroît, cela n'est aussi pas suffisant, en général, pour obtenir ni une justification que certains objets tombent de fait sous ce concept, ni des normes appropriées indiquant comment obtenir des tels objets. Enfin, fixer ces deux types de condition ne suffit pas davantage pour obtenir cette justification et ces normes. Cette sorte d'indépendance a lieu dans le cas des concepts géométriques qu'on retrouve à l'œuvre en géométrie classique.

---

1. Un simple exemple suffira pour mieux expliquer cette notion. Supposons que quelqu'un, disons Anne, regarde le ciel et souhaite décrire ce qu'elle voit. Elle ferait probablement appel pour ce faire au concept sortal d'étoile. Elle dirait donc que certaines des choses qu'elles voient sont des étoiles, i.e. des objets qui tombent sous ce concept. Si Anne voulait être vraiment précise dans ce qu'elle dit, elle devrait être capable d'expliquer ce qui fait de quelque chose une étoile. L'énoncer serait la même chose que d'énoncer les conditions d'application du concept d'étoile. Mais, pourtant, cela ne suffirait pas, puisque Anne devrait être aussi capable d'expliquer ce qui fait qu'une des étoiles qu'elle voit maintenant est l'une de celles qu'elle voyait hier. Énoncer cela serait la même chose qu'énoncer les conditions d'identité des étoiles. Si Anne était vraiment capable de faire ces deux choses, elle posséderait le concept sortal d'étoile. Mais supposons maintenant que, parmi les choses que voit Anne, il y en ait une qu'elle a de la difficulté à reconnaître. Elle pourrait alors se demander s'il s'agit d'une soucoupe volante. Sans tenir compte du fait qu'elle conclut que tel est le cas ou non, afin d'être vraiment précise dans ce qu'elle pense, Anne devrait aussi avoir dans son esprit des conditions d'application appropriées pour le concept de soucoupe volante, et sans doute aussi des conditions d'identité pour les soucoupes volantes. Le fait que de telles conditions soient appropriées ne dépendrait bien sûr pas de l'existence des soucoupes volantes (plus que cela, si ces conditions, ou au moins la première de ces conditions, n'étaient pas appropriées, il serait impossible de conclure correctement que les soucoupes volantes n'existent pas, en fait). Cela devrait suffire à rendre clair le fait qu'il n'est pas nécessaire que certains objets tombent réellement sous un concept sortal pour qu'un certain concept sortal soit clairement identifié en tant que tel. Ce qui importe uniquement est que l'assertion selon laquelle certains objets tombent ou ne tombent pas sous ce concept fasse sens et que les conditions d'identité et d'application soient fixées, comme dit auparavant. Une dernière remarque, enfin, pour être complet. La question de savoir si l'on pourrait distinguer de manière appropriée des concepts sortaux de concepts non sortaux est assez complexe, et la littérature philosophique ne révèle aucun accord général sur cette question. Mais cela ne compte pas par rapport au but que je me suis fixé, puisque j'utilise le terme 'concept' seulement pour référer aux concepts sortaux, comme je l'ai clarifié auparavant.

Considérons un exemple. Par souci de simplicité, il relève de la GPE, mais il est évoqué ici pour rendre compte de certaines des caractéristiques de la géométrie classique dans son entier. Ce que j'en dirai dans la présente section est donc pensé comme pouvant s'appliquer, *mutatis mutandis*, à toute la géométrie classique. Je considérerai plus particulièrement la GPE dans le § 2.2.

Les définitions I.19-20 des *Éléments* fixent les conditions d'application du concept de triangle équilatéral. Ils le font en énonçant que les triangles équilatéraux sont des figures rectilignes contenues par trois segments égaux [1] (je comprends cet énoncé de la façon suivante : un objet tombe sous le concept de triangle équilatéral si, et seulement s'il est une figure rectiligne contenue par trois segments égaux). Ces mêmes définitions ne procurent pas, cependant, des conditions d'identité pour les objets qui pourraient tomber sous se concept. De surcroît, ils ne procurent ni la garantie que certains objets tombent réellement sous ce concept, ni des normes appropriées indiquant comment obtenir de tels objets. On pourrait donc douter que ces définitions suffisent à définir les triangles équilatéraux.

Cependant, dans la géométrie classique, fixer les conditions d'application d'un certain concept — un concept géométrique bien sûr (c'est-à-dire, un concept sous lequel des objets géométriques sont censés tombés) — était considéré comme suffisant pour définir de tels objets. Par exemple, les définitions I.19-20 des *Éléments* étaient jugées suffisantes pour définir les triangles équilatéraux (dans ce qui suit, je me conformerai à cette attitude et emploierai en conséquence dans ce sens là le verbe 'définir', ainsi que ses dérivés).

Une fois qu'une définition telle que celle-là était offerte, il demeurait nécessaire de procurer les conditions d'identité des objets considérés, et la garantie que des objets tombent sous le concept en question, et/ou certaines normes indiquant comment obtenir certains des objets afférents. Revenant à notre exemple, on pourrait penser que procurer cette garantie dans ce cas serait la même chose que d'assurer que les triangles équilatéraux existent. Mais tel n'est pas le cas, de fait, au moins si l'on admet (comme il est d'usage dans les mathématiques modernes) que, pour un concept P, les P existent dans la mesure où ils forment un domaine fixé de quantification et de référence individuelle. Cela signifie qu'admettre (ou supposer) que les P existent autorise à la fois à asserter que certaines conditions appropriées sont obtenues pour chacun des P pris

---

1. Pour mon usage du terme 'segment', voir la note 1, p. 163.

individuellement (par exemple, que tous, pris individuellement, jouissent d'une certaine propriété), et à dénoter chaque P, ou au moins certains d'entre eux, avec un terme singulier approprié qui réfère de façon rigide à celui-là (ce qui nécessite que des conditions d'identité appropriées soient disponibles pour eux) [1].

Je pense que cette façon de concevoir l'existence des objets d'une certaine sorte est assez naturelle. Il est donc naturel d'asserter que les triangles équilatéraux que la GPE considère (*i.e.* les objets qui sont prétendus tomber sous le concept dont les conditions d'application sont fixées par les définitions I.19-20 des *Éléments*) n'existent pas [2]. Une simple réflexion devrait nous en convaincre.

Imaginons deux historiens des mathématiques qui, en deux occasions distinctes, narrent la solution de la proposition I.1 des *Éléments*, qui demande de construire un triangle équilatéral sur un segment donné. Supposons maintenant que quelqu'un demande, si, en faisant cela, nos deux historiens parlent du même triangle équilatéral. Plus généralement, supposons que quelqu'un demande sous quelles conditions on pourrait parler du même triangle équilatéral en différentes occasions, en narrant certains des arguments de la GPE. Il me paraît évident que ces questions sont toutes les deux mal posées, puisque la GPE fonctionne parfaitement même si l'on ne dispose d'aucune façon d'y répondre. Davantage, il n'existe aucun sens clair selon lequel on pourrait fixer la référence d'un terme singulier associé aux triangles équilatéraux dans le langage de la GPE (par exemple, 'ABC') en telle manière qu'on le considère référer au même triangle équilatéral dans n'importe laquelle de ses occurrences. Pour cette même raison, il est inapproprié d'asserter que tous les triangles

---

1. Un exemple simple de cette façon de penser est le suivant : admettre (ou supposer) que les nombres naturels existent autorise à la fois l'assertion que les nombres naturels forment une progression, et la dénotation de l'un d'entre eux au moyen du terme '1' qui réfère au même nombre naturel dans n'importe laquelle de ses occurrences (notons toutefois le fait suivant : dire qu'asserter que p est autorisé ne signifie pas qu'on garantit que p est vrai, mais seulement qu'on garantit qu'asserter que p est pourvu de sens).

2. À nouveau, on doit noter le fait suivant : dire que les P n'existent pas n'est pas la même chose que de dire qu'aucun objet particulier tombant sous P ne peut exister, ou que nul objet de cette sorte n'existe dans un certain contexte. Par 'les P n'existent pas', j'entends simplement qu'il n'y a rien comme une totalité définie de tous les P au sens que je viens d'expliquer. Ce point deviendra plus clair, je l'espère, sur la base des considérations qui suivront.

équilatéraux dont traite la GPE, pris individuellement, jouissent d'une certaine propriété [1].

Que signifierait donc, dans ce cas ou dans d'autres relatifs à la géométrie classique, qu'on ait garanti que certains objets tombent sous un certain concept (défini de façon appropriée) ? Cela signifie qu'on a montré comment mettre un ou plusieurs de ces objets (qu'on distingue les uns des autres) à disposition d'un mathématicien faisant de la géométrie, afin qu'il puisse produire un argument au sujet de ces objets. Cette tâche est accomplie, dans la géométrie classique, de telle sorte qu'il n'y a aucun sens à se demander si les objets concernés par un certain argument sont ou ne sont pas les mêmes que les objets concernés par un autre argument indépendant.

Considérons à nouveau notre exemple. La Proposition I.1 des *Éléments* fournit la garantie que des objets tombent sous le concept de triangle équilatéral. J'expliquerai mieux ce point dans la suite, car une telle explication nécessite une distinction entre deux types de concepts géométriques impliqués dans la GPE que je n'ai pas encore introduite. À présent, le seul point qui m'importe est que cette solution exhibe une procédure, à savoir une construction, qui s'applique à tout segment donné et produit un triangle équilatéral possédant ce segment comme côté. Donc, si un segment est mis à disposition d'un mathématicien pratiquant le GPE, il lui suffira d'appliquer cette procédure afin de disposer d'un triangle équilatéral (possédant ce segment pour côté). Dans mon langage, cela assure que certains objets tombent sous le concept de triangle équilatéral, bien que cela ne démontre pas, bien sûr, que les triangles équilatéraux existent au sens défini plus haut. Je doute en outre qu'il existe un sens clair selon lequel on pourrait dire que cela démontre que les triangles équilatéraux existent. Au mieux, après l'avoir construit, on pourrait dire qu'on a fait en sorte qu'un triangle équilatéral particulier existe, qu'on l'a créé. Mais alors, on devrait aussi admettre que ce triangle existe seulement dans le contexte de l'argument dont relève la construction, puisqu'aucune condition claire n'a été procurée pour assurer que ce même triangle intervient aussi dans un autre argument indépendant.

La même chose se produit pour les objets tombant sous n'importe quel autre concept géométrique impliqué dans la géométrie classique.

---

1. Cela ne signifie pas, bien sûr, que la GPE n'inclut pas des énoncés universels portant sur certains types d'objets. Le contraire est vrai : les théorèmes dans la GPE sont précisément de tels énoncés. Pourtant, d'après moi, un théorème dans la GPE n'énonce pas que tous les objets d'un certain type, pris individuellement, jouissent d'une certaine propriété. J'expliquerai mieux ce point à la fin du § 2.2.

Pour faire court, j'emploierai le verbe 'obtenir' pour désigner l'action de mettre à la disposition d'un mathématicien certains objets qui tombent sous un certain concept (dont les conditions d'application ont été fixées de façon appropriée) dans le but de produire un argument portant sur ces mêmes objets. Cela explique ce que je veux dire lorsque je parle des normes indiquant comment obtenir de tels objets, pour ce qui concerne la géométrie classique. Il existe en effet des normes que les procédures d'obtention des objets (c'est-à-dire, les procédures mettant à la disposition d'un mathématicien des objets dans le but de produire un argument portant sur eux) doivent respecter afin d'être autorisées. Ainsi, afin de procurer la garantie que certain objets tombent réellement sous un certain concept, on doit montrer comment obtenir certains objets qui tombent sous ce concept au moyen d'une procédure respectant ces normes.

Considérons une fois de plus notre exemple. La procédure exhibée par la solution de la proposition I.1 est autorisée au sein de la GPE parce qu'elle obéit à certaines clauses de construction explicitement énoncées dans les *Éléments* et tire avantage, d'une manière implicitement autorisée, des propriétés physiques des diagrammes en question. Celle-ci est donc autorisée parce qu'elle respecte certaines règles explicitement énoncées ou implicitement admises dans les *Éléments*. Il s'agit de normes indiquant comment obtenir certains objets tombant sous un certain concept. En particulier, celles qui sont propres à la GPE.

De mon point de vue, le souci d'exactitude, au sein de la géométrie classique, consistait pour l'essentiel à fournir des normes telles que celles-ci. Pour cette raison, je suggère de les appeler 'normes d'exactitude'.

Les normes d'exactitude propres à la GPE étaient assez clairement identifiées. Mais ce n'était pas le cas de la géométrie classique en général. Non seulement chaque géomètre adoptait des normes assez différentes, mais encore ces normes étaient très souvent laissées implicites, ou rendues explicites en laissant la porte ouverte à différentes manières de les comprendre. Un des titres auxquels la géométrie de Descartes apparaît être une extension de la GPE tient au fait qu'elle inclut des normes appropriées indiquant comment obtenir des objets géométriques qui ne peuvent pas être obtenus en accord avec les normes d'exactitude propres à la GPE. Cependant, la manière dont ces normes sont énoncées ouvre aussi la porte à différentes manières de les comprendre. Le livre de Bos est une contribution majeure à l'effort de comprendre ces normes de la manière la plus appropriée et la plus plausible. Dans le présent essai, en particulier dans le § 3, j'essaierai d'apporter ma contribution à cet effort.

2.2. *Les problèmes dans la géométrie plane d'Euclide*

Dans la GPE, les problèmes appellent des constructions et sont résolus dans la mesure où ces constructions sont accomplies : on construit ainsi des objets qu'on suppose tomber sous certains concepts spécifiés. Plus précisément, dans la GPE, chaque problème demande qu'un ou plusieurs objets censés tomber sous un ou plusieurs concepts soient construits. En bref, je dirai qu'un problème qui demande la construction d'un objet tombant sous un certain concept est concerné par ce concept. Énoncer des problèmes dans la GPE a donc pour but principal, dans mon vocabulaire, de procurer une instanciation des concepts concernés par ces problèmes.

Les objets sur lesquels porte la GPE, autrement dit les objets de la GPE, comme je le dirai dorénavant, sont les points, les segments, les cercles et les angles [1], ainsi que les polygones de différentes sortes [2]. Les concepts correspondants sont introduits par des définitions explicites qui fixent leurs conditions d'application. J'ai déjà offert un exemple auparavant. Il concernait le concept de triangle équilatéral. Pour fixer ses conditions d'application, deux autres concepts sont invoqués : celui de segment et celui de figure (puisqu'un triangle est un polygone, et les polygones sont considérés être des figures). Ces concepts sont introduits par les définitions I.2, I.4 et I.13–I.14 des mêmes *Éléments*. Ces définitions sont bien moins claires que les définitions I.19–20 et ont fait l'objet d'innombrables commentaires et discussions. Pourtant, pour mon but présent, les subtilités

---

1. J'emploie le terme 'angle' pour référer, en général, aux angles rectilignes ou aux angles formés par un segment et un cercle, ou deux cercles. Pour faire court, quand j'emploierai ce terme pour référer à un angle particulier, je supposerai qu'il s'agit d'un angle rectiligne.

2. Les objets sur lesquels porte la GPE, autrement dit les objets de la GPE, sont, bien sûr, des objets qui sont censés tomber sous des concepts dont les conditions d'application peuvent être fixées en employant le langage de la GPE. L'implication réciproque ne vaut pas, néanmoins. Un simple exemple suffira à l'expliquer. D'après la définition I.15 des *Éléments*, « Un cercle est une figure plane contenue par une ligne unique par rapport à laquelle tous les droites menées à sa rencontre à partir d'un unique point parmi ceux qui sont placés à l'intérieur de la figure, sont égales entre elles » (Euclide, *Les Éléments*, vol. I, p. 162). Il suffit de modifier à peine cette définition pour définir des ellipses (ou fixer les conditions d'application du concept d'ellipse). Il est clair pourtant que les ellipses ne sont pas des objets sur lesquels porte la GPE. On pourrait dire quelque chose de semblable des paraboles et des hyperboles, et de beaucoup d'autres courbes que les cercles. Je préfère donc dire explicitement que les objets de la GPE sont des points, des segments, des cercles, des angles, et des polygones de différentes sortes. Plus précisément, dans mon usage du terme 'objet de la GPE', pour qu'un objet géométrique soit un objet de la GPE, il suffit qu'il s'agisse d'un point, d'un segment, d'un cercle, d'un angle, ou d'un polygone d'une certaine sorte.

qu'elles recèlent importent peu. Ce qui importe est plutôt qu'Euclide fait appel aux concepts de segment et de figure et suppose que l'égalité de trois segments et le fait de contenir une figure revêtent chacun une signification claire, afin d'énoncer les conditions d'application du concept de triangle équilatéral [1]. C'est là un exemple simple de la pratique qui consiste à introduire un concept en faisant appel à d'autres concepts introduits auparavant. Les concepts de point, segment, cercle, angle et d'autres types de polygones sont introduits de cette même façon [2].

Certains problèmes de la GPE portent sur des concepts tels que ceux-là. Mais ce n'est pas le cas de tous les problèmes de la GPE [3]. Nombre d'entre eux (de fait, la majorité), portent plutôt sur des concepts de nature différente dans la mesure où les objets qui sont censés tomber sous ces concepts doivent posséder une certaine relation avec d'autres objets donnés. Pour apprécier une telle différence, comparons, par exemple, le concept de carré avec celui de carré égal à un rectangle donné ou à un cercle donné. Bien sûr, un carré égal à un rectangle donné ou bien à un

---

1. Les définitions I.2, I.4 et I.13-14 sont bien connues, mais je les cite au bénéfice du lecteur. D'après la définition I.2, « une ligne est une longueur sans largeur » ; d'après la définition I.4, « une ligne droite est celle qui est placée de manière égale par rapport aux points qui sont sur elles » ; enfin d'après la définition I.14, « une figure est ce qui est contenue par quelque ou quelques frontière(s) » (Euclide, *Les Éléments*, vol. I, p. 151-167). Deux remarques simples suffiront à mon présent but. La première est que les lignes droites sont, en général, finies pour Euclide et c'est la raison pour laquelle je me référerai à elles comme à des segments. La seconde remarque est que le concept ⌐être contenu dans quelque chose⌐, qui figure dans la définition de triangle équilatéral, figure déjà dans la définition des figures. Si l'on considère que les définitions I.13-14 sont claires, ce qui importe, afin d'avoir une compréhension claire de la définition des triangles équilatéraux, est d'admettre que trois segments peuvent procurer une frontière ou une extrémité.

2. On pourrait douter que tel est le cas pour le concept de point. Pour se rendre compte qu'il en est ainsi, il suffit pourtant de remarquer que la définition I.1 ne suffit pas à fixer les conditions d'application de ce concept. La définition I.3 est aussi nécessaire pour ce faire. La première énonce qu'« un point est ce dont il n'y a aucune partie » ; la seconde clarifie cet énoncé en ajoutant que « les limites d'une ligne sont des points » (Euclide, *Les Éléments*, vol. I, p. 151).

3. À partir de maintenant, j'appellerai 'problème de la GPE' un problème qui demande de construire des objets de la GPE, en imposant (souvent implicitement) que leur construction obeissent aux normes d'exactitude propres à la GPE. Une façon usuelle et compacte d'identifier de telles normes consiste à dire qu'elles sélectionnent les constructions à la règle et au compas. Dans ce langage, on pourrait dire que les problèmes de la GPE sont les problèmes appelant des constructions à la règle et au compas. Dans ce qui suit, j'essaierai de rendre compte des normes d'exactitude propres à la GPE d'une manière plus précise, et j'essaierai aussi d'expliquer la raison pour laquelle je préfère employer une terminologie différente.

cercle donné est un carré, mais il devrait être aussitôt clair que demander
la construction d'un carré égal à un rectangle donné ou à un cercle donné
est assez différent que de demander la construction d'un carré quelconque
(c'est-à-dire, d'un carré ayant pour côté un segment arbitraire).

Je reviendrai plus tard sur cette distinction. À présent, il importe seulement d'observer que — à la seule exception des segments arbitraires et des
points, qui procurent les points de départ de n'importe quelle construction
autorisée au sein de la GPE (comme je l'expliquerai plus tard) — résoudre
un problème est la seule manière à notre disposition dans la GPE d'assurer
que des objets tombent sous un certain concept, indépendamment du fait
que ce concept soit du premier type ou du second. La construction est
donc la modalité typique d'obtention des objets géométriques au sein de
la GPE, et affirmer que des objets tombent sous un certain concept est,
dans la GPE, la même chose qu'affirmer que des objets tombant sous un
tel concept peuvent être construits de manière appropriée.

En conséquence, le sens dans lequel on peut dire, dans la GPE, que
des objets tombent sous un certain concept est manifesté par la façon
dont les problèmes de la GPE sont résolus. Ce faisant, on procure en
outre les conditions d'identité des objets de la GPE ainsi que les normes
d'exactitude relatives à ces objets. Une bonne manière (la seule manière,
en fait) de comprendre ce sens et de prendre conscience de ces conditions
et de ces normes est donc d'analyser les solutions des problèmes de la
GPE. C'est ce que je ferai brièvement dans la partie restante de cette
section.

Les constructions de la GPE requièrent que des diagrammes appropriés soient tracés. Plus que cela : elles ne sont que des procédures pour
tracer des diagrammes d'une manière autorisée, si bien qu'un problème
de la GPE est résolu lorsque des diagrammes appropriés, représentant des
objets qui tombent sous le concept concerné par le problème, sont tracés
ou sont imaginés avoir été tracés. Je qualifie de telles constructions de
'diagrammatiques' [1].

---

1. La proposition I.1 des *Éléments* évoquée auparavant en offre un exemple très simple.
Elle demande la construction d'un triangle équilatéral sur un segment donné. Dans sa
solution, le segment est identifié avec celui qui est représenté par un trait. Rien n'oblige
quiconque produisant ou exposant cette solution à tracer pour de vrai ce trait, bien sûr.
Mais la simple phrase 'soit AB le segment donné' par laquelle commence cette solution
(Euclide, *Les Éléments*, vol. I, p. 195 ; je modifie légèrement la traduction de Vitrac) n'est
compréhensible que dans la mesure où l'on imagine, ou même l'on trace pour de vrai, un trait
représentant le dit segment. C'est parce que la manière d'identifier un segment particulier à
l'intérieur de la GPE consiste à le considérer comme un segment représenté par un certain

Le verbe 'représenter' évoque une relation complexe. Je soulignerai seulement que les diagrammes procurent les conditions d'identité des objets qu'ils représentent. Cela signifie que, au sein d'un argument concerné par plusieurs objets de la GPE, ceux-ci sont distincts dans la mesure où ils sont représentés, ou supposés être représentés, par des diagrammes différents ou des sous-diagrammes [1].

trait. Pour cette raison, on a besoin du trait (qu'il soit tracé réellement ou imaginé) pour fixer la référence des termes singuliers 'AB', 'A' et 'B' (Netz, 1999, p. 19-26). Une fois cette référence fixée, la construction peut commencer. On « décrit » deux cercles de rayon AB, l'un de centre A, l'autre de centre B. D'habitude, cela va avec le tracé réel de deux lignes de contour fermé passant respectivement par les deux extrémités du trait représentant le segment donné, qui représentent ces cercles, à leur tour. À nouveau, rien n'y oblige même s'il demeure nécessaire d'imaginer ces lignes. C'est d'autant plus évident que la construction se poursuit en observant que ces cercles se rencontrent au point C qui, pour ainsi dire, est engendré du fait des propriétés physiques des lignes qui ont été tracées ou bien imaginées. Ce point est en effet représenté par l'intersection des deux lignes qui procure la référence du terme singulier 'C'. Ensuite, ce point est « joint » avec A et B, respectivement, ce qui va d'habitude avec le tracé réel de deux traits qui procurent les références des termes singuliers nouveaux 'CA' et 'CB'. À nouveau, on peut seulement les imaginer. Mais qu'ils soient effectivement tracés ou bien seulement imaginés, on a besoin de ces traits pour fixer la référence du terme singulier qui est supposé dénoter le triangle équilatéral construit de cette façon. Ce à quoi je réfère par le terme 'diagramme' n'est que le système composé des trois traits représentant les côtés de ce triangle et les deux lignes à contour fermé dont une intersection représente le point C. Bien sûr, on peut nier que la solution d'Euclide nécessite trois segments particuliers, un cercle particulier, et un triangle équilatéral particulier, et que donc 'AB', 'A', 'B', etc doivent être compris comme d'authentiques termes singuliers. On peut plutôt penser que cette solution concerne précisément les concepts de segment, cercle et triangle équilatéral, ou quelque chose comme des schémas correspondants. Sinon, l'on peut penser que 'AB', 'A', 'B' sont d'authentiques termes singuliers référant à des objets abstraits implicitement définis par les règles déductives auxquelles se soumettent ces termes, et que les diagrammes figurent dans les arguments d'Euclide seulement comme un support visuel commode mais non essentiel d'une syntaxe complètement indépendante. Je ne peux argumenter ici contre ces interprétations que je juge simplement infidèles au texte d'Euclide et à la façon dont ce texte a été compris au sein de la géométrie classique. Je me contenterai d'adhérer à un autre point de vue (qui est assez répandu, de fait), et de souligner le rôle qu'on doit conférer, d'après celui-ci, aux diagrammes au sein de la GPE. Pour plus de détails sur cette matière, je ne peux que renvoyer le lecteur à l'essai précédent dans ce volume. Pour un examen de la discussion récente sur le rôle des diagrammes dans la géométrie d'Euclide mise à jour en 2008, on peut voir aussi Manders (2008a).

1. Pour les connaisseurs, j'ajoute que je conçois les objets de la GPE comme des objets quasi concrets au sens de Parsons (2008, section 7 et chapitre 5). Ce sont des objets abstraits « qu'on distingue [des autres] car ils possèdent une relation intrinsèque au concret » (que Parsons appelle aussi 'représentation'), si bien qu'ils sont « déterminés » par certains objets concrets qui en procurent des « incarnations concrètes » (ibid., p. 33). Ceci n'implique pas

Une question naturelle surgit ici : comment les diagrammes diffèrent-ils les uns des autres dans la GPE ? Il n'est pas aisé de répondre, en général. Par exemple, il n'y a pas de réponse claire à la question de savoir si l'on peut tracer le même diagramme deux fois, c'est-à-dire, si les diagrammes sont des *tokens* ou des *types* [1]. Je préfère les considérer comme des *tokens*. Mais cela n'est pas essentiel pour le présent argument. Ce qui importe est que les considérer comme des occurrences et admettre que, dans un même diagramme, différents sous-diagrammes appropriés représentent différents objets, permet de conduire des arguments au sein de la GPE (en laissant de côté certaines exceptions sans importance) [2]. En d'autres termes, la GPE fonctionne parfaitement (ces exceptions mises à part) si les diagrammes qui y figurent sont considérés comme des *tokens* [3]. Les seules conditions d'identité que les diagrammes confèrent aux objets de la GPE sont donc locales — c'est-à-dire relatives à un même argument — et aucune autre condition d'identité pour les objets géométriques n'est disponible au sein de la GPE. Il s'ensuit que les objets de la GPE ne forment pas un domaine fixé de quantification et de référence individuelle au sens expliqué dans le § 2.1 : ils ne sont pas des pièces stockées dans

que les conditions d'identité des objets quasi concrets soient celles de leur contreparties concrètes.

1. Dans la littérature philosophique, la distinction *types/tokens* est, peu ou prou, celle qui subsiste entre un objet abstrait conçu comme un modèle général et ses instances particulières, à savoir les choses qu'on considère relever de ce modèle. Un très bel exemple est offert par L. Wetzel dans son article sur cette matière dans la *Stanford Encyclopedia of Philosophy* (http://plato.stanford.edu/entries/types-tokens/). Prenons le vers de G. Stein dans son poème « *Sacred Emily* » : '*Rose is a rose is a rose is a rose*'. Combien de mots y a-t-il dans ce vers ? On peut répondre qu'il y a trois mots : '*rose*', '*is*' et '*a*'. Mais on peut aussi dire qu'il y a dix mots, puisque '*rose*' a quatre occurrences, et '*is*' et '*a*' ont trois occurrences chacun. Dans le premier cas, on compte les *types* ; dans le second, on compte les *tokens*. De la même façon, on peut aussi dire que l'inscription concrète du vers de Stein que le lecteur a sous les yeux est un *token* occurrence de ce vers. La question concernant les diagrammes de la GPE est donc de savoir si l'on devrait prendre le terme 'diagramme' comme référant, soit aux inscriptions concrètes faites sur des feuilles concrètes de papier, ou bien sur d'autres supports, soit à un certain modèle dont ces inscriptions sont des instances.

2. Des exceptions se produisent dans certains cas très particuliers comme lorsque, par convenance pratique, au cours d'un argument, un diagramme est reproduit plusieurs fois avec la convention qu'il demeure le même, ou représente les mêmes objets.

3. Bien sûr, rien n'interdit de considérer, par exemple, que chaque reformulation de la solution de la Proposition I.1 fasse intervenir des instances différentes du même diagramme. Le point est qu'il s'agirait alors d'une convention inutile, une convention qui n'est pas nécessaire au fonctionnement de la GPE. Elle ne ferait pas ainsi partie de la GPE, mais serait imposée de l'extérieur.

un magasin, dans l'attente que les géomètres s'y réfèrent individuellement, en usant de termes appropriés munis d'une référence rigide. Ce
sont simplement des objets qui tombent sous certains concepts et entrent à
l'intérieur d'arguments particuliers dans la mesure où ils sont représentés,
ou supposés être représentés, par des diagrammes appropriés. Et chaque
fois qu'on veut référer individuellement à certains d'entre eux au sein d'un
nouvel argument, ils doivent être obtenus, ou supposés avoir été obtenus,
en traçant, ou en imaginant tracer, des diagrammes appropriés.

C'est là un fait crucial concernant la GPE qui la rend structurellement différente des théories mathématiques modernes, comme je l'avais
annoncé dans l'introduction. Mais ce qui se révèle encore plus pertinent
pour mon but est que les normes d'exactitude deviennent alors un ingrédient essentiel de la GPE. Dès lors que les objets de la GPE sont obtenus
au moyen d'une construction, les normes d'exactitude sont des normes
indiquant comment réaliser ces constructions. Il s'ensuit que pour rendre
compte de ces normes, on doit considérer la manière dont laquelle les
constructions fonctionnent au sein de la GPE.

Je me suis contenté de dire que les constructions dans la GPE sont
diagrammatiques. Cela signifie que les clauses auxquelles elles obéissent
(*i.e.* les stipulations qui en autorisent les étapes successives) ne sont rien
d'autre que des règles permettant de tracer des diagrammes et d'attribuer à ces derniers le pouvoir de représenter certains objets géométriques
possédant telles ou telles relations les uns avec les autres. Différents
systèmes de clauses correspondent à différentes sortes de constructions
diagrammatiques. Les constructions qui entrent dans la GPE obéissent à
un système de clauses, lesquelles sont énoncées au sein des *Éléments*,
ou bien explicitement (essentiellement au moyen des postulats I.1, I.2
et I.3), ou bien implicitement, bien qu'elles soient admises de manière
systématique [1]. Ces constructions sont habituellement dites « à la règle et

---

1. Le simple exemple qu'on a considéré dans la note 1, p. 164, illustre de façon claire
certaines de ces normes. Dans la mesure où la proposition I.1 est la première proposition
des *Éléments*, le simple fait que la construction figurant dans sa solution commence en
admettant qu'un trait représentant un segment est tracé (ou imaginé avoir été tracé) montre
que les constructions dans la GPE peuvent commencer par une telle hypothèse. C'est la
première clause de construction implicite (mieux, c'est un cas particulier d'une clause
de construction sur laquelle je reviendrai plus tard). Le second pas dans la construction
— la description des deux cercles de rayon AB représentés par deux lignes de contour
fermé passant respectivement par chacune des deux extrémités du trait — obéit à une autre
clause, explicitement énoncée dans le postulat I.3. Ces lignes de contour fermé se coupent.
Une troisième clause de construction, implicite à nouveau, permet de considérer que leur

au compas ». Pourtant, ni règle, ni compas n'apparaissent dans l'exposition euclidienne. Cette dénomination dépend plutôt d'une manière particulière de comprendre ces constructions qui est un ingrédient essentiel de la géométrie de Descartes. Par conséquent, je préfère l'employer uniquement pour rendre compte de celle-ci. Dans le souci d'un usage neutre, je suggère de nommer ces constructions 'élémentaires'. En employant ce vocabulaire, on peut dire que les normes d'exactitude de la GPE se réduisent à une condition générale établissant qu'un objet de la GPE est obtenu si, et seulement s'il est représenté par un diagramme qui a été tracé, ou a au moins été imaginé l'avoir été[1], en suivant les clauses des constructions élémentaires.

Cela est équivalent à ajouter une condition supplémentaire aux problèmes posés au sein de la GPE, une condition qui caractérise les problèmes de la GPE en général[2]. En effet, la résolution d'un problème de la GPE requiert davantage que de construire certains objets appropriés ; elle requiert que ces objets soient construits en accord avec les normes des constructions élémentaires. Ce faisant, on ne procure pas seulement la garantie que certains objets tombent sous les concepts en question ; on démontre aussi que des objets qui tombent sous ces concepts peuvent être construits de cette manière, à savoir, qu'ils sont disponibles au sein de la GPE, comme je l'ai suggéré[3].

---

intersection représente un point qui est *ipso facto* construit dans la mesure où les deux cercles le sont. La dernière étape — dans laquelle ce point est joint respectivement aux points A et B au moyen de deux segments représentés par deux nouveaux traits — obéit à une autre clause, explicitement énoncée dans le Postulat I.1. Enfin, une dernière clause implicite permet de considérer le système des trois traits précédents comme représentation d'un triangle qu'on a démontré être équilatéral.

1. Voir la note 1, p. 164.
2. Voir la note 3, p. 163.
3. Harari a argué contre « l'interprétation existentielle » donnée par Zeuthen des constructions d'Euclide (Harari, 2003 ; Zeuthen, 1896). D'après elle, cette interprétation assigne à Euclide trois thèses qu'il n'endosse pas réellement, à savoir que :
   (i) « La correspondance entre un terme défini et la réalité à laquelle il réfère ne peut pas être considérée comme allant de soi, mais devrait plutôt être établie au moyen de démonstrations » (Harari, 2003, p. 4) ;
   (ii) les constructions géométriques sont « des moyens de justification, *i.e.*, une ou des [...] procédures logiques visant à établir la valeur de vérité d'un contenu donné » (*ibidem*, p. 5) ;
   (iii) les constructions géométriques sont aussi « des moyens d'établir un contenu déjà donné », c'est-à-dire, « des moyens d'instancier un concept universel » (*ibidem*, p. 14).
En opposition à (iii), Harari fait valoir que

Pour mieux clarifier ce point, on doit remarquer que, comme indiqué auparavant, les problèmes de la GPE portent sur deux types de concepts. Les premiers, que j'appelle 'inconditionnels', sont tels que les objets qui tombent sous ces concepts ne doivent pas posséder une relation appropriée avec d'autres objets donnés. C'est le cas, par exemple, des concepts de point, segment, triangle équilatéral, ou carré. Les seconds, que j'appelle 'conditionnels' sont tels que les objets qui tombent sous ces concepts doivent posséder une relation appropriée avec d'autres objets donnés. C'est le cas, par exemple, des concepts de point partageant un segment donné en extrême et moyenne raison, de segment perpendiculaire à un segment donné, de triangle équilatéral égal à un triangle donné, de carré égal à un rectangle donné, ou à un cercle donné. Par abus de langage, j'appellerai aussi 'inconditionnels' ou 'conditionnels' les objets géométriques selon qu'ils sont censés tomber sous des concepts conditionnels ou inconditionnels, respectivement.

Soient P_I un concept inconditionnel — par exemple, le concept de carré — et P_C un concept conditionnel spécifiant P_I d'une certaine manière — par exemple, le concept de carré égal à un cercle donné —. Ce n'est pas parce que les objets inconditionnels tombant sous P_I sont disponibles au sein de la GPE, qu'il s'ensuit, bien sûr, que les objets conditionnels tombant sous P_C le sont aussi. La réciproque vaut, de fait : les objets conditionnels tombant sous P_C ne sont disponibles au sein de la GPE que si les objets inconditionnels tombant sous P_I le sont aussi. Ainsi, l'on pourrait dire que l'ontologie de base de la GPE est formée par les objets inconditionnels disponibles en son sein, alors que l'arrangement relationnel de cette ontologie dépend des objets conditionnels qui y sont disponibles.

(iv) Selon Euclide, les constructions sont « des moyens positifs de contribuer au contenu » (*ibidem*, p. 14), à la fois car elles sont des « moyens de mesure par quelles des relations quantitatives sont déduits », et car elles exhibent ou engendrent des « relations spatiales » (*ibidem*, p. 1 et 21-22).

Je suis d'accord sur le fait qu'Euclide n'endosse pas les thèses (i)-(iii), si l'on considère que les termes « réalité » et « contenu » dans les thèses (i) et (iii) réfèrent respectivement à une chose existant au sens expliqué dans le § 2.1, et que ce même terme dans (ii) réfère à une proposition existentielle dans ce même sens d''existentiel'. Pourtant, je ferai valoir qu'Euclide endosse réellement le point de vue selon lequel les constructions élémentaires visent à établir que certains objets sont disponibles au sein de la GPE, avec pour conséquence que des termes singuliers appropriés sont réellement référentiels (à savoir qu'ils réfèrent à de tels objets), et que les concepts correspondants sont réellement instanciés (à savoir qu'ils sont instanciés par de tels objets). Tout cela est bien sûr parfaitement compatible avec (iv).

Pour apprécier la signification de cette distinction, il est essentiel de clarifier ce qu'on entend dans la GPE en disant qu'un certain objet est donné. Le verbe 'donner [δίδωμι]', en particulier son participe passé 'donné' (c'est-à-dire, les différentes formes du participé passif aoriste, en grec), est typiquement employé dans les *Éléments* pour indiquer le point de départ d'une construction particulière. Si certains objets sont dits donnés, on autorise une construction particulière à partir de ces objets. Cela signifie que les diagrammes représentant les objets à construire peuvent être tracés en partant des diagrammes qui représentent ces objets. Dans les *Données*, 'donné' est utilisé dans un sens plus large, pour désigner n'importe quel objet géométrique qui a été ou aurait pu être construit (au moyen d'une construction élémentaire) en partant d'autre objets donnés. Je me conformerai à ce second usage, qui n'est pas seulement plus libéral, mais aussi très commun dans la géométrie classique.

Cependant, il ne suffit pas d'adopter cette terminologie pour répondre à la question qui apparaît alors naturellement à ce stade. Toutes les clauses des constructions élémentaires énoncées explicitement au sein des *Éléments* autorisent la construction de certains objets en supposant que d'autres objets sont donnés : le Postulat I.1 autorise la construction d'un segment lorsque deux points sont donnés ; le Postulat I.2 autorise le prolongement d'un segment donné (c'est-à-dire, la construction de deux nouveaux segments si un segment est donné) ; le Postulat I.3 autorise la construction d'un cercle lorsque deux points (ou un segment) sont donnés. Mais, si n'importe quelle construction nécessite que certains objets soient donnés à l'avance, comment peut-on construire des objets inconditionnels dans la GPE ? Prenons à nouveau le concept inconditionnel de triangle équilatéral. Comment peut-on construire un triangle équilatéral en tant que tel, à savoir, un triangle équilatéral sans la moindre spécification concernant ses relations avec d'autres objets donnés ? Et, s'il était impossible de construire des objets inconditionnels dans la GPE, comment pourrait-on démontrer qu'ils sont disponibles au sein de la GPE, et les considérer à bon droit comme donnés et procurant le point de départ de la construction élémentaire d'autres objets ?

La réponse procède en différentes étapes. La première consiste à admettre que, parmi les clauses de constructions élémentaires, il en existe une (laissée implicite par Euclide) qui autorise à admettre sans la moindre démonstration préalable, qu'un nombre quelconque (fini) de segments arbitraires, dont les relations réciproques ne sont pas spécifiées, est donné. Cela signifie qu'une construction élémentaire peut commencer en supposant qu'un nombre quelconque (fini) de traits représentant ces segments a été tracé à discrétion [1]. En outre, si l'on a montré que, sur la base de cette hypothèse, un objet d'une certaine sorte, ou un certain système d'objets de certaines sortes, peuvent être construits au moyen d'une construction élémentaire, alors une autre construction peut commencer en admettant (par souci de brièveté) qu'un tel objet, un tel système d'objets, ou n'importe quel nombre (fini) de tels objets ou système d'objets arbitraires sans relations spécifiées les uns avec les autres sont donnés et représentés par des diagrammes appropriés tracés à discrétion [2].

Si l'on tient cela pour acquis, il suffit d'admettre conventionnellement que ce qu'on prend pour point de départ d'une construction élémentaire a été construit au moyen d'une construction de cette sorte, afin d'inférer que des segments arbitraires peuvent être construits dans la GPE. Cette clause suffit à conclure que les segments inconditionnels sont disponibles au sein de la GPE. D'après la définition I.3, cela implique qu'il est également ainsi des points inconditionnels [3].

Cela étant dit, la meilleure façon d'expliquer comment l'on peut construire d'autres objets inconditionnels dans la GPE est d'offrir des exemples.

Pour commencer, considérons à nouveau la proposition I.1 des *Éléments*. Elle nous demande, comme on l'a rappelé, de construire un triangle équilatéral sur un segment donné [4]. À première vue, elle semble concerner un concept conditionnel. Mais tel n'est pas le cas. On dira, pour faire bref, qu'un objet de la GPE tombant sous un concept P

---

1. Un cas particulier de cette clause, impliquant seulement un segment arbitraire, s'applique dans la solution de la proposition I.1 présentée, ci-dessus dans la note 1, p. 164 et la note 1, p. 167. Pour un autre exemple, relatif à une application de cette même clause impliquant trois segments arbitraires, voir la note 1, p. 172. Cette clause est aussi appliquée dans la solution de la Proposition I.2 que je mentionnerai plus tard, dans le cas de deux segments arbitraires. En raison du Postulat I.1, on pourrait aussi admettre une clause analogue dans laquelle on remplace des segments arbitraires par des points arbitraires. La raison pour laquelle je préfère la première formulation tient au fait que la définition I.3 suggère une priorité des segments sur les points dans les constructions géométriques, puisque elle implique que, si un segment est obtenu, deux points le sont aussi *ipso facto*, alors qu'un segment n'est pas *ipso facto* obtenu si deux points sont donnés.

2. Par exemple, la proposition I.42 des *Éléments* demande de construire un parallélogramme égal à un triangle donné en ayant un angle égal à un angle donné. Cette construction commence donc en admettant qu'un angle arbitraire et un triangle arbitraire, qui ne sont pas en relation l'un avec l'autre, sont donnés et représentés par des diagrammes appropriés tracés à discrétion.

3. Voir la note 1, p. 171.

4. Sur la solution de cette proposition, voir la note 1, p. 164 et la note 1, p. 167.

inclut intrinsèquement un ou plusieurs objets de la GPE tombant sous un concept Q lorsqu'on ne peut éviter d'obtenir un ou plusieurs objets tombant sous Q pour obtenir chaque objet tombant sous P. Par exemple, chaque triangle inclut intrinsèquement trois segments. Ainsi, la proposition I.1 nous demande de construire un objet qui inclut intrinsèquement des segments dont l'un est censé être donné. Comme ce dernier objet est supposé être arbitraire, le triangle équilatéral que la proposition I.1 nous demande de construire est spécifié seulement en vertu de l'exigence que l'un des objets, supposés égaux, qu'elle inclut intrinsèquement ait été arbitrairement donné. Cela me paraît suffire pour conclure que ce triangle équilatéral est arbitraire, à son tour, si bien que la Proposition I.1 nous demande de construire un triangle équilatéral arbitraire et porte donc sur un concept inconditionnel.

Il s'ensuit que la solution de cette proposition montre qu'un triangle équilatéral arbitraire peut être construit au moyen d'une construction élémentaire, et démontre ainsi que les triangles équilatéraux (inconditionnels) sont disponibles au sein de la GPE. C'est là l'unique manière de démontrer que des objets inconditionnels autres que des segments ou des points sont disponibles au sein de la GPE. En d'autres termes, pour démontrer qu'il en est ainsi, on doit démontrer qu'un objet arbitraire d'une certaine sorte peut être construit au moyen d'une construction élémentaire.

Appelons 'ontologique' la fonction que remplit un problème de la GPE lorsque sa solution démontre qu'un objet arbitraire tombant sous un certain concept inconditionnel peut être construit au moyen d'une construction élémentaire, et donc, que les objets tombant sous ce concept sont disponibles au sein de la GPE. Les propositions I.22 et I.46 fournissent d'autres exemples, puisqu'elles démontrent que des triangles et des carrés génériques sont disponibles au sein de la GPE[1]. Pour les

---

1. Notons que la disponibilité de triangles génériques au sein de la GPE ne découle pas immédiatement de la clause implicite mentionnée auparavant qui concerne le point de départ d'une construction élémentaire. Cette clause autorise en effet qu'on admette, sans démonstration préalable, que trois segments arbitraires, sans relations les uns avec les autres, soient donnés et représentés par trois traits tracés à discrétion. Mais elle n'autorise pas la même chose pour trois segments mutuellement placés de façon à former un triangle. En effet, la disponibilité de triangles génériques au sein de la GPE doit être démontrée, et cela est fait en résolvant la proposition I.22. Le fait que cette proposition apparaisse aussi tardivement dans les *Éléments*, à savoir après que des triangles génériques ont déjà été considérés dans d'autres propositions, pourrait nous donner à penser qu'elle renferme quelque circularité. Pourtant, cette circularité ne relève au plus que de l'exposition, puisque la solution de cette

cercles, les choses sont bien plus simples, puisque le Postulat I.3 permet de construire un cercle ayant pour centre un point arbitraire donné et un rayon égal à un segment arbitraire donné. Pour les angles, les choses sont un peu plus compliquées, mais il suffit d'admettre que le point qu'on considère donné dans la proposition I.2 est l'extrémité d'un segment pour conclure que la solution de cette proposition démontre comment construire un angle qu'on pourrait considérer comme arbitraire. En résolvant les Propositions IV.11, IV.15 et IV.16, Euclide montre ensuite comment l'on peut inscrire à l'intérieur d'un cercle arbitraire donné au moyen d'une construction élémentaire, respectivement, un pentagone régulier, un hexagone régulier, et un pentadécagone régulier, ce qui fait voir immédiatement la manière dont on peut construire ces polygones réguliers sur un segment arbitraire donné [1], et donc démontre que les pentagones, les hexagones et les pentadécagones sont disponibles au sein de la GPE.

Revenons à présent à la proposition I.1. Il est aisé de voir que la construction figurant dans sa solution s'applique à n'importe quel segment donné (qu'il soit arbitraire ou non). Cette solution démontre donc aussi que pour n'importe quel segment donné, un triangle équilatéral (ou mieux, deux, puisque, bien qu'Euclide ne le remarque pas, du moins explicitement, la même construction peut être reproduite de part et d'autre du segment donné) peut être construit sur ce segment au moyen d'une construction élémentaire. C'est une nouvelle clause de construction pour les constructions élémentaires qui dérive de celles déjà énoncées ou bien admises implicitement [2]. Appelons 'constructive' la fonction remplie par

---

proposition s'appuie seulement sur le Postulat I.3 et la solution de la Proposition I.2 (et la condition restrictive qui figure dans cette même proposition pourrait être évitée si la possibilité d'énoncer un problème avec, dans certains cas, une solution impossible était admise par Euclide).

1. Supposons qu'un pentagone régulier ait été inscrit à l'intérieur d'un cercle arbitraire donné. Si un segment arbitraire est donné, construisons sur ce segment un triangle isocèle (ayant ses deux autres côtés égaux) semblable au triangle isocèle formé par un côté du polygone et deux rayons du cercle (ce qui peut être fait sans faire appel à aucune proportion). Le sommet du triangle opposé au segment donné est le centre d'un autre cercle à l'intérieur duquel on peut inscrire un polygone semblable au polygone donné et ayant le segment donné pour côté.

2. Supposons qu'en conduisant un argument quelconque, on considère un certain segment. Alors cette nouvelle clause permet de construire un triangle équilatéral qui ait ce segment pour côté (ou mieux, deux), de la même manière que, par exemple, le Postulat I.1 permet de construire un segment joignant deux points donnés.

un problème de la GPE lorsque sa solution procure une telle démonstration.

Tous les problèmes de la GPE remplissent cette fonction, bien qu'elle apparaisse de peu d'importance en de nombreux cas. En revanche, la grande majorité des problèmes de la GPE ne remplit pas la fonction ontologique, puisqu'ils portent sur des concepts conditionnels. Typiquement, les problèmes de la GPE remplissant la fonction constructive et non la fonction ontologique nous demandent de construire, soit des points conditionnels, soit d'autres objets conditionnels qui sont *ipso facto* donnés ou peuvent aisément être construits au moyen d'une construction élémentaire si de tels points sont donnés [1]. Ainsi, leurs solutions démontrent que ces objets conditionnels peuvent être construits au moyen d'une construction élémentaire et sont par conséquent disponibles au sein de la GPE [2].

Je ferai une dernière remarque, pour être complet, avant de tourner le dos à la GPE. Les considérations précédentes permettent aussi d'expliquer la nature logique des théorèmes de la GPE. Les théorèmes sont, bien sûr, des énoncés universels portant sur les objets de la GPE. Pourtant, dans la mesure où les objets de la GPE ne forment pas un domaine fixé de quantification, comme expliqué auparavant, il ne convient pas de comprendre ces théorèmes comme des thèses énonçant que tous les objets de la GPE d'une certaine sorte, pris individuellement, jouissent d'une certaine propriété. Selon moi, ils portent sur des objets disponibles au sein de la GPE et énoncent que n'importe quel objet donné de la GPE d'une

---

1. Prenons comme exemple la Proposition I.9. Elle nous demande de bissecter un angle donné, en sorte que sa solution nécessite de construire un nouvel angle à l'intérieur de l'angle donné et, pour ce faire, de construire un segment approprié (ou une ligne droite) passant par le sommet de cet angle. Pourtant, en raison du Postulat I.1, la construction de ce segment découle immédiatement de la construction d'un point approprié (qu'Euclide identifie avec le sommet d'un triangle équilatéral construit sur une corde de l'angle donné, suivant en cela la solution de la Proposition I.1). Un autre exemple est donné par la Proposition I.10 qui nous demande, cette fois-ci, de bissecter un segment donné. Sa solution nécessite qu'un nouveau segment soit construit sur le segment donné. Mais il est assez clair que ce nouveau segment est *ipso facto* donné si un point approprié est construit sur le segment initialement donné.

2. La démonstration qu'un objet conditionnel peut être construit au moyen d'une construction élémentaire en partant de certains objets donnés pourrait aussi être vue comme la démonstration qu'une certaine configuration arbitraire d'objets peut être ainsi construite. Cela ne sape toutefois pas la distinction entre les fonctions ontologiques et constructives des problèmes de la GPE, puisque le fait de considérer certaines configurations d'objets géométriques comme des objets géométriques simples (plutôt que comme des configurations d'objets), et d'autres pas, est cruciale. Et cette distinction-ci, à la fin, tient précisément à cette distinction-là.

certaine sorte jouit d'une certaine propriété ou mieux que, si un objet donné de la GPE est d'une certaine sorte, alors il jouit de cette propriété. Par exemple, la Proposition I.5 des *Éléments* n'énonce pas, de mon point de vue, que tous les triangles isocèles ont leurs angles à la base égaux, mais plutôt que si un triangle isocèle est donné, alors ses angles à la base sont égaux (ce que reflète parfaitement la démonstration qui, comme on le sait bien, porte sur un triangle isocèle donné arbitraire).

2.3. *L'extension de la géométrie plane d'Euclide avant Descartes*

Dans la mesure où la seule manière de démontrer que les objets de la GPE autres que les points et segments arbitraires sont disponibles au sein de la GPE est de résoudre des problèmes, rien ne garantit, en général, que les objets de la GPE soient disponibles au sein de la GPE. Et, de fait, nombre d'entre eux, à la fois conditionnels et inconditionnels, ne le sont pas. Par exemple, les heptagones réguliers comme les carrés égaux à des cercles donnés sont des objets de la GPE (respectivement inconditionnels et conditionnels), mais ne sont pas disponibles au sein de la GPE [1]. De façon informelle, on peut dire qu'étendre de manière conservative la GPE veut dire accepter la GPE et simplement autoriser d'autres manières d'obtenir des objets géométriques que les constructions élémentaires (ce qui implique également que, dans les extensions de la GPE qui sont obtenues de cette manière, on ne considère pas que les objets géométriques existent au sens expliqué auparavant, mais on exige seulement qu'il soient obtenus d'une manière appropriée). En ce sens, la recherche de constructions d'objets de la GPE qui ne sont pas disponibles au sein de la GPE n'était rien d'autre que la recherche d'une extension conservative de la GPE. Pourtant, certaines de ces constructions faisaient également intervenir des objets géométriques ne relevant pas de la GPE (c'est-à-dire des objets que la GPE ne prend pas en compte, ou qui sont censés tomber sous des concepts dont les conditions d'application ne peuvent être énoncées dans le langage de la GPE). Le désir d'étudier ces objets était également une motivation dans la recherche d'une telle extension. Dans le § 3, je rendrai compte de la façon dont Descartes poursuivit cet objectif. Avant cela, il est utile de considérer les efforts

---

1. L'affirmation que certains objets de la GPE ne sont pas disponibles au sein de la GPE pourrait paraître bizarre. Cependant, elle me paraît rendre de façon assez naturelle le *hiatus* qu'il y a dans la GPE entre les définitions et les constructions, qui est souvent rendu (à tort, selon moi) en disant que définir des objets dans la GPE ne suffit pas à garantir leur existence.

antérieurs et plus localisés de résolution des problèmes géométriques au moyen de différentes sortes de construction non élémentaires.

Ces constructions étaient toujours diagrammatiques, en sorte que les conditions d'identité des objets obtenus par leur biais étaient également procurées par des diagrammes appropriés. Ainsi, ces objets ne formaient pas non plus un domaine fixé de quantification et de référence individuelle, au sens expliqué dans le § 2.1, et pour référer individuellement à certains d'entre eux, on devait obtenir, ou supposer avoir obtenu, ces objets en les traçant, ou bien en imaginant les avoir tracés, dans des diagrammes appropriés. Pourtant, certains de ces objets étaient définis en décrivant leur construction, en sorte que leur définition procurait déjà une garantie de leur disponibilité.

Admettre des constructions non élémentaires permettait en outre d'énoncer deux sortes de problèmes autres que des problèmes de la GPE. La première sorte comprenait des problèmes qui demandaient, comme ceux de la GPE, de construire des objets de la GPE, mais, *a contrario* de ceux-là, ne requéraient pas que cela fût fait au moyen d'une construction élémentaire. J'appelle ces problèmes 'problèmes quasi GPE'. La deuxième sorte comprenait des problèmes qui demandaient la construction, soit de certains objets autres que des objets de la GPE tels que les courbes autres que des cercles — comme dans le problème de Pappus (*Collectionis*, vol. II, p. 676-678, *Book 7 of the* Collection, vol. I, p. 118-123) —, soit d'objets conditionnels de la GPE dont on exigeait qu'ils vérifiassent certaines relations appropriées avec des objets autres que des objets de la GPE — comme dans le problème des tangentes aux coniques. Je les appellerai 'problèmes strictement non GPE'.

Pour mon but présent, j'ai seulement besoin de me concentrer sur les problèmes quasi GPE. N'importe quel problème GPE peut être bien sûr aisément converti en un problème quasi GPE en omettant simplement la condition imposant que les objets sont construits au moyen d'une construction élémentaire. Néanmoins, les problèmes quasi GPE pertinents sont seulement ceux qui ne peuvent être résolus au moyen d'une construction élémentaire, ou, à tout le moins, ceux qui résistèrent longtemps à une construction élémentaire en géométrie classique même si, en réalité, une telle solution est possible (un exemple bien connu est le problème de la construction d'un heptadécagone régulier sur un segment donné que Gauss a démontré, le premier, pouvoir être résolu au moyen d'une construction élémentaire (Zimmermann, 1796, Gauss, 1801, sect. VII).

Je suggère en outre de distinguer deux sortes de constructions non élémentaires qui, en géométrie classique, entrent dans la solution de ces problèmes. Celles de la première sorte s'appuient seulement sur les objets de la GPE bien qu'en appliquant des clauses de construction qui ne sont pas incluses parmi celles des constructions élémentaires ; celles de la seconde sorte s'appuient de leur côté sur certains objets autres que des objets de la GPE, à savoir des courbes autres que les cercles. Ainsi, alors que la première sorte comprend seulement les constructions d'objets de la GPE, la seconde comprend les constructions de ces autres courbes. J'appellerai les premières 'constructions quasi élémentaires' et les secondes 'constructions strictement non élémentaires'. Il est possible de résoudre les problèmes quasi GPE au moyen des unes ou des autres. Les problèmes strictement non GPE ne peuvent être résolus en revanche qu'au moyen des secondes.

Admettre les constructions quasi élémentaires est la même chose qu'étendre les normes d'exactitude de la GPE. Un aspect du souci d'exactitude qu'on retrouve à l'œuvre dans la géométrie à la période moderne se rapportait à une telle sorte d'extension et était donc lié en particulier aux constructions quasi élémentaires. Un autre aspect de ce souci était plus particulièrement lié aux constructions strictement non élémentaires et concernait l'admission de normes d'exactitude relatives à des courbes autres que les cercles.

La distinction entre constructions quasi élémentaires et strictement non élémentaires ne suffit pourtant pas à rendre compte de la variété des constructions qu'on rencontre dans la géométrie classique. Pour chacune de ces deux sortes de constructions, des distinctions plus fines sont possibles et nécessaires. Pour nombre de problèmes de la géométrie classique, en particulier pour les problèmes quasi GPE, des solutions diverses qui impliquaient des constructions différentes étaient en effet connues. La préférence pour l'une d'entre elles sur les autres, ou la recherche de nouvelles solutions, essentiellement différentes de celles déjà connues, offraient les symptômes d'attitudes différentes face au souci d'exactitude. Dans la première partie du xviie siècle, nombre de ces attitudes cohabitaient et leurs motivations étaient le plus souvent seulement locales, voire absentes. Lorsque Descartes vint à la géométrie, il dut faire face à cette pluralité d'attitudes. Ainsi, son point de vue sur ce thème peut et doit sans doute être compris comme une réaction à cette situation assez confuse.

Cependant, il n'est pas aisé d'établir des distinctions claires et pertinentes sans passer par des exemples appropriés. Le but de la suite de cette section est d'offrir de tels exemples en considérant différentes solutions apportées aux trois problèmes classiques quasi GPE : la trisection de l'angle, l'insertion de deux moyennes proportionnelles et la quadrature du cercle[1].

2.3.1. *La trisection de l'angle.* Commençons par la solution de Viète du premier de ces problèmes (Viète, 1593, prop IX et *The Analytic Art*, p. 398, Bos, 2001, p. 161-173). Soit $\widehat{EBD}$ (Figure I) l'angle à trisecter (la construction de Viète s'applique quel que soit l'angle, aigu, droit, obtus). Traçons le cercle de rayon BE et de centre B, et la droite FE telle que FG = BE. Si BH est la parallèle à FE passant par B, alors $\widehat{HBD}$ est le tiers de $\widehat{EBD}$. La démonstration est aisée en considérant les angles internes des triangles isocèles FBG et GBE.

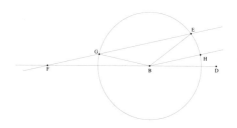

Figure I. La solution de Viète au problème de la trisection de l'angle

La droite FE — ou, ce qui est la même chose, les points G ou F — ne peut pas être obtenue au moyen d'une construction élémentaire. Pour permettre leur construction, Viète fait appel à un nouveau « postulat », permettant de « suppléer au défaut de la géométrie ». C'est le postulat de la *neusis* qui permet de « tracer une droite d'un point quelconque à deux lignes quelconques [données], telle que le segment découpé par l'intersection soit n'importe quel segment déterminé possible » (je modifie à peine la traduction de Bos, 2001, p. 168 ; elle diffère significativement de celle de Witmer dans Viète, *The Analytic Art*, p. 388)[2]. La construction précédente applique ce postulat dans le cas où l'une de ces deux lignes est une droite et l'autre est un cercle. Cette construction résulte d'une modification mineure de celle offerte par Pappus dans sa *Collection*

---

1. Ce sont ces mêmes problèmes auxquels Serfati se rapporte afin de décrire le contexte historique des réflexions de Descartes sur l'exactitude géométrique (Serfati, 1993, p. 198-204).

2. Pour le sens à donner à l'adjectif 'possible [*possibili*]', voir Bos (2001), p. 168, n. 4.

mathématique (Pappus, *Collectionis*, vol. I, p. 271-277, Heath, 1961, I, p. 235-237, Knorr, 1989, p. 213-216, Bos, 2001, p. 53-56) qui nécessite, de son côté, de découper un segment égal à un segment donné entre deux lignes droites [1].

Pappus ne fait cependant appel à aucun nouveau postulat. Il montre plutôt comment on obtient une *neusis* en intersectant un cercle et une hyperbole.

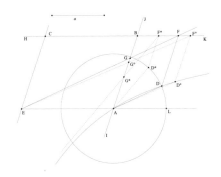

FIGURE II. La construction par *neusis* de Pappus

Qu'il soit demandé de tracer une droite passant par E (FIGURE II) et découpant un segment égal à *a* entre HK et IJ. Soient EA et EC les droites parallèles respectivement à HK et IJ passant par E. Traçons le cercle de centre A et de rayon AL égal à *a*, et l'hyperbole passant par A d'asymptotes HK et EC. Soit D le point d'intersection de ce cercle et de cette hyperbole.

---

1. Soit $\widehat{DBE}$ l'angle à trisecter (qu'on suppose aigu : si l'angle donné est obtus, une construction analogue produit la trisection de l'angle supplémentaire). Traçons les droites EF et FL respectivement perpendiculaire et parallèle à BE. Traçons BH telle que GH = 2BF. L'angle $\widehat{HBE}$ est alors le tiers de l'angle $\widehat{DBE}$. En supposant que M est le milieu de GH, la démonstration fait intervenir les triangles isocèles HFM et FBM.

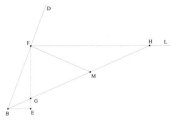

La parallèle EG à AD passant par E est telle que GF = a. Pour le démontrer, il suffit de remarquer que n'importe quel point D* sur le cercle est tel que G*F* = a, si D*F* et G*F* sont les parallèles respectivement à IJ et AD*, et que n'importe quel point D° sur l'hyperbole est tel que G°F° passe par E, si D°F° et G°F° sont parallèles respectivement à IJ et AD°.

Une hyperbole est déterminée de façon univoque si ses asymptotes et l'un de ses points sont donnés. Ainsi, la solution de Pappus nécessite d'admettre qu'une hyperbole est obtenue *ipso facto* — si bien que les points d'intersection de cette hyperbole et d'autres lignes données sont obtenus à leur tour — si elle est univoquement déterminée, ce qui était usuel pour n'importe quelle conique dans la géométrie classique. La traduction latine faite par Commandinus de la *Collection* de Pappus (*Mathematicæ collectiones*) étant parue cinq ans avant que Viète ne publie sa solution, il est plausible que Viète préférait des constructions fondées sur son nouveau postulat à celles dépendant d'une telle assomption, avec une connaissance entière des faits. S'il n'est pas facile d'indiquer les raisons qui ont présidé au choix de Viète, on peut toutefois faire des hypothèses.

Pour justifier son postulat, Viète remarque que Nicomède « semble avoir achevé » des constructions que son postulat autoriserait, en s'appuyant sur des conchoïdes appropriées de lignes droites et de cercles [1]. Les conchoïdes de lignes droites sont définies par Pappus (*Collectionis*, vol. I, p. 242-245) comme les trajectoires d'un point P (Figure IIIa) se déplaçant sur demi-droite OP telle que MP reste constant pendant que cette ligne tourne autour d'un point fixe O en coupant une droite fixée MM [2]. Cela ouvre la possibilité de tracer cette courbe au moyen d'un instrument simple composé de trois règles OP, MM et MP. Un instrument analogue peut être employé pour tracer les conchoïdes de cercles. En vue de références à venir, j'appelle ces instruments 'compas à conchoïde'.

Comme les compas usuels et d'autres instruments similaires, ces compas peuvent être employés de deux manières : soit pour tracer (mode

---

1. Viète fait aussi appel à Archimède qui, en démontrant les propositions 5-9 de son traité *Des spirales*, admet des constructions fondées sur la *neusis* (Archimedes, *The Works*, p. C-CXXII).

2. En fait, il s'agit seulement de la branche externe de la conchoïde. Pour avoir la conchoïde entière qui possède deux branches, l'une externe, l'autre interne (Figure IIIb), on doit prendre le point P sur la droite entière OP et, pour ainsi dire, changer de côté par rapport à O et M au passage de l'infini. On peut aussi considérer la conchoïde entière comme formée par la trajectoire de deux points P et Q placés sur la demi-droite OP à égale distance de M, sur chacun des côtés. Pour avoir une conchoïde de cercle, il suffit de remplacer la ligne droite MM par un cercle (Figure IIIc). Pour faire bref, j'emploierai le terme 'conchoïde' pour référer uniquement à la branche externe d'une conchoïde de ligne droite.

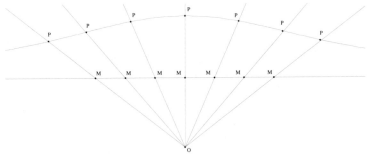

(a) La branche externe d'une conchoïde de droite

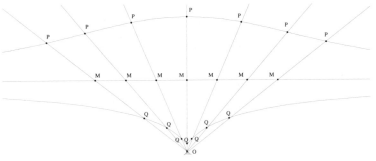

(b) La conchoïde d'une ligne droite

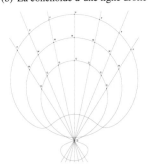

(c) La conchoïde d'un cercle

FIGURE III. La conchoïde

traçant), lorsqu'on les fait tracer une courbe ; soit pour placer des points (mode pointant), lorsqu'on les fait marquer certains points (qu'on considère, ainsi, comme ayant été obtenus) à la condition que certains de leurs éléments coïncident avec certains objets géométriques donnés, ou vérifient certaines conditions relatives à des objets donnés [1]. Si un instrument est employé de la première manière, une fois qu'une courbe est tracée, il peut être enlevé, et cette courbe être considérée construite. S'il est employé de la seconde manière, les points cherchés peuvent seulement être indiqués par des éléments appropriés de l'instrument. Pour construire ces points, on doit transposer cette indication sur le support où la construction est faite au moyen de marques diagrammatiques appropriées. Cela suggère deux sortes différentes de clauses de construction, permettant respectivement d'obtenir, au moyen d'instruments, des courbes en les

---

1. Pour illustrer l'emploi des compas à conchoïde en mode pointant, considérons la construction présentée dans la note 1, p. 179. Après avoir tracé EF et FL (première figure ci-dessous), on peut employer un compas à conchoïde dont le pôle O coïncide avec le sommet B de l'angle $\widehat{DBE}$ et la règle fixe HK coïncide avec EF. Si la règle XY glissant sur l'autre règle OW, pendant que celle-ci tourne autour de O de sorte que X reste sur EK, est prise égale au double de BF, il suffit de faire tourner OW jusqu'à ce que Y soit sur FL, pour que OW soit dans la position que le segment BH doit prendre afin de rendre GH égal à 2BF, comme requis. Le même compas est employé en mode traçant si, alors que OW (seconde figure ci-dessous) tourne autour de O, Y trace la conchoïde IJ dont l'intersection avec FL produit le point H.

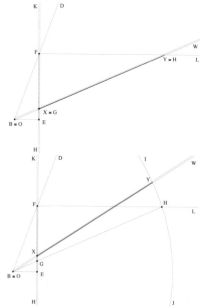

traçant ou des points en les plaçant. La première relève nécessairement de constructions strictement non élémentaires ; la seconde peut relever soit de constructions strictement non élémentaires, soit de constructions quasi élémentaires.

En revanche, le postulat de Viète évite tout appel à des instruments : il apparaît comme une manière d'autoriser la *neusis* au sein des constructions quasi élémentaires sans employer d'instruments pour placer des points. Viète n'avance aucune raison explicite pour préférer cette attitude. On peut penser qu'il poursuivait à la fois un objectif de parcimonie ontologique et de pureté dans l'argumentation en évitant d'introduire des courbes autres que les cercles (comme les coniques) ainsi que de nouveaux instruments pour placer des points.

2.3.2. *Le problème de deux moyennes proportionnelles.* Le postulat de Viète était nouveau mais le projet de résoudre des problèmes quasi GPE au moyen de constructions quasi élémentaires ne l'était pas. En géométrie classique, il était en effet coutumier d'employer pour ce faire des instruments pour placer des points. Cette attitude est illustrée par la solution d'Eratosthène au problème des deux moyennes proportionnelles. Elle est rapportée par Pappus (*Collectionis*, vol. I, p. 56-59, Knorr, 1986, p. 211, Knorr, 1989, p. 64-65) et opposée à la construction de Ménechme (Archimède, *Opera Omnia*, vol. III, p. 82-85, Heath, 1961, vol. I, p. 251-255, Knorr, 1986, p. 61-66, Knorr, 1989, p. 94-100, Bos, 2001, p. 38-40) qui est fondée, comme on le sait bien, sur une construction strictement non élémentaire faisant appel à l'intersection de deux coniques, et sur l'admission qu'une conique est obtenue *ipso facto* si elle est univoquement déterminée.

Voici comment procède la construction d'Eratosthène. Soient *a* et *b* deux segments donnés (*a* < *b*). Soient ABCD, LMNO et WXYZ (Figure IVa) trois plaques rectangulaires égales de hauteur égale à *b* (leur largeur ne compte pas). Sur chacune d'entre elles, traçons une diagonale et marquons sur AD une longueur AH égale à *a*. Faisons glisser LMNO sous WXYZ (Figure IVb) de telle sorte que LN coupe WZ en un point Q. Traçons QY et prolongeons-le jusqu'à qu'il coupe AC en K, AD en H', et AX (prolongé) en E. Faisons glisser ABCD sous LMNO (Figure IVc) jusqu'à ce que K tombe sur LO. Si H' coïncide avec H, arrêtons la procédure. Sinon, faisons glisser LMNO et AMCD (Figure IVd) jusqu'à ce que cela se produise. Les deux moyennes proportionnelles entre *a* et *b* sont égales à LK et WQ, respectivement. La démonstration est évidente du fait de la similitude des triangles.

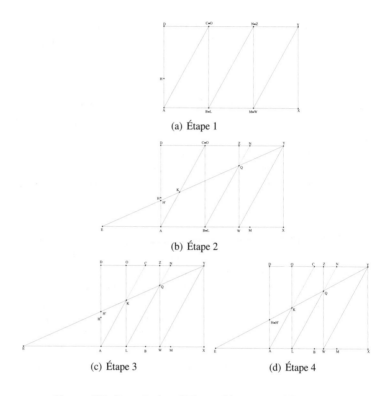

(a) Étape 1

(b) Étape 2

(c) Étape 3   (d) Étape 4

FIGURE IV. La solution d'Eratosthène au problème des
deux moyennes proportionnelles

On pourrait imaginer de remplacer les plaques par des véritables
rectangles. Néanmoins, cela ne ferait aucune différence notable puisque
les diagrammes représentant ces diagrammes seraient alors supposés
se déplacer jusqu'à atteindre une position satisfaisant une condition de
coïncidence relative à d'autres diagrammes représentant certains objets
géométriques donnés. Ce serait un usage des diagrammes essentiellement
différent de celui qu'on rencontre dans les constructions élémentaires ou
dans d'autres types de constructions non élémentaires, dans lesquelles
les coïncidences ne sont pas reconnues en inspectant des diagrammes
mouvants mais sont imposées sur des diagrammes fixés en les traçant[1].

---

1. L'instrument d'Eratosthène pourrait aussi être employé dans le mode traçant, mais
les courbes qu'il tracerait devraient être supposées se mouvoir jusqu'à ce qu'elles atteignent

Une simplification de la construction d'Eratosthène fut suggérée par Clavius (Clavius, 1574, p. 33, Bos, 2001, p. 72-75). Soit AB $= b$ (FIGURE Va) et C un point sur cette droite tel que AC $= a$. Traçons le demi-cercle de diamètre AB et une corde AK issue d'un point quelconque K du cercle. Soient CD et LK les perpendiculaires à AB tirées de C et K, respectivement, et M le point d'intersection de CD et AK (le cas échéant prolongée). Soient K*, L*, M* les positions respectives de K, L et M telles que AM* = AL*. Les moyennes proportionnelles cherchées sont égales à AM* et AK*. La démonstration est immédiate du fait de la similitude des triangles ACM*, AL*K* et ABK*.

Clavius admet avoir obtenu les points K*, L* et M* mais sans dire comment. On pourrait obtenir ces points en les plaçant avec un instrument approprié. Soient AP et AQ (FIGURE Vb) deux règles, la première étant fixée et la seconde tournant autour de A. Attachons-leur trois autres règles, CD et LK toutes deux perpendiculaires à AP, BK perpendiculaire à AQ, telles que : C est fixé à la fois sur AP et CD ; M glisse à la fois sur CD et AQ ; L est fixé sur LK et glisse sur AP ; K est fixé sur BK et glisse à la fois sur LK et AQ ; B glisse à la fois sur AP et BK. Si AC = a et si l'instrument est ajusté de telle sorte que AB = b et AM = AL, les moyennes proportionnelles cherchées sont égales à AM et AK. Pour assurer que AC = a et

une position correspondant à une condition de coïncidence. La construction qui en résulte est donc plus compliquée que celles de Ménechme et Eratosthène et ne présente aucun avantage sur ces dernières. Voici comment l'on pourrait raisonner. Pendant que les plaques glissent, le point d'intersection G* de AC et HY décrit un arc d'hyperbole qui ne bouge pas pendant que la distance LW varie. Si cette distance varie, AL demeurant fixée, le point d'intersection G° de AC et YQ décrit un autre arc d'hyperbole dont la position dépend de AL. Soit K* le point d'intersection de ces deux hyperboles. Traçons K*Y qui coupe WZ en Q*. Traçons Q*L* parallèle à AC et L*K° perpendiculaire à AX. Les positions des points K et K° varient avec AL. Lorsqu'ils en viennent à coïncider, Q et Q* font de même. C'est la configuration finale : les moyennes proportionnelles cherchées sont égales à LK et WQ, respectivement.

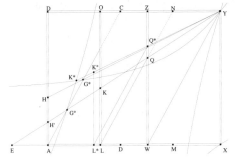

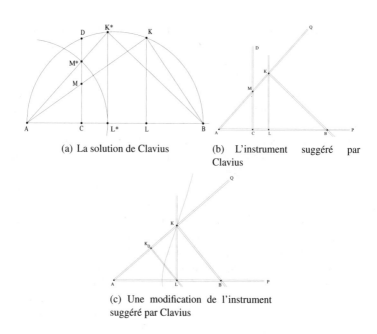

(a) La solution de Clavius

(b) L'instrument suggéré par Clavius

(c) Une modification de l'instrument suggéré par Clavius

Figure V. La solution de Clavius au problème des deux moyennes proportionnelles

$AB = b$, il suffit de vérifier que A, B et C coïncident avec les extrémités des deux segments donnés. Mais AM et AL ne peuvent être superposés, et la seule manière de construire les deux segments égaux avec lesquels ils doivent coïncider est de résoudre le problème des moyennes proportionnelles lui-même. Ainsi, pour assurer que AM = AL, tout en employant cet instrument pour résoudre le problème, on doit mesurer ces segments, par exemple, en graduant AP et AQ, ou en équipant l'instrument d'un disque gradué centré en A. Employer un tel instrument pour placer des points nécessite donc quelque chose d'essentiellement différent de ce qui est requis lorsqu'on emploie un compas à conchoïde pour la même tâche.

Si B est gardé fixe sur AP, cet instrument peut seulement tracer un demi-cercle. Mais si on laisse B glisser sur AP, lorsque AQ tourne, K décrit différentes courbes qui dépendent de la relation entre le mouvement de B sur AP et la rotation de AQ. Si ces mouvements sont enchaînés au moyen d'une règle passant par L et attachée peprendiculairement à AQ en un point fixe K_0 (Figure Vc), K décrit une courbe qui pourrait entrer dans une construction strictement non élémentaire résolvant le problème. En ajoutant d'autres règles alternativement perpendiculaires à AP et AQ on obtient ensuite des compas plus complexes : ce sont les fameux compas mentionnés dans la *Géométrie* de Descartes. J'y reviendrai dans le § 3.1.

Une autre solution fondée sur une construction non élémentaire strictement différente est rapportée par J. B. Villalpando, bien qu'elle soit probablement due à C. Grienberger (de Prado et Villalpando, 1596-1604, III, p. 289-290, Bos, 2001, p. 75-77). Soient BO et AO (Figure VIa) deux segments donnés tels que BO = 2AO. Traçons les demi-cercles de diamètres BO et AO. Soit C un point arbitraire sur le premier demi-cercle. Traçons la corde OC qui coupe le second demi-cercle en D. Prenons E et G sur BO et F sur OC tels que OD = EO = EF. Traçons la perpendiculaire GF à BO passant par F. Soit BFO le lieu du point F engendré par le mouvement de C sur le demi-cercle BCO. Soit PO = *b* formant un angle quelconque avec BO et soit Q un point de ce segment, R pris sur BO et S pris sur BFO tels que QO = *a*, QR est parallèle à PB et RS est perpendiculaire à BO. On mène par O et S la corde OT. Prenons U et V sur BO, W et Y sur PO tels que UO = OS, VO = OT, et WU et YV parallèles à PB. Les moyennes proportionnelles cherchées sont égales à WO et YO. Pour le démontrer, traçons EH perpendiculaire à OC et remarquons que OC = 2OD et OF = 2OH, si bien que OH : EO = OF : OC et GO : OF = OF : OC = OC : BO. Comme S appartient au lieu, on a aussi les proportions RO : OS = OS : OT = OT : BO. On en déduit que UO et VO sont les moyennes proportionnelles entre RO et BO.

Le problème de l'invention de deux moyennes proportionnelles entre deux segments donnés *a* et *b* peut être réduit à l'invention de deux moyennes proportionnelles entre un autre segment donné β et la quatrième proportionnelle α entre *b*, *a* et β. En effet, si ξ et κ sont les deux moyennes proportionnelles entre α et β et si $\alpha : a = \xi : x = \kappa : y$, alors *x* et *y* sont les deux moyennes proportionnelles entre *a* et *b*. En exploitant ce fait, Villalpando montre comment l'on peut résoudre le problème en s'appuyant sur un lieu comme BFO relatif à un demi-cercle donné arbitraire quelconque, et quels que soient les deux segments *a* et *b*[1]. C'est le lieu d'un point (le point F) obtenu au moyen d'une construction élémentaire fondée sur la supposition que son point générateur (le point C) est donné en position arbitraire. La solution de Villalpando ne peut donc être

---

1. Ce lieu est une branche de la sextique d'équation $(x^2 + y^2)^3 = b^2x^4$ par rapport aux coordonnées orthogonales d'origine O et d'axe OX avec *b* = BO (Bos, 2001, p. 76, n. 33). La sextique entière forme un huit et comprend quatre branches symétriques semblables possédant une tangente verticale commune en O.

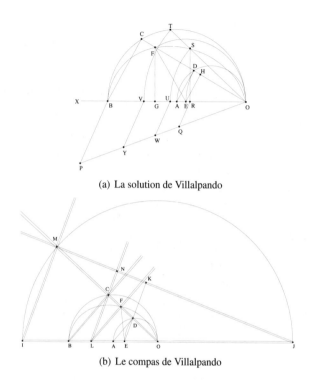

(a) La solution de Villalpando

(b) Le compas de Villalpando

FIGURE VI. La solution de Villalpando au problème
des deux moyennes proportionnelles

acceptée que si l'on admet que le lieu d'un point est obtenu *ipso facto* si
ce point est obtenu au moyen d'une construction admissible fondée sur la
supposition que le point générateur de ce même lieu est donné en position
arbitraire. C'est le cas paradigmatique de ce que Bos appelle 'constructions génériques point par point' (Bos, 2001, p. 343).

Mais le lieu de Villalpando peut être aussi tracé en employant un
instrument approprié. Soit IJ (FIGURE VIb) une règle dont la longueur
est supérieure à $2b$, O son milieu et B un autre point sur cette règle tel
que BO = b. Soient IM et JM deux règles formant un angle droit en M.
Soient OM et BC deux autres règles formant également un angle droit en
leur point d'intersection C, et LN et KF deux autres règles, la première
perpendiculaire à JM et passant par C, la deuxième perpendiculaire à OM
et passant par L. Pendant que IM et JM tournent, M trace le demi-cercle

IMJ, C le demi-cercle BCO, et F le lieu de Villalpando. La démonstration en est aisée. Soit A le milieu de BO, AD la perpendiculaire à OM passant par A et EK la perpendiculaire à JM passant par D. Pendant que IM et JM tournent, ce dernier point décrit le demi-cercle ADO et on obtient les égalités OD = EO = EF (pour démontrer que EO = OF, remarquons que LF et FO sont perpendiculaires et que E est le milieu de OL, puisque D est le milieu de OC). Le problème peut donc être résolu au moyen d'une construction strictement non élémentaire faisant intervenir la courbe tracée par l'instrument que je viens de décrire, auquel je me rapporterai dans la suite sous le nom de 'compas de Villalpando'.

2.3.3. *La quadrature du cercle.* Si l'on dispose d'un instrument aussi simple pour tracer le lieu de Villalpando, c'est parce que ce dernier admet une construction élémentaire fondée sur l'hypothèse de départ que le point générateur du lieu est donné en position arbitraire (sur un demi-cercle sur lequel il est supposé se déplacer). Cela garantit qu'un nombre quelconque de points arbitraires de cette courbe peut être construit au moyen de la même construction élémentaire. Ce cas est différent de celui des courbes dont un nombre quelconque de points particuliers peut être construit de la sorte. Un exemple bien connu est la quadratrice introduite par Hippias (Heath, 1961, I, 225-230), et définie par Pappus (Pappus, *Collectionis*, vol. I, p. 252-253, Knorr, 1986, p. 82, Bos, 2001, p. 40-42) comme la trajectoire CFG (Figure VIIa) du point d'intersection F de deux segments égaux OP et MN : le premier animé d'un mouvement de rotation uniforme dans le sens des aiguilles d'une montre autour de O en partant de la position OC ; le second se déplaçant dans le même temps uniformément le long de CO en demeurant parallèle à sa position de départ CB ; ces mouvements étant en outre coordonnés de telle sorte que les deux segments atteignent ensemble leur position finale OA [1].

Clavius suggère une façon de construire un nombre quelconque de points spécifiques de la quadratrice au moyen d'une construction élémentaire (Clavius, 1574, I, p. 894-918, en part. 896-899, Mancosu, 1996, p. 74-76, Bos, 2001, p. 160-166). On commence par construire le point d'intersection $F_{1,1}$ (Figure VIIb) de la bissectrice $OF_{1,1}$ de l'angle droit

---

1. Si les segments OP et MN sont remplacés par deux demi-droites OQ et MT se déplaçant indéfiniment de la même manière, leur point d'intersection décrit une infinité de branches infinies dont les asymptotes sont parallèles à OA. La branche centrale est symétrique par rapport à OA et ses asymptotes sont à une distance égale à 2OC de cette droite. Les autres branches sont symétriques par rapport à OR et leurs asymptotes sont parallèles entre elles et à une distance les unes des autres égale à 2OC.

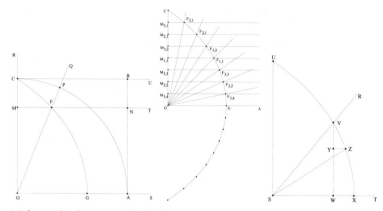

(a) La quadratrice comme définie par Pappus

(b) La construction d'un nombre quelconque de un points particuliers de la quadratrice par Pappus

(c) Diviser un angle dans un rapport rationnel

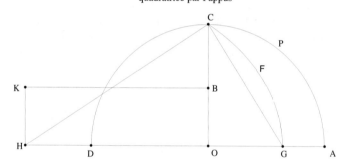

(d) Résoudre le problème de la quadrature du cercle en s'appuyant sur une quadratrice

FIGURE VII. La quadratrice

$\widehat{COA}$ avec la médiatrice $M_{1,1}F_{1,1}$ de OC. Puis on continue de la même manière en construisant les points d'intersection $F_{2,1}$ et $F_{2,2}$ des bissectrices $OF_{2,1}$ et $OF_{2,2}$ des angles $\widehat{COF_{1,1}}$ et $\widehat{F_{1,1}OA}$ avec les médiatrices $M_{2,1}F_{2,1}$ et $M_{2,2}F_{2,2}$ de $M_{1,1}C$ et $OM_{1,1}$, respectivement. En réitérant cette construction, on construit autant de points $F_{1,1}$, $F_{2,1}$, $F_{2,2}$, $F_{3,1}$, $F_{3,2}$, $F_{3,3}$, $F_{3,4}$ etc qu'on veut, qui appartiennent tous à la quadratrice.

Bien que ces points soient particuliers, leur construction procure, selon Clavius, une « description géométrique » de la quadratrice qui suffit, d'après lui, pour obtenir une telle courbe si OC est donnée. Si l'on admet cela, ou si l'on admet qu'une quadratrice est obtenue d'une autre manière, alors il est aisé de s'appuyer sur cette cette courbe pour diviser un angle quelconque en un rapport rationnel quelconque (Pappus, *Collectionis*, vol. I, p. 284-287, Knorr, 1986, p. 84, Bos, 2001, p. 43-44). Puisque $\overset{\frown}{POA}$ (Figure VIIa) est à l'angle droit comme OM est à OC, pour un rapport quelconque $\rho < 1$, n'importe quel angle $\overset{\frown}{RST}$ (Figure VIIc), et n'importe quelle quadratrice UVX d'axe horizontal ST, si WV est la perpendiculaire à ST au point d'intersection V de la quadratrice et du côté RS de l'angle, ce segment est coupé en Y de telle sorte que WY et à WV dans le rapport ρ, et, si YZ est parallèle à ST, $\overset{\frown}{ZST}$ est à $\overset{\frown}{RST}$ dans ce même rapport.

Mais une quadratrice possède une autre propriété importante : le point G où elle coupe son axe horizontal (Figure VIIa) est tel que OC est moyenne proportionnelle entre l'arc CPA et OG. Cela est démontré par Pappus par *reductio ad absurdum* (Pappus, *Collectionis*, vol. I, p. 256-259) et permet de résoudre le problème de la quadrature du cercle en s'appuyant sur une quadratrice au moyen d'une construction strictement non élémentaire. Soient CPA (Figure VIId) un arc donné quelconque de quart de cercle et CFG la quadratrice correspondante. Si GC et CH sont perpendiculaires, OH est égal à l'arc CPA. En effet, si B est le milieu de OC, le rectangle HOBK est égal au quart de cercle CPAO.

Si l'on suppose que la quadratrice est obtenue lorsqu'elle est tracée comme Pappus le suggère, cette solution prête le flanc aux objections de Sporus (Pappus, *Collectionis*, vol. I, p. 252-257). Ces objections sont au nombre de deux. La première est une objection de circularité : la vitesse constante des mouvements de OP et MN (Figure VIIa) ne pourrait pas être fixée si le cercle de rayon OC n'avait pas été auparavant rectifié. La seconde est une objection d'inexactitude : le point G n'est pas un point d'intersection, puisque OP et MN ne se coupent pas dans leur position finale commune OA.

Comme Bos l'a observé (Bos, 2001, p. 42-43, n. 15), la première objection peut être levée en modifiant la définition de Pappus. Il suffit d'identifier une quadratrice avec la trajectoire de l'intersection F de deux demi-droites OQ et MT qui se déplacent uniformément avec une vitesse arbitraire dans des directions opposées à celles des mouvements des segments OP et MN d'après cette définition : les deux partant de la position OS, la première tournant dans le sens contraire à celui des aiguilles d'une montre et la deuxième allant de bas en haut. On n'a donc pas besoin de se donner auparavant le segment OC, et le point C est plutôt obtenu comme le point d'intersection de cette quadratrice et de la perpendiculaire à OS passant par O. Une fois que ce point est obtenu, le cercle de rayon OC peut être quarré en s'appuyant sur cette quadratrice et, une fois ce cercle carré, tout autre cercle peut l'être en construisant une quatrième proportionnelle.

On ne peut pas répondre de même à la seconde objection puisqu'elle s'applique quelle que soit la manière dont la quadratrice est obtenue. Cette objection ne peut pas davantage être levée en faisant appel à l'argument de Clavius, en dépit des allégations de ce dernier. Il n'est pas seulement évident, en effet, que G n'est aucun des points $F_{1,1}$, $F_{2,1}$, &c. Il est tout aussi clair que si une quadratrice est obtenue de la façon suggérée par Clavius, n'importe quel autre de ses points qui n'est pas l'un de ces points est dans la même situation que G. Loin de répondre à la seconde objection de Sporus, Clavius se contente, ainsi, de l'écarter en admettant ouvertement qu'une courbe peut être obtenue par interpolation, pour le dire de façon moderne.

2.3.4. *Six sortes de constructions non élémentaires.* Les exemples précédents ont mis en évidence six sortes différentes de constructions non élémentaires [1].

Il y a d'abord deux sortes de constructions quasi élémentaires. Les premières sont celles qui font appel à des instruments employés dans le mode pointant. Les secondes sont celles qui s'appuient sur certaines stipulations explicites ou hypothèses tacites qui fonctionnent comme des nouvelle clauses de construction, comme le postulat de Viète, ou l'assomption de Clavius selon laquelle les points K^*, L^* et M^* (FIGURE Va) sont obtenus *ipso facto*.

Il y a ensuite quatre sortes de constructions strictement non élémentaires qui diffèrent les unes des autres au regard de la manière dont les courbes afférentes sont obtenues. Certaines font intervenir des coniques qu'on suppose obtenues *ipso facto* si elles sont univoquement déterminées. D'autres font intervenir des courbes tracées par des instruments employés dans le mode traçant, ou sont à tout le moins décrites comme les trajectoires de mouvements reproductibles au moyen de tels instruments. D'autres encore font intervenir des lieux d'un point construit sous l'hypothèse que le point générateur de ces mêmes lieux est donné en position arbitraire, autrement dit, des courbes obtenues au moyen d'un construction générique point par point. Enfin, certaines font intervenir des courbes obtenues par interpolation.

---

1. Ma classification ne coïncide pas avec celle de Bos (2001, p. 61), étant motivée par des arguments et des distinctions différents.

3. L'EXACTITUDE SELON DESCARTES

La GPE est souvent décrite comme portant sur des formes ou des objets indépendants de nous, idéaux et immuables, que l'on ne pourrait se représenter que de façon inexacte [1]. Si l'on comprend ainsi la GPE, l'usage d'instruments en géométrie (à la fois pour placer des points ou pour tracer des courbes), et plus généralement l'appel au mouvement, devraient être considérés comme entièrement étrangers à son esprit, à moins qu'ils ne soient seulement vus comme des astuces pour obtenir des représentations appropriées de formes idéales. La situation est différente si l'on s'accorde à penser que les objets de la GPE sont obtenus au moyen de constructions diagrammatiques. Il devient alors naturel de considérer qu'admettre de nouvelles procédures pour tracer des diagrammes, en usant aussi d'instruments, constitue un mode approprié pour étendre la GPE de manière conservative.

En géométrie classique, bien qu'on employât des instruments pour obtenir des objets géométriques, on ne fixait pas pour autant de conditions précises auxquelles les instruments en question devaient se soumettre. De fait, cela conduisit à des normes d'exactitude assez vagues et contribua grandement à la fluidité de la géométrie classique. Plus généralement, cette fluidité dépendait du fait que les géomètres admettaient ou bien rejetaient différentes sortes de constructions non élémentaires en faisant appel à différentes sortes d'arguments, voire même en ne s'appuyant sur aucun argument précis.

Des opinions différentes ont été avancées sur l'évolution des idées de Descartes sur la géométrie : certains insistent sur la présence de changements essentiels, d'autres sur une continuité substantielle de pensée. Je ne peux discuter ces opinions ici. Je tiens simplement pour acquis que ces idées ne changèrent pas, depuis la jeunesse, jusqu'à la *Géométrie*, sur un point fondamental, tout de même. Descartes visa toujours à dépasser la situation que je viens de décrire en adoptant des principes globaux motivant une attitude générale au sujet des constructions s'appliquant à n'importe quel cas particulier. Une interprétation détaillée des différentes manières dont il poursuivit ce but à différentes périodes de sa vie excède les limites de ce travail. Je me limiterai à la *Géométrie* en montrant que ces principes demeurèrent fidèles dans l'esprit aux restrictions de la GPE.

---

1. Cette interprétation est souvent considérée comme platonicienne. Néanmoins, bien qu'elle soit inspirée de l'interprétation néo-platonicienne de la GPE donnée par Proclus (*In primum Euclidis* et *A Commentary*), elle diffère de certaines interprétations récentes de la conception qu'avait Platon de la géométrie, comme celle qu'on trouve dans Burnyeat (1987).

3.1. *Descartes et le problème des moyennes proportionnelles*

Une manière commode de déflorer le sujet est de considérer ce que Descartes dit à propos des moyennes proportionnelles au début du troisième livre de sa *Géométrie* (Descartes, 1637, p. 369-371 et *Œuvres*, vol. VI p. 442-444, Bos, 2001, p. 239-242). Comme Descartes se réfère ici au célèbre instrument introduit dans le second livre (Descartes, 1637, p. 317-319 et *Œuvres*, vol VI, p. 391-392, Bos, 2001, p. 35-36, 48, 72) que j'ai déjà mentionné auparavant dans le § 2.3.2, quelques remarques à ce sujet s'imposent.

Cet instrument est d'habitude appelé *'mesolabum'* ou 'compas de proportion'. Je préfère le second nom, puisque le premier dénote parfois l'instrument d'Eratosthène décrit dans cette même section ou d'autres compas inspirés par celui-là (Bos, 2001, p. 35-36, 48, 72).

Considérons l'instrument représenté dans la Figure Vc. Par commodité, changeons les noms des points L, K et B et appelons les respectivement 'L$_1$', 'K$_1$' et 'L$_2$' (Figure VIIIa). Complétons ensuite la figure en répétant le motif K$_0$L$_1$K$_1$L$_2$ à partir de L$_2$: attachons à L$_i$ ($i = 1, 2, 3, \ldots$) les règles L$_i$K$_i$ perpendiculaires à AP, et à K$_i$ les règles L$_{i+1}$K$_i$ perpendiculaires à AQ. Laissons K$_0$ fixé à la fois sur AQ et L$_1$K$_0$ pendant que les points L$_i$ ($i = 1, 2, 3, \ldots$) glissent sur les règles AP et L$_i$K$_{i-1}$ en demeurant fixés sur les règles L$_{i+1}$K$_i$, et les points K$_i$ glissent sur les règles AQ et L$_i$K$_i$ en demeurant fixés sur les règles L$_{i+1}$K$_i$. Comme les triangles K$_{i-1}$AL$_i$ et K$_i$AL$_i$ sont semblables, on en tire que AK$_{i-1}$: AL$_i$ = AL$_i$: AK$_i$ = AK$_i$: AL$_{i+1}$. Si AK$_0$ = a, il s'ensuit que :

i) si le compas est disposé de telle sorte que AK$_i$ = b, alors les segments respectivement égaux à AL$_1$, AK$_1$, AL$_2$, ..., AK$_{i-1}$, AL$_i$ sont les $2i - 1$ moyennes proportionnelles entre a et b ;

ii) si le compas est disposé de telle sorte que AL$_{i+1}$ = b, alors les segments respectivement égaux à AL$_1$, AK$_1$, AL$_2$, ..., AL$_i$, AK$_i$ sont les $2i$ moyennes proportionnelles entre a et b.

Cela rend clair la manière dont on peut employer les compas de proportion pour placer des points, afin de résoudre les problèmes de moyennes proportionnelles. Pourtant, Descartes ne suggère pas d'employer les compas de cette manière. Il montre plutôt comment s'appuyer sur les courbes EK$_i$ tracées par les points K$_i$ lorsque AQ tourne autour de a, pour construire un nombre pair quelconque de moyennes proportionnelles.

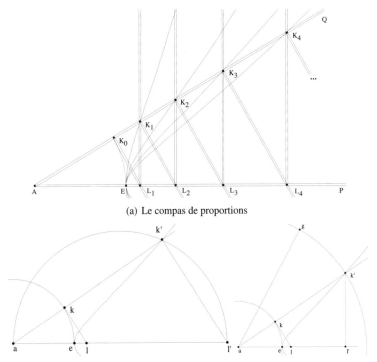

(a) Le compas de proportions

(b) Résoudre les problèmes de 2μ moyennes propor-   (c) Résoudre les problèmes de
tionnelles en s'appuyant sur une courbe tracée par un $2\mu - 1$ moyennes proportion-
compas de proportion   nelles en s'appuyant sur une
                                                         courbe tracée par un compas de
                                                         proportion

FIGURE VIII. Le compas de proportions et les
problèmes de moyennes proportionnelles

Qu'il soit demandé de construire 2μ moyennes proportionnelles entre
a et b (où μ est n'importe quel entier positif et l'on suppose que $a < b$). La
construction de Descartes est la suivante. Soit ae (FIGURE VIIIb) égale à
a. Prolongeons-là jusqu'à l' de telle sorte que al' = b. Traçons le cercle de
diamètre al' et appliquons à e la courbe tracée par le point K_μ du compas
de proportions avec $AK_0 = a$, de telle sorte que e coïncide avec l'origine
marquée par le point E sur le compas. Soit k' le point d'intersection de
ce cercle avec cette courbe. Joignons a et k' et traçons le cercle de centre
a et de rayon ae qui coupe ak' en k. Traçons lk perpendiculaire à ak'.

Alors al et ak' sont respectivement égaux à la plus petite et à la plus grande des 2μ moyennes proportionnelles cherchées. Si $\mu > 1$, les autres $2\mu - 2$ moyennes proportionnelles peuvent être construites comme des quatrièmes proportionnelles.

Bien que Descartes ne le note pas, une construction analogue s'applique pour un nombre impair quelconque de moyennes proportionnelles. Elle procède comme suit. Qu'il soit demandé de construire $2\mu - 1$ moyennes proportionnelles entre deux segments donnés a et b (où, à nouveau, μ est n'importe quel entier positif et l'on suppose que $a < b$). Supposons que ae et ag (FIGURE VIIIc) sont deux segments avec une extrémité commune respectivement égaux à a et b (et ce, quel que soit l'angle $\widehat{gae}$). Appliquons à e la courbe tracée par le point K_μ d'un compas de proportions tel que $AK_0 = a$, de telle sorte que e coïncide avec l'origine du compas. Traçons le cercle de centre a et de rayon ag qui coupe cette courbe en k'. Joignons a à k' et traçons le cercle de centre a et de rayon ae qui coupe ak' en k. Prolongeons ae et traçons lk et l'k' perpendiculaires respectivement à a' et al'. Alors al et al' sont respectivement égales à la plus grande et à la plus petite des $2\mu - 1$ moyennes proportionnelles cherchées. Les autres $2\mu - 3$ moyennes proportionnelles peuvent être construites comme des quatrièmes proportionnelles.

On comprend la raison pour laquelle, d'après Descartes, il n'existe « aucune façon plus facile » de résoudre le problème des moyennes proportionnelles, ni « une démonstration [...] plus évidente » du fait qu'une telle solution est correcte (Descartes, 1637, p. 370 et Œuvres, vol VI, p. 442-443). Mais ce n'est pas tout puisque, malgré cela, il ajoute la formule célèbre selon laquelle « ce seroit une faute en Geometrie » de résoudre ainsi le problème de deux, quatre, ou six moyennes proportionnelles, parce que « pour la construction de chasque problesme, [...] il faut avoir soin de choisir tousiours la plus simple par laquelle il soit possible de le resoudre », et que ces moyennes proportionnelles peuvent être trouvées au moyen de « lignes qui ne sont pas de genres si composés » que celles tracées par les compas de proportions (Descartes, 1637, p. 369-371 et Œuvres, vol VI, p. 342-444, Bos, 2001, p. 357-359). Descartes généralise ici le précepte de simplicité de Pappus (Collectionis, vol. I, p. 270-273, Bos, 2001, p. 48-50). En supposant que n'importe quelle courbe recevable en géométrie peut être exprimée par une équation polynomiale à deux variables, il mesure la simplicité de ces courbes au moyen du degré de leurs équations. Voyons comment ce précepte s'applique dans le cas présent.

Si l'on se rapporte à un système de coordonnées orthogonales dont l'origine et l'axe coïncident respectivement avec le pôle A et la règle AP d'un compas de proportions tel que $AK_0 = AE = a$, les courbes tracées par les points K_i ($i = 1, 2, \ldots$) de ce compas ont pour équation $x^{4i} = a^2(x^2 + y^2)^{2i-1}$. La solution au problème d'insertion de deux moyennes proportionnelles que procure la première des deux constructions précédentes s'appuie donc sur une quartique, alors que la solution de Ménechme [1] s'appuie sur deux coniques.

Une situation semblable a lieu pour les problèmes d'insertion de quatre et six moyennes proportionnelles. À la fin de la *Géométrie* (Descartes, 1637, p. 411-412 et *Œuvres*, vol VI, p. 483-484, Bos, 2001, p. 368-372), Descartes montre comment résoudre le premier de ces problèmes en s'appuyant sur un cercle et une cubique — la courbe connue sous le nom de parabole cartésienne qui est introduite dans le second livre (Descartes, 1637, p. 309, 322, 337, 343 et *Œuvres*, vol VI, p. 381-382, 395, 408-409, 415) — alors que la solution procurée par la première des deux constructions précédentes s'appuie sur une courbe de degré 8. Bien qu'il ne montre pas la manière de résoudre le problème d'insertion de six moyennes proportionnelles en s'appuyant sur des courbes plus simples que la courbe de degré 12 intervenant dans la première des deux constructions précédentes, Descartes semble néanmoins penser que sa solution précédente de ce problème peut être généralisée.

C'est là une question relativement difficile qu'il n'est heureusement pas besoin d'aborder ici car deux choses sont tout à fait claires :

(i) Pour un entier positif quelconque μ, le problème d'insertion de 2μ moyennes proportionnelles peut être résolu en s'appuyant sur deux courbes d'équations respectives $yx^\mu = a^\mu$ et $a^\mu by = x^{\mu+1}$,

(ii) Si h, p et q sont trois entiers positifs tels que $h = pq$, le problème d'insertion de $h - 1$ moyennes proportionnelles peut être réduit aux problèmes d'insertion de $p-1$ et $q-1$ moyennes proportionnelles [2].

Il s'ensuit de (ii) que, pour tout entier positif μ, le problème d'insertion de $2\mu - 1$ moyennes proportionnelles peut être réduit au problèmes

---

1. Pour des références, voir § 2.3.2, p. 183.

2. Il est aisé de l'expliquer. Soient a et b deux segment donnés. Supposons en outre que $a < b$. Si x est la plus petite des $p - 1$ moyennes proportionnelles entre a et b, la plus petite des $q - 1$ moyennes proportionnelles entre a et x est aussi la plus petite des $h - 1$ moyennes proportionnelles entre a et b. La raison en est évidente : si les $p - 1$ moyennes proportionnelles entre a et b sont $x, y, \ldots, w$ ($x < y < \ldots < w$), en introduisant $q - 1$ moyennes proportionnelles entre a et x, puis entre x et y, $\ldots$, et finalement entre w et b, on obtient $(q - 1)p + p - 1 = pq - 1 = h - 1$ moyennes proportionnelles entre a et b.

d'insertion d'une seule et de $\mu - 1$ moyennes proportionnelles, puis, par réitération, soit au problème d'insertion d'une moyenne proportionnelle, soit aux problèmes d'insertion d'une et de $2v$ moyennes proportionnelles, où v est un entier positif tel que $2v < 2\mu - 1$. Conjointement avec (i), cela implique que, quel que soit l'entier positif n, résoudre le problème d'insertion de n moyennes proportionnelles en s'appuyant sur une courbe tracée par le compas de proportions ne se conforme pas au précepte de simplicité de Descartes [1].

   Deux critères distincts s'opposent donc l'un à l'autre concernant le choix d'une solution appropriée aux problèmes d'insertion de moyennes proportionnelles : l'un de facilité, l'autre de simplicité. Le premier prescrit de résoudre ces problèmes en s'appuyant sur des courbes tracées par des compas de proportions, qui sont aisés à concevoir et à employer ; le second critère prescrit de s'appuyer sur des courbes d'ordre le plus petit possible, qui (en laissant de côté quelques cas particuliers) sont assez difficiles à déterminer. Selon Descartes, choisir la première solution est une « faute ». Mais alors, pourquoi mentionne-t-il deux fois le compas de proportions dans la *Géométrie* ? La réponse est que cette faute en est une « en géométrie » : en choisissant la première solution, on commet une faute mais on fait toujours appel à des constructions et à des courbes recevables en géométrie. Ainsi, la facilité d'une telle solution peut être exploitée à la fois pour illustrer les normes d'exactitude relatives à de telles courbes [2], mais aussi pour montrer que la vérification de ces normes

---

1. La raison est évidente. Supposons que n est pair, *i.e.* $n = 2\mu$. Alors la courbe tracée par un compas de proportions qui entre dans la solution du problème d'insertion de n moyennes proportionnelles a pour équation $x^{4\mu} = a^2(x^2 + y^2)^{2\mu-1}$: il s'agit donc d'une courbe d'ordre $4\mu = 2n$. D'autre part, il s'ensuit de (i) que ce même problème peut aussi être résolu en faisant appel à deux courbes de degré $\mu + 1 = \frac{n+2}{2}$. Mieux, si $n + 1$ n'est pas premier, il s'ensuit également de (ii) que ce problème peut être réduit aux problèmes d'insertion de $p - 1$ et $q - 1$ moyennes proportionnelles, où p et q sont tels que $pq = n + 1$. Supposons à présent que n est impair, *i.e.* $n = 2\mu - 1$. La courbe tracée par un compas de proportions qui entre dans la solution du problème d'insertion de n moyennes proportionnelles a, à nouveau, pour équation $x^{4\mu} = a^2(x^2 + y^2)^{2\mu-1}$ et donc cette courbe est d'ordre $4\mu = 2(n + 1)$. D'autre part, il s'ensuit de (ii) que ce même problème peut être réduit aux problèmes d'insertion d'une moyenne proportionnelle et de $\mu - 1 = \frac{n-1}{2}$ moyennes proportionnelles. Si ce nombre est impair, la réduction se poursuit en procédant de la même manière. Si ce nombre est pair, alors il s'ensuit de (i) que les problèmes peuvent être résolus en faisant appel à deux courbes d'ordre $\frac{n+3}{4}$.

2. Selon Serfati (1993, p. 219-220), les courbes tracées par les compas de proportions sont « exemplaires » de celles qu'admet Descartes en géométrie.

ne garantit pas la simplicité. Le premier point, seul pertinent pour mon but présent, est énoncé dans le livre II, le second dans le livre III [1].

3.2. *Règle, compas et réitération*

Plus précisément, Descartes développe ce point immédiatement après avoir discuté la classification de Pappus des problèmes géométriques en problèmes « plans », « solides » et « linéaires », selon que leurs solutions nécessitent seulement des droites (ou des segments) et des cercles, ou bien des coniques ou, enfin, des lignes qui sont qualifiées par Descartes de « plus composées » et que Pappus considère être « d'origine variée et plus enveloppée » (Descartes, 1637, p. 315-31 et *Œuvres*, vol VI, p. 388-390, Pappus, *Collectionis*, vol. I, p. 270-271, Bos, 2001, p. 37-48). À l'occasion de cette discussion, Descartes remarque que parmi les problèmes linéaires, certains peuvent être résolus en s'appuyant sur des courbes qui partagent une caractéristique essentielle avec les lignes droites, les cercles et les coniques. Pour cette raison, une classification appropriée n'est pas celle de Pappus, mais une classification plus complexe portant plutôt sur les courbes que sur les problèmes : on devrait donc distinguer, parmi les courbes, celles qui partagent cette caractéristique commune de celles qui en sont dépourvues, puis classer celles-là. Alors que la « géométricité » requiert d'employer seulement les premières, la simplicité requiert d'employer, parmi elles, les courbes de genre inférieur. Descartes critique également les « Anciens » pour avoir nommé 'mécaniques' les courbes autres que le cercle et les coniques. Il fait valoir que cette dénomination ne peut être justifiée en avançant qu'« il est besoin de se servir de quelque machine pour décrire [ces courbes] [...], vû qu'on ne descrit [les cercles et les lignes droites] sur le papier qu'avec un compas et une reigle, qu'on peut aussi nommer des machines » (Descartes, 1637, p. 315 et *Œuvres*, vol VI, p. 388).

Dans la mesure où Descartes paraît tenir pour acquis que règle et compas doivent être employés en respectant les clauses de constructions élémentaires, son point serait qu'obtenir des cercles et des droites (ou plutôt des segments) requiert des constructions élémentaires. Ce n'est évidemment pas la même chose que de faire valoir que des constructions élémentaires suffisent à construire tous les cercles et toutes les droites (ou segments) nécessaires à la résolution d'un problème géométrique. Pourtant, Descartes paraît prétendre que la toute dernière étape

---

1. Au sein de la littérature abondante concernant ce dernier point, je soulignerai la contribution récente de J. Lützen (2010).

dans la construction des cercles et des droites (ou des segments) doit dépendre de l'application de l'une des clauses de construction se rapportant aux constructions élémentaires [1]. Ainsi, c'est seulement en admettant la possibilité d'obtenir certains objets non GPE, à savoir certaines courbes autres que les cercles, qu'on peut outrepasser, selon lui, les limites de ces constructions. Cela revient à nier que les constructions quasi élémentaires soient correctes. Descartes semble donc considérer que ces constructions doivent, ou bien être reformulées sous la forme de constructions strictement non élémentaires, ou bien être rejetées *ipso facto* [2].

L'insistance de Descartes sur les instruments pour tracer des courbes ne s'accompagne pas d'un rejet de sa part des constructions strictement non élémentaires qui ne font pas appel à des instruments. La raison en est que les courbes intervenant dans ces constructions pourraient elles aussi être tracées au moyen d'instruments appropriés. Ainsi, selon Descartes, la recherche de nouvelles normes d'exactitude à ajouter à celles de la GPE conduit à se donner un double but : identifier une classe appropriée d'instruments à employer pour tracer des courbes autres que des cercles ; établir si d'autres courbes obtenues de manière différente peuvent être elles aussi tracées par ces instruments. Ce double but est à son tour le

---

1. Un exemple permettra sans doute de mieux expliquer la manière dont je comprends la thèse de Descartes. Comparons les solutions de Viète et de Pappus au problème de la trisection de l'angle (rappelées dans le § 2.3.1). Elles font toutes les deux intervenir une construction non élémentaire. Mais les raisons pour lesquelles ces deux constructions sont non élémentaires sont essentiellement différentes. La construction intervenant dans la première de ces solutions est non élémentaire parce qu'elle contient la construction d'un segment (le segment FE : Figure I) sous l'hypothèse que certains objets de la GPE sont donnés (le cercle de centre B et de rayon BE, le point E sur ce cercle, et le segment BD), ce qui n'est autorisé par aucune clause de construction élémentaire. La construction intervenant dans la seconde de ces solutions est non élémentaire parce qu'elle contient la construction d'une hyperbole qui n'est pas un objet de la GPE (voir *supra* la note 1, p. 179). Une fois que cette hyperbole est construite, son point d'intersection D avec le cercle (Figure II) est construite *ipso facto*, comme c'est le cas dans les constructions élémentaires pour les points d'intersection de segments et de cercles. Du reste, une fois que ce point est donné, la construction continue sur le modèle d'une construction élémentaire : on construit les deux segments AD et EF dont dépend la trisection en suivant des clauses de construction élémentaire. Ainsi, alors que la construction de Viète contient une étape au sein de laquelle on construit un segment en suivant une clause de construction qui ne figure pas parmi les clauses de construction élémentaire, la toute dernière étape dans la construction de tout segment et de tout cercle qui figurent dans la solution de Pappus dépend de l'application de l'une des clauses de construction élémentaire. Pour ma part, je comprends que le point de Descartes consiste à dire que les constructions comme celle de Viète ne sont pas admissibles.

2. Je reviendrai dans le § 3.3 sur les raisons possibles de cette exclusion.

résultat d'une double réduction : la question de fixer les constructions non élémentaires recevables en géométrie est d'abord réduite à la question d'identifier les courbes autre que les cercles recevables en géométrie ; cette question se réduit ensuite à celle d'identifier une classe d'instruments traçant de telles courbes qu'on considère reçues en géométrie simplement parce qu'elles sont tracées de cette manière. Dans une formule célèbre, Descartes nomme ces courbes 'géométriques' (Descartes, 1637, p. 319 et *Œuvres*, vol VI, p. 392)[1]. Pour faire bref, appelons 'systèmes articulés géométriques' (*geometrical linkages*) les instruments employés pour tracer ces mêmes courbes (des arguments justifiant cette dénomination seront proposés plus tard).

Voici la manière dont Descartes caractérise ces instruments (Descartes, 1637, p. 316-317 et *Œuvres*, vol VI, p. 389-390) :

> [...] mais il est, ce me semble, tres clair que, prenant, comme on fait, pour Geometrique ce qui est precis et exact, et pour Mechanique ce qui ne l'est pas ; et considérant la Geometrie comme une science qui enseigne generalement a connoistre les mesures de tous les cors ; on n'en doit pas plutost exclure les lignes les plus composées que les plus simples, pourvû qu'on les puisse imaginer estre descrites par un mouvement continu, ou par plusieurs qui s'entresuivent et dont les derniers soient entierement reglés par ceux qui les precedent : car, par ce moyen, on peut toujours avoir une connaissance exacte de leur mesure. [...] la Spirale, la Quadratrice, et semblables [...] n'appartiennent veritablement qu'aux Mecaniques et ne sont point du nombre de celles que je pense devoir icy estre receues, a cause qu'on les imagine descrites par deux mouvements separés et qui n'ont entre eux aucun rapport qu'on puisse mesurer exactement [...].

La discussion par Descartes des compas de proportions dans le livre II vise à illustrer ce passage. Il n'est donc pas seulement naturel de se demander comment cette caractérisation devrait être comprise, mais aussi pourquoi les compas en fournissent une illustration[2].

Toutes les réponses offertes à ces questions s'accordent sur un point fondamental que je partage : Descartes exige que les systèmes articulés

---

1. Cette seconde réduction produit une asymétrie qui a été remarquée par Mancosu (Mancosu, 1996, p. 71-79 et 2007, p. 114-121, en part. 117), et discutée dans Mancosu et Arana (2010) : montrer comment tracer une courbe au moyen d'un tel instrument suffit à établir qu'elle est géométrique, mais ignorer qu'il soit possible de le faire ne suffit pas à établir qu'elle ne l'est pas.

2. L'interaction entre des standards généraux de concevabilité rationnelle et des exigences intrinsèquement géométriques (comme la fidélité à l'esprit de la GPE) qui est typique de la géométrie de Descartes est évidente dans la caractérisation qu'il donne des

géométriques soient tels que les mouvements de toutes leurs parties dépendent d'un unique mouvement principal qui détermine tous les autres, parmi lesquels ceux des points traçant [1].

Cette condition est clairement illustrée par les compas de proportions (dont le mouvement principal est la rotation de la règle AQ). Mais ces compas vérifient également d'autres conditions. L'une d'entre elles est que, s'ils se meuvent, chacun de leur mouvement suit une trajectoire unique et parfaitement déterminée, en sorte que la vitesse et la direction de ces mouvements n'a aucune influence sur les courbes qu'ils tracent (puisque ces courbes sont simplement les trajectoires que les points pris sur les compas sont contraints de suivre dans leur mouvement, si ces compas se meuvent) [2].

Descartes ne mentionne pas cette condition — probablement parce qu'il considère (à tort) qu'elle est impliquée par la précédente – mais il

---

systèmes articulés géométriques et des courbes. Caractériser les systèmes articulés géométriques ne suffit certainement pas à expliquer la raison pour laquelle Descartes considère que les courbes tracées par ces instruments sont recevables dans une science « exacte » comme la géométrie (pure), c'est-à-dire qu'elle peuvent être conçues avec exactitude : c'est là une question concernant l'épistémologie de Descartes qui ne peut être réglée en considérant seulement sa géométrie. Mais d'autre part, aucune interprétation de cette notion générale de concevabilité rationnelle ne peut suffire à comprendre sa caractérisation des systèmes articulés géométriques et des courbes. Deux exemples permettront de l'expliquer. Domski (2009, p. 123) souligne le rôle joué dans la géométrie de Descartes par un « standard d'intelligibilité fondé sur des mouvements simples qu'on peut concevoir clairement » et suggère que les courbes géométriques sont celles qui peuvent être obtenues au moyen d'un « mouvement intelligible ». Arana suggère plutôt que, d'après Descartes, « les objets construits sont mieux connus lorsque la construction est effectuée de façon à être entièrement présente à l'esprit attentif qui construit ». Les deux suggestions sont intéressantes mais elles laissent entièrement ouvert le problème de comprendre ce qui fait que, pour Descartes, certains mouvements sont simples et peuvent être clairement conçus en géométrie, ou que certaines constructions géométriques sont entièrement présentes à l'esprit attentif. La discussion qui suit peut être considérée comme une tentative de clarification de ces questions.

1. Descartes pose une exigence semblable dans sa célèbre lettre à Beeckman du 26 mars 1619 dans laquelle il affirme que les courbes décrites par ses instruments « résultent d'un seul mouvement », alors que les autres courbes comme la quadratrice sont « engendrées par différents mouvements non subordonnés les uns aux autres » (Descartes, Œuvres, vol X, p. 157, Bos, 2001, p. 231). En employant la terminologie de l'analyse mathématique moderne, on pourrait dire que dans le premier cas, le mouvement unique en question est le mouvement indépendant parmi ceux auxquels sont soumises les différentes parties de l'instrument, au même sens que x est la variable indépendante relative à une fonction $y = f(x)$.

2. Les compas de proportions semblent cependant posséder une position initiale à partir de laquelle la règle en rotation peut se mouvoir seulement dans une direction. Je reviendrai plus tard sur cette question.

n'en exige pas moins clairement que tous les systèmes articulés géométriques la vérifie. Il s'ensuit que les courbes tracées par chacun des points traçants d'une système articulé géométrique sont, par définition, univoquement déterminés indépendamment de la manière dont ce même système articulé géométrique est mis en mouvement. C'est également le cas pour les droites et les cercles, si l'on considère qu'ils sont tracés par des règles et des compas (conçus respectivement comme des barres fixes sur lesquelles un point traçant se déplace, et comme des barres en rotation sur lesquelles un point traçant est fixé). Je suggère que c'est là une caractéristique essentielle qui, selon Descartes, doit être partagée entre, d'un côté, les courbes géométriques, de l'autre, les lignes droites et les cercles : à savoir que ces courbes doivent pouvoir être tracés par des instruments conçus de telle sorte que, s'ils se meuvent, leurs points traçants sont contraints à suivre certaines trajectoires déterminées indépendantes de leur mouvement réel (c'est-à-dire, à la fois du fait qu'ils sont réellement mis en mouvement, ainsi que de la direction et de la vitesse qui peuvent être les leurs), si bien que tel est aussi le cas des courbes qu'ils tracent, ces dernières n'étant rien d'autre que ces mêmes trajectoires [1]. Les systèmes articulés géométriques se doivent donc d'être de tels instruments, c'est-à-dire, de simples outils capables de fixer de telles trajectoires.

Mais, bien que nécessaire, cette condition et la précédente énoncée dans la citation de Descartes ne suffisent toujours pas à caractériser les systèmes articulés géométriques. Pour en comprendre la raison, considérons l'instrument à tracer des spirales dont Huygens donne une esquisse dans son carnet de notes en 1650, peut-être après en avoir entendu parler par Descartes lui-même (Bos, 2001, p. 345, 347-349, Mancosu et Arana, 2010 , Sect. 3 ; l'esquisse de l'instrument donnée par Huygens est reproduite dans la Figure IX qui est tirée de Bos, 2001, p. 348). Une règle AF est laissée libre de tourner autour d'un pôle fixe B, sur lequel un disque fixe C est centré ; une corde est attachée au disque à son extrémité supérieure E, se prolonge jusqu'à l'extrémité mouvante A de la règle, puis longe la règle elle-même jusqu'à une pointe traçante D qui est laissée libre de glisser sur cette règle. Initialement, la règle est placée horizontalement sur la gauche du disque et la pointe traçante est placée sur le pôle. Lorsque

---

1. Serfati (1993, p. 227-228) a de la même manière fait valoir que dans la « génération » des courbes au moyen de systèmes articulés géométriques, seul « l'automatisme » d'un tel instrument fait enjeu, alors que la génération des spirales et des quadratrices nécessite « à chaque instant, un sujet pensant qui rassemble, dans sa main qui trace la courbe, les deux mouvements circulaire et rectiligne ».

la règle tourne dans le sens inverse des aiguilles d'une montre, la corde remonte le long du disque et tire la pointe traçante, de telle sorte que celle-ci trace un arc de spirale.

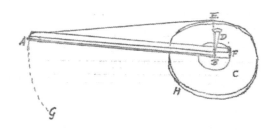

FIGURE IX. L'instrument de Huygens pour tracer des spirales

Cet instrument vérifie la condition énoncée explicitement dans le passage de la *Géométrie* cité auparavant pour les instruments géométriques. Son mouvement principal est la rotation de la règle AF, il est donc contraint de suivre une trajectoire déterminée, indiquée par exemple par le cercle décrit par le point A durant cette rotation. En outre, la vitesse de ce mouvement n'a aucune influence sur la trajectoire suivie par la pointe traçante D, qui est la courbe tracée par cet instrument. Pourtant, cette trajectoire, et donc cette courbe, ne sont pas indépendantes de la direction du mouvement principal de l'instrument, puisque, pour que la pointe D se meuve, la règle AF doit tourner dans le sens inverse des aiguilles d'une montre. Mais supposons que la corde soit remplacée par un fil conçu de telle sorte que la pointe traçante D se meuve aussi si la règle AF tourne dans le sens des aiguilles d'une montre en allant, ou bien en avant, ou bien en arrière, le long de cette règle selon que celle-ci tourne dans le sens inverse ou le sens direct des aiguilles d'une montre. Le nouvel instrument qui en résulte est tel que la trajectoire suivie par la pointe traçante D, et donc la courbe qu'elle trace, sont indépendants de son mouvement réel.

Pourtant, Descartes n'aurait pas considéré cet instrument comme un système articulé géométrique : il est probable qu'il connaissait l'instrument original de Huygens et considérait néanmoins la spirale comme n'étant pas une courbe géométrique ; et il est aussi probable qu'il n'aurait pas changé d'avis s'il avait imaginé la modification précédente.

Bien que Descartes ne mentionne jamais l'instrument de Huygens, il considère des instruments faisant intervenir des cordes, et il argue que les courbes tracées par ces instruments doivent être considérées comme géométriques si les cordes sont employées « pour déterminer l'esgalité ou la différence de deux ou plusieurs lignes droites qui peuvent estre tirées, de chasque point de la courbe qu'on cherche, a certains autres poins, ou sur certaines autres lignes, a certains angles ». Il ajoute en outre « qu'on [ne peut] recevoir [en géométrie] aucunes lignes qui semblent a des chordes, c'est a dire qui devienent tantost droites et tantost courbes » (Descartes, 1637, p. 340 et *Œuvres*, vol VI, p. 412, Bos, 2001, p. 347, Mancosu, 2007, p. 118).

La corde qui figure dans l'instrument de Huygens n'est pas employée comme il est requis dans le premier de ces passages, et se comporte plutôt comme ce qui est dit dans le second. De nombreux chercheurs ont donc fait valoir que Descartes ne considère pas cet instrument ou d'autres qui lui sont similaires comme des systèmes articulés géométriques précisément pour cette raison. Selon Descartes, les courbes « [devenant] tantost droites & tantost courbes » ne sont pas géométriques parce que « la proportion qui est entre les droites et les courbes n'[est] pas connue et mesme, [. . .] ne le [peut] estre par les hommes » (Descartes, 1637, p. 340 et *Œuvres*, vol VI, p. 412, Bos, 2001, p. 347, Mancosu, 2007, p. 118). Ainsi, ces chercheurs font valoir que la motivation de Descartes pour rejeter ces instruments dépend de son adhésion au vieux dogme aristotélicien : Descartes admettrait que les segments et les arcs de courbe sont des grandeurs incommensurables ou, au moins, des grandeurs qui sont dans une proportion impossible à connaître exactement et il rejetterait ces instruments en alléguant que la proportion entre les parties droites et courbes des cordes est impossible à connaître exactement. C'est le point de vue de Bos. De surcroît, Bos pense que « la séparation [posée par Descartes] entre les courbes géométriques et non géométriques [. . .] repose de façon ultime sur sa conviction que les proportions entre des longueurs courbes et droites ne peuvent pas être connues exactement » (Bos, 2001, p. 342, 349).

Ce point de vue pose problème. Mancosu (2007, p. 119 ; voir aussi 1996, p. 77) l'a contesté en observant que « la rectification algébrique de certaines courbes algébriques dans les années 1650 ne sapa pas les fondations de la *Géométrie* de Descartes ». Plus précisément, on pourrait aussi remarquer qu'il n'est aucun besoin de connaître la proportion entre les parties droites et courbes de la corde qui figure dans l'instrument de Huygens pour que cet instrument fonctionne. Il est seulement nécessaire de connaître cette proportion afin de caractériser la courbe qui est tracée indépendamment de l'instrument lui-même. Mais exiger que les systèmes articulés géométriques tracent des courbes qui seraient caractérisées indépendamment d'eux serait la même chose qu'inverser l'ordre définitionnel entre les systèmes articulés géométriques et les courbes, en caractérisant les premiers sur la base des dernières, plutôt que *vice versa*. Ainsi, ou bien la caractérisation de Descartes des courbes géométriques ne repose pas, de fait, sur une telle caractérisation des systèmes articulés géométriques, ou bien la raison précédente pour rejeter les instruments comme celui de Huygens est infondée.

Je tiens la seconde interprétation pour bonne et j'avance que la raison pour laquelle Descartes rejette ces instruments est autre. Pour le comprendre, considérons à nouveau les compas de proportions. Conçus comme des dispositifs matériels, ils ne peuvent qu'être composés d'un nombre fini de règles finies. Pourtant, ils peuvent être aussi conçus comme des systèmes abstraits, c'est-à-dire comme des configurations appropriées d'un nombre infini de lignes droites qui se meuvent en vérifiant certaines conditions d'incidence et sans qu'aucune force ne soit exercée. S'ils sont ainsi conçus, AQ peut se mouvoir indéfiniment des deux côtés de AP de telle sorte que les points K_i ($i = 1, 2, \ldots$) tracent un nombre infini de courbes infiniment étendues. La discussion précédente consacrée à l'instrument de Huygens et à sa version modifiée devrait rendre clair, au contraire, que de tels instruments ne peuvent être ainsi conçus, parce que leur nature mécanique est essentielle à leur fonctionnement. Non seulement leur fonctionnement dépend des propriétés physiques de leurs cordes et de leurs fils, et leur règle AF doit posséder une extrémité ou une sorte de moyeu autour duquel s'enroule corde ou fil, mais ces instruments sont conçus pour ne fonctionner que si des forces sont exercées par et sur leurs composants. De surcroît, on ne saurait supposer que leur mouvement se poursuit indéfiniment afin de tracer une spirale entière.

Il existe donc une différence essentielle entre les instruments comme celui de Huygens et les compas de proportions : les derniers peuvent être conçus comme des systèmes purement géométriques qui se meuvent et tracent des courbes entières du fait de leur mouvement ; les premiers sont intrinsèquement des systèmes mécaniques qui ne peuvent que tracer des arcs finis de courbes. Je suggère donc que d'après Descartes les systèmes articulés géométriques sont des instruments à l'image des derniers et non des premiers : ils sont — ou peuvent être au moins conçus comme — des configurations mouvantes d'objets géométriques.

Il suffit d'admettre que le terme 'ligne' réfère à des objets géométriques (ce qui est assez naturel) pour reconnaître cette idée exprimée de manière relativement explicite dans ce qu'écrit Descartes avant de mentionner les compas de proportions pour la première fois (Descartes, 1637, p. 316 et *Œuvres*, vol VI, p. 389, Bos, 2001, p. 338) : « Et il n'est besoin de rien supposer, pour tracer toutes les lignes courbes que ie pretens icy d'introduire, sinon que deux ou plusieurs lignes puissent eftre meuës l'une par l'autre, et que leurs intersections en marquent d'autres [...] ». Dans les diagrammes figurant dans la *Géométrie*, les règles qui entrent dans les systèmes articulés géométriques sont représentées par des traits doubles qui évoquent leur épaisseur. Pourtant, ce passage semble dire qu'ils ne sont rien d'autre que — ou au moins peuvent être conçus comme — des lignes droites ou des segments.

Une autre preuve textuelle qui vient étayer ma présomption figure dans un passage à peine postérieur concernant la manière dont les Anciens employaient le terme 'courbes mécaniques' (Descartes, 1637, p. 315-316, *Œuvres*, vol VI, p. 389). Descartes fait valoir que cet emploi ne peut pas être justifié en observant que les courbes nommées par les Anciens 'mécaniques' sont tracées par des instruments qui sont trop « composés » pour être « justes ». Il ajoute ensuite qu'on devrait plutôt rejeter ces courbes des mécaniques, puisque c'est là que « la justesse des ouvrages qui sortent de la main est desirée », alors qu'en géométrie « c'est seulement la justesse du raisonnement qu'on recherche », or la justesse du raisonnement peut être aussi « parfaite » regardant les courbes tracées par de tels instruments qu'elle ne l'est pour les droites, les cercles et les coniques. Cela suggère que, d'après Descartes, les propriétés pertinentes des instruments traçants et des courbes géométriques tracées ne dépendent pas des caractéristiques matérielles de ces instruments, mais plutôt de la manière dont ces derniers sont conçus par la raison.

Si l'on considère que ces deux preuves textuelles ne sont pas concluantes, on doit toutefois reconnaître que Descartes exclut des instruments comprenant des cordes fonctionnant comme dans l'instrument de Huygens et que la raison usuellement invoquée pour justifier cette exclusion est à la fois peu plausible et infondée, alors que la raison que j'invoque ici ne paraît pas l'être.

Cette raison s'accorde en outre avec le fait que Descartes admet que certains instruments comprenant des cordes peuvent tracer des courbes géométriques. Descartes dit seulement ceci et pas que ces instruments sont des systèmes articulés géométriques. Comme exemples, il mentionne les instruments évoqués dans la *Dioptrique* « pour expliquer l'Ellipse et l'Hyperbole » (Descartes, 1637, p. 340 et *Œuvres*, vol VI, p. 412). Ce sont les instruments qui entrent dans les constructions du jardinier de ces courbes. Descartes qualifie ces constructions de « fort grossiere[s] et peu exacte[s] » mais maintient toutefois qu'elles « [font] mieux comprendre [la] nature [de ces courbes] » (Descartes, 1637, p. 89-90, 100-101 et

Œuvres, vol VI, p. 166, 176). Ceci suggère que Descartes considère ces constructions capables de fixer la nature de ces courbes, bien qu'elles soient non recevables en géométrie, en tant que telles. Mon explication est la suivante : ces constructions s'appuient sur des systèmes intrinsèquement mécaniques mais suggèrent deux instruments ne faisant intervenir aucune corde, qui tracent aussi ces courbes et vérifient toutes les conditions pour être des systèmes articulés géométriques. Ce sont les deux antiparallélogrammes ABECD (FIGURE X) dont le côté AB est fixe, pendant que les côtés AC et BD tournent ensemble autour de A et B, en étant liés par le côté DC, si bien que ces courbes sont tracées par leur point d'intersection E. Descartes semble donc affirmer que certaines courbes tracées par des instruments comprenant des cordes sont géométriques non pas parce que ces instruments sont eux-mêmes des systèmes articulés géométriques, mais parce qu'ils suggèrent des systèmes articulés géométriques à même de tracer ces courbes [1].

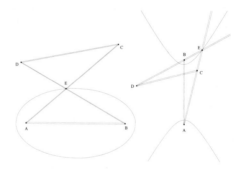

FIGURE X. Les instruments pour tracer des ellipses et
des hyperboles

Admettre que les systèmes articulés géométriques sont — ou peuvent être conçus comme — des configurations mouvantes d'objets ne suffit évidemment pas à les caractériser. J'argue de surcroît qu'il ne suffit pas d'ajouter, en reprenant ce qui a été dit auparavant, que :

(a) les mouvements de toutes leurs parties dépendent d'un unique mouvement principal ;

(b) ils comprennent un ou plusieurs points traçants, et, lorsqu'ils se meuvent, ces points traçants sont contraints à suivre des trajectoires déterminées qui sont indépendantes de leur mouvement réel,

---

1. Molland fait une remarque similaire dans Molland (1976), p. 42.

si bien que tel est aussi le cas des courbes qu'ils tracent, lesquelles ne sont rien d'autre que ces mêmes trajectoires.

Je soutiens que ce qui fait d'une configuration mouvante vérifiant ces conditions une système articulé géométrique (c'est-à-dire un instrument qui trace une courbe géométrique au sens de Descartes) est qu'elle peut être obtenue au moyen d'une construction autorisée [1]. Plus précisément, je fais valoir qu'une telle configuration mouvante est une système articulé géométrique si, et seulement si, elle peut être construite dans une position arbitraire au moyen d'une construction autorisée. Cette condition appelle une clarification.

Un premier point à clarifier concerne la condition requérant qu'une telle configuration mouvante doit être construite dans une position arbitraire. Cela signifie que ce qu'on doit construire est la configuration fixée d'objets géométriques donnant la position prise par la configuration mouvante lorsqu'une position arbitraire des objets directement impliqués dans son mouvement principal a été choisie, de telle sorte que ces objets ne coïncident pas les uns avec les autres et que leurs composants invariants satisfont les conditions qui leur sont le cas échéant imposées. La construction doit donc être initiée à partir de ces objets pris dans une telle position arbitraire.

Considérons deux exemples.

Le premier est procuré par le compas de proportions. Les objets directement impliqués dans son mouvement principal sont les règles AP et AQ (FIGURE VIIIa). Quelles que soient leur positions respectives, la distance invariante AK_0 peut être déterminée comme requis. Ainsi, la construction d'un tel compas peut débuter en choisissant une position arbitraire quelconque pour ces règles, sous réserve qu'elles ne coïncident pas.

Le second exemple est moins simple. Il concerne le « compas » que décrit Descartes dans les *Cogitationes Privatæ* (avec le compas à proportions) en suggérant de l'employer pour résoudre le problème de la trisection de l'angle (Descartes, *Œuvres*, vol X, p. 213-256, en part. 234-240, Serfati (1993), p. 205-212, Bos (2001), p. 237-245) [2].

---

1. Il est assez courant de faire valoir que les systèmes articulés de Descartes sont des « instruments idéalisés » qu'on doit « imaginer » (Molland, 1976, p. 42). Mon point de vue est assez différent. Je les tiens pour des objets géométriques nécessitant une construction (diagrammatique), plutôt qu'un simple exercice de l'imagination.

2. Les *Cogitationes Privatæ* remontent à 1619. Le même compas est également mentionné dans la lettre à Beeckman du 26 mars de cette même année (Descartes, *Œuvres*, vol X, p. 154-160, en particulier p. 154-156) comme faisant partie d'une famille de compas,

Appelons le 'compas à trisection'. Il comprend quatre règles AB, AC, AD, AE (FIGURE XI). Les trois premières de ces règles tournent autour d'un pôle commun A et la quatrième est fixée. On prend sur ces règles les points F, I, K, L à égale distance de A. On attache à ces points quatre autres règles, toutes égales à AL, de telle sorte que, celles attachées à F et K sont aussi attachées au point G qui glisse sur AC, celles attachées à I et L sont aussi attachées au même point H glissant sur AD. Si AL est telle que AC peut effectuer un tour complet autour de A en coïncidant initialement avec AE, pendant qu'AC tourne de même, alors G trace la courbe MGPAQR [1]. Ce compas est certainement un système articulé géométrique. Pourtant, si l'on veut le construire en choisissant une position arbitraire pour chacune des règles AE et AB, cette construction nécessiterait, soit d'avoir déjà résolu le problème de trisection de l'angle, soit d'employer les règles qui composent ce compas comme des systèmes mécaniques exerçant des forces appropriées les uns sur les autres. Par contre, si l'on débute le mouvement en choisissant une position arbitraire pour chacune des règles AE et AD et en fixant L sur la première de ces règles de telle sorte que AL soit assez longue, le compas peut être construit au moyen d'une construction élémentaire. Il est donc constructible d'une manière autorisée seulement si l'on considère que son mouvement principal est la rotation de AD.

Un second point à clarifier concerne les courbes sur lesquelles pourrait s'appuyer la construction des systèmes articulés géométriques. Dans ce but, revenons au compas de Villalpando (FIGURE VIb) qui est certainement lui aussi un système articulé géométrique. Mais supposons qu'au lieu de tracer le lieu de Villalpando au moyen de ce compas, on veuille le tracer au moyen d'un autre instrument ainsi conçu que le point traçant F (FIGURE XII) se trouve à l'intersection des règles OX et EZ qui tournent autour de O et E, respectivement. Cet instrument devrait être tel que OD = OE = EF. Pour s'en assurer, on pourrait imaginer d'équiper

dont chacun est employé pour résoudre le problème de la section d'un angle en n parties, pour n entier positif fixé.

1. Il s'agit d'une sextique d'équation $4a^4x^2 = (x^2 + y^2)(x^2 + y^2 - 2a^2)^2$ par rapport à un système de coordonnées orthogonales d'origine A et d'axe AE, avec AL = a (Bos, 2001, p. 238, n. 20). Le compas à trisection entretient la même relation avec le problème de la trisection de l'angle que le compas à proportions avec le problèmes d'insertion de moyennes proportionnelles : on peut l'employer pour résoudre le problème à la fois en plaçant des points ou en traçant une courbe, mais ce problème peut aussi être résolu (comme on l'a dit dans le § 2.3.1) en s'appuyant sur des courbes plus simples, à savoir des cercles et des coniques.

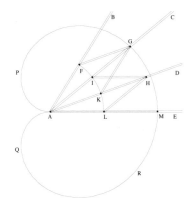

FIGURE XI. Le compas à trisection

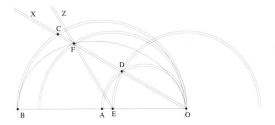

FIGURE XII. Le compas de Villalpando modifié

l'instrument de deux cercles égaux, centrés respectivement en E et en O, en exigeant que les points D et F glissent sur ces cercles. Mais, comme OD varie, les rayons de ces cercles devraient aussi varier. Si l'instrument était conçu comme un dispositif matériel, il serait alors très difficile à construire, et on devrait en tout le cas le fabriquer en employant un matériau déformable. S'il était conçu comme une configuration mouvante d'objets géométriques dont tous les mouvements dépendent d'un mouvement principal, il devrait inclure un système de lignes employées pour transformer la rotation de OX ou EZ en l'accroissement des rayons des cercles. Le compas de Villalpando fonctionne de façon bien plus simple, puisqu'il transmet son mouvement principal (la rotation de IM ou JM) au mouvement de F sans s'appuyer sur aucun cercle. Cela montre qu'il n'est aucun besoin de faire appel à des cercles qui varient pour assurer que, lorsqu'un système articulé est en mouvement, certains de ses segments demeurent égaux, pendant que d'autres varient en longueur. On pourrait plutôt employer des configurations appropriées de segments ou droites animés d'un mouvement de rotation et vérifiant certaines conditions d'orthogonalité.

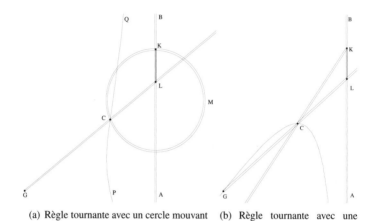

(a) Règle tournante avec un cercle mouvant   (b) Règle tournante avec une droite mouvante

FIGURE XIII. Règles tournantes avec une courbe mouvante

Mais il y a d'autres buts en vue desquels les cercles peuvent figurer dans des systèmes articulés géométriques. Un exemple en est donné si l'on transforme le compas de Villalpando en remplaçant la règle IM (FIGURE VIb) par un cercle de diamètre IJ sur lequel on fait glisser M. Cette transformation n'a aucune influence sur le courbe tracée. Le nouvel instrument est donc un système articulé géométrique comprenant un cercle fixé. La transformation inverse montre que des cercles fixés peuvent figurer dans des systèmes articulés géométriques de telle sorte qu'ils peuvent être remplacés par des règles sans que cela ait quelque influence sur la courbe tracée. Mais il y a aussi des cas de systèmes articulés géométriques qui comprennent des cercles qui, au contraire, ne peuvent être remplacés par d'autres composants sans influence sur la courbe tracée. Un exemple faisant intervenir un cercle se déplaçant de façon rigide est procuré par Descartes lui-même (Descartes, 1637, p. 322 et Œuvres, vol VI, p. 395) : une règle GL (FIGURE XIIIa) tourne autour d'un pôle fixé G pendant que le point L glisse sur elle en demeurant à l'intersection de cette règle et d'une autre règle fixée AB ; on attache à L une autre règle LK qui glisse avec ce point sur AB ; on attache à K un cercle KCM ; le point d'intersection C de ce cercle et de la règle GL trace alors une courbe PCQ qui est une conchoïde de droite.

Descartes en vient à cet exemple en modifiant un instrument plus simple comprenant, à la place du cercle KCM, une droite KC (Figure XIIIb) formant un angle aigu fixé avec LK, et affirme qu'une infinité de systèmes articulés similaires peut être produite à partir de ce système de base, en remplaçant cette droite par une courbe géométrique quelconque (Descartes, 1637, p. 319-323 et Œuvres, vol VI, p. 393-395, Serfati, 1993, p. 220-221, Bos, 2001, p. 278-281). Suivant Bos, j'appellerai ces systèmes articulés 'règles tournantes avec une courbe mouvante'. Le système de base avec une droite trace une hyperbole. Descartes suggère d'abord de remplacer la droite KC par cette même hyperbole et observe finalement que si le système articulé comprend une courbe géométrique du i-ème genre ($i = 1, 2, \ldots$), alors il trace une courbe géométrique du $(i + 1)$-ème genre.

C'est faux (Serfati, 2002). Mais cela montre que Descartes admet que les systèmes articulés géométriques peuvent comprendre des cercles ou n'importe quel type de courbes géométriques se mouvant rigidement. Plus généralement, j'avance que les systèmes articulés géométriques peuvent comprendre des cercles ou n'importe quelle sorte de courbes géométriques si, et seulement si, elles sont fixées ou se meuvent rigidement.

Tout cela suggère finalement une caractérisation nécessaire et suffisante des systèmes articulés géométriques. Il s'agit de configurations mouvantes d'objets géométriques qui : vérifient les conditions (a) et (b) énoncées auparavant ; comprennent, le cas échéant, outre des droites (ou segments), aussi des cercles et/ou des courbes géométriques autant fixés que soumis à un mouvement rigide ; et peuvent être obtenues, avec les courbes géométriques qu'elles tracent, selon la procédure récursive suivante.

Appelons 'élémentaires' les systèmes articulés géométriques qui peuvent être construits dans une position arbitraire au moyen d'une construction élémentaire. Nous dirons que les courbes qu'ils tracent sont obtenues par une construction de type $C^{[0]}$. Des exemples de systèmes articulés élémentaires sont les compas usuels, ainsi que les compas à conchoïde, à proportions, à trisection et les compas de Villalpando, et les « règles tournantes avec une courbe mouvante » lorsque la courbe mouvante est soit une droite, soit un cercle.

Les courbes obtenues par une construction de type $C^{[0]}$ peuvent figurer dans de nouveaux systèmes articulés géométriques non élémentaires qui peuvent être construits dans une position arbitraire au moyen d'une construction non élémentaire faisant intervenir la construction de ces courbes. Cette dernière construction nécessite que des systèmes géométriques élémentaires appropriés soient construits en partant d'objets géométriques donnés appropriés dans une position permettant le tracé de ces courbes dans une position appropriée. Nous dirons que les courbes tracées par de tels systèmes articulés géométriques sont obtenus par une construction de type $C^{[1]}$. Un exemple est fourni par la construction déjà mentionnée de la parabole cartésienne. Celle-ci est tracée par une règle tournante avec une courbe mouvante donnée par une parabole (usuelle) d'axe AB. La construction de cette dernière parabole nécessite qu'un système articulé élémentaire soit construit afin de tracer cette courbe dans une position telle que son axe coïncide avec AB et son sommet avec K.

La procédure peut continuer indéfiniment de la même façon : les courbes obtenues par une construction de type $C^{[1]}$ peuvent figurer dans de nouveaux systèmes articulés géométriques traçant des courbes qui seront donc obtenues par une construction de type $C^{[2]}$, &c.

Si ces clauses sont combinées avec celles des constructions élémentaires — en admettant, par exemple, qu'un point peut être construit par l'intersection d'une courbe géométrique et d'un segment ou d'un cercle donné —, on obtient un nouveau type de construction non élémentaire diagrammatique [1]. Je suggère de nommer les constructions ainsi obtenues 'constructions par règle, compas, et réitération'. Elles nous permettent d'obtenir deux sortes d'objets essentiellement distincts qui peuplent la géométrie de Descartes : les premiers sont des objets fixés, *i.e.* les objets de la GPE et les courbes géométriques ; les seconds sont des objets mouvants, *i.e.* les systèmes articulés géométriques. Les premiers peuvent interagir les uns avec les autres à la fois dans des démonstrations de théorèmes et des résolutions de problèmes. Les seconds ne sont pas supposés

---

1. La nature diagrammatique de ces constructions est rendue manifeste par l'exemple du système articulé non élémentaire engendrant la parabole cartésienne qu'on vient de décrire. Il est clair, en effet, que la combinaison du mouvement du système articulé élémentaire traçant la parabole ordinaire qui figure dans ce système articulé non élémentaire avec le mouvement de ce dernier système articulé ne fait pas se mouvoir rigidement une telle parabole, comme on le suppose au sein de ce même système articulé. Le mouvement de cette parabole ordinaire n'est donc pas simplement produit par la combinaison des mouvements des deux systèmes articulés et peut seulement être conçu, en fait, comme le mouvement du diagramme qui la représente.

interagir les uns avec les autres, et un système articulé géométrique inter-agit avec certains objets fixés seulement s'il les contient, est construit à partir d'eux, ou trace l'un d'eux.

Autant les objets fixés que les systèmes articulés géométriques peuvent être inconditionnels ou conditionnels. Descartes ne dit rien des conditions d'après lesquelles ces deux sortes d'objets seraient disponibles au sein de sa géométrie. Pourtant, il semble naturel d'admettre que :

(i) autant les systèmes articulés géométriques que les courbes géomé-triques inconditionnels sont disponibles au sein de la géométrie de Descartes par définition (puisqu'ils sont des systèmes articulés géométriques et des courbes géométriques précisément dans la mesure où ils peuvent être construits par règle, compas, et réitéra-tion, et ceci est justement ce qui les rend disponibles au sein de la géométrie de Descartes) ;

(ii) les objets de la GPE inconditionnels, les systèmes articulés géométriques conditionnels, et les objets fixés conditionnels sont disponibles au sein de la géométrie de Descartes s'ils peuvent être construits par règle, compas, et réitération, en partant le cas échéant des objets donnés concernés par les conditions intervenant dans les concepts correspondants.

Je soutiens que ce sont les normes d'exactitude sur lesquelles la géométrie de Descartes est fondée.

3.3. *Descartes et les constructions non élémentaires*

Nous pouvons maintenant expliquer l'attitude de Descartes regar-dant les six sortes de constructions non élémentaires distinguées dans le § 2.3.4.

Un premier point est clair : une construction faisant intervenir des courbes décrites comme les trajectoires de certaines mouvements est auto-risée par Descartes si, et seulement si, ou bien il s'agit d'une construction par règle, compas et réitération, ou bien elle peut être reformulée sous la forme d'une telle construction.

À propos des constructions quasi élémentaires, j'ai déjà dit que Descartes les rejette dès le début. Mais il reste à comprendre pour quelle raison.

Pour celles qui s'appuient sur des stipulations explicites ou des hypo-thèses tacites fonctionnant comme des clauses de construction, la raison la plus plausible semble être que Descartes les considère comme simplement non justifiées, dans la mesure où elles sont fondées sur des hypothèses *ad hoc.* Elles doivent donc être ou bien reformulées de façon appropriée, ou bien rejetées.

Pour celles qui s'appuient sur des instruments employés pour placer des points, la situation est plus délicate. De fait, Descartes admet les courbes géométriques en vertu du fait qu'elles peuvent être tracées au moyen de systèmes articulés géométriques. Mais ensuite — pourrait-on se demander —, pourquoi n'admet-il pas aussi les constructions faisant appel à d'autres instruments similaires conçus pour placer des points ? Bien sûr, pour clarifier une telle question, on doit expliquer la nature de ces instruments ou, au moins, le sens dans lequel ils pourraient être considérés comme similaires à des systèmes articulés géométriques. Plausiblement, on pourrait considérer que, de même que les systèmes articulés géomé-triques, ces instruments ne sont rien d'autre que des configurations mouvantes d'objets géométriques, ou à tout le moins qu'ils peuvent être conçus comme des configurations mouvantes d'objets géométriques. Mais alors, une raison possible au rejet par Descartes des constructions faisant appel à de tels instruments pourrait être la suivante : afin d'employer des configurations mouvantes d'objets géométriques pour placer des points, on doit assigner aux diagrammes représentant ces objets un rôle assez différent de celui joué par les diagrammes dans les constructions élémen-taires et dans les constructions par règle, compas et réitération. Les condi-tions à vérifier pour obtenir les objets requis, en employant des configura-tions mouvantes d'objets géométriques pour placer des points, ne seraient pas, en effet, imposées à ces diagrammes, mais plutôt reconnues être satis-faites en examinant ces derniers.

Un exemple simple est fourni par la solution d'Eratosthène au problème d'insertion de deux moyennes proportionnelles considéré dans le § 2.3.2. Comme je l'ai noté dans cette section, on pourrait imaginer de remplacer les plaques intervenant dans cette solution par des rectangles authentiquement géométriques. Mais, comme je l'ai fait remarquer, cela ne ferait aucune différence notable, puisqu'il serait alors requis d'em-ployer les diagrammes représentant ces rectangles de telle sorte que les conditions pertinentes supposées vérifiées par ces rectangles soient recon-nues être satisfaite en examinant les diagrammes plutôt qu'imposées à eux.

Le point ici est que, même si cette reconnaissance était conçue comme une procédure purement idéale, elle n'en demeurerait pas moins essen-tiellement différente de n'importe qu'elle procédure figurant dans les constructions élémentaires ou dans les constructions par règle, compas et réitération. Ainsi, si l'on suppose que Descartes rejette les constructions quasi GPE qui font appel aux instruments employés pour placer des points pour la raison précédente, un tel rejet dépendrait de son intention de rester aussi proche que possible du cadre euclidien, en excluant donc des constructions si différentes de par leur structure de celles de la GPE.

Considérons maintenant l'attitude de Descartes face aux constructions strictement non élémentaires.

Descartes admet bien sûr des constructions impliquant des coniques univoquement déterminées, puisque celles-ci peuvent être aisément reformulées sous forme de constructions par règle, compas, et réitération.

Un argument similaire vaut aussi pour les constructions génériques point par point. Elles font intervenir des lieux de points engendrés par d'autres points ou droites. Considérons un tel lieu et supposons qu'il s'agisse du lieu d'un point qui peut être construit, dans une position arbitraire, par règle, compas, et réitération, et qu'il est engendré par un autre point, construit à son tour de la même manière. Il est donc probable que la construction de ces deux points suggère une façon de construire un système articulé géométrique qu'on pourra employer pour tracer ce lieu. Le cas du lieu de Villalpando et du compas afférent en donne un exemple. Descartes semble penser à une situation comme celle-là lorsqu'il prétend, qu'« ayant expliqué la façon de trouver une infinité de points par où [une courbe] passe[...] », il a « assés donné le moyen de [...][la] décrire », avant d'ajouter que « cete façon de trouver une ligne courbe, en trouvant indifféremment plusieurs de ses poins, ne s'estend qu'a celles qui peuvent aussy estre descrites par un mouvement régulier et continu » (Descartes, 1637, p. 339-340 et *Œuvres*, vol VI, p. 411-412, Bos, 2001, p. 344-345, Domski, 2009, p. 125-129). On pourrait donc conclure que la construction point par point générique d'une courbe est admise par Descartes si, et seulement si, la courbe peut être aussi tracée par un système articulé géométrique suggéré par la construction en question.

La situation est différente pour les constructions strictement non élémentaires faisant intervenir des courbes obtenues par interpolation : quelle que soit la façon dont les points sur lesquels se base l'interpolation sont construits, ces constructions ne suggèrent aucun système articulé géométrique à même de construire les courbes en question. Ces constructions doivent donc être rejetées (si elles ne peuvent être reformulées de manière appropriée). À nouveau, Descartes est assez explicite sur cette question. Dans la *Géométrie*, il remarque que dans ces constructions « on ne trouve pas indifféremment tous les poins de la ligne qu'on cherche », si bien que « a proprement parler, on ne trouve pas un de ses poins [*i.e.*

un point générique], c'est a dire pas un de ceux qui luy sont tellement propres qu'ils ne puissent estre trouvés que par elle » (Descartes, 1637, p. 340 et *Œuvres*, vol VI, p. 411, Bos, 2001, p. 344). De manière encore plus claire, écrivant à Mersenne le 13 novembre 1629, Descartes fait valoir qu'« encore qu'on puisse trouver une infinité de points par ou passe l'hélice & la quadratice, toutefois on ne peut trouver Geometriquement aucun des poins qui sont necessaires pour les effaits desirés tant de l'une que de l'autre » si bien qu'« on ne les peut tracer toutes entières que par la rencontre de deus mouvemans qui ne dépendent point l'un de l'autre » (Descartes, *Œuvres*, vol I, p. 71, Mancosu et Arana, 2010, n. 10).

4. REMARQUES DE CONCLUSION : LA GÉOMÉTRIE DE DESCARTES ET CELLE D'EUCLIDE

Alors que les normes d'exactitude énoncées à la fin du § 3.2 fixent les limites de l'ontologie géométrique de Descartes, l'attitude qu'on vient de décrire fixe les contraintes qu'impose cette ontologie aux sortes les plus communes de constructions dans la géométrie classique. Cela revient à fixer les limites à respecter dans la résolution des problèmes géométriques. Mais on est bien en deçà d'une méthode générale de résolution des problèmes géométriques qui prescrirait la manière appropriée de résoudre chaque problème : si une telle méthode doit se conformer à ces limites, celles-ci ne suffisent pas à établir celle-là. C'est là où la simplicité et l'algèbre entrent en jeu, grâce à l'assomption que les courbes géométriques sont les courbes pouvant être exprimées par des équations polynomiales à deux variables, en se plaçant dans un système de coordonnées linéaires approprié.

Cette assomption suggère en outre une manière de délimiter d'une façon nouvelle et plus commode les frontières de l'ontologie géométrique de Descartes qui, de fait, a été proéminente dans l'histoire après Descartes. Cela nous conduit au problème des relations entre les constructions par règle, compas et réitération et l'algèbre de Descartes. Ce problème a été énoncé et affronté de nombreuses fois, et je ne saurai l'aborder ici. Ma présente enquête peut suggérer, au mieux, une façon de renouveler sa formulation.

Typiquement, Descartes définit les systèmes articulés géométriques inconditionnels en décrivant la manière de les construire. Leur définition s'accompagne donc de la démonstration que ces systèmes articulés sont disponibles au sein de cette géométrie. Par conséquent, si les courbes géométriques inconditionnelles d'une certaine sorte sont définies comme étant tracées par un certaine sorte de systèmes articulés géométriques inconditionnels préalablement définis, la définition de ces courbes s'accompagne également de la démonstration qu'elles sont disponibles au sein de cette géométrie. La même chose se produit si les courbes géométriques inconditionnelles d'une certaine sorte sont définies comme étant exprimées par des équations d'une certaine forme, par rapport à n'importe quel système de coordonnées. Dans les deux cas, on n'a aucun besoin d'énoncer et de résoudre des problèmes concernés par les concepts de différentes sortes de courbes géométriques inconditionnelles.

Pour ce qui concerne les courbes géométriques conditionnelles, il en va un peu différemment. Elles peuvent être définies ou bien en spécifiant les systèmes articulés géométriques conditionnels censés les tracer, ou bien en fournissant des équations qui comprennent des coefficients se rapportant à des segments supposés donnés et sont censées exprimer ces courbes par rapport à des systèmes appropriés de coordonnées linéaires. Dans le premier cas, pour démontrer que ces courbes sont disponibles au sein de la géométrie de Descartes, on doit seulement démontrer que les systèmes articulés le sont. Dans le second, on doit démontrer que le système de coordonnées en question est disponible au sein de cette géométrie (ce qui signifie que son origine, son axe, et son angle le sont), et que les équations peuvent être déterminées.

Comme exemple, considérons les courbes géométriques tracées par les compas de proportions. Si elles sont inconditionnelles, elles peuvent être définies, ou bien comme des courbes tracées par des compas de proportions inconditionnels, ou bien comme des courbes exprimées par des équations de la forme $x^{4n} = a^2(x^2+y^2)^{2n-1}$ par rapport à un système quelconque de coordonnées linéaires orthogonales, où 'n' désigne un entier naturel quelconque, et 'a' un segment quelconque. Il suffit de définir ces courbes de l'une ou l'autre de ces deux façons pour assurer qu'elles sont disponibles au sein de la géométrie de Descartes. Si elles sont conditionnelles, elles peuvent être définies, ou bien comme les courbes tracées par des compas de proportions conditionnels — *i.e.* un compas de proportions, dont l'élément AK$_0$ (Figure VIIIa) est posé égal à un segment supposé donné, qui peut être placé de manière à tracer la courbe en question dans une position appropriée —, ou bien comme les courbes exprimées par des équations de la forme $x^{4n} = a^2(x^2 + y^2)^{2n-1}$ par rapport à un système déterminé de coordonnées linéaires orthogonales où 'n' désigne un entier naturel quelconque et 'a' un segment supposé donné. Pour démontrer que ces courbes sont disponibles au sein de la géométrie de Descartes, on doit démontrer, ou bien que ces compas de proportions conditionnels sont disponibles au sein de la géométrie de Descartes, ou bien que tel est le cas du système de coordonnées et du segment dénoté par 'a'.

Ces considérations suffisent à montrer que les définitions des objets géométriques et les normes d'exactitude qui s'appliquent à ces objets n'entretiennent pas la même relation dans la géométrie de Descartes et dans la GPE. Alors que les problèmes remplissant la fonction ontologique [1] sont des ingrédients indispensables de la GPE, dans la géométrie de Descartes, il n'y a aucune place pour de nouveaux problèmes remplissant cette fonction (à moins que certaines courbes géométriques inconditionnelles ne soient définies d'une manière différente de celles mentionnées auparavant). Dans la mesure où, dans la géométrie de Descartes, de même que dans la GPE, les problèmes appellent des constructions, ceux-ci remplissent tous la fonction constructive [2]. Pourtant, démontrer de nouvelles clauses de construction est bien moins important dans la première de ces géométries que dans la seconde. D'autre part, dans la géométrie de Descartes, il y a de la place pour des problèmes demandant d'identifier et de construire des systèmes articulés géométriques traçant des courbes exprimées par certaines équations ou sortes d'équations (ou bien demandant de déterminer des équations exprimant les courbes tracées par certains systèmes articulés géométriques ou sortes de systèmes articulés géométriques), problèmes qui sont absents de la GPE.

En dépit de ces différences de structure, les conditions d'identité des systèmes articulés géométriques et des courbes sont, comme celles des objets de la GPE, uniquement locales et se réduisent aux conditions d'identité des diagrammes correspondants. Ainsi, les systèmes articulés géométriques comme les courbes ne forment pas un domaine fixé de quantification et de référence individuelle au sens expliqué dans le § 2.1 : à chaque fois qu'on veut se référer individuellement à certains d'entre eux, ces derniers doivent être obtenus, ou supposés avoir été obtenus de nouveau [3].

---

1. Voir § 2.2.

2. Voir § 2.2.

3. Si l'on ajoute que dans la géométrie de Descartes, les systèmes articulés géométriques et les courbes géométriques sont tous les deux obtenus au moyen de constructions par règle, compas, et réitération, et que ces constructions renferment des constructions élémentaires, on devrait comprendre la raison pour laquelle je considère que cette géométrie est une extension conservative de la GPE, au sens informel expliqué dans le § 2.3. Mais l'on pourrait aussi se demander si la géométrie de Descartes est une extension conservative de la GPE dans un

Pourtant, le fait que les courbes géométriques puissent être définies comme les courbes exprimées par des équations permet une nouvelle modalité de référence à ces courbes. On peut se référer à une pluralité de courbes au moyen d'expressions telles que 'les courbes exprimées par les équations de de degré 3', ou 'les courbes exprimées par des équations de la forme $x^{4n} = a^2(x^2 + y^2)^{2n-1}$'. Cela est structurellement différent de se référer à une pluralité d'objets géométriques au moyen d'expressions comme 'les triangles', 'les paraboles', ou 'les rayons d'un cercle donné'. Cette différence dépend du fait que les formes des équations sont des équations, c'est-à-dire des objets mathématiques à leur tour [1]. Ces

---

sens plus fort. En logique moderne, on dit qu'une théorie (formelle) T^* est une extension conservative d'une théorie (formelle) T si et seulement si le langage de T^* inclut celui de T et que tout théorème de T^* formulé dans le langage de T est aussi un théorème de T. (Cette dernière condition pourrait ne pas être équivalente à la condition énonçant que toute conséquence logique des axiomes de T^* formulée dans le langage de T est aussi conséquence logique des axiomes de T. Tel n'est pas le cas par exemple pour les théories du second ordre. Dans ce cas, on peut définir deux sens distincts selon lesquels une théorie est une extension conservative d'une autre théorie. Je ne peux entrer ici dans ces subtilités logiques). On pourrait ainsi se demander si la géométrie de Descartes est une extension conservative de la GPE dans un sens proche de celui-ci. Pour essayer de répondre à cette question, on peut raisonner ainsi. Soit G une extension conservative de la GPE au sens informel expliqué dans la section 2.3. Supposons que la solution d'un problème quelconque dans G soit convertie en un théorème assertant que les objets construits dans cette solution sont disponibles au sein de G (*i.e.* peuvent être obtenus d'une manière autorisée par les normes d'exactitude propres à G). Dans la mesure où G est une extension conservative de la GPE au sens informel précédent, certains des théorèmes auxquels on parvient de cette façon seront relatifs à des objets de la GPE disponibles au sein de la GPE (l'un de ces théorèmes assertera, par exemple, que les triangles équilatéraux sont disponibles au sein de G). Il est évident que n'importe lequel de ces théorèmes correspond à un théorème assertant que les mêmes objets sont disponibles au sein de la GPE. Mais, bien sûr, cela ne suffit pas à faire de G une extension conservative de la GPE en un sens proche du sens formel moderne. On pourrait même faire valoir que cela n'a pas lieu chaque fois que G est tel que certains objets de la GPE qui ne sont pas disponibles au sein de la GPE le sont au sein de G. Mais supposons maintenant que, malgré cela, G soit aussi telle que n'importe quel théorème portant sur des objets de la GPE disponibles au sein de la GPE (et donc au sein de G) qui peut être démontré dans G, peut l'être aussi dans la GPE. Dans ce cas, on pourrait dire que G est, après tout, une extension conservative de la GPE en un sens proche du sens moderne logique. Une question intéressante à propos de la géométrie de Descartes est de savoir si elle serait une extension conservative de la GPE en ce dernier sens.

1. Cela dépend de ce que Manders a appelé la 'non-réactivité représentationnelle [*representational unresponsiveness*]' de la notation algébrique littérale (Manders, 2008*a*, p. 73) : c'est le fait qu'un symbole littéral entrant dans une notation et dénotant un objet particulier n'exprime aucune caractéristique de cet objet. La raison en est que le même symbole employé pour dénoter un objet géométrique particulier, ou bien un symbole parfaitement

objets sont donc essentiellement différents des triangles et des courbes géométriques, non seulement parce qu'ils ne sont pas spatiaux, mais avant tout parce qu'ils possèdent des conditions d'identité différentes, et que ces conditions sont telles qu'ils forment un domaine fixé de quantification et de référence individuelle, au sens expliqué dans le § 2.1. De surcroît, on peut classer les formes des équations de différentes manières, ce qui procure une grande variété de classifications pour les sortes correspondantes de courbes.

Les sortes de courbes géométriques deviennent donc des objets mathématiques d'un nouveau genre, essentiellement différent des courbes géométriques elles-mêmes. Un exemple expliquera cette différence. La géométrie classique traite de paraboles, mais il n'existe aucun objet en son sein comme la totalité des paraboles, ou la parabole. Il existe seulement des paraboles particulières qui diffèrent dans le contexte d'arguments singuliers [1]. Dans la géométrie algébrique de Descartes, il existe en revanche une équation fournissant la forme canonique de n'importe quelle équation exprimant une parabole et admettant un éventail de transformations possibles, qui est un objet mathématique en tant que tel.

Il est difficile de surestimer les conséquences de cette différence pour l'évolution des mathématiques. On pourrait dire que cette différence se trouve à l'origine des mathématiques modernes. Elle est probablement la raison pour laquelle les historiens ont souligné bien davantage les connexions entre la géométrie de Descartes et les mathématiques modernes qu'ils n'ont insisté sur les relations génétiques qu'elle entretenait avec la GPE et la géométrie classique. J'ai plutôt essayé de montrer certaines de ces relations en soulignant les différences et les analogies de structure, et en employant celles-ci pour rendre compte de l'attitude de Descartes envers l'exactitude géométrique. Bien que j'ai présenté cette

---

analogue, peut tout aussi bien dénoter d'autres objets du même type, ou représenter n'importe quel objet du même type. Ce n'est pas le cas des symboles littéraux employés dans la géométrie classique pour dénoter les objets géométriques, c'est-à-dire des symboles tels que 'AB', employé pour dénoter un segment. La raison est évidente : ces symboles sont employés pour dénoter les objets représentés par certains diagrammes (réellement tracés ou bien imaginés : cf. la note 1, p. 164) auxquels ils se rapportent, et les diagrammes ne jouissent pas de la propriété de non-réactivité représentationnelle.

1. On pourrait dire que bien qu'il n'y ait rien de tel que la parabole, il y a au moins l'espèce des paraboles, compris comme une espèce particulière de coniques. Considéré comme un seul objet, celle-ci n'est pas, cependant, un objet mathématique, puisqu'il n'y a aucune manière d'opérer mathématiquement sur elle, en tant que telle. Au mieux, il s'agit de l'hypostase linguistique d'un concept mathématique.

attitude comme une attitude fondationnelle, je n'entendais pas remettre en cause le fait que la résolution des problèmes est une préoccupation fondamentale de Descartes. Ce que j'ai tâché de suggérer est plutôt une façon d'articuler cette préoccupation avec un programme fondationnel.

CHAPITRE IV

LA *THÉORIE DES FONCTIONS ANALYTIQUES* DE LAGRANGE ET SON IDÉAL DE PURETÉ DE LA MÉTHODE

(AVEC GIOVANNI FERRARO)

1. PRÉLIMINAIRES

Les fondements des mathématiques sont une préoccupation essentielle pour les mathématiciens du dix-huitième siècle, et l'interprétation des algorithmes du Calcul[a] est au cœur de cette préoccupation. Les auteurs s'y réfèrent souvent comme à la « métaphysique du Calcul » (voir Carnot, 1797, par exemple).

Au tournant du dix-neuvième siècle, Lagrange consacre à ce sujet deux importants traités qui connaîtront chacun deux éditions de son

* Traduit de l'anglais par Marie-José Durand-Richard. Publié initialement dans *Archive for History of Exact Sciences*, 66, n⁰ 2, 2012, p. 95-197. Remerciements à Jean Dhombres et Alexander Afriat (qui ont entièrement lu des versions précédentes de l'article original et fait plusieurs suggestions permettant de l'améliorer), et à : Carlos Alvarez, Andrew Arana, Emmanuel Barot, June Barrow-Green, Karine Chemla, Annalisa Coliva, Benno van Dalen, Marie-José Durand-Richard, José Ferreirós, Craig Fraser, Massimo Galuzzi, Christian Gilain, Jesper Lützen, Niccolò Guicciardini, Antoni Malet, Paolo Mancosu, Sébastien Maronne, Philippe Nabonnand, Eduardo Noble, Göran Sundholm, Jamie Tappenden.

a. On traduit ici le terme anglais 'calculus' par 'Calcul' : ce dernier terme sera utilisé (dans les contextes appropriés) pour désigner l'ensemble des pratiques mathématiques issues du calcul différentiel de Leibniz et de la théorie des fluxions de Newton.

vivant : la *Théorie des fonctions analytiques* (Lagrange, 1797 et 1813 ;
dénommé ici 'la *Théorie*'), et les *Leçons sur le calcul des fonctions*
(Lagrange, 1801 et 1806 ; dénommé ici 'les *Leçons*'). Il vise à donner une
interprétation nouvelle et non infinitésimaliste de ces algorithmes, fondée
sur une théorie générale des développements en séries de puissances [1].

Il considère l'algorithme direct comme une règle de transformation
des fonctions qui — appliquée de manière itérative à toute fonction $y =
f(x)$ — donne, abstraction faite de facteurs numériques, les coefficients
du développement de $f(x + \xi)$ en série de puissances de l'incrément
indéterminé [2] ξ. Lagrange appelle ces coefficients 'fonctions dérivées'
(Lagrange, 1797, art. 1801, p. 5, 1806, p. 5, 1813, Introduction, p. 2) :
terme dont la signification a maintenant changé. Dans ce qui suit, nous
utiliserons ce terme avec le sens que lui attribue Lagrange.

Dans l'ensemble de sa théorie, Lagrange poursuit sans aucun doute
un idéal de clarté conceptuelle qui passe par l'élimination de toute espèce
de considération infinitésimaliste. Cet aspect a souvent été remarqué, et
Lagrange y insiste lui-même de par le titre complet de son premier traité
(*Théorie des fonctions analytiques, contenant les principes du calcul
différentiel, dégagés de toute considération d'infiniment petits, d'eva-
nouissans, de limites et de fluxions, et réduite à l'analyse algébrique des
quantités finies*). Nous n'insisterons donc pas sur ce point. Nous analyse-
rons plutôt en quoi cet idéal fait partie d'un idéal plus général de pureté
de la méthode [3] : la réduction de toutes les mathématiques à une théorie

1. Quelques années plus tôt, Arbogast avait proposé une interprétation semblable dans
un traité non publié (Arbogast, *Essai*) ; pour un commentaire, voir Zimmermann, 1934,
Panza, 1985, Grabiner, 1990, p. 47-59). Selon Grabiner (1981*a*), p. 316, ce traité fut inspiré
par un article encore antérieur de Lagrange lui-même (1772). Lagrange mentionne le traité
d'Arbogast au début de la *Théorie* (Lagrange, 1797, art. 7 et 1813, Introduction, p. 5).

2. En dehors de quelques exceptions clairement indiquées, nous utiliserons le terme
'développement de $f(x + \xi)$ en série de puissances' pour se référer au développement de
$f(x + \xi)$ en série de puissances de ξ. Lagrange utilise 'ξ' pour dénoter l'incrément de x dans
l'article précédent mentionné dans la note 1, p. 226. Dans la *Théorie* et dans les *Leçons*, il
utilise la lettre latine 'i' (pour 'incrément'). Nous préférons utiliser 'ξ' afin d'éviter toute
confusion possible avec le symbole utilisé aujourd'hui pour noter l'unité imaginaire des
nombres complexes. Les citations des traités de Lagrange seront modifiées en conséquence.

3. Sur la notion de pureté de la méthode, voir Arana (2008) et Detlefsen (2008) — qui
mentionne explicitement le « programme de purification » de Lagrange (*ibidem*, note 6,
p. 182) —, et Hallett (2008). Dans ce dernier article (*ibidem*, p. 199), Hallett décrit ainsi
l'idée de pureté de la méthode, en se référant à la mention qu'en fait Hilbert (1899, p. 89) :
« à propos d'une preuve donnée dans un développement mathématique donné, on peut se
demander si le moyen utilisé est, ou non, 'approprié' au sujet, ou si une façon de procéder
est correcte tandis qu'une autre, pourtant équivalente, serait 'inappropriée' ».

algébrique purement formelle [1] centrée sur la manipulation de polynômes (finis ou infinis) par la méthode des coefficients indéterminés [2].

C'est là un projet d'envergure enraciné dans un programme mathématique qui remonte aux premiers travaux mathématiques de Newton (Panza, 2005), et dont le manifeste est constitué par le premier volume de l'*Introductio in analysin infinitorum* d'Euler (1748) [3]. Son principal objectif était de développer une théorie tout à fait générale et formelle des quantités abstraites : quantités tout simplement conçues comme éléments d'un réseau de relations, exprimées par des formules appartenant à un langage approprié et soumises à des règles de transformations elles-mêmes appropriées.

L'interprétation du Calcul et de ses algorithmes présentait une difficulté cruciale pour qu'un tel programme ne soit pleinement réalisé. Cette difficulté ne concernait pas seulement le défaut de clarté conceptuelle des conceptions infinitésimalistes ou pseudo-infinitésimalistes. Elle concernait aussi, et surtout, le fait que ces conceptions reposaient sur des suppositions — comme celle de pouvoir négliger des infinitésimaux, dans des circonstances appropriées —qui pouvaient difficilement être expliquées en termes purement formels. Le passage suivant, extrait d'un court rapport de Lagrange lui-même, l'illustre clairement (Lagrange, 1799, p. 233) :

> [...] je ne disconviens pas qu'on ne puisse, par la considération des limites envisagées d'une manière particulière, démontrer rigoureusement les principes du calcul différentiel, comme Maclaurin, d'Alembert et plusieurs autres auteurs après eux l'ont fait. Mais l'espèce de métaphysique qu'on est obligé d'y employer, est sinon contraire, du moins étrangère à l'esprit de l'analyse, qui ne doit avoir d'autre métaphysique que celle qui consiste dans les premiers principes et dans les opérations fondamentales du calcul.

Ainsi, Lagrange ne désirait pas seulement fournir un fondement conceptuellement plus clair du Calcul. Sa principale ambition était de l'intégrer au sein d'une conception unifiée des mathématiques fondée sur « l'esprit de l'analyse » : une notion que nous allons entreprendre

---

1. L'un des principaux objectifs de notre article est de clarifier le sens précis dans lequel doivent être compris ici les termes 'algébrique' et 'formel'.

2. L'usage de la méthode des coefficients indéterminés est le dénominateur commun des programmes de fondation de Lagrange aussi bien en mathématiques qu'en mécanique. Pour le cas de la mécanique, voir le chapitre V de ce livre, et Panza (1999).

3. Une tentative de reconstruction des sources et de l'évolution de ce programme se trouve dans Panza (1992). Le présent article s'appuie en partie sur le chap. III.6 de ce travail antérieur.

de préciser [1]. Pour Lagrange, qui visait à installer la mécanique et ses méthodes mathématiques dans le cadre d'un *corpus* mathématique considéré comme un tout, cela était certainement plus pertinent, que l'utilisation locale (et non pas substantielle) des infinitésimaux.

Pour ce faire, Lagrange devait établir que les fonctions dérivées pouvaient effectivement remplacer les quotients différentiels. Il devait montrer que, pour toute fonction $y = f(x)$, il existe une infinité d'autres fonctions $f^{(k)}(x)$ ($k = 1, 2, \ldots$) qui donnent les coefficients du développement de $f(x + \xi)$ en série de puissances, abstraction faite de facteurs numériques, et qui coïncident formellement avec celle des quotients différentiels $\frac{d^k y}{dx^k}$. C'est ce que nous étudierons dans le § 3, en gardant à l'esprit sa notion de fonction, qui sera discutée dans le § 2. Pour l'instant, il nous suffit de remarquer que la *Théorie* et les *Leçons* commencent toutes deux par un argument qui, s'il était correct, aurait convaincu quiconque était déjà familier avec le calcul différentiel que cette condition était remplie (même si elle ne peut pas être véritablement établie, telle quelle, dans le cadre de la théorie de Lagrange, puisqu'elle contient la notion de quotient différentiel, qui n'a pas sa place dans cette théorie). Par souci de brièveté, nous appellerons cet argument 'preuve fondamentale de Lagrange' [2].

Les mathématiciens et les historiens des mathématiques ont souvent discuté cet argument (nous donnerons plus bas les références bibliographiques). Pourtant, de notre point de vue, les présentations habituelles, et plus généralement, les interprétations courantes de la théorie de Lagrange, n'insistent pas assez sur les relations entre ses avancées techniques et son interprétation des notions théoriques de quantité, de fonction, et de développement en série de puissances, dans lesquelles son programme fondationnel s'enracine. Ces avancées sont évaluées et critiquées d'une façon souvent assez anachronique, à partir d'une manière ultérieure de penser

---

1. Si le programme de Lagrange est compris de cette façon, il n'est pas surprenant qu'après 1797, il se soit souvent appuyé sur des considérations infinitésimales, par exemple, dans la deuxième section de la *Mécanique analytique* (Lagrange, 1811-1815). Concernant l'organisation interne du sujet, la *Mécanique analytique* est, en effet, tout à fait proche de la *Théorie*, en particulier dans sa partie mécanique (voir le chapitre V de ce livre).

2. Nous utiliserons le terme 'preuve' et les termes apparentés pour nous référer aux arguments utilisés dans le contexte de la théorie de Lagrange pour établir un résultat, indépendamment du fait que ces arguments sont effectivement valides ou corrects. Par analogie, nous utiliserons le terme 'théorème' pour nous référer aux énoncés qui sont acceptés dans le cadre de cette théorie, ou aux reformulations de ces énoncés que nous estimons appropriées, indépendamment du fait que ces énoncés sont effectivement prouvés ou prouvables au sens strict de ces termes.

ces notions. Cette tendance s'est trouvée accentuée par le fait qu'au cours du dix-neuvième siècle, plusieurs des dispositifs techniques et des résultats de Lagrange ont été isolés de ses préoccupations fondationnelles, puis réinterprétés et utilisés au sein de l'analyse réelle. On peut mentionner par exemple la notion de fonction transformée, le théorème du reste [1], et les techniques de démonstration très proches de la méthode des $\epsilon - \delta$ (voir les § 3 et 5 et la note 1, p. 325).

Il s'ensuit qu'il manque toujours une interprétation complète de la théorie de Lagrange, dans laquelle les avancées techniques sont étudiées adéquatement en relation avec ses objectifs fondationnels, ses interrogations méthodologiques et ses perspectives philosophiques [2]. Suggérer une telle interprétation est l'objectif principal de notre article.

Quand les différences entre la théorie de Lagrange et l'analyse réelle du dix-neuvième siècle sont prises en compte, et que les notions cruciales de cette théorie sont expliquées adéquatement, les arguments de Lagrange apparaissent sous un jour nouveau, et de nombreux contre-exemples supposés disparaissent. Nous verrons pourquoi il en est ainsi. Cependant, en procédant de la sorte, nous n'entendons pas suggérer que la théorie de Lagrange ne comporte aucune lacune ou difficulté. Au contraire, bon nombre de ses arguments sont déficients, même lorsqu'ils sont considérés dans le contexte approprié, et sont donc loin de constituer des preuves irréfutables des résultats qu'ils sont supposés établir. Plus encore, le développement même de la théorie est souvent en désaccord avec l'idéal de pureté qui l'anime. Nous aimerions attirer l'attention sur ces déficiences. Elles contribuent à expliquer pourquoi la théorie de Lagrange n'a jamais été véritablement acceptée par la communauté mathématique continentale.

Lorsqu'il écrit, et publie, les premières éditions de la *Théorie* et des *Leçons*, Lagrange est un des mathématiciens les plus influents et respectés de la vaste communauté internationale à laquelle il appartient, sans doute même le plus influent et le plus respecté. La reformulation analytique de la mécanique des systèmes discrets, qu'il a élaborée dans la *Mécanique analytique* (Lagrange, 1788), avait été accueillie quelques années auparavant comme une réalisation majeure, capable d'influencer en profondeur

---

1. Le corrélat moderne de ce théorème est connu aujourd'hui sous le nom de théorème du reste de Taylor-Lagrange. On verra dans la suite les différences profondes entre ces deux théorèmes.

2. Les études de Craig Fraser constituent des exceptions importantes, en particulier Fraser (1987) et (1989). Sur de nombreux aspects, les thèses que nous avancerons tiennent à des développements de certaines de ses idées.

le développement du sujet. Il en avait été de même de sa manière de considérer les équations algébriques exposée dans son traité sur la question
(Lagrange, 1798), qui était sorti un an avant la première édition de la
Théorie. Que sa théorie des fonctions analytiques ait eu un impact bien
moindre sur le Continent [1] requiert donc une explication.

Selon la reconstruction la plus accréditée, la théorie de Lagrange
relève d'un traitement algébrique des nombres réels, considérés à la fois
comme tels et comme mesures des grandeurs géométriques et mécaniques. Dans ce cadre, l'adjectif 'algébrique' est employé pour renvoyer
à deux caractéristiques fondamentales de la théorie. D'une part, il renvoie
à la conception de ces nombres comme des quantités reliées par des relations opératoires, manifeste le rôle central assigné à ces relations et l'effort pour rendre cette théorie aussi indépendante que possible non seulement de l'intuition géométrique et mécanique, mais aussi des relations
métriques entre les grandeurs correspondantes, en particulier du faut que
certaines seraient infiniment petites ou infiniment grandes. D'autre part,
il indique la volonté de réduire toute fonction réelle à une forme polynomiale, afin de limiter l'usage des fonctions (et des nombres) transcendantes, des formes irrationnelles et des quotients de polynômes. Ce double
usage suggère que la théorie de Lagrange est algébrique dans la mesure
où elle promeut une réduction de l'analyse (finie et infinie) à l'algèbre, et
dépeint l'algèbre comme étant, aux yeux de Lagrange, un champ d'études
élémentaire, sur lequel toutes les mathématiques devraient se fonder.

De ce point de vue, l'échec de Lagrange à imposer sa théorie s'explique en général en observant qu'une telle réduction est manifestement
impossible, en raison de l'impossibilité de développer une fonction quelconque en une série de puissances qui converge vers cette fonction. Cet
échec serait alors dû à une authentique erreur mathématique. La preuve
fondamentale de Lagrange serait déficiente dans la mesure où elle s'appuie sur un théorème erroné, à savoir sur l'admission que toute fonction a
un développement en série de puissances.

---

1. Pour un compte-rendu historique montrant l'impact limité de la « tradition lagran-
gienne » dans la fondation du Calcul, voir Grattan-Guinness (1990), vol. 1, Sect. 4.3,
p. 195-223. La théorie de Lagrange eut pourtant une influence notable, et bien reconnue,
sur R. Woodhouse et ses successeurs réunis au sein de la *Cambridge Analytical Society*,
en particulier C. Babbage, J. Herschel et G. Peacock, qui a leur tour ont eu une influence
importante et bien connue sur le développement des mathématiques en Grande Bretagne au
dix-neuvième siècle, et sur la naissance de l'algèbre abstraite. Sur la *Cambridge Analytical
Society*, voir par exemple Wilkes (1990).

Cette explication n'est pas pertinente. L'erreur mathématique imputée à Lagrange n'est effectivement une erreur que si son théorème est conçu à partir de notions de fonction et de développement en série de puissances qui lui sont étrangères. Par conséquent, le reproche éventuel à lui faire à propos de son théorème devrait porter plutôt sur le caractère inapproprié des notions sur lesquelles il s'appuie que sur des généralisations erronées. Pour rendre compte de cet échec, il faudrait alors expliquer, tout d'abord, pourquoi Lagrange travaillait avec de telles notions inappropriées, ou plutôt ce qui a permis à d'autres mathématiciens de percevoir cette inadéquation et ce qui les a poussés à développer des notions nouvelles et plus appropriées.

Nous préférons donc avancer une explication radicalement différente, plus intrinsèquement rattachée à l'idéal de pureté de Lagrange, et aux conceptions générales sur lesquelles sa théorie est fondée.

Nous considérons que la théorie de Lagrange ne porte pas sur les nombres réels, ni en tant que tels, ni en tant que mesures des grandeurs géométriques et mécaniques. Nous prétendons plutôt que sa théorie est fondée sur une notion particulière de fonction, qui porte à concevoir des quantités qui diffèrent fondamentalement à la fois des nombres et des grandeurs géométriques et mécaniques. De notre point de vue, les nombres et les grandeurs géométriques et mécaniques sont, pour Lagrange, des quantités d'un genre particulier, alors que sa théorie des fonctions analytiques vise à traiter des quantités en général, ou mieux *in abstracto*. Nous empruntons le terme 'quantité algébrique' à Lagrange pour nous référer à des quantités de cette sorte, et nous décrivons celles-ci comme les *relata* d'un réseau de relations opératoires, dépourvus de toute caractéristique intrinsèque particulière, et caractérisés par le seul sytème des relations qui les concernent (une caractérisation plus précise sera bien sûr donnée plus loin). Nous insistons aussi sur le fait que, dans le langage de Lagrange, le terme 'fonction analytique' — souvent abrégé en 'fonction' seulement — est utilisé pour se référer à ces mêmes quantités bien qu'avec une inflexion différente. Dans le terme 'quantité algébrique', l'accent est mis sur ce qui fait des entités en question des quantités, au sens propre de ce terme, à savoir sur ce qui fait qu'elles partagent certaines caractéristiques essentielles avec les nombres et les grandeurs géométriques et mécaniques. Dans le terme 'fonction analytique', ou bien 'fonction', l'accent porte sur ce qui relie ces entités les unes aux autres par des relations opératoires fournies par les expressions qui les dénotent, qui ne sont rien d'autres, bien sûr, que les expressions usuelles de l'analyse mathématique, comme 'x^2', '$\frac{\sqrt{x}}{a+x}$' '$\log x + e^{\frac{a}{x}}$', &c.

Il en découle que, de notre point de vue, la théorie de Lagrange n'est pas algébrique en tant que réalisant une réduction à l'algèbre interprétée comme un domaine élémentaire séparé, considéré comme plus fondamental que cette théorie. Nous la considérons plutôt comme algébrique au sens où elle traite de quantités algébriques, c'est-à-dire au sens où elle ne s'occupe pas de quantités particulières, mais de quantités en général. Et elle est formelle au sens où ces quantités sont identifiées par les relations qu'elles ont entre elles, qui sont elles-mêmes exhibées par des formules appropriées.

Ceci demeure une description générale. Elle devrait toutefois être assez claire pour faire apparaître un problème de fond : qu'est-ce qui fait que les quantités algébriques sont des quantités au sens propre de ce terme ? Autrement dit, qu'est-ce qui fait que des entités dénotées par les formules usuelles de l'analyse mathématique ont le comportement attendu des quantités, à savoir qu'elles sont linéairement ordonnées, qu'elles conservent certaines relations métriques, et qu'elles sont soumises à certaines conditions de continuité ? Dans la perspective de Lagrange (telle que nous l'avons envisagée), ceci ne peut pas être garanti par les propriétés indépendantes assignées aux références de ces formules, à savoir par les caractéristiques du modèle envisagé, dans lequel ces formules sont interprétées. Car ceci reviendrait à réduire les quantités algébriques à des quantités particulières d'un genre spécifique, déniant ainsi la *raison d'être* elle même de la théorie de Lagrange.

Le problème se trouve aggravé par l'ambition réductionniste du programme de Lagrange. En effet, celui-ci ne se proposait pas seulement d'approfondir une branche particulière des mathématiques, mais aussi de réduire toutes les mathématiques à sa théorie. Pour qu'une telle ambition réductionniste pût fonctionner, la théorie des quantités algébriques eût dû inclure tous les résultats généraux pouvant être interprétés sur des quantités particulières sur lesquelles les mathématiques étaient censées porter. Lagrange pouvait donc difficilement éviter d'exiger que les quantités algébriques se comportassent comme des quantités particulières, car sinon, tout son programme eût été anéanti. Pire, pour lui, la réduction devait aller de pair avec l'effort fondationnel : son but était de fournir une base pour l'ensemble des mathématiques, et non un simple cadre de travail pour en élaborer une reformulation élégante. De fait, ce comportement ne pouvait être simplement imposé aux quantités algébriques de l'extérieur, mais devait être assuré en raison même des caractéristiques propres des quantités algébriques elles-mêmes.

Le point fondamental de notre explication de l'échec du programme de Lagrange est précisément que sa notion de quantité algébrique ne garantit pas que les quantités algébriques remplissent cette condition cruciale, d'autant plus que Lagrange ne peut supposer que subrepticement que tel est bien le cas. Du coup, cette notion paraît trop faible pour supporter le poids de son projet réductionniste. Mais, une fois renforcée par l'hypothèse subreptice que les quantités algébriques se comportent comme des quantités au sens propre, elle serait devenue trop forte pour jouer le rôle de point de départ de son programme fondationnel.

Bien sûr, ce point fondamental a pour nous différentes ramifications susceptibles d'éclairer nombre des différentes difficultés auxquelles est confrontée la théorie de Lagrange, qui la rendent tout à fait ardue. Nous entrerons dans les détails plus loin : ce qui est pertinent pour l'instant est de dire que l'échec de Lagrange marque, au moins sur le Continent, la fin du programme de l'analyse algébrique initié par Euler. En poussant l'idéal de pureté de ce programme jusqu'à ses conséquences ultimes, la théorie de Lagrange montre clairement que, si elle est conçue comme Euler et Lagrange le suggèrent, la pureté est incompatible avec des conceptions réductionnistes et fondationnelles : si l'analyse algébrique devait être pure en ce sens, l'ambition de ramener tout l'édifice des mathématiques dans son périmètre et d'en faire le fondement de cet édifice ne pourrait pas être atteint. C'est là ce qui sous-tend l'intérêt historique de cet échec et de son explication. Un tel intérêt ne repose pas seulement sur le rôle prééminent qu'avait Lagrange à son époque, et qu'il continue à avoir dans l'histoire des mathématiques. Il est aussi lié au fait que cet échec porte en lui la fin d'une manière de faire et de concevoir les mathématiques qui a caractérisé une longue période de son histoire. Réagir à la perspective fondationnelle de Lagrange et à son idéal de pureté était donc aussi une façon de promouvoir une nouvelle idée de ce que les mathématiques devraient être.

Cela étant dit quant au propos général de notre article, nous pouvons en présenter le plan.

Avant d'entreprendre un examen détaillé de la théorie de Lagrange, nous estimons nécessaire de clarifier sa conception des notions cruciales de quantité, de fonction, et de développement en série de puissances, et, plus généralement, de présenter son programme fondationnel et ses difficultés profondes. C'est ce qui fera l'objet du paragraphe § 2.

De notre point de vue, la théorie de Lagrange comporte quatre composantes principales :

— (*i*) la preuve fondamentale [1] ;
— (*ii*) la reformulation de l'édifice du Calcul en termes de fonctions dérivées (indépendamment des applications géométriques et mécaniques) ;
— (*iii*) le théorème du reste [2] ;
— (*iv*) les applications de l'algorithme des fonctions dérivées à la solution de problèmes particuliers de géométrie et de mécanique.

Le § 3 est consacré à la composante (*i*).

Les trois autres composantes sont conçues dans le but de montrer que le *corpus* entier du Calcul — avec toutes ses applications — peut être reformulé en termes de fonctions dérivées et de leurs relations, sans faire aucunement appel aux différentielles, aux intégrales, ou aux variations [3].

Pour réaliser son projet, Lagrange ne pouvait pas se limiter à offrir sa preuve fondamentale — garantissant ainsi la coïncidence formelle entre les fonctions dérivées $f^{(v)}(x)$ ($v = 1, 2, \ldots$) de toute fonction $f(x)$ et les quotients différentiels $\frac{d^v y}{dx^v}$ (pour $y = f(x)$) — et en appeler ensuite à une règle de traduction appropriée lui permettant de transformer tout énoncé comportant des termes dénotant des différentiels, des intégrales ou des variations, en un énoncé où ces termes sont remplacés par des termes dénotant des fonctions dérivées et primitives (la fonction primitive d'une fonction donnée étant, bien sûr, pour Lagrange, la fonction ayant la fonction donnée comme dérivée). En effet, la plus grande partie du *corpus* du Calcul ne tenait pas uniquement à l'algorithme des quotients différentiels, mais reposait plutôt sur des arguments infinitésimalistes, ou, plus généralement, sur des arguments liés à des interprétations particulières de cet algorithme. Ainsi, sa preuve fondamentale obtenue, Lagrange devait encore montrer comment retrouver la totalité de ce *corpus* en ne le fondant que sur la place prise par les fonctions dérivées $f^{(v)}(x)$ de toute fonction $f(x)$ dans le développement en série de puissances de $f(x + \xi)$.

---

1. Voir ci-dessus, p. 228.

2. Voir ci-dessus la note 1, p. 229.

3. Dans sa première formulation explicite, due à Euler (1744), le calcul des variations faisait appel à une espèce particulière de différentielles, qui ne se distinguent des différentielles habituelles qu'en ce quelles sont indépendantes les unes des autres, même si les variables correspondantes sont fonctionnellement liées. Nous les appelons 'variations'. La reformulation de ce calcul comme un formalisme contenant un nouvel opérateur δ distinct de d est une avancée importante de Lagrange lui-même, obtenu dans un de ses premiers mémoires scientifiques (Lagrange, 1760-61a). Dans la *Théorie* et dans les *Leçons*, il montre ensuite comment reformuler ce calcul en ne s'appuyant sur rien d'autre que sur des fonctions dérivées appropriées, afin d'éliminer l'opérateur δ lui-même. A ce propos, voir Fraser (1985b).

Le § 4 présente et discute quelques exemples de la composante (*ii*) qui concernent essentiellement la reformulation de la théorie des équations différentielles, que Lagrange appelle 'équations dérivées' (Lagrange, 1797, art. 33 et 54, 1801, p. 84, 1806, p. 112, 1813, art. 1, 17 et 41). Ceci nous permettra d'illustrer d'autres difficultés, plus techniques, associées au programme de Lagrange. Nous montrerons en particulier que son traitement des équations différentielles implique des écart considérables vis-à-vis de l'idéal de pureté méthodologique motivant son programme.

Le § 5 traite du théorème du reste — la composante (*iii*) —, qui est généralement considéré comme la réalisation mathématique majeure de la *Théorie* et des *Leçons*. Pour comprendre comment ce théorème s'insère dans la théorie de Lagrange, nous commencerons par considérer des exemples de la composante (*iv*) auxquels il s'applique. Nous considérerons ensuite deux démonstrations de ce théorème.

Enfin, le § 6 présente une courte conclusion.

La *Théorie* et les *Leçons* diffèrent en de nombreux points, parmi lesquels l'absence de la composante (*iv*) dans les *Leçons* est le plus flagrant. Les deux éditions de chaque traité diffèrent respectivement aussi sur plusieurs points de détail. Mais puisque la théorie développée dans les quatre exposés est essentiellement la même, une étude comparative systématique n'est pas nécessaire pour notre propos. L'annexe fournit néanmoins des informations sur les différentes éditions et sur le contenu respectif des deux traités. Celle-ci contient quatre tables : la première montre la place des composantes (*i*) - (*iv*) dans ces traités et leurs éditions respectives ; les trois autres détaillent les différents sujets présents dans les composantes (*ii*) et (*iv*).

2. Fonctions et quantités algébriques

Dans le mode de pensée classique, depuis les mathématiques et la philosophie grecques (voir Aristote, *Métaphysique*, Δ, 13, 1929a, 7-14, et *Catégories*, 6), les quantités sont des objets d'un type particulier — par exemple des nombres, ou bien des segments ou des intervalles de temps — qui satisfont deux conditions distinctes : l'additivité et l'ordre. La première spécifie que les objets de chaque type doivent pouvoir être additionnés les uns aux autres, afin de produire d'autres objets du même type. La seconde spécifie que ces objets doivent pouvoir être comparés du point de vue de leur taille, afin de dire si deux quelconques d'entre eux sont égaux, ou si l'un est plus grand que l'autre (et donc, que l'autre est plus petit).

Dans le *Discours préliminaire* de l'*Encyclopédie*, d'Alembert s'exprime ainsi (1751*b*, p. V-VI) :

> [...] quoiqu'il n'y ait proprement de calcul possible que par les nombres, ni de grandeur mesurable que l'étendue (car sans l'espace nous ne pourrions mesurer exactement le tems) nous parvenons, en généralisant toujours nos idées, à cette partie principale des Mathématiques, & de toutes les Sciences naturelles, qu'on appelle Science des grandeurs en général ; elle est le fondement de toutes les découvertes qu'on peut faire sur la quantité, c'est-à-dire, sur tout ce qui est susceptible d'augmentation ou de diminution.

Ceci est loin de fournir une définition claire et dépourvue d'ambiguïté, mais suggère au moins l'idée qu'une partie fondamentale des mathématiques porte sur des quantités conçues en général : non pas un ou plusieurs types particuliers de quantités, mais des quantités abstraites, pour ainsi dire [1]. *Mutadis mutandis*, c'est aussi le point de vue de Lagrange. Nous pouvons essayer d'en donner une meilleure formulation.

2.1. *La définition des fonctions chez Lagrange*

La *Théorie* commence par une définition explicite des fonctions, répétée aussi dans les *Leçons* (Lagrange, 1797, art. 1, 1801, p. 6, 1806, p. 6, 1813, Introduction, p. 1) [2] :

> On appelle *fonction* d'une ou de plusieurs quantités toute expression de calcul dans laquelle ces quantités entrent d'une manière quelconque, mêlées ou non avec d'autres quantités qu'on regarde comme ayant des valeurs données et invariables, tandis que les quantités de la fonction peuvent recevoir toutes les valeurs possibles.

---

1. D'Alembert dit aussi (1751*b*, p. XLIX) que « la *quantité* a formé l'objet des Mathématiques », et il répète qu'« on appelle *quantité* ou *grandeur* tout ce qui peut être augmente & diminué ». Cela suggère que pour lui les termes 'quantité' et 'grandeur' sont synonymes (ou peuvent, du moins, être utilisés comme tels). Nous serons plus précis et considérerons toutes les grandeurs comme des quantités (à savoir des quantités continues), tout en admettant que certaines quantités (à savoir les quantités discrètes, telles que les nombres entiers positifs) ne sont pas des grandeurs. Cela s'accorde avec l'usage que fait Lagrange de ces termes.

2. Lagrange laisse de longs passages inchangés entre la première édition de la *Théorie* et les *Leçons*, et ce jusqu'à la seconde édition de la *Théorie*. Quand les changements sont mineurs (comme c'est le cas ici), nous reprenons la version la plus récente, mais précisons les références bibliographiques de toutes les occurrences des passages concernés.

La définition de Lagrange nous surprend dans la mesure où elle affirme que les fonctions sont des expressions et qu'elles contiennent des quantités. Cela paraît incompatible avec la distinction, pour nous habituelle, entre des éléments syntaxiques et les entités auxquelles certains d'entre eux réfèrent, autrement dit (ou plus généralement) entre syntaxe et sémantique. Les expressions sont en effet des éléments syntaxiques, alors que, de notre point de vue, les quantités ne peuvent être que des entités auxquelles des expressions appropriées réfèrent, ce qui fait qu'une expression peut contenir des termes référant à des quantités, mais non des quantités comme telles.

On pourrait plaider l'inadvertance, et considérer que dans la définition de Lagrange, 'quantités' ne réfère pas à des quantités, mais à des termes référant à des quantités, auquel cas une fonction serait une expression qui inclurait des termes de ce type. Mais il existe au moins deux raisons d'écarter une telle interprétation.

La première est simple : la définition de Lagrange ressemble à celles que donnent la plupart des mathématiciens contemporains [1], ce qui fait que l'inadvertance serait alors un phénomène tout à fait répandu.

La seconde raison est plus complexe. Lagrange n'aurait pu considérer les fonctions comme des expressions contenant des termes qui réfèrent à des quantités que s'il avait été prêt à définir les quantités sans s'appuyer sur la notion de fonction. Mais en fait, ce n'est pas le cas. Contre cet argument, on pourrait rétorquer que, dans la lignée des mathématiciens grecs, Lagrange pourrait avoir considéré les quantités comme des objets particuliers définis dans le cadre de théories appropriées, antérieures en quelque sorte à la théorie des fonctions, par exemple l'arithmétique, la géométrie, ou la mécanique. Mais si c'était le cas, il faudrait distinguer des fonctions arithmétiques, géométriques ou mécaniques selon qu'elles contiendraient des termes référant à des quantités arithmétiques, géométriques ou mécaniques. Cela contredit ouvertement l'idée que la théorie des fonctions est la partie la plus générale des mathématiques, incluant

---

1. L'exemple le plus remarquable est la définition qui se trouve dans l'*Introductio* d'Euler (1748, vol. I, art. 4 et *Introduction à l'analyse infinitésimale*, vol. I, p. 2) :

> Une fonction de quantité variable est une expression analytique composée, de quelque manière que ce soit, de cette même quantité et de nombres, ou des quantités constantes.
>
> *Functio quantitas variabilis est expressio analytica quomodocunque composita ex illa quantitate variabili, et numeris seu quantitatibus constantibus.*

toutes les autres : une idée que Lagrange partageait sans aucun doute avec la plupart des mathématiciens contemporains (Grabiner, 1974, p. 355-358, Fraser, 1987 et 1989, Panza, 1992 et 1996, Ferraro et Panza, 2003).

Lagrange lui-même suggère une autre interprétation, quand il remarque, contre la théorie des fluxions de Newton, que (Lagrange, 1797, art. 5 et 1813, Introduction, p. 3.) :

> [...] introduire le mouvement dans un calcul qui n'a que des quantités algébriques pour objet, c'est y introduire une idée étrangère [...].

Cette critique suggère que les quantités auxquelles Lagrange se réfère dans sa définition des fonctions sont des quantités algébriques. Mais que sont des quantités algébriques ?

A première vue, la réponse la plus simple serait que les quantités algébriques sont celles dont traite l'algèbre. Le Calcul porterait alors sur des quantités algébriques dans la mesure où il fait partie de l'algèbre. C'est là certainement le point de vue de Lagrange [1], mais il ne suffit pas de le rappeler pour comprendre sa définition des fonctions. On devrait aussi expliquer, sans faire appel à la notion de fonction, ce qu'il pense qu'est l'algèbre. On pourrait considérer celle-ci comme un simple formalisme, et les quantités algébriques comme ce à quoi des formules appropriées de ce formalisme réfèrent quand elles sont censées référer à quelque chose. Si c'était là le point de vue de Lagrange, sa théorie porterait sur deux types d'expressions : les formules algébriques et les fonctions. Mais il est évident qu'il n'y a aucune trace d'un tel dédoublement dans les traités de Lagrange.

Celui-ci admet plutôt ouvertement que les fonctions sont elles-mêmes des quantités (Lagrange, 1797, art. 2 et 1813, Introduction, p. 1–2 ; voir aussi 1801, p 4 et 1806, p. 4) :

> Le mot *fonction* a été employé par les premiers analystes pour désigner en général les puissances d'une même quantité. Depuis, on a étendu la signification de ce mot à toute quantité formée d'une manière quelconque d'une autre quantité. Leibniz et les Bernoulli l'ont employé les premiers dans cette acception générale, et il est aujourd'hui généralement adopté.

---

1. En présentant son cours de 1799 à l'École Polytechnique (Lagrange, 1799, p. 232 ; voir l'annexe), Lagrange affirme explicitement que son but est « de faire disparaître les difficultés qui se rencontrent dans les principes du Calcul différentiel [...] en liant immédiatement ce Calcul à l'Algèbre [...] ».

Il est clair que Lagrange considère que sa définition est cohérente avec cette signification « généralement adoptée ». Autrement dit, il la considère comme cohérente avec l'idée qu'une fonction est une « quantité formée d'une manière quelconque d'une autre quantité », comme Jean Bernoulli l'avait déjà affirmé en 1718 (1718, p. 241)[1]. Dans la seconde édition de sa *Théorie*, Lagrange est explicite (1813, art. I.1) :

> Nous désignerons en général par la caractéristique f ou F, placée devant une variable, toute fonction de cette variable, c'est-à-dire toute quantité dépendante de cette variable, et qui varie avec elle suivant une loi donnée[2].

Il apparaît ainsi que, selon Lagrange, une fonction est une quantité, et qu'elle l'est juste dans la mesure même où elle est une expression. Mais alors, les quantités contenues dans une fonction peuvent, en accord avec sa

---

1. Voici la définition de Bernoulli :

> On appelle [...] fonction d'une grandeur variable, une quantité composée de quelque manière que ce soit de cette grandeur variable et de constantes.

Près de cinquante ans plus tôt, James Gregory avait déjà proposé une définition semblable en la présentant comme la définition de quantité (Gregory, 1667, p. 9 ; voir Youschkevitch, 1976-1977, p. 58) :

> On peut dire qu'une quantité est composée de [certaines] quantités quand une autre quantité résulte de l'addition, de la soustraction, de la multiplication, de la division, de l'extraction de racine de [ces] quantités, ou de toute autre opération imaginable [sur ces mêmes quantités].

> *Quamitatem dicimus à quantitatibus esse compositam ; cum à quantitatum additione, subductione, multiplicatione, divisione, radicum extractione, vel quacunque alia imaginabili operatione, fit alia quantitas.*

D'après Gregory, des quantités ainsi définies sont analytiquement composées quand les opérations concernées sont algébriques, au sens moderne du terme (Gregory, 1667, p. 9) :

> Quand une quantité est composée par l'addition, la soustraction, la multiplication, la division, [ou] l'extraction de racine de [certaines] quantités, nous dirons qu'elle est analytiquement composée.

> *Quandò quantitas componitur ex quantitatum additione, subductione, multiplicationr divisione, radicum extractione ; dicimus illam componi analyticè.*

Cette utilisation de l'adjectif 'analytique' et de ses termes apparentés est donc plus restrictive que celle de Lagrange : voir le § 2.3.

2. Lagrange ne place pas l'argument d'une fonction d'une variable entre parenthèses quand l'argument s'exprime par un symbole atomique ; il écrit 'fx' là où nous écririons '$f(x)$', mais il écrit comme nous '$f(x^2)$', '$f(x + \xi)$' et '$f(x, y)$'. Qui plus est, il écrit '$f'(x)$' pour la dérivée par rapport à x d'une fonction de plusieurs variables. Pour des raisons de simplicité, nous adhérons aux conventions modernes, même dans nos citations de Lagrange.

définition ouvrant la *Théorie*, être à leur tour identifiées à des expressions, et, donc, à des termes. Elles ne sont pas des termes qui réfèrent à des quantités, mais des termes qui sont des quantités.

Ceci nous ramène à la difficulté soulevée plus haut, puisque cette interprétation est incompatible avec notre distinction entre syntaxe et sémantique. Nous suggérons néanmoins que la notion de fonction chez Lagrange est étrangère à une telle distinction et que celle-là n'est comprise que si celle-ci n'est pas prise en compte.

Pour voir comment s'en dispenser, considérons deux citations ultérieures, issues des *Leçons* (Lagrange, 1801, p. 4 et 1806, p. 4) et d'un court article publié en 1799 dans le *Journal de l'École Polytechnique* (Lagrange, 1799, p. 235) :

> [...] on doit regarder l'Algèbre comme la science des fonctions ; et il est aisé de voir que la résolution des équations ne consiste, en général, qu'à trouver les valeurs des quantités inconnues en fonctions déterminées des quantités connues. Ces fonctions représentent alors les différentes opérations qu'il faut faire sur les quantités connues pour obtenir les valeurs de celles que l'on cherche, et elles ne sont proprement que le dernier résultat du calcul. Mais, en Algèbre, on ne considère les fonctions qu'autant qu'elles résultent des opérations de l'Arithmétique, généralisées et transposées aux lettres, au lieu que dans le Calcul des fonctions proprement dit, on considère les fonctions qui résultent de l'opération algébrique du développement en série lorsqu'on attribue à une ou à plusieurs quantités de la fonction, des accroissements indéterminés [1].

> À proprement parler, l'Algèbre n'est en général que la théorie des fonctions. Dans l'Arithmétique, on cherche des nombres par des conditions données entre ces nombres et d'autres nombres ; et les nombres qu'on trouve satisfont à ces conditions sans conserver aucune trace des opérations qui ont servi à les former. Dans l'Algèbre, au contraire, les quantités qu'on cherche doivent être des fonctions des quantités données, c'est-à-dire, des expressions qui représentent les différentes opérations qu'il faut faire sur ces quantités pour obtenir les valeurs des quantités cherchées. Dans l'Algèbre proprement dite, on ne considère que les fonctions primitives qui résultent des opérations algébriques ordinaires ; c'est la première branche de la théorie des fonctions. Dans la seconde branche on considère les fonctions dérivées, et c'est cette branche que

---

1. Ce passage est cité par J. L. Ovaert (1976, p. 172), pour souligner le « caractère algébrique » de la notion de fonction chez Lagrange.

nous désignons simplement par le nom de *Théorie des fonctions analytiques*, et qui comprend tout ce qui a rapport aux nouveaux calculs [1].

Ces deux citations suggèrent que 'algèbre' et 'théorie des fonctions' (que nous considérons comme synonymes de 'science des fonctions' et 'calcul des fonctions') sont, pour Lagrange, deux noms désignant la même théorie — connue également sous le nom d''analyse' ou mieux encore d' 'analyse algébrique', d'après le titre complet de la *Théorie* (voir p. 226, ci-dessus) —, ou en tous cas, deux branches intimement liées de cette même théorie.

Cette théorie porte sur les quantités qui, dans le discours de Lagrange, sont considérées comme des « expressions qui représentent les [...] opérations » devant être effectuées pour passer d'une quantité à une autre [2]. Plus précisément, elle traite du système de relations induit par la composition indéfinie de certaines opérations élémentaires appliquées à des arguments indéterminés [3]. Bien que les arguments soient indéterminés en tant que tels, ils peuvent être identifiés en observant le réseau de relations au sein duquel ils interviennent. Cela fait, ils deviennent des quantités, à savoir des quantités algébriques. Donc, Lagrange ne distingue pas les quantités des expressions parce que ni les opérations ni leurs arguments ne sont là avant les symboles correspondants. Au début, ce ne sont que des symboles, et des formules que ces derniers composent, soumis à des règles de composition et de transformation. Les opérations et les quantités n'apparaissent qu'ensuite, lorsque ces symboles et ces formules sont supposés exprimer quelque chose. Ainsi, les expressions ne réfèrent pas à des quantités ou à des opérations qui en sont indépendantes ; elles constituent, ou plutôt elles engendrent, des quantités et des opérations. L'univers de la théorie des fonctions de Lagrange est un univers de symboles gouvernés par des règles de composition et de transformation, et non un univers d'objets et de relations auxquels ces symboles réfèrent.

Dans le langage de Lagrange, le verbe 'exprimer' ne doit donc pas être considéré comme signifiant la même chose que 'référer à' : une

---

1. Lagrange fait une affirmation semblable dans le manuscrit 1323 de la bibliothèque de l'École des Ponts et Chaussées (Pepe (1986), p. 31 ; voir l'annexe) : « Le calcul des fonctions [...] n'a donc rien qui le distingue de l'algèbre proprement dite ».

2. L'idée qu'une expression « représente [...][des] opérations » semble déjà présente dans l'utilisation que fait Lagrange du terme « expression du calcul », en tant qu'opposé au terme « expression » tout court, dans sa définition des fonctions.

3. D'après Grabiner (1990, p. 72) : « Quand Lagrange dit qu'il veut réduire le Calcul à l'algèbre, il veut dire que son objet concerne les systèmes d'opérations qui sont exprimables par des formules symboliques ». Voir aussi Fraser (1987), p. 39.

expression n'exprime pas une quantité parce qu'elle y réfère, mais plutôt parce qu'elle peut être considérée comme cette quantité elle-même, ou, comme l'admet Lagrange sans aucune réticence, dans la mesure où elle est cette quantité. Dans la même veine, le verbe 'représenter' ne doit pas être considéré comme évoquant une relation entre deux objets qui pourraient être donnés indépendamment l'un de l'autre : une expression représente une opération dans la mesure où elle exprime (ou mieux, où elle est) une quantité qui est considérée comme le résultat de cette opération effectuée sur une autre quantité. Il en découle que, du point de vue de Lagrange, une quantité est algébrique dans la mesure où elle est une quantité dont l'identité ne dépend que du fait qu'elle est exprimée par une expression appropriée, et elle ne doit alors être conçue comme rien d'autre qu'un *relatum* dans un réseau de relations correspondant aux opérations que cette même expression représente [1].

Pour prendre un exemple simple, dans la mesure où x n'est pas considéré comme une quantité d'un certain type particulier, x^2 est une quantité algébrique qui correspond à la relation binaire ⌜[être] le carré de⌝ portant sur l'autre quantité algébrique x. Elle est donc caractérisée comme telle (c'est-à-dire comme cette quantité elle-même plutôt que comme n'importe quelle autre) simplement comme étant exprimée par l'expression 'x^2', et elle ne doit donc être considérée comme rien d'autre qu'un *relatum* de cette relation binaire (qui la relie à l'autre *relatum* x, et correspond à l'opération ⌜élever au carré⌝). Par conséquent, l'expression 'x^2' est simultanément porteuse de différentes significations : elle exprime la quantité algébrique x^2, en ce sens qu'elle est cette quantité même ; elle exprime la relation qui relie cette quantité à x ; et elle représente de plus l'opération ⌜élever au carré⌝ en tant qu'elle est appliquée à x et donne x^2.

Une fois cela accepté, la définition de Lagrange devient claire. Dans la mesure où les expressions sont pour lui des quantités, et que les quantités doivent être considérées, dans le contexte de (la partie pure de) sa théorie

---

1. Cette façon de penser les quantités n'est en aucun cas caractéristique de Lagrange, bien qu'il soit certainement le mathématicien qui ait essayé, plus que tout autre, de réformer le Calcul en conformité avec cette conception. Klügel (1800, p. 146) en offre un exemple particulièrement clair. Il parle de formes plutôt que d'expressions ou de fonctions, mais son idée fondamentale est tout à fait la même que celle de Lagrange : en mathématiques, dit-il, la forme est la « modalité de composition d'une quantité par une autre quantité [*Art der Zusammensetzung einer Grösse aus andern Grössen*] », et les mathématiques considérées comme un tout forment la « science de la forme des quantités [(*Wissenschaft der Formen der Grössen*] ».

des fonctions analytiques, comme algébriques (plutôt que comme particulières), les fonctions sont des entités à deux faces : ce sont des expressions dans la mesure où elles expriment des quantités (algébriques), et ce sont des quantités (algébriques) dans la mesure où elles sont exprimées par des expressions appropriées. La définition suivante, que Lagrange propose dans son traité des équations numériques, est tout à fait explicite (Lagrange, 1798, p. VII et 1808, p. 14–15) :

> [...] lorsqu'une quantité dépend d'autres quantités, de manière qu'elle peut être exprimée par une formule qui contient ces quantités, on dit alors qu'elle est une fonction de ces mêmes quantités [1].

Toutes ces considérations devraient suffire à clarifier la première partie de la définition des fonctions donnée par Lagrange, selon laquelle une « fonction d'une ou plusieurs quantités » est une « expression de calcul dans laquelle ces quantités entrent d'une manière quelconque, mêlées ou non avec d'autres quantités ». Mais il en faut davantage pour comprendre ce que signifie que ces dernières quantités sont considérées « comme ayant des valeurs données et invariables, tandis que les quantités de la fonction peuvent recevoir toutes les valeurs possibles », et plus généralement, pour expliquer le rôle exact des fonctions dans la théorie de Lagrange. Les paragraphes § 2.2-2.7 suivants sont consacrées à ces questions.

2.2. *Fonctions et numéraux*

Commençons par discuter une objection visant la façon de comprendre la définition de Lagrange qui vient d'être proposée.

Au début de l'*Introductio*, Euler affirme que les « nombres de toute espèce » sont des quantités constantes, et que — puisque « toutes les valeurs déterminées » qu'une quantité variable « comprend » peuvent être exprimées par un nombre — « une quantité variable comprend tous les nombres de quelque nature qu'ils soient » (Euler, 1748, vol. I, art. 1–2 et *Introduction à l'analyse infinitésimale*, vol. I, p. 1-2). On pourrait considérer que toutes ces affirmations — ainsi que la pratique d'Euler, d'assigner des valeurs numériques (réelles ou complexes) aux quantités variables — suggèrent que pour Euler, les quantités ne sont que des

---

1. Cette citation suffirait à montrer que l'opposition soulignée par Youschkevitch (1976-1977), et Monna (1972), entre deux notions de fonction à l'œuvre dans les mathématiques du dix-huitième siècle — à savoir qu'une fonction peut être considérée comme expression ou une quantité dépendant d'autres quantités — est sans fondement. Sur ce sujet, voir Panza (1992), chap. II.2, en particulier § II.2.η, Panza (1996) et Ferraro (2000).

nombres. On pourrait alors penser qu'il en va de même pour Lagrange [1]. Bien qu'en fait, il ne semble pas qu'Euler identifie quantités et nombres, nous nous en tiendrons à Lagrange (au sujet d'Euler, voir Ferraro, 2001 et 2004 et Panza, 2007*a*, § 1.1).

Dans les deux passages des *Leçons* et de l'article du *Journal de l'École Polytechnique* de 1799 précédemment cités, Lagrange distingue explicitement l'algèbre, ou théorie des fonctions, de l'arithmétique, et il utilise explicitement les termes 'quantité' et 'nombre' pour parler des entités traitées respectivement par ces deux disciplines. Cela explicite ce qui est implicitement suggéré par la théorie de Lagrange prise comme un tout, à savoir que les nombres sont pour lui des quantités d'un type particulier, tandis que la théorie des fonctions traite des quantités en général, c'est-à-dire des quantités algébriques.

La présence de numéraux tels que '0', '1', '2' etc. dans les nombreuses formules qui interviennent dans les traités de Lagrange ne constitue aucune preuve du contraire. Car les numéraux admettent une interprétation facile soit comme dénotant des quantités constantes caractérisées par un rôle opératoire particulier, soit comme indices d'opérations.

Tout d'abord, des symboles comme '0', '1', peuvent être facilement interprétés comme des symboles de quantités constantes caractérisés par un rôle opératoire particulier. Pour '0', une interprétation de ce type est naturelle : '$x + y = 0$' est, par exemple, un raccourci pour '$x = -y$'. Pour '1', une interprétation de même type est explicitement donnée par Descartes dans sa *Géométrie*, où ce symbole est considéré comme se référant à un segment unité fonctionnant comme élément neutre de la multiplication des segments (Descartes, 1637, p. 297-300, Panza, 2005, p. 23-27). Il n'y a aucune raison de refuser que Lagrange accepte et généralise ce que stipule Descartes en admettant que '1' fonctionne comme élément neutre de la multiplication des quantités abstraites.

En acceptant ce point, tout numéral habituellement interprété comme référant à un nombre algébrique (au sens moderne) peut être conçu comme un symbole qui, ou bien exprime une quantité résultant d'opérations appropriées appliquées à 1 conçu comme on vient de le préciser, ou bien représente de telles opérations elles-mêmes. Pour prendre l'exemple le plus simple, '2' dans '$x + 2$' peut être considéré comme un raccourci de '$1 + 1$'.

Une interprétation semblable s'applique également à des symboles comme 'e' ou 'π' dans des expressions comme 'e^x' ou '$\frac{\pi}{2}$'. Ils peuvent

---

1. Nous remercions Jesper Lützen pour avoir attiré notre attention sur ce point.

en effet être considérés comme des symboles de quantités constantes caractérisés par un rôle opératoire à spécifier au moyen de la définition des fonctions logarithmique, exponentielle et trigonométrique.

D'autre part, des expressions comme 'x^3' ou '$\sqrt[3]{2}$' utilisent des numéraux (le numéral '3' dans ces deux cas) en tant que symboles pour des indices d'opérations. Dans ce cas, les numéraux réfèrent clairement à des nombres en tant que tels, mais ces nombres ne sont pas les quantités dont traite la théorie de Lagrange. Ils sont là plutôt pour aider à représenter certaines opérations sur ces quantités. Ainsi, 'x^3' doit être lu comme l'expression du résultat qui est obtenu en multipliant la quantité x trois fois par elle-même, tandis que '$\sqrt[3]{2}$' doit être lu comme l'expression de la quantité qui, étant multipliée trois fois par elle-même, donne la quantité 2 (ou 1+1). Une interprétation semblable s'applique aussi à '$3x$' ou à '$\frac{3}{x}$', qui doivent donc être lues respectivement comme des raccourcis pour '$x + x + x$' et '$\frac{1}{x} + \frac{1}{x} + \frac{1}{x}$'.

2.3. *Pourquoi les fonctions de Lagrange sont-elles analytiques ?*

Une autre question pertinente concerne l'utilisation que fait Lagrange de l'adjectif 'analytique' dans le terme 'fonctions analytiques'.

Dans les traités de Lagrange, il est clair que cet adjectif n'est pas supposé qualifier une classe particulière de fonctions. Lagrange peut avoir emprunté le terme 'fonctions analytiques' au *Traité du calcul intégral* de Condorcet [1]. Mais il l'utilise différemment, pour se référer en fait à n'importe quelle fonction, conçue comme nous l'avons suggéré. C'est également le point de vue de Dugac (2003, p. 7), pour qui l'adjectif 'analytique', dans le titre de la *Théorie*, a le sens que lui donne d'Alembert dans l'article 'Analytique' de l'*Encyclopédie* : muni de ce sens, il s'applique seulement à tout ce qui « appartient à l'*analyse*, ou qui est de la nature de l'*analyse*, ou qui se fait par la voie de l'*analyse* » (d'Alembert, 1751*a*, p. 403).

2.4. *En quel sens les fonctions sont-elles des quantités ?*

Après les deux questions préliminaires soulevées dans les § précédents, passons à une question plus substantielle. Notre interprétation

---

1. Le manuscrit du traité de Condorcet, qui ne fut jamais publié, est conservé à la bibliothèque de l'Institut à Paris. En ce qui concerne l'occurrence et la signification du terme 'fonctions analytiques' dans ce manuscrit, voir Youschkevitch (1976-1977), p. 75 et Gilain (1988), p. 103.

de la définition des fonctions que donne Lagrange laisse un problème ouvert : en quel sens des quantités algébriques peuvent-elles être considérées comme des quantités au sens propre ? Ou plutôt, qu'ont-elles en commun avec les quantités d'un type particulier, telles que les nombres, les segments ou les vitesses, qui fait qu'on puisse les considérer comme des quantités à leur tour ?

On pourrait penser que ce qui est ici crucial est que les quantités algébriques sont des arguments d'opérations supposées avoir les mêmes propriétés formelles que les opérations usuelles sur des nombres ou des segments. Ceci n'est cependant qu'une réponse partielle.

En effet, Lagrange assigne aux quantités algébriques certaines caractéristiques qui ne dépendent pas seulement du fait qu'elles soient exprimées par des expressions adéquates. Il leur attribue, précisément, un ordre linéaire et certaines propriétés métriques, et il suppose qu'elles respectent certaines conditions de continuité. En un mot, il suppose que les quantités algébriques, même si elles ne sont pas des nombres, se comportent à bien des égards de la même manière que des nombres réels, ou mieux encore, que des segments orientés (y compris le segment nul). En bref, nous pouvons appeler 'réelles' les quantités qui se comportent de cette façon. Il en découle que, du point de vue de Lagrange, les quantités algébriques sont des quantités réelles [1].

Cette supposition a une conséquence cruciale : elle introduit implicitement un hiatus entre l'interprétation des fonctions comme expressions et leur interprétation comme quantités, et elle donne lieu à une contradiction importante entre l'idéal de pureté de Lagrange et le développement effectif de sa théorie. D'une part, cet idéal de pureté exige que les fonctions ne soient étudiées qu'en tant qu'expressions ; d'autre part, de

---

1. A première vue, cette affirmation paraît contredire l'argument sur lequel Lagrange s'appuie pour exclure la possibilité que « dans la série résultante du développement de la fonction $f(x+\xi)$, il ne peut se trouver aucune puissance fractionnaire de ξ » (Lagrange, 1797, art. 10, 1801, p. 8, 1806, p 9, 1813, art. 1.2 ; voir le § 3.1). Comme nous le verrons dans le § 3.1.3, l'argument peut cependant se justifier sans nier que les quantités algébriques soient réelles. Dans un autre cas — à savoir lorsqu'il traite des fonctions trigonométriques dans les deux éditions de sa *Théorie* (Lagrange, 1797, art 25-29 et 1813, art 1.14 et 1.18-32) — Lagrange s'appuie sur des coefficients et des exposants imaginaires (explicitement identifiés comme tels par la présence du facteur $\sqrt{-1}$), mais il les manipule de façon purement formelle et les utilise pour étudier les fonctions sinus et cosinus avec l'hypothèse implicite que leurs arguments sont des quantités réelles.

nombreux arguments de sa théorie s'appuient sur les propriétés qu'ont les fonctions en tant qu'elles sont des quantités réelles [1].

C'est une question de fait que Lagrange considère les quantités algébriques comme réelles. Mais — pourrait-on se demander — pourquoi le fait-il ? Il ne suffit pas seulement de remarquer que cette supposition intervient dans plusieurs de ses arguments pour répondre à une telle question. Le point crucial est plutôt que Lagrange a recours à ces arguments parce que le but même de sa théorie est de réduire l'étude de toute espèce particulière de quantité à l'étude des fonctions. En effet, pour y parvenir, il doit faire bien davantage que proposer simplement une théorie des fonctions. Il doit montrer, ou au moins suggérer, que tous les résultats connus pour tous les types de quantités peuvent être obtenus dans le cadre de cette théorie. Et c'est précisément ce qui l'oblige à supposer que les quantités algébriques sont réelles.

La double visée de la théorie de Lagrange concernant les quantités algébriques et les types particuliers de quantités apparaît dans la séparation manifeste établie par la table des matières de la *Théorie*. Sa théorie y est séparée en deux parties distinctes : une partie pure qui traite des fonctions en général, et contient les composantes (*i*)-(*iii*) parmi les quatre qui sont listées à la page 233 ; et une partie d'applications, qui fait intervenir les différents types de quantités, et qui contient la composante (*iv*). D'une part, cette séparation est atténuée par le fait que la première partie est largement influencée par l'ambition de rendre possibles les applications géométriques et mécaniques. Ces applications n'apparaissent pas comme de simples corollaires des principes fondamentaux de la théorie ; elles sont

---

1. Ce hiatus ne doit pas dissimuler le fait que l'idéal de pureté de Lagrange l'oblige à traiter, dans la mesure du possible, les quantités algébriques comme de purs *relata* du réseau de relations exprimées par les expressions pertinentes. Cette attitude a été largement soulignée par de nombreux mathématiciens contemporains. Quand cette critique est mentionnée, le rejet par Cauchy des « raisons tirées de la généralité de l'algèbre », qui apparaît clairement dans la préface de son *Cours d'analyse* (Cauchy, 1821, p. ii), est souvent rappelé. Un exemple très antérieur de cette critique se trouve dans le passage suivant, extrait d'un mémoire d'Ampère présenté à l'*Institut des sciences* en 1803 et paru en 1806 (Ampère, 1806, p. 496) :

> Ce qu'on appelle un fait d'analyse doit toujours être ramené, si l'on veut s'en faire une idée juste, aux principes métaphysiques de cette science. Il est évident, en effet, que l'emploi des caractères algébriques ne pouvant rien ajouter aux idées qu'ils représentent, on doit toujours trouver dans l'examen attentif des conditions de chaque question la raison de tous les résultats où l'on est conduit par le calcul.

plutôt enracinées dans ces mêmes principes, en particulier dans le théorème du reste [1]. D'autre part, cette même séparation n'apparaît pas seulement dans la structure même des traités. Elle est également flagrante dans l'effort conduit par Lagrange pour maintenir les considérations formelles aussi détachées que possible des considérations concernant l'ordre, la métrique et la continuité [2], mais aussi pour développer la partie pure de la théorie aussi loin que possible sans faire appel (au moins explicitement) à l'ordre, à la métrique et à la continuité pour les quantités algébriques.

Dans ce contexte, le recours explicite à l'ordre et à la continuité dans les preuves du théorème du reste est d'autant plus frappant qu'il apparaît comme un écart inévitable par rapport au projet méthodologique fondamental. Il en est de même pour d'autres recours, subreptices cette fois, à ces conditions dans d'autres arguments cruciaux inclus dans la partie pure de la théorie de Lagrange, y compris dans certains arguments tout à fait essentiels, comme la preuve fondamentale elle-même.

L'idée que l'étude des quantités d'un type particulier doit être réduite à l'étude des fonctions a une autre conséquence importante. Comme nous l'avons déjà dit, du point de vue de Lagrange, l'algèbre coïncide avec la théorie des fonctions (analytiques), ou lui est au moins intimement liée, dans la mesure où l'une comme l'autre sont des branches de la même théorie générale. Comme l'étude des quantités constitue les mathématiques elles-mêmes, il en découle que cette théorie plus générale n'est pas une branche des mathématiques, mais un cadre unifié auquel toutes les mathématiques doivent être réduites. Par conséquent, parler de l'algèbre ou de la théorie des fonctions (analytiques) n'est pas une façon de parler d'une partie des mathématiques, mais plutôt, si on l'interprète

---

1. Ce qui signifie que la théorie de Lagrange satisfait, en ce qui concerne ses applications géométriques et mécaniques, ce que les philosophes des mathématiques appellent aujourd'hui habituellement 'contrainte de Frege', à savoir l'exigence selon laquelle le mode de présentation d'une théorie mathématique devrait permettre de rendre compte de la possibilité de son application. L'interprétation de cette exigence que nous restituons ici de manière schématique a donné lieu à une abondante littérature à partir de Dummett (1991), p. 274, et Wright (2000), p. 324. Voir aussi plus récemment Panza et Sereni (2019).

2. Ovaert (1976, p. 173) a soutenu que dans les *Leçons*, mais pas dans la *Théorie*, Lagrange s'est efforcé de séparer le « point de vue formel » du « point de vue numérique ». Sur ce point, voir aussi Alvarez (1997), p. 121 et 125, pour qui la théorie de Lagrange présente « deux niveaux », le premier correspondant à une « représentation purement formelle des fonctions », et le second au « calcul effectif » de la « valeur numérique d'une fonction ». L'adjectif « numérique » nous semble inapproprié, puisque les quantités d'un type particulier n'ont pas à être des nombres. Mais, ceci mis à part, cette remarque nous semble saisir une caractéristique importante de la théorie de Lagrange.

convenablement, une façon de parler des mathématiques comme un tout. En fait, cette utilisation du terme 'algèbre' n'est pas surprenante : d'une part, la conception de l'algèbre comme un domaine bien délimité à l'intérieur des mathématiques est tout à fait moderne, et au dix-huitième siècle, elle était loin d'être généralement acceptée ; d'autre part, la possibilité de développer toute fonction en série de puissances — une possibilité que Lagrange pensait avoir établie, comme nous le verrons dans le § 3 — suggère fortement que toute fonction peut être présentée sous la forme d'une expression polynomiale.

2.5. *Variables, constantes, et quantités indéterminées*

Nous sommes maintenant prêts à considérer la distinction faite par Lagrange entre les quantités « qu'on regarde comme ayant des valeurs données et invariables », et celles qui « peuvent recevoir toutes les valeurs possibles », c'est-à-dire la distinction entre quantités constantes et quantités variables.

Deux points doivent être clarifiés en relation avec cette distinction : comment devons-nous comprendre, dans le contexte de la théorie de Lagrange, la notion de valeur d'une quantité ? Que signifie d'admettre qu'une quantité peut prendre non seulement plusieurs valeurs, mais plutôt toutes les valeurs possibles ?

Commençons par le premier point.

Pour un mathématicien moderne, la théorie de Lagrange apparaît comme une version (déficiente) de l'analyse réelle. À partir de ce point de vue, il est naturel d'admettre que les variables de Lagrange varient sur les nombres réels et que ses constantes sont des nombres réels. Comme nous l'avons dit, nous ne partageons pas cette interprétation (bien que nous reconnaissions, bien sûr, que les variables et les constantes de Lagrange puissent être interprétées comme des nombres). Nous allons donc suggérer une interprétation alternative de la notion de valeur chez Lagrange.

Nous suggérons que dans la perspective de Lagrange, une valeur d'une quantité algébrique est une autre quantité algébrique destinée à la remplacer, et qui peut lui être explicitement associée au moyen d'une égalité appropriée. Une quantité algébrique constante est ainsi une quantité algébrique qui — dans un certain contexte argumentatif — n'admet pas de substitution arbitraire, c'est-à-dire soit n'admet aucune substitution, soit admet seulement des substitutions specifiées. Une quantité algébrique variable est par contre une quantité algébrique qui — toujours dans un certain contexte argumentatif — admet toute substitution arbitraire compatible avec les règles de composition. Ainsi conçue, la distinction entre quantités algébriques constantes et variables non seulement ne dépend pas du traitement formel de ces quantités, mais est aussi relative aux contextes argumentatifs.

Pour Lagrange, certaines quantités algébriques peuvent aussi être considérées comme indéterminées. Ce qui signifie que, dans un certain contexte argumentatif, elles sont manipulées indépendamment du fait qu'elles puissent prendre, ou avoir, une certaine valeur, et ainsi, qu'elles admettent ou non certaines substitutions. Souvent, une quantité indéterminée est supposée être n'importe quelle quantité constante, et se trouve alors susceptible de prendre n'importe quelle valeur appropriée, et même, d'être ensuite considérée comme variable. Ce qui est clairement le cas de l'incrément ξ dans $f(x + \xi)$.

Considérons maintenant le second point.

Nous avons déjà mentionné ce que dit Euler des quantités et des nombres au début de l'*Introductio*. Il y affirme aussi qu'une quantité variable « comprend toutes les valeurs déterminées », et qu'une quantité variable est « le genre sous lequel sont contenues toutes les quantités déterminées » (Euler, 1748, vol. I, art. 2, *Introduction à l'analyse infinitésimale*, vol. I, p. 2). De plus, il ajoute qu'une « fonction d'une variable est elle-même une quantité variable », ce qui signifie qu'elle prend toute valeur déterminée. Plus précisément, il soutient que, « comme on peut mettre à la place de la variable toutes les valeurs déterminées, la fonction recevra elle-même une infinité de valeurs », et il ajoute qu'« il est impossible d'en concevoir aucune, dont elle ne soit susceptible, puisque la variable comprend même les valeurs imaginaires » (Euler, 1748, vol. I, art. 5 ; Introduction à l'analyse infinitésimale, vol. I, p. 2-3 ; sur le point de vue d'Euler à ce sujet, nous renvoyons le lecteur à Panza, 2007*a*, § 1.1).

Lagrange reprend simplement la première des affirmations d'Euler, mais il n'essaie pas de l'expliquer, et n'insiste pas sur ses conséquences relatives aux valeurs que peut prendre une fonction. Qui plus est, en développant sa théorie, il semble faire au moins deux concessions qui contredisent la seconde affirmation d'Euler. D'une part, il semble admettre la possibilité de considérer une constante comme une fonction d'une variable quelconque. D'autre part, il semble accepter le fait qu'une fonction puisse être telle que sa variable ne soit pas autorisée à prendre toute valeur. La première concession intervient tout à fait localement dans la théorie de Lagrange, par exemple lorsqu'il traite des solutions singulières des équations dérivées (nous reviendrons sur ce point dans le § 4.2), bien qu'elle découle du fait de reconnaître (reconnaissance naturelle au vu de sa notion de fonction) que des expressions telles que '$2a^2 - ax - a(a - x)$' — où une variable ne se présente, pour ainsi dire, qu'en creux — sont ou expriment des fonctions. La seconde concession imprègne plutôt l'ensemble de la théorie, et a un rôle bien plus important.

Afin de voir pourquoi, considérons deux exemples simples, à savoir les expressions '$\frac{a}{a-x}$' et '$\sqrt{a - x}$'. Il semble que, du point de vue de Lagrange, des expressions comme celles-ci ne soient pas bien formées si x prend certaines valeurs particulières : pour '$\frac{a}{a-x}$', c'est le cas lorsque x prend la valeur a ; et pour '$\sqrt{a - x}$', c'est le cas lorsque x prend toute valeur supérieure à a.

Ces deux exemples sont très différents. Pour soutenir que '$\frac{a}{a-x}$' n'est pas bien formée si $x = a$, il suffit d'affirmer que la division par 0 (qui fonctionne comme élément neutre de l'addition sur les quantités abstraites) n'est pas autorisée, ou que l'expression '$\frac{a}{0}$' n'a pas de sens puisqu'il n'existe aucune chose telle qu'une quantité infinie. Pour soutenir que l'expression '$\sqrt{a - x}$' est dépourvue de sens si $x > a$, on doit dire qu'aucune forme quadratique n'est strictement négative, ou que '$\sqrt{a - b}$' n'a pas de sens si $b > a$, puisqu'il n'existe aucune quantité dont le carré soit strictement négatif. Il semble que Lagrange adopte implicitement ces deux arguments. Ce qui est naturel, puisqu'ils s'accordent parfaitement avec la supposition que les quantités algébriques sont réelles. Mais cela a de sérieuses conséquences sur la partie pure de la théorie.

Selon notre interprétation ensembliste moderne, une fonction est une application $f : X \to Y$ d'un certain ensemble X dans un certain ensemble Y, et sa nature même dépend non seulement des règles auxquelles elle est soumise, mais aussi de la nature de ces ensembles. Du point de vue de Lagrange, par contre, une fonction est une expression qui exprime une quantité. Il n'y a donc aucune manière de spécifier à l'avance le domaine de valeurs de sa variable (ou de ses variables) où elle serait définie. Mais, dès lors que les quantités algébriques sont supposées être réelles, et que les fonctions les expriment, il devient nécessaire d'assigner aux fonctions quelque chose comme un domaine de définition.

Nous employons ce dernier terme pour faire bref, mais nous insistons sur le fait que ce à quoi il réfère ici est tout à fait différent de ce à quoi il réfère dans le contexte de la théorie des ensembles. Dans le contexte de la théorie de Lagrange, le domaine de définition d'une fonction est donné par les substitutions possibles de sa (ou de ses) variable(s) qui préservent sa propriété d'exprimer une quantité réelle, et qui donc, permettent à la

fonction de subsister en tant que telle. Ainsi interprété, le domaine de définition d'une fonction n'est pas établi indépendamment de l'expression qui
constitue la fonction elle-même, mais lui est imposé par cette expression.

Il en découle que, du point de vue de Lagrange, puisque les fonctions
$\frac{a}{a-x}$ et $\sqrt{a-x}$ ne sont pas définies respectivement pour $x = a$ et $x > a$,
elles n'ont tout simplement aucune propriété lorsque $x = a$ et $x > a$.
Affirmer, par exemple, que la première d'entre elles est discontinue pour
$x = a$ est tout simplement insensé : cette fonction n'est ni une application
de $\mathbb{R}$ dans $\mathbb{R}$ ni une application d'un ensemble X quelconque, incluant la
valeur a, dans un autre ensemble approprié Y ; elle est seulement l'expression elle-même en tant qu'elle exprime une quantité réelle, et cette
dernière condition, précisément, n'est pas obtenue pour $x = a$.

À strictement parler, une telle conception contredit l'affirmation de
Lagrange selon laquelle une quantité variable peut « recevoir toutes les
valeurs possibles », au moins s'il est admis que des fonctions telles que
$\frac{a}{a-x}$ et $\sqrt{a-x}$ sont des quantités variables, ce que Lagrange n'aurait sans
doute pu nier. Mais il y a cependant un sens dans lequel cette conception
est tout à fait consistante avec cette affirmation. Selon cette conception,
en effet, les valeurs que peut prendre une variable qui intervient dans la
fonction ne peuvent pas être établies à discrétion. Il en découle que les
fonctions de Lagrange ne sont pas seulement définies partout sur leur
domaine de définition, mais aussi que, comme Fraser l'a déjà remarqué
(1987, p. 40-41), dans la théorie de Lagrange, il n'y a pas de place pour
les fonctions définies par morceaux telles que celle-ci :

$$(1) \qquad\qquad f(x) = \begin{cases} x^2 & \text{for } x \geq 0 \\ x & \text{for } x < 0 \end{cases},$$

2.6. *La conception compositionnelle des fonctions*

Il est temps d'aborder maintenant une question que nous avons laissée
de côté jusqu'ici : quel type d'expression est une fonction du point de vue
de Lagrange ?

Lagrange n'ajoute à sa définition ni une liste des symboles atomiques
qui peuvent composer une fonction, ni une spécification des règles de
composition de ces symboles. Il se limite à supposer que ses lecteurs
sont familiers avec le formalisme utilisé pour fournir les expressions pertinentes, et il n'est ainsi nul besoin de la préciser davantage.

Cependant, le point crucial ici ne porte pas sur le choix et la délimitation de ce formalisme, mais plutôt sur une conception compositionnelle

des fonctions que Lagrange semble aussi avoir considérée comme allant de soi. Son adhésion à cette conception est manifeste dans la déclaration suivante, qu'il énonce après avoir établi les développements en séries de puissances de $(x + \xi)^m$, $a^{(x+\xi)}$, $\log_a (x + \xi)$, $\sin(x + \xi)$ et $\cos(x + \xi)$ (Lagrange, 1797, art. 30 et1813, art. I.15 ; voir assi 1801, p. 36 et 1806, p. 47) :

> Les fonctions x^m, a^x, lx^1 , $\sin x$, $\cos x$ que nous venons de considérer, peuvent être regardées comme les fonctions simples analytiques d'une seule variable. Toutes les autres fonctions de la même variable se composent de celles-là par addition, soustraction, multiplication ou division ; ou sont données en général par des équations dans lesquelles entrent des fonctions de ces mêmes formes.

Tout comme Euler (1748, vol. I, Chap. VIII), Lagrange semble inclure le sinus et le cosinus parmi les fonctions simples, mais aucune fonction trigonométrique inverse[2]. Il néglige également d'observer que les fonctions peuvent être composées en remplaçant leurs arguments par d'autres fonctions, bien que, dans ses traités, il fasse bien entendu grand usage d'une telle forme de composition.

Si ces défauts bénins sont laissés de côté, son point de vue est clair : les fonctions sont engendrées au moyen de compositions algébriques finies d'une poignée de fonctions élémentaires (ou simples)[3], ou bien sont implicitement définies au moyen d'équations qui font apparaître des fonctions engendrées de cette façon. Ce point mérite d'être clarifié davantage.

Que Lagrange accepte les fonctions exponentielles, logarithmiques et trigonométriques ne s'oppose pas à son interprétation des fonctions comme quantités algébriques, puisque pour lui, comme nous l'avons vu plus haut, l'algèbre n'est pas une partie des mathématiques, mais les mathématiques toutes entières, conçues adéquatement. Dans le contexte de l'algèbre (étendue) de Lagrange, les fonctions trigonométriques ont

---

1. Dans la notation de Lagrange, lx est le logarithme népérien de x.

2. Mais notons que dans les *Leçons* (Lagrange, 1801, p. 35-36 et 1806, p. 45-46), il obtient les dérivées des fonctions *arcsinx* et *arccosx* en inversant les développements en séries de puissances de $\sin(x + \xi)$ et $\cos(x + \xi)$.

3. Ici et ci-dessous, nous utilisons le terme 'composition' et les termes apparentés, en relation avec les fonctions, dans un sens plus large que celui dans lequel ce terme est habituellement utilisé de nos jours. Dans ce sens plus large, deux fonctions $f(x)$ et $g(x)$ peuvent être composées en donnant non seulement les fonctions $f(g(x))$ et $g(f(x))$, mais aussi les fonctions $f(x) + g(x)$, $f(x) - g(x)$, $[f(x)][g(x)]$ et $\frac{f(x)}{g(x)}$, c'est-à-dire, comme le dit Lagrange, par addition, soustraction, multipication et division.

cependant un rôle différent de celui des fonctions exponentielles et loga-rithmiques. Les fonctions a^x et $\log_a x$ peuvent être considérées comme résultant d'une généralisation des opérations arithmétiques élémentaires, et leur présence parmi les fonctions élémentaires est ainsi parfaite-ment cohérente avec la conception 'génétique' (Vuillemin, 1962, p. 64, Gusdorf, 1971, p. 232-249) qui était partagée par de nombreux mathéma-ticiens contemporains, selon laquelle les mathématiques étaient engen-drées par extension à partir d'une base élémentaire [1].

Il n'en est pas de même pour les fonctions trigonométriques, dont les propriétés fondamentales dépendent plutôt de leur origine géométrique. Il est vrai que le sinus et le cosinus peuvent aussi être définis à partir des exponentielles imaginaires (voir ci-dessus note 1, p. 246). Mais si elles sont ainsi définies, elles ne sont plus des fonctions élémentaires, et il n'y a pas de raison pour leur assigner un rôle particulier dans la théorie des fonctions. Le fait que les fonctions élémentaires de Lagrange incluent les fonctions sinus et cosinus est ainsi un autre exemple du hiatus entre l'idéal de pureté de Lagrange et le développement effectif de sa théorie dans le cadre de son projet réductionniste.

Une autre question importante porte sur la dernière partie du passage cité, où Lagrange dit que les fonctions peuvent être « données » par des équations. Plus loin, Lagrange confirme cette declaration en remarquant que « la fonction y pourrait n'être donnée que par une équation quelconque entre x et y » (Lagrange, 1797, art. 33, 1801, p. 47, 1806, p. 52, 1813, art. I.16). Juste après cette seconde déclaration, Lagrange démontre que si $F(x, y) = 0$, alors, la première dérivée de y est $-\frac{F'^x(x,y)}{F'^y(x,y)}$, où et $F'^x(x, y)$ et $F'^y(x, y)$ sont les dérivées premières de $F(x, y)$ prises respectivement par rapport à x et y (voir égalité 15, ci-dessous).

Ceci suggère que Lagrange ne se réfère ici qu'à des équations algé-briques, ou non dérivées, dans son sens. Il ne semble donc pas envisager la possibilité qu'une fonction puisse être implicitement définie par une

---

1. Cette conception fût tout spécialement promue par Condillac dans son essai *La langue des calculs* (Condillac, an VI : 1797) qui eut une grande influence. Pour une étude de ce traité, voir Dhombres (1982-1983). Le passage suivant, tiré des *Leçons*, témoigne de l'adhé-sion de Lagrange à cette conception dans le cas de la fonction exponentielle (Lagrange, 1801, p. 20 et 1806, p. 25) :

> La fonction x^m, dans laquelle x est la variable et m est une constante, conduit naturellement à la considération de la fonction a^x, dans laquelle la variable est x, et où a est une constante.

équation dérivée. Ce qu'il paraît avoir à l'esprit est que les fonctions sont soit élémentaires soit obtenues à partir d'une composition algébrique finie des fonctions élémentaires, ou de la solution d'une équation comportant des fonctions élémentaires de deux variables, composées algébriquement. Pour faire bref, appelons cette conception 'conception compositionnelle (des fonctions)'.

Le problème avec cette conception est qu'elle est en contradiction avec nombre d'arguments et de résultats qui se trouvent dans la *Théorie* et dans les *Leçons*. Nous considérerons plus loin deux d'entre eux (voir §3 et 4.4 respectivement) : le premier n'est autre que la preuve fondamentale de Lagrange, et le second concerne les équations aux dérivées partielles.

2.7. *Généralité*

Le dernier point que nous voulons souligner à propos de la notion de fonction chez Lagrange concerne sa relation avec une caractéristique tout à fait particulière des preuves de Lagrange, qui tient à ses efforts pour éviter autant que possible d'assigner des valeurs constantes à certaines variables (Ovaert, 1976, p. 173 ; Fraser, 1987, p. 44).

Cette attitude est tout à fait naturelle si les fonctions concernées sont des expressions. Car une fonction ainsi conçue peut voir sa nature radicalement altérée lorsqu'un symbole qui s'y trouve est remplacé par un autre. Considérons la fonction $x^2 + \sqrt{x-a}$. Si la variable x prend la valeur a, le radical disparaît et la fonction perd une de ses caractéristiques essentielles : celle de contenir une puissance fractionnaire. Par conséquent, Lagrange cherche simplement à éviter les erreurs qui pourraient découler d'une telle altération, si elle se produisait subrepticement.

Mais ce n'est pas tout. Plus important encore est que la possibilité même d'une telle altération dans la nature d'une fonction va de pair avec une manière de penser la généralité concernant les fonctions, essentiellement différente de celle qui nous est familière. Lagrange dit souvent qu'un certain résultat vaut en général, ou mieux, que certaines fonctions ont certaines propriétés en général. Cela signifie, pour lui, que certaines expressions peuvent être soumises à certaines transformations dès lors qu'aucune valeur particulière n'est assignée aux variables, ou aux quantités indéterminées qui s'y trouvent, ou, pour reprendre les propres mots de Lagrange, dès lors que ces quantités « demeurent indéterminées » (voir la citation aux pages 262-262, ci-dessous). Pour Lagrange, il est

donc naturel de supposer qu'un résultat général concernant les fonctions puisse rencontrer des exceptions pour des valeurs particulières de
certaines variables.

C'est là une conception intensionnelle de la généralité : celle-ci est
tout à fait différente de la conception extensionnelle qui nous est familière.
Selon cette dernière, P vaut en général pour un certain ensemble S d'individus quand P vaut pour tout s de S. Selon la première, P vaut en général
pour les s quand P vaut pour une expression S qui est considérée comme
l'expression typique des s [1]. Une illustration claire d'une telle conception
nous est fournie par la preuve fondamentale de Lagrange, vers laquelle
nous nous tournons maintenant.

3. LA PREUVE FONDAMENTALE DE LAGRANGE

Nous avons déjà observé qu'afin de réaliser son projet, Lagrange
devait montrer que les fonctions dérivées pouvaient effectivement
remplacer les coefficients différentiels. Plus précisément, il devait démontrer que la double condition suivante est remplie :

[Condition fondamentale de la théorie des fonctions analytiques]

— **FC.i)** Pour toute fonction $y = f(x)$, il existe une infinité d'autres
  fonctions $f^{(k)}(x)$ ($k = 1, 2, \ldots$) — appelées 'fonctions déri-
  vées' — telles que $\sum_{k=0}^{\infty} \frac{f^{(k)}(x)}{k!} \xi^k$ (où $f^{(0)}(x) = f(x)$ et ξ est un
  incrément indéterminé) soit le développement (unique) en série
  de puissances de $f(x + \xi)$. Ces functions peuvent être déterminées de manière unique selon les mêmes règles que celles qui
  permettent de passer de $f(x)$ aux quotients différentiels correspondants $\frac{d^k y}{dx^k}$, et elles coïncident donc formellement avec ces
  quotients, de telle sorte qu'elles sont définies pour tout x pour
  lequel ces quotients différentiels le sont.
— **FC.ii)** Si x_0 est une valeur isolée de x et si n est un nombre
  naturel tel que $\left[\frac{d^k y}{dx^k} \right]_{x=x_0}$ soit défini si et seulement si $k \leq n$,

---

1. Le point de vue de Lagrange à ce sujet était partagé par la plupart de ses contemporains. Dans le premier volume de son *Traité du calcul différentiel et intégral*, Lacroix observe
par exemple que, « quoique vraie en général », la forme d'une série de puissances pour le
développement d'une fonction de $x + \xi$ « ne saurait convenir à certains cas particuliers »
(Lacroix, 1797-1798, vol. I, p. 232).

alors $\sum\limits_{k=0}^{n} \frac{f^{(k)}(x_0)}{k!}\xi^k + \sum\limits_{k=n+1}^{\infty} F_k(\xi)$ — où les fonctions $f^{(k)}(x)$ ($k = 0, 1, \ldots, n$) coïncident respectivement avec les quotients différentiels $\frac{d^k y}{dx^k}$ et les fonctions $F_k(\xi)$ ($k = n + 1, n + 2, \ldots$) sont des fonctions appropriées du seul ξ — est le développement (unique) de $f(x_0 + \xi) = f_{x_0}(\xi)$ qui contient $n + 1$ termes respectivement de la forme $A_k\xi^k$ ($k = 0, 1, \ldots, n$), où les coefficients A_k ne dépendent pas de ξ.

Cette condition ne peut pas être énoncée comme telle dans la théorie de Lagrange, car cette théorie ne permet pas de parler de quotients différentiels, et elle n'est bien sûr énoncée ni dans la *Théorie* ni dans les *Leçons*. Mais, comme nous l'avons déjà observé, ces deux traités s'ouvrent sur un argument qui, s'il avait été correct, aurait convaincu quiconque déjà familier avec le calcul différentiel qu'une telle condition était remplie. C'est la preuve fondamentale de Lagrange. Le présent paragraphe est consacré à une reconstruction et une évaluation de cet argument.

3.1. *Le développement en série de puissances*

La première partie de la preuve fondamentale de Lagrange est censée établir un résultat énoncé initialement ainsi (Lagrange, 1797, art. 3, 1801, p. 7, 1806, p. 8, 1813, art.I .1) [1] :

THÉORÈME 1 (Théorème du développement en série de puissances).

Considérons [. . .] une fonction $f(x)$ d'une variable quelconque x. Si à la place de x, on y met $x + \xi$, ξ étant une quantité quelconque indéterminée, elle deviendra $f(x + \xi)$ et, par la théorie des séries, on pourra la développer en une série de cette forme :

(2) $$f(x) + p\xi + q\xi^2 + r\xi^3 + \&c.,$$

dans laquelle les quantités p, q, r, &c., coefficients des puissances de ξ, seront des nouvelles fonctions de x, dérivées de la fonction primitive $f(x)$, et indépendantes de l'indéterminée ξ.

---

1. Nous corrigeons une coquille évidente présente dans la seconde édition de la *Théorie*. Dans cette édition, Lagrange utilise le symbole '. . .' là où, dans la première édition du même traité et dans les deux éditions des *Leçons*, il avait utilisé '&c.'. Nous préférons ce dernier symbole, qui est beaucoup plus commun au dix-huitième siècle. Le terme 'Théorème du développement en série de puissances' n'est pas de Lagrange.

La référence à la théorie des séries demande explication. L'intention de Lagrange était sans doute de se référer au *corpus* de résultats présentés dans le premier volume de l'*Introductio* d'Euler, où celui-ci montre — en s'appuyant sur des procédures formelles appropriées — que toute fonction rationnelle ou irrationnelle peut être développée en série de puissances, et établit les développements en de telles séries pour l'exponentielle, le logarithme, le sinus et le cosinus. On pourrait alors penser que Lagrange considère ces résultats comme suffisants pour prouver le théorème. Mais ceci est contredit par ce qu'il écrit juste après, et qui suggère plutôt que, pour lui, toute preuve s'appuyant sur les résultats d'Euler serait inappropriée (Lagrange, 1797, art. 10, 1801, p. 8, 1806, p. 8–9, 1813, art. I.2) :

> Mais pour ne rien avancer gratuitement, nous commencerons par examiner la forme même de la série qui doit représenter le développement de toute fonction $f(x)$ lorsqu'on y substitue $x + \xi$ à la place de x, et que nous avons supposée ne devoir contenir que des puissances entières et positives de ξ. Cette supposition se vérifie en effet par le développement des différentes fonctions connues ; mais personne, que je sache, n'a cherché à la démontrer *a priori*, ce qui me paraît néanmoins d'autant plus nécessaire, qu'il y a des cas particuliers où elle ne peut pas avoir lieu [1].

Une telle preuve *a priori* est précisément ce que Lagrange veut apporter avec sa preuve fondamentale.

Dans ses traités, il ne fait cependant aucun effort pour expliquer ce que signifie pour lui qu'une certaine série est un développement d'une certaine fonction. Dans la seconde édition de la *Théorie*, après avoir donné l'énoncé de cette supposée preuve *a priori*, il se réfère au résultat établi par cette preuve dans la phrase 'la formule générale $f(x + \xi) = f(x) + p\xi + q\xi^2 + r\xi^3 + \&c.$' (Lagrange, 1813, art. I.8 ; dans la première édition, 1797, art. 16, l'adjectif 'générale' est absent). C'est seulement là une des multiples occasions où Lagrange utilise le symbole '=' pour représenter la relation entre une certaine fonction et son développement en série de puissances (ou quelque autre type de développement). Le simple usage de ce symbole n'est cependant pas suffisant pour clarifier la nature exacte de ce résultat et de cette relation. La meilleure façon (et sans doute la seule) de réaliser une telle clarification est d'analyser la preuve de Lagrange. C'est ce que nous ferons plus loin. Notre analyse sera pourtant fondée sur notre interprétation de ce que Lagrange entend lorsqu'il déclare que

---

1. Pour une explication de ce dernier avertissement, voir le Théorème 2.

sa preuve est *a priori*. Avant d'y venir, il est donc nécessaire d'examiner cette dernière question.

3.1.1. *Pourquoi une preuve* a priori. Pourvu que les fonctions obéissent à la conception compositionnelle (expliquée dans le § 2.6), les résultats préalablement mentionnés d'Euler sur le développement des fonctions en série de puissances suffiraient à fournir la base sur laquelle édifier une preuve du théorème du développement en série de puissances. Pour établir que toute composition algébrique finie des fonctions élémentaires a un développement en série de puissances, il suffirait de montrer comment obtenir un tel développement pour une fonction composée en combinant les développements en séries de puissances des fonctions élémentaires qui la composent. La méthode des coefficients indéterminés permettrait, ensuite, d'établir un développement en série de puissances pour toute fonction implicitement définie par une équation (algébrique) à deux variables impliquant de telles fonctions composées. Par souci de brièveté, nous appellerons une telle preuve 'compositionnelle'. Il est naturel de se demander pourquoi Lagrange l'estime inadéquate [1].

Dans l'*Introductio*, Euler démontre les résultats ci-dessus mentionnés en faisant appel à la fois à des arguments infinitésimalistes et à une généralisation non démontrée du théorème du binôme pour tout exposant réel. Cela n'est cependant pas une raison que Lagrange aurait pu avancer pour exiger une preuve alternative de ces résultats, fondée cette fois, à rebours, sur une preuve (non compositionnelle) du théorème du développement en série de puissances. D'une part, l'argument sur lequel il s'appuie dans ses *Leçons* (voir p. 281- 283, ci-dessous) pour obtenir le premier coefficient du développement en série de puissances de $(x + \xi)^m$ est une version améliorée d'une preuve ultérieure du théorème du binôme due à Æpinus et à Euler lui-même, qui porte sur toute espèce d'exposant et ne s'appuie sur aucune hypothèse infinitésimaliste (Aepinus, 1760-1761, Euler, 1787, Dhombres, 1987*a*, Dhombres et Pensivy, 1988, Pensivy, 1987-1988). D'autre part, quand il cherche les premiers coefficients des développements en séries de puissances de $(x + \xi)^m$, $a^{(x+\xi)}$, $\log_a (x + \xi)$, $\sin (x + \xi)$ et $\cos (x + \xi)$, à la fois dans la *Théorie* et dans les *Leçons* (Lagrange, 1797, art. 19–23 et 25–29, 1801, p. 20–24 et 31–35, 1806,

---

1. La phrase de Lagrange 'pour ne rien avancer gratuitement', qui se trouve dans un des passages cités, laisse difficilement penser qu'il se limite à préférer une preuve *a priori* à la preuve compositionnelle, sans pour autant considérer une preuve compositionnelle comme inadéquate.

p. 25–30, et 40–47, 1813, art. I.11–14 et I.18-I.19 ; voir aussi Panza, 1992, p. 749–760), Lagrange offre des arguments qui, à l'aide de quelques additions faciles, seraient parfaitement adéquats pour obtenir, indépendamment de toute considération infinitésimaliste, les développements en séries de puissances de l'exponentielle, du logarithme, du sinus et du cosinus. Il aurait donc pu obtenir facilement les résultats d'Euler avec des arguments qu'il aurait considérés certainement comme corrects, et qui auraient été indépendants du théorème du développement en série de puissances.

On peut donc se demander pourquoi, plutôt que de procéder de cette façon, il a cherché une preuve non compositionnelle, *a priori*. Trois explications viennent à l'esprit.

La première est la suivante. Soit $F(x, y) = 0$ une équation (algébrique) impliquant les fonctions élémentaires de Lagrange composées d'une manière ou d'une autre, et soit $f(x + \xi)$ la fonction implicitement définie par l'équation correspondante $F(x + \xi, y) = 0$. Pour développer cette fonction en série de puissances en s'appuyant sur la méthode des coefficients indéterminés, on doit supposer que $f(x + \xi) = \sum\limits_{k=0}^{\infty} A_k \xi^k$, puis appliquer cette méthode pour déterminer les coefficients A_k en fonction de x. Il en découle que, ou bien il est considéré comme acquis que toute fonction $f(x + \xi)$ ainsi déterminée se réduit à une composition finie des fonctions élémentaires, ou bien une preuve compositionnelle du théorème du développement en série de puissances est circulaire, car l'égalité '$f(x + \xi) = \sum\limits_{k=0}^{\infty} A_k \xi^k$' ne peut être justifiée qu'en supposant que $f(x)$ a un développement en série de puissances. Il est donc possible que Lagrange exige une preuve non compositionnelle du théorème du développement en série de puissances pour éviter de supposer que toute fonction (de $x + \xi$) définie implicitement par une equation (algébrique) se réduise à une composition algébrique finie de ses fonctions élémentaires.

La deuxième explication est plus simple. Il se pourrait que Lagrange ait besoin d'une preuve non compositionnelle du théorème du développement en série de puissances pour éviter une autre supposition (qui interviendrait dans une preuve compositionnelle) : la supposition que la série de puissances obtenue en composant convenablement les développements en séries de puissances des fonctions élémentaires est un développement en série de puissances de la fonction obtenue en composant semblablement ces mêmes fonctions élémentaires.

La troisième explication est radicale. Lagrange pourrait avoir exigé une preuve non compositionnelle du théorème du développement en série de puissances parce qu'il voulait que la preuve de ce théorème crucial soit valable indépendamment de l'adoption de la conception compositionnelle des fonctions [1].

Toutes ces explications relèvent d'un décalage entre la preuve *a priori* proposée par Lagrange du théorème du développement en série de puissances et son idéal de pureté, puisqu'elles suggéreraient que Lagrange était à la recherche d'une preuve ne dépendant pas d'hypothèses relatives aux fonctions, lesquelles seraient pourtant naturelles en suivant l'idée que les fonctions sont des expressions, en accord avec la conception décrite dans le § 2. De telles explications suggèrent en outre qu'en parlant de preuve *a priori* pour ce théorème, Lagrange voulait se référer à une preuve ne s'appuyant pas sur des procédures formelles, comme celles employées par Euler pour obtenir ses développements, à savoir des procédures permettant d'obtenir ces développements grâce à des transformations appropriées des expressions concernées.

3.1.2. *Les prémisses de la preuve de Lagrange du théorème du développement en série de puissances et l'interprétation appropriée de ce théorème.* Nous sommes maintenant prêts à examiner la preuve *a priori* de Lagrange. Celle-ci est loin d'être dépourvue d'ambiguïté, ce qui a souvent été noté. Nous allons donc la citer *in extenso* avant de l'examiner (Lagrange, 1797, art. 10, 1801, p. 8–9, 1806, p. 9–10, 1813, art. I.2 ; la seconde partie de la citation, concernant les puissances négatives de ξ, est absente de la première édition de la *Théorie*) :

---

1. Dans la première édition des *Leçons*, Lagrange semble considérer que sa preuve ne s'applique qu'aux « fonctions algébriques », et fait, à l'issue de cette preuve, la remarque tout à fait particulière suivante (Lagrange, 1801, p. 9–10) :

> Si la fonction $f(x)$ n'est pas algébrique, on peut néanmoins supposer que le développement de $f(x + \xi)$ soit en général de cette même forme, en regardant comme des exceptions particulières les cas où ce développement contiendrait d'autres puissances de ξ que des puissances positives et entières. Ainsi, quelle que soit la fonction $f(x)$ nous ne considérerons que les fonctions p, q, r, &c. résultant du développement de $f(x + \xi)$ suivant les puissances ξ, ξ^2, ξ^3, &c.

Cette remarque, ainsi que la restriction aux fonctions algébriques, est absente à la fois des deux éditions de la *Théorie* et de la seconde édition des *Leçons*. Le type d'exceptions que Lagrange avait à l'esprit n'est pas clair, et il est donc difficile de décider si cette remarque doit être prise comme un indice du fait que Lagrange cherchait une preuve du théorème du développement en série de puissances qui puisse être admise aussi si l'on rejetait la conception compositionnelle des fonctions.

Je vais d'abord démontrer que, dans la série résultante du développement de la fonction $f(x + \xi)$, il ne peut se trouver aucune puissance fractionnaire de ξ, à moins qu'on ne donne à x des valeurs particulières.

En effet, il est clair que les radicaux de ξ ne pourraient venir que des radicaux renfermés dans la fonction primitive $f(x)$, et il est clair en même temps que la substitution de $x + \xi$ au lieu de x ne pourrait ni augmenter ni diminuer le nombre de ces radicaux, ni en changer la nature, tant que x et ξ sont des quantités indéterminées. D'un autre côté, on sait par la théorie des équations que tout radical a autant de valeurs différentes qu'il y a d'unités dans son exposant, et que toute fonction irrationnelle a, par conséquent, autant de valeurs différentes qu'on peut faire de combinaisons des différentes valeurs des radicaux qu'elle renferme. Donc, si le développement de la fonction $f(x + \xi)$ pouvait contenir un terme de la forme $u\xi^{\frac{m}{n}}$, la fonction $f(x)$ serait nécessairement irrationnelle et aurait par conséquent un certain nombre de valeurs différentes, qui serait le même pour la fonction $f(x + \xi)$ ainsi que pour son développement. Mais, ce développement étant représenté par la série

(3) $$f(x) + p\xi + q\xi^2 + \ldots + u\xi^{\frac{m}{n}} + \&c.,$$

chaque valeur de $f(x)$ se combinerait avec chacune des n valeurs du radical $\sqrt[n]{\xi^m}$, de sorte que la fonction $f(x + \xi)$ développée aurait plus de valeurs différentes que la même fonction non développée, ce qui est absurde.

Cette démonstration est générale et rigoureuse tant que x et ξ demeurent indéterminés ; mais elle cesserait de l'être si l'on donnait à x des valeurs déterminées, car il serait possible que ces valeurs détruisissent quelques radicaux dans $f(x)$ qui pourraient néanmoins subsister dans $f(x + \xi)$ [...]

Nous venons de voir que le développement de la fonction $f(x + \xi)$ ne saurait contenir, en général, des puissances fractionnaires de ξ ; il est facile de s'assurer aussi qu'il ne pourra contenir non plus des puissances négatives de ξ.

Car, si parmi les termes de ce développement, il y en avait un de la forme $\frac{r}{\xi^m}$, m étant un nombre positif, en faisant $\xi = 0$, ce terme deviendrait infini ; donc la fonction $f(x + \xi)$ devrait devenir infinie lorsque $\xi = 0$; par conséquent, il faudrait que $f(x)$ devînt infinie, ce qui ne peut avoir lieu que pour des valeurs particulières de x.

Si on considère que cet argument procure, à lui seul, toute la preuve de Lagrange du théorème du développement en série de puissances, comme nous le suggérons [1], alors, cette preuve est fondée (parmi d'autres choses) sur une prémisse non établie. Pour faire bref, disons qu'une série $S(x, \xi)$ est une série de puissances généralisée si elle est de la forme $\sum\limits_{k=0}^{\infty} p_k(x) \xi^{\alpha_k}$, où les coefficients $p_k(x)$ sont des fonctions de x et les exposants α_k sont rationnels (et, bien sûr, différents les uns des autres) [2]. La prémisse non établie de Lagrange peut alors être énoncée ainsi :

[P] Toute fonction $f(x + \xi)$ a un développement en une série de puissances généralisée [3].

Bien sûr, cette prémisse n'est pas la seule sur laquelle repose la preuve de Lagrange. Celle-ci mobilise également les trois prémisses suivantes :

[C] Pour toute fonction $f(x + \xi)$ et toute série de puissances généralisée $S(x, \xi)$, si $S(x, \xi)$ est un développement de $f(x + \xi)$, alors :
— i) si $S(x, \xi)$ contient un radical de x, alors $f(x)$ est également irrationnelle,
— ii) $f(x + \xi)$ et $S(x, \xi)$ ont le même nombre de valeurs [4],
— iii) Si $S(x, \xi)$ devient infinie pour $x = 0$, alors $f(x)$ est également infinie.

Lagrange justifie [C.i] en observant que « les radicaux de ξ [dans $S(x, \xi)$] ne pourraient venir que des radicaux renfermés dans [...] $f(x)$ ». Dans les *Leçons*, Lagrange observe aussi que « la forme » des fonctions $p_k(x)$ « dépendra uniquement de celle de la fonction donnée $f(x)$ », et il ajoute qu'« on déterminera aisément ces fonctions, dans les cas particuliers, par les règles de l'algèbre ordinaire » (Lagrange, 1801, p. 7 et 1806, p. 8).

---

1. Dans le § 5.2.1, pp 318-321, nous considèrerons une interprétation alternative de la preuve de Lagrange du théorème du développement en série de puissances, selon laquelle cet argument ne constitue que la première partie de cette preuve.

2. Dans ce qui suit, nous dénoterons '$p_1(x)$', '$p_2(x)$', '$p_3(x)$', ... les fonctions que Lagrange dénote 'p', 'q', 'r', ... Nous utiliserons aussi le symbole moderne '$\sum\limits_{k=0}^{\infty} -$' pour dénoter une série. À ce propos, Lagrange écrit plutôt les premiers termes de la série, suivis des symboles '&c.', ou '...' (voir ci-dessus la note 1, p. 257). Ces derniers symboles indiquent clairement, dans ses traités, que la somme est poursuivie indéfiniment, plutôt qu'infiniment. Le lecteur est donc invité à envisager la possibilité que tous les termes de la série s'annulent au delà d'une certaine valeur de k.

3. Dans le § 3.4 on va considérer le cas où $f(x + \xi)$ a un développement incluant des puissances de $\log \xi$.

4. Nous reviendrons sur cette prémisse, et essaierons de la clarifier, dans le prochain §.

A première vue, ces affirmations suggèrent que, pour Lagrange, dire qu'une certaine série de puissances généralisée est un développement d'une certaine fonction revient à dire que la première résulte de la seconde en appliquant une procédure formelle appropriée. Cela est cohérent avec la conception de Lagrange des fonctions comme expressions, mais non pas avec le caractère *a priori* de la preuve désirée, ni avec les conditions [**C**.*ii*] et [**C**.*iii*].

Ces deux dernières conditions suggèrent plutôt une autre interprétation, qui n'est pas seulement cohérente avec le caractère *a priori* de la preuve mais aussi avec la conception de Lagrange de fonctions comme quantités, et avec la pratique mathématique relative au développement des fonctions alors courante en analyse algébrique (Ferraro, 2001 et 2002, Ferraro et Panza, 2003). Cette interprétation est générale (ou globale) au sens où elle s'applique à une fonction $f(x + \xi)$ et à une série de puissances généralisée $S(x, \xi)$, dans la mesure où l'une et l'autre sont conçues comme des expressions dans lesquelles x et ξ restent indéterminées, c'est-à-dire comme des expressions considérées comme telles (ou des expressions où x et ξ ne sont pas supposées prendre quelque valeur particulière).

Nous allons fixer cette interprétation grâce à une définition explicite :

DÉFINITION 1. *Une série de puissances généralisée $S(x, \xi)$ — où x et ξ restent indéterminés — est un développement d'une fonction $f(x + \xi)$ — où x et ξ restent également indéterminés — si et seulement si, pour toute valeur de x pour laquelle cette fonction est définie, elle converge* [1] *vers une telle fonction dès lors que la valeur de ξ appartient à un intervalle propre approprié* [2].

Les considérations suivantes suffirons à montrer la manière dont cette interprétation s'applique à la théorie de Lagrange et permet ainsi de l'expliquer.

---

1. Comme le propos de cette définition est de fixer la manière dont Lagrange interprète la relation entre une fonction et un développement en série de puissances généralisée de cette même fonction, la convergence du second vers la première doit, à son tour, être interprétée comme Lagrange l'aurait fait, c'est-à-dire, comme une égalité de nature métrique, non ultérieurement précisée, entre les valeurs de la fonction et les valeurs que la série approche indéfiniment. Dans ce qui suit, nous utiliserons toujours le verbe 'converger' et ses termes apparentés dans ce même sens tout à fait vague, qui correspond à notre avis à la manière de penser la convergence propre aux mathématiciens du dix-huitième siècle. Pour des considérations supplémentaires sur ce point, voir Ferraro et Panza (2003).

2. Par 'intervalle propre', nous entendons un intervalle qui contient davantage qu'une seule valeur.

Bien qu'elle soit générale au sens précédent, cette définition est telle que, d'après elle, une fonction $f(x + \xi)$ a un développement $S(x, \xi)$ en série de puissances généralisée en vertu de ce qui se passe lorsqu'on substitue de manière appropriée des quantités constantes à x et à ξ. Ceci est précisément le type d'interprétation requis à la fois pour le théorème du développement en série de puissances et pour la prémisse [**P**], car, d'après nous, l'une et l'autre doivent être considérés comme généraux dans ce sens même.

La définition 1 suggère d'interpréter la prémisse [**P**] de la façon suivante :

[**P.1**] Pour toute fonction $f(x + \xi)$ — où x et ξ restent indéterminés — il existe une série de puissances généralisée $S(x, \xi)$ — où x et ξ restent également indéterminés — telle que, pour toute valeur de x pour laquelle cette série est définie, elle converge vers $f(x + \xi)$ dès lors que la valeur de ξ appartient à un intervalle propre approprié.

Cependant, cette interprétation de la prémisse [**P**] est trop faible pour justifier l'utilisation que fait Lagrange de cette prémisse dans sa preuve du théorème du développement en série de puissances. Voyons pourquoi.

Ayant admis la prémisse [**P**], Lagrange se satisfait de deux réductions par l'absurde qui prétendent exclure la possibilité qu'un développement en série de puissances généralisée d'une fonction $f(x + \xi)$ contienne des puissances respectivement fractionnaires et strictement négatives de ξ.

La première réduction, destinée à exclure les exposants fractionnaires, part de la supposition que cette fonction a un développement en série de puissances généralisée de la forme :

$$(4) \qquad f(x) + \ldots + p_\mu(x)\xi^{\frac{m}{n}} + \&c.,$$

où μ est un entier strictement positif, et $\frac{m}{n}$ un exposant fractionnaire (différent de tout autre exposant de ξ dans ce développement). Dans le § suivant, nous reviendrons sur l'argument que Lagrange développe en partant de cette supposition. Pour l'instant, il importe seulement de remarquer que d'après une telle supposition, ce développement contient la fonction $f(x)$ comme un de ses termes. Cela est essentiel, puisque la réduction consiste à montrer que le développement en série de puissances généralisée de $f(x + \xi)$ ne peut pas contenir à la fois $f(x)$ et $p_\mu(x)\xi^{\frac{m}{n}}$, et que, par conséquent, comme il contient certainement $f(x)$, il ne peut contenir $p_\mu(x)\xi^{\frac{m}{n}}$. Or, si l'on accepte la définition 1, $f(x)$ doit entrer dans le développement en série de puissances généralisée de $f(x + \xi)$ si aucun exposant de ξ dans ce développement n'est strictement négatif, car s'il en est ainsi, ce développement est défini pour $\xi = 0$, et il doit donc converger, selon cette

définition, vers $[f(x + \xi)]_{\xi=0} = f(x)$, et se réduire, donc, à $f(x)$. On pourrait alors penser que la seconde réduction — qui est avant tout destinée à
exclure les exposants strictement négatifs — est également adéquate pour
prouver que le (ou tout) développement en série de puissances généralisée
d'une fonction $f(x + \xi)$ contient la fonction $f(x)$ comme un de ses termes.

Cependant, cette seconde réduction procède à partir d'une autre
supposition, selon laquelle, quel que soit x, si un terme du développement
en série de puissances généralisée de $f(x + \xi)$ « devenait infini » pour
$\xi = 0$, alors la fonction $f(x + \xi)$ « devrait [également] devenir infinie »
pour $\xi = 0$. Ainsi, si $[S(x_0, \xi)]_{\xi=0} = \infty$ pour quelque valeur x_0 de x,
alors $[f(x_0 + \xi)]_{\xi=0} = \infty$, ce qui semble dépendre de la supposition que
le (ou tout) développement en série de puissances généralisée de $f(x + \xi)$
converge vers $f(x+\xi)$ elle-même autour de $\xi = 0$. Il semble qu'on doive en
conclure que ou bien la seconde réduction de Lagrange est, d'une manière
ou d'une autre, circulaire, ou bien qu'elle dépend de l'hypothèse qu'un
développement en série de puissances généralisée de $f(x + \xi)$ converge
vers cette fonction autour de $\xi = 0$. Par conséquent, elle ne peut fournir
une preuve ni pour cette dernière hypothèse, ni pour l'hypothèse qu'un tel
développement inclut $f(x)$ comme un de ses termes.

Il apparaît ainsi que Lagrange considère comme certain qu'un (ou
tout) développement en série de puissances généralisée d'une fonction
$f(x + \xi)$ converge vers cette fonction pour ξ suffisamment petit, et il
démontre seulement que cela est possible à la seule condition que ce
développement est une série de puissances (non généralisée).

Ainsi, si la supposition qu'un développement en série de puissances
généralisée d'une fonction $f(x + \xi)$ converge vers cette fonction autour ξ,
et qu'il contient, de ce fait, la fonction $f(x)$ comme un de ses termes,
semble jouer un role crucial dans la preuve de Lagrange du théorème
du développement en série de puissances, elle n'a pas d'influence sur la
manière dont ce théorème doit être conçu. Car cette supposition revient
à prendre pour acquis qu'un développement en série de puissances généralisée se comporte, quant à son intervalle de convergence, comme un
développement en séries de puissances (non généralisée). En effet, une
série de puissances $\sum\limits_{k=0}^{\infty} p_k(x)\xi^k$ converge si et seulement si ξ appartient à
un intervalle contenant zéro [1], et elle peut ainsi converger vers $f(x + \xi)$

---

1. Bien qu'à l'époque de Lagrange, personne ne l'avait encore démontré de manière
appropriée, ceci était considéré comme assuré (même si personne n'avait remarqué que

seulement si elle contient $f(x)$ comme un de ses termes. Une manière naturelle pour comprendre le théorème 1 est donc la suivante :

THÉORÈME 2. *Pour toute fonction*[1] $f(x + \xi)$ — *où x et ξ restent indéterminés* — *il y a une série de puissances* $\sum\limits_{k=0}^{\infty} p_k(x) \xi^k$ — *où x et ξ restent également indéterminés, et où les coefficients $p_k(x)$ sont des fonctions de x — qui, pour toute valeur de x pour laquelle elle est définie, converge vers une telle fonction dès lors que la valeur de ξ appartient à un intervalle propre approprié centré sur zéro.*

Supposons que $\sum\limits_{k=0}^{\infty} p_k(x) \xi^k$ soit un développement en série de puissances d'une certaine fonction $f(x + \xi)$. Supposons aussi que x_0 soit une valeur pour laquelle $\sum\limits_{k=0}^{\infty} p_k(x_0) \xi^k$ n'est pas définie. Tant que ξ reste indéterminé lorsque x prend la valeur x_0 dans $f(x + \xi)$, cette fonction se réduit à une fonction du seul ξ, à savoir $f(x_0 + \xi) = f_{x_0}(\xi)$. Le théorème 2 est clairement compatible avec la possibilité que cette dernière fonction ait un développement en série de puissances généralisée $\sum\limits_{k=0}^{\infty} p_k(x_0) \xi^{\alpha_k}$ qui ne soit pas une série de puissances (non généralisée).

Deux exemples simples sont fournis par les fonctions $\frac{1}{x+\xi}$ et $\sqrt{x + \xi}$ et leurs développements respectifs en séries de puissances $\sum\limits_{k=0}^{\infty} (-1)^k \frac{1}{x^{k+1}} \xi^k$ et $\sum\limits_{k=0}^{\infty} \binom{\frac{1}{2}}{k} \frac{\xi^k}{x^{k-1}\sqrt{x}}$. La première de ces séries n'est pas définie pour $x = 0$, la seconde ne l'est pas pour $x \leq 0$. Pour ces valeurs de x, les fonctions $\frac{1}{x+\xi}$ et $\sqrt{x + \xi}$ se réduisent respectivement à $\frac{1}{\xi}$ et $\sqrt{a + \xi}$ (où a est une constante négative ou nulle[b]). La première de ces deux fonctions est alors

---

l'intervalle de convergence pouvait, dans certains cas, se réduire à la seule valeur $\xi = 0$), et nous pouvons supposer que c'était aussi le cas pour Lagrange.

1. D'après Desanti (1973, p. 66), la théorie de Lagrange inclut « un principe de 'normalisation' qui délimite *a priori* la classe de fonctions que peuvent être développées en série ». Cela nous semble faux. Nous affirmons plutôt que Lagrange voulait démontrer que toute fonction de $x + \xi$ a un développement en série de puissances, à condition d'interpréter cette affirmation de manière appropriée.

b. Le texte anglais dit 'non positive'. La différence entre la supposition qu'une certaine quantité est strictement négative ou strictement positive, et celle qu'elle est inférieure ou égale à zéro, ou supérieure ou égale à zéro va jouer plus tard (à partir de la page 326, notamment) un rôle crucial dans l'interprétation proposée de certains arguments de Lagrange. Pour son propre développement en série de puissances généralisée, tandis que le développement en série de puissances généralisée de la seconde est [1]

$$\sum_{k=0}^{\infty} \left(\begin{array}{c} \frac{1}{2} \\ k \end{array} \right) \frac{a^k}{\xi^{k-1}\sqrt{\xi}}.$$

Même si le théorème 2 est vérifié, il y a donc un sens selon lequel une fonction $f(x + \xi)$ peut avoir un développement en série de puissances généralisée qui ne soit pas une série de puissances (non généralisée). Cela explique ce qu'entend Lagrange lorsqu'il remarque (à la fin du passage cité p. 258, après le théorème 1), qu' « il y a des cas particuliers où [...] [la supposition selon laquelle le développement de $f(x + \xi)$ ne contient que des puissances entières positives de ξ] ne peut avoir lieu ». Comme le dit Lagrange dans sa démonstration, ces cas sont donnés par des « valeurs particulières de x ». Le terme 'valeurs particulières' suggère que Lagrange pense ici à des valeurs isolées prises dans un domaine approprié.

Il est plausible que ce domaine inclue le domaine de définition de $f(x)$, mais il semble que Lagrange considère aussi comme pertinentes les valeurs limites de ce domaine qui, bien que n'y étant pas contenues, permettent que la fonction $f(x + \xi)$ soit définie pour toute valeur non nulle de ξ [2]. Par exemple, dans le cas de la fonction $\frac{1}{x}$, le domaine pertinent semble aussi inclure la valeur $x = 0$, pour laquelle cette fonction n'est pas définie (puisque $\frac{1}{x+\xi}$ est définie pour $x = 0$ si l'incrément ξ est non nul),

---

1. Bien que la série de puissances $\sum_{k=0}^{\infty} \left(\begin{array}{c} \frac{1}{2} \\ k \end{array} \right) \frac{\xi^k}{x^{k-1}\sqrt{x}}$ ne soit pas définie pour $x = 0$, il existe une série de puissances généralisée qui donne un développement de $\sqrt{x+\xi}$, et qui est définie pour toute valeur de x pour laquelle $\sqrt{x}$ est définie, et donc aussi pour $x = 0$. C'est $\sum_{k=0}^{\infty} \left(\begin{array}{c} \frac{1}{2} \\ k \end{array} \right) \frac{x^k}{\xi^{k-1}\sqrt{\xi}}$. Mais c'est une série de puissances de x, et non de ξ. Elle ne contient pas la fonction $\sqrt{x}$ comme un de ses termes et ne paraît pas pouvoir être, pour Lagrange, un développement en série de puissances généralisée de $\sqrt{x+\xi}$, conçue comme résultant de la fonction $\sqrt{x}$ en remplaçant x par $x + \xi$. Elle est plutôt un développement en série de puissances de la fonction $\sqrt{\xi + x}$, conçue comme résultant de la fonction $\sqrt{\xi}$ en remplaçant ξ par $\xi + x$. Conçue comme résultant de $\sqrt{x}$ en remplaçant x par $x + \xi$, la fonction $\sqrt{x + \xi}$ a donc seulement un développement en série de puissances généralisée, à savoir $\sum_{k=0}^{\infty} \left(\begin{array}{c} \frac{1}{2} \\ k \end{array} \right) \frac{\xi^k}{x^{k-1}\sqrt{x}}$.

2. Ceci semble être aussi le point de vue de Dugac, quand il affirme (2003, p. 73) que Lagrange considère comme des cas particuliers pertinents ceux qui correspondent à un nombre fini de points sur un intervalle fermé.

éviter tout risque de confusion possible, on a décidé de traduire, partout où une ambiguïté pourrait être possible, 'non positive' et 'non negative' avec 'négatif ou nul' et 'positif ou nul', plutôt qu'avec 'négatif et 'positif', selon l'usage courant, en français mathématique. Du coup on traduira 'positive' par 'strictement positif' et 'negative' par 'strictement négatif'.

tandis que dans le cas de la fonction $\sqrt{x}$, la seule « valeur particulière » à considérer est $x = 0$.

La prise en compte des valeurs limites du domaine de définition de $f(x)$ qui ne sont pas incluses dans ce domaine n'est cependant pas mathématiquement essentielle pour la théorie de Lagrange, et relève plutôt de raisons rhétoriques : dire que le développement en série de puissances de la fonction $f(x + \xi)$ n'est pas défini pour ces valeurs se réduit simplement à dire, dans le cadre de cette théorie, que la fonction $f(x)$ n'a pas de dérivée pour certaines valeurs de x pour lesquelles elle n'est pas définie. Par conséquent, dans ce qui suit, nous nous limiterons à considérer les « valeurs particulières de x » comme des valeurs isolées du domaine de définition de $f(x)$.

Une petite réflexion va clarifier la situation. Soit $\sum_{k=0}^{\infty} p_k(x)\xi^k$ et $\sum_{k=0}^{\infty} \hat{p}_k(x)\xi^k$ deux séries de puissances distinctes définies sur le même intervalle de valeurs de x. Supposons que, sur cet intervalle, toutes les deux convergent vers la même fonction $f(x + \xi)$ lorsque ξ appartient à un intervalle propre approprié centré en zéro. Alors, il y aura un intervalle propre de valeurs de ξ pour lequel, sur cet intervalle de valeurs de x, $\sum_{k=0}^{\infty} p_k(x)\xi^k = \sum_{k=0}^{\infty} \hat{p}_k(x)\xi^k$. D'après la méthode des coefficients indéterminés, il en découlera donc que $p_k(x) = \hat{p}_k(x)$ pour tout k, ce qui contredit la supposition que $\sum_{k=0}^{\infty} p_k(x)\xi^k$ et $\sum_{k=0}^{\infty} \hat{p}_k(x)\xi^k$ sont distinctes. Par conséquent, si la méthode des coefficients indéterminées est acceptée, le théorème 2 exclut la possibilité qu'une fonction $f(x + \xi)$ ait plusieurs développements en séries de puissances distincts sur un même intervalle de valeurs de x. Mais cela laisse ouverte la possibilité qu'une fonction $f(x + \xi)$ ait plusieurs développements en séries de puissances distincts, dont chacun soit défini sur un intervalle différent dans le domaine de définition de $f(x)$, tout comme la possibilité qu'une fonction $f(x + \xi)$ n'admette aucun développement en série de puissances défini sur quelque intervalle propre dans ce même domaine de définition.

La première possibilité saperait cependant la seconde partie de la preuve fondamentale de Lagrange, dont nous discuterons dans le § 3.2. De plus, son utilisation des termes 'valeurs déterminées' et 'valeurs particulières', ainsi que son traitement des cas correspondant à ces valeurs, suggère qu'il ne tient pas compte de la seconde.

Comme sa démonstration du théorème du développement en série de puissances n'élimine pas ces deux possibilités, il est naturel de penser que leur exclusion dépend de son interprétation de la prémisse [**P**]. Ainsi, il nous semble finalement que, pour adhérer au point de vue de Lagrange, cette prémisse et ce théorème devraient être respectivement compris de la manière suivante :

[**P.2**] Pour toute fonction $f(x + \xi)$ — où x et ξ restent indéterminés — il y a une série de puissances généralisée $S(x, \xi)$ — où x et ξ restent également indéterminés —dont l'un des termes est $f(x)$, et qui est définie pour tout x dans le domaine de définition de $f(x)$ sauf pour quelques valeurs isolées, et qui, pour toute valeur de x pour laquelle elle est définie, converge vers $f(x+\xi)$ lorsque la valeur de ξ appartient à un intervalle propre approprié centré en zéro.

THÉORÈME 3. *Ce développement en série de puissances généralisée est nécessairement une série de puissances (non généralisée), et il est donc unique. Autrement dit, pour toute fonction* $f(x + \xi)$ *— où x et ξ restent indéterminés —, il y a une et une seule série de puissances* $\sum\limits_{k=0}^{\infty} p_k(x)\xi^k$ *— où x et ξ restent également indéterminés, et où les coefficients $p_k(x)$ sont des fonctions de x — qui est définie pour tout x dans le domaine de définition de $f(x)$ sauf pour certaines valeurs isolées, et qui, pour toute valeur de x pour laquelle elle est définie, converge vers une telle fonction lorsque la valeur de ξ appartient à un intervalle propre approprié centré en zéro* [1].

Si le théorème du développement en série de puissances est compris ainsi, il n'en existe aucun contre-exemple facile dans l'univers des fonctions de Lagrange [2], au moins si sa notion de fonction est comprise *stricto sensu*.

---

1. Notons que ce théorème n'équivaut ni à l'énoncé selon lequel pour toute fonction $f(x)$ et toute valeur x_0 dans son domaine de définition, il existe une série $\sum\limits_{k=0}^{\infty} p_k(a)(x - a)^k$ qui converge vers $f(x)$ lorsque x appartient à un intervalle propre centré sur $x = a$ qui contient x_0, ni à l'énoncé selon lequel toute valeur x_0 du domaine de définition de toute fonction $f(x)$ peut être choisie comme centre d'un développement de la forme $\sum\limits_{k=0}^{\infty} p_k(x_0)(x - x_0)^k$ pour cette fonction.

2. Selon Grabiner (1990, p. 15), « il n'est pas vrai que toute fonction donnée par une expression analytique peut être exprimée comme la somme d'une série de Taylor convergente autour d'un point arbitraire (il n'était pas suffisant pour Lagrange d'exclure un nombre fini de points isolés où la fonction et ses dérivées cessent d'exister) ». Malheureusement, Grabiner n'illustre son affirmation par aucun exemple particulier, ce qui fait que la façon dont cette affirmation doit être comprise n'est pas claire.

Si tel est le cas, les fameux contre-exemples de Cauchy (1822, p. 277-278 et 1823, p. 152) n'en sont pas. Ils tiennent à des fonctions de la forme $e^{-1/g(x)}$, où $g(x)$ est définie pour toute valeur (réelle) de x, est indéfiniment dérivable à l'origine, et est telle que $g(0) = 0$ et $g(x) > 0$ pour $x \neq 0$ [1]. Il est vrai que, si on s'autorise à prolonger par continuité ces fonctions et leurs dérivées en $x = 0$, les développements en séries de puissances de $e^{-1/g(x)}$ sont définis pour $x = 0$, et ils se réduisent dans ce cas à $0 + 0 + 0 + \ldots$ qui, à l'évidence, n'est pas égal à $e^{-1/g(0+\xi)} = e^{-1/g(x)}$. Prolonger une fonction par continuité en un point où elle n'est pas définie équivaut cependant à remplacer cette fonction par une fonction définie par morceaux, ce qui n'est pas autorisé par la notion de fonction de Lagrange, entendue *stricto sensu*. Prolonger par continuité une fonction de la forme $e^{-1/g(x)}$ en $x = 0$ équivaut à la remplacer par une fonction définie par morceaux de la forme :

$$(5) \qquad f(x) = \begin{cases} e^{-1/g(x)} & x \neq 0 \\ 0 & x = 0 \end{cases}$$

Il s'ensuit que, en accord avec la notion de fonction de Lagrange entendue *stricto sensu*, la valeur $x = 0$ est telle que le développement en série de puissances de toute fonction $e^{-1/g(x)}$ n'est pas défini pour cette valeur [2].

Il est cependant indéniable que cette valeur appartient au domaine de définition de $f(x) = e^{-1/g(x+\xi)}$ pour toute valeur non nulle de ξ. On

---

1. Dans son (1822), Cauchy considère les fonctions e^{-1/x^2}, $e^{-1/\sin^2 x}$, $e^{-1/x^2\left(a+bx+x^2+\ldots\right)}$ et $e^{-1/x}$ en supposant que x ne prend que des valeurs strictement positives. Dans son (1823), il ne considère que la fonction e^{-1/x^2}.

2. Dugac (2003, p. 77) a soutenu que Lagrange « ne croyait pas à l'existence » de contre-exemples tels que ceux de Cauchy. Pour Dugac, la preuve de cette assertion est fournie par la citation suivante (Lagrange, 1797, art. 39 et 1813, art. I.28 ; voir aussi 1801, p. 62 et 1806, p. 83) :

> Il n'est pas à craindre que les fonctions $f(x)$, $f'(x)$, $f''(x)$, &c. [...] à l'infini puissent devenir nulles en même temps par la supposition $x = a$, comme quelques géomètres paraissent le supposer [...].

Du point de vue de Lagrange, cette assertion ne semble pourtant pas être pertinente dans le cas des contre-exemples de Cauchy. Pour lui, les dérivées sont définies au moyen du développement en séries de puissances d'une fonction $f(x + \xi)$, et peuvent ainsi être toutes égales à 0 pour $x = a$ seulement si ce développement est défini pour $x = a$ et s'il converge vers $f(x + \xi)$ pour cette valeur de x, lorsque ξ appartient à un intervalle propre approprié. Dans les lignes qui suivent la précédente citation, Lagrange observe, en effet, que dans le cas où $f(x) = f'(x) = f''(x) = [\ldots] = 0$ pour $x = a$, alors, on aurait aussi $f(a + \xi) = 0$ pour tout ξ, ce qui, dit-il, est impossible. Il suppose ainsi que $f(x + \xi)$ a un développement en série de puissances qui, pour $x = a$, converge vers $f(a + \xi)$, ce qui n'est pas le cas pour une fonction comme (5) et $a = 0$.

pourrait alors soutenir que Lagrange aurait dû prendre cette valeur comme une valeur particulière de x pour laquelle le développement en série de puissances de cette dernière fonction n'est pas défini. Cela est tout à fait vraisemblable car, lorsque Lagrange traite de valeurs particulières de x pour lesquelles le développement en série de puissances d'une fonction $f(x + \xi)$ n'est pas défini, il prend en compte la possibilité qu'une fonction $f(x_0 + \xi) = f_{x_0}(\xi)$ ait un développement qui contienne quelque puissance de $\log \xi$, et, pour traiter ce cas, il admet implicitement qu'une fonction puisse être prolongée par continuité en une valeur de sa variable pour laquelle elle n'est pas définie comme telle [1]. Nous y reviendrons dans le § 3.4. Ici, il est seulement important d'observer que, ceci admis, les contre-exemples de Cauchy sont pertinents. C'est pourtant là un argument contre le bien-fondé de la notion de fonction de Lagrange, plutôt qu'un véritable contre-exemple du théorème 3 [2].

Des considérations similaires s'appliquent à la fonction qui résulte de la série $\sum\limits_{k=0}^{\infty} (-1)^k k! \xi^{k+1}$. Bien que cette série ne converge que pour $\xi = 0$, elle peut être considérée comme le développement en série de puissances de la fonction $e^{\frac{1}{\xi}} \int_0^{\xi} \frac{e^{-\frac{1}{t}}}{t} dt$, puisque la première peut être obtenue à partir de la seconde par des intégrations réitérées par parties (Ovaert, 1976, p. 182) [3]. En remplaçant x par $x + \xi$ et en développant les puissances entières de ce dernier binôme, on obtient la série de

---

1. On pourrait aussi rendre compte de l'argument qu'avance Lagrange dans ce cas en admettant que la valeur d'une fonction peut être déterminée par un calcul impliquant l'infini. Si on s'autorisait un tel calcul, on pourrait avancer que $\left[e^{-1/g(0)} \right] = e^{-1/0} = e^{-\infty} = 0$, et que $\left[e^{-1/g(0)} \right] [g(0)]^{-\nu} = e^{-1/0} 0^{\nu} = e^{-\infty} \infty = 0$ ($\nu = 1, 2, \ldots$), ce qui permettrait de conclure qu'une fonction de la forme $e^{-1/g(x)}$, ainsi que toutes ses dérivées, prennent la valeur 0 pour $x = 0$, et sont ainsi définies pour cette même valeur.

2. Notons que le comportement d'une fonction de la forme (5) pour $x = 0$ ne nous empêche pas de l'associer à une série de puissances qui, pour tout x différent de 0, converge vers $f(x + \xi)$ lorsque la valeur de ξ appartient à un intervalle véritable propre centré en zéro. Pour prendre un exemple simple, supposons que $g(x) = x^2$. D'après le théorème du binôme pour les exposants entiers strictement négatifs et le développement de la fonction exponentielle, nous aurions que :

$$e^{-(x+\xi)^{-2}} = e^{-x^{-2}} + 2e^{-x^{-2}} x^{-3} \xi + e^{-x^{-2}} \left[2x^{-6} - 3x^{-4} \right] \xi^2 + \&c.$$

qui ne pose aucun problème quand x n'est pas nul.

3. Selon Ovaert la série $\sum\limits_{k=0}^{\infty} (-1)^k k! \xi^{k+1}$ est un contre-exemple au théorème du reste de Lagrange. D'après lui, la preuve que cette série est le développement en série de puissances de $e^{\frac{1}{\xi}} \int_0^{\xi} \frac{e^{-\frac{1}{t}}}{t} dt$ a été donnée par Lacroix, qui ne semble cependant pas avoir remarqué que son résultat est un contre-exemple de ce théorème. Ceci a été prouvé ultérieurement

puissances $\sum_{k=0}^{\infty} \left(\sum_{h=0}^{\infty} (-1)^h h! \begin{pmatrix} h+1 \\ k \end{pmatrix} x^{h+1-k} \right) \xi^k$. Cette série peut donc être considérée comme le développement en série de puissances de la fonction $e^{\frac{1}{x+\xi}} \int_0^{x+\xi} \frac{e^{-\frac{1}{t}}}{t} dt$, en dépit du fait qu'à la fois cette série et la fonction $e^{\frac{1}{x}} \int_0^{x} \frac{e^{-\frac{1}{t}}}{t} dt$ sont définies pour toute valeur de x différente de zéro et que la première ne converge jamais vers $e^{\frac{1}{x+\xi}} \int_0^{x+\xi} \frac{e^{-\frac{1}{t}}}{t} dt$.

Par conséquent, si on concède que $e^{\frac{1}{x}} \int_0^{x} \frac{e^{-\frac{1}{t}}}{t} dt$ et $e^{\frac{1}{x+\xi}} \int_0^{x+\xi} \frac{e^{-\frac{1}{t}}}{t} dt$ sont des fonctions au sens de Lagrange, et que $\sum_{k=0}^{\infty} (-1)^k k! \xi^{k+1}$ est le développement en série de puissances de la première, on obtiendrait un contre-exemple du théorème 3. Là encore, il est douteux, cependant, que Lagrange aurait accepté celles-ci comme des fonctions dans son sens. À coup sûr, il ne s'agit pas des fonctions au sens de la conception compositionnelle.

Ce dernier exemple ne montre pas seulement, comme ceux de Cauchy, que la notion de fonction de Lagrange est trop restreinte : il montre aussi que sa notion de développement en série de puissances d'une fonction est, elle aussi, trop restreinte.

3.1.3. *La preuve de Lagrange du théorème du développement en série de puissances.* Affirmer que, dans l'univers des fonctions de Lagrange, il n'y a pas de contre-exemple facile au théorème 3, et que le théorème du développement en série de puissances devrait être compris comme équivalent à ce dernier théorème, n'est pas la même chose que d'affirmer que la preuve de Lagrange de ce dernier théorème est correcte. C'est même tout à fait le contraire. Cette preuve est non seulement fondée sur

par Laguerre. Lacroix (1800, p. 372 et 1810-1819, vol. III, p. 347) a en effet montré, à l'aide d'un argument complexe, que $e^{\frac{1}{\xi}} \int \frac{e^{-\frac{1}{t}}}{t} dt$ peut être considérée comme « l'expression de la limite de la série » $\sum_{k=0}^{\infty} (-1)^k k! \xi^{k+1}$. Par contre, Laguerre (1878-1879) a montré que l'égalité formelle '$e^{\frac{1}{\xi}} \int_0^{\xi} \frac{e^{-\frac{1}{t}}}{t} dt = \sum_{k=0}^{\infty} (-1)^k k! \xi^{k+1}$' peut facilement être obtenue en calculant par parties l'intégrale $\int_z^{\infty} \frac{e^{-y}}{y} dy$', afin d'obtenir, pour tout entier positif ou nul h,

$$\int_z^{\infty} \frac{e^{-y}}{y} dy = e^{-z} \left[\sum_{k=0}^{h-1} (-)^k \frac{k!}{z^{k+1}} \right] + (-)^h h! \int_z^{\infty} \frac{e^{-y}}{y^{h+1}} dy,$$

et en supposant ensuite que h tende vers l'infini, puis en effectuant les substitutions $y \to \frac{1}{t}$ et $z \to \frac{1}{\xi}$. En ce qui concerne les résultats de Lacroix et de Laguerre, voir Borel (1928), p. 8 et 55-56.

la prémisse [**P**] — qui, quelle que soit la manière dans laquelle elle est entendue, n'est pas démontrée — et sur les trois autres prémisses [**C**.*i-iii*]] qui sont, au mieux, en attente de clarification. Elle resterait défectueuse même si ces prémisses étaient acceptées [1].

Considérons les deux réductions par l'absurde qui la composent.

La première est destinée à exclure les exposants fractionnaires [2]. Lagrange commence par supposer que le développement en série de puissances généralisée de l'expression $f(x + \xi)$ est de la forme (4). D'après la condition [**C**.*i*], la fonction $f(x)$ devrait alors être irrationnelle, et devrait ainsi avoir « un certain nombre de valeurs différentes » [3]. Mais — comme « la substitution de $x + \xi$ au lieu de x ne pourrait ni augmenter ni diminuer le nombre de ces radicaux, ni en changer la nature, tant que x et ξ sont des quantités indéterminées » — $f(x + \xi)$ devrait être également irrationnelle et avoir le même nombre de valeurs [4]. Les différentes valeurs de $f(x)$ se combineraient alors avec les $|n|$ valeurs du terme $p_\mu(x)\xi^{\frac{m}{n}}$ et le développement aurait ainsi un nombre de valeurs plus grand que celui de $f(x+\xi)$, ce qui, d'après la condition [**C**.*ii*], est impossible.

Cet argument s'appuie sur la supposition que toute expression radicale a plusieurs valeurs. Aux yeux d'un lecteur moderne, cela suggérerait

---

1. Cela semble avoir été aussi l'opinion de Galois. Dans une note publiée dans ses *Écrits et mémoires mathématiques* (Galois, 1976, p. 413-421), mais non datée, il remarque qu'afin de démontrer que le développement en série de puissances généralisée de $f(x + \xi)$ ne peut pas contenir de puissances fractionnaires ou strictement négatives de ξ, Lagrange « fait un raisonnement qui s'effondre de lui-même » (*ibidem*, p. 413). Il n'est cependant pas facile de voir clairement quels défauts Galois avait en tête.

2. Grabiner (1990, p. 98-99) a souligné un certain nombre de difficultés relatives à cette première réduction, dont certaines ne nous semblent pas valides. Nous ne les considérons pas ici.

3. Woodhouse (1803, p. XIX) a soutenu que l'argument de Lagrange est circulaire parce que, pour démontrer que « tout radical a autant de valeurs qu'il y a d'unités dans l'exposant », il serait nécessaire de s'appuyer sur l'égalité eulérienne $\cos\theta + \sqrt{-1}\sin\theta = e^{\theta\sqrt{-1}}$, qui découle elle aussi des développements de l'exponentielle, du sinus et du cosinus. La dernière égalité n'est cependant utile que pour exhiber les racines de l'équation $x^n - \zeta = 0$ (où n est un exposant naturel et ζ un nombre complexe). Leur nombre dépend, plus généralement, du théorème fondamental de l'algèbre, qui est le résultat auquel Lagrange se réfère quand il parle, en général, de la théorie des équations.

4. La fonction susmentionnée $\sqrt{x}$ fournit un exemple simple de ce qui se produit si x prend une valeur — à savoir la valeur $x = 0$ — pour laquelle $f(x + \xi)$ et $f(x)$ n'ont pas le même nombre de radicaux. Un autre exemple clair est fourni par la fonction $\frac{\sqrt{x-a}}{x}$ pour $x = a$. Dans ce cas, le développement en série de puissances généralisée de $f(a + \xi) = \frac{\sqrt{\xi}}{a+\xi}$ est $\sum\limits_{k=0}^{\infty} (-1)^k a^{-1-k}\xi^{\frac{2k+1}{2}}$.

que Lagrange travaillait sur des fonctions à valeurs dans $\mathbb{C}$. Une autre interprétation est cependant possible. Pour que l'argument de Lagrange s'applique, il suffit de garantir qu'une équation telle que $z^n - y = 0$ (où n est un entier positif ou nul et y une quantité réelle) peut être satisfaite en remplaçant z par n « valeurs imaginaires »[1], tout simplement considérées comme des expressions de la forme '$a + b \sqrt{-1}$' (où a et b sont des quantités réelles, au sens qui a été précisé dans le § 2.4), qui sont alors à traiter selon les règles d'opération bien connues.

Cette référence implicite aux valeurs imaginaires est unique dans les traités de Lagrange, et devrait donc être considérée comme un dispositif local particulier utilisé dans une théorie qui concerne de fait les quantités réelles[2]. La supposition cruciale est ici que — lorsque sont prises en compte les valeurs imaginaires des radicaux qui interviennent dans $f(x + \xi)$ et dans son développement en série de puissances généralisée —, ce développement doit avoir le même nombre de valeurs que $f(x + \xi)$. C'est une supposition que Lagrange semble tirer d'une autre supposition plus générale, selon laquelle les relations qui existent entre une fonction $f(x + \xi)$ et son développement en série de puissances généralisée lorsque les variables des fonctions concernées varient sur des quantités réelles, subsistent lorsque ces variables sont supposées prendre des valeurs imaginaires : une supposition qui reste elle aussi non justifiée.

La seconde réduction par l'absurde est destinée à exclure les exposants strictement négatifs. Elle commence par supposer que, si une fonction $f(x + \xi)$ avait un développement en série de puissances généralisée qui contient un terme de la forme $p_\mu(x)\xi^{-m}$ — où μ est un entier positif ou nul et m un exposant strictement positif — alors, pour $x = 0$, ce terme, et donc aussi $f(x + \xi)$, deviendrait infini. Il en découle que $f(x)$ serait infini pour tout x, alors que ce n'est possible que pour « des valeurs particulières de x »[3]. Nous suggérons que Lagrange suppose ici implicitement que $f(x + \xi)$

---

1. Le terme 'valeur imaginaire' est tout à fait courant à l'époque de Lagrange : voir par exemple ci-dessous la note 2, p. 275

2. C'est une pratique courante dans les mathématiques du dix-huitième siècle, très bien décrite par Gauss en 1811, lorsqu'il observe que les « valeurs imaginaires » sont souvent traitées comme une « excroissance [*Überbein*] » des « grandeurs réelles » (Gauss, *Werke*, vol. 10, p. 366 : lettre de Gauss à Bessel, 18 décembre 1811). Les premières étaient généralement considérées comme formant une sorte d'extension par analogie des dernières, à prendre en compte dans certaines circonstances particulières, sans approfondir les conséquences générales de leur utilisation (Ferraro, 2007, p. 484).

3. La fonction $\frac{1}{x}$ mentionnée plus haut fournit un exemple simple de ce qui se produit si x prend une valeur — à savoir $x = 0$ — pour laquelle $f(x)$ devient infinie. Un autre exemple

devient infinie si son développement en série de puissances généralisée devient infini. Ainsi, son argument s'appuie implicitement sur la condition [**C**.*iii*] et sur la supposition que le développement en série de puissances généralisée de $f(x + \xi)$ converge vers cette fonction pour $\xi = 0$, en accord avec notre interprétation de la prémisse [**P**].

Deux remarques finales sur la preuve de Lagrange restent à faire. La première est que, en appeler à la condition [**C**.*i*] dans la première réduction par l'absurde est strictement inutile. Supposons qu'une fonction $f(x + \xi)$ ait un développement en série de puissances généralisée qui contienne à la fois $f(x)$ et un terme ayant plus d'une valeur, et que $f(x)$ ait autant de valeurs que $f(x + \xi)$ (ce qui se produit, bien sûr, si elles n'ont toutes deux qu'une seule valeur). Il est alors évident que le nombre de valeurs dans cette expression est plus grand que le nombre de valeurs de $f(x + \xi)$. L'autre remarque est que, dans la seconde réduction, Lagrange exclut implicitement la possibilité qu'une fonction $f(x+\xi)$ ait un développement en série de puissances généralisée contenant plusieurs termes de la forme '$p_\mu(x)\xi^{-m}$' (distincts les uns des autres, bien sûr, pour la valeur de m), dont la somme n'est pas infinie pour $\xi = 0$. Ceci semble cependant correct, puisque cette possibilité exige que les valeurs des coefficients de ces termes dépendent de ceux de ξ, ce qui est à exclure.

3.2. *La forme récursive des développements en séries de puissances*

La preuve fondamentale de Lagrange est entièrement fondée sur le théorème du développement en série de puissances. Cette preuve procède en quatre étapes. La première n'est autre que la preuve de ce dernier théorème. Dans la seconde étape, Lagrange démontre que le développement en série de puissances de toute fonction $f(x + \xi)$ a une forme récursive. Dans la troisième, il s'appuie sur cette forme pour établir l'algorithme des fonctions dérivées. C'est ce qui lui permet de prouver que la condition [**FC**.i] est remplie. Finalement, dans la quatrième étape, Lagrange se demande ce qui établit que, pour une valeur particulière de x, la fonction $f(x_0 + \xi) = f_{x_0}(\xi)$ n'a pas de développement en série de puissances. C'est ce qui lui permet de démontrer que la condition [**FC**.*ii*] est également remplie.

---

simple est donné par la fonction $\frac{\sqrt{x}}{x-a}$ pour $x = a$. Dans ce cas, le développement en série de puissances généralisée de $f(a + \xi) = \frac{\sqrt{a+\xi}}{\xi}$ est $\sum\limits_{k=0}^{\infty} \left(\begin{array}{c} \frac{1}{2} \\ k \end{array} \right) a^{\frac{1}{2}-k}\xi^{k-1}$.

Dans le présent § nous allons traiter la deuxième étape (Lagrange, 1797, art. 16, 1801, p. 10-13, 1806, p. 10-13, 1813, art. I.8). Les § 3.3 et 3.4 seront respectivement consacrés à la troisième et à la quatrième étape.

Voici comment Lagrange énonce, dans la *Théorie*, le résultat démontré lors de la deuxième étape (Lagrange, 1797, p. 16 et 1813, p. 18) ; Lagrange énonce un résultat semblable dans les *Leçons* : 1801, p. 12-13 et 1806, p. 12-13) :

> [...] si [...] on dénote par $f'(x)$ la première fonction dérivée de $f(x)$, par $f''(x)$ la première fonction dérivée de f', par $f'''(x)$ la première fonction dérivée de $f''(x)$ et ainsi de suite, on aura [...]

$$(6) \qquad f(x + \xi) = f(x) + f'(x)\xi + \frac{f''(x)}{2}\xi^2 + \frac{f'''(x)}{2\cdot3}\xi^3 + \frac{f^{IV}(x)}{2\cdot3\cdot4}\xi^4 + \&c.$$

Supposons que $g(x)$ soit une fonction quelconque. Il est clair que le terme 'première dérivée de $g(x)$' est utilisé ici pour se référer au coefficient de ξ dans le développement en série de puissances de $g(x+\xi)$, tandis que le symbole d'égalité est utilisé pour dénoter la relation qui subsiste entre la fonction $f(x + \xi)$ et son développement en série de puissances. Le résultat de Lagrange peut alors être énoncé plus clairement comme suit :

THÉORÈME 4.

> *Le développement en série de puissances de toute fonction* $f(x + \xi)$ *est de la forme :*

$$(7) \qquad \sum_{k=0}^{\infty} \frac{f^{(k)}(x)}{k!}\xi^k,$$

> *où* $f^{(0)}(x) = f(x)$ *et, pour tout entier strictement positif* v, $f^{(v)}(x)$ *est le coefficient de* ξ *dans le développement en série de puissances de* $f^{(v-1)}(x+\xi)$.

Lagrange avait déjà énoncé le même résultat dans son mémoire de 1772 sur « une nouvelle espèce de calcul » (Lagrange, 1772, p. 186-189 ; sur ce mémoire, voir Grabiner, 1990, pp 31–39 et Panza, 1992, p. 569–593). La preuve donnée dans la *Théorie* et les *Leçons* est la même que dans ce mémoire [1].

Cette preuve n'est pas seulement fondée sur la supposition que toute fonction d'un binôme a un développement unique sous la forme d'une série de puissances du second terme de ce binôme, comme établi dans le théorème 3, elle requiert également que la substitution d'une fonction

---

1. Une preuve différente est donnée dans Poisson (1805) : voir Panza (1992), p. 736-774.

par son développement en série de puissances soit autorisé indépendamment de toute considération concernant l'intervalle de convergence de ce
dernier. C'est là une pratique courante au dix-huitième siècle, et Lagrange
la suit sans hésiter.

L'idée de base est proche en esprit de celle à l'œuvre dans la solution
d'une équation fonctionnelle. Elle consiste à égaliser les développements
en séries de puissances de $f((x+\xi)+o)$ et de $f(x+(\xi+o))$, en supposant que ξ et o sont deux incréments indéterminés indépendants [1].

Ces expressions sont respectivement :

$$(8) \qquad \sum_{k=0}^{\infty} p_k(x+\xi)\, o^k \qquad \text{et} \qquad \sum_{k=0}^{\infty} [p_k(x)]\,(\xi+o)^k.$$

Si, dans la première, les fonctions $p_k(x+\xi)$ sont remplacées par leurs
développements en séries de puissances, et si les puissances du binôme
$\xi+o$ sont développées dans la seconde, on obtient :

$$(9) \qquad \sum_{k=0}^{\infty}\left[\sum_{h=0}^{\infty} q_{k,h}(x)\,\xi^h\right]o^k \quad \text{et} \quad \sum_{k=0}^{\infty}\left[\sum_{h=k}^{\infty}\binom{h}{k} p_h(x)\,\xi^{h-k}\right]o^k,$$

où $q_{k,h}(x)$ ($h=0,1,\ldots$) sont les coefficients du développement en série de
puissances de $p_k(x+\xi)$ ($k=0,1,\ldots$). Par conséquent, en développant ces
séries et en appliquant la méthode des coefficients indéterminés de façon
à égaliser les coefficients de ξo^k, on obtient facilement les égalités :

$$(10) \qquad p_{k+1}(x) = \frac{q_{k,1}(x)}{k+1} \qquad (k=0,1,2,\ldots).$$

Puisque $q_{k,1}(x)$ est le coefficient de ξ dans le développement en série
de puissances de $p_k(x+\xi)$, et que $p_0(x)$ n'est rien d'autre que $f(x)$, il suffit
de noter par '$f^{(\nu)}(x)$' le coefficient de ξ dans le développement en série de
puissances de $f^{(\nu-1)}(x+\xi)$ ($\nu=1,2,\ldots$) — en supposant que $f^{(0)}(x)$ soit
$f(x)$ —— et d'admettre que le coefficient de ξ dans le développement en
série de puissances de $\frac{f^{(\lambda)}(x+\xi)}{\lambda!}$ ($\lambda=2,3,\ldots$) est obtenu en multipliant par

---

1. Pour des raisons de clarté, nous avons permuté les termes ξ et o de la preuve de
Lagrange.

$\frac{1}{\lambda!}$ le coefficient de ξ dans le développement en série de puissances de $f^{(\lambda)}(x + \xi)$, pour parvenir à réécrire l'égalité (10) sous la forme désirée :

$$p_\nu(x) = \frac{q_{\nu-1,1}(x)}{\nu} = \frac{f^{(\nu)}(x)}{\nu!} \qquad (\nu = 1, 2, \ldots).$$

Une fois ce théorème prouvé, Lagrange peut établir la signification du terme 'fonction dérivée' de façon plus précise, à savoir comme suit (Lagrange, 1797, art. 17, 1801, p. 13, 1806, p. 13, 1813, art. I.9) :

> Nous appellerons la fonction $f(x)$ *fonction primitive* par rapport aux fonctions $f'(x)$, $f''(x)$, &c. qui en dérivent, et nous appellerons celles-ci, *fonctions dérivées*, par rapport à celle-là. Nous nommerons de plus la première fonction dérivée $f'(x)$ *fonction prime* ; la seconde fonction dérivée $f''(x)$, *fonction seconde* ; la troisième fonction dérivée $f'''(x)$, *fonction tierce*, et ainsi de suite [1].

Dans sa preuve, Lagrange n'utilise pas d'indices, et écrit bon nombre des égalités seulement jusqu'au premier terme des développements requis, en notant respectivement 'p', 'q', 'r', 's', &c., les coefficients de ξ, ξ^2, ξ^3, ξ^4, &c. dans le développement en série de puissances de $f(x + \xi)$, et par 'p'', 'q'', 'r'', 's'', &c., les coefficients de o dans les développements de $p(x + \xi)$, $q(x + \xi)$, $r(x + \xi)$, &c. [2]. Ceci, ainsi que son utilisation des symboles '$f'(x)$', '$f''(x)$' &c., suggère que les fonctions dérivées résultent de la fonction primitive en lui appliquant itérativement un opérateur approprié. Cette idée n'est cependant ni explicite dans l'argument de Lagrange, ni nécessaire pour que son argument vaille. La simple identification de $f'\cdots''(x)$ (ou $f^{(\nu)}(x)$) avec le coefficient de $x + \xi$ dans le développement en série de puissances de $f'\cdots'(x + \xi)$ (ou $f^{(\nu-1)}(x + \xi)$), et celle de p', q', r', &c. avec le coefficient de ξ dans le développement en série de puissances de $p(x + o)$, $q(x + o)$, $r(x + o)$, &c. sont suffisantes.

---

1. Dans les *Leçons*, à la place de 'fonction prime', on trouve '*première fonction dérivée* ou *fonction dérivée du premier ordre*, ou simplement *fonction prime*' et de même pour les dérivées seconde et tierce.

2. Comme le symbole '$p_{h,k}$', nous introduisons aussi le symbole 'q_h' pour simplifier la notation de Lagrange. Voici comment cette notation est introduite dans la *Théorie* (Lagrange, 1797, art. 16 et 1813, art I.8) :

> [. . .] Soit $fx + f'xo + $ &c., $p + p'o + $ &c., $q + q'o + $ &c., $r + r'o + $ &c., ce que deviennent les fonctions fx, p, q, r, &c. en y mettant $x + o$ pour x [. . .].

3.3. *L'algorithme des fonctions dérivées*

Nous allons maintenant considérer la troisième étape de la preuve fondamentale de Lagrange.

Au début de la *Théorie* (Lagrange, 1797, art. 7 et 1813, Introduction, p. 5), Lagrange se réfère à son mémoire de 1772 et affirme y avoir soutenu que « la théorie du développement des fonctions » contient les « vrais principes du calcul différentiel dégagés de toute considération d'infiniment petits, ou des limites », et y avoir ensuite, grâce à sa théorie, démontré « le théorème de Taylor », qui, dit-il, n'a auparavant été démontré qu'en ayant recours au calcul différentiel.

Ceci n'est que partiellement vrai. Dans ce mémoire, Lagrange avance que « le calcul différentiel, considéré dans toute sa généralité, consiste à trouver directement, et par des procédures simples et faciles, les fonctions [...] dérivées de la fonction f » qui fournissent les coefficients du développement en série de puissances de $f(x + \xi)$ (Lagrange, 1772, p. 187)[1]. Mais il justifie cette déclaration en s'appuyant sur le formalisme différentiel et sur la pratique qui consiste à négliger des différentielles d'ordre supérieur, afin d'obtenir le théorème de Taylor sous la forme :

$$(11) \qquad f(x + \xi) = \sum_{k=0}^{\infty} \frac{d^k f}{dx^k} \frac{\xi^k}{k!}.$$

Loin d'être indépendant du calcul différentiel, ce résultat en relève fondamentalement, et il est donc essentiellement différent du théorème 4 (Grabiner, 1990, p. 37). Dans son mémoire de 1772, Lagrange démontre certainement l'équivalence entre les fonctions dérivées qui entrent dans le développement en série de puissances d'une fonction $f(x + \xi)$ et les quotients différentiels $\frac{d^k f}{dx^k}$ ($k = 1, 2, \ldots$). En outre, sa preuve justifie indéniablement l'affirmation selon laquelle « le calcul différentiel [...] consiste à trouver [...] les fonctions [....] dérivées de la fonction f ». Mais cette preuve dépend des propriétés essentielles des différentielles. Il s'ensuit que dans son mémoire de 1772, Lagrange est encore très loin d'avancer que « la théorie du développement en série des fonctions » contient les « vrais principes du calcul différentiel, dégagés de toute considération des infiniment petits, ou des limites ».

C'est par contre ce qu'il fait, dans la *Théorie* et dans les *Leçons*, grâce à un argument complètement nouveau : il trouve d'abord — en ne s'appuyant ni sur des considérations infinitésimales, ni sur le formalisme du

---

1. Lagrange utilise 'u' au lieu de 'f'.

calcul — les premières dérivées de ses fonctions élémentaires ; il montre ensuite comment composer ces dérivées afin d'obtenir les dérivées des fonctions composées et des fonctions implicites ; de cette façon, il montre implicitement que l'algorithme à appliquer pour obtenir la fonction $f^{(\nu)}(x)$ à partir de la fonction $f^{(\nu-1)}(x)$ ($\nu = 1, 2, \ldots$) est le même que celui qui est employé pour passer de $\frac{d^{\nu-1}y}{dx^{\nu-1}}$ à $\frac{d^{\nu}y}{dx^{\nu}}$.

La première fonction élémentaire que Lagrange considère est x^m, où m est un exposant rationnel. Une façon très simple de trouver sa première dérivée consiste à appliquer le théorème du binôme pour les exposants rationnels. Comme ce théorème peut être facilement démontré en ne s'appuyant ni sur des considérations infinitésimalistes, ni sur le Calcul, une telle procédure ne présente aucune difficulté. Mais elle est inutilement lourde, puisque nous pouvons parvenir aux mêmes fins en nous appuyant sur ce même théorème restreint aux exposants entiers strictement positifs.

Si $m = \frac{\mu}{\nu}$ ou $m = -\frac{\mu}{\nu}$ (où m et ν sont des entiers strictement positifs), il suffit de supposer que

$$(x + \xi)^{\frac{\mu}{\nu}} = x^{\frac{\mu}{\nu}} + A_1\xi + \&c.$$

(12)   et

$$(x + \xi)^{-\frac{\mu}{\nu}} = \frac{1}{(x+\xi)^{\frac{\mu}{\nu}}} = x^{-\frac{\mu}{\nu}} + B_1\xi + \&c.,$$

d'appliquer ce théorème ainsi restreint pour obtenir les développantes de $\left(x^{\frac{\mu}{\nu}} + (A_1\xi + \&c.)\right)^{\nu}$ et $\left(x^{-\frac{\mu}{\nu}} + (B_1\xi + \&c.)\right)^{\nu}$, d'égaliser ces développantes respectivement à celles de $\left((x + \xi)^{\frac{\mu}{\nu}}\right)^{\nu} = (x + \xi)^{\mu}$ et $\left((x + \xi)^{-\frac{\mu}{\nu}}\right)^{\nu} = \frac{1}{(x+\xi)^{\mu}}$, et enfin d'avoir recours à la méthode des coefficients indéterminés, pour conclure que

(13) $\begin{aligned} \mu x^{\mu-1} &= \nu x^{\frac{\mu(\nu-1)}{\nu}} A_1 \qquad \text{soit} \qquad A_1 = \frac{\mu}{\nu} x^{\frac{\mu-\nu}{\nu}} \\ \nu x^{\frac{\mu}{\nu}} B_1 + \mu x^{-1} &= 0 \qquad\qquad\ \text{soit} \qquad B_1 = -\frac{\mu}{\nu} x^{-\frac{\mu+\nu}{\nu}}. \end{aligned}$

Cela éclaire la raison par laquelle, dans la *Théorie* (Lagrange, 1797, art. 18 et 1813, art. I.10), Lagrange observe simplement que, si m est rationnel, « il est facile de démontrer, soit avec les règles simples de l'Arithmétique, soit avec les premières opérations de l'algèbre », que la première dérivée de x^m est mx^{m-1}.

Ce résultat n'est cependant pas assez puissant pour servir de base à l'obtention des dérivées premières des fonctions transcendantes élémentaires. Pour cela, il est nécessaire de recourir au théorème du binôme étendu aux exposants issus d'une espèce quelconque de quantité algébrique — ou, au moins, à la partie de ce théorème portant sur les deux premiers termes du développement. C'est certainement la raison pour laquelle, dans les *Leçons* (Lagrange, 1801, p. 13-17 et 1806, p. 16-21), Lagrange détermine le coefficient de ξ dans le développement en série de puissances de la fonction $(x + \xi)^m$ grâce à un argument qui vaut également si m n'est pas rationnel. Cela consiste à résoudre l'équation fonctionnelle qui intervient dans la preuve d'Æpinus-Euler du théorème du binôme (voir p. 259, ci-dessus).

En supposant que :

$$(14) \qquad\qquad (1 + z)^{\mu} = 1 + F(\mu)z + \&c.,$$

où $F(\mu)$ est une fonction indéterminée de μ, et en se réclamant de l'égalité $(1+z)^{m+n} = (1+z)^m(1+z)^n$, et de la méthode des coefficients indéterminés, Lagrange obtient :

$$(15) \qquad\qquad F(m + n) = F(m) + F(n),$$

qui n'est autre que l'équation d'Æpinus-Euler. Il remarque ensuite que $(1 + z)^{m+n} = (1 + z)^{(m+\xi)} \cdot (1 + z)^{(n-\xi)}$, et, en se réclamant du théorème 4 appliqué aux fonctions $F(m + \xi)$ et $F(n - \xi)$ et, à nouveau, de la méthode des coefficients indéterminés, il obtient :

$$(16) \qquad \begin{aligned} F(m + n) &= F(m + \xi) + F(n - \xi) \\ &= F(m) + F(n) + [F'(m) - F'(n)]\,\xi + \&c. \end{aligned}$$

En comparant les deux égalités (15) et (16), et en appliquant une fois de plus la méthode des coefficients indéterminés, il en déduit que $F'(m) = F'(n)$, ce qui montre que $F'(m)$ ne dépend pas de m, c'est-à-dire qu'elle est constante.

Pour résoudre l'équation d'Æpinus-Euler, il est donc suffisant de trouver « la valeur de la fonction primitive $F(m)$, d'après la fonction dérivée $F'(m) = a$ », où a est une constante indéterminée (Lagrange, 1801, p. 131 et 1806, p. 19). Pour ce faire, Lagrange s'appuie sur la condition $F^{(\nu)}(m) = 0$ ($\nu = 2, 3, \ldots$), pour obtenir $F(m + \xi) = F(m) + a\xi$, et donc, pour $\xi = -m$, $F(m) = am + F(0)$ [1]. Ayant obtenu cette dernière égalité, Lagrange la compare avec l'égalité (14), pose $m = 0$ et $m = 1$,

---

1. Une manière simple de démontrer que $F^{(\nu)}(m) = 0$ ($\nu = 2, 3, \ldots$) est de remarquer que, si $f(x) = a$, alors on aura aussi $f(x + \xi) = a$ pour tout ξ, ce qui fait que l'égalité $f(x + \xi) = \sum_{k=0}^{\infty} \frac{f^{(k)}(x)}{k!} \xi^k$ se réduit à $0 = \sum_{k=1}^{\infty} \frac{f^{(k)}(x)}{k!} \xi^k$. De cette égalité, il découle, d'après la méthode des coefficients indéterminés, que $f^{(k)}(x) = 0$ ($k = 1, 2, \ldots$).

et obtient, une fois de plus à l'aide de la méthode des coefficients indéterminés, $F(0) = 0$ et $a = 1$, et donc $F(m) = m$. Il suffit donc de reporter
cette valeur dans l'égalité (14) et de supposer que $z = \frac{\xi}{x}$, pour obtenir :

$$(x + \xi)^m = x^m \left(1 + \frac{\xi}{x}\right)^m = x^m + mx^{m-1}\xi + \&c.$$

(17)   et donc

$$(x^m)' = mx^{m-1}.$$

La possibilité de s'appuyer sur cette égalité, où m peut être supposé
être une quantité algébrique quelconque, rend très simple la détermination
des dérivées de a^x et $\log_a$.

La détermination des dérivées des fonctions trigonométriques est un
peu plus laborieuse en raison de la nature géométrique intrinsèque de ces
fonctions (voir § 2.6) [1]. Pour obtenir ces dérivées, Lagrange suppose, dans
la première édition de la *Théorie* et dans les *Leçons*, que ces fonctions
satisfont certaines conditions appropriées, qu'il ne justifie pas, alors que
dans la seconde édition de la *Théorie*, il les définit en termes d'exponentielles imaginaires. Il n'est pas nécessaire de détailler les arguments de
Lagrange sur ce sujet (voir p. 253, ci-dessus pour les références).

Sur la base de ces résultats, il est alors facile de montrer comment les
dérivées de $f(x) \pm g(x)$, $f(x) \cdot g(x)$ et $\frac{f(x)}{g(x)}$ sont composées à partir de $f(x)$
et $g(x)$. Les arguments de Lagrange à ce sujet (Lagrange, 1797, art. 30,
1801, p. 36-38, 1806, p. 47-49, 1813, art. I.15) sont de même nature que
ceux sur lesquels il s'appuie pour montrer comment trouver les premières
dérivées des fonctions dont les arguments sont d'autres fonctions, et des
fonctions implicites.

Le premier de ces deux derniers arguments est le suivant (Lagrange,
1797, art. 31, 1801, p. 38, 1806, p. 49, 1813, art. I.16). Soit $g(x)$ une
fonction de x et $f(g(x))$ une fonction de $g(x)$; si o est l'incrément de $g(x)$
qui correspond à l'incrément ξ de x, alors, d'après le théorème 4 :

$$o = \sum_{h=1}^{\infty} \frac{1}{h!} \left[g^{(h)}(x)\right] \xi^h$$

(18)   et

$$f(g(x) + o) = f(g(x)) + f'^{g(x)}(g(x)) o + \&c.$$

$$= f(g(x)) + g'(x) f'^{g(x)}(g(x)) \xi + \&c.,$$

----

1. D'après Ovaert (1976, p. 186), Lagrange est obligé ici d'abandonner le point de vue
purement formel.

où $f'^{g(x)}(g(x))$ est le coefficient de o dans les développements en séries de puissances de $f(g(x) + o)$, c'est-à-dire la dérivée première de $f(g(x))$ par rapport à $g(x)$. Par conséquent, le coefficient de ξ dans les développements en séries de puissances de $f(g(x + \xi))$ — c'est-à-dire la dérivée première de $f(g(x))$ par rapport à x — est $g'(x)f'^{g(x)}(g(x))$. Si on dénote cette dérivée par '$f'^x(g(x))$', on obtient alors l'égalité suivante [1] :

$$(19) \qquad f'^x(g(x)) = g'(x)f'^{g(x)}(g(x)),$$

conformément à la règle de différentiation en chaîne.

L'argument de Lagrange pour montrer comment trouver les dérivées des fonctions implicites (Lagrange, 1797, art. 33, 1801, p. 39-42, 1806, p. 50-54, 1813, art. I.17) n'est guère plus élaboré.

Soit $F(x, y) = 0$ une équation à deux variables obtenue par composition de fonctions élémentaires, et $y = f(x)$ une racine de cette équation. La fonction $F(x, f(x)) = \varphi(x)$ doit alors être nulle, d'où il suit que $\varphi'(x) = 0$ (voir ci-dessus la note 1, p. 282). Pour trouver la dérivée première de $f(x)$, il suffit d'écrire cette égalité de manière appropriée.

A cet effet, soit $F(p(x), q(x))$ une fonction de deux variables qui sont, à leur tour, fonctions d'une variable unique x. La fonction correspondante $F(p(x + \xi), q(x + \xi))$ peut alors être développée en une série de puissances de ξ. Lagrange considère comme acquis le fait que cette série de puissances peut être obtenue en composant de manière appropriée les développements en séries de puissances de $F(p(x + \xi), q(x))$ et $F(p(x), q(x + \xi))$, où $q(x)$ et $p(x)$ sont respectivement traitées comme si elles étaient constantes. Il obtient ainsi :

$$(20) \qquad \begin{aligned} F(p(x + \xi), q(x + \xi)) = {} & F(p(x), q(x)) + \\ & + \left[\begin{array}{l} p'(x)F'^{p(x)}(p(x), q(x)) + \\ q'(x)F'^{q(x)}(p(x), q(x)) \end{array} \right]\xi + \&c. \end{aligned}$$

où $F'^{p(x)}(p(x), q(x))$ et $F'^{q(x)}(p(x), q(x))$ sont les dérivées premières de $F(p(x)), q(x))$ respectivement par rapport à $p(x)$ ($q(x)$ étant alors traitée comme une constante) et à $q(x)$ ($p(x)$ étant traité comme une constante), c'est-à-dire les coefficients de ξ et de o dans les développements en séries

---

1. Les symboles '$f'^{g(x)}(g(x))$' et '$f'^x(g(x))$' ne sont pas de Lagrange. Sa notation est beaucoup moins explicite.

de puissances de $F(p(x) + \xi, q(x))$ et de $F(p(x), q(x) + o)$. Il en découle que si $p(x) = x$ et $q(x) = y = f(x)$, alors :

$$(21) \qquad F^{'x}(x, f(x)) = \varphi'(x) = 0 = F^{'x}(x, y) + f'(x)F^{'y}(x, y),$$

et, donc,

$$(22) \qquad\qquad f'(x) = -\frac{F^{'x}(x, y)}{F^{'y}(x, y)},$$

où $F^{'x}(x, y)$ et $F^{'y}(x, y)$ sont les dérivées premières de $F(p(x), q(x))$ respectivement par rapport à x et à y, c'est-à-dire les coefficients de ξ et de o dans les développements en séries de puissances respectivement de $F(x + \xi, y)$ et $F(x, y + o)$.

Tous ces arguments montrent que, une fois acceptés le théorème 4 et l'unicité des développements en séries de puissances, la détermination de l'algorithme des fonctions dérivées tient à la conception compositionnelle des fonctions, et dépend essentiellement de nombreuses applications ingénieuses de la méthode des coefficients indéterminés.

3.4. *Cas particuliers*

Pour compléter la preuve fondamentale de Lagrange, il est enfin nécessaire de considérer les cas particuliers pour lesquels la supposition que le développement en série de puissances généralisée de $f(x + \xi)$ ne contient que des puissances entières strictement positives de ξ n'est pas vérifiée, afin d'établir que la condition [**FC**.*ii*] est respectée.

D'après la définition officielle que donne Lagrange des dérivées, la dérivée v-ième d'une fonction $f(x)$ est le coefficient de $\frac{\xi^v}{v!}$ dans le développement en série de puissances de $f(x + \xi)$, ou bien, ce qui est équivalent, le coefficient de ξ dans le développement en série de puissances de $f^{(v-1)}(x + \xi)$. Par conséquent, à strictement parler, si certains termes du développement en série de puissances d'une fonction $f(x + \xi)$ ne sont pas définis pour une valeur particulière de x, et de ce fait, si le développement lui-même n'est pas défini non plus, la fonction $f(x)$ n'a aucune dérivée pour cette valeur de x. Cette définition ne permet donc pas de conclure que $f^{(v)}(x)$ est définie pour $x = x_0$ si et seulement si la fonction qui résulte de $f(x)$ par v applications itérées de l'algorithme conduisant de cette fonction à $f'(x)$ est définie pour $x = x_0$. C'est pourtant ce que requerrait l'équivalence avec le calcul différentiel. Mais alors, comment peut-on traiter ce cas, c'est-à-dire rendre compte de la possibilité que seul un nombre fini de dérivées d'une fonction $f(x)$ sont définies pour une certaine valeur de x?

La réponse de Lagrange trouve son origine dans le traitement des cas particuliers où le développement en série de puissances généralisée de $f(x + \xi)$ n'est pas une série de puissances de x (Lagrange, 1797, art. 34-44, 1801, leçon VIII, p. 52-65, 1806, leçon VIII, p. 69-87, 1813, art. I.24-1.32). La principale conclusion à laquelle il parvient est énoncée comme suit dans la *Théorie* (Lagrange, 1797, art. 42 et 1813, art. I.30) :

> On conclura de là que le développement $f(x) + \xi f'(x) + \frac{\xi^2}{2} f''(x) + \&c.$ ne peut devenir fautif pour une valeur donnée de x, qu'autant qu'une des fonctions $f(x)$, $f'(x)$, $f''(x)$, &c. deviendra infinie ainsi que toutes les suivantes pour cette valeur de x. Alors si n est l'indice de la première fonction qui devient infinie, le développement dont il s'agit devra contenir un terme de la forme ξ^m, m étant un nombre compris entre $n-1$ et n. Et si toutes les fonctions $f(x)$, $f'(x)$, $f''(x)$, &c. devenaient infinies pour la même valeur de x, le développement de $f(x + \xi)$ contiendrait dans ce cas des puissances négatives de ξ [1].

Ce passage contient trois affirmations. Si la deuxième affirmation s'appliquait au cas où $n = 0$ (c'est-à-dire au cas où $f(x)$, $f'(x)$, $f''(x)$, &c. deviennent toutes infinies), elle impliquerait immédiatement la troisième, au moins si la condition que m soit compris entre $n-1$ et n était interprétée comme la condition que $n-1 < m < n$, et si 'négatif' était entendu comme synonyme de 'plus petit que zéro' [2]. Cependant, il suffit de considérer une fonction telle que $f(x) = \frac{1}{x^\alpha}$, pour $\alpha \geq 1$, pour voir qu'une telle interprétation est erronée. Cette fonction présente un cas où $n = 0$ pour $x_0 = 0$, mais

---

1. Dans les *Leçons*, ce passage est séparé en deux. Lagrange écrit tout d'abord (1801, p. 55 et 1806, p. 72-73) :

> [...] si n est l'indice de l'ordre de la première fonction qui devient infinie, le développement de $f(x + \xi)$ devra contenir un terme de la forme ξ^α, α étant un nombre compris entre $n-1$ et n. Si $n = 0$, c'est-à-dire, si la fonction $f(x)$ devient elle-même infinie, ce développement contiendra des puissances négatives de ξ.

Une page plus loin (après avoir considéré la possibilité que $f(x + \xi)$ n'ait pas de développement contenant des puissances de $\log \xi$, il ajoute (1801, p. 56 et 1806, p. 74) :

> On peut donc conclure en général que le développement $f(x) + \xi f'(x) + \frac{\xi^2}{2} f''(x) +$ &c. de la fonction $f(x + \xi)$ ne peut devenir fautif pour une valeur déterminée de x, qu'autant qu'une des fonctions $f(x)$, $f'(x)$, $f''(x)$, &c. deviendra infinie en donnant à x cette valeur ; et que ce développement ne sera fautif qu'à commencer du terme qui deviendra infini.

2. Nous reviendrons plus loin (pages 326-327) sur la signification que donne Lagrange aux adjectifs 'négatif' et 'positif'.

le développement en série de puissances généralisée de $f(0 + \xi) = f_0(\xi)$, se réduit à $\frac{1}{\xi^\alpha}$, ce qui conduit à la conclusion que $m = -\alpha \leq n - 1 = -1$.

Il semble alors que, dans l'interprétation entendue par Lagrange, la deuxième et la troisième affirmations s'appliquent à deux cas distincts : la deuxième au cas où $f(x)$ ne devient pas infinie pour la valeur pertinente de x, alors que certaines de ses dérivées le deviennent ; la troisième au cas où à la fois $f(x)$ et toutes ses dérivées deviennent infinies pour cette valeur de x.

Cela est confirmé par la façon dont Lagrange argumente en faveur de ses trois affirmations. Réduit à sa partie essentielle, son argument procède comme suit (Lagrange, 1797, art. 41, 1801, p. 54-55, 1806, p. 71-73, 1813, art. I.29) [1].

Soit $f(x)$ une fonction telle que le développement en série de puissances de $f(x + \xi)$ n'est pas défini pour x_0. Il en découle que le développement en série de puissances généralisée de $f(x_0 + \xi)$ contient au moins un terme de la forme $A\xi^k$, où A ne dépend pas de ξ, et m est soit un nombre fractionnaire strictement positif, soit un nombre strictement négatif :

$$(23) \qquad f(x_0 + \xi) = \ldots + A\xi^m + \&c.$$

Le développement en série de puissances généralisée de la dérivée première de $f(x + \xi)$ par rapport à ξ va alors contenir un terme de la forme $mA\xi^{m-1}$, celui de la dérivée seconde un terme de la forme $m(m-1)A\xi^{m-2}$, &c. :

$$f'^\xi(x_0 + \xi) = \ldots + mA\xi^{m-1} + \&c.$$
$$(24) \qquad f''^\xi(x_0 + \xi) = \ldots + m(m-1)A\xi^{m-2} + \&c.$$
$$\ldots$$

Mais de l'égalité (19), il s'ensuit que $f'^x(x+\xi) = f'^{x+\xi}(x+\xi) = f'^\xi(x+\xi)$, ce qui implique que toutes les dérivées de $f(x + \xi)$ par rapport à x coïncident avec les dérivées correspondantes de la même fonction par rapport à ξ. De ce fait, les valeurs des dérivées de $f(x)$ pour $x = x_0$ peuvent ainsi être obtenues en posant $\xi = 0$ dans les dérivées de $f(x_0 + \xi)$ par rapport à ξ :

$$f^{(\nu)x}(x + \xi) = f^{(\nu)x+\xi}(x + \xi) = f^{(\nu)\xi}(x + \xi)$$

$$(25) \qquad \text{d'où il s'ensuit que}$$

$$\left[f^{(\nu)}(x) \right]_{x=x_0} = \left[f^{(\nu)\xi}(x_0 + \xi) \right]_{\xi=0},$$

---

1. Lagrange présente cet argument de manière purement discursive, sans recourir aux égalités (23)-(26) ; nous y avons recours pour rendre plus clairs les présupposés de l'argument.

où v est un entier quelconque.

Lagrange en tire qu'en « faisant $\xi = 0$, on en conclura que les fonctions $f(x)$, $f'(x)$, $f''(x)$, &c. lorsque $x = x_0$, contiennent respectivement les termes $A0^m$, $mA0^{m-1}$, $m(m-1)A0^{m-2}$, &c. » (Lagrange, 1797, p. 38, 1801, p. 55, 1806, p. 72, 1813, p. 50) [1].

Il est clair que Lagrange parvient à cette conclusion en posant $\xi = 0$ dans les égalités (23) et (24), afin d'obtenir, en accord avec la seconde des égalités (25) :

$$f(x_0) = \ldots + A0^m + \&c.$$
(26)
$$f'(x_0) = \ldots + mA0^{m-1} + \&c.$$
$$f''(x_0) = \ldots + m(m-1)A0^{m-2} + \&c.$$
$$\ldots$$

Cet argument n'est cependant correct qu'à condition d'admettre qu'il suffit de poser $\xi = 0$ dans les développements en séries de puissances généralisées des fonctions $f(x_0 + \xi)$, $f'^\xi(x_0 + \xi)$, $f''^\xi(x_0 + \xi)$, &c. pour obtenir les fonctions $f(x_0)$, $f'(x_0)$, $f''(x_0)$, &c. elles-mêmes. Une conclusion plus faible peut, en revanche, être obtenue en supposant que les développements en séries de puissances généralisées des fonctions $f(x_0 + \xi)$, $f'^\xi(x_0+\xi)$, $f''^\xi(x_0+\xi)$, &c. convergent vers ces mêmes fonctions autour de $\xi = 0$. Dans ce dernier cas, on en conclurait seulement que les valeurs des fonctions $f(x_0)$, $f'(x_0)$, $f''(x_0)$, &c. sont fournies par ces développements en séries de puissances généralisées pour $\xi = 0$.

Quelle que soit la façon dont Lagrange peut avoir raisonné, il poursuit en observant que si m est strictement négatif, tous les termes $A0^m$, $mA0^{m-1}$, $m(m-1)A0^{m-2}$, &c. sont infinis, et les fonctions $f(x)$, $f'(x)$, $f''(x)$, &c. deviennent donc toutes infinies pour $x = x_0$, alors que si m est un nombre fractionnaire strictement positif et n le plus petit entier plus grand que m, il se produit la même chose pour les termes $m(m-1)\ldots(m-n+1)A0^{m-n}$, $m(m-1)\ldots(m-n)A0^{m-n-1}$, &c. et pour les fonctions $f^{(n)}(x)$, $f^{(n+1)}(x)$, &c..

Avec tout cela à l'esprit, les affirmations de Lagrange deviennent plus claires. On pourrait les reformuler ainsi :

— i) Une fonction $f(x+\xi)$ ne possède pas de développement en série de puissances pour $x = x_0$ — c'est-à-dire que le développement en série de puissances généralisée de la fonction correspondante

---

1. Par souci de cohérence avec notre notation, nous remplaçons ici, non seulement 'i' par 'ξ' comme à l'accoutumée, mais aussi 'a' par 'x_0'.

$f(x_0 + \xi) = f_{x_0}(\xi)$ contient des puissances fractionnaires strictement positives ou des puissances strictement négatives de ξ — que dans le seul cas où une des fonctions $f(x)$, $f'(x)$, $f''(x)$, &c devient infinie pour $x = x_0$, ainsi que toutes ses dérivées (c'est-à-dire que si $f(x + \xi)$ ne possède pas de développement en série de puissances pour $x = x_0$, alors une des ses fonctions dérivées devient infinie pour $x = x_0$, ainsi que toutes ses dérivées).

— *ii*) Une fonction $f(x + \xi)$ ne possède pas de développement en série de puissances pour $x = x_0$ et le développement en série de puissances généralisée de la fonction correspondante $f(x_0 + \xi) = f_{x_0}(\xi)$ contient des puissances fractionnaires strictement positives, et aucune puissance strictement négative de ξ, que dans le cas où une des fonctions $f'(x)$, $f''(x)$, &c. devient infinie pour x_0, ainsi que toutes ses dérivées ; et si tel est le cas et que la première de ces fonctions à devenir infinie est $f^{(n)}(x)$, alors le développement en série de puissances généralisée de $f(x_0 + \xi) = f_{x_0}(\xi)$ contient une puissance ξ^m de ξ telle que $n - 1 < m < n$.

— *iii*) Une fonction $f(x + \xi)$ n'a pas de développement en série de puissances pour $x = x_0$ et le développement en série de puissances généralisée de la fonction correspondante $f(x_0 + \xi) = f_{x_0}(\xi)$ contient des puissances strictement négatives de ξ si et seulement si les fonctions $f(x)$, $f'(x)$, $f''(x)$, &c. deviennent toutes infinies pour $x = x_0$.

À strictement parler, l'argument de Lagrange fournit une preuve seulement pour la condition nécessaire (l'implication exprimée par 'seulement si') énoncée dans l'affirmation (*iii*), laquelle intervient également dans la preuve qu'il donne. Mais il ne fournit aucune preuve pour la condition suffisante (l'implication exprimée par 'si'), bien qu'elle soit explicitement énoncée dans la troisième affirmation contenue dans le passage cité. Pour la justifier, Lagrange aurait pu s'appuyer sur l'argument tacite suivant : si le développement en série de puissances généralisée de la fonction $f(x_0 + \xi) = f_{x_0}(\xi)$ ne contient aucune puissance strictement négative de ξ, alors il prend une valeur finie pour $\xi = 0$, et cette valeur est précisément $f(x_0)$, si bien que $f(x)$ est finie pour $x = x_0$; par conséquent, si ce développement ne contient pas des puissances négatives de ξ, les fonctions $f(x)$, $f'(x)$, $f''(x)$, &c. ne deviennent pas toutes infinies pour $x = x_0$; par contraposition, il en découle que si les fonctions $f(x)$, $f'(x)$, $f''(x)$, &c. deviennent toutes infinies pour $x = x_0$, le développement en série de puissances généralisée de la fonction $f(x_0 + \xi) = f_{x_0}(\xi)$ contient des puissances strictement négatives de ξ.

L'étape cruciale de cet argument repose sur la supposition que le développement en série de puissances généralisée de la fonction $f(x_0 + \xi) = f_{x_0}(\xi)$ converge vers cette fonction autour de $\xi = 0$, ce qui reprend, dans le cas où $x = x_0$, une supposition qui figure aussi dans la preuve fondamentale de Lagrange. Il est donc tout à fait naturel d'estimer que Lagrange a raisonné de la sorte. Mais faire cette supposition revient à admettre que si le développement en série de puissances généralisée de la fonction $f(x_0 + \xi) = f_{x_0}(\xi)$ ne contient aucune puissance strictement négative de ξ, alors il peut s'écrire sous la forme :

$$(27) \qquad\qquad f(x_0) + \sum_{k=1}^{\infty} p_k(x_0)\,\xi^{\alpha_k}$$

où $\alpha_k > 0$ pour tout k.

Supposons qu'il en soit ainsi, et que le développement en série de puissances généralisée de la fonction $f(x_0 + \xi) = f_{x_0}(\xi)$ ne contienne aucune puissance strictement négative, mais quelques puissances fractionnaires strictement positives de ξ, et que m soit le plus petit exposant de ces dernières puissances. Ce développement peut alors s'écrire sous la forme :

$$(28)\quad f(x_0) + p_1(x_0)\,\xi + p_2(x_0)\,\xi^2 + \ldots + p_{\lfloor m \rfloor}(x_0)\,\xi^{\lfloor m \rfloor} + p_{\lfloor m \rfloor + 1}(x_0)\,\xi^m + \&c.,$$

où $\lfloor m \rfloor$ est le plus grand entier plus petit que m. Mais alors, en raisonnant comme précédemment, d'après la seconde des égalités (25), on obtiendrait que :

$$
\begin{aligned}
f'(x_0) &= p_1(x_0)\\
f''(x_0) &= 2p_2(x_0)\\
&\cdots\\
f^{(\lfloor m \rfloor)}(x_0) &= \lfloor m \rfloor!\,p_{\lfloor m \rfloor}(x_0)\\
f^{(\lceil m \rceil)}(x_0) &= m\,\lfloor m \rfloor!\,p_{\lfloor m \rfloor + 1}(x_0)0^{m - \lceil m \rceil},
\end{aligned}
$$

$$(29)$$

où $\lceil m \rceil$ est le plus plus petit entier plus grand que m, et $m - \lceil m \rceil$ est par conséquent un exposant strictement négatif. La première dérivée de $f(x)$ à devenir infinie pour $x = x_0$ serait alors $f^{(\lceil m \rceil)}(x)$, si bien que $n = \lceil m \rceil$ et $n - 1 < m < n$.

Il est vraisemblable que cela soit l'argument tacite sur lequel s'appuie Lagrange pour justifier la seconde partie de l'affirmation (ii) qui, à strictement parler, ne découle pas de son argument explicite. En affirmant que, dans le cas en question, le développement en série de puissances généralisée de la fonction $f(x_0 + \xi) = f_{x_0}(\xi)$ contient une puissance ξ^m de ξ telle que $n - 1 < m < n$, Lagrange aurait alors sous-entendu que cette puissance est la plus petite des puissances fractionnaires du développement.

Les difficultés auxquelles sont sujets les arguments de Lagrange — qu'ils soient explicites ou tacites — sont évidentes. Nous soulignons seulement qu'elles sont toutes fondées sur l'identification des dérivées d'une fonction $f(x)$ pour $x = x_0$ avec les valeurs qui peuvent être déterminées en appliquant un algorithme linéaire approprié — issus de la considération du développement en série de puissances de la fonction $f(x + \xi)$ où x et ξ restent indéterminés — à l'égalité :

$$(30) \qquad f(x_0 + \xi) = f(x_0) + \sum_{k=1}^{\infty} p_k(x_0)\, \xi^{\alpha_k}.$$

Voici donc la définition implicite des dérivées qui est en jeu dans la théorie de Lagrange. C'est sur la base de cette définition implicite que Lagrange peut en fait établir son résultat, à savoir que :

— i) la dérivée v-ième d'une fonction $f(x)$ telle que $f(x + \xi)$ n'a pas de développement en série de puissances pour $x = x_0$ est définie pour cette même valeur de x si et seulement si $f(x_0)$ n'est pas infinie, et le plus petit exposant fractionnaire des puissances de ξ qui intervient dans le développement en série de puissances généralisée de $f(x_0 + \xi) = f_{x_0}(\xi)$ est plus grand que v ;

— ii) dans ce cas, la valeur de cette dérivée pour $x = x_0$ est le coefficient de $\frac{\xi^v}{v!}$ dans ce développement en série de puissances généralisée.

La fonction $f(x) = ax - x^2 + a\left(x^2 - a^2\right)\sqrt{x^2 - a^2}$ peut servir d'exemple [1]. La fonction associée $f(a + \xi) = f_a(\xi)$ est $-a\xi - \xi^2 + a\xi\sqrt{\xi}\,(2a + \xi)\sqrt{2a + \xi}$, dont le développement en série de puissances généralisée est :

$$(31) \qquad -a\xi + 2a^2\sqrt{2a}\xi\sqrt{\xi} - \xi^2 + \frac{3}{2}a\sqrt{2a}\xi^2\sqrt{\xi} + \frac{3}{16}\sqrt{2a}\xi^3\sqrt{\xi} + \&c.$$

Il en découle que :

$$(32) \qquad f(a) = 0 \quad \text{et} \quad f'(a) = -a,$$

alors que les autres dérivées ne sont pas définies pour $x = a$.

---

1. Cet exemple résulte d'une légère modification d'un exemple proposé par Lagrange dans les *Leçons* (Lagrange, 1801, p. 56-57 et Lagrange, 1806, p. 74-75).

Dans les *Leçons* (Lagrange, 1801, p. 52 et 55–57 et 1806, p. 69–70 et 73–75), Lagrange considère aussi la possibilité qu'une fonction $f(x_0 + \xi) = f_{x_0}(\xi)$ ait un développement contenant des termes ayant un facteur de la forme '$\xi^\lambda (\log \xi)^\mu$', où λ et μ sont des exposants rationnels strictement positifs ou strictement négatifs [1].

Un cas simple est celui de la fonction $f(x) = x \log x$, dont la fonction associée $f(x_0 + \xi) = f_{x_0}(\xi)$, pour $x_0 = 0$, est $\xi \log \xi$. Dans ce cas, x_0 appartient au domaine de définition de $f(x_0 + \xi)$ pour toute valeur non nulle de ξ, mais non au domaine de définition de $f(x)$ (voir la définition 1).

Lagrange commence par démontrer que cela est toujours le cas lorsque l'exposant de $\log \xi$ est strictement positif (Lagrange, 1801, p. 52 et 1806, p. 69–70) [2]. Pour ce faire, il s'appuie sur un argument analogue à celui utilisé pour les puissances strictement négatives de ξ : si le développement en série de puissances généralisée de $f(x_0 + \xi) = f_{x_0}(\xi)$ contient un terme ayant une puissance strictement positive de $\log \xi$ parmi ses facteurs, alors ce développement devient infini pour $\xi = 0$ (puisque $\log \xi = -\infty$ pour $\xi = 0$) ; il en est alors de même pour $f(x_0)$.

Ensuite, il remarque plus généralement (Lagrange, 1801, p. 55 et 27 et 1806, p. 73 et 34-35) que le cas des développements qui contiennent des puissances de $\log \xi$ se réduit à celui des développements qui contiennent des puissances fractionnaires de ξ puisque, pour toute base a,

$$(33) \qquad \log_a z = \frac{r}{\log a} \left(z^{\frac{1}{r}} - 1 \right),$$

pourvu que r soit « infiniment grand ». Assez bizarrement, ce recours à un argument infinitésimaliste ne lui semble pas préjudiciable. Il considère sans doute que cet argument est suffisamment local pour que son caractère infinitésimaliste soit inoffensif. Il n'en demeure pas moins que c'est seulement en ayant recours à cette réduction qu'il parvient à justifier que le cas où $f(x + \xi)$ a un développement contenant une puissance de $\log \xi$ n'est pas mentionné dans la preuve du théorème du développement en série de puissances, ni d'ailleurs, plus généralement, dans la *Théorie*. Plus encore, parce que le recours à l'égalité (33) au cours de cette preuve ne comporte aucune circularité, Lagrange devrait obtenir cette dernière égalité par un

---

1. Bien que Lagrange ne fasse pas de remarque explicite à ce sujet, il est clair qu'en raison de l'égalité $\log_a z = \frac{\log z}{\log a}$, ce cas englobe tous les cas analogues concernant des logarithmes de base quelconque.

2. Lagrange considère seulement le cas où le facteur ξ^λ dans $\xi^\lambda (\log \xi)^\mu$ est unitaire, c'est-à-dire où $\lambda = 0$, mais il est clair qu'il en est de même pour toute valeur de λ.

argument différent de celui qu'il utilise à ce propos (Lagrange, 1801, p. 24-27 et 1806, p. 31-34), car ce dernier argument est fondé sur le développement en série de puissances de $\log_a(x + \xi)$, qui est obtenu, à son tour, en s'appuyant sur le théorème du développement en série de puissances lui-même [1].

En tous cas, Lagrange poursuit en observant que dans le cas où le développement de $f(x_0 + \xi) = f_{x_0}(\xi)$ contient des termes de la forme $\xi^\lambda (\log \xi)^\mu$, un argument analogue à celui utilisé dans le cas où cette expression contient des puissances fractionnaires de ξ est également applicable. Dans ce cas, dit-il, les dérivées $f'(x + \xi)$, $f''(x + \xi)$, &c. pour $x = x_0$, contiennent à leur tour, respectivement, des termes de la forme '$\xi^{\lambda-1} (\log \xi)^\mu$' et '$\xi^{\lambda-1} (\log \xi)^{\mu-1}$', et de la forme '$\xi^{\lambda-2} (\log \xi)^\mu$', '$\xi^{\lambda-2} (\log \xi)^{\mu-1}$' et '$\xi^{\lambda-2} (\log \xi)^{\mu-2}$', &c., qui, pour $\xi = 0$, deviennent soit nuls, soit infinis, selon que l'exposant de ξ est strictement positif ou strictement négatif, quel que soit ce que peut être l'exposant de $\log x$.

Les arguments de Lagrange sont ici assez frustes, mais son point est clair : si le développement de $f(x_0 + \xi) = f_{x_0}(\xi)$ contient des termes de la forme '$\xi^\lambda (\log \xi)^\mu$', les développements des fonctions $f'^\xi(x_0 + \xi)$, $f''^\xi(x_0 + \xi)$, &c. contiendront des termes comme les précédents, de telle sorte que les dérivées $f'(x)$, $f''(x)$, &c., calculées pour $x = x_0$, ou plutôt leurs développements, contiendront des termes qui deviendront soit nuls, soit infinis, selon que l'exposant de ξ est strictement négatif ou strictement positif.

Cet argument ne pose pas seulement les mêmes problèmes que l'argument utilisé dans le cas où le développement de $f(x_0 + \xi) = f_{x_0}(\xi)$ contient des exposants fractionnaires de ξ, il requiert aussi la supposition selon laquelle certaines fonctions s'annulent, et sont alors définies, pour une valeur particulière de leur variable, même si certains termes, facteurs, ou dénominateurs qui y sont contenus deviennent infinis pour cette valeur. Par exemple, supposer que, pour $\xi = 0$, $\xi^\lambda (\log \xi)^\mu$ s'annule quand λ est strictement positif, quel que soit μ, revient à supposer que $0 (\pm\infty) = \frac{0}{\pm\infty} = 0$. En langage moderne, cela revient à supposer qu'une fonction peut être prolongée par continuité pour une valeur de sa variable

---

1. Dans la *Théorie* et dans les *Leçons*, Lagrange présente deux déductions alternatives du développement en série de puissances du logarithme. La première (Lagrange, 1797, art. 21, 1801, p. 23-24, 1806, p. 28-33, 1813, art.-I.13), a explicitement recours à l'égalité (6), qui est clairement déduite du théorème du développement en série de puissances. La seconde (Lagrange, 1797, art. 2 et 1813, art.-I.19) a recours au théorème du binôme pour tout exposant réel, qui est démontré à son tour en s'appuyant sur cette même égalité (voir § 3.3).

où, à strictement parler, elle n'est pas définie. Comme nous l'avons déjà observé (voir p. 271, ci-dessus), cela équivaut à remplacer cette fonction par une fonction définie par morceaux, ce qui paraît contraire à la notion de fonction de Lagrange.

Pour clarifier ce point, considérons le seul exemple que donne Lagrange (Lagrange, 1801, p. 57 et 1806, p. 75). Soit $f(x) = \sqrt{x} + (x - a)^2 \log(x - a)$. Il ensuit, alors, que :

$$
\begin{aligned}
f(x + \xi) \quad = \quad & \sqrt{x} + (x - a)^2 \log(x - a) + \\
& + \left[\frac{1}{2\sqrt{x}} + (x - a)(2 \log(x - a) + 1) \right] \xi + \\
& + \left[-\frac{1}{4x\sqrt{x}} + 2 \log(x - a) + 3 \right] \frac{\xi^2}{2} + \\
& + \left[\frac{3}{8x^2\sqrt{x}} + \frac{2}{x - a} \right] \frac{\xi^3}{3!} + \&c.
\end{aligned}
$$

(34)

D'après Lagrange, toutes les dérivées de cette fonction à partir de $f''(x)$ deviennent infinies pour $x = 0$, si bien que le développement de $f(a + \xi) = f_a(\xi)$ contient le terme '$\xi^2 \log \xi$'. Puisque $f(a + \xi) = f_a(\xi) = \sqrt{a + \xi} + \xi^2 \log \xi$, ce développement est obtenu en développant $\sqrt{a + \xi}$ en série de puissances d'après le théorème du binôme pour les exposants fractionnaires strictement positifs, ce qui donne :

$$
\begin{aligned}
\sqrt{a + \xi} + \xi^2 \log \xi \quad = \quad & \sqrt{a} + \frac{1}{2\sqrt{a}} \xi + \\
& - \left[\frac{1}{8a\sqrt{a}} - \log \xi \right] \xi^2 + \\
& + \frac{1}{16a^2\sqrt{a}} \xi^3 + \&c.
\end{aligned}
$$

(35)

Il semble alors que Lagrange admette que les fonctions $(x - a)^2 \log(x - a)$ et $(x - a)(2 \log(x - a) + 1)$ soient définies pour $x = a$, et bien sûr, s'annulent pour cette valeur. L'aurait-il dénié, il n'aurait pu considérer le coefficient de ξ dans le développement (35) comme la dérivée première de $\sqrt{x} + (x - a)^2 \log(x - a)$ pour $x = a$, et maintenir que le développement en série de puissances de la fonction associée $f(x + \xi)$ n'est pas défini à partir de son troisième terme. Il aurait alors été forcé d'aller contre sa propre analyse des cas particuliers dans lesquels une fonction $f(x + \xi)$ n'admet pas de développement en série de puissances.

Passant à des puissances fractionnaires selon l'égalité (33) pourrait résoudre le problème, car alors on aurait :

$$f(x + \xi) = \sqrt{x + \xi} + (x + \xi - a)^2 \log(x + \xi - a) =$$

$$= \sqrt{x + \xi} + r(x + \xi - a)^2 \left((x + \xi - a)^{\frac{1}{r}} - 1 \right) =$$

(36)
$$= \sqrt{x} + r(x - a)^2 \left((x - a)^{\frac{1}{r}} - 1 \right) +$$

$$+ \left[\frac{1}{2\sqrt{x}} + (x - a) \left((x - a)^{\frac{1}{r}} (2r + 1) - 2r \right) \right] \xi +$$

$$+ \left[\frac{1}{4x\sqrt{x}} - 2r + (x - a)^{\frac{1}{r}} \left(2r + 3 + \frac{1}{r} \right) \right] \frac{\xi^2}{2} + \&c.$$

et :

$$f(a + \xi) = f_a(\xi) = \sqrt{a + \xi} + \xi^2 \log \xi =$$

$$= \sqrt{a + \xi} + \xi^2 r \left(\xi^{\frac{1}{r}} - 1 \right) =$$

(37)
$$= \sqrt{a} + \frac{1}{2\sqrt{a}} \xi - \left[\frac{1}{8a\sqrt{a}} + r \right] \xi^2 +$$

$$+ r\xi^{2 + \frac{1}{r}} + \frac{1}{16a^2\sqrt{a}} \xi^3 + \&c.$$

(où r est infiniment grand). Mais, pour que les valeurs de $f(a)$ et de $f'(a)$ calculées en utilisant le développement (36) soient égales à celles calculées en utilisant les développements (37), et pour que la valeur de $f'(a)$ calculée en utilisant le premier de ces développements devienne infini pour $x = a$, on doit supposer que :

$$\left[r(x - a)^2 \left((x - a)^{\frac{1}{r}} - 1 \right) \right]_{x=a} =$$

(38)
$$= \left[(x - a) \left((x - a)^{\frac{1}{r}} (2r + 1) - 2r \right) \right]_{x=a}$$

$$= \left[(x - a)^{\frac{1}{r}} \left(2r + 3 + \frac{1}{r} \right) \right]_{x=a} = 0,$$

qui est, sans échappatoire possible, une supposition infinitésimaliste.

Il semble donc qu'une fois de plus, la pratique mathématique de Lagrange s'écarte ici de son idéal de pureté méthodologique, ou plus précisément, de sa notion même de fonction [1].

---

1. Il faudrait ajouter que Lagrange saisit l'occasion du traitement des valeurs particulières de x pour lesquelles une fonction $f(x + \xi)$ n'a pas de développement en série de puissances, pour considérer les cas où l'égalité (22) conduit à une expression de la dérivée d'une fonction implicite qui, pour une certaine valeur de la variable pertinente, se réduit à $\frac{0}{0}$. Inutile de dire qu'il montre comment traiter cette difficulté en s'appuyant sur la règle de l'Hôpital, qu'il démontre dans le contexte de sa théorie (Lagrange, 1797, art. 36 et 39, 1801 p. 58-59 et 61-62, 1806, p. 78-80 et 81-82, 1813, art. I.26 et I.28).

4. La reformulation du Calcul : quelques exemples

La preuve fondamentale ne pouvait pas être une base suffisante pour permettre à Lagrange d'affirmer que sa théorie des fonctions analytiques pouvait (et aurait dû) supplanter le calcul différentiel dans toute son extension et pour toutes ses applications. Bon nombre des résultats formant le *corpus* de ce calcul, ainsi que ses diverses applications, tant géométriques que mécaniques, avaient été obtenus en utilisant des arguments fondés sur une interprétation infinitésimaliste, c'est-à-dire sur l'interprétation d'une différentielle comme une quantité infiniment petite, ou d'une intégrale comme une somme infinie de quantités infiniment petites. Si Lagrange avait simplement proposé de remplacer le calcul différentiel par sa théorie des fonctions dérivées en ayant recours à quelque chose comme une règle de traduction appropriée, permettant de transformer des énoncés utilisant le langage de ce calcul en nouveaux énoncés utilisant le langage de cette théorie, il aurait implicitement admis la validité de ces arguments.

Il ne pouvait donc pas espérer que la théorie des fonctions dérivées supplante le calcul différentiel sans que tout le *corpus* d'un tel calcul ne fût reformulé dans le contexte de cette théorie, et que l'application de son algorithme (interprété comme l'algorithme des fonctions dérivées) à la solution des problèmes géométriques et mécaniques ne fût justifiée dans le cadre de cette même théorie. Bien sûr, Lagrange ne poursuit pas ce travail *in extenso*, dans ses traités, car une telle entreprise aurait nécessité bien plus d'espace, mais il se limite à quelques exemples importants. Dans les § 4.1-4.5, nous allons considérer quelques-uns des exemples qui concernent la partie pure de la théorie. dans le § 5.1, nous considérerons d'autres exemples relatifs aux applications géométriques et mécaniques.

4.1. *Dérivées partielles*

Le premier exemple concerne les dérivées partielles. L'interprétation du Calcul par Lagrange est tout à fait appropriée pour combler le fossé entre le calcul différentiel et le calcul des différentielles partielles. Lagrange lui-même le souligne dans les *Leçons* (Lagrange, 1801, p. 264 et 1806, p. 327–328) :

> [...] le calcul des fonctions dérivées relatives à une seule variable, conduit naturellement à celui des fonctions dérivées relatives à différentes variables, lequel n'est [...] qu'une généralisation du premier, et dépend des mêmes principes. Si les inventeurs du Calcul différentiel l'avaient regardé d'abord comme le calcul des fonctions dérivées, ils auraient été conduits naturellement et immédiatement au calcul des

fonctions dérivées relatives à plusieurs variables ; et il ne serait pas passé un demi-siècle entre la découverte du calcul différentiel proprement dit, et celle du calcul aux différences partielles, qui répond au calcul des fonctions dérivées relatives à différentes variables. A plus forte raison, au lieu d'envisager ce dernier comme un nouveau calcul, on l'aurait seulement regardé comme une nouvelle application ou plutôt comme une extension du calcul différentiel, et l'on aurait, dès le commencement, embrassé sous un même point de vue et sous une même dénomination, les différentes branches du même calcul, qui ont été long-temps séparées et comme isolées.

L'idée de base de Lagrange est que le développement en série de puissances d'une fonction de plusieurs variables — et donc de ses dérivées totales — peut être obtenu étape par étape : on commence par considérer cette fonction comme une fonction d'une seule de ses variables, et on la développe en une série de puissances, en traitant les autres comme des constantes, puis on développe les fonctions dérivées ainsi obtenues comme des fonctions d'une des autres variables, et ainsi de suite.

Si $f(x, y)$ est une fonction de deux variables indépendantes (Lagrange, 1797, art. 85-86, 1801, p. 264-268, 1806, p. 328-332, 1813, art. I.73-I.74), cette procédure donne d'abord :

$$(39) \qquad f(x + \xi, y) = \sum_{k=0}^{\infty} f^{(k)_x}(x, y) \frac{\xi^k}{k!},$$

puis :

$$(40) \quad f(x + \xi, y + o) = \sum_{k=0}^{\infty} f^{(k)_x}(x, y + o) \frac{\xi^k}{k!} = \sum_{k=0}^{\infty} \sum_{h=0}^{\infty} f^{(k)_x (h)_y}(x, y) \frac{o^h}{h!} \frac{\xi^k}{k!}$$

(où les indices affectés à '(k)' et '(h)' indiquent les variables par rapport auxquelles sont prises les dérivées).

Le même résultat est obtenu en développant d'abord $f(x, y + o)$, puis en développant les dérivées $f^{(h)_y}(x + \xi, y)$ $(h = 0, 1, \ldots)$ $(h = 0, 1, \ldots)$. Par conséquent, la méthode des coefficients indéterminés conduit à l'égalité :

$$(41) \qquad f^{(k)_x (h)_y}(x, y) = f^{(h)_y (k)_x}(x, y)$$

pour toute paire d'entiers positifs ou nuls k et h [1]. Il en découle que les « opérations » de dérivation par rapport aux différentes variables sont

---

1. Notre notation est différente de celle de Lagrange. Celui-ci utilise des conventions différentes dans la *Théorie* et dans les *Leçons*. Dans la *Théorie*, il note '$f'''\cdots$' les dérivées d'une fonction de deux variables par rapport à la première variable, et '$f_{\prime\prime\ldots}$' celles par

« absolument indépendantes entre elles » (Lagrange, 1797, art. 86, 1801, p. 268, 1806, p. 332, 1813, art. I.74), ce qui est le principe fondamental de la dérivation partielle.

4.2. *Les équations primitives singulières*

Le second exemple porte sur les solutions singulières des équations dérivées (Lagrange, 1797, art. 72-76, 1801, leçons XI-XVIII, 1806, leçons XIV-XVII, 1813, art. I.58-63 ; nous nous limitons à la théorie générale des solutions singulières telle qu'elle est formulée respectivement dans les leçons XV et XIV de la première et de la seconde édition des *Leçons* ; à ce sujet, voir aussi Fraser, 1987, p. 45-49) [1].

Pour commencer (Lagrange, 1801, p. 162-165 et 1806, p. 178-184), soit $f(x, y, y') = 0$ une équation dérivée du premier ordre, où y est une fonction de x, et y' sa dérivée première. Lagrange conçoit cette équation comme résultant de l'élimination de la constante arbitraire a entre deux autres équations $F(x, y, a) = 0$ et $F'(x, y, a) = 0$, où $F'(x, y, a)$ est la dérivée totale de $F(x, y, a)$, c'est-à-dire le coefficient de ξ dans le développement en série de puissances de $F(x+\xi, y(x+\xi), a)$, et $F(x, y, a) = 0$ est l'équation à trouver qui compte comme primitive complète, c'est-à-dire la solution générale de $f(x, y, y') = 0$ [2].

Il est facile de voir que cette dernière équation peut aussi être obtenue à partir des deux mêmes équations $F(x, y, a) = 0$ et $F'(x, y, a) = 0$ si a est pris comme une fonction de x telle que :

$$(42) \qquad\qquad F'^a(x, y, a)\, a' = 0$$

(où l'indice a spécifie que la dérivée est prise par rapport à 'a'). Ainsi, si $g(x)$ est une fonction de x telle que cette dernière condition est

rapport à la seconde ; dans les *Leçons*, il note '$f''^{...}$' les dérivées d'une fonction de deux variables par rapport à la première variable, et '$f'^{,''...}$' celles par rapport à la seconde. Il lui est alors difficile de distinguer au moyen des notations les deux fonctions que nous avons notées respectivement '$f^{(k)_x(h)_y}(x, y)$' et '$f^{(h)_x(k)_y}(x, y)$', pour des indices indéterminés k et h. C'est probablement la raison pour laquelle il n'écrit aucune égalité telle que (41).

1. Les équations dérivées et les équations dérivées partielles de Lagrange correspondent bien sûr, dans le langage de sa théorie, aux équations différentielles et différentielles partielles dans le langage du calcul différentiel.

2. Notons que, d'après la définition des fonctions dérivées de Lagrange, affirmer qu'une fonction $g(x)$ est la primitive d'une fonction $f(x)$ revient à affirmer que cette dernière fonction est telle que $g(x+\xi) = g(x) + \xi f(x) + \sum_{k=2}^{\infty} p_k(x)\xi^{\alpha_k}$ (où α_k sont des exposants rationnels supérieurs à 1). Lagrange aurait alors dû fournir une preuve d'existence et d'unicité (sauf pour les constantes additives) de la primitive de toute fonction. Mais il ne donne aucune preuve de ce genre.

remplie pour $a = g(x)$, l'équation $F(x, y, g(x)) = 0$ est une solution de $f(x, y, y') = 0$ qui n'est pas contenue dans la solution générale. Lagrange l'appelle 'équation primitive singulière'. Comme il découle de la condition '$a' = 0$' que a est constante (voir la note 1, p. 282), cette équation primitive singulière est l'équation en y et en x qui résulte de :

$$(43) \qquad \begin{cases} F(x, y, a) = 0 \\ F'_a(x, y, a) = 0, \end{cases}$$

pourvu que la solution $a = \psi(x, y)$ de ce système ne soit pas constante. Il est donc clair qu'une équation primitive singulière d'une équation aux dérivées du premier ordre ne contient aucune constante arbitraire.

En voici un exemple simple (Lagrange, 1801, p. 164 et 1806, p. 182). Soit $f(x, y, y') = y' \sqrt{x^2 + y^2 - b} - yy' - x = 0$ l'équation dérivée à résoudre. Sa solution générale est $F(x, y, a) = x^2 - 2ay - a^2 - b = 0$. Si on considère a comme une fonction de x, on obtient $F'_a(x, y, a) = -2y - 2a$, et le système (43) devient :

$$(44) \qquad \begin{cases} x^2 - 2ay - a^2 - b = 0 \\ -2y - 2a = 0. \end{cases}$$

Par conséquent, $a = -y$, et $x^2 + y^2 - b = 0$ est une équation primitive singulière.

Un argument analogue s'applique aux équations dérivées d'ordres supérieurs (Lagrange, 1801, p. 165-166 et 1806, p. 184-185). En supposant que $f(x, y, y', \ldots y^{(n)}) = 0$ est une telle équation, et que $F(x, y, y' \ldots, y^{(n-1)}, a) = 0$ est une de ses primitives d'ordre $n - 1$, sa primitive singulière est l'équation en $x, y, y', \ldots, y^{(n-1)}$ qui résulte de :

$$(45) \qquad \begin{cases} F(x, y, y', \ldots, y^{(n-1)}, a) = 0 \\ F'_a\left(x, y, y' \ldots, y^{(n-1)}, a\right) = 0, \end{cases}$$

pourvu que la solution $a = \psi(x, y)$ de ce système ne soit pas constante. Lagrange démontre que cette primitive singulière est unique : pour toute équation dérivée donnée d'ordre n, la condition (45) fournit la même équation primitive singulière, quelle que soit l'équation primitive d'ordre $n - 1$ considérée pour cette équation dérivée (Lagrange, 1801, p. 168-169 et 1806, p. 186-190) [1].

Lagrange établit également une condition nécessaire et suffisante pour l'existence d'une telle primitive singulière (Lagrange, 1801, p. 173-174

---

[1]. Sa preuve fournit aussi une procédure pour trouver la primitive singulière d'une équation dérivée d'ordre n à partir de son équation primitive complète : voir Lagrange (1801), p. 169-173 et (1806), p. 190-195.

et 1806, p. 195-196). Si $a = \Phi\left(x, y, y', ..., y^{(n-1)}\right)$ est une racine de $F\left(x, y, y', ..., y^{(n-1)}, a\right) = 0$, alors

(46) $$F\left(x, y, y', ..., y^{(n-1)}, \Phi\left(x, y, y', ..., y^{(n-1)}\right)\right) = 0$$

est une équation identique. Il en découle que si les variables $x, y, y', ..., y^{(n-1)}$ sont considérées comme indépendantes les unes des autres, toutes les dérivées du membre de gauche de cette équation prises par rapport à chacune de ces variables sont nulles. En écrivant 'F' et 'Φ' à la place de '$F\left(x, y, y', ..., y^{(n-1)}, a\right)$' et '$\Phi\left(x, y, y', ..., y^{(n-1)}\right)$', on obtient :

(47) $$\Phi'_x = -\frac{F'_x}{F'_a} \quad ; \quad \Phi'_y = -\frac{F'_y}{F'_a}$$
$$\Phi'_{y'} = -\frac{F'_{y'}}{F'_a} \quad ... \quad \Phi'_{y^{(n-1)}} = -\frac{F'_{y^{(n-1)}}}{F'_a} \; .$$

Mais comme nous venons de le voir, une condition nécessaire pour que l'équation $f(x, y, y', ... y^{(n)}) = 0$ ait une primitive singulière est que $F'_a = 0$. L'équation dérivée $f(x, y, y', ... y^{(n)}) = 0$ a donc une primitive singulière seulement si :

(48) $$\Phi'_x = \Phi'_y = \Phi'_{y'} = ... = \Phi'_{y^{(n-1)}} = \pm\infty.$$

Pour obtenir une condition nécessaire et suffisante, il suffit alors d'ajouter la condition que Φ ne soit pas une constante [1].

---

1. Dans Cauchy (1822), p. 278-279, après avoir présenté les contre-exemples prétendus du théorème 3 mentionnés ci-dessus (p. 270-272), Cauchy affirme que ses considérations précédentes suggèrent que certains résultats « établis au moyen des séries » sont faux. Pour donner un exemple, il considère l'équation différentielle '$dy = [1 + (y - x)\log(y - x)] dx$', et affirme que l'équation '$y = x$' est contenue dans sa solution générale $\log(y - x) = ae^x$', bien que le rapport différentiel '$\frac{d[1+(y-x)\log(y-x)]}{dy}$', devienne infini pour $y = x$. Il semble que l'intention de Cauchy ici soit de contredire les résultats de Lagrange sur les équations primitives singulières. Bottazzini (1990, p. XLI-XLII) a cependant observé à juste titre que « pour défendre ce point de vue, Cauchy est forcé 'd'étendre' le sens couramment accepté des concepts qu'il utilise », car l'équation '$y = x$' n'est contenue dans '$\log(y-x) = ae^x$' qu'à condition que la substitution '$a = -\infty$' soit autorisée. Mais ce n'est pas tout. D'une part, la théorie des équations primitives singulières de Lagrange est, en tant que telle, indépendante de la considération des séries, et ne dépend que de l'algorithme des fonction dérivées, de sorte que ses résultats concernant les équations primitives singulières peuvent s'obtenir sans faire appel aux séries. D'autre part, d'après la condition de Lagrange, l'équation '$y = x$' n'est pas une primitive singulière de l'équation '$y' - 1 - (y - x)\log(y - x) = 0$'. Ceci est facile à établir. D'après cette condition, la primitive singulière de cette équation résulterait de :

$$\begin{cases} \log(y - x) = ae^x \\ -e^x = 0, \end{cases}$$

4.3. *Dérivées exactes*

Le troisième exemple porte sur les conditions à remplir pour qu'une certaine fonction de plusieurs variables soit une dérivée exacte d'une autre fonction (Lagrange, 1801, lecture XIV et 1806, p. 401–409).

Soit Ψ une fonction d'un nombre quelconque de variables indépendantes $x, y, z, \ldots$ et de leurs dérivées jusqu'à un ordre quelconque m. Pour commencer par le cas le plus simple, supposons que cette fonction soit linéaire par rapport à une de ces variables, disons z, et de ses dérivées, de telle sorte que $\Psi = \sum\limits_{k=0}^{m} \Phi_k z^{(k)}$, où les Φ_k sont des fonctions de $x, y, \ldots$ et de leurs dérivées jusqu'à l'ordre m (mais non pas de z et de ses dérivées). Puisque, pour toute paire d'entiers positifs ou nuls k et h,

$$(49) \qquad \left[\Phi_k^{(h)} z^{(k-h-1)} \right]' = \Phi_k^{(h+1)} z^{(k-h-1)} + \Phi_k^{(h)} z^{(k-h)},$$

où les dérivées sont totales, il est facile d'obtenir, par des substitutions itérées,

$$(50) \qquad \Phi_k z^{(k)} = (-1)^k \Phi_k^{(k)} z + \sum_{h=0}^{k-1} (-1)^h \left[\Phi_k^{(h)} z^{(k-h-1)} \right]',$$

et ainsi :

$$(51) \qquad \Psi = \sum_{k=0}^{m} \Phi_k z^{(k)} = \sum_{k=0}^{m} (-1)^k \Phi_k^{(k)} z + \sum_{k=0}^{m} \sum_{h=0}^{k-1} (-1)^h \left[\Phi_k^{(h)} z^{(k-h-1)} \right]'$$

(en supposant, bien sûr, que $\sum\limits_{h=0}^{-1} (-1)^h \left[\Phi_0^{(h)} z^{(-h-1)} \right]' = 0$).

Par conséquent, Ψ est une dérivée exacte si et seulement si $\sum\limits_{k=0}^{m} (-1)^k \Phi_k^{(k)} z$ est elle-même une dérivée exacte, ou s'annule. Mais $\sum\limits_{k=0}^{m} (-)^k \Phi_k^{(k)} z$ ne peut être une dérivée exacte que si z est liée à $x, y, \ldots$ par une relation appropriée, ce qui est impossible, puisque $x, y, z, \ldots$ sont

pourvu que la solution $a = \psi(x, y)$ de ce système ne soit pas une constante. Cette dernière condition n'est cependant pas satisfaite, puisque dans ce cas, $a = \psi(x, y) = \frac{\log(y-x)}{0}$. Par conséquent, l'équation dérivée donnée n'a, selon la condition de Lagrange, aucune primitive singulière.

supposées être des variables indépendantes. Il en découle que Ψ est une dérivée exacte si et seulement si :

$$(52) \qquad \sum_{k=0}^{m} (-)^k \, \Phi_k^{(k)} = 0.$$

Cela prouvé, Lagrange réduit le cas général à ce simple cas particulier.

Considérons y une fonction de x, V et U deux fonctions de x, y et les dérivées de y respectivement jusqu'aux ordres m et $m - 1$, m étant quelconque. Supposons que, quelle que puisse être y comme fonction de x, on ait que $V = U'$. Si z est aussi une fonction de x et si $V_{y|y+z}$ et $U_{y|y+z}$ sont les fonctions qui résultent de V et U en remplaçant y par $y+z$ (et donc $y', \ldots, y^{(m)}$ respectivement par $y' + z', \ldots, y^{(m)} + z^{(m)}$), il en découlera que $V_{y|y+z} = U'_{y|y+z}$.

Considérons maintenant V et U respectivement comme des fonctions des variables $y', \ldots, y^{(m)}$ et $y', \ldots, y^{(m-1)}$, et supposons que $V_{y|y+z}$ et $U_{y|y+z}$ soient développées en séries de puissances de $z', \ldots, z^{(m)}$ selon la procédure décrite dans le § 4.1. Soient $\overset{j}{V}$ et $\overset{j}{U}$ ($j = 0, 1, \ldots$) respectivement les sommes de tous les termes d'ordre j des deux séries de puissances ainsi obtenues, de telle sorte que $V_{y|y+z} = \sum_{j=0}^{\infty} \overset{j}{V}$ et $U_{y|y+z} = \sum_{j=0}^{\infty} \overset{j}{U}$ (où, bien sûr, $\overset{0}{V} = V$ et $\overset{0}{U} = U$). Puisque $\sum_{j=0}^{\infty} \overset{j}{V} = \left[\sum_{j=0}^{\infty} \overset{j}{U} \right]' = \sum_{j=0}^{\infty} \overset{j}{U}'$, il sera facile de démontrer que $\left\{ \overset{j}{V} = \overset{j}{U}' \right\}_{j=0}^{\infty}$.

Ces dernières égalités fournissent la condition nécessaire et suffisante pour que V soit une dérivée exacte. Il reste à décrire cette condition plus en détail.

Si $j = 0$, l'égalité $\overset{j}{V} = \overset{j}{U}'$ est vérifiée par hypothèse. Considérons le cas où $j = 1$. Comme $\overset{1}{V} = \sum_{k=0}^{m} \Phi_k z^{(k)}$ (où les Φ_k sont les fonctions appropriées de $x, y, y', \ldots, y^{(m)}$), $\overset{1}{V}$ est une dérivée exacte si et seulement si l'égalité (52) est vérifiée. Supposons qu'il en soit ainsi. Il est facile de démontrer que la différence $V_{y|y+z} - V$ est alors une dérivée exacte.

Ce qui s'établit ainsi. Des égalités (51) et (52), il découle que :

$$(53) \qquad \overset{1}{U} = \sum_{k=0}^{m-1} U'^{y^{(k)}} z^{(k)} = \sum_{k=0}^{m} \sum_{h=0}^{k-1} (-1)^h \Phi_k^{(h)} z^{(k-h-1)},$$

(où $U'^{y^{(k)}}$ est la dérivée première de U par rapport à $y^{(k)}$) et ainsi, d'après la méthode des coefficients indéterminés :

$$(54) \qquad U'^{y^{(k)}} = \sum_{h=0}^{m-k-1} (-1)^h \Phi_{h+k+1}^{(h)},$$

($k = 0, 1, \ldots m - 1$). Comme les dérivées partielles d'ordre supérieur de U résultent des dérivées premières d'après l'algorithme des dérivées, ces égalités nous permettent de déterminer le développement de la différence $U_{y|y+z} - U$, qui est la primitive de $V_{y|y+z} - V$. Maintenant, si $V_{y|y+z} - V$ est une dérivée exacte, c'est aussi le cas de V, puisque la substitution $z \to -y$ réduit $V_{y|y+z}$ à une fonction de la seule variable x, fonction qui est à coup sûr une dérivée exacte. L'égalité (52) fournit ainsi une condition nécessaire et suffisante pour que V soit une dérivée exacte, et — puisque $\overset{1}{V} = \sum_{k=0}^{m} \Phi_k z^{(k)}$ implique que $\Phi_k = V'^{y^{(k)}}$ ($k = 0, 1, \ldots, m$) — elle peut s'écrire sous la forme :

$$(55) \qquad \sum_{k=0}^{m} (-)^k \left[V'^{y^{(k)}} \right]^{(k)} = 0,$$

où les dérivées de $V'^{y^{(k)}}$ sont bien sûr totales.

Lagrange a ainsi démontré que si $V = V\left(x, y, y', \ldots y^{(m)}\right)$, la condition nécessaire d'intégrabilité exacte d'Euler et de Condorcet (Euler, 1744, p. 71-74, Condorcet, 1765, Sect.I , p. 4-35) est également suffisante.

Il est facile de comprendre que si $V = V\left(x, y, y', \ldots y^{(m)}, t, t', \ldots t^{(m)}\right)$, son argument s'applique séparément à y et à ses dérivées, ainsi qu'à t et à ses dérivées, si bien que cette fonction est une dérivée exacte si et seulement si l'égalité (55) est vérifiée, ainsi qu'une égalité analogue où y est remplacée par t. Le résultat de Lagrange est donc général.

4.4. *Les équations dérivées partielles*

Le quatrième et dernier exemple porte sur les équations dérivées partielles (Lagrange, 1797, art. 92-96 et 100-107, 1801, suite de la leçon XX, p. 284-318, 1806, leçon XX, 1813, art. I.81-I.84 et I.88-I.95 ; à l'exception de quelques détails, nous nous limiterons à rendre compte de ce que présente Lagrange aux art. 92-96 et I.81-I.84 respectivement issus des deux éditions de la *Théorie*) [1].

---

1. Sur la terminologie de Lagrange, voir ci-dessus la note 1, p. 298.

Si z est considérée comme une variable indépendante de x et y (ou même comme une constante), les coefficients de ξ et de o dans le développement en série de puissances de $F(x+\xi, y+o, z)$ — c'est-à-dire les dérivées premières partielles de $F(x, y, z)$ par rapport à x et y, pour cette condition relative à z — peuvent facilement être déterminés en accord avec l'égalité (40). Ils diffèrent, bien sûr, des dérivées partielles de $F(x, y, z)$ établies en supposant que que z soit une fonction de x et de y implicitement exprimée par l'équation '$F(x, y, z) = 0$'. Notons respectivement les premières '$F'^x(x, y, z)$' et $F'^y(x, y, z)$', et les secondes '$F'^x(x, y, z_{x,y})$' et '$F'^y(x, y, z_{x,y})$' [1]. Il s'ensuit que :

$$
\begin{aligned}
F'^x(x, y, z_{x,y}) &= F'^x(x, y, z) + F'^z(x, y, z)z'^x \\
F'^y(x, y, z_{x,y}) &= F'^y(x, y, z) + F'^z(x, y, z)z'^y
\end{aligned}
$$

(56)

où $F'^z(x, y, z)$ est la dérivée partielle de $F(x, y, z)$ par rapport à z pour la condition que z soit indépendante de x et de y, alors que z'^x et z'^y sont les dérivées partielles de z, elle-même considérée comme une fonction de x et de y. Mais si z est considérée comme une fonction de x et de y implicitement exprimée par l'équation '$F(x, y, z) = 0$', alors on aura que $F(x+\xi, y+o, z) = 0$, de sorte que la méthode des coefficients indéterminés conduit à conclure que $F'^x(x, y, z_{x,y}) = F'^y(x, y, z_{x,y}) = 0$. Par conséquent, il découle des équations (56) que :

(57) $$ z'^x = -\frac{F'^x(x, y, z)}{F'^z(x, y, z)} \quad \text{et} \quad z'^y = -\frac{F'^y(x, y, z)}{F'^z(x, y, z)}, $$

lesquelles correspondent à l'égalité (22) pour le cas considéré.

C'est là le résultat fondamental de la reformulation par Lagrange de la partie du Calcul traitant des équations différentielles partielles. En généralisant son approche aux équations dérivées ordinaires, il conçoit une équation dérivée partielle comme l'équation obtenue lorsqu'une équation '$F(x, y, \ldots, z) = 0$' à trois ou plusieurs variables, n'impliquant aucune dérivée, est combinée avec les équations obtenues en égalant à zéro les dérivées partielles de $F(x, y, \ldots, z) = 0$ par rapport à certaines de ces variables. Les égalités (57) s'appliquent au cas le plus simple où il n'y a que trois variables. Les autres cas sont analogues.

Considérons le cas le plus simple. Si l'équation primitive '$F(x, y, z) = 0$' contient deux constantes arbitraires, celles-ci sont également présentes, en général, dans les équations '$F'^x(x, y, z_{x,y}) = 0$' et '$F'^y(x, y, z_{x,y}) = 0$', et

---

1. Lagrange n'introduit aucune notation particulière pour dénoter les fonctions $F'^x(x, y, z_{x,y})$ et $F'^y(x, y, z_{x,y})$.

peuvent ainsi être éliminées en composant ces trois équations. Par conséquent, la solution générale '$F(x, y, z) = 0$' d'une équation différentielle partielle du premier ordre ayant x, y, z, z' pour variables — c'est-à-dire, dans le langage de Lagrange, l'« équation primitive complète »[1] de cette équation — contient deux constantes arbitraires.

Mais dans ce cas aussi il y a des solutions singulières. Lagrange le montre en considérant une fonction $F(x, y, z, a, b)$ à cinq variables x, y, z, a, b, et en supposant que z, a, et b sont des fonctions de x et y. Dans ce cas (Lagrange, 1801, p. 296 et 1806, p. 367-369), les équations '$F'_x(x, y, z_{x,y}, a_{x,y}, b_{x,y}) = 0$' et '$F'_y(x, y, z_{x,y}, a_{x,y}, b_{x,y}) = 0$' sont respectivement de la forme :

$$\text{(58)} \quad \begin{array}{l} `F'_x(-) + F'_z(-)z'_x + F'_a(-)a'_x + F'_b(-)b'_x = 0' \\ `F'_y(-) + F'_z(-)z'_y + F'_a(-)a'_y + F'_b(-)b'_y = 0', \end{array}$$

où les tirets remplacent la suite des variables 'x, y, z, a, b'. Si $F'_a(-) = F'_b(-) = 0$, la composition de ces équations avec leurs primitives donne la même équation aux dérivées partielles que celle obtenue en composant l'équation '$F(x, y, z) = 0$' avec les équations correspondantes '$F'_x(x, y, z_{x,y}) = 0$' et '$F'_y(x, y, z_{x,y}) = 0$'. Par conséquent, pour obtenir la solution singulière d'une équation dérivée partielle ayant x, y, z, z' pour variables, il suffit de considérer les constantes arbitraires a et b qui interviennent dans l'équation primitive complète comme deux fonctions de x et y, et d'exiger que $F'_a(-) = F'_b(-) = 0$. Lagrange appelle une telle solution 'équation primitive singulière'.

Soit maintenant b une fonction de a, cette dernière variable étant encore une fonction de x et de y. Supposons en particulier que $b = \varphi(a)$. Les équations '$F'_x(x, y, z_{x,y}, a_{x,y}, b_{x,y}) = 0$' et '$F'_y(x, y, z_{x,y}, a_{x,y}, b_{x,y}) = 0$' prennent, alors, cette forme :

$$\text{(59)} \quad \begin{array}{l} `F'_x(-) + F'_z(-)z'_x + \left[ F'_a(-) + F'_{\varphi(a)}(-)\varphi'(a) \right] a'_x = 0' \\ `F'_y(-) + F'_z(-)z'_y + \left[F'_a(-) + F'_{\varphi(a)}(-)\varphi'(a) \right] a'_y = 0'. \end{array}$$

Ainsi, si a est telle que :

$$\text{(60)} \quad F'_a(-) + F'_{\varphi(a)}(-)\varphi'(a) = 0,$$

la composition de ces équations avec '$F(x, y, z, a, b) = 0$' produit la même équation aux dérivées partielles que celle obtenue en composant '$F(x, y, z) = 0$' avec '$F'_x(x, y, z_{x,y}) = 0$' et '$F'_y(x, y, z_{x,y}) = 0$'. Comme

---

1. A propos de l'introduction de ce terme et des suivants, voir Lagrange (1801), p. 296-298 et (1806), p. 369-371.

cela ne dépend pas de la nature particulière de la fonction $\varphi(a)$, et que a est supposée être une fonction de x et de y, il en découle qu'une telle équation dérivée partielle a une primitive qui contient une fonction arbitraire de x et y et aucune constante arbitraire. Lagrange l'appelle 'fonction primitive générale'.

En guise d'exemple très simple, considérons l'équation '$F(x, y, z) = z - ax - by - c = 0$', où a, b et c sont des constantes, et z est une fonction de x et de y implicitement exprimée par cette équation. Les équations '$F'^x(x, y, z_{x,y}) = 0$' et '$F'^y(x, y, z_{x,y}) = 0$' sont respectivement '$z'^x = a$' and '$z'^y = b$', et par composition, on obtient l'équation dérivée partielle '$z - z'^x x - z'^y y - c = 0$', dont '$z - ax - by - c = 0$' est la primitive complète. Supposons aussi que a et b sont des fonctions de x et de y. Puisque, dans ce cas, $F'^a(x, y, z, a, b) = -x$ et $F'^b(x, y, z, a, b) = -y$, pour obtenir la primitive singulière, il suffit d'imposer la condition $x = y = 0$ dans cette primitive complète, ce qui donne que $z - c = 0$. Supposons maintenant que $b = \varphi(a)$, et que a soit une fonction de x et de y. Puisque, dans ce cas, $F'^a(x, y, z, a, b) + F'^{\varphi(a)}(-)\varphi'(a) = x + y\varphi'(a)$, pour obtenir la primitive générale, on doit aussi imposer la condition $x + y\varphi'(a) = 0$ à cette même primitive complète. Mais, de cette condition, il découle que $a = \varphi'^{-1}\left(-\frac{x}{y}\right)$ et $b = \varphi\left(\varphi'^{-1}\left(-\frac{x}{y}\right)\right)$. Par conséquent, la primitive générale est '$z - y\psi\left(\frac{x}{y}\right) - c = 0$', où $\psi\left(\frac{x}{y}\right) = \frac{x}{y}\varphi'^{-1}\left(-\frac{x}{y}\right) + \varphi\left(\varphi'^{-1}\left(-\frac{x}{y}\right)\right)$ est une fonction arbitraire de $\frac{x}{y}$.

4.5. *Retour sur la notion de fonction chez Lagrange*

Les exemples précédents permettent de voir clairement que, en reformulant le Calcul, Lagrange est contraint de traiter les fonctions d'une façon qui diffère de la conception compositionnelle, et plus généralement, de l'identification des fonctions à des expressions appropriées.

D'un côté, il est contraint d'identifier des fonctions avec des variables génériques qui sont censées dépendre d'autres variables et sont dénotées par des symboles également génériques, voir atomiques, soumis à une algèbre appropriée. De l'autre, il est contraint de reconnaître l'existence de fonctions qui ne peuvent être caractérisées autrement que comme les fonctions dénotées par de tels symboles. C'est manifestement le cas pour les fonctions arbitraires $\varphi(a)$ et $\psi\left(\frac{x}{y}\right)$ qui interviennent dans son argument concernant les primitives générales d'une équation dérivée partielle (voir le § 4.4). Ce qui rend ces fonctions arbitraires n'est pas seulement le fait qu'elles interviennent dans un argument général qui ne dépend pas, comme tel, du fait qu'elles soient des expressions particulières (ou des quantités exprimées par des expressions particulières). Ces fonctions sont arbitraires aussi parce que cet argument n'exige pas qu'elles soient des expressions (ou des quantités exprimées par certaines expressions). Pour que cet argument fonctionne, il suffit de considérer ces fonctions comme des symboles génériques, voir atomiques, dénotant des quantités et soumis à une algèbre appropriée (ou comme des quantités dénotées par de tels symboles).

C'est là un nouvel exemple particulièrement clair des tensions existant entre l'idéal de pureté de Lagrange et le déploiement effectif de sa théorie. Bien qu'il évite soigneusement, dans ses traités, les questions soulevées par le célèbre mémoire d'Euler de 1765 sur les « fonctions discontinues » (Euler, 1765), et le débat qu'il a déclenché, ses efforts pour englober la totalité du Calcul à l'intérieur de sa théorie sont tels que la nécessité de considérer des fonctions seulement comme des quantités « déterminées de quelque manière que ce soit par une certaine variable [*per quampiam variabilem utcunque determinatis*] » (Euler, 1765, p. 3) émerge tout naturellement [1].

Plus généralement, cette même difficulté affecte la reformulation par Lagrange du calcul intégral, puisque ses notions de fonction et de dérivée semblent trop strictes pour permettre à chaque fonction d'avoir une primitive. De son point de vue, le passage d'une fonction donnée à sa primitive s'appuie sur une « opération » qui peut être considérée comme l'« inverse » de la dérivation, et qui « peut toujours être effectuée au moyen des séries », en ayant recours à la méthode des coefficients indéterminés [2].

---

1. Sur le débat bien connu ouvert par le mémoire d'Euler, voir Truesdell (1960*a*), p. 237-300, Grattan-Guinness (1970), p. 1-21, Dhombres (1988), Bottazzini (1986), p. 21-33, Panza (1992), p. 256-264. Les questions soulevées dans ce débat sont difficiles à concilier avec la structure de l'analyse algébrique (Grattan-Guinness, 1970, p. 6-11). Cela explique pourquoi, à la fois dans son mémoire de 1765 et dans d'autres mémoires sur le même sujet — tels Euler (1749) et (1753) — Euler s'appuie souvent, et de façon cruciale, sur des interprétations géométriques de son formalisme.

2. Voir Lagrange (1797), art. 58 et (1813), art. I.45 :

Dans les exemples précédents, nous avons cherché l'équation dérivée et nous avons ensuite déterminé par cette équation la valeur de la fonction primitive *y*. Cette dernière opération est [...] l'inverse de celle par laquelle on descend de la fonction primitive aux fonctions dérivées ; elle peut toujours s'exécuter par le moyen des séries, en employant, comme nous l'avons fait, une série avec des coefficients indéterminés, et faisant des équations séparées des termes affectés de chaque puissance de *x*. De cette manière, on détermine les coefficients les uns par les autres, et l'on a souvent l'avantage d'apercevoir la loi générale qui règne entre ces coefficients.

Mais si l'opération de dérivation est considérée comme l'opération qui conduit d'une fonction donnée $f(x)$ au coefficient de ξ dans le développement en série de puissances de $f(x + \xi)$, son inverse ne peut être considérée que comme l'opération qui conduit d'une fonction donnée $f(x)$ à une fonction $g(x)$ telle que $f(x)$ soit le coefficient de ξ dans le développement en série de puissances de $g(x + \xi)$ (voir ci-dessus note 2, p. 298). Mais comment peut-on alors déterminer la primitive d'une fonction $f(x)$ qui ne peut qu'être intégrée au moyen d'un développement en série de puissances ?

Lagrange aurait pu répondre de différentes façons, mais aucune d'entre elles n'aurait été compatible avec les principes généraux de sa théorie. Il aurait pu admettre qu'une série est en elle-même une fonction, et considérer une série comme étant elle-même la primitive de $f(x)$. Mais il semble que ce soit là quelque chose qu'il n'était pas prêt à admettre, et qui était ouvertement en tension avec sa notion de fonction. Il aurait pu avancer que la primitive de $f(x)$ est inconnue bien qu'ayant un développement connu. Mais il aurait dû alors expliquer quel type de fonction cette fonction inconnue aurait pu être, ce qui aurait été difficile à faire en s'appuyant sur sa notion de fonction. Enfin, il aurait pu accorder que la primitive de $f(x)$ n'est pas à son tour une fonction, ou que $f(x)$ n'a pas de primitive du tout. Mais alors, sa théorie se serait écartée de la supposition généralement admise dans le calcul différentiel [1].

5. LE THÉORÈME DU RESTE

Aucune appréciation complète de la théorie des fonctions analytiques de Lagrange ne peut omettre de prendre en compte son théorème du reste. Ce théorème n'est pas seulement généralement considéré comme le résultat mathématique majeur de la *Théorie* et des *Leçons* ; c'est aussi le résultat fondamental dont dépendent les applications géométriques et mécaniques d'une telle théorie.

Les traités modernes énoncent souvent ce théorème de la façon suivante :

THÉORÈME 5 (Théorème du reste en termes modernes). *Si $f(z)$ est une fonction d'une variable réelle z différentiable jusqu'à l'ordre $h + 1$ dans un voisinage à droite de x contenant x lui-même (mais possiblement non*

---

1. Pour d'autres considérations sur ce sujet, voir Fraser (1987), p. 40.

différentiable à l'ordre h + 1 en x) et si z appartient à ce voisinage et différe de x, alors, la différence :

$$(61) \qquad f(z) - \sum_{k=0}^{h} \frac{d^k}{dz^k} \left[f(z) \right]_{z=x} \frac{(z-x)^k}{k!}$$

entre cette fonction et le polynôme de Taylor d'ordre h est égale à :

$$(62) \qquad \frac{d^{h+1}}{dz^{h+1}} \left[f(z) \right]_{z=\lambda} \frac{(z-x)^{h+1}}{(h+1)!},$$

pour un certain λ strictement compris entre x et z.

Mutatis mutandis, cet énoncé se trouve déjà, par exemple, dans la *Théorie analytique des probabilités* de Laplace (1812, p. 175-176) et dans le *Traité du calcul différentiel et intégral* de Lacroix (1797-1798, vol. III, p. 399), où il est démontré moyennant des intégrations par parties appropriées [1]. Son importance tient au fait qu'il peut servir de lemme pour démontrer que les séries de Taylor d'une classe pertinente de fonctions convergent vers ces fonctions dans un intervalle approprié.

Le résultat de Lagrange est essentiellement différent : *i*) il concerne des fonctions dérivées au sens de Lagrange, plutôt que des rapports différentiels (comme dans les versions de Laplace et de Lacroix), ou des fonctions dérivées au sens moderne (comme dans la version moderne) [2] ; *ii*) il porte sur le reste du développement en série de puissances $\sum_{k=0}^{h} \frac{f^{(k)}(x)}{k!} \xi^k = \sum_{k=0}^{h} \frac{f^{(k)}(x)}{k!} (z-x)^k$ de la fonction $f(x+\xi) = f(x+(z-x)) = f(z)$, plutôt

---

1. Pour une version moderne de la démonstration de Laplace et de Lacroix, voir Giusti (1983), vol. I, p. 235-237. Giusti obtient l'égalité :

$$f(z) - \sum_{k=0}^{h} \frac{d^k}{dz^k} \left[f(z) \right]_{z=x} \frac{(z-x)^k}{k!} = \frac{1}{h!} \int_{x}^{z} (z-t)^h \frac{d^{h+1}}{dz^{h+1}} \left[f(z) \right]_{z=t} dt$$

par induction sur *h* et intégration par parties ; ensuite il observe que, pourvu que $\frac{d^{h+1}}{dz^{h+1}} \left[f(z) \right]$ soit supposé être différentiable dans l'intervalle pertinent de *x*, elle est également continue, de sorte que :

$$\frac{1}{h!} \int_{x}^{z} (z-t)^h \frac{d^{h+1}}{dz^{h+1}} \left[f(z) \right]_{z=t} dt = \frac{1}{h!} \frac{d^{h+1}}{dz^{h+1}} \left[f(z) \right]_{z=\lambda} \int_{x}^{z} (z-t)^h dt = \frac{d^{h+1}}{dz^{h+1}} \left[f(z) \right]_{z=\lambda} \frac{(z-x)^{h}}{(h+1)}$$

pour un certain λ strictement compris entre x et z.

2. Notre utilisation de la notation différentielle dans les formules (61) et (62), ainsi que dans la note 1, p. 309, vise à mettre l'accent sur cette différence.

que sur la différence (61), *iii*) il présuppose la convergence de la série en question, de telle sorte qu'il ne peut pas être utilisé pour démontrer que cette série converge dans les cas appropriés.

Dans notre interprétation, le résultat de Lagrange est donc le suivant :

THÉORÈME 6 (Théorème du reste de Lagrange). *Si ξ est un incrément strictement positif tel que la série $\sum\limits_{k=0}^{\infty} \frac{f^{(k)}(x)}{k!}\xi^k$ converge vers $f(x+\xi)$, alors pour tout ordre h (h = 0, 1, ...) :*

$$(63) \qquad f(x + \xi) = \sum_{k=0}^{h} \frac{f^{(k)}(x)}{k!}\xi^k + \frac{\xi^{h+1}}{(h+1)!} f^{(h+1)}(x+j),$$

où j est un incrément approprié tel que $0 \le j \le \xi$.

Lagrange est tout à fait explicite en affirmant l'égalité (63) (Lagrange, 1797, art. 53 et 1813, art. I.40), mais il reste vague à propos des conditions sous lesquelles elle est vérifiée. Les conditions fixées par le théorème 6 nous semblent être suggérées par les arguments que Lagrange emploie au cours de sa démonstration ; en particulier, il nous semble en effet que ces arguments ne valent que si $\sum\limits_{k=0}^{\infty} \frac{f^{(k)}(x)}{k!}\xi^k$ converge vers $f(x + \xi)$ autour de $\xi = 0$, si bien que le théorème du reste de Lagrange ne saurait faire partie d'un argument plus général destiné à prouver que le développement en série de puissances d'une fonction $f(x + \xi)$ converge vers cette même fonction autour de $\xi = 0$.

Nous avons dit que le théorème du reste est le résultat fondamental dont dépendent les applications géométriques et mécaniques de la théorie de Lagrange, et que sa démonstration repose sur la convergence du développement en série de puissances de $f(x + \xi)$ vers cette même fonction autour de $\xi = 0$. Cela est clairement incompatible avec l'affirmation selon laquelle la convergence du développement en série de puissances de $f(x + \xi)$ vers cette même fonction autour de $\xi = 0$ est une condition suffisante pour appliquer la théorie des fonctions analytiques à la solution des problèmes géométriques et mécaniques. En dépit de son apparente plausibilité, nous rejetons en effet cette dernière affirmation.

L'examen des arguments sur lesquels s'appuie Lagrange dans la *Théorie* pour justifier ces applications nous semble montrer, en effet, qu'ils ne présupposent pas seulement la convergence du développement en série de puissances de $f(x + \xi)$ vers cette même fonction autour de $\xi = 0$ et/ou la possibilité d'évaluer la valeur de la série $\sum\limits_{k=h+1}^{\infty} \frac{f^{(k)}(x)}{k!}\xi^k$, mais qu'ils s'appuient aussi sur la supposition que cette série peut s'exprimer sous la forme d'un produit tel que ' $\frac{\xi^{h+1}}{(h+1)!} f^{(h+1)}(x+j)$ ', comme prescrit par l'égalité (63) [1].

5.1. *Tangentes, aires et accélération*

Des exemples vont être utiles pour clarifier cette question.

5.1.1. *Tangentes.*
Commençons par la façon dont Lagrange traite le problème des tangentes (Lagrange, 1797, art. 109–113 et 1813, art. II.2–II.6 ; l'argument de Lagrange a été reconstruit par Grabiner, 1990, p. 159–160 bis.

Soient $u = \varphi(v)$, $u = \phi(v)$ et $u = \psi(v)$, trois fonctions exprimant trois courbes différentes qui se rencontrent toutes trois au point d'abscisse $v = x$, de telle sorte que $\varphi(x) = \phi(x) = \psi(x)$. Pour simplifier, supposons que, dans un voisinage à droite $I_x^>$ de ce point, tel que les développements en séries de puissances de $\varphi(x + \xi)$, $\phi(x + \xi)$ et $\psi(x + \xi)$ convergent vers ces fonctions si $x + \xi$ appartient à $I_x^>$, ces fonctions sont toutes croissantes, les ordonnées des courbes correspondantes sont strictement positives, l'ordonnée de la première est inférieure ou égale à celles des deux autres (des variantes adaptées de l'argument suivant s'appliquent dans les autres cas).

---

1. De notre point de vue, la série $\sum\limits_{k=h+1}^{\infty} \frac{f^{(k)}(x)}{k!} \xi^k$ est précisément ce qui tient lieu, dans la théorie de Lagrange, de reste du développement en série de puissances de $f(x + \xi)$. La distinction entre l'évaluation d'un tel reste et la façon dont ce reste est exprimé est explicitement introduite par Lagrange lui-même dans les *Leçons* (Lagrange, 1801, p. 66 et 1806, p. 86) :

> Dans la solution que j'ai donnée de ce problème dans [...] [la *Théorie*], j'ai commencé par chercher l'expression exacte du reste de la série, ensuite j'ai déterminé les limites de cette expression. Mais on peut trouver immédiatement ces limites d'une manière plus élémentaire, et également rigoureuse.

Soit alors Δ_1 et Δ_2 les différences (positives ou nulles) entre $\phi(x + \xi)$ et $\varphi(x + \xi)$ et entre $\psi(x + \xi)$ and $\varphi(x + \xi)$, respectivement. Puisque $\varphi(x) = \phi(x) = \psi(x)$, d'après les théorèmes 4 et 6, il vient que :

$$
(64) \quad
\begin{aligned}
\Delta_1 = \phi(x + \xi) - \varphi(x + \xi) &= \quad \xi\left[\phi'(x) - \varphi'(x)\right] + \\
&\quad + \frac{\xi^2}{2}\left[\begin{array}{l} \phi''(x + j_{[\phi],2})- \\ \varphi''(x + j_{[\varphi],2}) \end{array}\right] \\
\Delta_2 = \psi(x + \xi) - \varphi(x + \xi) &= \quad \xi\left[\psi'(x) - \varphi'(x)\right] + \\
&\quad + \frac{\xi^2}{2}\left[\begin{array}{l} \psi''(x + j_{[\psi],2})- \\ \varphi''(x + j_{[\varphi],2}) \end{array}\right],
\end{aligned}
$$

où $j_{[\varphi],2}$, $j_{[\phi],2}$ et $j_{[\psi],2}$ sont trois incréments qui dépendent de x et de la nature des fonctions $\varphi(v)$, $\phi(v)$, et $\psi(v)$, respectivement, mais qui appartiennent en tous cas à $[0, \xi]$.

Supposons que $\varphi'(x) = \phi'(x)$. Puisque Δ_2 est positive ou nulle, il en est de même de $\psi'(x) - \varphi'(x)$. S'il était strictement positif, il y aurait une quantité strictement positive δ assez petite pour que :

$$
(65) \qquad \Delta_1 - \Delta_2 = \left\{ \begin{array}{l} \frac{\xi^2}{2}\left[\phi''(x + j_{[\phi],2}) - \psi''(x + j_{[\psi],2})\right] - \\ \xi\left[\psi'(x) - \varphi'(x)\right] \end{array} \right\} < 0,
$$

dès que $0 < \xi \leq \delta$. Mais dans le voisinage $I_x^>$, la courbe exprimée par la fonction $u = \psi(v)$ se trouve entre les courbes exprimées par les fonctions $u = \varphi(v)$ et $u = \phi(v)$ si et seulement si $\Delta_1 \geq \Delta_2$. Ainsi, dans $I_x^>$, la première courbe se trouve entre les deux autres si et seulement si $\psi'(x) = \varphi'(x)$.

Il suffit donc de supposer que les courbes exprimées par les fonctions $u = \phi(v)$ et $u = \psi(v)$ sont les deux droites d'équation respectives $u = p_{[\phi]}v + q_{[\phi]}$ et $u = p_{[\psi]}v + q_{[\psi]}$, pour conclure que, dans $I_x^>$, la seconde de ces droites se trouve entre la courbe exprimée par la fonction $u = \varphi(v)$ et la première droite seulement si $p_{[\phi]} = p_{[\psi]}$. Mais, comme ces deux droites se rencontrent au point d'abscisse $v = x$, cela signifie qu'elles coïncident. Il n'existe donc aucune droite passant par le point d'abscisse $v = x$ et qui, dans $I_x^>$, se trouve entre la courbe exprimée par la fonction $u = \varphi(v)$ et la droite passant par ce point dont la pente est égale à $\varphi'(x)$. Cette dernière droite est donc la tangente à la courbe au point d'abscisse $v = x$.

5.1.2. *Aires.* Considérons maintenant la manière dont Lagrange traite le problème des tangentes (Lagrange, 1797, art. 134 et 1813, art. II.27 ; l'argument de Lagrange a été reconstruit par Grabiner, 1981b, p. 157 et 1990, p. 160 bis–162).

Soient $u = \varphi(v)$ et $u = \phi(v)$ deux fonctions exprimant respectivement une courbe référée à un système de coordonnées orthogonales et l'aire sous cette courbe (prise à partir d'un certain point fixe). Pour simplifier, supposons que, dans un voisinage à droite $I_x^>$ d'un point générique d'abscisse $v = x$ tel que les développements en séries de puissances de $\varphi(x+\xi)$ et $\phi(x+\xi)$ convergent vers ces fonctions si $x + \xi$ appartient à $I_x^>$, la fonction $\varphi(v)$ est croissante et les ordonnées de la courbe correspondante sont positive ou nulles (des variantes de l'argument suivant s'appliquent dans les autres cas) [1].

La différence $\phi(x + \xi) - \phi(x)$ est donc également positive ou nulle, et, dès que $x + \xi$ appartient à $I_x^>$:

$$(66) \qquad \xi\varphi(x) \le \phi(x+\xi) - \phi(x) \le \xi\varphi(x+\xi).$$

D'après le théorème 6, cette condition se réduit à :

$$(67) \qquad 0 \le \phi'(x) - \varphi(x) \le \xi\left[\varphi'(x + j_{[\varphi],1}) - \frac{\phi''(x + j_{[\phi],2})}{2}\right],$$

où $j_{[\varphi],1}$ et $j_{[\phi],2}$ sont deux incréments qui dépendent de x et de la nature des fonctions $\varphi(v)$ et $\phi(v)$, mais qui appartiennent en tous cas à $[0, \xi]$. Mais cette condition est remplie pour tout ξ positif ou nul seulement si $\phi'(x) = \varphi(x)$. En effet, s'il n'en était pas ainsi, il suffirait que :

$$(68) \qquad \xi < \frac{\phi'(x) - \varphi(x)}{\varphi'(x + j_{[\varphi],1}) - \frac{1}{2}\phi''(x + j_{[\phi],2})},$$

pour que la condition (66) soit remplie. Donc $\phi'(x) = \varphi(x)$.

5.1.3. *Vitesses et accélérations de mouvements rectilignes.* Examinons enfin la manière dont Lagrange traite des vitesses et des accélérations d'un mouvement rectiligne (Lagrange, 1797, art. 188 et 1813, art. III.4 ; voir aussi le chapitre V de ce livre, § 3.2.2).

Soient $u = \varphi(v)$ une fonction exprimant l'espace u parcouru en un temps v par un point se déplaçant uniformément sur une droite, et $v = t$

---

1. Lagrange suppose explicitement que toute fonction est constituée de morceaux monotones. Juste après avoir présenté son argument, il écrit :

> Nous avons supposé [...] que les ordonnées allaient en augmentant ou en diminuant depuis $f(x)$ jusqu'à $f(x + \xi)$: cette condition n'aurait pas lieu s'il y avait entre ces deux ordonnées un maximum ou un minimum ; mais, comme on peut prendre l'intervalle ξ aussi petit que l'on veut, il est clair qu'on pourra toujours faire tomber la seconde ordonnée $f(x + \xi)$ en deçà du maximum ou du minimum, et que, par consequent, la conclusion que nous avons tirée demeurera toujours la même.

Á ce sujet, voir Dugac (2003), p. 76.

l'instant initial du mouvement. Il en découle que $\varphi(t) = 0$ et qu'à partir de cet instant, $\varphi(v)$ est positive ou nulle et croissante. Par conséquent, $\varphi(t + \theta) - \varphi(t) = \varphi(t + \theta)$ est également positive ou nulle, et exprime l'espace parcouru en un temps (strictement positif) θ à partir de cet instant. Lagrange considère que θ peut être choisi assez petit pour que le mouvement exprimé par les deux premiers termes du développement en série de puissances de $\varphi(t + \theta)$ « approche plus du véritable mouvement que ne pourrait faire tout autre mouvement composé d'un mouvement uniforme et d'un mouvement uniformément accéléré », de telle sorte que « le terme $\theta\varphi'(t)$ exprime tout ce qu'il peut y avoir d'uniforme dans le mouvement proposé, considéré au commencement du temps θ », tandis que « le terme $\frac{\theta^2}{2}\varphi''(t)$ exprime de même tout ce qu'il peut y avoir dans ce mouvement d'uniformément accéléré ».

Les implications mécaniques de cet argument ne nous intéressent pas ici. Considérons seulement la partie qui est supposée démontrer que, pour tout a et tout b indépendants de θ, respectivement différents de $\varphi'(t)$ et de $\frac{\varphi''(t)}{2}$, et tels que $a\theta + b\theta^2$ soit positif ou nul, il y a une quantité (strictement positive) assez petite ϑ pour que :

$$(69) \qquad \left| \begin{array}{c} [\varphi(t+\theta) - \varphi(t)] - \\ [a\theta + b\theta^2] \end{array} \right| > \left| \begin{array}{c} [\varphi(t+\theta) - \varphi(t)] - \\ \left[\theta\varphi'(t) + \frac{\theta^2}{2}\varphi''(t)\right] \end{array} \right|,$$

dès que $0 < \theta \leq \vartheta$.

D'après le théorème 6, ceci se réduit à l'affirmation selon laquelle, sous les conditions indiquées :

$$(70) \qquad \left| \begin{array}{c} [\varphi'(t) - a] + \\ \left[\frac{\varphi''(t)}{2} - b\right]\theta + \\ \frac{\varphi'''(t+j_{[\varphi],2})}{3!}\theta^2 \end{array} \right| > \left| \frac{\varphi'''(t+j_{[\varphi],3})}{3!}\theta^2 \right|,$$

où $j_{[\varphi],3}$ est un incrément dépendant de t et de la nature de la fonction $\varphi(v)$, mais appartenant en tous cas à $[0, \theta]$, ce qu'il est, selon Lagrange, « aisé de prouver, par un raisonnement semblable » à celui qui est utilisé pour démontrer l'extension au troisième ordre du résultat sur lequel est fondée sa solution du problème des tangentes (Lagrange, 1797, art. 111 et 1813, art. III.4).

Supposons que $u = \phi(v)$ et $u = \psi(v)$ sont deux nouvelles fonctions telles que $\varphi(t) = \phi(t) = \psi(t)$, $\varphi'(t) = \psi'(t)$, et $\varphi''(t) = \psi''(t)$. Supposons aussi que $\Delta_1 = \varphi(t + \theta) - \phi(t + \theta)$, et $\Delta_2 = \varphi(t + \theta) - \psi(t + \theta)$. Du théorème 6, il découle que :

$$(71) \quad \begin{aligned} \Delta_1 &= \theta\left[\varphi'(t) - \phi'(t)\right] + \frac{\theta^2}{2}\left[\varphi''(t) - \phi''(t)\right] + \\ &\quad \frac{\theta^3}{3!}\left[\varphi'''(t + j_{[\varphi],3}) - \phi'''(t + j_{[\phi],3})\right] \\ \Delta_2 &= \frac{\theta^3}{3!}\left[\varphi'''(t + j_{[\varphi],3}) - \psi'''(t + j_{[\psi],3})\right] \end{aligned} \quad ,$$

où $j_{[\phi],3}$ et $j_{[\psi],3}$ sont deux incréments qui dépendent de t et de la nature des fonctions $\phi(v)$ et $\psi(v)$, respectivement, mais qui appartiennent en tous cas à $[0, \theta]$. L'extension envisagée par Lagrange revient clairement à affirmer qu'il y a une quantité (strictement positive) ϑ assez petite pour que $|\Delta_1| > |\Delta_2|$ dès que $0 < \theta \le \vartheta$.

Sans considérer les valeurs absolues (c'est-à-dire en supposant que Δ_1 et Δ_2 soient toutes les deux positives ou nulles), Lagrange affirme que, pour qu'il en soit ainsi, il suffit que :

$$(72) \quad \left\{ \begin{aligned} &\left[\varphi'(t) - \phi'(t)\right] + \\ &\frac{\theta}{2}\left[\varphi''(t) - \phi''(t)\right] \end{aligned} \right\} > \frac{\theta^2}{3!}\left[\begin{aligned} &\phi'''(t + j_{[\phi],2})- \\ &\psi'''(t + j_{[\psi],3}) \end{aligned} \right],$$

ce qui, écrit-il, « est évidemment possible lorsque $\varphi'(t) - \phi'(t)$ n'est pas nulle », et lorsque $\varphi'(t) - \phi'(t) = 0$, « ce qui est encore visiblement possible, en diminuant la valeur de θ tant qu'on voudra, pourvu que $\varphi''(t) - \phi''(t)$ ne soit pas nulle ».

Si cette affirmation est appliquée au problème des vitesses et des accélérations des mouvements rectilignes — pour lequel $\phi(t+\theta) = a\theta+b\theta^2$ et $\psi(t + \theta) = \theta\varphi'(t) + \frac{\theta^2}{2}\varphi''(t)$ — l'inégalité (72) se réduit à :

$$(73) \quad \left[\varphi'(t) - a\right] + \theta\left[\frac{\varphi''(t)}{2} - b\right] > 0.$$

Relativement à cette inégalité, la première affirmation de Lagrange est vraie : si $\varphi'(t) > a$, il est certainement possible de choisir θ assez petit, bien que strictement positif, pour que $\left[\varphi'(t) - a\right] > \theta\left[b - \frac{\varphi''(t)}{2}\right]$. Mais il n'en va pas de même pour la seconde, puisque dans ce cas, $\varphi''(t) - \phi''(t) = 0$, et rien ne garantit, en général, que $\theta\left[\frac{\varphi''(t)}{2} - b\right] > 0$. Pris en tant que tel, l'argument de Lagrange est donc défectueux, et devrait être reformulé, en s'appuyant sur le fait que tout polynôme $P(z)$ d'une variable réelle z prend le signe de son premier terme quand la valeur absolue de z devient assez petite (voir le chapitre V de ce livre, § 3.2.2). Cependant, du fait qu'une telle reformulation dépende encore de l'inégalité (73), le rôle du théorème du reste dans cet argument amendé reste le même.

5.1.4. *Réflexions sur les exemples précédents.* Les arguments qu'utilise Lagrange dans les trois exemples que nous venons de voir ne font pas explicitement appel à la convergence du développement en série de puissances de $f(x + \xi)$ vers cette même fonction autour de $\xi = 0$, et cette convergence n'est en fait même pas suffisante pour qu'ils soient corrects [1]. Le résultat crucial sur lequel ces arguments s'appuient est plutôt le théorème du reste.

Pour tout entier positif ou nul h, soit $R_{[f],h+1}(x,\xi)$ le reste d'ordre h ($h = 1, 2, \ldots$) du développement en série de puissances d'une fonction $f(x+\xi)$, c'est-à-dire la série $\sum\limits_{k=h+1}^{\infty} \frac{f^{(k)}(x)}{k!}\xi^k$. Le rôle de ce théorème dans les trois arguments précédents est celui d'assurer, respectivement, que pour toute paire de fonctions $f(x + \xi)$ et $g(x + \xi)$:

— *i)* $R_{[f],2}(x,\xi)$ et $R_{[g],2}(x,\xi)$ sont tels qu'il y a une quantité assez petite δ telle que, si $0 < \xi \le \delta$ et $g'(x) - f'(x)$ est strictement positive, alors :

(74) $$\left| R_{[f],2}(x,\xi) - R_{[g],2}(x,\xi) \right| < \xi\left[g'(x) - f'(x)\right] \; ;$$

— *ii)* $R_{[f],2}(x,\xi)$ et $R_{[g],1}(x,\xi)$ sont tels que :

(75) $$0 \le \xi\left[f'(x) - g(x)\right] \le \xi R_{[g],1}(x,\xi) - R_{[f],2}(x,\xi),$$

pour tout ξ strictement positif appartenant à un voisinage à droite approprié de 0 seulement si $f'(x) - g(x) = 0$;

— *iii)* $R_{[f],3}(x,\xi)$ est tel qu'il y a une quantité δ assez petite telle que, si $0 < \xi \le \delta$ et a et b sont indépendants de θ et sont respectivement différents de $f'(x)$ et $\frac{f''(x)}{2}$, alors :

(76) $$\left| \xi\left[f'(x) - a\right] + \xi^2\left[\frac{f''(x)}{2} - b\right] + R_{[f],3}(x,\xi) \right| > \left| R_{[f],3}(x,\xi) \right|.$$

---

1. Lagrange lui-même affirme qu'il en est ainsi. A la fin de la démonstration du théorème du reste dans la *Théorie*, il écrit (Lagrange, 1797, art. 53 et 1813, art. I.40) :

> La perfection des méthodes d'approximation dans lesquelles on emploie les séries dépend non seulement de la convergence des séries, mais encore de ce qu'on puisse estimer l'erreur qui résulte des termes qu'on néglige, et à cet égard on peut dire que presque toutes les méthodes d'approximation dont on fait usage dans la solution des problèmes géométriques et mécaniques sont encore très-imparfaites. Le théorème précédent pourra servir, dans beaucoup d'occasions, à donner à ces méthodes la perfection qui leur manque et sans laquelle il est souvent dangereux de les employer.

Il semble ainsi que, du point de vue de Lagrange, le théorème du reste garantit que, lorsque ξ tend vers zéro (tout en restant strictement positif), $R_{[f],h+1}(x,\xi)$ se comporte comme un produit comme $\xi^{h+1}\Lambda_{[f],h+1}$, où Λ_{h+1} est un facteur fini indépendant de ξ. Lorsque ξ tend vers zéro, les inégalités (74), (75) et (76) seraient alors équivalentes à celles-ci :

(77)
$$\left|\Lambda_{[f],2} - \Lambda_{[g],2}\right| < \frac{A-B}{\xi}$$
$$0 \le \frac{A-B}{\xi} \le \Lambda_{[g],1} - \Lambda_{[f],2} \ ,$$
$$\left|\frac{A}{\xi^2} + \frac{B}{\xi} + \Lambda_{[f],3}\right| > \left|\Lambda_{[f],3}\right|$$

où A et B sont des quantités finies indépendantes de ξ.

Nous savons que le théorème du reste ne garantit pas ceci, puisque l'incrément $j_{[f],h+1}$ est supposé appartenir à un intervalle dont la borne supérieure est ξ, et n'est donc pas, de ce fait, indépendante de l'incrément. Mais pour notre propos, il est plus important de se demander pourquoi Lagrange n'a pas simplement fondé ses arguments sur l'égalité :

(78) $$R_{[f],h+1}(x,\xi) = \sum_{k=h+1}^{\infty} \frac{f^{(k)}(x)}{k!}\xi^k = \xi^{h+1}\sum_{k=0}^{\infty} \frac{f^{(h+k+1)}(x)}{(h+k+1)!}\xi^k.$$

Son choix de s'appuyer sur le théorème du reste suggère qu'il était convaincu que l'identification de la série $\sum_{k=h+1}^{\infty} \frac{f^{(k)}(x)}{k!}\xi^k$ avec un produit tel que $\xi^{h+1}\Lambda_{[f],h+1}$ n'est garanti que par l'égalité :

(79) $$\sum_{k=0}^{\infty} \frac{f^{(h+k+1)}(x)}{(h+k+1)!}\xi^k = \frac{f^{(h+1)}(x+j)}{(h+1)!}.$$

Mais pourquoi Lagrange le croyait-il ? Nous suggérons la réponse suivante : pour justifier le recours à la série $\sum_{k=0}^{\infty} \frac{f^{(h+k+1)}(x)}{(h+k+1)!}\xi^k$ dans le contexte d'une argumentation portant sur des quantités particulières, Lagrange se devait d'avoir démontré que cette série se réduit à une quantité exprimée par une expression finitaire appropriée, c'est-à-dire par une quantité algébrique, ou, encore mieux, une fonction (de ξ). Et c'est là précisément le contenu du théorème du reste.

5.2. *Les preuves de Lagrange du théorème du reste*

Ayant clarifié le rôle du théorème du reste dans la théorie de Lagrange, nous allons maintenant en examiner les preuves. Nous parlons des preuves

au pluriel, puisque Lagrange démontre ce théorème de deux façons différentes dans la *Théorie* et dans les *Leçons*. De surcroît, dans la seconde
édition de la *Théorie*, il rectifie l'argument avancé dans la première.

5.2.1. *Le théorème de l'incrément suffisamment petit.*
L'argumentation avancée dans la première édition de la *Théorie*
s'appuie explicitement sur un résultat démontré au début du traité,
tout de suite après la preuve du théorème du développement en série
de puissances (Lagrange, 1797 art. 11-15 et 1813, art. I.3-I.7) ; nous
suggérons de l'appeler théorème de l'incrément suffisamment petit'.
Lagrange l'énonce comme suit (Lagrange, 1797 art. 14 et 1813, art. I.6 [1] :

THÉORÈME 7 (Théorème de l'incrément suffisamment petit).

> [...] *dans la série* $f(x) + p\xi + q\xi^2 + r\xi^3 + \&c.$ *qui naît du développement*
> *de* $f(x + \xi)$, *on peut toujours prendre* ξ *assez petit pour qu'un terme*
> *quelconque soit plus grand que la somme de tous les termes qui le*
> *suivent ; et que cela doit avoir lieu aussi pour toutes les valeurs plus*
> *petites de* ξ.

Cet énoncé est vague. Nous allons essayer d'en clarifier le contenu en
examinant sa preuve.

Lagrange commence (Lagrange, 1797, art. 11 et 1813, art. I.3) par
remarquer que $f(x)$ est « ce qui est indépendant de la quantité ξ » dans
$f(x + \xi)$, c'est-à-dire « la partie de $f(x + \xi)$ qui reste lorsque la quantité
ξ devient nulle ». Par conséquent, $f(x + \xi)$ est « égale à $f(x)$, plus à une
quantité qui doit disparaître en faisant $\xi = 0$ », et qui peut donc s'exprimer
comme un produit ayant une puissance strictement positive de ξ comme
facteur. Mais, continue-t-il, puisque « dans le développement de $f(x + \xi)$,
il ne peut entrer aucune puissance fractionnaire de ξ », il en découle que
ce produit doit être de la forme $\xi P_1(x, \xi)$, où $P_1(x, \xi)$ est une fonction de
x et ξ qui « ne deviendra point infinie lorsque $\xi = 0$ », de telle sorte que
$f(x + \xi) = f(x) + \xi P_1(x, \xi)$. Le même argument peut être itéré — en

---

1. Le même résultat est énoncé deux fois dans ces articles ; nous citons sa première
occurrence ; un troisième énoncé équivalent se trouve respectivement dans les articles 15 et
I.7 des mêmes traités.

supposant que $P_h(x, \xi) = P_h(x, 0) + \xi P_{h+1}(x, \xi)$ $(h = 1, 2, \ldots)$ — pour démontrer que [1] :

$$(80) \qquad f(x + \xi) = \sum_{k=0}^{h} p_k(x) \xi^k + P_{h+1}(x, \xi) \xi^{h+1} \qquad (h = 0, 1, \ldots),$$

où $p_0(x) = f(x)$, $P_k(x, 0)$ $(k = 1, 2, \ldots)$ sont des fonctions de x et ξ qui ne deviennent pas infinies pour $\xi = 0$, et $p_k(x) = P_k(x, 0)$.

Si le théorème du développement en série de puissances est accepté, cet argument ne pose aucun problème, car les égalités fondamentales '$P_h(x, \xi) = P_h(x, 0) + \xi P_{h+1}(x, \xi)$' $(h = 0, 1, \ldots)$, où '$P_0(x, \xi)$' est censé dénoter la fonction $f(x + \xi)$, découlent immédiatement de ce théorème, à savoir de l'égalité $P_h(x, \xi) = \sum_{k=h}^{\infty} p_k(x) \xi^{k-h}$, si ξ est assez petit pour que le développement en série de puissances de $f(x + \xi)$ converge vers cette fonction.

Fraser (1987, p. 42-43) a cependant suggéré une interprétation différente. Pour lui, la preuve de Lagrange des égalités (80) est une partie de sa preuve du théorème du développement en série de puissances. Cette dernière ne devrait donc pas être interprétée de la façon que nous avons suggérée dans le § 3.1. Fraser pense qu'en démontrant le théorème du développement en série de puissances, Lagrange ne suppose pas que toute fonction $f(x + \xi)$ a un développement en série de puissances généralisée : ayant démontré qu'« aucun développement de $f(x + \xi)$ ne peut contenir aucune puissance fractionnaire ou strictement négative de ξ », il démontre plutôt les égalités (80) et les utilise pour obtenir l'égalité :

$$(81) \qquad f(x + \xi) = \sum_{k=0}^{\infty} p_k(x) \xi^k.$$

Selon Fraser, la preuve de Lagrange des égalités (80) ne repose que sur un lemme implicite et non justifié, qu'il appelle 'lemme de factorisation' :

LEMME 1 (Lemme de factorisation). *Si $g(x + \xi)$ est une fonction de x et ξ telle que $g(x, 0) = 0$, alors $g(x, \xi) = \xi^\alpha G(x, \xi)$, où $\alpha > 0$ et $G(x, \xi)$ est une fonction de x et ξ qui ne devient ni infinie ni nulle pour $\xi = 0$.*

De notre point de vue, cette interprétation comporte au moins trois difficultés.

---

1. Comme nous l'avons indiqué dans la note 2, p. 263, nous dénotons '$p_k(x)$' $(k = 0, 1, \ldots)$ les fonctions que Lagrange dénote 'fx', 'p', 'q', &c. Dans la même veine, nous dénotons '$P_{h+1}(x, \xi)$' $(h = 0, 1, \ldots)$ ce que Lagrange dénote 'P', 'Q', 'R', &c.

La première concerne les fonctions telles que $x \log(1 + \xi)$, ayant $\log(1 + \xi)$ pour facteur. Pour garantir que ces fonctions satisfont le lemme de factorisation — par exemple, que $x \log(1+\xi) = \xi^{\alpha} G(x, \xi)$ pour un exposant strictement positif α et une fonction $G(x + \xi)$ adéquates — Lagrange aurait pu s'appuyer sur deux arguments. Il aurait pu, ou bien observer que $\log(1 + \xi)$ peut être développé en série de puissances, ou bien se réclamer de l'égalité (33) afin de réécrire ce dernier facteur sous la forme :

$$(82) \qquad r(1 + \xi)^{\frac{1}{r}} - r = \xi + \frac{1 - r}{2r}\xi^2 + \&c. = \xi\left(1 + \frac{1 - r}{2r}\xi + \&c.\right),$$

où r est infiniment grand. Comme nous l'avons déjà observé ci-dessus (en particulier dans la note 1, p. 293), autant dans la *Théorie* que dans les *Leçons*, Lagrange obtient, cependant, le développement en série de puissances du logarithme en s'appuyant sur le théorème du développement en série de puissances, et, dans les *Leçons*, il déduit l'égalité (33) de ce même développement en série de puissances. Par conséquent, s'il s'était effectivement appuyé sur le lemme de factorisation dans la preuve du théorème du développement en série de puissances, en utilisant ces arguments, il serait tombé dans un cercle vicieux. Certes, le développement en série de puissances du logarithme aurait pu être obtenu par des arguments différents de ceux de Lagrange. Mais cela aurait difficilement pu être fait sans supposer que $\log(1 + \xi)$ possède un développement en série de puissances ou sans s'appuyer sur des arguments géométriques concernant la quadrature de l'hyperbole.

La deuxième difficulté concerne la nature même d'une démonstration des égalités (80) basée sur le lemme de factorisation. Cette démonstration reposerait, en effet, sur une réitération de l'argument suivant :

$$
\begin{aligned}
i) \quad & P_h(x, \xi) & = \quad & p_h(x) + P_{h+1}^*(x, \xi) \\
ii) \quad & & = \quad & p_h(x) + \xi^{\alpha} P_{h+1}(x, \xi) \\
iii) \quad & & = \quad & p_h(x) + \xi P_{h+1}(x, \xi),
\end{aligned}
$$

où : $P_{h+1}^*(x, \xi)$ est tel que $P_{h+1}^*(x, 0) = 0$; α est strictement positif ; $P_{h+1}(x, \xi)$ ne devient ni infini ni nul pour $\xi = 0$; $P_0(x, \xi) = f(x + \xi)$ et $p_0(x) = f(x)$. Le lemme de factorisation entrerait dans cet argument pour justifier le passage de (*i*) à (*ii*), tandis que le passage de (*ii*) à (*iii*) serait justifié par le fait qu'« aucune expression de $f(x + \xi)$ ne peut contenir de puissance fractionnaire ou négative de ξ ». Mais ni ce lemme, ni ce fait ne permettent de justifier l'hypothèse (*i*), c'est-à-dire la supposition que $P_h(x, \xi)$ est égal à $P_h(x, 0) = p_h(x)$ plus une fonction de x et ξ qui s'annule pour $\xi = 0$. Et si le théorème du développement en série de puissances n'est pas accepté, cette supposition est difficile à justifier, surtout dans le cas général où $P_h(x, \xi)$ n'est pas simplement une fonction de $x + \xi$, mais une fonction de x et de ξ. Par conséquent, le lemme de factorisation ne serait pas la seule supposition non justifiée entrant dans une telle preuve. Lagrange n'aurait ainsi tiré aucun avantage en démontrant le théorème du développement en série de puissances de cette manière, plutôt que de la façon que nous avons décrite dans le § 3.1.

La troisième difficulté tient à une simple remarque : ni les égalités (80) ni leurs démonstrations ne figurent dans les *Leçons*. Mais si Lagrange avait conçu ces égalités comme une partie de sa preuve du théorème du développement en série de puissances, il les aurait considérées comme une pièce fondamentale de sa théorie et les aurait difficilement exclues des *Leçons*.

Ces difficultés suggèrent de ne pas adopter l'interprétation de Fraser et d'admettre que la démonstration de Lagrange des égalités (80) ne fait pas partie de sa démonstration du théorème du développement en série de puissances. C'est la raison pour laquelle nous nous écartons de la suggestion de Fraser et considérons que la démonstration des égalités (80) s'appuie sur ce théorème lui-même, à savoir sur l'identification des fonctions $P_h(x, \xi)$ avec la série $\sum\limits_{k=h}^{\infty} p_k(x)\, \xi^{k-h}$.

Mais alors, quel est le rôle des égalités (80) dans la théorie de Lagrange ? Si cette question n'avait aucune réponse plausible, l'interprétation de Fraser gagnerait du crédit, en dépit de ses difficultés. Mais une réponse plausible est disponible : ces égalités permettent de démontrer deux autres résultats.

Le premier tient aux égalités suivantes (Lagrange, 1797, art. 11 et 1813, art. I.3) :

$$(83) \qquad \begin{aligned} P_{h+1}(x, \xi) &= \frac{P_h(x,\xi) - p_h(x)}{\xi} \\ p_{h+1}(x) &= \left[\frac{P_h(x,\xi) - p_h(x)}{\xi} \right]_{\xi=0} \end{aligned} \qquad (h = 0, 1, \ldots)$$

Ces égalités, qui découlent immédiatement des égalités (80), sont algorithmiquement équivalentes à l'égalité intervenant dans la définition moderne de la dérivée comme limite du rapport $\frac{f(x+\varepsilon)-f(x)}{\varepsilon}$ [1]. Mais elles ne fournissent aucun opérateur doté d'une algèbre et de propriétés spécifiques, et ne permettent la détermination (récursive) des dérivées de $f(x)$

---

1. Notons cependant la différence entre

$$p_{h+1}(x) = \left[\frac{P_h(x,\xi) - p_h(x)}{\xi} \right]_{\xi=0} \qquad \text{c'est-à-dire} \qquad \frac{f^{(h+1)}(x)}{(h+1)!} = \left[\frac{P_h(x,\xi) - \frac{f^{(h)}(x)}{h!}}{\xi} \right]_{\xi=0}$$

que s'il est possible de factoriser l'incrément ξ dans le numérateur des rapports dont il est question [1]. Ceci n'est pas un problème pour Lagrange, puisque de son point de vue, les dérivées de $f(x)$ ne sont pas définies par ces égalités, lesquelles fournissent seulement une procédure pour les déterminer dans certains cas.

Le second résultat que les égalités (80) permettent de démontrer n'est autre que le théorème de l'incrément suffisamment petit. Pour le démontrer (Lagrange, 1797, art. 14 et 1813, art. I.6), Lagrange identifie les restes $\xi^h P_h(x,\xi)$ ($h = 1, 2\ldots$) avec les séries $\sum_{k=h}^{\infty} p_k(x)\xi^k$, et s'appuie sur les égalités '$P_{h-1}(x,\xi) = p_{h-1}(x) + \xi P_h(x,\xi)$' pour en tirer que les produits $\xi P_h(x,\xi)$ s'annulent pour $\xi = 0$. De ce fait, il utilise implicitement les égalités '$\sum_{k=0}^{\infty} p_{k+h}(x)\xi^k = P_h(x,\xi) = \frac{P_{h-1}(x,\xi)-p_{h-1}(x)}{\xi}$', ce qui clarifie le fait que il ne démontre pas, mais, plutôt, suppose la convergence de $\sum_{k=0}^{\infty} p_k(x)\xi^k$ vers $f(x+\xi)$ autour de $\xi = 0$.

La preuve se déroule plus précisément comme suit.

Puisque les fonctions $\xi P_h(x,\xi)$ peuvent être conçues comme des fonctions de ξ qui s'annulent pour $\xi = 0$, elles peuvent aussi être considérées comme les expressions d'une famille des courbes référées à un système de coordonnées cartésiennes ξ, y, passant toutes par l'origine de ce système. De plus, à moins qu'une telle origine ne soit un point singulier de ces courbes — ce qui ne peut se produire que si x prend certaines valeurs particulières —, ces courbes sont continues autour de ce point [2], et approchent ainsi l'axe des ξ avant de le couper, jusqu'à l'approcher de si près que leurs distances à cet axe deviennent plus petites que toute quantité strictement

et

$$f^{(h+1)}(x) = \left[\frac{f^{(h)}(x+\xi) - f^{(h)}(x)}{\xi} \right]_{\xi=0}.$$

1. Il en découle que ces égalités conduisent à la détermination des dérivées de $f(x)$ seulement pour les fonctions algébriques, car dans le cas des fonctions transcendantes, ξ peut être factorisé dans les différences $P_h(x,\xi) - p_h(x)$ seulement en remplaçant les $P_h(x,\xi)$ par leurs développements en séries de puissances. De plus — comme Lagrange le remarque en considérant l'exemple de la fonction $f(x) = \sqrt{x}$ (Lagrange, 1797, art. 13 et 1813 art. I.5) — même dans le cas des fonctions algébriques, il peut être parfois « plus expéditif » de déterminer les dérivées de $f(x)$ en s'appuyant sur le développement en série de puissances de $f(x+\xi)$.

2. Lagrange écrit « depuis ce point » (voir la citation ci-dessous dans la note 1, p. 323). Il semble donc considérer ξ comme positif ou nul. La généralisation de son argument au cas où ξ soit quelconque est cependant facile.

positive donnée. Par conséquent, pour toute quantité strictement positive donnée, il est toujours possible de trouver une quantité strictement positive δ telle que les ordonnées $y = \xi P_h(x, \xi)$ de ces courbes soient plus petites que cette quantité en valeur absolue, si $|\xi| \leq \delta$ [1].

Il en découle que, tant que $p_{h-1}(x)$ ne s'annule pas — ce qui ne peut se produire que si x prend certaines valeurs particulières —, il est possible de trouver une quantité strictement positive δ telle que $\left|\xi^h P_h(x, \xi)\right| < \left|\xi^{h-1} p_{h-1}(x)\right|$ si $|\xi| \leq \delta$. Mais puisque $\xi^h P_h(x, \xi) = \sum\limits_{k=h}^{\infty} p_k(x)\xi^k$, ceci signifie qu'il est possible de trouver une quantité strictement positive δ telle que $\left|\xi^{h-1} p_{h-1}(x)\right| > \left|\sum\limits_{k=h}^{\infty} p_k(x)\xi^k\right|$, si $|\xi| \leq \delta$.

Cet argument n'est valable que si la borne supérieure δ des valeurs absolues de ξ dépend de h et de x. Lagrange possède des outils linguistiques trop pauvres pour spécifier cette condition nécessaire. Mais il devrait être clair que son argument peut au plus prouver le résultat suivant :

THÉORÈME 8. *Pour toute fonction* $f(x + \xi)$*, pour tout entier positif ou nul* h *et toute valeur de* x *telle que cette fonction ait un développement en série de puissances* $\sum\limits_{k=0}^{\infty} p_k(x)\xi^k$ *et* $p_h(x)$ *ne s'annule pas, il existe une quantité strictement positive* δ *telle que :*

$$(84) \qquad |\xi| \leq \delta \Rightarrow \left|\xi^h p_h(x)\right| > \left|\sum_{k=h+1}^{\infty} p_k(x)\xi^k\right|.$$

Mais cet argument démontre-t-il effectivement ce théorème ? Nous pensons que oui.

---

1. Pour éviter tout malentendu, nous citons Lagrange :

> [...] en considérant la courbe dont ξ serait l'abscisse, et l'une de[s][...] fonctions [$\xi P_h(x, \xi)$] l'ordonnée, cette courbe coupera l'axe à l'origine des abscisses ; et, à moins que ce point ne soit un point singulier, ce qui ne peut avoir lieu que pour des valeurs particulières de x [...], le cours de la courbe sera nécessairement continu depuis ce point ; donc elle s'approchera peu à peu de l'axe avant de le couper, et s'en approchera par conséquent d'une quantité moindre qu'aucune quantité donnée ; de sorte qu'on pourra toujours trouver une abscisse ξ correspondant à une ordonnée moindre qu'une quantité donnée ; et alors toute valeur plus petite de ξ répondra aussi à des ordonnées moindres que la quantité donnée.

Lagrange ne se réfère pas explicitement aux valeurs absolues, mais, comme il est évident qu'il ne restreint pas son argument à des fonctions croissantes, leur considération est implicite.

Dans un tel argument, les restes $\xi P_h(x, \xi)$ sont considérés comme des quantités géométriques, en particulier comme les ordonnées d'une famille de courbes. Lagrange semble donc suivre ici une vieille tradition en concevant les segments (de ligne droite) comme des grandeurs universelles, c'est-à-dire des grandeurs capables de représenter des quantités de toute sorte. Cela l'autorise à réduire ce qu'il considère comme une propriété de toute fonction à une propriété des courbes d'un seul tenant. Comme la première est une propriété de toute fonction, il n'est aucun besoin de justifier le fait que les fonctions $\xi P_h(x, \xi)$ ont cette propriété. Mais dans la mesure où les courbes d'un seul tenant peuvent être opposées aux courbes composées de plusieurs morceaux mutuellement déconnectés, cette propriété peut être considérée comme une propriété particulière.

Ainsi, en introduisant des courbes à côté des fonctions, Lagrange entreprend de transposer une propriété de certaines courbes — à savoir les courbes d'un seul tenant — à toutes les fonctions. Bien que, *mutatis mutandis*, cette propriété soit celle que (depuis Cauchy) nous appelons 'continuité', Lagrange ne la considère pas comme une propriété d'une classe de fonctions, mais plutôt comme une propriété des courbes d'un seul tenant, qui serait reflétée par une propriété de toutes les fonctions : de son point de vue, la considération de cette propriété n'obéit qu'à une visée descriptive, et n'a pas pour but de caractériser une classe appropriée de fonctions (Grabiner, 1990, p. 143 et 1981*b*, p. 95).

Là encore, comme ce qui est décrit est le comportement d'une courbe d'un seul tenant dans le voisinage d'un point où elle est définie, cette propriété ne concerne pas ce point, mais bien un voisinage de ce point. Autrement dit, Lagrange n'est pas en train de dire qu'une fonction $f(x)$ est continue en un point $\xi = a$ si (et seulement si) pour toute quantité strictement positive donnée ε, il existe une quantité strictement positive δ telle que $|f(\xi) - f(a)| < \varepsilon$, si $|\xi - a| \leq \delta$. Il affirme plutôt que toute fonction $f(\xi)$ qui est définie pour une certaine valeur $\xi = a$ — qui n'est pas une valeur singulière — est telle que, pour toute quantité strictement positive donnée ξ, il existe une quantité strictement positive δ telle que $f(\xi)$ est définie et $|f(\xi) - f(a)| < \varepsilon$, si $|\xi - a| \leq \delta$.[1]

---

1. En dépit d'une telle différence essentielle, la façon dont Lagrange formule sa propriété préfigure certainement la définition de Cauchy et même son interprétation en ε-δ par Weierstrass. Ce n'est pas un fait isolé : afin de démontrer le théorème du reste, Lagrange utilise plusieurs arguments qui sont étonnamment proches des techniques de Cauchy et de Weierstrass. Ce point a été souvent souligné (par exemple par Grabiner, 1981*b*, p. 56-76,

Une fois cette conclusion acceptée, l'argument de Lagrange semble être parfaitement correct et prouver effectivement le théorème 8 [1]. Comme nous le verrons dans le § suivant, ce dernier théorème est cependant trop faible pour jouer correctement le rôle que, dans la première édition de la *Théorie*, Lagrange assigne au théorème de l'incrément suffisamment petit au sein de sa preuve du théorème du reste.

5.2.2. *Deux lemmes pour le théorème du reste : présupposés d'uniformité.* Le théorème de l'incrément suffisamment petit entre comme prémisse dans cette preuve pour établir un lemme dont le théorème du reste est ensuite déduit. Dans la seconde édition de la *Théorie*, Lagrange démontre ce même lemme en s'appuyant sur l'égalité '$f(x + \xi) = f(x) + \xi P_1(x,\xi)$' plutôt que sur le premier de ces théorèmes [2]. L'argument de la seconde édition présente cependant des difficultés similaires à celles de l'argument de la première.

Dans les *Leçons*, ce lemme est remplacé par un autre lemme dont la preuve ne dépend ni du théorème de l'incrément suffisamment petit, ni de l'égalité '$f(x + \xi) = f(x) + \xi P_1(x,\xi),$' ou plus généralement, des égalités (80). Cette preuve est cependant encore défaillante, pour des raisons analogues à celles qui sapent les preuves du lemme de la *Théorie*.

Avant de se tourner vers les preuves du théorème du reste, il semble donc approprié d'examiner les deux lemmes de la *Théorie* et des *Leçons* respectivement.

5.2.2.1. Le lemme de la *Théorie*. Le lemme de la Théorie est le suivant (Lagrange, 1797, art. 48 ; 1813, art. I.38 ; les preuves sont données dans les mêmes articles) :

---

et 1990, p. 171-214), et nous n'y insisterons donc pas. Nous nous limiterons à reconstruire les arguments de Lagrange dans le contexte de sa théorie, une théorie bien différente des versions du Calcul de Cauchy et de Weierstrass (Fraser, 1987, p. 52).

1. Pour prouver le théorème 8, il est nécessaire d'identifier la valeur absolue de $p_{h-1}(x)$ ($h = 1, 2, \ldots$) avec la quantité strictement positive ε. Si cette identification est laissée de côté, l'argument de Lagrange fournit une preuve d'un autre théorème qu'il n'énonce pas explicitement, et qui pourrait être formulé de la façon suivante : pour toute fonction $f(x + \xi)$, pour tout nombre naturel h, pour toute valeur de x telle que cette fonction ait un développement en série de puissances $\sum\limits_{k=0}^{\infty} p_k(x)\,\xi^k$, et pour toute quantité strictement positive ε, il existe une valeur strictement positive δ telle que $|\xi| \leq \delta \Rightarrow \left| \sum\limits_{k=h}^{\infty} p_k(x)\,\xi^k \right| < \varepsilon$.

2. Il en découle que — d'après notre interprétation — le seul rôle effectif qu'ont les égalités (80) pour $h > 0$, dans la seconde édition de la *Théorie*, est celui de permettre de démontrer les égalités (83).

LEMME 2 (Lemme de la *Théorie*).

Si une fonction prime de x, telle que $f'(x)$, est toujours positive pour toutes les valeurs de x depuis $x = a$ jusqu' à $x = b$, b étant $> a$, la différence des fonctions primitives qui répondent à ces deux valeurs de x, savoir, $f(b) - f(a)$, sera nécessairement une quantité positive.

Une fois de plus, l'énoncé est vague. Il n'est pas clair que Lagrange utilise 'positif' pour signifier 'positif ou nul' ou plutôt 'strictement positif'. Bien que ce détail soit crucial, en supposant que la fonction $f(x)$ soit conçue comme une quantité algébrique plutôt que comme l'expression d'une courbe, Lagrange ne s'intéresse apparemment pas à cette question : parce qu'il raisonne en terms généraux, pourrait-on croire. Mais la généralité peut difficilement être un argument pour s'autoriser à confondre les conditions '$\alpha > 0$' et '$\alpha \geq 0$' alors qu'un argument ou un résultat dépend de leur distinction. Par conséquent, il nous est difficile d'expliquer l'attitude de Lagrange. Nous nous bornons à reconstruire ses arguments et ses résultats en les interprétant avec autant de bienveillance que possible, et en leur conférant toute la force deductive qu'ils peuvent avoir.

La preuve de Lagrange peut être divisée en deux parties (une reconstruction de cette preuve se trouve dans Grabiner, 1990, p. 219-221).

La première partie est différente dans les deux éditions de la *Théorie*.

Dans la première édition, Lagrange s'appuie sur le théorème de l'incrément suffisamment petit pour établir que ξ peut être choisi tel que le terme $\xi f'(x)$ du développement en série de puissances de $f(x + \xi)$ soit plus grand (en valeur absolue) que $\sum\limits_{k=2}^{\infty} \frac{f^{(k)}(x)}{k!} \xi^k$. Il se réclame ensuite de cette possibilité pour conclure que si $f'(x)$ est « positif », alors, ξ peut être choisi assez petit, tout en restant « positif », pour que $f(x + \xi) - f(x) = \sum\limits_{k=1}^{\infty} \frac{f^{(k)}(x)}{k!} \xi^k$ soit également « positif ».

Dans la seconde édition, il s'appuie sur l'égalité '$f(x + \xi) = f(x) + \xi P_1(x, \xi)$' et il remarque que, dans la mesure où $P_1(x, 0) = p_1(x) = f'(x)$, il en découle que, si $f'(x)$ est « positif », alors, « depuis $\xi = 0$ jusqu'à une certaine valeur de ξ, qu'on pourra prendre aussi petite qu'on voudra », $P_1(x, \xi)$ doit être également « positif ». Il emploie ceci pour conclure que si $f'(x)$ est « positif », ξ peut être choisi assez petit, tout en restant « positif », pour que $f(x + \xi) - f(x)$ soit également « positif ».

Considérons séparément ces deux arguments, en supposant — pour commencer — que $f'(x) > 0$.

Pour que le premier argument soit valable, il suffit d'admettre que le théorème de l'incrément suffisamment petit est équivalent au théorème 8.

Si $f'(x) > 0$, il suffit en effet d'appliquer ce dernier théorème pour $h = 1$, ainsi que le théorème 4, pour conclure qu'il y a une quantité strictement positive δ telle que :

$$(85) \qquad 0 < \xi \leq \delta \Rightarrow \sum_{k=1}^{\infty} \frac{f^{(k)}(x)}{k!}\xi^k > 0,$$

d'où, en remplaçant '$\sum_{k=1}^{\infty} \frac{f^{(k)}(x)}{k!}\xi^k$' par '$f(x + \xi) - f(x)$', il découle que :

$$(86) \qquad 0 < \xi \leq \delta \Rightarrow f(x + \xi) - f(x) > 0.$$

Pour que le second argument soit valable, il est nécessaire que la fonction $P_1(x, \xi)$ possède la même propriété que Lagrange assigne à toutes les fonctions $\xi P_h(x, \xi)$ ($h = 1, 2, \ldots$) dans sa démonstration du théorème de l'incrément suffisamment petit. Si $f'(x) = P_1(x, 0) > 0$, il en découle que $P_1(x, \xi) = f(x + \xi) - f(x) > 0$ dans un voisinage à droite de $\xi = 0$, et il y a, donc, une quantité strictement positive δ telle que l'implication (85) soit vérifiée. La supposition que $P_1(x, 0) = f'(x)$ n'est cependant pas triviale. Ou bien elle est autorisée en posant que la dérivée première d'une fonction $f(x)$ coïncide, par définition, avec $\left[\frac{f(x+\xi)-f(x)}{\xi}\right]_{\xi=0}$, ce qui est cependant incompatible avec la théorie de Lagrange. Ou bien elle dépend de l'hypothèse que $f(x + \xi)$ possède un développement dont les deux premiers termes sont $f(x)$ et $p_0(x)\xi$. Mais avec une telle hypothèse, l'argument de Lagrange — qui est à première vue, indépendant de l'hypothèse que $f(x+\xi)$ a un développement en série de puissances — se réduit à une simple variante linguistique du premier.

Les deux arguments se ressemblent également s'il est supposé que $f'(x) = 0$. Aucun des deux ne peut être utilisé pour démontrer l'implication (86), ni même l'implication plus faible '$0 < \xi \leq \delta \Rightarrow f(x + \xi) - f(x) \geq 0$'. Donc, ou bien Lagrange exclut le cas où $f'(x) = 0$ du domaine de son lemme — c'est-à-dire que l'adjectif 'positif' appliqué à la fois à $f'(x)$ et $f(x+\xi) - f(x)$ signifie 'strictement positif' —, ou bien il suppose que $f'(x) = 0$ seulement si $f(x)$ se réduit à une constante (si bien que $f(x + \xi) - f(x) = 0$), c'est-à-dire qu'il exclut les valeurs de x pour lesquelles $f'(x) = 0$ pour toute fonction ne se réduisant pas à une constante.

Ce ne sont pas les seules difficultés des preuves que donne Lagrange du lemme de la *Théorie*. Une difficulté beaucoup plus conséquente concerne la seconde partie de ces preuves, qui est la même dans les deux éditions de la *Théorie*. Pour déceler cette difficulté, quelques remarques préliminaires sont nécessaires.

Dans les deux arguments précédents qui étayent la première partie de la démonstration de Lagrange, ainsi que dans sa preuve du théorème de l'incrément suffisamment petit, les fonctions $\xi P_h(x, \xi)$ ($h = 1, 2, \ldots$) sont considérées comme des fonctions de la seule variable ξ. La variable x est seulement supposée prendre des valuers telles que $\xi = 0$ ne soit pas une valeur singulière de ces foncions et que la fonction $f(x + \xi)$ possède un développement en série de puissances. Lagrange suppose simplement que pour toute fonction $g(\xi)$ définie pour $\xi = 0$ et pour laquelle ce point n'est pas singulier, il y a un voisinage de ce même point où $|g(\xi) - g(0)|$ est inférieure à toute quantité strictement positive donnée ε. Il n'y a donc place pour aucune ambiguïté concernant l'uniformité de cette propriété. En effet, si la variable x n'est pas prise en compte, ce voisinage ne peut dépendre que de ε.

Mais la situation change lorsque les fonctions $\xi P_h(x, \xi)$ sont considérées comme des fonctions des deux variables x et ξ. C'est en effet une chose d'admettre que :

— **[Con. 1]** Une fonction $g(x, \xi)$ qui est définie pour une certaine valeur $\xi = a$ lorsque x appartient à un certain intervalle I_x, est telle que, pour toute quantité strictement positive donnée ε, et pour tout x dans I_x, il y a une quantité strictement positive δ telle que, si $|\xi - a| \leq \delta$, alors $g(x, \xi)$ est définie et $|g(x, \xi) - g(x, a)| < \varepsilon$.

Mais c'est tout à fait autre chose d'admettre que :

— **[Con. 2]** Une fonction $g(x, \xi)$ qui est définie pour une certaine valeur $\xi = a$ lorsque x appartient à un certain intervalle I_x, est telle que, pour toute quantité strictement positive donnée ε, il y a une quantité strictement positive δ telle que, pour tout x dans I_x, si $|\xi - a| \leq \delta$, alors $g(x, \xi)$ est définie et $|g(x, \xi) - g(x, a)| < \varepsilon$.

Dans ce dernier cas, la propriété que possède $g(x, \xi)$ est uniforme, car $\delta = \delta(\xi)$; dans le premier cas, elle ne l'est pas, car $\delta = \delta(x, \xi)$.

Supposons maintenant que les fonctions $\xi P_h(x, \xi)$ soient conçues, à la fois dans la preuve de Lagrange du théorème de l'incrément suffisamment petit, et dans les deux arguments précédents, comme des fonctions des deux variables x et ξ. Rien ne garantit que ces fonctions jouissent de la propriété [**Con.2**]. La seule propriété qu'on serait autorisé à leur attribuer est plutôt [**Con. 1**]. De cette manière, on obtiendrait des variantes linguistiques de la preuve et des arguments de Lagrange, aptes à démontrer respectivement le théorème 8 et l'implication (86), sous l'hypothèse que δ dépend de x (et que $f'(x) > 0$).

Mais pour que la seconde partie des preuves du lemme de la *Théorie* soit correcte, l'implication (86) doit y intervenir sous l'hypothèse que δ

soit indépendante de x. Or cette hypothèse ne peut être autorisée que s'il est possible d'assigner aux fonctions $\xi P_h(x, \xi)$ la propriété [**Con. 2**].

Examinons les détails. Lagrange suppose que ξ est égal à $\frac{b-a}{n+1}$. Si $b > a$, pour toute quantité strictement positive δ, il y a un entier positif ou nul n tel que $\frac{b-a}{n+1} \leq \delta$. En s'appuyant sur l'implication (86), il conclut alors que si toutes les dérivées $f'\left(a + k\frac{b-a}{n+1}\right)$ ($k = 0, 1, \ldots, n$) sont « positives », alors, les différences :

$$(87) \qquad f\left(a + (k+1)\frac{b-a}{n+1}\right) - f\left(a + k\frac{b-a}{n+1}\right)$$

et leur somme :

$$(88) \qquad \sum_{k=0}^{n}\left[f\left(a + (k+1)\frac{b-a}{n+1}\right) - f\left(a + k\frac{b-a}{n+1}\right)\right] = f(b) - f(a)$$

sont également « positives ». Il déduit ensuite de ceci que si $f'(x)$ est « positive » lorsque x prend toutes les valeurs possibles « depuis $x = a$ jusqu'à $x = b$ », la différence $f(b) - f(a)$ est également « positive ».

Cet argument est clairement fondé sur l'hypothèse que les fonctions $\xi P_h(x, \xi)$ ont la propriété [**Cont. 2**], qui est une hypothèse d'uniformité non établie et difficilement acceptable. Ceci rend l'argument, et par suite la preuve de Lagrange du lemme de la *Théorie*, défaillants.

Il n'est pas plausible de soutenir que Lagrange ait vu le problème et ait délibérément fait une hypothèse si forte. Il est beaucoup plus vraisemblable qu'il n'ait pas vu la différence entre les propriétés [**Cont. 1**]. et [**Cont. 2**].

Ayant examiné cette difficulté cruciale dans la preuve de Lagrange, essayons maintenant d'élucider le contenu exact du lemme de la *Théorie*.

En supposant que x prenne toutes les valeurs possibles, « depuis $x = a$ jusqu'à $x = b$ », il semble que Lagrange se réfère sans ambiguïté à l'intervalle fermé $[a, b]$. L'argument de Lagrange ne requiert cependant ni que $f'(b) > 0$ ni que $f'(b) \geq 0$. On pourrait ainsi concéder que l'antécédent du lemme se réduise à la condition que $f'(x)$ soit définie et soit « positive » dans $[a, b)$, pourvu bien sûr que $f'(x)$ soit définie pour $x = b$.

Mais comment comprendre ici l'adjectif 'positif' ? Si nous entendons qu'il signifie 'plus grand que zéro', ou si nous admettons que Lagrange suppose que la condition $f'(x) = 0$ peut être remplie seulement si $f(x)$ se réduit à une constante, sa preuve ne pose aucun autre problème. Cependant, comme nous le verrons plus loin, en démontrant le théorème du reste dans la *Théorie*, Lagrange applique son lemme sous la double condition que $f'(x) \geq 0$ et que $f(x)$ ne soit pas constante. Y a-t-il une façon de comprendre ce lemme de telle sorte qu'il puisse s'appliquer sous cette condition ? En fait, il y en a une, mais elle dépend d'hypothèses qui sont loin d'être triviales. Examinons les.

Il est clair que si $f'(a) \neq 0$, et si l'intervalle $[a, b)$ contient seulement un nombre fini de valeurs isolées de x pour lesquelles $f'(a) = 0$, il est toujours possible de choisir n de telle sorte que ces valeurs n'incluent aucune des valeurs $a + k\frac{b-a}{n+1}$ $(k = 0, 1, \ldots, n)$ [1]. Dans ce cas, l'égalité (86) s'applique et — laissant de côté l'hypothèse non établie d'uniformité — l'argument de Lagrange est valable.

La condition que $f'(a) \neq 0$ est cependant trop restrictive car, en démontrant le théorème du reste dans la *Théorie*, Lagrange applique son lemme à deux fonctions dont les dérivées s'annulent pour la borne gauche de l'intervalle considéré. Pour justifier la preuve de Lagrange, il serait donc nécessaire d'éliminer cette condition des énoncés précédents. Il est heureusement possible de le faire. La raison en est la suivante.

Supposons que $f'(a) = 0$ et que l'intervalle $[a, b)$ ne contienne qu'un nombre fini de valeurs isolées de x pour lesquelles $f'(x) = 0$. Pour toute valeur strictement positive δ, il est alors possible de prendre une valeur $\bar{a}$ de x telle que $0 < a - \bar{a} < \delta$ et que $f'(\bar{a}) \neq 0$. Lagrange suppose clairement que si $f'(x)$ est définie pour tout x de $[a, b)$, alors $f(x)$ est également définie en ce point, et est donc telle que, pour toute valeur strictement positive ε, il y a une quantité strictement positive δ telle que $|f(a) - f(\bar{a})| < \varepsilon$, si $|a - \bar{a}| < \delta$. Il en découle que pour toute quantité strictement positive ε, il est possible de prendre une valeur $\bar{a}$ de x telle que la différence $f(b) - f(\bar{a})$ diffère de la différence $f(b) - f(a)$ d'une quantité qui est inférieure à ε. Ceci suffit à éliminer la condition que $f'(a) \neq 0$, et à conclure que, si l'intervalle $[a, b)$ contient seulement un nombre fini de valeurs isolées de x telles que $f'(x) = 0$, l'égalité (86) s'applique y compris si $f'(a) = 0$.

Toutes ces considérations nous amènent à suggérer la reformulation suivante du lemme de la *Théorie* [2].

LEMME 3.   *Si $f(x)$ n'est pas constante et si sa dérivée première $f'(x)$ est définie et positive ou nulle pour tout x dans un intervalle $[a, b)$ $(a < b)$ qui ne contient pas une infinité de valeurs de x pour lesquelles $f'(x)*

---

1. En fait, il suffit que, parmi les valeurs isolées de x appartenant à $[a, b)$ pour lesquelles $f'(a) = 0$, il n'y en ait pas une infinité telles que $\frac{x-a}{b-a}$ soit irrationnel.

2. Ovaert (1976, p. 187-188), et Dugac (2003, p. 74) prennent aussi $f'(x)$ et $f(b) - f(a)$ comme positive ou nulle, mais Ovaert considère l'intervalle de a à b comme fermé.

s'annule, et est tel que f(x) est définie pour x = b, alors, la différence
f(b) − f(a) est également positive ou nulle.

5.2.2.2. LE LEMME DES *Leçons.* Le lemme des *Leçons* est le suivant
(Lagrange, 1801, p. 66 et 1806, p.86 ; nous citons la seconde édition ; dans
la première, Lagrange ne considère qu'un voisinage à droite de l'origine) :

LEMME 4 (Lemma des *Leçons*).

> *Une fonction qui est nulle lorsque la variable est nulle, aura nécessaire-*
> *ment, pendant que la variable croîtra positivement, des valeurs finies et*
> *de même signe que celles de sa fonction dérivée, ou de signe opposé si la*
> *variable croît négativement, tant que les valeurs de la fonction dérivée*
> *conserveront le même signe, et ne deviendront pas infinies.*

L'énoncé est, à nouveau, bien vague. Pour commencer, les termes
'même signe' et 'signe opposé' ne sont pas clairs : pour que deux fonctions aient le même signe, faut-il que leurs valeurs à toutes les deux soient
strictement positives ou strictement négatives ? Ou bien suffit-il qu'elles
soient toutes les deux positives ou nulles ou negatives ou nulles ? Qui plus
est : dans quel intervalle la variable est-elle supposée croître ou décroître
pour que la fonction ait le même signe que sa dérivée première, ou le signe
opposé ?

Bien que ces détails soient cruciaux, si la fonction doit être considérée
comme une quantité algébrique plutôt que comme l'expression d'une
courbe, Lagrange les ignore, tout comme il l'avait fait dans la *Théorie*
pour des détails analogues [1]. Ici encore, nous ne pouvons que nous borner
à reconstruire ses arguments et ses résultats en les interprétant avec autant
de bienveillance que possible, et en leur conférant toute la force deductive
qu'ils peuvent avoir.

---

1. Ceci n'empêche pas Lagrange de remarquer (Lagrange, 1801, p. 69-70 et 1806,
p. 92–93) que, au sein du calcul différentiel, on peut prouver un résultat analogue mais
incorrect. Il fait valoir que, en accord avec ce calcul, si $\frac{dy}{dx}$ est toujours « positif » dans
un intervalle approprié, $\int_0^z \frac{dy}{dx} dx$ doit l'être aussi, car elle est définie comme la somme des
rapports $\frac{dy}{dx}$. Il remarque, ensuite, que ceci est contredit par la fonction $y = \frac{x}{a(a-x)}$, puisque
$\frac{dy}{dx} = \frac{1}{(a-x)^2}$ est toujours « positif », tandis que $\int_0^z \frac{dy}{dx} dx = \frac{z}{a(a-z)}$ devient « négative » quand
z es plus grand que a. C'est cependant là une affirmation bien étrange : si $z \geq a$, d'après les
principes du calcul différentiel correctement compris, $\int_0^z \frac{dx}{(a-x)^2}$ n'est pas définie, si bien que
l'exemple de la fonction $y = \frac{x}{a(a-x)}$ ne contredit ni l'énoncé précédent, ni ces principes.

Pour prouver son lemme (Lagrange, 1801, p. 67-69 et 1806, p. 89-92)[1], Lagrange commence par remarquer que, « tant que $f'(x)$ ne sera pas infinie, les deux premiers termes [...][du] développement [en série de puissances de $f(x + \xi)$] seront exacts et que les autres contiendront par conséquent des puissances de ξ, plus hautes que la première ». En d'autres termes : si la dérivée première $f'(x)$ d'une fonction $f(x)$ n'est pas infinie pour une certaine valeur de x, alors, pour cette même valeur de x, les deux premiers termes du développement en série de puissances de $f(x + \xi)$ sont certainement « exacts ». Par conséquent, même si le développement en série de puissances de $f(x + \xi)$ n'est pas défini dans sa totalité pour cette valeur de x, si $f'(x)$ n'est pas infinie pour une telle valeur, alors $f(x + \xi)$ possède, pour cette même valeur, un développement (en série de puissances généralisée) qui commence par $f(x) + f'(x)\xi$, et dont tous les autres termes contiennent des puissances de ξ dont l'exposant est plus grand que 1. De ces premisses, Lagrange conclut que :

$$(89) \qquad f(x + \xi) = f(x) + \xi[f'(x) + V(x, \xi)],$$

où $V(x, \xi)$ est une fonction de x et ξ telle que $V(x, 0) = 0$.

C'est une manière de s'exprimer assez étrange vis-à-vis des principes de la théorie de Lagrange. Car, d'après les principes de cette théorie, ce qui fait que $f'(x)$ est définie pour une certaine valeur x_0 de x est que les deux premiers termes du développement en série de puissances généralisée de $f(x_0 + \xi)$ sont $f(x_0)$ et $p(x_0)\xi$, c'est-à-dire, si nous comprenons bien, qu'ils sont « exacts ». Encore que ceci pourrait s'exprimer, logiquement, sous la forme d'une double implication, telle que '$f'(x_0)$ est définie si et seulement si les deux premiers termes du développement en série de puissances généralisée de $f(x_0 + \xi)$ sont exacts', il n'en reste pas moins que la lettre de la théorie de Lagrange consiste à affirmer que le fait que $f'(x_0)$ soit définie, et ne soit donc pas infinie, découle de ce que $f(x_0 + \xi) = f(x_0) + \xi[p(x_0) + V(x_0, \xi)]$ ($f'(x_0)$ étant identifiée avec $p(x_0)$), plutôt que le contraire. Ainsi, pour donner un sens à l'idée que l'égalité (89), pour $x = x_0$, dépend de l'hypothèse que $f'(x_0)$ ne soit pas infinie, il faudrait s'écarter de ses principes, et définir la dérivée première d'une fonction $f(x)$ indépendamment de la considération du développement en série de puissances généralisée de $f(x + \xi)$, et, en particulier, de ses deux premiers termes, par exemple comme le résultat d'un algorithme

1. Une reconstruction de la preuve de Lagrange se trouve dans Grabiner (1981b), p. 122-126, et (1990), p. 181-186. (Lacroix, 1810-1819, vol. I, p. 382) en donne une version simplifiée comportant les mêmes problèmes que la version originale.

approprié appliqué à $f(x)$, ou comme la limite (ou la valeur) du rapport $\frac{f(x+\xi)-f(x)}{\xi}$ lorsque ξ tend vers (ou est égal à) 0. La manière dont Lagrange s'exprime ici semble ainsi contredire implicitement les principes de sa théorie, et impliquer tacitement que la dérivée première d'une fonction soit définie autrement qu'en accord avec ces principes.

Ceci pourrait être interprété comme un simple lapsus. Mais alors, il faudrait admettre que le point de départ de la preuve de Lagrange n'est pas la supposition que $f'(x)$ n'est pas infinie pour une certaine valeur de x (comme il apparait à première vue), mais plutôt l'hypothèse que l'égalité (89) est vérifiée pour cette même valeur de x (en sous-entendant que '$f'(x)$' n'est rien d'autre qu'une notation appropriée pour $p(x)$).

Quoi qu'il en soit, Lagrange admet cette égalité, puis applique à la fonction $V(x,\xi)$ une version non géométrique de l'argument qu'il avait appliqué aux fonctions $y = \xi P_h(x,\xi)$ $(h = 1, 2, \ldots)$ dans sa preuve du théorème sur l'incrément suffisamment petit : si ξ s'accroît imperceptiblement en valeur absolue à partir de 0, la valeur absolue de $V(x,\xi)$ va s'accroître tout aussi imperceptiblement à partir de $V(x,0) = 0$, si bien que, pour toute quantité strictement positive ε, il y a une quantité strictement positive δ telle que [1] :

(90) $$|\xi| \leq \delta \Rightarrow |V(x,\xi)| < \varepsilon.$$

Tout ce qui a été dit en relation avec l'argument intervenant dans la preuve du théorème sur l'incrément suffisamment petit vaut, *mutatis mutandis*, également ici. Lagrange ne fait que décrire le comportement de la fonction $V(x,\xi)$, considérée comme une fonction de la seule variable ξ, au voisinage de l'origine (où elle est supposée être définie). Et, si cette fonction est considérée comme une fonction de x et ξ, cette description revient à tenir pour acquis qu'elle vérifie la propriété [**Cont. 1**], mais pas nécessairement la propriété [**Cont.2**].

Cela mis à part, le fait que Lagrange identifie la fonction $V(x,\xi)$ avec un développement en série de puissances généralisée, ou bien avec le

---

1. Pour cet argument, voir Grabiner (1974), p. 363. Voici ce qu'écrit Lagrange (Lagrange, 1801, p. 67 et 1806, p. 90) :

[...] puisque V devient nul lorsque ξ devient nul, il est clair qu'en faisant croitre ξ par degrés insensibles depuis zéro, la valeur de V croîtra aussi insensiblement depuis zéro, soit en plus ou en moins, jusqu'à un certain point, après quoi elle pourra diminuer ; que par conséquent on pourra toujours donner à ξ une valeur telle que la valeur correspondante de V, abstraction faire du signe, soit moindre qu'une quantité donnée, et que par les valeurs moindres de ξ la valeur de V soit aussi moindre.

rapport $\frac{f(x+\xi)-f(x)-\xi f'(x)}{\xi}$, est loin d'être clair. Comme $p_1(x) = f'(x)$, en comparant l'égalité (89) avec la seconde des égalités (80), on obtient que $V(x,\xi) = \xi P_2(x,\xi)$. Cependant, alors qu'en déduisant ces dernières égalités, Lagrange suppose apparemment que la fonction $f(x + \xi)$ a un développement en série de puissances, et identifie la fonction $P_2(x,\xi)$ avec la série de puissances $\sum_{k=0}^{\infty} p_{k+2}(x)\xi^k$ — qui est supposée converger autour de $\xi = 0$ —, le langage qu'il utilise dans son nouvel argument, examiné ici, est assez allusif, au point de suggérer que Lagrange ne veut supposer *a priori* ni que x est tel que $f(x + \xi)$ a un développement en série de puissances, ni que son développement en série de puissances généralisée $f(x) + \xi f'(x) + \sum_{k=2}^{\infty} p_k(x)\xi^{\alpha_k}$ converge vers cette fonction autour de $\xi = 0$ avec $\sum_{k=2}^{\infty} p_k(x)\xi^{\alpha_k} = V(x,\xi)$. Mais si ceci n'est pas admis, rien ne nous permet de conclure que $V(x,0) = 0$.

La seule façon d'éviter une *petitio principii* est alors de définir explicitement la dérivée $f'(x)$ d'une fonction $f(x)$ au moyen de l'égalité (89), pourvu que $V(x,0) = 0$. D'après une telle définition, la première dérivée de $f(x)$ est une fonction $g(x)$ qui, autour de $\xi = 0$, satisfait la condition :

$$(91) \qquad f(x + \xi) = f(x) + g(x)\xi + V(x,\xi)\xi,$$

avec $V(x,0) = 0$.

Ceci ressemble à la définition moderne de la dérivée de $f(x)$ comme la fonction $g(x)$ telle que, autour de $\xi = 0$ [1] :

$$(92) \qquad f(x + \xi) - f(x) = \xi g(x) + \xi V(x,\xi) \qquad [\text{où } \lim_{\xi \to 0} V(x,\xi) = 0].$$

Mais même si de nombreux arguments de Lagrange pourraient être reformulés (et peut-être clarifiés) en adoptant une telle définition, il semble inapproprié de lui attribuer cette définition (Grabiner, 1981*b*, p. 116 et 120 et 1990, p. 157 et 182). Il semble donc que — en dépit de sa preuve du théorème du développement en série de puissances — Lagrange ait

---

1. Une généralisation de cette définition pour tout ordre h conduit à une définition qui ressemble à celle des dérivées de Peano (1891) : une fonction réelle $f(x)$ est h fois Peano-différentiable en $x = x_0$ s'il y a $h + 1$ nombres réels a_k ($k = 0, 1, \ldots h$) tels que, dans un voisinage approprié de x_0,

$$f(x) = \sum_{k=0}^{h} \left[\frac{a_k}{k!} (x - x_0)^k \right] + F_h(x)(x - x_0)^k \qquad [\text{où } \lim_{x \to x_0} F_h(x) = 0].$$

Les nombres réels sont alors les dérivées de Peano d'ordre h en $x = x_0$.

tenté de dégager la preuve du lemme des *Leçons* de l'hypothèse que toute fonction $f(x + \xi)$ a, pour tout x pour lequel $f(x)$ n'est pas infinie, un développement en série de puissances généralisée qui converge vers une telle fonction autour de $\xi = 0$. Mais il échoue à le faire.

Quelle que soit la manière dont les fonctions $f'(x)$ et $V(x,\xi)$ sont définies et conçues, après avoir établi l'égalité (89) et en avoir tiré que, pour toute quantité strictement positive ε, il y a une quantité strictement positive δ pour laquelle l'égalité (90) est vérifiée, Lagrange continue en présentant un argument qui ressemble étroitement à celui dont il se réclame pour démontrer le lemme de la *Théorie*. On pourrait le reconstruire comme suit.

Des prémisses mentionnées il s'ensuit que, pour toute quantité positive ε, il y a une quantité strictement positive δ telle que :

$$(93) \quad |\xi| \leq \delta \Rightarrow \begin{cases} \xi > 0 \Rightarrow \\ \quad \xi[f'(x) - \varepsilon] < f(x+\xi) - f(x) < \xi[f'(x) + \varepsilon] \\ \xi < 0 \Rightarrow \\ \quad \xi[f'(x) + \varepsilon] < f(x+\xi) - f(x) < \xi[f'(x) - \varepsilon] \end{cases}$$

Mais, comme ces implications ne dépendent que du fait que $f'(x)$ ne soit pas infinie, rien n'empêche de remplacer x par $x + k\xi$ ($k = 0, 1, \ldots, n-1$), lorsque les dérivées $f'(x+k\xi)$ ne sont pas infinies, de sorte que, sous cette condition, pour toute quantité strictement positive ε, il y aura une quantité strictement positive δ telle que, si $|\xi| \leq \delta$, alors toutes les inégalités

$$(94) \quad \begin{array}{l} \xi > 0 \Rightarrow \\ \qquad \xi[f'(x+k\xi) - \varepsilon] < \left[\begin{array}{c} f(x+(k+1)\xi) - \\ f(x+k\xi) \end{array} \right] < \xi[f'(x+k\xi) + \varepsilon] \\ \xi < 0 \Rightarrow \\ \qquad \xi[f'(x+k\xi) + \varepsilon] < \left[\begin{array}{c} f(x+(k+1)\xi) - \\ f(x+k\xi) \end{array} \right] < \xi[f'(x+k\xi) - \varepsilon] \end{array}$$

(où les dérivées $f'(x + k\xi)$ sont bien sûr prises par rapport à x) sont vérifiées en même temps. C'est là que Lagrange introduit la condition que toutes les dérivées $f'(x + k\xi)$ « sont de même signe »[1]. En additionnant membre à membre ces inégalités, il obtient que :

---

1. Il précise que ceci signifie que ces dérivées sont toutes « positives » ou toutes « négatives ».

$$\xi > 0 \Rightarrow \left[\begin{array}{c} \xi\left[\displaystyle\sum_{k=0}^{n-1}[f'(x+k\xi)] - n\varepsilon\right] < \\[2ex] f(x+n\xi) - f(x) < \\[2ex] \xi\left[\displaystyle\sum_{k=0}^{n-1}[f'(x+k\xi)] + n\varepsilon\right] \end{array}\right]$$

(95)

$$\xi < 0 \Rightarrow \left[\begin{array}{c} \xi\left[\displaystyle\sum_{k=0}^{n-1}[f'(x+k\xi)] + n\varepsilon\right] < \\[2ex] f(x+n\xi) - f(x) < \\[2ex] \xi\left[\displaystyle\sum_{k=0}^{n-1}[f'(x+k\xi)] - n\varepsilon\right] \end{array}\right]$$

Il prend alors comme acquis que ε puisse être choisi comme étant plus petit que $\dfrac{\left|\sum_{k=0}^{n-1}[f'(x+k\xi)]\right|}{n}$ et il conclut qu'il y a une quantité strictement positive δ telle que :

(96) $|\xi| \le \delta \Rightarrow \begin{cases} \left(\begin{array}{c}\xi > 0 \wedge \\ f'(x+k\xi) > 0\end{array}\right) \Rightarrow 0 < f(x+n\xi) - f(x) < 2\xi nF \\[3ex] \left(\begin{array}{c}\xi > 0 \wedge \\ f'(x+k\xi) < 0\end{array}\right) \Rightarrow -2\xi nF < f(x+n\xi) - f(x) < 0 \\[3ex] \left(\begin{array}{c}\xi < 0 \wedge \\ f'(x+k\xi) > 0\end{array}\right) \Rightarrow 2\xi nF < f(x+n\xi) - f(x) < 0 \\[3ex] \left(\begin{array}{c}\xi < 0 \wedge \\ f'(x+k\xi) < 0\end{array}\right) \Rightarrow 0 < f(x+n\xi) - f(x) < -2\xi nF \end{cases}$

où $F = \max_{k=0,\dots,n-1} |f'(x+k\xi)|$. Enfin, il remarque que puisque n croît quand ξ diminue, le produit ξn dans les inégalités (96) peut être identifié avec n'importe quelle variable z, de telle sorte que la différence $f(x+n\xi) - f(x)$ peut être considérée comme une fonction de z qui s'annule pour $z = 0$, et dont la dérivée première est la même que celle de $f(x + n\xi)$ (puisque $[f(x + z) - f(x)]'_z = f'_z(x + z) = f'_x(x + z) = f'_x(x + n\xi)$).

L'argument est défaillant. En déduisant les implications (93), Lagrange semble traiter la valeur de x comme fixée. Si tel était le cas, alors δ ne dépendrait que de ε. Mais le même argument s'appliquerait alors pour toute valeur fixée de x. Par conséquent, si un nombre quelconque (fini) n de valeurs de x était fixé à l'avance, pour toute quantité strictement positive ε, il y aurait une quantité strictement positive δ telle que toutes les implications comme (93) relatives à ces valeurs de x soient vérifiées en même temps, si $|\xi| \leq \delta$. Mais dans l'argument de Lagrange, les n valeurs de x ne sont pas fixées à l'avance, et dépendent plutôt de l'incrément ξ, qui est en retour supposé tel que $|\xi| \leq \delta$. Ainsi, l'argument ne vaut que si la valeur δ qui intervient dans les implications (93) est indépendante de x, c'est-à-dire si la fonction $V(x, \xi)$ vérifie la propriété [**Cont. 2**] (plutôt que seulement la propriété [**Cont. 1**]).

Dans ce cas, également, l'argument de Lagrange est donc soumis à une hypothèse d'uniformité. De plus, cette hypothèse ressemble étroitement à celles qui figurent dans la seconde partie des preuves de Lagrange du lemme de la *Théorie* [1].

Cette même hypothèse d'uniformité est aussi nécessaire pour justifier l'identification du produit ξn avec n'importe quelle variable z et l'interprétation de la différence $f(x + n\xi) - f(x)$ comme fonction de z.

Mais ceci n'est pas encore suffisant pour justifier l'hypothèse de Lagrange selon laquelle ε peut être pris choisi plus petit que $\dfrac{\left| \sum_{k=0}^{n-1} [f'(x+k\xi)] \right|}{n}$.

Car $\dfrac{\left| \sum_{k=0}^{n-1} [f'(x+k\xi)] \right|}{n}$ dépend de ξ, qui est supposé être plus petit, en valeur absolue, que la quantité strictement positive δ, laquelle dépend à son tour du choix de ε. Ceci a été déjà souligné par Bolzano (1817, p. 19-20) qui a vu dans la preuve de Lagrange du lemme des *Leçons* une lacune qui ne pourrait être comblée qu'en utilisant le théorème des valeurs intermédiaires (Sebestik, 1964, p. 142-143). Lagrange utilise implicitement ce théorème dans sa preuve du théorème du reste, à la fois dans la *Théorie* et dans les *Leçons* (voir § 5.2.3, ci-dessous). Mais il ne l'utilise pas pour prouver son lemme.

Revenons maintenant à la conclusion de l'argument de Lagrange. Soit $\varphi(z)$ la différence $f(x + n\xi) - f(x)$ considérée comme une fonction de z pour $n\xi = z$. Supposons que $f'(x + n\xi) = \varphi'(z)$ n'est pas infinie et a « le même signe » que $f'(x + k\xi)$ ($k = 0, 1, \ldots, n - 1$), et que z varie sur un

---

1. Notons que si la fonction $V(x, \xi)$ est identifiée au rapport $\frac{f(x+\xi)-f(x)-\xi f'(x)}{\xi}$, admettre que, pour tout ε strictement positif, l'implication (90) vaut pour un certain δ strictement positif, revient à admettre que la fonction $f(x)$ est différentiable. Il en découle que, si l'on suppose que Lagrange identifie la fonction $V(x, \xi)$ avec le rapport $\frac{f(x+\xi)-f(x)-\xi f'(x)}{\xi}$, on doit aussi supposer que son argument est soumis à la condition que toute fonction est uniformément différentiable sur un intervalle approprié (Ovaert, 1976, p. 190).

intervalle ouvert comme $(0, t)$ ou $(-t, 0)$. Les conséquents des implications (96) se réduisent alors à :

(97)
$$[z > 0 \ \wedge \ \varphi'(z) > 0] \Rightarrow 0 < \varphi(z) < 2z\Phi$$
$$[z > 0 \ \wedge \ \varphi'(z) < 0] \Rightarrow -2z\Phi < \varphi(z) < 0$$
$$[z < 0 \ \wedge \ \varphi'(z) > 0] \Rightarrow 2z\Phi < \varphi(z) < 0$$
$$[z < 0 \ \wedge \ \varphi'(z) < 0] \Rightarrow 0 < \varphi(z) < -2z\Phi$$

où z est supposé varier sur un intervalle quelconque I_z comme $(0, t]$ ou $[-t, 0)$, la fonction $\varphi'(z)$ est supposée ne pas devenir infinie dans l'intervalle ouvert correspondant comme $(0, t)$ ou $(-t, 0)$, et $\Phi = \max\limits_{z \in I_z, z=0} |\varphi'(z)|$ (puisque $\max\limits_{z \in I_z} |\varphi'(z)| \geq \max\limits_{k=1,\dots,n} |f'(x + k\xi)| \geq \max\limits_{k=1,\dots,n-1} |f'(x + k\xi)|$, et $|f'(x)| = |\varphi'(0)|$).

En fait, Lagrange n'écrit explicitement ni les inégalités qui interviennent dans la condition (97), ni aucune des inégalités qui entrent dans notre reformulation de sa preuve. Il exprime simplement ces inégalités de manière discursive. Au lieu d'écrire les inégalités intervenant dans l'implication (96), il affirme, par exemple, que « la quantité $f(x + n\xi) - f(x)$ sera [...] renfermée entre zéro et $2n\xi P$ », où P correspond, dans notre notation, à $\pm F$. Il ne précise donc pas explicitement la signification de l'expression « même signe ».

Il est clair, cependant, que son argument n'exige pas qu'aucune des dérivées $f'(x + k\xi)$ ($k = 0, 1, \dots, n - 1$) ne s'annule, mais seulement que leur somme ne s'annule pas. Il découle de cet argument que les inégalités contenues dans les conditions (97) demeurent valable si la dérivée $\varphi'(z)$ est positive ou nulle, ou negative ou nulle dans l'intervalle I_z, pourvu qu'elle ne s'annule pas sur tout cet intervalle. De plus, si toutes les dérivées $f'(x+k\xi)$ ($k = 0, 1, \dots, n-1$) s'annulaient, pour un choix quelconque de ξ tel que $0 < |\xi| \leq \delta$, la fonction $f(x)$ se réduirait à une constante. Mais, dans ce cas, toutes les différences $f(x + (k + 1)\xi) - f(x + k\xi)$ ($k = 0, 1, \dots, n - 1$) s'annuleraient également, ainsi que la fonction $\varphi(z) = f(x + n\xi) - f(x)$ pour tout z sur $[0, t]$ ou $[-t, 0]$. Par conséquent, si $\varphi'(z)$ s'annulait partout sur $[0, t)$ ou $(-t, 0]$, $\varphi(z)$ s'annulerait sur $[0, t]$ ou $[-t, 0]$.

Puisque $\varphi(0) = 0$, par hypothèse, ceci suggère la reformulation suivante du lemme des *Leçons* :

LEMME 5. *Supposons que $\varphi(z)$ est une fonction quelconque de z telle que $\varphi(0) = 0$ et que t est une valeur strictement positive de z : si $0 \leq \varphi'(z) < \infty$ sur l'intervalle $[0, t)$, alors $0 \leq \varphi(z) < \infty$ sur $[0, t]$; si*

$-\infty < \varphi'(z) \leq 0$ *sur l'intervalle* $[0, t)$, *alors* $-\infty < \varphi(z) \leq 0$ *sur* $[0, t]$; *si* $0 \leq \varphi'(z) < \infty$ *sur l'intervalle* $(-t, 0]$, *alors* $-\infty < \varphi(z) \leq 0$ *sur* $[-t, 0]$; *si* $-\infty < \varphi'(z) \leq 0$ *sur l'intervalle* $(-t, 0]$, *alors* $0 \leq \varphi(z) < \infty$ *sur* $[-t, 0]$.

5.2.3. *Des lemmes au théorème du reste.*

Bien que les preuves de ces lemmes soient défaillantes, non seulement Lagrange les considère comme correctes, mais il semble aussi convaincu que ses lemmes s'appliquent également aux bornes des intervalles en question. Voyons maintenant comment ces lemmes interviennent dans ses preuves du théorème du reste.

5.2.3.1. LA PREUVE DE LA *Théorie.*

Commençons avec la preuve avancée dans la *Théorie* (Lagrange, 1797, art. 45-53 et 1813, art.I.33-I.40 ; une reconstruction de cette preuve se trouve dans Alvarez, 1997, p. 121-125).

En se réclamant du théorème du développement en série de puissances et du Théorème 4, en effectuant les substitutions successives $x \to x - \xi$ et $\xi \to xz$, où z est « une quantité arbitraire quelconque » (bien sûr variable), Lagrange obtient d'abord (Lagrange, 1797, art. 45 et 1813, art, I.33) [1] :

$$(98) \qquad f(x) = \sum_{k=0}^{\infty} \frac{x^k z^k}{k!} f^{(k)}(x - xz).$$

Ensuite (Lagrange, 1797, art. 47 et 1813, art, I.35) [2], en appliquant à ce développement le même argument que celui qui a conduit aux égalités (80), il conclut que :

$$(99) \quad f(x) = \sum_{k=0}^{h} \left[\frac{x^k z^k}{k!} f^{(k)}(x - xz) \right] + x^{h+1} R_{h+1}(x, z) \qquad (h = 0, 1, \ldots),$$

où $R_{h+1}(x, z) = z^{h+1} P_{h+1}(x - xz, xz)$ est une fonction de x et z qui s'annule pour $z = 0$ (et que Lagrange semble identifier avec la série $\sum_{k=h+1}^{h} \frac{x^{k-h-1} z^k}{k!} f^{(k)}(x - xz)$).

Comme cette égalité découle du théorème du développement en série de puissances et du Théorème 4 moyennant des substitutions appropriées, les dérivées qui y interviennent peuvent être considérées comme des dérivées par rapport à $x - xz$. Pour comprendre l'argument de Lagrange, il est plus commode de l'expliciter (en utilisant le même artifice notationnel que dans les § 3.3 et 4).

---

1. De l'égalité (98), Lagrange déduit *en passant* le développement de Maclaurin de toute fonction, en supposant simplement que $z = 1$.
2. Nous utilisons les symboles '$R_{h+1}(x, \xi)$' ($h = 0, 1, \ldots$) pour remplacer les symboles de Lagrange 'P', 'Q', 'R', &c.

En dérivant les deux membres des égalités (99) par rapport à z, et en observant que :

$$(100) \qquad \left[f^{(k)_{x-xz}}(x - xz) \right]'_z = -x \left[f^{(k+1)_{x-xz}}(x - xz) \right] \qquad (k = 0, 1, \ldots),$$

Lagrange obtient :

$$(101) \qquad 0 = -x f'_{x-xz}(x - xz) + \sum_{k=1}^{h} \left[\begin{array}{c} \frac{x^k z^{k-1}}{(k-1)!} f^{(k)_{x-xz}}(x - xz) - \\ \frac{x^{k+1} z^k}{k!} f^{(k+1)_{x-xz}}(x - xz) \end{array} \right] + \\ + x^{h+1} \left[R_{h+1}(x, z) \right]'_z$$

$(h = 0, 1, \ldots)$, et en simplifiant [1] :

$$(102) \qquad \left[R_{h+1}(x, z) \right]'_z = \frac{z^h}{h!} f^{(h+1)_{x-xz}}(x - xz) \qquad (h = 0, 1, \ldots).$$

Puisque $R_{h+1}(x, 0) = 0$, il en découle que les restes $R_{h+1}(x, z)$ sont les primitives de $f^{(h+1)_{x-xz}}(x - xz) \frac{z^h}{h!}$ par rapport à z qui s'annulent avec z^2.

Pour démontrer le théorème du reste, Lagrange doit alors estimer ces primitives. C'est là qu'intervient le lemme de la *Théorie* (Lagrange, 1797, art. 49-53 et 1813, art. I.39-40).

Supposons que $\varphi(z)$ est une fonction quelconque de z dont la dérivée première est de la forme '$z^h \phi(z)$', où 'h' dénote un entier positif ou nul et '$\phi(z)$' une autre fonction de z. Supposons aussi que a et b $(a < b)$ sont deux valeurs de z telles que $\phi(z)$ est définie sur $[a, b]$ et $M = \max\limits_{z \in [a,b]} \phi(z)$ et $N = \min\limits_{z \in [a,b]} \phi(z)$ [3]. Puisque, pour $z \in [a, b]$, les deux fonctions $z^h [M - \phi(z)]$

---

1. Lagrange détaille l'argument conduisant des égalités (99) aux égalités (102) seulement pour $h = 0$.

2. En supposant que $x - xz = a$, ceci permet de ré-écrire l'égalité (99) comme suit :

$$f(x) = \sum_{k=0}^{h} \frac{(x-a)^k}{k!} \left[f^{(k)}(a) \right] + \frac{1}{h!} \int_a^x (x-t)^h \left[f^{(h+1)}(t) \right] dt.$$

Lagrange laisse cependant cette égalité implicite, sans doute pour éviter d'utiliser une intégrale définie.

3. Une fois de plus, le langage de Lagrange est plutôt vague quant aux bornes de l'intervalle qu'il considère (Lagrange, 1797, art. 49 et 1813, art. I.39) :

> Soit M la plus grande, et N la plus petite valeur de [. . .][$\phi(z)$] pour toutes les valeurs de z comprises entre les quantités a et b.

La nature de l'argument montre cependant assez clairement que l'intervalle est fermé. Comme le remarque Grabiner (1990, p. 115), Lagrange suppose ici qu'une fonction a un maximum et un minimum dans un intervalle fermé où elle est définie, ce qui correspond, en termes modernes, au théorème des valeurs intermédiaires. Mais ceci ne fait cependant et $z^h [\phi(z) - N]$ sont positives ou nulles, il découle du lemme 3 que, si l'intervalle $[a, b]$ ne contient pas une infinité de valeurs de z pour lesquelles $z^h [M - \phi(z)] = z^h [\phi(z) - N] = 0$, alors les différences entre les primitives de ces fonctions évaluées pour $z = b$ et $z = a$ sont également positives ou nulles [1] :

$$(103) \quad \begin{aligned} \frac{M}{h+1} \left[b^{h+1} - a^{h+1} \right] + \varphi(a) - \varphi(b) \geq 0 \\ \frac{N}{h+1} \left[a^{h+1} - b^{h+1} \right] + \varphi(b) - \varphi(a) \geq 0; \end{aligned}$$

c'est-à-dire :

$$(104) \quad \begin{aligned} \varphi(b) \leq \frac{M}{h+1} \left[b^{h+1} - a^{h+1} \right] + \varphi(a) \\ \varphi(b) \geq \varphi(a) + \frac{N}{h+1} \left[b^{h+1} - a^{h+1} \right] \end{aligned} \; .$$

Supposons maintenant que $\varphi(z) = R_{h+1}(x, z)$. Des égalités (102) il découle que :

$$(105) \qquad \varphi'(z) = \frac{z^h}{h!} f^{(h+1)}_{x-xz}(x - xz) \quad ; \quad \phi(z) = \frac{1}{h!} f^{(h+1)}_{x-xz}(x - xz).$$

Puisque $R_{h+1}(x, 0) = \varphi(0) = 0$, il suffit alors de poser $a = 0$ et $b = 1$ pour déduire des inégalités (104) que :

$$(106) \qquad z \in [0, 1] \Rightarrow \frac{N_h}{(h+1)!} \leq R_{h+1}(x, 1) \leq \frac{M_h}{(h+1)!},$$

où :

$$(107) \quad \begin{aligned} N_h = \min_{z \in [0,1]} f^{(h+1)}_{x-xz}(x - xz) = \min_{t \in [0,x]} f^{(h+1)}(t) \\ M_h = \max_{z \in [0,1]} f^{(h+1)}_{x-xz}(x - xz) = \max_{t \in [0,x]} f^{(h+1)}(t). \end{aligned}$$

Lagrange admet ensuite que si $R_{h+1}(x, 1)$ est compris entre deux valeurs prises par une fonction $f^{(h+1)}(t)$ dans l'intervalle $[0, x]$ — comme

---

intervenir aucun lemme caché, car, comme on le verra plus loin, une étape ultérieure de la preuve s'appuie explicitement sur la propriété de la valeur intermédiaire.

1. En effet, Lagrange considère $z^h [M - \phi(z)]$ et $z^h [\phi(z) - N]$ comme étant « positifve » et il utilise '>' là où nous utilisons '≥'. Mais il est clair, d'après la définition de M et de N, que $M - \phi(z) = 0$ et que $\phi(z) - N = 0$ pour quelques valeurs de z dans l'intervalle en question. Ainsi, nous ne voyons pas comment éviter de prendre l'adjectif 'positif' chez Lagrange comme signifiant ici 'positif ou nul', et son symbole '>' comme dénotant la relation ≥.

établi par l'implication (106) —, alors, pour une valeur appropriée u en $[0, x]$, on a :

$$R_{h+1}(x, 1) = \frac{f^{(h+1)}(u)}{(h+1)!}.$$

C'est précisément ce qui affirme le théorème des valeurs intermédiaires qui lui sert ainsi de pré-requis.

S'il en est ainsi, il suffit de poser que $z = 1$ dans l'égalité (99) pour obtenir :

$$(108) \quad f(x) = \sum_{k=0}^{h} \left[\frac{x^k}{k!} f^{(k)}(0) \right] + \frac{x^{h+1}}{(h+1)!} f^{(h+1)}(u) \qquad (h = 0, 1, \ldots),$$

pour un u approprié dans l'intervalle $[0, x]$. L'égalité (63), et donc le théorème du reste, sont enfin obtenus par généralisation, c'est-à-dire en interprétant le x de $f(x)$ comme $0 + x$, et en remplaçant ensuite 0 par x et x par ξ.

Une fois le lemme 3 accepté, une grande partie de la preuve se réduit à une procédure formelle. Pour rendre celle-ci possible, Lagrange doit néanmoins supposer que la variable z qui intervient dans l'égalité générale (99) prend la valeur particulière $z = 1$, et ainsi, que la fonction $R_{h+1}(x, z)$ est définie pour cette valeur particulière de z. Ceci réduit la généralité d'une telle égalité. En termes modernes, ceci revient à transformer le développement de Taylor de la fonction $f(x)$ centré sur la différence indéterminée $x - xz$ en développement de Maclaurin de la même fonction. À strictement parler, étant donnée la façon dont le théorème du reste est démontré dans la *Théorie*, les fonctions pour lesquelles ce dernier développement n'est pas défini devraient donc être exclues de ce théorème.

5.2.3.2. La preuve des Leçons. C'est probablement une des raisons pour lesquelles, dans les *Leçons*, Lagrange remplace la preuve précédente pur une preuve différente. La nouvelle preuve se présente ainsi (Lagrange, 1801, leçon IX et 1806, leçon IX).

Pour toute fonction $f(x + \xi)$ dans laquelle la valeur de x est supposée fixée, soient ρ_{h+1} et σ_{h+1} ($h = 0, 1, 2, \ldots$) les valeurs de $x + \xi$ telles que :

$$(109) \quad \begin{aligned} f^{(h+1)}(\rho_{h+1}) &= \max_{\xi \in [0,\eta]} f^{(h+1)}(x + \xi) \\ f^{(h+1)}(\sigma_{h+1}) &= \min_{\xi \in [0,\eta]} f^{(h+1)}(x + \xi) \end{aligned},$$

où η est une quantité strictement positive donnée quelconque [1]. Il en découle que, lorsque ξ appartient à $[0, \eta]$, les différences $f^{(h+1)}(\rho_{h+1}) - f^{(h+1)}(x + \xi)$ et $f^{(h+1)}(x + \xi) - f^{(h+1)}(\sigma_{h+1})$ sont toutes deux positives ou nulles [2]. Par conséquent, d'après le lemme 5, si $f^{(h+1)}(x + \xi)$ ne devient infinie pour aucune valeur de ξ dans l'intervalle $[0, \eta]$ — de telle sorte que $f^{(h+1)}(\rho_{h+1})$ et $f^{(h+1)}(\sigma_{h+1})$ sont finies et que les différences $f^{(h+1)}(\rho_{h+1}) - f^{(h+1)}(x + \xi)$ et $f^{(h+1)}(x + \xi) - f^{(h+1)}(\sigma_{h+1})$ ne deviennent infinies pour aucune valeur de ξ dans $[0, \eta]$ — alors les primitives de ces différences (par rapport à ξ) sont toutes deux positives ou nulles lorsque ξ appartient à $[0, \eta]$.

En évaluant les constantes qui entrent dans ces primitives pour que ces mêmes primitives s'annullent pour $\xi = 0$, on obtient :

$$\xi f^{(h+1)}(\rho_{h+1}) + f^{(h)}(x) - f^{(h)}(x + \xi) \geq 0$$

(110)

$$f^{(h)}(x + \xi) - \xi f^{(h+1)}(\sigma_h) - f^{(h)}(x) \geq 0.$$

Comme $f^{(h)}(x + \xi)$ ne devient infinie pour aucune valeur de ξ dans $[0, \eta]$, une nouvelle application du lemme 5 conduit à :

$$\frac{\xi^2}{2} f^{(h+1)}(\rho_h) + \xi f^{(h)}(x) + f^{(h-1)}(x) - f^{(h-1)}(x + \xi) \geq 0$$

(111)

$$f^{(h-1)}(x + \xi) - \frac{\xi^2}{2} f^{(h+1)}(\sigma_h) - \xi f^{(h)}(x) - f^{(h-1)}(x) \geq 0.$$

---

1. Le langage de Lagrange est encore vague quant aux bornes de l'intervalle en question. Concernant le cas $h = 0$, il écrit (Lagrange, 1801, p. 70 et 1806, p. 93-94) :

> Soient d'abord p et q [c'est-à-dire σ_1 and ρ_1 dans notre notation] les valeurs de $x + \xi$ qui rendent la fonction dérivée $f'(x + \xi)$ la plus petite et la plus grande, en regardant x comme donné, et faisant varier ξ depuis zéro jusqu'à une valeur quelconque donnée de ξ.

Ici encore, l'argument semble, cependant, montrer assez clairement que l'intervalle est fermé. Comme x est supposé fixé, mais indéterminé, l'existence d'une valeur comme η telle que la fonction $f^{(h)}(x + \xi)$ soit définie lorsque ξ appartient à $[0, \eta]$ n'est pas un problème pour Lagrange. Il en découle qu'il suppose ici, comme dans sa preuve de la *Théorie* (voir ci-dessus la note 3, p. 340), qu'une fonction a un maximum et un minimum dans un intervalle fermé où elle est définie. Mais même ici, ceci ne revient à supposer aucun lemme caché car, à une étape suivante de sa preuve, il se réclame explicitement de la propriété de la valeur intermédiaire.

2. Lagrange considère aussi les différences $f^{(h+1)}(\rho_{h+1}) - f^{(h+1)}(x + \xi)$ et $f^{(h+1)}(x + \xi) - f^{(h+1)}(\sigma_{h+1})$ comme «positives», et il écrit '$>$' là où nous écrivons '$\geq$'. Mais, de la définition de ρ_{h+1} et de σ_{h+1}, il s'ensuit que ces différences s'annullent pour quelques valeurs de ξ dans $[0, \eta]$. Ici encore, il semble qu'on doive considérer 'positif' comme signifiant 'positif ou nul' et '$>$' comme dénotant la relation $\geq$.

Il suffit donc d'appliquer le lemme 5 $(h + 1)$ fois pour obtenir :

$$\frac{\xi^{h+1}}{(h+1)!} f^{(h+1)}(\sigma_{h+1}) + \sum_{k=0}^{h} \frac{f^{(k)}(x)}{k!} \xi^k \leq$$

(112) $\qquad f(x + \xi) \leq$,

$$\frac{\xi^{h+1}}{(h+1)!} f^{(h+1)}(\rho_{h+1}) + \sum_{k=0}^{h} \frac{f^{(k)}(x)}{k!} \xi^k$$

lorsque les dérivées $f^{(h+1)}(x + \xi)$ ne deviennent pas infinies pour ξ dans $[0, \eta]]$. Un argument analogue s'applique pour ξ dans $[-\eta, 0]$ et conduit à un résultat similaire :

$$\frac{\xi^{h+1}}{(h+1)!} f^{(h+1)}(\rho_{h+1}) + \sum_{k=0}^{h} \frac{f^{(k)}(x)}{k!} \xi^k \leq$$

(113) $\qquad f(x + \xi) \leq$,

$$\frac{\xi^{h+1}}{(h+1)!} f^{(h+1)}(\sigma_{h+1}) + \sum_{k=0}^{h} \frac{f^{(k)}(x)}{k!} \xi^k$$

où ρ_{h+1} et σ_{h+1} sont les valeurs de $x + \xi$ telles que :

$$
(114) \qquad
\begin{aligned}
f^{(h+1)}(\rho_{h+1}) &= \max_{\xi \in [-\eta, 0]} f^{(h+1)}(x + \xi) \\
f^{(h+1)}(\sigma_{h+1}) &= \min_{\xi \in [-\eta, 0]} f^{(h+1)}(x + \xi)
\end{aligned}
\quad ,
$$

lorsque les dérivées $f^{(h+1)}(x + \xi)$ ne deviennent pas infinies lorsque ξ appartient à $[-\eta, 0]$.

Si l'on admet le théorème des valeurs intermédiaires, les inégalités (112) et (113) prises ensemble sont équivalentes au théorème du reste. Cependant, au lieu de formuler le théorème explicitement en toute généralité, Lagrange souligne simplement que ces inégalités fournissent les limites du reste du développement en série de puissances de toute fonction $f(x + \xi)$, prolongé à tout ordre fini. Il en donne quelques exemples (Lagrange, 1801, p. 74-77 et 1806, p. 99-103), et il en déduit l'égalité (108), qui est alors présentée comme une conséquence particulière d'un résultat beaucoup plus général (Lagrange, 1801, p.78 et 1806, p. 105).

En discutant la preuve du lemme des *Leçons*, nous avons observé que Lagrange essaie — sans succès — de dégager cette preuve de l'hypothèse que toute fonction $f(x + \xi)$ a, pour tout x pour lequel $f(x)$ n'est pas infinie, un développement en série de puissances généralisée qui converge vers une telle fonction autour de $\xi = 0$. Ceci est confirmé par l'argument précédent. Pour obtenir les inégalités (112) et (113), Lagrange construit pas à pas la somme partielle $\sum_{k=0}^{h} \frac{f^{(k)}(x)}{k!} \xi^k$ pour tout ordre h : il part de la dérivée $f^{(h+1)}(x + \xi)$, considère son maximum et son minimum sur un intervalle approprié centré en $\xi = 0$, et applique l'algorithme des primitives. En supposant que cet algorithme et les dérivées qui entrent dans cette construction soient donnés indépendamment de la considération de tout développement de $f(x + \xi)$, cette procédure est complètement indépendante de toute hypothèse de convergence et suggère la preuve moderne du théorème du reste, qui est fondée sur la définition du reste comme une différence finie appropriée.

C'est Lagrange lui-même qui suggère la possibilité de comprendre le reste de cette façon, quand il applique les inégalités (112) et (113) à l'exemple de la fonction x^m (Lagrange, 1801, p. 75 et 1806, p. 100.) :

> Par le moyen de ces limites, on est à couvert des difficultés qui peuvent résulter de la non convergence de la série ; car, comme un terme quelconque $n^{\text{ème}}$ est au suivant dans le rapport de 1 à $\frac{m-n+1}{n}\frac{\xi}{x}$, pour que la série soit convergente, il faut que la quantité $\frac{m-n+1}{n}\frac{\xi}{x}$, abstraction faite du signe qu'elle doit avoir, soit moindre que l'unité. Si $\frac{\xi}{x} < 1$, il est clair que la série finira toujours par être convergente, puisque la dernière valeur de $\frac{m-n+1}{n}$ est -1.

Bien que Lagrange n'utilise pas le théorème du reste pour évaluer la convergence de sa série — en utilisant plutôt le test de d'Alembert (1768, p. 171) —, il est clair qu'il suppose que l'égalité :

$$(115) \qquad (x + \xi)^m = \sum_{k=0}^{h} \binom{m}{k} x^{m-k}\xi^k + P_{h+1}(x,\xi)\xi^{h+1}$$

(où $P_{h+1}(x,\xi) = \binom{m}{h}(x + j)^{x-h-1}$, pour un j approprié dans $[0, x]$) est vérifiée y compris lorsque le développement en série de puissances de $(x + \xi)^m$ est divergent.

Mais si ce développement ne converge pas vers la fonction $(x + \xi)^m$ sur un intervalle approprié, comment Lagrange peut-il définir la dérivée de x^m ? Et plus généralement, comment peut-il avoir obtenu l'algorithme des primitives et des dérivées sans supposer qu'il y a une série de puissances convergente vers toute fonction $f(x + \xi)$ autour de $\xi = 0$?

Aucune réponse cohérente ne semble disponible. Il est possible que Lagrange ait pensé que la procédure pas à pas intervenant dans la preuve du théorème du reste proposée dans les *Leçons* permettait d'obtenir, pour ainsi dire constructivement, la somme partielle $\sum_{k=0}^{h} \frac{f^{(k)}(x)}{k!}\xi$. C'est ce que suggère le passage suivant, qui se trouve à la fin de cette preuve (Lagrange, 1801, p. 73 et 1806, p. 98) :

L'analyse précédente redonne, comme l'on voit, successivement les termes du développement de $f(x + \xi)$; mais elle a l'avantage de ne développer cette fonction qu'autant que l'on veut, et d'offrir des limites du reste.

Cependant, cet avantage peut au mieux être opératoire, puisque la théorie de Lagrange s'effondre si l'existence d'un développement en série de puissances de toute fonction $f(x + \xi)$, convergeant vers cette fonction atour de $\xi = 0$, n'est pas préalablement garantie. Bien que cette difficulté reflète beaucoup des difficultés de la théorie de Lagrange, sa tentative de dégager sa preuve du théorème du reste de toute hypothèse préable de convergence montre aussi sa capacité à se projeter au delà des limites de sa théorie, et à suggérer une alternative possible.

Cela explique pourquoi le théorème du reste est un des rares résultats originaux de la *Théorie* et des *Leçons* qui ait survécu à la théorie, et pourquoi ce ne fut rendu possible que grâce à un changement radical du rôle de ce théorème au sein du système du Calcul.

6. CONCLUSIONS

En un sens, autant la *Théorie* que les *Leçons* sont davantage des essais philosophiques que des traités destinés à obtenir des résultats mathématiques particuliers. Ils font partie d'un agenda fondationnel. Le fait que cet agenda n'ait jamais été réellement accepté par les contemporains de Lagrange contraste avec le fait qu'il s'agit de la tentative la plus élaborée pour intégrer le Calcul au sein du programme de l'analyse algébrique. Son échec est alors aussi celui de ce programme ambitieux.

Nous espérons que notre analyse puisse non seulement contribuer à une meilleure compréhension des mathématiques des Lumières, mais aussi montrer, sur un exemple crucial, que le problème du fondement des mathématiques n'est en aucun cas particulier au vingtième siècle. Il s'est trouvé abordé en différentes occasions et de différentes façons. Pour Lagrange, un tel problème ne regardait pas la certitude des bases ultimes des mathématiques, mais plutôt la généralité et l'organisation interne de celles-ci, et interrogeait essentiellement la pureté de la méthode.

7. ANNEXE

La première édition de la *Théorie* (Lagrange, 1797) fut publiée en Prairial de l'an V (du 20 mai au 18 juin 1797) à l'Imprimerie de la République, alors que les *Leçons* furent publiées pour la première fois en 1801 (Lagrange, 1801) en tant que dixième volume de la seconde édition des Leçons de l'École Normale de l'an III. C'était une addition aux leçons effectivement délivrées à l'École Normale de l'an III, puisque les cinq leçons données par Lagrange à cette école étaient consacrées à d'autres sujets, bien plus élémentaires [1].

De nombreux documents attestent que Lagrange a enseigné sa théorie des fonctions analytiques à l'École Polytechnique entre 1795 et 1799. Lorsque l'École centrale des travaux publics — devenue plus tard l'École Polytechnique — fut créée en 1794, Lagrange fut nommé président du Conseil de l'École, mais il n'y enseigna qu'à partir du printemps 1795 (Dahan-Dalmedico, 1992, p. 179-180).

Une note contenue dans le troisième volume de la *Correspondance sur l'École Polytechnique* (1814, I, p. 93) atteste que la *Théorie* et les *Leçons* contiennent le matériau enseigné pendant les années 1795, 1796 et 1799.

En introduisant son cours de l'an VII (le 7 Pluviose de l'an VII : 26 janvier 1799), Lagrange le présente comme étant consacré à « la théorie des fonctions », affirmant que son but était de développer cette théorie « avec plus de détails que [...] dans l'Ouvrage imprimé » (Lagrange, 1799, p. 232). Ceci suggère que la *Théorie* inclut le matériau enseigné en 1795 et 1796, et les *Leçons* le matériau enseigné en 1799.

Cela est confirmé par une note contenue dans certaines copies de la première édition de la *Théorie*, reliées en tant que neuvième cahier du

---

1. Voir École Normale IIIb, vol. I, p.34-55, leçon du 16 Pluviôse (4 février 1795) ; École Normale IIIb, vol. III, p. 227-253, 276-310, 463-489, leçons du 6 Ventôse (24 février 1795), 1er Germinal (21 mars 1795), et 6 Germinal (26 mars 1795), respectivement ; et vol. IV, p. 401-420, leçon du 22 Germinal (11 avril 1795). Les mêmes leçons ont également été réimprimées avec la même pagination dans École Normale IIIc, vol. I, *Débats* (leçon du 16 Pluviôse), vol. III, Leçons (leçons du 6 Ventôse, et 1er et 6 Germinal) ; vol. IV, *Leçons* (leçon du 22 Germinal). Lagrange a également participé à un débat avec Laplace, le 11 Pluviôse (30 janvier 1795), et il était présent lorsque Laplace lut le programme de toutes les leçons de mathématiques, le 1er Pluviôse (20 janvier 1795) : École Normale IIIb, vol. I (et École Normale IIIc, vol. I, *Débats*), p. 5-23 ; École Normale IIIa, vol. I (et École Normale IIIc, vol. I, *Leçons*), p.16-21. Les leçons de Lagrange, et ses interventions ainsi que celles de Laplace dans les débats du 11 Pluviôse ont été plus récemment publiés dans Dhombres (1992), p. 193-265, par A. Dahan-Dalmédico. Le programme lu par Laplace le 1er Pluviôse y est aussi publié p. 45-47.

tome III du *Journal de l'École Polytechnique*, paru pour la première fois en l'an IX (du 23 septembre 1800 au 22 septembre 1801), où il est dit explicitement que « la *Théorie des fonctions analytiques* » […] a été le sujet des leçons données par M. Lagrange à cette *École*, en 1795 et 1796 », alors qu'« en 1799, M. Lagrange a repris le calcul des fonctions pour sujet de ses leçons à l'*École Polytechnique* » en donnant vingt leçons publiées dans le douzième cahier du même *Journal*.

Cela se réfère à une réimpression de la première édition des *Leçons* (contenant quelques révisions mineures), d'abord parue en Thermidor de l'an XII (du 20 juillet au 18 août 1804), où les *Leçons* sont présentées comme un « commentaire et un supplément » à la *Théorie*, correspondant au cours de Lagrange à l'*École* pour 1799 (pour plus de détails sur la publication des *Leçons*, voir Grattan-Guinness, 1990, vol. I, p. 195-196).

Une note de Prony dans le second cahier du *Journal de l'École Polytechnique*, d'abord paru en Nivose de l'an IV (du 22 décembre 1795 au 20 janvier 1796), mentionne « un cours élémentaire d'analyse » que Lagrange aurait donné à l'École à partir du 5 Prairial de l'an IV (24 mai 1796), dans lequel il aurait présenté « une matière qui n'appartient qu'à lui seul, et qui a pour objet la démonstration des principes fondamentaux du calcul différentiel et intégral » (de Prony, 1795, p. 208).

Que Lagrange ait enseigné sa théorie à l'École Polytechnique en 1795-1796 est cependant remis en cause par le manuscrit 1323 de la bibliothèque de l'École des Ponts et Chaussées, qui contient un compte rendu des leçons données par Lagrange à cette école en 1796 et 1797 : une seule de ces leçons est en rapport avec la théorie des fonctions analytiques ; celle-ci fut donnée entre le 5 et le 16 Messidor de l'an VIII (du 23 juin au 4 juillet 1797), et n'est autre chose qu'une présentation générale de la *Théorie*, dont la première édition avait parue environ un mois auparavant (cette leçon est éditée dans Pepe, 1986).

Après 1799, Lagrange ne revint sur ses traités que pour faire des additions et des changements de style et d'organisation. Les additions les plus importantes concernent le calcul des variations.

La seconde édition des *Leçons* (Lagrange, 1806) contient, parmi de nombreux changements locaux, deux nouvelles leçons sur ce sujet, qui n'avait reçu aucune attention dans la première édition (sur la façon dont Lagrange traite le calcul des variations dans ces leçons, voir Fraser, 1987, p. 49-50 ; sur ses différentes approches de ce sujet à différentes étapes de sa carrière, voir Fraser, 1985*b*).

La seconde édition de la *Théorie* (Lagrange 1813) — parue l'année de la mort de Lagrange — ne contient que des changements locaux, dont la plupart relève purement du style.

Les quatre tableaux suivants montrent l'organisation des différents sujets abordés dans les traités de Lagrange. Le premier montre comment sont distribuées les quatre composantes mentionnées page 233. Les trois autres montrent comment les différents sujets concernés par les composantes (*ii*) et (*iv*) entrent dans ces traités. Dans tous ces tableaux, les chiffres arabes et romains se réfèrent respectivement aux articles de la *Théorie* et aux leçons des *Leçons*.

TABLE I. LA STRUCTURE DES TRAITÉS DE LAGRANGE

	Théorie, 1797	*Leçons*, 1801	*Leçons*, 1806	*Théorie*, 1813
(*i*)	1-10 16-44	I-VI VIII	I-VI VIII	Introduction 1–2, partie 1 8-32, partie 1
(*ii*)	54-107 170-184	VII X-XX	VII X-XXII	41–95, partie 1 61-76, partie 2
(*iii*)	11-15 45-53	IX	IX	3-7, partie 1 33-40, partie 1
(*iv*)	108-169 185-228	\	\	1-60, partie 2 77-87, partie 2 1-47, partie 3

TABLE II. APPLICATIONS GÉOMÉTRIQUES

	Théorie, 1797	*Théorie*, 1813
Tangentes et points de contact des courbes	108-130	1-19, partie 2
Maxima et minima	131-133 160-169	20-26, partie 2 51-60, partie 2
Quadrature et rectification	134-136	27-29, partie 2
Courbes dans l'espace et surfaces	139-159	32-50, partie 2
Volumes et aires de surfaces	137-138	30-31, partie 2 77-87, partie 2

Table III. Reformulation de l'ensemble du Calcul dans sa partie pure

	Théorie, I	*Leçons*, I	*Leçons*, II	*Théorie*, II
Dérivée d'une fonction relativement à toute fonction de sa variable	/	VII	VII	/
Equations dérivées et transformation de fonctions	54-57	X	X	41-44
Formules concernant de fonctions trigonométriques	/	X-XI	X-XI	/
Constantes arbitraires intervenant dans la solution des équations dérivées	58-61	XII	XII	45-48
Solutions des quelques équations dérivées	62-70 79-84	/	/	49-57 67-72
Theorie des primitives singulières	71-76	XV-XVIII	XIV-XVII	58-63
Applications aux séries et équations du 3e degré	76-78	/	/	64-66
Development de toute fonction d'une racine de l'équation $z = x + f(z)$	97-99	/	/	85-87
Fonctions de plusieurs variables et équations dérivées partielles	85-96 100-107	XIV, XX	XIX-XXI	73-84 88-95
Théorie des Multiplicateurs	/	XIII	XIII	/
Equations aux différences finies	/	XIX	XVIII	/
Calcul des variations	170-184	/	XXI-XXII	61-76, partie 2

TABLE IV. APPLICATIONS MÉCANIQUES

	Théorie, 1797	*Théorie*, 1813
Vitesse, accélération et force	185-189	1-6, partie 3
Composition des mouvements et forces	190-194	7-10, partie 3
Mouvement curviligne et equation du mouvement	195-200	11-16, partie 3
Mouvement dans un moyen résistent	201-205	17-24, partie 3
Mouvement sur une surface et principe des of vitesses virtuelles	206-210	25-30, partie 3
Centre de gravité et rotation des surfaces	211-218	31-38, partie 3
Vis Viva et conservation de l'énergie	219-228	39-47, partie 3

CHAPITRE V

LA FONDATION ANALYTIQUE DE LA MÉCANIQUE DES SYSTÈMES DISCRETS DANS LA *THÉORIE DES FONCTIONS ANALYTIQUES* DE LAGRANGE EN COMPARAISON AVEC SES TRAITEMENTS ANTÉRIEURS DU SUJET

1. INTRODUCTION

La démarche méthodologique qui guide la *Théorie des fonctions analytiques* de Lagrange (1797, 1813) est réductionniste. L'analyse est réduite à l'algèbre, la géométrie est réduite à l'analyse, la mécanique est réduite à la géométrie [1]. Toutes les mathématiques sont donc réduites à l'algèbre.

* Traduit de l'anglais par Emmylou Haffner. Publié initialement dans *Historia Scientiarum*, 44, nº 1-2, 1991, p. 87-132 et 45, nº 1-3, 1992, p. 181-212. Tiré d'un exposé présenté à Cambridge, à l'occasion d'une rencontre de la *British Society for the History of Mathematics* autour de Newton, Lagrange et Poincaré en septembre 1987. Remerciements à P. Carcano, I. Grattan-Guinness, A. Dahan-Dalmedico, J. Dhombres, C. Fraser, M. Galuzzi, N. Guicciardini, G. Israel, S. MacEvoy, C. Truesdell, A. Von Duhn.

1. Voir Lagrange, 1797, art. 185, p. 223 , et Lagrange, 1813, art. III.1, p. 311 : « [...] on peut regarder la mécanique comme une géométrie à quatre dimensions, l'analyse mécanique comme une extension de l'analyse géométrie ».

Dans un travail précédent (Panza, 1992, partie III, chapitre VI)[a], j'ai étudié la portée mathématique et philosophique du réductionnisme mathématique de Lagrange, ses spécificités, ses postulats et ses conséquences, pour ce qui est de la réduction de l'analyse à l'algèbre. Ici, je souhaite me concentrer sur la réduction de la mécanique à l'analyse.

Cette réduction est le programme général de recherche sur les fondations de la mécanique que poursuit Lagrange tout au long de sa vie. Je tenterai de suivre l'évolution de ce programme, depuis ses premiers travaux jusqu'à la *Théorie*. Mon but principal est l'étude du traitement de la mécanique donné par Lagrange dans ce dernier traité.

Si le but de la *Mécanique analytique* était de « réduire la théorie de cette science et l'art de résoudre les problèmes qui s'y rapportent, à des formules générales, dont le simple développement donne les équations nécessaires pour la résolution de chaque problème » (Lagrange, 1788, *Avertissement*, p. V ; voir aussi Lagrange, 1811-1815, *Avertissement*, tome I, p. V), l'aperçu qu'en offre la partie mécanique de la *Théorie* (Lagrange, 1797, p. 223-277 et 1813, p. 211-381) rend explicite que, pour lui, les principes de la mécanique sont des propositions mathématiques et non pas des généralisations empiriques[1] — bien que Lagrange ne le souligne pas lui-même. Puisque les hypothèses et concepts différentiels sont ici refusés, et que le calcul différentiel est reformulé au sein d'une théorie générale des fonctions analytiques, l'ensemble de la mécanique est considéré comme une branche de cette théorie.

Dans la *Théorie*, Lagrange s'intéresse à la mécanique uniquement dans le but de montrer que sa théorie des fonctions analytiques peut s'y appliquer. Ainsi, son objectif n'est pas d'écrire un traité complet de mécanique (Lagrange, 1797, art. 228, p. 276 et 1813, art. III.47, p. 381), mais seulement d'exposer une méthode générale, et d'en montrer le fonctionnement sur des exemples choisis parmi les problèmes les plus élémentaires et fondamentaux de la mécanique. Aucun de ces problèmes ne concerne la mécanique des milieux continus. La seule partie de la mécanique que Lagrange considère réellement et de manière explicite est la mécanique

---

1. Déterminer si les lois mécaniques sont mathématiques (nécessaires) ou empiriques (contingentes) est l'une des questions principales de la philosophie de la mécanique au XVIIIᵉ siècle. J'ai discuté certains aspects de cette question dans Panza (1995), en particulier dans le § 1. Cf. aussi Dhombres et Radelet DE GRAVE (1991).

a. Ce chapitre a ensuite donné lieu, avec la collaboration de G. Ferraro, à l'article traduit en français comme chapitre IV du présent volume.

des points, ou des systèmes discrets [1]. Une telle limitation est très naturelle selon le point de vue adopté par Lagrange dans la *Mécanique analytique*, et ce, malgré l'importance, la spécificité et la difficulté des problèmes en mécanique des milieux continus au xviiie siècle [2]. D'après lui, il devrait en fait être possible de résoudre ces problèmes en les entendant comme des problèmes concernant des systèmes d'une infinité de « particules » auxquels les principes et méthodes de la mécanique des systèmes discrets seraient applicables moyennant quelques adaptations mathématiques. La citation suivante montre clairement cette idée (Lagrange, 1788, art. I.IV.9, p. 50-51 et 1811-1815, art. I.IV.9, t. I, p. 79-80) [3] :

> Jusqu'ici nous avons considéré les corps comme des points ; et nous avons vu comment on détermine les lois de l'équilibre de ces points, en quelque nombre qu'ils soient, et quelques forces qui agissent sur eux. Or un corps d'un volume et d'une figure quelconque, n'étant que l'assemblage d'une infinité de parties ou points matériels, il s'ensuit qu'on peut déterminer aussi les lois de l'équilibre des corps de figure quelconque, par l'application des principes précédents.
>
> En effet, la manière ordinaire de résoudre les questions de Méchanique qui concernent les corps de masse finie, consiste à ne considérer d'abord qu'un certain nombre de points placés à des distances finies les uns des autres, et à chercher les lois de leur équilibre ou de leur mouvement ; à étendre ensuite cette recherche à un nombre indéfini de points ; enfin à supposer que le nombre des points devienne infini, et qu'en même temps leurs distances deviennent infiniment petites, et à faire aux formules trouvées pour un nombre fini de points, les réductions et les modifications que demande le passage du fini à l'infini.
>
> Ce procédé est, comme l'on voit, analogue aux méthodes géométriques et analytiques qui ont précédé le calcul infinitésimal ; et si ce calcul a l'avantage de faciliter et de simplifier d'une manière surprenante, les solutions des questions qui ont rapport aux courbes, il ne le doit qu'à

---

1. Suivant la terminologie de Lagrange, j'utiliserai le terme 'corps' pour référer à ce que nous appelons 'point matériel'. Ainsi, un corps sera considéré comme placé en un point, et des forces agissant sur le corps seront considérées comme agissant sur ce point.

2. Truesdell (1960*b*) esquisse une reconstruction de l'histoire de la mécanique au xviiie siècle, dans laquelle la mécanique continue obtient le statut de partie essentielle (et pas du tout séparée) de la mécanique.

3. Dans les pages qui suivent ce passage, Lagrange développe une méthode générale pour trouver les conditions d'équilibre d'un corps continu. Il l'applique successivement à la recherche de conditions d'équilibre d'un fil, d'un corps solide, et d'une masse fluide (Lagrange, 1788, Sect. I.V, art. 29-61 et Sects. I.VI-VIII, p. 89-157 et 1811-1815, Sect. I.V, art. 28-64 et Sects. I.VI-VII, t. I, p. 136-220)

ce qu'il considère ces lignes en elles-mêmes, et comme courbes, sans avoir besoin de les regarder, premièrement comme polygones, et ensuite comme courbes. Il y aura donc, à peu-près, le même avantage à traiter les problèmes de Méchanique dont il est question par des voies directes, et en considérant immédiatement les corps de masses finies comme des assemblages d'une infinité de points ou corpuscules, animés chacun par des forces données. Or rien n'est plus facile que de modifier et simplifier par cette considération, la méthode générale que nous venons de donner.

Une procédure similaire est également proposée par Lagrange pour déterminer le mouvement d'une masse fluide. Il écrit (Lagrange, 1788, art. II.XIII.1, p. 437-438 et 1811-1815, art. II.XI.2, t. 2, p. 286-287) :

On pourrait déduire immédiatement les loix du mouvement de[s] [...] fluides [incompressibles] de celles de leur équilibre [...] ; car, par le Principe général [de la dynamique [...] il ne faut qu'ajouter aux forces accélératrices actuelles, les nouvelles forces accélératrices $\dfrac{d^2x}{dt^2}$, $\dfrac{d^2y}{dt^2}$, $\dfrac{d^2z}{dt^2}$, dirigées suivant les coordonnées rectangles x, y, z [1].

[...] Mais nous croyons qu'il est plus conforme à l'objet de cet ouvrage d'appliquer directement aux fluides les équations générales données [...] pour le mouvement d'un système quelconque de corps.

[...] On peut considérer un fluide incompressible comme composé d'une infinité de particules qui se meuvent entre elles sans changer de volume.

Il a été prouvé qu'un tel programme de réduction de la mécanique des milieux continus à la mécanique des systèmes discrets était largement illusoire. De plus, on peut penser que l'idée générale selon laquelle la mécanique doit avoir la forme d'un système d'équations, celles-ci se déduisant les unes des autres suivant un certain nombre de règles de transformations symboliques, s'oppose à l'exigence d'introduire ou de clarifier un ensemble approprié de concepts, dans le but de donner une meilleure explication ou une description plus profonde des phénomènes et de présenter une solution pour un nombre toujours plus grand de problèmes dans d'anciens et de nouveaux domaines d'étude [2]. Pourtant, l'approche qu'adopte Lagrange de la fondation de la mécanique est loin d'être un programme occasionnel ou marginal dans le contexte scientifique et philosophique du XVIIIe siècle. Au contraire, il s'agit de l'une des

---

1. Voir § 2.2.2, ci-dessous.

2. Truesdell a insisté sur ces points avec une force particulière dans plusieurs articles. Voir par exemple (Truesdell, 1960*a*, p. CXXV, 1960*a*, p. 409-412, 1960*b*, p. 33-35, 1968, p. 250). Voir aussi Dahan-Dalmedico (1990).

manifestations les plus pures de l'«esprit analytique» dans son application aux sciences mathématiques. Mon but n'est pas d'insister sur les limites évidentes du programme de Lagrange par rapport à l'évolution de la mécanique en tant que telle, mais d'étudier les méthodes «purement mathématiques» employées pour donner à la mécanique une forme «très analytique», et de montrer que leur noyau profond reste substantiellement inchangé avec le passage du calcul différentiel à la théorie des fonctions analytiques.

L'organisation générale de la mécanique proposée par Lagrange en 1788 dans la première édition de la *Mécanique analytique*, ainsi que ses méthodes et structures démonstratives, sont en fait parfaitement cohérentes avec un programme de réduction de toutes les mathématiques à l'algèbre polynomiale. Pour que la délimitation de mon objectif soit claire, et pour souligner les limites intrinsèques de l'approche de Lagrange, je parlerai explicitement de sa mécanique comme d'une mécanique des systèmes discrets. Les positions de Lagrange concernant la possibilité ou, au contraire, l'impossibilité d'une extension de la mécanique à l'étude des corps ou des fluides continus ne seront pas considérées ici.

Dans la première partie de ce travail, je donnerai un aperçu de l'organisation générale et des méthodes et principes essentiels des trois principales expositions de la fondation de la mécanique des systèmes discrets données par Lagrange avant 1797 : les deux mémoires présentés à l'Académie de Turin (et publiés dans le volume de 1760-61) sur le calcul des variations et ses applications (Lagrange, 1760-61*a* et 1760-61*b*) ; les deux travaux sur la libration de la lune de 1764 et 1780 (Lagrange, 1764 et 1780) ; et finalement la *Mécanique analytique* (Lagrange, 1788, 1811-1815). Ce sujet a été étudié récemment par C. Fraser (1983 et 1985*b*) et, en partie, par H. Pulte (1989), W. Barroso Filho et C. Comte (1988) et A. Dahan-Dalmedico (1990). Mon but est seulement d'en souligner certains aspects en lien avec ce que je dirai à propos de la *Théorie* et des outils mathématiques utilisés par Lagrange Si je reconsidère du matériel historique qui a déjà été analysé, ce n'est pas en raison d'un désaccord avec ces études précédentes, mais plutôt en raison d'une perspective différente. Pour tous les détails, je renvoie le lecteur aux travaux cités.

Dans la seconde partie, j'étudierai la fondation de la mécanique des systèmes discrets par Lagrange dans la *Théorie*. J'espère pouvoir montrer une correspondance stricte entre la position de Lagrange dans cet écrit et dans les précédents.

Enfin, dans une très courte troisième partie, je proposerai quelques considérations comparatives et remarques de conclusion.

2. Exposition d'une méthode générale pour la mécanique des systèmes discrets avant 1797

2.1. Les mémoires de 1760-1761 sur le calcul de variations et ses applications à la mécanique

2.1.1. Dans le second volume des *Mélanges de Philosophie et de Mathématiques de la Société Royale de Turin*, daté de 1760-61, le jeune Lagrange présente deux mémoires constituant un seul travail. Le premier expose une version nouvelle et grandement simplifiée du calcul des variations d'Euler. Le second applique le nouveau formalisme à la résolution de problèmes de dynamique.

Les origines de ce premier mémoire et ses relations avec la correspondance entre Euler et Lagrange ont récemment été étudiées par Fraser (1985*b*, p. 155-172) et Dahan-Dalmedico (1990, p. 81-88; voir aussi Goldstine, 1980, p. 110-129).

Dans la version de Lagrange, le calcul des variations est une procédure formelle [1] fondée sur l'introduction d'une nouvelle « caractéristique » différentielle δ distincte de d, agissant sur des variables et produisant des objets nouveaux, tels que $\delta\varphi$, $\delta^2\varphi$, &c., nommés plus tard « variations » [2]. Cette procédure est fondée sur les règles suivantes :

R. 1. *Encore que les opérateurs 'd' et 'δ' donnent lieux à deux sortes différentes d'accroissements infinitésimaux, les règles algorithmiques qui gouvernent 'δ' sont les mêmes que celles qui gouvernent 'd'. En d'autres termes : même si* « *δZ exprimera une différence de Z qui ne sera pas la même que dZ* », *elle* « *sera cependant formée par les mêmes règles* » (Lagrange, 1760-61*a*, art. I, p. 174).

---

1. Les termes 'formel', 'formalisme' &c. sont parmi ceux dont le sens a plus changé en histoire et philosophie des mathématiques. Je les utilise ici, en ce qui concerne les mathématiques du xviiie siècle, simplement pour désigner des chaînes de déductions symboliques obéissant à un ensemble de règles explicites concernant les relations entre symboles.

2. Autant dans les deux mémoires de 1760-61 que dans ceux de 1764 et 1780, le terme 'variations' apparait seulement avec une signification générique pour référer à n'importe quelle différence, différentielle, ou incrément d'une variable. Dans ce sens, autant $d\varphi$ que $\delta\varphi$ sont des variations. Dans le mémoire de 1780, apparaît pourtant le terme 'calcul des variations' (Lagrange, 1780, art. 7, p. 218), avec une signification proche de celle actuelle. Ce sera, par contre, seulement dans la première édition de la *Mécanique analytique* (Lagrange, 1788, art. I.IV.10, p. 51) que le terme 'variation' apparaitra avec sa signification spécifique pour indiquer des « differences affectées de δ ».

R. 2. *Puisque 'δ' et 'd' expriment deux opérations indépendantes* [1], *leur ordre peut être interverti, ce qui revient à supposer, pour toute variable φ, que*

$$(1) \qquad\qquad \delta(d\varphi) = d(\delta\varphi).$$

Si Z est une fonction des variables φ, ψ, ω et de leurs différentielles $d\varphi$, $d\psi$, $d\omega$, $d^2\varphi$, $d^2\psi$, $d^2\omega$, &c., et si l'on dénote par [2] '$\delta \int_a^b Z$' la variation de $\int_a^b Z$, il suit de R.1 que l'équation du *maximum* ou du *minimum* pour $\int_a^b Z$ est :

$$(2) \qquad\qquad \delta \int_a^b Z = 0.$$

---

1. Une telle justification de la règle ne sera rendue explicite par Lagrange que dans Lagrange (1780), p. 218. Dans la copie de la première édition de la *Théorie* conservée à la bibliothèque de la London Royal Society, on trouve huit « pages de notes et calculs d'une main contemporaine » (Clard, 1982, vol. III, p. 342). Le huitième feuillet contient cette remarque particulièrement intéressante (dont l'auteur et la date sont inconnus) :

> Z = fonction de $x, y, z, \ldots, dx, dy, dz, \ldots, d^2x, d^2y, d^2z \ldots$ rendre fZ maximum ou minimum entre des limites désignés. Soit t la variable implicite dont $x, y, z, \ldots$ sont censées [être] des fonctions [...]. Il faut donc que ces fonctions soient telles que si on les remplaçant dans fZ par d'autres comme $x + \delta x, y + \delta y, z + \delta z$, composées de celles-là et d'un accroissement $\delta x, \delta y, \delta z, \ldots$, le résultat de l'intégration (entre deux limites assignées) fut toujours plus g.e. [grand] ou toujours plus petit que dans le 1er cas. Or dès que la fonction x ou $y \ldots$ change de forme, il est claire que les coeffici. diff. en changent aussi et que ce qu'on représentoit par dx doit l'être à présent par $d(x + \delta x) = dx + \delta dx$. Donc la quantité $d\delta x$ est l'accroissement de la fonction dx et comme l'accr. d'une fonction d'une variable nous l'avons représenté par δu, on doit pareillement représenter par δdx l'accroissement de la fonction quelconque dx, d'où il suit $\delta dx = d\delta x$.

En d'autres termes, si l'on prend le symbole fonctionnel 'F' comme un opérateur (ou l'opérateur 'd' comme un symbole fonctionnel) et que l'on pose, par définition, que $\delta[F(\varphi)] = F(\varphi + \delta\varphi) - F(\varphi)$, on a, dans le cas particulier où F coïncide avec 'd', $\delta d\varphi = d(\varphi + \delta\varphi) - d\varphi = d\delta\varphi$. R.2 est donc une conséquence de R.1. Cette justification de R.2 est parfaitement cohérente avec le concept de variation de Lagrange, comme je vais tenter de l'expliquer.

2. Lagrange n'explicite pas les limites de l'intégration et écrit '$\int$' en lieu de '$\int_a^b$'. Toutefois, il est clair d'après le contexte qu'il se réfère aux intégrales définies dont les limites sont déterminées par des conditions géométriques ou analytiques spécifiques au problème.

Lagrange considère que cette condition est équivalente à celle-ci [1] :

$$(3) \qquad\qquad \int_a^b \delta Z = 0.$$

Ici, la « fonction » Z doit être considérée comme une formule différentielle dans laquelle apparaissent les symboles 'φ', 'ψ', 'ω', '$d\varphi$', '$d\psi$', '$d\omega$', &c. [2] Ainsi, '$\int_a^b Z$' peut représenter une entité géométrique ou mécanique exprimée dans un système différentiel à trois variables. Le problème du calcul des variations est celui de dériver de (3) la condition sous laquelle cette quantité parvient à un extrême.

2.1.2. Dans son mémoire, Lagrange ne justifie pas sa procédure formelle, mais — comme Fraser et Dahan-Dalmedico en font l'hypothèse — il en a probablement eu l'idée en remarquant que, dans la procédure géométrique d'Euler, les différentielles ont deux significations distinctes (Fraser, 1985*b*, p. 158; Dahan-Dalmedico, 1990, p. 83; Euler, 1744). Ainsi, il est possible de comprendre l'idée essentielle de Lagrange grâce à la distinction entre les deux significations qu'Euler assigne au symbole 'd', et à la considération de certains passages isolés des travaux successifs de Lagrange [3]. En bref, cette idée peut se reformuler comme suit.

Lorsque l'on cherche les extrema d'une fonction, il faut travailler sur des valeurs variables liées à une relation fonctionnelle spécifique. Lorsque l'on cherche les extrema d'une fonctionnelle, il faut travailler avec des valeurs variables indépendantes. Ainsi, si $\psi = \psi(\varphi)$ est une fonction référée à un système de coordonnées φ, ψ, '$d\varphi$' dénote la différentielle de la variable indépendante, et '$d\psi = \left(\frac{d\psi}{d\varphi}\right) d\varphi$' la différentielle de ψ, fonctionnellement liée à $d\varphi$. En revanche, '$\delta\varphi$' et '$\delta\psi$' dénotent des différences élémentaires des ψ et φ conçues comme des variables indépendantes, i.e.

---

1. En prenant l'exemple le plus simple ($Z = Z(\varphi)$) et en posant $\dfrac{dX(\varphi)}{d\varphi} = Z$, on a :

$$\delta \int_a^b Z = \left[\frac{1}{d\varphi}\delta X(\varphi)\right]_a^b$$

et, d'après R.1 :

$$\int_a^b \delta Z = \int_a^b \delta\left(\frac{dX(\varphi)}{d\varphi}\right) = \left[\frac{1}{d\varphi}\frac{dX(\varphi)}{d\varphi}\delta\varphi\right]_a^b = \left[\frac{1}{d\varphi}\delta X(\varphi)\right]_a^b = \delta \int_a^b Z.$$

2. La fonction Z doit être une fonction particulière de ses variables, en accord avec une condition d'homogénéité appropriée.

3. Voir, par exemple Lagrange (1788) art.I.IV.10, p. 51.

abstraction faite de toute relation fonctionnelle que ces variables pour-raient avoir [1]. Il s'ensuit que le problème de la recherche des extrema d'une fonctionnelle peut être résolu en exprimant cette dernière par le moyen d'une formule différentielle où apparaissent les variables φ, ψ, &c., $d\varphi$, $d\psi$, &c., et en cherchant les conditions qui rendent la δ-différentielle de cette formule égale à zéro [2].

Pour ce faire, on peut exploiter l'indépendance entre les variations. Tout d'abord, on essaie de réduire la formule exprimant la δ-différentielle à une forme polynomiale de la forme '$A\delta\varphi + B\delta\psi$ + &c. + $C\delta d\varphi$ + $D\delta d\psi$ + &c.' Ensuite, on remplace toutes les variables dans cette formule par les valeurs qui leur sont données par les équations de condition du problème [3]. Et enfin, en exploitant la méthode algébrique des coefficients indéterminés, on égale à zéro séparément tous les coefficients des varia-tions indépendantes restantes.

Pour appliquer cette procédure à la résolution des problèmes méca-niques à n corps, il suffit d'exprimer les conditions du problème avec une équation comme (2), d'en tirer une δ-différentielle de la forme

$$(4) \qquad `\sum_{i=1}^{n} A_i \delta\varphi_i + B_i \delta\psi_i + C\delta\omega_i + \&\mathrm{c.} = 0\text{'},$$

de remplacer les variables dépendantes par leurs expressions en termes des variables indépendantes, et d'appliquer la méthode des coefficients indéterminés.

---

1. Dans le cas général où ψ n'est pas une fonction linéaire de φ, on a $d^2\varphi = \delta^2\varphi = \delta^2\psi = 0$ et $d^2\varphi = d(\psi'(\varphi)d\varphi) \neq 0$

2. Il est clair que si φ et ψ sont dépendantes d'une variable principale t (qui est éliminée dans l'équation fonctionnelle entre φ et ψ), les variations $\delta\varphi = \varphi(t+\delta t) - \varphi(t)$, $\delta\psi = \psi(t + \delta t) - \psi(t)$ (où δt est un incrément infinitésimal arbitraire) ne sont respectivement rien d'autre que les incréments de φ et ψ correspondant aux incréments arbitraires de δt (selon les liens fonctionnels $\varphi = \varphi(t)$ et $\psi = \psi(t)$), c'est-à-dire :

$$\delta\varphi = \frac{d\varphi}{dt}\delta t + \frac{d^2\varphi}{dt^2}\frac{\delta t^2}{2!} + \&\mathrm{c.} = \frac{d\varphi}{dt}\delta t$$

$$\delta\psi = \frac{d\psi}{dt}\delta t + \frac{d^2\psi}{dt^2}\frac{\delta t^2}{2!} + \&\mathrm{c.} = \frac{d\psi}{dt}\delta t$$

ce qui justifie R.1 De manière analogue, pour une fonction $\omega = \omega(\varphi,\psi)$, la variation $\delta\omega = \omega(\varphi + \delta\varphi, \psi + \delta\psi) - \omega(\varphi, \psi)$ n'est rien d'autre que l'incrément de ω correspondant à des incréments arbitraires et indépendants de $\delta\varphi$ et $\delta\psi$. Ainsi, la différence entre différentielles et variations tient à la variable par rapport à laquelle on prend la différentielle. Voir aussi ci-dessous la note 1, p. 406.

3. Ici, les équations de condition doivent être conçues comme des équations exprimant des contraintes particulières pour le mouvement des corps dues à la configuration interne du système.

La dépendance entre les variables dans (4) peut être de deux types. Premièrement, si toutes les variables φ_i, ψ_i, ω_i, &c. ($i = 1, 2, \ldots, n$) expriment la position d'un corps par rapport à un système commun de coordonnées, les conditions du problème peuvent dépendre de certaines contraintes sur les positions de certains corps. Donc, certaines variables doivent être exprimées en termes d'autres variables. Cette dépendance est spécifique au problème mécanique particulier que nous résolvons. Deuxièmement, certaines variables dans (4) peuvent généralement exprimer certaines entités géométriques ou mécaniques que l'on peut représenter par des formules analytiques en termes d'autres variables. Ainsi, on ne peut pas changer les valeurs de ces dernières variables sans changer celles des premières. Cette dépendance est d'ordre général et vient de la nature de l'équation mécanique générale (4), elle-même.

Si aucune variable dans (4) ne dépend d'autres variables indépendantes, (4) est l'équation finale du problème, et l'on peut égaler les coefficients des variations à zéro.

Si (4) n'est pas l'équation finale du problème (c'est-à-dire si certaines variables qui y apparaissent dépendent d'autres variables), on peut tenter d'exprimer toutes ses variables en termes d'un ensemble de variables complètement indépendantes (φ, ψ, ω, &c.) en les combinant avec des valeurs appropriées a_i, b_i, c_i, &c. ($i = 1, 2, \ldots, n$). De cette manière, on obtiendra une équation de la forme :

$$(5) \quad \text{`}A\delta\varphi + B\delta\psi + C\delta\omega + \&\text{c.} + \sum_{i=1}^{n} A_i da_i + B_i db_i + C_i dc_i + \&\text{c.} = 0\text{'}$$

dont on peut conclure à nouveau que $A = 0$, $B = 0$, $C = 0$, &c.

Par cette méthode, on peut réduire toute la mécanique des systèmes discrets à :

(*i*) un ensemble de principes généraux ;

(*ii*) une procédure analytique pour réduire ces principes à une équation de la forme de (4) ;

(*iii*) l'inférence algébrique suivante :

– si $\delta\varphi$, $\delta\psi$, $\delta\omega$, &c. sont des variations indépendantes appropriées, alors

$$[A\delta\varphi + B\delta\psi + C\delta\omega + \&\text{c.} = 0] \Rightarrow [A = 0, B = 0, C = 0, \&\text{c.}].$$

Tous les travaux de Lagrange en mécanique des systèmes discrets avant 1797 peuvent être compris comme des versions et applications différentes de cette méthode générale.

Par conséquent, on peut dire que l'inférence (*iii*) est la règle formelle essentielle gouvernant la fondation de la mécanique des systèmes discrets de Lagrange avant 1797. Je tenterai de montrer de quelle manière cette méthode générale fonctionne (indépendamment de l'utilisation du calcul des variations) pour déduire toute la mécanique des systèmes discrets d'un principe général, à la fois dans le mémoire de 1760-61, dans les mémoires de 1764 et 1780 sur la libration de la lune, et dans la *Mécanique analytique*. Je me limiterai aux outils mathématiques utilisés dans les déductions de Lagrange.

2.1.3. Le but du second mémoire de 1760-61 est de montrer que « toutes les questions de Dynamique » (Lagrange, 1760-61*b*, p. 196) peuvent être résolues aisément par l'application du calcul des variations au principe de moindre action d'Euler. Lagrange généralise ce principe ainsi (Lagrange, 1760-61*b*, p. 196) [1] :

> **Principe de moindre action pour les systèmes discrets**
> Soient tant de corps qu'on voudra M, M', M'' &c. qui agissent les uns sur les autres d'une manière quelconque, et qui soient, de plus, si l'on veut, animés par des forces centrales proportionnelles à des fonctions quelconques des distances ; que s, s', s'' &c. dénotent les espaces parcourus par ces corps dans le temps t , et que u, u', u'', &c. soient leurs vitesses à la fin de ce temps ; la formule

$$(6) \qquad M \int uds + M' \int u'ds' + M'' \int u''ds'' + \&c.$$

> sera toujours un maximum, ou un minimum.

En modifiant un peu la notation, il s'ensuit que pour trouver les équations générales du mouvement d'un système discret composé de corps M_i ($i = 1, 2, \ldots, n$), il faut chercher la condition fonctionnelle dérivée de l'équation

$$(7) \qquad \delta \sum_{i=1}^{n} \left(M_i \int v_i ds_i \right) = 0,$$

---

1. Lagrange formule le principe en termes très généraux, sans aucune discussion préliminaire des conditions de son application. C'est une conséquence naturelle des approches de Maupertuis et d'Euler qui, bien que différentes, tiennent ce principe pour loi générale de la nature (Panza, 1995). C'est plutôt le passage de ce principe aux équations finales des mouvements d'un système, qui pourrait demander des restrictions : voir, par exemple, la note 3, p. 364. Ici, j'ai préféré suivre l'approche générale de Lagrange, plutôt que mettre en avant toutes les restrictions de son formalisme que nous connaissons aujourd'hui.

où v_i sont le vitesses des corps M_i [1]. Voici comment Lagrange s'y prend (Lagrange, 1760-61*b*, art. VIII-XIII, p. 205-214).

Puisque les masses M_i sont constantes et $ds_i = v_i dt$, de (7) il suit que

$$(8) \qquad \int \left[\sum_{i=1}^{n} (M_i v_i \delta ds_i) + \sum_{i=1}^{n} (M_i v_i \delta v_i) dt \right] = 0.$$

Le problème est de transformer cette équation en une équation de la forme

$$(9) \qquad `\int \sum_{i=1}^{n} M_i (A_i \delta \varphi_i + B_i \delta \psi_i + C_i \delta \omega_i + \&\text{c.}) = 0',$$

dans laquelle $\delta \varphi_i$, $\delta \psi_i$, $\delta \omega_i$, &c. sont des variations indépendantes, et les coefficients A_i, B_i, C_i, &c. dépendent des forces $M_i P_i$, $M_i Q_i$, &c. agissant sur les corps M_i [2]. Pour cela, Lagrange se réclame du « principe général de conservation des forces vives » (Lagrange, 1760-61*b*, art. VIII, p. 206), afin d'introduire les forces dans leurs relations respectives aux vitesses. En commençant par l'équation tirée ce principe :

$$(10) \qquad \sum_{i=1}^{n} (M_i v_i^2) = K - 2 \sum_{i=1}^{n} \left[M_i \int (P_i dp_i + Q_i dq_i + \&\text{c.}) \right] - 2\Lambda$$

(où K est une constante dépendant des vitesses primitives des corps, p_i, q_i, &c. sont les distances des points d'application des forces $M_i P_i$, $M_i Q_i$, &c. à leur origine, et Λ est la somme de tous les termes de la forme `$M_\mu M_\nu \int W_\mu dw_{\mu,\nu}$' ($1 \leq \mu, \nu \leq n$) donnés par l'attraction mutuelle entre les corps du système), et en exploitant R.1 et R.2, il arrive à l'égalité [3] :

$$(11) \qquad \sum_{i=1}^{n} M_i v_i \delta v_i = - \sum_{i=1}^{n} M_i (P_i \delta p_i + Q_i \delta q_i + \&\text{c.}) - \delta \Lambda$$

---

1. Conformément à la notation de Lagrange (voir ci-dessus note 2, p. 359), j'écris ici et dans la suite le signe d'intégration sans indiquer aucune limite. Il faudra pourtant se souvenir que les intégrales sont tous définies et prises entre des limites convenables.

2. Lagrange dénote les forces seulement par '*P*', '*Q*','*R*', &c., '*P'*', '*Q'*','*R'*', &c., et les appelle 'forces accélératrices'. Il n'introduit les masses que dans les équations générales du système comme facteurs communs pour lesquelles les « forces » doivent être multipliées. Pour conformer mon langage au langage habituel, j'appellerai 'forces' les produits de facteurs P_i, Q_i, &c. (exprimant « l'intensité absolue » de ces forces) pour les masses des corps sur lesquelles ces forces agissent.

3. La δ-différentiation des deux membres de (10) donne en fait :

$$\sum_{i=1}^{n} M_i v_i \delta v_i = - \sum_{i=1}^{n} \left[M_i \delta \int (P_i dp_i + Q_i dq_i + \text{etc}) \right] - \delta \Lambda.$$

Pour compléter la transformation de l'équation (8), il est ensuite nécessaire de choisir un système particulier de coordonnées par rapport auquel
les différentielles ds_i, ainsi que les distances p_i, q_i, &c. et $w_{\mu,\nu}$ peuvent

Pour R.1 et R.2, on a aussi :

$$\delta \int Pdp + Qdq + \&c. = \int \delta(Pdp) + \delta(Qdq) + \&c.$$

$$= \int \delta Pdp + P\delta(dp) + \delta Qdq + Q\delta(dq) + \&c.$$

$$= \int \delta Pdp + Pd(\delta p) + \delta Qdq + Qd(\delta q) + \&c.$$

$$= \int \delta Pdp + \int Pd(\delta p) + \int \delta Qdq + \int Qd(\delta q) + \&c.$$

et en intégrant par parties la seconde, la quatrième, &c. intégrale :

$$\delta \int Pdp + Qdq + \&c. = P\delta p + Q\delta q + \&c. + \int \delta Pdp - dP\delta p + \delta Qdq - dQ\delta q + \&c.$$

Maintenant, si P est une fonction de p, Q une fonction de q, &c., il suit de R.1 que

$$dP = P'dp \Rightarrow \delta P = P'\delta p$$

$$dQ = Q'dq \Rightarrow \delta Q = Q'\delta q$$

$$\&c.$$

et donc :

$$\delta Pdp = dP\delta p \ (= P'\delta pdp = P'dp\delta p)$$

$$\delta Qdq = dQ\delta q \ (= Q'\delta qdq = Q'dq\delta q)$$

$$\&c.$$

d'où il suit que

$$\int \delta Pdp - dP\delta p + \delta Qdq - dQ\delta q + \&c. = 0$$

et donc :

$$\delta \int Pdp + Qdq + \&c. = P\delta p + Q\delta q + \&c.$$

Dans cette déduction, les conditions $P = P(p)$, $Q = Q(q)$, &c., sont essentielles. Lagrange
remarque (Lagrange, 1760-61*b*, art. VI et XIII, p. 204-205 et 214) cependant que ces conditions ne sont pas strictement nécessaires pour obtenir l'égalité (11). En effet, si P, Q, &c.
sont considérées comme fonctions de toutes les variables p, q, &c., on a :

$$dP = \frac{\partial P}{\partial p}dp + \frac{\partial P}{\partial q}dq + \&c. \ ; \ \delta P = \frac{\partial P}{\partial p}\delta p + \frac{\partial P}{\partial q}\delta q + \&c.$$

$$dQ = \frac{\partial Q}{\partial p}dp + \frac{\partial Q}{\partial q}dq + \&c. \ ; \ \delta Q = \frac{\partial Q}{\partial p}\delta p + \frac{\partial Q}{\partial q}\delta q + \&c.$$

$$\&c.$$

et donc

$$\delta Pdp - dP\delta p + \delta Qdq - dQ\delta q + \&c. =$$

$$= \left(\frac{\partial P}{\partial q} - \frac{\partial Q}{\partial p}\right)(dp\delta q - dq\delta p) + \left(\frac{\partial P}{\partial r} - \frac{\partial Q}{\partial p}\right)(dp\delta r - dr\delta p) + \&c.$$

qui vaut 0 si

$$\frac{\partial P}{\partial q} = \frac{\partial Q}{\partial p} \qquad ; \qquad \frac{\partial P}{\partial r} = \frac{\partial Q}{\partial p} \qquad ; \qquad \&c.,$$

être exprimées. Si x, y, z sont trois coordonnées orthogonales, et x_i, y_i, z_i sont leurs valeurs respectives donnant les positions des corps du système considéré, les différentielles ds_i seront respectivement égales aux radicaux $\sqrt{dx_i^2 + dy_i^2 + dz_i^2}$. Et, d'après (11), l'équation (8) se changera dans la suivante [1] :

$$(12) \quad \int \left\{ \begin{array}{l} \displaystyle\sum_{i=1}^{n} M_i \left[d\left(v_i \frac{dx_i}{ds_i}\right)\delta x_i + d\left(v_i \frac{dy_i}{ds_i}\right)\delta y_i + d\left(v_i \frac{dz_i}{ds_i}\right)\delta z_i \right] \\ + \left[\displaystyle\sum_{i=1}^{n} M_i \left(P_i \delta p_i + Q_i \delta q_i + \&c.\right) + \delta\Lambda \right] dt \end{array} \right\} = 0.$$

Il ne reste, donc, qu'à exprimer les variations des distances p_i, q_i, &c. et $w_{\mu,\nu}$ en fonction des variations $\delta x_i, \delta y_i, \delta z_i$.

Comme cela permet d'obtenir une équation finale générale de la forme (9), Lagrange prescrit de continuer ainsi (Lagrange, 1760-61b, art. IX, p. 208-209) :

> [...] si chaque corps est entièrement libre, en sorte que toutes les différences δx_i, δy_i, δz_i [2] demeurent indéterminées, on fera chacun de leurs

c'est-à-dire si $Pdp + Qdq + \&c.$ est une différentielle exacte, à savoir la différentielle complète d'une fonction de p, q, r, &c. La seule condition que Lagrange considère nécessaire pour dériver (11) est ainsi que $-\sum_{i=1}^{n} M_i (P_i dp_i + Q_i dq_i + \&c.)$ soit une différentielle exacte.

1. Comme $ds = \sqrt{dx^2 + dy^2 + dz^2}$, de R.1 et R.2 il s'ensuit que
$$\delta ds = \frac{2dx\delta dx + 2dy\delta dy + 2dz\delta dz}{2ds} = \frac{dx d\delta x + dy d\delta y + dz d\delta z}{ds},$$

et donc :
$$\int \sum_{i=1}^{n} (M_i v_i \delta ds_i) = \sum_{i=1}^{n} M_i \left[\int v_i \frac{dx_i}{ds_i} d\delta x_i + \int v_i \frac{dy_i s}{ds_i} d\delta y_i + \int v_i \frac{dz_i}{ds_i} d\delta z_i \right].$$

En intégrant par parties, on a d'autre part :
$$\int v \frac{d\alpha}{ds} d\delta\alpha = v \frac{d\alpha}{ds} \delta\alpha - \int d\left(v \frac{d\alpha}{ds}\right)\delta\alpha \qquad [\alpha = x, y, z].$$

Mais, puisque l'intégrale est définie (voir ci-dessus la note 1, p. 364) et évaluée entre deux limites données, correspondant aux valeurs de x, y et z au début et à la fin du temps t, il suit que $v \frac{d\alpha}{ds} d\delta\alpha = 0$. En effet, si l'on suppose ces limites données (et donc fixes), cela entraîne que $\delta x = \delta y = \delta z = 0$, en ces mêmes limites (Lagrange, 1760-61a, art. IV, p. 178 et Lagrange, 1760-61b, art. II, p. 200). On aura, donc, que :
$$\int \sum_{i=1}^{n} (M_i v_i \delta ds_i) = -\sum_{i=1}^{n} M_i \left[\int d\left(v_i \frac{dx_i}{ds_i}\right)\delta x_i + \int d\left(v_i \frac{dy_i}{ds_i}\right)\delta y_i + \int d\left(v_i \frac{dz_i}{ds_i}\right)\delta z_i \right].$$

2. Ici et plus bas, dans la citation, je modifie la notation de Lagrange, en introduisant des indices.

coefficients = 0, et l'on aura trois fois autant d'équations qu'il y a de corps, lesquelles prises ensemble suffiront pour déterminer toutes les vitesses, et les courbes cherchées ; mais si un ou plusieurs de ces corps sont forcés de se mouvoir sur des courbes, ou des surfaces données, et qu'ils agissent de plus, les uns sur les autres, soit en poussant, soit en tirant par des fils, ou des verges inflexibles, ou de quelque autre manière que ce soit [1], alors on cherchera les rapports qui devront nécessairement se trouver entre les différences $\delta x_i, \delta y_i, \delta z_i$. On réduira par là ces différences au plus petit nombre possible, et on fera ensuite chacun de leurs coefficients = 0 ce qui donnera toutes les équations nécessaires pour la solution du Problème.

2.1.4. Supposons (Lagrange, 1760-61*b*, art. X, p. 209-211) que le système est complètement libre, et que les forces externes peuvent être réduites à $3n$ forces orthogonales M_iX, M_iY, M_iZ, agissant sur chaque corps dans des directions parallèles aux axes. Si c'est le cas, et que l'on pose $x_i = x + \xi_i$, $y_i = y + \eta_i$, et $z_i = z + \zeta_i$, où ξ_i, η_i, ζ_i sont de nouvelles variables exprimant les positions des points (x_i, y_i, z_i) $(i = 1, 2, \ldots, n)$ relativement au point (x, y, z), alors, dans (12), on peut remplacer les variations $\delta x_i, \delta y_i, \delta z_i$ par $\delta x + \delta \xi_i, \delta y + \delta \eta_i, \delta z + \zeta_i$ et la somme $P_i \delta p_i + Q_i \delta q_i + \&c.$ par $X(\delta x + \delta \xi_i) + Y(\delta y + \delta \eta_i) + Z(\delta z + \zeta_i)$. De cette manière, on obtiendra une nouvelle équation de la forme (5). En égalant séparément à zéro les coefficients des variations indépendantes $\delta x, \delta y, \delta z$ dans cette équation, on obtient les équations bien connues du barycentre du système :

$$(13) \quad \begin{cases} d\left(\dfrac{\sum\limits_{i=1}^{n} M_i dx_i}{dt}\right) + \sum\limits_{i=1}^{n} M_i X dt = 0 \\[2em] d\left(\dfrac{\sum\limits_{i=1}^{n} M_i dy_i}{dt}\right) + \sum\limits_{i=1}^{n} M_i Y dt = 0 \\[2em] d\left(\dfrac{\sum\limits_{i=1}^{n} M_i dz_i}{dt}\right) + \sum\limits_{i=1}^{n} M_i Z dt = 0 \end{cases}$$

1. Il est évident que parmi ces actions mutuelles, on ne doit pas considérer les forces attractives internes qui sont considérées comme des forces centrales.

(car les expressions des variations qui interviennent dans $\delta\Lambda$ ne contiennent pas ' δx', 'δy', 'δz') [1].

Lagrange interprète cette expression comme l'expression des propriétés du centre de gravité d'un système de corps arbitraire : le point de coordonnées

$$\left(\frac{\sum\limits_{i=1}^{n} M_i x_i}{\sum\limits_{i=1}^{n} M_i}, \frac{\sum\limits_{i=1}^{n} M_i y_i}{\sum\limits_{i=1}^{n} M_i}, \frac{\sum\limits_{i=1}^{n} M_i z_i}{\sum\limits_{i=1}^{n} M_i} \right)$$

(c'est-à-dire le centre de gravité du système) « se mouvra comme ferait un corps sollicité simplement par trois forces » $[M]X$, $[M]Y$, $[M]Z$ (Lagrange, 1760-61b, p. 211-212 ; voir ci-dessus note 2, p. 364). Ce mouvement est, donc, complètement indépendant des forces internes, ce qui correspond au principe de conservation du mouvement du centre de gravité de Newton (1687, Book I, lex III, cor. IV, p. 17).

Si l'on passe maintenant (Lagrange, 1760-61b, art. XI ; p. 211) d'un système de coordonnées rectilignes orthogonales x, y, z à un système de coordonnées cylindriques, ρ, θ, z, alors les différentielles ds_i seront égales aux radicaux $\sqrt{\rho_i^2 d\theta_i^2 + d\rho_i^2 + dz_i^2}$, où ρ_i et θ_i désignent respectivement les valeurs des rayons vecteurs et des angles correspondants, qui déterminent les positions des corps dans le système discret considéré. Remplacer ds_i par ces radicaux dans l'équation (8), en opérant quelques transformations appropriées, donne une nouvelle équation en coordonnées cylindriques pour le mouvement d'un système discret de n corps. Si un tel système est supposé être « entièrement libre », ou s'il est « simplement assujetti à se mouvoir autour d'un point fixe » et que « toutes les forces sollicitatrices des corps concourent à ce point » (Lagrange, 1760-61b, art. XII, p. 212), et que l'on agit sur cette équation de la même manière que dans le cas précédent, en posant $\theta_i = \theta + \tilde{\theta}_i$, où les $\tilde{\theta}_i$ sont de nouvelles variables angulaires, et en égalant à zéro le coefficient de $\delta\theta$, on aura :

$$(14) \qquad \sum_{i=1}^{n} M_i d\left(v_i \frac{\rho_i^2 d\theta_i}{ds_i} \right) = 0.$$

Une simple intégration donnera ainsi l'équation de conservation du mouvement angulaire :

$$(15) \qquad \sum_{i=1}^{n} M_i v_i \frac{\rho_i^2 d\theta_i}{ds_i} \left[= \sum_{i=1}^{n} M_i \rho_i \frac{\rho_i d\theta_i}{dt} \right] = W$$

---

1. Voir ci-dessous note 1, p. 395.

avec W constante. De plus, en intégrant à nouveau (entre 0 et t), on trouvera

$$(16) \qquad \sum_{i=1}^{n} M_i \int \rho_i^2 d\theta_i = Wt.$$

Au sujet de (15), Lagrange fait les remarques historiques suivantes (Lagrange, 1760-61*b*, p. 213-214) :

> [...] nous remarquerons que l'équation [...] [(15)] renferme le principe que MM. Daniel Bernoulli et Euler ont appellé *la conservation du moment du mouvement circulatoire*, et qui consiste en ce que la somme des produits de chaque corps (M) par sa vitesse circulatoire $\left(\dfrac{v \rho d\theta}{ds}\right)$ et par sa distance au centre (ρ) est constante pendant le mouvement du système. [...] La même équation [...] [(15)] renferme aussi le Principe de M. le chevalier d'Arcy, que la somme des produits de chaque corps (M) par sa vitesse (v) et par la perpendiculaire $\left(\dfrac{\rho^2 d\theta}{ds}\right)$ menée du centre sur la direction du corps fait toujours une quantité constante [1].

Au sujet de (16), Lagrange remarque, en revanche, que l'intégrale $\int \rho_i^2 d\theta_i$ « exprime l'aire » décrite par les projections des corps M_i « autour du centre des forces » (Lagrange, 1760-61*b*, p. 213). Donc cette équation, combinée aux équations correspondantes déduites en prenant x et y comme coordonnées rectilignes dans le système de coordonnées cylindriques, exprime la loi des aires : la somme de l'aire décrite par le vecteur position de chaque corps autour d'un centre fixe multiplié par la masse de ce corps est directement proportionnelle au temps [2].

2.1.5. Je résume.

Le second mémoire de 1760-61 de Lagrange expose une méthode générale pour réduire la proposition générale exprimant le principe de moindre action pour un système discret à une équation générale de la forme (9) en utilisant un nouveau formalisme des variations, avec l'aide du principe de conservation des forces vives. La méthode algébrique des coefficients indéterminés est appliquée à cette équation générale pour déduire analytiquement les équations du mouvement de chaque corps du système (la correction de cette équation générale par

---

1. Voir aussi Lagrange (1788), Sect. II.I, p. 185-188. Lagrange fait référence à Bernoulli (1745), Euler (1746), et d'Arcy (1749; 1752). À propos de ces références historiques dans le contexte de l'histoire de la loi du « moment du momentum », voir Truesdell (1964), en particulier p. 594-597 et 600-602.

2. Lagrange se réfère à d'Arcy (1749).

l'introduction d'équations de condition particulières est conceptuellement triviale).

Pour montrer la puissance de sa méthode, Lagrange en déduit le principe de conservation de mouvement du centre de gravité sous sa forme newtonienne, le principe de conservation du moment angulaire, et la loi des aires pour des systèmes discrets à n corps. Ces déductions sont accomplies de manière complètement formelle, et ne dépendent d'aucune intuition physique ou métaphysique.

Bien que Lagrange utilise deux principes différents, l'organisation de son mémoire montre très bien qu'il considère la mécanique des systèmes discrets comme un système déductif analytique basé sur le seul principe de moindre action. La référence au principe de conservation des forces vives est une condition nécessaire pour transformer l'expression analytique du premier principe en une équation variationnelle appropriée [1]. Cette procédure n'est toutefois pas économique, puisqu'elle requiert deux principes différents. En conséquence, bien que Lagrange présente sa fondation de la mécanique comme une déduction analytique depuis un seul principe, son projet n'est pas encore totalement réalisé.

2.2. *Les mémoires de 1764 et 1780 sur la libration de la lune*

2.2.1. L'organisation générale de la dynamique proposée en 1760-61 sera abandonnée quelques années plus tard. Néanmoins, Lagrange poursuit toute sa vie le projet de fonder la mécanique des systèmes discrets en la réduisant à une méthode analytique formelle qui, appliquée à un

---

1. L'utilisation du principe des forces vives par Lagrange est tout à fait formelle. Dans son premier mémoire, étant donnée une équation de condition pour un *maximum* ou un *minimum* de la formule intégrale '$\int Z$', c'est-à-dire $\delta \int Z = \int \delta Z = 0$ (où $Z = Z(x, y, z, dx, dy, dz, d^2, d^2y, d^2z, \&\text{c.})$, Lagrange exploite la forme générale de la différentielle totale pour obtenir directement, d'après R.1 :

$$\begin{aligned} \delta Z \quad &= \quad H_0 \delta x + H_1 \delta dx + H_2 \delta d^2 x + \&\text{c.} \\ &+ K_0 \delta y + K_1 \delta dy + K_2 \delta d^2 y + \&\text{c.} \\ &+ J_0 \delta z + J_1 \delta dz + J_2 \delta d^2 z + \&\text{c.} \end{aligned}$$

où $H_0, H_1, H_1, \&\text{c.}, K_0, K_1, K_2, \&\text{c.}, J_0, J_1, J_2, \&\text{c.}$ sont des coefficients indéterminés. Cette égalité formelle est le fondement de la méthode générale de Lagrange. En l'appliquant pour déduire les conséquences analytiques du principe de moindre action, Lagrange doit écrire la quantité $v\delta v$ sous la forme d'une différentielle totale, v étant considérée comme une fonction d'un ensemble de variables approprié. Le principe des forces vives est employé pour réaliser cette transformation formelle.

seul principe général, soit capable de donner une équation de la forme (9), dont on peut déduire les équations de mouvement du système en appliquant la méthode algébrique générale des coefficients indéterminés. C'est une démarche épistémologique très générale qui constitue, en fait, une philosophie des sciences.

En 1764, seulement trois ans après le mémoire que nous venons de discuter, le programme de recherche de Lagrange change d'organisation interne.

Certaines des raisons conceptuelles de ce changement ont été très bien mises en avant par Fraser (1985*b*, p. 233-235). Je souhaite simplement ajouter que le principe des vitesses virtuelles, qui est maintenant mis à la base de la mécanique des systèmes discrets, peut aisément être interprété comme une équation analytique de la forme (9). Aucun autre principe n'est donc nécessaire, et l'application de la méthode générale est très naturelle. Ceci entraîne que le choix du nouveau principe peut aussi être motivé par sa cohérence avec la méthode mathématique que Lagrange souhaite appliquer.

L'occasion pour présenter cette nouvelle approche est offerte par le prix proposé en 1764 par l'Académie des Sciences de Paris sur le sujet suivant (Lagrange, 1764, art. I, p. 3) :

> Si on peut expliquer par quelque raison physique pourquoi la Lune nous présente toujours une même face ; comment on peut déterminer par les observations ou par la théorie si l'axe de cette Planète est sujet à quelque mouvement propre, semblable à celui qu'on connaît dans l'axe de la terre, & qui produit la précession des équinoxes, et la nutation.

Le mémoire vainqueur de Lagrange (1764) ne donne pas de théorie complète et satisfaisante de la libration de la lune, mais il contient l'esquisse d'une méthode générale pour la dynamique des systèmes discrets. Voici comment il s'en explique (*ibidem*, art. I, p. 1-2) :

> Quoi qu'un très grand Géomètre ait déja donné des méthodes et des formules générales, qui peuvent aisément s'appliquer à la recherche dont il s'agit ici, néanmoins il m'a paru plus commode de reprendre la question en entier, et de la résoudre par une méthode que je crois nouvelle à plusieurs égards, et qui est d'un usage simple et pour tous les Problêmes de Dynamique.

En 1780, Lagrange présente à l'Académie de Berlin, un nouveau mémoire (Lagrange, 1780), en complément de celui de 1764, dans lequel il offre une théorie plus satisfaisante de la libration de la lune, de même qu'une version plus élaborée de sa méthode générale.

2.2.2. La nouvelle formulation du programme de Lagrange trouve clairement son origine dans le *Traité de dynamique* de d'Alembert (1743). La dynamique y est réduite à la statique suivant le principe suivant (connu sous le nom de 'principe de d'Alembert' : si l'on communique un mouvement à un système de corps et si ces corps se meuvent selon un autre mouvement à cause de leur action mutuelle, alors on peut considérer le mouvement communiqué comme composé du mouvement réel des corps et d'un mouvement virtuel qui peut être considéré comme détruit (d'Alembert, 1743, art. 50, p. 50-51)[1]. Il est clair que le « mouvement détruit » compense le mouvement propre du système. Dans l'introduction de son mémoire de 1780, Lagrange écrit (Lagrange, 1780, p. 209) :

> La première [section du mémoire] est destinée à l'exposition d'une méthode générale et analytique pour résoudre tous les problèmes de la Dynamique. Cette méthode, que j'ai employée le premier dans ma Pièce sur la libration de la Lune, a l'avantage singulier de ne demander aucune construction ni aucun raisonnement géométrique ou mécanique, mais seulement des opérations analytiques assujetties à une marche simple et uniforme. Elle n'est autre chose que le principe de Dynamique de M. d'Alembert, réduit en formule au moyen du principe de l'équilibre appelé communément *loi des vitesses virtuelles.*

Le point de départ de sa méthode est donc donné par une généralisation du principe des vitesses virtuelles pour les systèmes discrets (Lagrange, 1780, p. 213 ; voir aussi Lagrange, 1764, p. 5) :

> (**Principe généralisé des vitesses virtuelles pour les systèmes discrets**) Si un système quelconque de corps, réduit à des points, et tirés par des puissances quelconques, est en équilibre, et qu'on donne à ce système un petit mouvement quelconque en vertu duquel chaque corps parcoure un espace infiniment petit ; la somme des puissances multipliées chacune par l'espace que le point où elle est appliquée parcourt suivant la direction de cette puissance, est toujours égale à zéro.

L'idée générale de Lagrange est alors la suivante. D'abord, il exprime les forces agissant sur chaque corps du système comme des forces centrales[2] M_iP_i, M_iQ_i, M_iR_i, &c., dirigées le long des segments p_i, q_i, r_i, &c. donnant les distances entre les corps et les origines de ces forces. Dans un deuxième temps, il réduit ces forces centrales à $3n$ forces orthogonales

---

1. Sur le principe de d'Alembert, voir Fraser (1985*a*) et Truesdell (1960*a*), p. 186-188. J'ai discuté l'approche de d'Alembert dans Panza (1995), § 3.

2. Comme dans son mémoire de 1760-61, Lagrange dénote les forces simplement avec '*P*', '*Q*', '*R*', &c., '*P'*', '*Q'*', '*R'*', &c. : voir ci-dessus note 2, p. 364.

dirigées parallèlement aux axes *x*, *y*, et *z*. Enfin, il suppose que le système soit soumis en même temps aux premières et aux deuxièmes forces, la direction des secondes étant inversée, et soit, donc, en équilibre, et il lui applique le principe des vitesses virtuelles.

Lagrange n'explique pas ce qu'il entend par force et vitesse virtuelle. Il se contente de formuler le principe classique des vitesses virtuelles — quand des forces sont en équilibre, les vitesses virtuelles des corps sur lesquelles elles agissent, « évaluées le long des directions de ces forces », sont inversement proportionnelles à ces mêmes forces [1] — sous la forme géométrique précédente. Cependant, si l'on considère une force comme la cause du changement de l'état d'un corps, en particulier, comme la cause de changement de son mouvement (Euler, 1736, vol. 1, def. 10, p. 39), on peut considérer la vitesse virtuelle comme la vitesse d'un corps en l'absence de force, c'est-à-dire sa vitesse initiale. Cette vitesse est donc naturellement uniforme, et peut être mesurée par un segment de ligne droite et considérée comme complètement indépendante de l'action des forces. Ainsi, la vitesse virtuelle d'un corps peut être représentée géométriquement par un vecteur arbitraire dont l'origine coïncide avec la position du corps. Étant indépendant des forces (en particulier, de sa

---

1. Pour ce principe, Lagrange (1764, p. 6) se refère à Varignon (1725) vol. 2, p. 174 et suivantes (où une lettre à Johann Bernoulli du 26 janvier 1711 est citée), et aux principes « dérivés » de Maupertuis (1740) et Euler (1751, p. 195-197), que j'ai étudiés dans Panza (1995), § 2 et 8. Dans la *Mécanique analytique* (Lagrange, 1788, Sect. I.1, p. 11 et 1811-1815, art. I.I.17, t. 1, p. 23), Lagrange ajoute à ces références celle à Courtivron (1748 et 1749). Dans la suite, je vais utiliser l'expression de Lagrange 'vitesse virtuelle évaluée selon la direction de la force ...' pour dénoter ce que, dans sa lettre à Varignon, Bernoulli appelle 'vitesse virtuelle de la force ...' (Varignon, 1725, vol. 2, p. 175) :

> Concevez [...] plusieurs forces différentes qui agissent suivant différentes tendances ou directions [...] ; concevez aussi que l'on imprime à tout le système de ces forces un petit mouvement, soit parallèle à soi-même suivant une direction quelconque, soit autour d'un point fixe quelconque : il vous sera aisé de comprendre que par ce mouvement chacune de ces forces avancera ou reculera dans fa direction, à moins que quelqu'une ou plusieurs des forces n'ayent leurs tendances perpendiculaires à la direction du petit mouvement ; auquel cas cette force, ou ces forces n'avanceroient ni ne reculeroient de rien : car ces avancemens ou reculemens qui font ce que j'appelle *vitesses virtuelles*, ne sont autre chose que ce dont chaque ligne de tendance augmente ou diminue par le petit mouvement ; & ces augmentations ou diminutions se trouvent, si l'on tire une perpendiculaire à l'extrémité de la ligne de tendance de quelque force, laquelle perpendiculaire retranchera de la même ligne de tendance, mise dans la situation voisine par le petit mouvement une petite partie qui sera la mesure de la *vitesse virtuelle* de cette force.

direction), ce vecteur peut être vu comme le résultat de la composition de trois vecteurs orthogonaux arbitraires, complètement indépendants, que l'on peut représenter par les variations des coordonnées orthogonales de la position du corps δx_v, δy_v, δz_v, $(1 \leq v \leq n)$. Il s'ensuit que les vitesses virtuelles « évaluées le long de la direction » d'une force donnée P_v peuvent être exprimées par la variation $-\delta p_v$ où $p_v = p_v(x_v y_v z_v)$ est la distance entre le corps et l'origine de la force. Par conséquent, l'idée générale de Lagrange consiste simplement à égaler les sommes $-(\sum_{i=1}^{n} X_i \delta x_i + Y_i \delta y_i + Z_i \delta z_i)$ et $\sum_{i=1}^{n} P_i \delta p_i + Q_i \delta q_i + \&c.$, où, pour tout v, $M_v X_v$, $M_v Y_v$ et $M_v Z_v$ sont les projections sur les axes du vecteur exprimant la force totale agissant sur le v-ième corps.

Cette interprétation du principe est très naturelle et plus générale que l'interprétation différentielle qui utilise seulement les d-différentielles, lesquelles ne représentent qu'une des infinies variations possibles d'un point. C'est cette nouvelle généralité qui, en exploitant l'indépendance respective de δx_i, δy_i et δz_i, permet d'appliquer la méthode algébrique des coefficients indéterminés à l'équation exprimant le principe.

En représentant les forces $M_i X_v i$, $M_i Y_i$ et $M_i Z_i$ par leur expression différentielle habituelle, cette équation est la suivante :

$$(17) \quad \sum_{i=1}^{n} M_i \left(\frac{d^2 x_i}{dt^2} \delta x_i + \frac{d^2 y_i}{dt^2} \delta y_i + \frac{d^2 z_i}{dt^2} \delta z_i + P_i \delta p_i + Q_i \delta q_i + \&c. \right) = 0$$

à partir de laquelle les distances p_i, q_i, &c. peuvent être aisément exprimées en termes des coordonnées x_i, y_i, z_i. Il suffira alors de se réclamer de R.1 pour exprimer aussi les variations δp_i, δq_i, &c. en termes de ces mêmes coordonnées et de leurs variations, et les forces $M_i P_i$, $M_i Q_i$, &c. (considérées comme des fonctions des distances) en termes de ces seules coordonnées.

Plus généralement, on peut introduire des variables indépendantes φ, ψ, ω, &c., en fonction desquelles on peut exprimer toutes les variables primitives x_i, y_i, z_i, si bien que (17) peut s'écrire :

$$(18) \quad \Phi\delta\varphi + \Psi\delta\psi + \Omega\delta\omega + \&c. = 0$$

de laquelle on peut déduire immédiatement (grâce à l'indépendance des variations $\delta\varphi$, $\delta\psi$, $\delta\omega$) le système :

(19)
$$\begin{cases} \Phi = 0 \\ \Psi = 0 \\ \Omega = 0 \\ \&c. \end{cases}$$

où Φ, Ψ et Ω sont des fonctions de φ, ψ, ω, &c. et de constantes convenables données (dépendantes des équations de condition). La solution de ce système algébrique donnera les valeurs des variables φ, ψ, ω, &c. et, par conséquent, les équations de mouvement du système.

La considération des coordonnées x_i, y_i, z_i comme des fonctions de φ, ψ, ω, &c. et les règles de variation R.1 et R.2 permettent, indépendamment de toute considération mécanique spécifique, d'opérer une transformation générale de l'équation (17) apte à simplifier considérablement le calcul nécessaire pour appliquer la méthode générale.

Une étape particulièrement importante de ce processus est la transformation de l'équation (17) en la nouvelle équation

(20)
$$\left[d\left(\frac{\delta T}{\delta d\varphi}\right) - \frac{\delta T}{\delta\varphi} + \frac{\delta V}{\delta\varphi} \right] \delta\varphi +$$
$$\left[d\left(\frac{\delta T}{\delta d\psi}\right) - \frac{\delta T}{\delta\psi} + \frac{\delta V}{\delta\psi} \right] \delta\psi +$$
$$\left[d\left(\frac{\delta T}{\delta d\omega}\right) - \frac{\delta T}{\delta\omega} + \frac{\delta V}{\delta\omega} \right] \delta\omega + \&c. = 0,$$

où :

(21)
$$T = \sum_{i=1}^{n} \alpha_i = \sum_{i=1}^{n} \frac{M_i}{2dt^2}(dx_i^2 + dy_i^2 + dz_i^2),$$
$$V = \sum_{i=1}^{n} \beta_i = \sum_{i=1}^{n} M_i \int P_i dp_i + W_i dq_i + \&c.,$$

et $\dfrac{\delta T}{\delta\mu}$, $\dfrac{\delta T}{\delta d\mu}$, $\dfrac{\delta V}{\delta\mu}$ ($\mu = \varphi$, ψ, ω, &c.) sont respectivement les sommes des coefficients de $\delta\mu$ et de $\delta d\mu$ dans $\delta\alpha_i$, et de $\delta\mu$ dans $\delta\beta_i$, c'est-à-dire :

(22) $$\frac{\delta T}{\delta\mu} = \sum_{i=1}^{n} \frac{\delta\alpha_i}{\delta\mu} \quad , \quad \frac{\delta T}{\delta d\mu} = \sum_{i=1}^{n} \frac{\delta\alpha_i}{\delta d\mu} \quad , \quad \frac{\delta V}{\delta\mu} = \sum_{i=1}^{n} \frac{\delta\beta_i}{\delta\mu}.$$

La preuve de cette transformation standard et parfaitement *a priori* par rapport à la nature particulière du système considéré (Lagrange, 1780,

p. 218-220) montre clairement à la fois la démarche formelle de Lagrange
et les relations algorithmiques entre les opérateurs d et δ impliquées par
R.1 et R.2 [1].

2.2.3. Autant dans le mémoire de 1764 que dans celui de 1780,
Lagrange souligne la force déductive de sa méthode en déduisant de
manière complètement analytique le principe de conservation des forces
vives pour des systèmes discrets. Ce principe peut être considéré comme
une version intégrale particulière du principe généralisé des vitesses
virtuelles pour ces mêmes systèmes. En effet, si les corps du système sont
considérés comme étant en mouvement pendant le temps dt le long des

---

1. Lagrange ne fait en vérité qu'esquisser cette preuve. Il est intéressant de la reconstruire sur la base de ses indications. Posons

$$\alpha = \frac{M}{2dt^2}(dx^2 + dy^2 + dz^2) \quad ; \quad \beta = M \int Pdp + Qdq + \&c.$$

avec $x = F(\varphi, \psi, \omega, \&c.)$, $y = G(\varphi, \psi, \omega, \&c.)$, $z = H(\varphi, \psi, \omega, \&c.)$, et $Pdp + Qdq + \&c. = \chi(\varphi, \psi, \omega, \&c.)$ des fonctions de φ, ψ, ω, &c. On a immédiatement, d'après R.1 :

$$\delta\alpha = \frac{M}{2dt^2}(dF\delta dF + dG\delta dG + dJ\delta dH)$$

$$= \frac{M}{2dt^2}\left[\begin{array}{l} dF\left(\delta\left(\dfrac{\partial F}{\partial\varphi}\right)d\varphi + \dfrac{\partial F}{\partial\varphi}\delta d\varphi + \delta\left(\dfrac{\partial F}{\partial\psi}\right)d\psi + \dfrac{\partial F}{\partial\psi}\delta d\psi + \&c.\right) \\[2mm] dG\left(\delta\left(\dfrac{\partial G}{\partial\varphi}\right)d\varphi + \dfrac{\partial G}{\partial\varphi}\delta d\varphi + \delta\left(\dfrac{\partial G}{\partial\psi}\right)d\psi + \dfrac{\partial G}{\partial\psi}\delta d\psi + \&c.\right) \\[2mm] dH\left(\delta\left(\dfrac{\partial H}{\partial\varphi}\right)d\varphi + \dfrac{\partial H}{\partial\varphi}\delta d\varphi + \delta\left(\dfrac{\partial H}{\partial\psi}\right)d\psi + \dfrac{\partial H}{\partial\psi}\delta d\psi + \&c.\right) \end{array}\right],$$

et, grâce à la commutativité de 'δ' et '$\int$' (voir ci-dessus note 1, p. 360),

$$\begin{aligned} \delta\beta &= M\int \delta[\chi(\varphi, \psi, \omega, \&c.)] \\ &= M\left[\delta\varphi\int\frac{\partial\chi}{\partial\varphi} + \delta\psi\int\frac{\partial\chi}{\partial\psi} + \&c.\right]. \end{aligned}$$

Mais on a également, toujours en raison de R.1 :

$$\delta\left(\frac{\partial F}{\partial\varphi}\right) = \frac{\partial^2 F}{\partial\varphi^2}\delta\varphi + \frac{\partial^2 F}{\partial\psi\partial\varphi}\delta\psi + \frac{\partial^2 F}{\partial\omega\partial\varphi}\delta\omega + \&c.$$

$$\delta\left(\frac{\partial F}{\partial\psi}\right) = \frac{\partial^2 F}{\partial\varphi\partial\psi}\delta\varphi + \frac{\partial^2 F}{\partial\psi^2}\delta\psi + \frac{\partial^2 F}{\partial\omega\partial\psi}\delta\omega + \&c.$$

&c.

et de même pour G et H. Il s'ensuit que, si on dénote respectivement : par '$\dfrac{\delta\alpha}{\delta\varphi}$', '$\dfrac{\delta\alpha}{\delta d\varphi}$', '$\dfrac{\delta\beta}{\delta\varphi}$', les coefficients de $\delta\varphi$ et $\delta d\varphi$ dans $\delta\alpha$, et de $\delta\varphi$ dans $\delta\beta$; par '$\dfrac{\delta\alpha}{\delta\psi}$', '$\dfrac{\delta\alpha}{\delta d\psi}$' et '$\dfrac{\delta\beta}{\delta\psi}$' les espaces infiniment petits ds (c'est-à-dire si l'on suppose que les valeurs arbitraires des variations δs_i soient égales aux différentielles ds_i) à la vitesse v_i, le second de ces principes exige que l'on ait :

$$(24) \qquad \sum_{i=1}^{n} M_i \left(\frac{dv_i}{dt} ds_i + P_i dp_i + Q_i dq_i + \&\text{c.} \right) = 0,$$

coefficients de $\delta\psi$ et $\delta d\psi$ dans $\delta\alpha$, et de $\delta\psi$ dans $\delta\beta$; &c., on obtient :

$$\frac{\delta\alpha}{\delta\varphi} = \frac{M}{dt^2} \left[\begin{array}{l} dF\left[\dfrac{\partial^2 F}{\partial\varphi^2}d\varphi + \dfrac{\partial^2 F}{\partial\psi\partial\varphi}d\psi + \&\text{c.}\right] + \\[2mm] dG\left[\dfrac{\partial^2 G}{\partial\varphi^2}d\varphi + \dfrac{\partial^2 G}{\partial\psi\partial\varphi}d\psi + \&\text{c.}\right] + \\[2mm] dH\left[\dfrac{\partial^2 H}{\partial\varphi^2}d\varphi + \dfrac{\partial^2 H}{\partial\psi\partial\varphi}d\psi + \&\text{c.}\right] \end{array} \right]$$

$$= \frac{M}{dt^2} \left[d\left(\frac{\partial F}{\partial\varphi}\right)dF + d\left(\frac{\partial G}{\partial\varphi}\right)dG + d\left(\frac{\partial H}{\partial\varphi}\right)dH \right]$$

$$\frac{\delta\alpha}{\delta\psi} = \frac{M}{dt^2} \left[d\left(\frac{\partial F}{\partial\psi}\right)dF + d\left(\frac{\partial G}{\partial\psi}\right)dG + d\left(\frac{\partial H}{\partial\psi}\right)dH \right]$$

&c.

$$\frac{\delta\alpha}{\delta d\varphi} = \frac{M}{dt^2} \left[\frac{\partial F}{\partial\varphi}dF + \frac{\partial G}{\partial\varphi}dG + \frac{\partial H}{\partial\varphi}dH \right]$$

$$(23) \qquad \frac{\delta\alpha}{\delta d\psi} = \frac{M}{dt^2} \left[\frac{\partial F}{\partial\psi}dF + \frac{\partial G}{\partial\psi}dG + \frac{\partial H}{\partial\psi}dH \right]$$

&c.

$$\frac{\delta\beta}{\delta\varphi} = M \int \frac{\partial\chi}{\partial\varphi}$$

$$\frac{\delta\beta}{\delta\psi} = M \int \frac{\partial\chi}{\partial\psi}$$

&c.

Mais :

$$\frac{\delta\beta}{\delta\varphi} + \frac{\delta\beta}{\delta\psi} + \&\text{c.} = \delta\beta = \delta\left[\int P dp + \int Q dq + \&\text{c.} \right],$$

de sorte que, si l'on pose

$$\int P dp = I_1(p) \quad ; \quad \int Q dq = I_2(q) \quad ; \quad \&\text{c.}$$

alors, toujours en raison de R.1 :

$$\delta\beta = \delta[I_1(p) + I_2(q) + \&\text{c.}] = \delta I_1(p) + \delta I_2(q) + \&\text{c.} = P\delta p + Q\delta q + \&\text{c.}$$

c'est-à-dire :

$$\frac{\delta\beta}{\delta\varphi} + \frac{\delta\beta}{\delta\psi} + \&\text{c.} = P\delta p + Q\delta q + \&\text{c.}$$

dont on dérive (10), avec $\Lambda = 0$ [1], simplement en posant $ds_i = v_i dt$, et en intégrant.

Celle-ci est justement la déduction que Lagrange présente dans le mémoire de 1764 (Lagrange, 1764, p. 7-8).

Le principe de conservation des forces vives est toutefois seulement l'une des versions intégrales possibles du principe général des vitesses virtuelles appliqué à la dynamique des systèmes discrets. Pour exprimer les forces vives, il faut considérer les vitesses virtuelles comme étant exprimées par une différentielle et non pas généralement par une variation. Cela a pour conséquence que la méthode générale des coefficients indéterminés ne peut pas être appliquée à l'équation générale de conservation des forces vives, qui n'est, comme telle, qu'un cas particulier de l'équation du principe des vitesses virtuelles. Dans son second mémoire, Lagrange présente une preuve alternative (Lagrange, 1780, p. 221-223), qu'il commente en soulignant ce fait :

> Notre méthode donne [...] une démonstration directe et générale de ce fameux Principe, mais on auroit tort de la confondre pour cela avec ce même Principe ; car ce Principe ne donne de lui-même qu'une seule équation, et ne suffit seul que pour résoudre les problèmes qui ne demandent qu'une seule équation ; au lieu que notre méthode donne toujours toutes les équations nécessaires pour la solution du problème.
>
> On auroit pu au reste déduire immédiatement le principe de la conservation des forces vives de l'équation générale [...] [(17)] en y changeant la caractéristique δ en d (ce qui est évidemment permis, puisque les différences marquées par δ sont indéterminées et arbitraires) et intégrant ensuite ; mais nous avons cru qu'il n'étoit pas inutile de faire voir comment les différentes équations différentielles du mouvement de système fournissent toujours une équation intégrable, qui n'est autre chose que celle de la conservation des forces vives [2].

Donc, en différentiant $\dfrac{\delta\alpha}{\delta d\varphi}$, $\dfrac{\delta\alpha}{\delta d\psi}$, &c., et en additionnant, on peut aisément vérifier que :

$$\left[d\left(\frac{\delta\alpha}{\delta d\varphi}\right) - \frac{\delta\alpha}{\delta\varphi} + \frac{\delta\beta}{\delta\varphi}\right]\delta\varphi + \left[d\left(\frac{\delta\alpha}{\delta d\psi}\right) - \frac{\delta\alpha}{\delta\psi} + \frac{\delta\beta}{\delta\psi}\right]\delta\psi + \&c. =$$
$$M\left(\frac{d^2x}{dt^2}\delta x + \frac{d^2y}{dt^2}\delta y + \frac{d^2z}{dt^2}\delta z + P\delta p + Q\delta q + \&c.\right)$$

ce qui, en introduisant les indices, moyennant les substitutions (21), et en considération de (17), conduit justement à (20).

1. Cette condition découle simplement du fait que dans le nouveau contexte, $M_i P_i$, $M_i Q_i$, &c. sont les seules forces agissant sur les corps.

2. Il s'ensuit qu'en commençant par le principe des vitesses virtuelles, on peut reconnaître la condition nécessaire pour déduire les équations de mouvement à partir du principe

Cette remarque confirme que le cœur de la nouvelle méthode (et son ingéniosité et originalité mathématiques) tient à l'utilisation de variations arbitraires exprimées par des δ-différentielles, ce qui permet d'"appliquer la méthode des coefficients indéterminés.

La nouvelle preuve de Lagrange fournit une interprétation plus générale du principe de conservation des forces vives dans un cadre complètement modifié. Cette interprétation dérive directement de (20).

Puisque les variables φ, ψ, ω, &c. sont toutes indépendantes, il est possible d'obtenir un système algébrique en égalant séparément à zéro les coefficients de $\delta\varphi$, $\delta\psi$, $\delta\omega$, &c. (20). Si l'on multiplie les équations résultant respectivement par $d\varphi$, $d\psi$, $d\omega$, &c., et qu'on les ajoute les unes aux autres, on obtient (de par le fait que, pour n'importe quelle paire de variables u et v, $du dv = d(v du) - v d^2 u$) :

$$(25) \quad \begin{aligned} &d\left[\frac{\delta T}{\delta d\varphi}d\varphi + \frac{\delta T}{\delta d\psi}d\psi + \&c.\right] - \left[\frac{\delta T}{\delta d\varphi}d^2\varphi + \frac{\delta T}{\delta d\psi}d^2\psi + \&c.\right] \\ &- \left[\frac{\delta T}{\delta\varphi}d\varphi + \frac{\delta T}{\delta\psi}d\psi + \&c.\right] + \left[\frac{\delta V}{\delta\varphi}\delta\varphi + \frac{\delta V}{\delta\psi}\delta\psi + \&c.\right] + \&c. = 0 \end{aligned}$$

mais puisque $V = V(\varphi, \psi, \omega, \&c.)$ et $T = T(\varphi, \psi, \omega, \&c., d\varphi, d\psi, d\omega, \&c.)$, en force de R.1, cette équation se réduit simplement à celle-ci :

$$(26) \quad d\left[\frac{\delta T}{\delta d\varphi}d\varphi + \frac{\delta T}{\delta d\psi}d\psi + \&c.\right] - dT + dV = 0.$$

En intégrant, on obtient, donc :

$$(27) \quad \frac{\delta T}{\delta d\varphi} + \frac{\delta T}{\delta d\psi}d\psi + \&c. - T + V = C.$$

Il suffit, alors, de poser $K = 2C$, pour obtenir [1]

$$(28) \quad 2T = K - 2V$$

de moindre action (voir ci-dessus la note 3, p. 364). C'est probablement l'une des raisons du passage de Lagrange du second au premier de ces principes (Fraser, 1983, p. 234). Je tiens à remercier H. Pulte autant pour cette remarque que pour la note 3, p. 364.

1. Voir ci-dessus la note 1, p. 378, en particulier les égalités (23) desquelles il suit que

$$\frac{\delta\alpha}{\delta d\varphi}d\varphi + \frac{\delta\alpha}{\delta d\psi}d\psi + \&c. = \frac{M}{dt^2}\left[(dF)^2 + (dG)^2 + (dH)^2\right] = 2\alpha$$

et par conséquent

$$\frac{\delta T}{\delta d\varphi}d\varphi + \frac{\delta T}{\delta d\psi}d\psi + \&c. = 2T.$$

ou

(29) $$\sum_{i=1}^{n} M_i v_i^2 = K - 2 \sum_{i=1}^{n} M_i \int P_i dp_i + Q_i dq_i + \&\text{c.}$$

2.2.4. Bien que dans un cadre mécanique différent, la seconde version générale de la dynamique des systèmes discrets de Lagrange est, à nouveau, une application de la méthode générale présentée dans le § 2.1.2. Cette méthode consiste en une procédure tout à fait formelle pour déduire, d'un principe dynamique général interprété en termes de variations, une équation variationnelle appropriée, de laquelle on déduit les équations de mouvement, en appliquant la méthode algébrique des coefficients indéterminés. La dérivation du principe de conservation des forces vives est la preuve de la force déductive et de la généralité de la méthode.

Mais même si celle-ci relève d'une procédure variationnelle, la dynamique des systèmes discrets ne peut plus être considérée, lorsqu'elle est présentée de cette manière, comme une application du calcul des variations, comme c'était, en revanche, le cas pour le mémoire de 1760-1761. On peut même dire que le calcul des variations est en soi absent de la théorie générale. En effet, même si la méthode est fondée sur l'introduction de nouvelles variations δ-différentielles, elle ne dépend pas de la solution d'un problème d'extrema d'une fonctionnelle [1].

2.3. *La Mécanique analytique*

2.3.1. L'idée de fonder la dynamique des systèmes discrets sur le principe des vitesses virtuelles, en le généralisant et en exprimant ces vitesses par des δ-différentielles pour permettre l'application de la méthode algébrique des coefficients indéterminés, est aussi la base du travail scientifique principal de Lagrange : la *Mécanique analytique* publiée pour la première fois en 1788 (Lagrange, 1788) [2].

---

1. Je ne dirai pas seulement que « le *statut* du calcul des variations a changé » (Dahan-Dalmedico, 1990, p. 94). Je parlerai plutôt d'élimination de ce calcul en tant que tel, en dépit du rôle central joué par le δ-formalisme. Voir aussi Dahan-Dalmedico (1990), p 101.

2. Je ne me référerai dans la suite qu'à cette première édition, et ne mentionnerai la seconde (Lagrange, 1811-1815) qu'en cas de différences significatives. Suivant la différence d'orthographe des titres des deux éditions, je désignerai la première édition par '*Méchanique analitique*' ou 'première édition de la *Mécanique analytique*', et la seconde par 'seconde édition de la *Mécanique analytique*'. Le titre '*Mécanique analytique*' sera employé, comme

Dans ce travail, la méthode générale mise en place dans les mémoires sur la libration de la lune est généralisée à l'aide d'arguments et de considérations géométriques, mais elle reste fondamentalement la même.

Dans les mémoires précédents, Lagrange s'était contenté de montrer que sa méthode fonctionnait. Dans ce traité général et très ambitieux, en revanche, il se doit de discuter des fondations conceptuelles et « métaphysiques » de son principe général. Ceci s'impose d'autant plus lorsqu'on considère le but méthodologique de ce travail. Dans celui-ci, Lagrange souhaite réaliser explicitement et développer avec toute l'étendue nécessaire son projet de recherche sur les fondements de la mécanique : proposer une réorganisation de celle-ci selon un style économe, réductionniste et analytique [1], fondé sur l'introduction de δ-différentielles et de la méthode algébrique des coefficients indéterminés. Cette idée d'une réduction de toute la mécanique à un formalisme analytique (algébrique) — qui n'est pas seulement la démarche constante de Lagrange dans son travail scientifique en ce domaine, mais également la raison profonde et la justification de son œuvre — est, cependant, la seule prise de position philosophique que Lagrange juge nécessaire de rendre explicite. Il affiche plutôt un goût assez marqué pour des considérations historiques.

Le traité est divisé en deux parties : *La Statique* et *La Dynamique*. Dans la première section de chaque partie, Lagrange présente et discute les principes généraux proposés au cours de l'histoire pour fonder la mécanique. Toutefois, il n'aborde pas la question célèbre concernant la nature de la force. Son point de vue doit être déduit du choix et de la formulation du principe général. Dans la seconde section de chaque partie, il déduit du principe général qu'il a choisi les « formules générales » de la statique et de la dynamique. Dans la troisième section de chaque partie, il dérive de ces formules les « propriétés générales » de l'équilibre et du mouvement et démontre les principaux principes de la

---

ci-dessus, pour désigner le traité de Lagrange comme tel, sans référence spécifique à une de ses éditions. Sur ce traité, on pourra consulter, parmi d'autres travaux classiques, Mach (1883) p. 458-471, et Dugas (1950), p. 318-324.

1. Lagrange est explicite à ce propos (Lagrange, 1788, *Avertissement*, p. V :

> On a déjà plusieurs Traités de Méchanique, mais le plan de celui-ci et entièrement neuf. Je me suis proposé de réduire la théorie de cette Science, et l'art de résoudre les problêmes qui s'y rapportent, à des formules générales dont le simple développement donne toutes les équations nécessaires pour la solution de chaque problême.

Ceci a été souligné par Mach (1883, p. 458), d'après lequel « la mécanique de Lagrange est une contribution formidable à l'économie de la pensée ».

mécanique autres que le sien [1]. Les sections suivantes sont consacrées à des applications plus spécifiques et à des développements mathématiques.

2.3.2. La statique est définie comme « la science de l'équilibre des forces ». Même une force n'agit pas réellement en équilibre, elle produit « une tendance au mouvement » et « on doit toujours la mesurer par l'effet qu'elle produiroit si elle n'était pas arrêtée » (Lagrange, 1788, Sect. I.I, p. 1-2). Si une force ou son effet sont pris « pour l'unité », alors « l'expression de toute autre force n'est plus qu'un rapport, une quantité mathématique qui peut être représentée par des nombres ou des lignes » (*ibidem*, p. 2.). C'est justement sous cette représentation que les forces sont étudiées en mécanique.

Pour ce qui est de la statique, cette étude se fonde, comme chez d'Alembert, sur l'idée que « l'équilibre résulte de la destruction de plusieurs forces qui se combattent et qui anéantissent réciproquement l'action qu'elles exercent les unes sur les autres » (*ibidem*). Il s'ensuit que l'objet de la statique est l'étude des « loix suivant lesquelles cette destruction s'opère », qui sont « fondées sur des principes généraux qu'on peut réduire à trois ; celui de *l'équilibre dans le levier*, celui de la *composition du mouvement*, et celui des *vitesses virtuelles* » (*ibidem*, p. 2.). Malgré cette déclaration, le but de la première partie du traité est de déduire toute la statique (des systèmes discrets) du seul troisième principe qui, dit encore Lagrange, « est non seulement en lui-même très simple et très-général [...] [mais] a de plus l'avantage précieux et unique de pouvoir se traduire en une formule générale qui renferme tous les problèmes qu'on peut proposer sur l'équilibre des corps » (*ibidem*, p. 12).

Il s'agit d'une ambiguïté qui, du point de vue de Lagrange, ne semble guère significative, la seule chose importante pour lui étant l'organisation du système deductif auquel toute la mécanique doit être réduite. Cela n'empêche pas que, dans la seconde édition, il ajoute une nouvelle considération qui semble conçue pour l'éviter (Lagrange, 1811-1815, art. I.1.18, t. 1, p. 23) :

---

1. Lagrange écrit (Lagrange, 1788, *Avertissement*, p. V) :

> Cet Ouvrage aura d'ailleurs une autre utilité ; il réunira et présentera sous un même point de vue les différens Principes trouvés jusqu'ici pour faciliter la solution des questions de Méchanique, en montrera la liaison et la dépendance mutuelle et mettra à portée de juger de leur justesse et de leur étendue.

Quant à la nature du principe des vitesses virtuelles, il faut convenir qu'il n'est pas assez évident par lui même pour pouvoir être érigé en principe primitif ; mais on peut le regarder comme l'expression générale des lois de l'équilibre, déduites des deux principes que nous venons d'exposer celui des leviers et celui de la composition des forces]. Aussi dans les démonstrations qu'on a données de ce principe, on l'a toujours fait dépendre de ceux-ci, par des moyens plus ou moins directs. Mais il y a en Statique un autre principe général et indépendant du levier et de la composition des forces, quoique les mécaniciens l'y rapportent communément, lequel paraît être le fondement naturel du principe des vitesses virtuelles ; on peut l'appeler le *principe des poulies*.

Il reste que ce principe des poulies n'est pas clairement formulé, et le principe des vitesses virtuelles n'est pas vraiment déduit, mais plutôt intuitivement justifié à partir de celui-là (Lagrange, 1811-1815, art. I.1.18-19, t. I, p. 23-26) [1].

En suivant Mach (1883, § I.4.13, p. 60-62), on peut le reconstruire dans les termes suivants. Considérons un système de n corps respectivement de masse M_i ($i = 1, \ldots, n$). Supposons que sur chacun de ces corps agisse une force $M_\nu P_\nu$ ($1 \leq \nu \leq n$) [2] et qu'il y ait une mesure commune $\dfrac{W}{2}$ à toutes les forces, c'est-à-dire que $M_i P_i = 2m_i \dfrac{W}{2}$ (les m_i étant des nombres naturels). Imaginons que l'on remplace touts les corps par des poulies égales entre elles, et que l'on en place d'autres, aussi égales à celles-ci, à l'origine de chaque force. On peut alors représenter les forces agissant dans le système par un fil inextensible au bout duquel un poids $\dfrac{W}{2}$ est appliqué, qui passe m_1 fois entre la poulie remplaçant le corps de masse M_1 et celle placée à l'origine de la force $M_1 P_1$, puis m_2 fois entre la poulie remplaçant le corps de masse M_2 et celle placée à l'origine de la force $M_2 P_2$, ..., et enfin m_n fois entre la poulie remplaçant le corps de masse M_n et celle placée à l'origine de la force $M_n P_n$. D'après Lagrange (Lagrange, 1811-1815, art. I.1.18, t. I, p. 24-25) :

---

1. Comme l'affirment Jouguet (1908-1909, vol. II, p. 179) et Dugas (1950, p. 321), la prétendue démonstration de Lagrange repose sur des faits physiques, c'est-à-dire sur les propriétés des poulies et des cordes.

2. Comme dans ses mémoires de 1760-61, 1764 et 1780 (voir ci-dessus la note 2, p. 364 et la note 2, p. 372), dans la *Mécanique analytique*, Lagrange dénote les forces agissant dans le système par 'P', 'Q', 'R', &c., 'P'', 'Q'', 'R'', &c., mais il n'introduit pas les masses des corps dans l'équation générale du principe des vitesses virtuelles pour l'équilibre du système. Pour ce qui est de la statique, la signification de ces symboles doit donc être comprise différemment que pour les mémoires précédents. Cependant, pour conformer mon langage à celui de Lagrange, je continuerai à dénoter les forces par '$M_i P_i$', '$M_i Q_i$', &c.

[...] il est évident que, pour que le système tiré par ces différentes puissances demeure en équilibre, il faut que le poids ne puisse pas descendre par un déplacement quelconque infiniment petit des points du système ; car le poids tendent toujours à descendre ; s'il y a un déplacement du système qui lui permette de descendre, il descendra nécessairement et produira ce déplacement dans le système.

Considérons qu'un tel déplacement, infiniment petit, ait virtuellement lieu, et supposons que les δp_i soient respectivement les espaces infiniment petits que les corps de masse M_i parcourraient selon la direction des forces agissant sur eux en raison de ce déplacement. SI tel était le cas, le poids parcourrait l'espace virtuel $\sum_{i=1}^{n} 2\mu_i \delta p_i$ correspondant à la différence de la longueur de la portion de fil utilisée pour relier les poulies des systèmes les unes aux autres avant et après ce déplacement virtuel. Comme il est impossible que le poids se déplace si aucune force n'agit sur lui, la condition d'équilibre du système sera donnée en égalant cet espace virtuel à zéro. En multipliant par la mesure commune des forces $\dfrac{W}{2}$, on aura, alors :

$$(30) \qquad \sum_{i=1}^{n} 2\mu_i \frac{W}{2} \delta p_i = \sum_{i=1}^{n} M_i P_i \delta p_i = 0,$$

qui est précisément la condition d'équilibre prescrite par la principe des vitesses virtuelles.

Selon Lagrange, chaque système discret peut être pensé comme un système de poulies. Il s'ensuit que de cette manière, la version de ce principe concernant la statique aurait été « démontré[e] pour des puissances commensurables entre elles », ce qui serait suffisant pour la démontrer en général, car « toute proposition qu'on démontre pour des quantités commensurables, peut se démontrer également par la *réduction à l'absurde*, lorsque ces quantités sont incommensurables » (Lagrange, 1811-1815, art. I.1.20, t. I, p. 26)[1].

Inutile d'insister sur l'insuffisance de cette prétendue preuve, qui rappelle, dans sa dernière étape, un principe métaphysique de continuité numérique.

---

1. Passer sans justification du commensurable à l'incommensurable est fréquent dans les mathématiques du xviiie siècle. Un très bon exemple de cela est la preuve de la décomposition des forces de Daniel Bernoulli (1726, prop. 1). Sur ce sujet, voir Dhombres (1987*b*).

2.3.3. Quelle que soit la manière dont il est justifié, le principe des vitesses virtuelles, interprété en termes de variations, constitue à lui seul une base appropriée pour fonder la statique des systèmes discrets. Cela semble être, pour Lagrange, une raison suffisante pour l'adopter en tant que point de départ unique de cette science [1].

Selon Lagrange, « on doit entendre par *vitesse virtuelle* celle qu'un corps en équilibre est disposé à recevoir, en cas que l'équilibre vienne à être rompu ; c'est-à-dire la vitesse que ce corps prendroit réellement dans le premier instant de son mouvement », de sorte que ce principe « consiste en ce que des puissances sont en équilibre quand elles sont en raison inverse de leurs vitesses virtuelles, estimées suivant les directions de ces puissances » (Lagrange, 1788, Sect. I.I, p. 8). Pour traduire ce principe en une équation, Lagrange raisonne comme suit (*ibidem*, art. I.II.1-2, p. 12-16).

Des forces centrales $M_P P$, $M_Q Q$, $M_R R$, &c. étant données, soient respectivement p, q, r, &c. des segments tirés à partir de ces corps dans la direction des forces agissant sur eux. Les variations δp, δq, δr, &c. dues à un déplacement infiniment petit de ces corps seront alors directement proportionnelles aux vitesses virtuelles et, comme Lagrange, l'observe explicitement dans la seconde édition, pourront donc, « pour plus de simplicité, être prises par ces vitesses » (Lagrange, 1811-1815, art. I.I.1 t. I, p. 27) [2]. Comme deux forces $M_P P$, $M_Q Q$ sont en équilibre seulement si leurs directions sont opposées, le principe prescrit, alors, que ceci a lieu si (et seulement si) :

$$(31) \qquad \frac{M_P P}{M_Q Q} = -\frac{dq}{qp} \quad \text{c'est-à-dire} \quad M_P P \delta p + M_Q Q \delta q = 0.$$

1. Voir Lagrange (1788), art. I.IV.1, p. 44-45 :

> Ceux qui jusqu'à présent ont écrit sur le Principe des vitesses virtuelles, se sont plutôt attachés à démontrer la vérité de ce principe par la conformité de ses résultats avec ceux des principes ordinaires de la Statique, qu'à montrer l'usage qu'on en peut faire pour résoudre directement les problèmes de cette Science. Nous nous sommes proposés de remplir ce dernier objet avec toute la généralité dont il est susceptible, et de déduire du Principe dont il s'agit, des formules analytiques qui renferment la solution de tous les problèmes sur l'équilibre des corps, à peu près de la même manière que les formules des soutangentes, des rayons osculateurs &c. renferment la détermination de ces lignes dans toutes les courbes.

2. Dans les sections I.I-III et les premiers neuf articles de la section I.IV de son traité, Lagrange utilise le symbole différentiel '*d*' pour dénoter ces déplacements. Il ne distingue entre '*d*' et '*δ*' qu'à partir de l'article 10 de la section I.IV (Lagrange, 1788, p. 51 et 1811-1815, t. I, p. 81).

Si l'on considère trois forces $M_P P$, $M_Q Q$, $M_R R$, on peut diviser Q en deux parties Q_1 et Q_2, de telle sorte que Q_1 soit en équilibre avec P. L'équilibre de trois forces exigera de ce fait que Q_2 soit en équilibre avec R, c'est-à-dire que

(32) $\qquad M_P P \delta p + M_{Q_1} Q_1 \delta q = 0 \quad$ et $\quad M_{Q_2} Q_2 \delta q + M_R R \delta r = 0$,

ou bien [1] :

(33) $\qquad\qquad M_P P \delta p + M_Q Q \delta q + M_R R \delta r = 0$.

Par conséquent, la condition générale d'équilibre est :

(34) $\qquad\qquad M_P P \delta p + M_Q Q \delta q + M_R R \delta r + \&c. = 0$,

ce qui correspond à ce qui était demandé dans la formulation du principe donnée en 1764 et 1780.

Voici alors comment Lagrange formule plus précisément le principe en toute généralité (Lagrange, 1788, Sect. I.I, p. 10-11) :

> **(Nouvelle formulation du principe des vitesses virtuelles pour l'équilibre des systèmes discrets)**
>
> Si un système quelconque de tant de corps ou points que l'on veut, tirés chacun par des puissance quelconques, est en équilibre, et qu'on donne à système un petit mouvement quelconque, en vertu duquel chaque point parcoure un espace infiniment petit qui exprimera sa vitesse virtuelle ; !a somme des puissances, multipliées chacune par l'espace que le point ou elle est appliquée, parcourt suivant la direction de cette même puissance, sera toujours égale à zéro, en regardant comme positifs les petits espaces parcourus dans le sens des puissances, et comme négatifs les espaces parcourus dans un sens opposé.

Si l'on suit Galilée et que l'on appelle le produit $M_P P \delta p$ le 'momentum' de la force $M_P P$, le principe dit que la somme des momenta des forces en équilibre est toujours zéro.

Si les segments p, q, &c. correspondent aux distances entre les corps et les origines des forces, comme dans les précédents mémoires, leurs variations seront $-\delta p$, $-\delta q$, &c., mais l'équation générale ne changera pas.

De plus, si les origines des forces sont en mouvement, les variations δp, δq, &c. dépendent à la fois de la variation du point et de celle de ces origines. En considérant seulement une variation, on obtient une variation partielle, et la somme des variations partielles donne la variation totale. Dans la première édition, Lagrange se limite à observer que dans

---

1. Ce dernier argument concernant la division de Q en deux parties n'apparaît que dans la seconde édition : Lagrange, 1811-1815, art. I.II.1 t. I, p. 28).

la formule générale de la mécanique, les variations doivent être considérées comme des variations totales, « en [...] regardant comme variables toutes les quantités qui dépendent de la situation du système, et comme constantes celles qui se rapportent aux points ou centres extérieurs » (Lagrange, 1788, art. I.II.5, p. 18). Dans le seconde édition, il introduit une distinction générale entre forces internes et externes qui opère de manière explicite tout au long du traité [1]. Il est toutefois évident que la différence n'est que d'exposition, cette distinction étant conceptuellement claire autant dans la première édition que dans les mémoires précédents.

Considérons maintenant (Lagrange, 1788, art. I.II.6-7, t. I, p. 19-21) un système de trois coordonnées cartésiennes orthogonales. Si (x, y, z) est la position du corps sur lequel agit la force $M_P P$ et (a, b, c) la position de l'origine de cette force, alors :

$$(35) \qquad p = \sqrt{(x-a)^2 + (y-b)^2 + (z-c)^2}.$$

Si la force est externe, il s'ensuit que

$$(36) \qquad \begin{aligned} \delta p &= \delta_x p + \delta_y p + \delta_z p \\ &= \frac{x-a}{p}\delta x + \frac{y-b}{p}\delta y + \frac{z-c}{p}\delta z \\ &= \delta x \cos\alpha + \delta y \cos\beta + \delta z \cos\gamma, \end{aligned}$$

où α, β, γ sont les angles que p (la direction de la force $M_P P$) forme avec les directions des trois axes (pris positivement en partant de ces axes) [2], alors que si la force est interne, on a ;

$$(37) \qquad \begin{aligned} \delta p &= \delta_x p + \delta_y p + \delta_z p + \delta_a p + \delta_b p + \delta_c p \\ &= \frac{x-a}{p}(\delta x - \delta a) + \frac{y-b}{p}(\delta y - \delta b) + \frac{z-c}{p}(\delta z - \delta c) \\ &= (\delta x - \delta a)\cos\alpha + (\delta y - \delta b)\cos\beta + (\delta z - \delta c)\cos\gamma. \end{aligned}$$

Arrivé à ce point, Lagrange observe (1788, art. I.II.8, p. 21-22) qu'imposer la condition $\delta p = 0$ revient à imposer que le corps sur lequel agit la force $M_P P$ ne puisse se déplacer que dans des directions perpendiculaires

---

1. Par la suite j'appellerai respectivement 'forces internes' et 'forces externes' les forces centrales agissant dans le système ayant leur centre placé respectivement dans la position d'un corps du système et en un point fixe.

2. Car il est facile de vérifier que

$$\cos\alpha = \frac{x-a}{p}, \quad \cos\beta = \frac{y-b}{p}, \quad \cos\gamma = \frac{z-c}{p}.$$

à celle de cette même force. Cette condition correspond donc à l'équation différentielle d'une surface perpendiculaire à la direction d'une telle
force [1].

Quand l'équation d'équilibre d'un système discret arbitraire est
donnée en termes d'un système de coordonnées choisi, afin d'en tirer
l'équation d'un système particulier, il faut remplacer toutes les coordonnées dépendantes par leur expression en termes des coordonnées indépendantes que l'on peut dériver des équations de condition. Cela produit une
nouvelle équation variationnelle comme (18), dont les coefficients pourront être égalés séparément à 0. Dans la seconde édition, Lagrange expose
une telle procédure de manière très générale (Lagrange, 1811-1815, art.
I.II.12-15, t. I, p. 39-43).

Si (en accord avec les équations de condition) on exprime les coordonnées des positions des corps et celles des origines des forces en termes
d'un certain nombre de variables indépendantes φ, ψ, ω, &c., les segments
p, q, r, &c. deviennent fonctions de ces variables et d'après R.1 on a :

$$\delta p = \delta_\varphi p + \delta_\psi p + \&\mathrm{c.} = \frac{\partial p}{\partial \varphi}\delta\varphi + \frac{\partial p}{\partial \psi}\delta\psi + \&\mathrm{c.}$$

(38)
$$\delta q = \delta_\varphi q + \delta_\psi q + \&\mathrm{c.} = \frac{\partial q}{\partial \varphi}\delta\varphi + \frac{\partial q}{\partial \psi}\delta\psi + \&\mathrm{c.}$$

&c.

Ainsi, en égalant à zéro les coefficients de variation dans (34), on obtient

(39)
$$\begin{cases} \Phi = M_P P\dfrac{\partial p}{\partial \varphi} + M_Q Q\dfrac{\partial q}{\partial \varphi} + \&\mathrm{c.} = 0 \\[2mm] \Psi = M_P P\dfrac{\partial p}{\partial \psi} + M_Q Q\,\dfrac{\partial q}{\partial \psi} + \&\mathrm{c.} = 0 \\[2mm] \&\mathrm{c.} \end{cases}$$

ce que l'on peut comprendre comme l'équation de tous les « équilibres
particuliers » qui composent « l'équilibre général » du système entier
(*ibidem*, art. I.II.13, t. I, p. 41).

Indépendamment des conditions d'équilibre, on a que

(40) $$M_P P\delta p + M_Q Q\delta q + \&\mathrm{c.} = \Phi\delta\varphi + \Psi\delta\psi + \&\mathrm{c.}$$

Si l'on conçoit Φ, Ψ, Ω, &c. comme des forces agissant sur le système
(et les variations $\delta\varphi$, $\delta\psi$, $\delta\omega$, &c. comme les vitesses virtuelles dues à ces

---

1. Si $M_P P$ est externe, cette surface est une sphère dont le centre est l'origine des forces.
Si $M_P P$ est interne, elle est par contre arbitraire (Lagrange, 1811-1815, art. I.I.8 t. I, p. 35).
Voir le § 3.3.5, ci-dessous.

forces), cette équation exprime l'équivalence entre le système de forces $M_P P$, $M_Q Q$, $M_R R$, &c. dirigées le long des directions des segments p, q, r, &c., et le système de forces Φ, Ψ, Ω, &c. dirigées le long des directions des coordonnées ϕ, ψ, ω, &c. Ainsi, les équations

$$M_P P \frac{\partial p}{\partial \varphi} + M_Q Q \frac{\partial q}{\partial \varphi} + \&c. = \Phi$$

(41)

$$M_P P \frac{\partial p}{\partial \psi} + M_Q Q \frac{\partial q}{\partial \psi} + \&c. = \Psi$$

&c.

expriment analytiquement la loi de composition des forces (Lagrange, 1811-1815, art. I.V.7-8, t. I, p. 110-111)[1], que Lagrange déduit donc mathématiquement.

2.3.4. Dans la troisième section de la *Statique* (Lagrange, 1788, Sect. I.III, p. 25-44), Lagrange montre comment les propriétés principales de l'équilibre d'un système discret peuvent être déduites de l'équation générale (34)[2]. Cela lui permet de montrer la connexion mathématique entre sa version du principe des vitesses virtuelles et sa manière de fonder la statique des systèmes et les principes mécaniques usuels à son époque.

Je ne vais considérer que quelques aspects de la question, du point de vue plus général de la dynamique, les procédures de Lagrange étant substantiellement les mêmes pour la statique et pour la dynamique. En effet, d'après le principe général proposé dans les mémoires de 1764 et 1780, l'équation générale de la dynamique des systèmes discrets ne diffère de l'équation générale de la statique de ces mêmes systèmes que par l'addition de nouveaux termes qui expriment aussi des *momenta* des forces.

2.3.5. L'équilibre est une condition relative. Pour déterminer l'équation de l'équilibre d'un système discret, on peut se limiter à considérer les forces et leurs effets de manière relative. On peut, donc, se contenter de désigner les forces par des fonctions arbitraires de la distance entre deux points et d'exprimer leurs effets par les vitesses virtuelles mesurées par les variations de cette distance. Au contraire, le problème général

---

1. La condition entre parenthèses est due à Poinsot (1846). Elle correspond à la demande que $\delta\varphi$, $\delta\psi$, &c. soient les projections orthogonales du déplacement d'un corps le long des directions des forces Φ, Ψ, &c. (cf la note de Bertrand à la page 39 de Lagrange (1853-55)).

2. Cette section est étendue et modifiée dans la seconde édition.

de la dynamique des systèmes discrets consiste à étudier le mouvement actuel des corps sur lesquels les forces agissent. Ainsi, même si l'on peut se contenter de considérer les effets des forces, plutôt que leur nature, il est nécessaire de considérer leurs modes d'action, et l'on ne peut pas se restreindre à des comparaisons internes au système.

Les seuls principes dynamiques que considère explicitement Lagrange sont ceux qui gouvernent le comportement d'un système de corps en tant que tel. Bien qu'un principe de la sorte, comme celui des vitesses virtuelles, puisse être suffisant pour fonder la statique, si l'on veut l'appliquer à des situations dynamiques, il est nécessaire d'exprimer les forces — ou du moins leurs effets — en termes analytiques. Ainsi, des principes particuliers concernant l'action des forces sont indispensables, ce qui fait que les discussions « métaphysiques » ne peuvent pas être complètement évitées. Lagrange aborde le sujet subrepticement au cours des remarques historiques dans la première section de la partie II de son traité (Lagrange, 1788, Sect.II.I, p. 158-189), et de la discussion des « notions préliminaires » concernant les forces, donnée au début de la seconde section (*ibidem*, art. II.II.1-2, p. 189-191)[1].

On peut reconstruire approximativement les présuppositions de Lagrange dans les termes suivants.

D'après lui, « la Dynamique est la science des forces accélératrices ou retardatrices, et des mouvements variés qu'elles doivent produire » (Lagrange, 1788, Sect. II.I, p. 158). Ces forces agissent pour modifier le mouvement inertiel, rectiligne et uniforme de chaque corps. Leur effet est continu, et la vitesse d'un corps sur lequel agit une force change donc continûment. L'effet de la force est la modification de la vitesse. Connaître une force c'est connaître le changement de vitesse qu'elle produit dans un temps donné (et en l'absence de toute résistance du milieu). Si l'on considère que l'action de la force pendant ce temps est uniforme, le mouvement produit sera uniformément accéléré, de sorte que la mesure de (l'intensité de) la force est donnée, dans ce cas, par le « rapport constant [...] entre les vitesses et les tems, ou entre les espaces et les carrés des temps » (*ibidem*, p. 161).

Celle-ci est cependant la mesure réelle de la force à chaque instant seulement à la condition que cette dernière agisse uniformément. Une force non uniforme (ou, plus exactement, son intensité) est en revanche mesurée par la mesure (de l'intensité) d'une force virtuelle uniforme

---

1. Comme l'affirme Dugas 1950, p. 324, « sur la notion de *force*, Lagrange ne philosophe pas outre mesure ».

agissant durant un temps donné, supposée égale à la force réelle à l'instant considéré. Bien qu'elle puisse paraître circulaire, cette supposition justifie le fait de mesurer (l'intensité d') une force à un instant donné par la vitesse acquise par un corps durant le temps infiniment petit au cours duquel cette force peut être considérée comme agissant uniformément [1]. Mais une vitesse peut être mesurée par l'espace parcouru en un certain intervalle de temps, pris comme unitaire. On peut donc assimiler un changement de vitesse à une différence entre espaces parcourus. Donc, si la vitesse est mesurée comme le rapport entre l'espace parcouru en un certain temps et ce même temps, (l'intensité de) la force peut aussi être mesurée par un rapport entre un espace et un temps. La force, considérée comme un facteur de modification de la vitesse instantanée, peut donc être mesurée et, de ce fait, exprimée, par le rapport différentiel second de l'espace et du temps.

2.3.6. Les principes généraux que considère Lagrange dans la première section de sa *Dynamique* sont le principe de la conservation des forces vives, le principe de conservation du mouvement du centre de gravité, la loi des aires, et le principe de moindre action. La déduction analytique de ces principes pour les systèmes discrets, dans la troisième section de la seconde partie de son traité, fournit, comme dans les mémoires précédents, la preuve de la puissance déductive de la méthode. Cette preuve est maintenant complète : tous les principes alternatifs sont déduits de celui des vitesses virtuelles.

---

1. L'approche infinitésimale n'est bien entendu pas la seule qui puisse rendre opératoire une telle supposition. Si l'on représente un mouvement uniformément accéléré au sein d'un système de coordonnées cartésiennes orthogonales spatio-temporelles, on obtient une parabole. Ainsi, le problème de trouver la mesure instantanée (de l'intensité) d'une force sur un point mouvant, dont le mouvement est représenté, au sein d'un tel système de coordonnées, par une certaine courbe, revient à trouver la différence entre les espaces parcourus en un temps donné par deux points dont les mouvements sont respectivement représentés, au sein de ce système de coordonnées, par la tangente à cette courbe et par sa parabole osculatrice au point correspondant à l'instant considéré. L'idée centrale de Lagrange, dans la *Théorie* sera de fonder la mécanique précisément sur une solution non infinitésimale de ce problème. Pour une idée analogue, appliquée à la mesure de la vitesse instantanée, voir Maclaurin (1742), vol. 1, p. 53 :

> [...] the velocity at any term of the time is accurately measured by the space that would be described in a given time, if the motion was to be continued uniformly from that term.

L'application ce principe à la dynamique se fait de la même manière que dans le mémoire de 1780. Si la mesure générale des forces par le rapport différentiel second de l'espace et du temps est maintenant justifiée par les considérations précédentes, pour compléter la justification de (17), il est aussi nécessaire de prouver que

$$(42) \qquad \frac{d^2 s}{dt^2} \delta s = \frac{d^2 x}{dt^2} \delta x + \frac{d^2 y}{dt^2} \delta y + \frac{d^2 z}{dt^2} \delta z.$$

Pour ce faire, il suffit cependant de raisonner comme suit. De (40) et (41), il suit que

$$(43) \qquad \frac{d^2 s}{dt^2} \delta s = \frac{d^2 s}{dt^2} \frac{\partial s}{\partial x} \delta x + \frac{d^2 s}{dt^2} \frac{\partial s}{\partial y} \delta y + \frac{d^2 s}{dt^2} \frac{\partial s}{\partial z} \delta z.$$

Mais $\frac{d^2 x}{dt^2}$ est la projection de $\frac{d^2 s}{dt^2}$ sur la direction de l'axe x. Ainsi, si α est l'angle entre la direction de $\frac{d^2 s}{dt^2}$ et cet axe, on a que

$$\frac{d^2 x}{dt^2} = \frac{d^2 s}{dt^2} \cos \alpha.$$

Toutefois, d'après (38), $\cos \alpha = \frac{\delta_x s}{\delta x}$ et, donc, d'après R.1 , $\cos \alpha = \frac{\partial s}{\partial x}$, de sorte que

$$\frac{d^2 x}{dt^2} = \frac{d^2 s}{dt^2} \frac{\partial s}{\partial x}.$$

Comme le même argument s'applique aussi à $\frac{d^2 y}{dt^2}$ et $\frac{d^2 z}{dt^2}$, il s'ensuit que (42) et (43) sont équivalentes.

En introduisant les masses et en considérant un système de n points sur lequel agissent les forces $M_i P_i$, $M_i Q_i$, &c., on peut immédiatement déduire (17), qui constitue la « formule générale du mouvement d'un système quelconque de corps » (Lagrange, 1788, art. II.II.7, p. 195).

Dans la première édition, Lagrange souligne que les formules (35) et (36) permettent d'exprimer les variations δp, δq, &c. en termes des variations δx, δy, δz. Ainsi, on peut supposer généralement l'identité formelle

$$(44) \qquad P_i \delta p_i + Q_i \delta q_i + \&c. = X_i \delta x_i + Y_i \delta y_i + Z_i \delta z_i$$

indépendamment de la détermination explicite des coefficients X, Y, Z, d'après (40) et (41)[1].

2.3.7. Pour prouver le principe de conservation du mouvement du centre de gravité, la loi des aires, et le principe de conservation des forces vives, Lagrange utilise des procédures très similaires à celles des mémoires de 1760-61 et 1764[2].

Commençons avec le premier de ces principes (Lagrange, 1788, art. II.III.1-4, p. 198 -202).

Supposons que le système soit complètement libre. Si l'on pose $x_i = x + \xi_i$, $y_i = y + \eta_i$, $z = z + \zeta_i$, il est clair que « les quantités x, y, z n'entreront point dans les expressions des distances mutuelles des corps », et, de ce fait, « les équations de condition du système seront entre les seules variables ξ_i, η_i, ζ_i et ne renfermeront point x, y, z », de sorte que « si dans la formule générale du mouvement, on substitue pour δx_i, δy_i, δz_i leurs valeurs $\delta x + \delta \xi_i$, $\delta y + \delta \eta_i$, $\delta z + \delta \zeta_i$, ces variations δx, δy, δz seront indépendantes de toutes les autres, et arbitraires en elles-mêmes » (Lagrange, 1788, art. II.III.1, p. 199 ; pour raison d'uniformité, je modifie

---

1. Un ajout intéressant dans la seconde édition est la considération explicite du cas général du mouvement dans un milieu résistant (Lagrange, 1811-1815, arti. II.II.8, t. I, p. 252-253). Dans un tel cas, il faut introduire, pour chaque corps, une nouvelle force dirigée comme la tangente à la courbe décrite par le mouvement de ce corps, mais agissant en sens contraire à celui dans lequel le corps parcourt cette courbe. Si r est un segment pris dans la direction de la force, on aura, en général, d'après (35),

$$r = \sqrt{(x-a)^2 + (y-b)^2 + (z-c)^2},$$

où a, b, c sont les coordonnées orthogonales de l'origine de la force. Comme cette origine est sur la dite tangente, on aura, en supposant qu'elle soit infiniment proche du corps, que le milieu ne soit pas en mouvement, et que cette origine soit donc fixe, $x - a = dx$, $y - b = dy$ et $z - c = dz$, ce qui donne :

$$\delta r = \frac{dx\delta x + dy\delta y + dz\delta z}{ds} = \frac{dx}{ds}\delta x + \frac{dy}{ds}\delta y + \frac{dz}{ds}\delta z,$$

où $ds = \sqrt{dx^2 + dy^2 + dz^2} = r$. Si le milieu est supposé être en mouvement, l'origine de la force devra, à son tour, être considérée en mouvement, de sorte que si $d\alpha$, $d\beta$ et $d\gamma$ sont « les petits espaces que le milieu parcourt parallèlement aux axes des coordonnées x, y, z, pendant que le corps décrit l'espace ds », on aura :

$$\delta r = \frac{dx - d\alpha}{d\sigma}\delta x + \frac{dy - d\beta}{d\sigma}\delta y + \frac{dz - d\gamma}{d\sigma}\delta z,$$

où $d\sigma = \sqrt{(dx - d\alpha)^2 + (dy - d\beta)^2 + (dz - d\gamma)^2}$.

2. Voir, respectivement, les § 2.1.4 et 2.2.3, ci-dessus.

ici légèrement les notations de Lagrange, entre autres en introduisant des indices).

Ainsi, si dans (17), on pose $X_i \delta x_i + Y_i \delta y_i + Z_i \delta z_i$ à la place de $P_i \delta p_i + Q_i \delta q_i + \&c.$ selon (44), et que l'on remplace δx_i, δy_i, δz_i par leurs valeurs précédentes en termes de δx, δy et δz, en égalant séparément à zéro les coefficients de ces variations, on obtient

$$\sum_{i=1}^{n} M_i \left(\frac{d^2 x_i}{dt^2} + X_i \right) = 0,$$

(45)
$$\sum_{i=1}^{n} M_i \left(\frac{d^2 y_i}{dt^2} + Y_i \right) = 0,$$

$$\sum_{i=1}^{n} M_i \left(\frac{d^2 z_i}{dt^2} + Z_i \right) = 0.$$

Si le point (x, y, z) est le centre de gravité du système, les sommes $\sum_{i=1}^{n} M_i \xi_i$, $\sum_{i=1}^{n} M_i \eta_i$, $\sum_{i=1}^{n} M_i \zeta_i$ sont égales à zéro [1], et, par conséquent :

(46)
$$\sum_{i=1}^{n} M_i \frac{d^2 x_i}{dt^2} = \sum_{i=1}^{n} M_i \frac{d^2 x + d^2 \xi_i}{dt^2} = \frac{d^2 x}{dt^2} \sum_{i=1}^{n} M_i,$$

$$\sum_{i=1}^{n} M_i \frac{d^2 y_i}{dt^2} = \sum_{i=1}^{n} M_i \frac{d^2 y + d^2 \eta_i}{dt^2} = \frac{d^2 y}{dt^2} \sum_{i=1}^{n} M_i,$$

$$\sum_{i=1}^{n} M_i \frac{d^2 z_i}{dt^2} = \sum_{i=1}^{n} M_i \frac{d^2 z + d^2 \zeta_i}{dt^2} = \frac{d^2 z}{dt^2} \sum_{i=1}^{n} M_i.$$

1. Le centre de gravité est défini comme un point autour duquel « la gravité ne pourra imprimer au système aucun mouvement de rotation », mais Lagrange a prouvé que ce point a également la propriété que « la somme de chaque masse [multipliée] par sa distance à un plan passant par ce point, soit nulle relativement à trois plans perpendiculaires » (Lagrange, 1788, art. I.III.12, p. 35-36).

Ainsi les égalités (45) deviennent :

$$\frac{d^2x}{dt^2} \sum_{i=1}^{n} M_i + \sum_{i=1}^{n} X_i M_i = 0,$$

(47)
$$\frac{d^2y}{dt^2} \sum_{i=1}^{n} M_i + \sum_{i=1}^{n} Y_i M_i = 0,$$

$$\frac{d^2z}{dt^2} \sum_{i=1}^{n} M_i + \sum_{i=1}^{n} Z_i M_i = 0.$$

qui sont les équations du mouvement du centre de gravité dans un système complètement libre. Donc, d'après Lagrange, « il est évident que le mouvement de ce centre ne dépendra point de l'action mutuelle que les corps peuvent exercer les uns sur les autres, mais seulement des forces accélératrices qui sollicitent chaque corps » (Lagrange, 1788, art. II.III.3, p. 201), ce qui correspond, justement, au principe de conservation du mouvement du centre de gravité [1].

---

1. Pour expliquer la conclusion de Lagrange, considérons, en l'explicitant, la reformulation de son raisonnement donnée dans la seconde édition, dans laquelle il introduit explicitement la distinction entre forces internes et externes (Lagrange, 1811-1815, art. II.III.2-3, t. I, p. 257-260). Soient $M_i X_i^{Ex}$, $M_i Y_i^{Ex}$, $M_i Z_i^{Ex}$ et $M_i X_i^{In}$, $M_i Y_i^{In}$, $M_i Z_i^{In}$ deux systèmes de forces respectivement parallèles à trois axes orthogonaux, dans lesquelles les premières sont équivalentes aux forces internes au système, et les secondes sont équivalentes aux forces externes. Supposons en outre le système complètement libre. Soit $x_i = x + \xi_i$, $y_i = y + \eta_i$, $z_i = z + \zeta_i$ les coordonnées orthogonales (relativement aux mêmes axes) des corps du système. De l'équation générale (17), on déduit celle-ci :

$$\sum_{i=1}^{n} M_i \left[\begin{array}{l} \frac{d^2x + d^2\xi_i}{dt^2}(\delta x + \delta\xi_i) + \frac{d^2y + d^2\eta_i}{dt^2}(\delta y + \delta\eta_i) + \frac{d^2z + d^2\zeta_i}{dt^2}(\delta z + \delta\zeta_i) + \\ X_i^{Ex}(\delta x + \delta\xi_i) + Y_i^{Ex}(\delta y + \delta\eta_i) + Z_i^{Ex}(\delta z + \delta\zeta_i) + \\ X_i^{In}\delta\xi_i + Y_i^{In}\delta\eta_i + Z_i^{In}\delta\zeta_i \end{array} \right] = 0.$$

Ceci est une conséquence immédiate de simples substitutions dans (17), sauf pour ce qui concerne les termes relatifs aux forces internes dont la forme dépend de (37), Or, si le point (x, y, z) est le centre de gravité du système, d'après (46), en égalant à zéro les coefficients des variations indépendantes δx, δy et δz, on arrive directement à

$$\frac{d^2x}{dt^2} \sum_{i=1}^{n} M_i + \sum_{i=1}^{n} X_i^{Ex} M_i = 0, \quad \frac{d^2y}{dt^2} \sum_{i=1}^{n} M_i + \sum_{i=1}^{n} Y_i^{Ex} M_i = 0, \quad \frac{d^2z}{dt^2} \sum_{i=1}^{n} M_i + \sum_{i=1}^{n} Z_i^{Ex} M_i = 0$$

qui remplace les égalités (47). L'absence de forces internes exprime le fait que le mouvement du centre de gravité est indépendant de ces forces et, donc, des actions mutuelles des corps dans le système, ce qui est précisément ce qu'affirme le principe de conservation du mouvement du centre de gravité. Pour justifier l'absence de variations δx, δy et δz dans

Pour déduire la loi des aires, supposons que le système soit libre de tourner autour d'un point fixe, que nous prenons comme origine des axes [1]. Cela permet de décomposer une rotation autour de l'origine en trois rotations, respectivement autour de chaque axe.

les termes relatifs aux forces internes dans la forme transformée de (17) obtenue ci-dessus, supposons que $M_i P_i^{In}$, $M_i Q_i^{In}$ &c.soient les forces internes du système. D'après (37), on aura :

$$\delta p_i^{In} = \frac{x_i - x_{\nu_i}}{p_i^{In}}(\delta x_i - \delta x_{\nu_i}) + \frac{y_i - y_{\nu_i}}{p_i^{In}}(\delta y_i - \delta y_{\nu_i}) + \frac{z_i - z_{\nu_i}}{p_i^{In}}(\delta z_i - \delta z_{\nu_i}),$$

$$\delta q_i^{In} = \frac{x_i - x_{\mu_i}}{q_i^{In}}(\delta x_i - \delta x_{\mu_i}) + \frac{y_i - y_{\mu_i}}{q_i^{In}}(\delta y_i - \delta y_{\mu_i}) + \frac{z_i - z_{\mu_i}}{q_i^{In}}(\delta z_i - \delta z_{\mu_i}),$$

&c..

où $(x_{\nu_i}, y_{\nu_i}, z_{\nu_i})$, $(x_{\mu_i}, y_{\mu_i}, z_{\mu_i})$, &c. $(1 \leq \nu_i, \mu_i, \&c. \leq n)$ sont les origines des forces $M_i P_i^{In}$, $M_i Q_i^{In}$ &c. Ainsi, les coefficients de δx_i seront

$$X_i^{In} = \frac{x_i - x_{\nu_i}}{p_i^{In}} + \frac{x_i - x_{\mu_i}}{q_i^{In}} + \&c.$$

tandis que les coefficients de δx_{ν_i}, δx_{μ_i}, &c.seront

$$X_{\nu_i}^{In} = \&c. - \frac{x_i - x_{\nu_i}}{p_i^{In}} + \&c.$$

$$X_{\mu_i}^{In} = \&c. - -\frac{x_i - x_{\mu_i}}{p_i^{In}} + \&c.$$

&c.

Donc en remplaçant x_i, x_{ν_i}, x_{μ_i}, &c., par leurs valeurs respectives, on aura (car ν_i, μ_i, &c. sont des valeurs prises par l'indice i en variant de 1 à n) :

$$X_i^{In}\delta x = \frac{\xi_i - \xi_{\nu_i}}{p_i^{In}}\delta x + \frac{\xi_i - \xi_{\mu_i}}{q_i^{In}}\delta x + \&c. \quad , \quad X_i^{In}\delta\xi = \frac{\xi_i - \xi_{\nu_i}}{p_i^{In}}\delta\xi + \frac{\xi_i - \xi_{\mu_i}}{q_i^{In}}\delta\xi + \&c.$$

$$X_{\nu_i}^{In}\delta x = \&c. - \frac{\xi_i - \xi_{\nu_i}}{p_i^{In}}\delta x - \&c. \quad , \quad X_{\nu_i}^{In}\delta\xi = \&c. - \frac{\xi_i - \xi_{\nu_i}}{p_i^{In}}\delta\xi_{\nu_i}\&c.$$

$$X_{\mu_i}^{In}\delta x = \&c. - \frac{\xi_i - \xi_{\mu_i}}{p_i^{In}}\delta x - \&c. \quad , \quad X_{\mu_i}^{In}\delta\xi = \&c. - \frac{\xi_i - \xi_{\mu_i}}{p_i^{In}}\delta\xi_{\mu_i}\&c.$$

&c. &c.

et donc, en général (à nouveau car ν_i, μ_i, &c. sont des valeurs prises par l'indice i variant de 1 à n) :

$$\sum_{i=1}^{n} X_i^{In}\delta x = 0,$$

et de même pour les autres variables.

1. Ici, je suis directement la seconde édition (Lagrange, 1811-1815, art. II.III.7-9, t.I, p. 262-265), qui est plus claire sans s'écarter de manière substantielle de la première (Lagrange, 1788, art. II.III.5-8, p. 202-206).

Considérons d'abord une rotation infiniment petite autour de l'axe z, en supposant que les variations $\delta x_i, \delta y_i, \delta z_i$ représentent les déplacements infiniment petits des corps de coordonnées (x_i, y_i, z_i) le long des directions des trois axes x, y, z, correspondant à une telle rotation. Les coordonnées les plus naturelles pour exprimer cette rotation sont les coordonnées cylindriques $\rho^{[z]}$, $\theta^{[z]}$, z, où $\rho^{[z]}$ est le rayon vecteur de la projection d'un point sur le plan x, y et $\theta^{[z]}$ est l'angle que ce rayon forme avec l'axe x, de sorte que $x = \rho^{[z]} \cos \theta^{[z]}$ et $y = \rho^{[z]} \sin \theta^{[z]}$, et donc (puisque $\delta \rho_i^{[z]} = 0$) : $\delta x_i = -\rho_i^{[z]} \sin \theta_i^{[z]} \delta \theta_i^{[z]} = -y_i \delta \theta_i^{[z]}$ et $\delta y_i = \rho_i^{[z]} \cos \theta_i^{[z]} \delta \theta_i^{[z]} = x_i \delta \theta_i^{[z]}$. Puisque le système tourne de manière rigide autour de l'axe z, toutes les variations $\delta \theta_i^{[z]}$ des angles $\theta_i^{[z]}$ seront égales entre elles, d'où il suit que $\delta x_i = -y_i \delta \theta^{[z]}$ et $\delta y_i = x_i \delta \theta^{[z]}$, avec $\delta \theta^{[z]}$ la rotation infiniment petite « élémentaire » du système autour de l'axe z. En raisonnant de la même manière pour des rotations infiniment petites autour des axes x et y, et en composant les trois rotations entre elles, on obtiendra, alors, que :

$$(48) \quad \delta x_i = z_i \delta \theta^{[y]} - y_i \delta \theta^{[z]}, \quad \delta y_i = x_i \delta \theta^{[z]} - z_i \delta \theta^{[x]}, \quad \delta z_i = -y_i \delta \theta^{[x]} - x_i \delta \theta^{[y]},$$

où $\delta \theta^{[x]}$ et $\delta \theta^{[y]}$ sont respectivement les rotations infiniment petites « élémentaires » du système autour des axes x et y.

Comme les *momenta* des forces internes correspondant à la rotation totale du système sont nulles [1], en opérant ces substitutions ces remplacements dans (17), et en égalant à zéro les coefficients des variations indépendantes $\delta \theta^{[x]}$, $\delta \theta^{[y]}$ et $\delta \theta^{[z]}$, on trouve :

$$(49) \quad \begin{cases} \sum_{i=1}^{n} M_i \left[\dfrac{y_i d^2 z_i - z_i d^2 y_i}{dt^2} + Z_i^{Ex} y_i - Y_i^{Ex} z_i \right] = 0 \\[2mm] \sum_{i=1}^{n} M_i \left[\dfrac{z_i d^2 x_i - x_i d^2 z_i}{dt^2} + X_i^{Ex} z_i - Z_i^{Ex} x_i \right] = 0 \\[2mm] \sum_{i=1}^{n} M_i \left[\dfrac{x_i d^2 y_i - y_i d^2 x_i}{dt^2} + Y_i^{Ex} x_i - X_i^{Ex} y_i \right] = 0 \end{cases}$$

---

1. Si $M_i P_i^{In}$ sont des forces internes agissant respectivement sur chaque corps, ayant, à nouveau, comme origine les points de coordonnées orthogonales $(x_{v_i}, y_{v_i}, z_{v_i})$, on aura en effet, d'après (37) :

$$\begin{aligned} p_i^{In} \delta p_i^{In} &= \left(x_i - x_{v_i} \right)\left(z_i \delta \theta^{[y]} - y_i \delta \theta^{[z]} - z_{v_i} \delta \theta^{[y]} + y_{v_i} \delta \theta^{[z]} \right) + \\ &\quad \left(y_i - y_{v_i} \right)\left(x_i \delta \theta^{[z]} - z_i \delta \theta^{[x]} - x_{v_i} \delta \theta^{[z]} + z_{v_i} \delta \theta^{[x]} \right) + \\ &\quad \left(z_i - z_{v_i} \right)\left(y_i \delta \theta^{[x]} + x_i \delta \theta^{[y]} - y_{v_i} \delta \theta^{[x]} + z_{v_i} \delta \theta^{[y]} \right) + \\ &= 0. \end{aligned}$$

où X_i^{Ex}, Y_i^{Ex}, Z_i^{Ex} sont les composantes orthogonales, le long des directions des axes x, y, z, des forces externes totales agissant sur chaque corps, comme dans la note 1, p. 395.

Mais, si ces forces sont dirigées vers l'origine des coordonnées — c'est-à-dire que le mouvement de chaque corps est dû à la composition de sa vitesse initiale (la vitesse virtuelle) avec une force centrale dirigée vers cette origine —, les termes $Z_i^{Ex}y_i - Y_i^{Ex}z_i$, $X_i^{Ex}x_i - Z_i^{Ex}x_i$, $Y_i^{Ex}x_i - X_i^{Ex}y_i$ deviennent nuls [1], et, en intégrant relativement à t et en multipliant par dt, on obtient (puisque $x_i = x_i(t)$, $y_i = y_i(t)$, $z_i = z_i(t)$) :

$$(50) \quad \begin{cases} \displaystyle\sum_{i=1}^{n} M_i \frac{y_i dz_i - z_i dy_i}{dt} = K \\[2mm] \displaystyle\sum_{i=1}^{n} M_i \frac{z_i dx_i - x_i dz_i}{dt} = H \\[2mm] \displaystyle\sum_{i=1}^{n} M_i \frac{x_i dy_i - y_i dx_i}{dt} = W \end{cases}$$

Maintenant, si l'on considère la troisième de ces équations et que l'on remplace x_i et y_i par leur valeur en termes des coordonnées cylindriques ρ, θ, z trouvées plus haut, on a :

$$(51) \quad \sum_{i=1}^{n} M_i \left[\begin{array}{l} \rho_i^{[z]} \cos \theta^{[z]} d\left(\rho_i^{[z]} \sin \theta^{[z]}\right) - \\[2mm] \rho_i^{[z]} \sin \theta^{[z]} d\left(\rho_i^{[z]} \cos \theta^{[z]}\right) \end{array} \right] = A dt.$$

Comme cette équation exprime la projection du mouvement des corps sur le plan x, y lorsque le système tourne autour de l'axe z, la différentielle doit

---

1. Si l'origine des coordonnées est aussi l'origine commune de toutes les forces externes, toutes les distances p_i^{Ex}, q_i^{Ex}, &c. relatives au même corps du système seront égales entre elles et correspondront au rayon vecteur $U_i = \sqrt{x_i^2 + y_i^2 + z_i^2}$ du point (x_i, y_i, z_i). Ainsi, on aura

$$\frac{\partial p_i}{\partial x_i} = \frac{\partial q_i}{\partial x_i} = \&c. = \frac{x_i}{U_i} \ , \quad \frac{\partial p_i}{\partial y_i} = \frac{\partial q_i}{\partial y_i} = \&c. = \frac{y_i}{U_i} \ , \quad \frac{\partial p_i}{\partial z_i} = \frac{\partial q_i}{\partial z_i} = \&c. = \frac{z_i}{U_i},$$

et, donc, d'après (41),

$$X_i^{Ex} = \left(P_i^{Ex} + Q_i^{Ex} + \&c.\right) \frac{x_i}{U_i}$$
$$Y_i^{Ex} = \left(P_i^{Ex} + Q_i^{Ex} + \&c.\right) \frac{y_i}{U_i}$$
$$Z_i^{Ex} = \left(P_i^{Ex} + Q_i^{Ex} + \&c.\right) \frac{z_i}{U_i}$$

d'où il s"ensuit que :

$$Z_i^{Ex}y_i = Y_i^{Ex}z_i \quad , \quad X_i^{Ex}z_i = Z_i^{Ex}x_i \quad , \quad Y_i^{Ex}x_i = X_i^{Ex}y_i.$$

être prise relativement à $\theta^{[z]}$, ce qui conduit à (15), dont on dérive (16) en intégrant par rapport à t. Le même raisonnement étant possible pour les autres équations dans (50), ce dernier système différentiel exprime la loi des aires.

Pour déduire le principe de conservation des forces vives (Lagrange, 1788, art. II.III.9-10, p. 206-208), Lagrange donne la même preuve que dans le premier mémoire sur la libration de la lune. En changeant le 'δ' en 'd' dans (17), si la somme $P_i dp_i + Q_i dq_i$ + &c. est intégrable [1] et égale à $d\Pi_i$, on obtient en intégrant :

$$(52) \qquad \sum_{i=1}^{n} M_i \left(\frac{dx_i^2 + dy_i^2 + dz_i 2}{2dt^2} + \Pi_i \right) = K$$

ce qui exprime le principe.

Pour justifier le remplacement de d par δ, Lagrange écrit (Lagrange, 1788, art.II.III.9, p. 206-297) :

> En général, de quelque manière que les différens corps qui composent un système soient disposés ou liés entre eux, pourvu que cette disposition soit indépendante du temps, c'est-à-dire, que les équations de condition entre les coordonnées ne renferment point la variable t ; il est clair qu'on pourra toujours, dans la formule générale du mouvement, supposer les variations $\delta x, \delta y, \delta z$, égales aux différentielles dx, dy, dz, qui représentent les espaces effectifs parcourus par les corps dans l'instant dt, tandis que les variations dont nous parlons doivent représenter les espaces quelconques, que les corps pourraient parcourir dans le même instant, eu égard à leur disposition mutuelle.
>
> Cette supposition n'est que particulière, et ne peut fournir par conséquent qu'une seule équation ; mais étant indépendante de la forme du système, elle a l'avantage de donner une équation générale pour le mouvement de quelque système que ce soit.

---

1. Dans le mémoire de 1780, Lagrange prouve que cette condition est toujours satisfaite pour ces systèmes discrets : voir la note (1), ci-dessus. Dans la *Méchanique analitique*, il esquisse une preuve similaire de ceci (Lagrange, 1788, art. II.III.8, p. 225 ; j'écris '$\int$' et 'M', où Lagrange écrit respectivement 'S' et 'm') :

> [...] cette opération [la transformation de $\int M (P\delta p + Q\delta q$ + &c.) en une fonction de φ, ψ, ω, &c.] devient encore plus facile, lorsque les forces sont telles que la somme des moments, c'est-à-dire la quantité $Pdp + Qdq + Rdr$ + &c, est intégrable, ce qui [...] est proprement le cas de la nature [...]. Car supposant [...] $d\Pi = Pdp + Qdq + Rdr$ + &c, on aura Π exprimé par une fonction de p, q, r, &c, par conséquent on aura aussi $\delta\Pi = P\delta p + Q\delta q + R\delta r$ + &c; donc [...][$\int M (P\delta p + Q\delta q$ + &c.)]= $\int \delta\Pi M = \delta$. $\int \Pi M$, puisque le signe $\int$ est indépendant du signe δ.

C'est la même interprétation du principe des forces vives pour les systèmes discrets que dans le mémoire de 1780.

En se fondant sur (52), Lagrange déduit enfin (Lagrange, 1788, art. II.III.11-14, p. 208-214) l'expression analytique du principe de moindre action pour ces mêmes systèmes discrets, simplement en appliquant le formalisme des variations (c'est-à-dire R.1 et R.2).

Si l'on note 'v_i' la vitesse des corps du système, (52) se transforme en

$$(53) \qquad \sum_{i=1}^{n} M_i \left(\frac{v_i^2}{2} + \Pi_i \right) = K$$

et, en δ-différentiant :

$$(54) \qquad \sum_{i=1}^{n} M_i(v_i \delta v_i + \delta \Pi_i) = \left\{ \begin{array}{l} \displaystyle\sum_{i=1}^{n} M_i[v_i \delta v_i] + \\[2mm] \displaystyle\sum_{i=1}^{n} M_i[P_i \delta p_i + Q_i \delta q_i + \&c.] \end{array} \right\} = 0,$$

de sorte qu'il est possible de réécrire (17) comme suit :

$$(55) \qquad \sum_{i=1}^{n} M_i \left(\frac{d^2 x_i}{dt^2} \delta x_i + \frac{d^2 y_i}{dt^2} \delta y_i \frac{d^2 z_i}{dt^2} \delta z_i - v_i \delta v_i \right) = 0.$$

Mais, d'après R.1 et R.2, il est facile de déduire que :

$$(56) \qquad \begin{aligned} d^2 x \delta x + d^2 y \delta y &+ d^2 z \delta z = \\ &= d\left[dx\delta x + dy\delta y + dz\delta z\right] - dxd\delta x - dyd\delta y - dzd\delta z \\ &= d\left[dx\delta x + dy\delta y + dz\delta z\right] - dx\delta dx - dy\delta dy - dz\delta dz \\ &= d\left[dx\delta x + dy\delta y + dz\delta z\right] - \frac{1}{2}\delta\left[dx^2 + dy^2 + dz^2\right] \\ &= d\left[dx\delta x + dy\delta y + dz\delta z\right] - \frac{1}{2}\delta\left[ds^2\right] \\ &= d\left[dx\delta x + dy\delta y + dz\delta z\right] - ds\delta ds. \end{aligned}$$

Donc (puisque $dt^2 = \dfrac{ds_i^2}{v_i^2}$), (55) devient

$$(57) \qquad \sum_{i=1}^{n} M_i \left[\frac{d[dx_i \delta x_i + dy_i \delta y_i + dz_i \delta z_i]}{dt^2} - \frac{v_i^2 \delta ds_i}{ds_i} - v_i \delta v_i \right] = 0.$$

D'où, en multipliant par $dt = \dfrac{ds_i}{v_i}$, on a :

$$(58) \qquad \sum_{i=1}^{n} M_i \left[\frac{d[dx_i\delta x_i + dy_i\delta y_i + dz_i\delta z_i]}{dt} - \delta[v_i ds_i] \right] = 0.$$

En d-intégrant et en inversant $\int$ et δ, on obtient, enfin :

$$(59) \qquad \frac{\sum\limits_{i=1}^{n} M_i [dx_i\delta x_i + dy_i\delta y_i + dz_i\delta z_i]}{dt} = \delta\left[\sum_{i=1}^{n} M_i \int v_i\delta s_i \right] + K.$$

Si l'intégrale est supposée être définie (ce qui est implicite chez Lagrange) et que ses bornes sont telles qu'elles rendent les variations nulles, alors la constante K et le premier membre de cette dernière égalité sont nuls. Il s'ensuit que si l'intégrale est prise entre deux bornes fixes [1], de (59) on déduit (7), et de là, d'après l'interprétation des variations par Lagrange, le principe de moindre action pour les systèmes discrets, qu'il énonce sous la forme géométrique suivante (Lagrange, 1788, art. II.III.13, p. 211) :

> **(Nouvelle formulation du principe de moindre action pour les systèmes discrets)**
>
> [...] le mouvement d'un système quelconque de corps animés par des forces mutuelles d'attraction, ou tendantes à des centres fixes, et proportionnelles à des fonctions quelconques des distances, les courbes décrites par les différents corps, et leurs vitesses, sont nécessairement telles que la somme des produits de chaque masse par l'intégrale de la vitesse multipliée par l'élément de la courbe est un *maximum* ou un *minimum*, pourvu que l'on regarde les premiers et les derniers points de chaque courbe comme donnés, en sorte que les variations des coordonnées répondantes à ces points soient nulles.

Pour compléter sa discussion sur les relations entre les divers principes dynamiques, Lagrange montre ensuite (Lagrange, 1788, art. II.III.14-15, p. 212-216) comment il est possible de déduire réciproquement l'expression analytique du principe des vitesses virtuelles à partir de (59), reprenant ses méthodes de 1760-1761 [2].

---

1. Voir ci-dessus la note 2, p. 359.
2. Voir le § 2.1.3, ci-dessus.

2.3.8. On peut lire les trois premières sections des deux parties de la *Mécanique analytique* comme une réalisation complète et accomplie du programme général de 1764. La mécanique des systèmes discrets est entièrement réduite au principe des vitesses virtuelles interprété en termes de variations. Cette interprétation permet de déduire l'équation de mouvement d'un tel système par une simple application de la méthode algébrique des coefficients indéterminés.

Aucune des idées centrales utilisées dans ces sections n'est nouvelle. Les preuves des résultats principaux sont des reformulations plus élégantes des preuves précédentes. Le calcul des variations est, en lui-même, considéré seulement comme un outil mathématique pour remonter du principe de moindre action au principe des vitesses virtuelles, en laissant, pour le reste, la place au simple formalisme des δ-différentielles.

Ce qui est nouveau est la complétude et la généralité de l'exposition. L'idée d'ensemble esquissée en 1760-61 est maintenant complètement réalisée, bien que sous une forme modifiée.

2.3.9. Pour conclure sur la fondation variationnelle de la mécanique des systèmes discrets par le principe des vitesses virtuelles que propose Lagrange, on peut observer que la mesure (et, donc, la représentation) des forces et des vitesses par des différences spatiales (c'est-à-dire des différences relatives à des variables de position) suffit à fournir une déduction complètement mathématique du principe des vitesses virtuelles lui-même, sur la base de l'hypothèse que des forces avec les mêmes directions s'additionnent comme des segments de droite.

Considérons seulement, pour des raisons de simplicité, le cas d'un système orthogonal de trois coordonnées linéaires, x, y, z. Le passage à d'autres systèmes de coordonnées est trivial. De plus, prenons t comme paramètre commun, soit $x = x(t)$, $y = y(t)$, $z = z(t)$, et supposons que $dt = 1$ (c'est-à-dire que t soit la seule variable indépendante). Admettons que d^2x mesure et représente une force agissant sur un point matériel unitaire générique de position (x, y, z) et dirigée parallèlement à l'axe x. On peut considérer cette force comme la somme de plusieurs forces ayant toutes la même direction et agissant sur le même point. Ainsi, si l'on dénote ces forces par 'P_x', 'Q_x', &c., et que l'on considère que ces forces produisent (dans l'intervalle dt) les différences $d^2_{(P)}x$, $d^2_{(Q)}x$, &c, on obtient que :

$$(60) \qquad d^2x = d^2_{(P)}x + d^2_{(Q)}x + \&c.$$

La vitesse peut aussi être mesurée (et représentée) par une différence spatiale, cette fois du premier ordre. Ainsi, l'on peut mesurer la vitesse virtuelle du point placé en (x, y, z) le long de la direction de l'axe x par un simple incrément de x. Mais, tandis que la différence spatiale mesurant une force dépend du lien fonctionnel entre x et t, la vitesse virtuelle d'un point est une propriété intrinsèque et ne peut pas être mesurée, en général, par 'dx'. Représentons donc la vitesse virtuelle de ce point le long de l'axe x par δx, cette variation étant conçue comme un incrément arbitraire de x, à la manière de Lagrange.

Par définition, le *momentum* d'une force est le produit de la différence spatiale représentant cette même force par la différence spatiale représentant la vitesse virtuelle du point sur lequel cette force agit évaluée le long de sa direction (et avec la même orientation). Ainsi, pour le *momentum* de la force représentée par d^2x, on a :

$$(61) \qquad d^2x\delta x = d^2_{(P)}x\delta x + d^2_{(Q)}x\delta x + \&c.$$

Soient maintenant d^2p, d^2q, &c. des forces agissant sur le même point matériel placé en (x, y, z) et dirigées le long des directions arbitraires des segments p, q, &c. Si ces forces sont telles que les projections des différences spatiales d^2p, d^2q, &c. sur une droite parallèle à l'axe x passant par le point (x, y, z) soient $d^2_{(P)}x + d^2_{(Q)}x + \&c.$, on peut considérer que ces forces produisent des différences spatiales qui, évaluées le long de la direction de cet axe, correspondent aux différences spatiales produites par P_x, Q_x, &c. Notons ces forces 'P', 'Q', &c.

Puisque d^2p, d^2q, &c. peuvent être pensées, à leur tour, comme des segments pris sur les segments p, q, &c., et $d^2_{(P)}x$, $d^2_{(Q)}x$, &c. comme des segments pris sur l'axe x, si α_p, α_q, &c. sont les angles formés par p, q, &c. avec cet axe, alors de simples considérations géométriques nous permettent d'établir que :

$$(62) \qquad d^2_{(P)}x = d^2p\cos\alpha_p \quad ; \quad d^2_{(Q)}x = d^2q\cos\alpha_q \quad ; \quad \&c.$$

D'autre part, si p, q, &c. sont les distances entre le point (x, y, z) et les origines respectives des forces P, Q, &c., on a que :

$$(63) \qquad \cos\alpha_p = \frac{\partial p}{\partial x} \quad ; \quad \cos\alpha_q = \frac{\partial q}{\partial x} \quad ; \quad \&c.$$

En remplaçant dans (61), on obtient, alors, que :

$$(64) \qquad d^2x\delta x = d^2p\frac{\partial p}{\partial x}\delta x + d^2q\frac{\partial q}{\partial x}\delta x + \&c.$$

En raisonnant de la même manière pour les coordonnées y et z, on déduit, ainsi :

(65)
$$d^2x\delta x + d^2y\delta y + d^2z\delta z = d^2p\left[\frac{\partial p}{\partial x}\delta x + \frac{\partial p}{\partial y}\delta y + \frac{\partial p}{\partial z}\delta z\right] +$$
$$d^2q\left[\frac{\partial q}{\partial x}\delta x + \frac{\partial q}{\partial y}\delta y + \frac{\partial q}{\partial z}\delta z\right] + \&c.$$

Si la vitesse virtuelle du point placé en (x, y, z) le long de la direction de l'axe x est représentée par la différence $\delta x = x_0 - (x_0 - \delta x)$, où x_0 est la distance supposée entre ce point et l'origine de la force d^2x, la vitesse virtuelle de ce même point évalué le long de la direction p sera représentée par la différence entre p et la distance entre le point $(x + \delta x, y + \delta y, z + \delta z)$ et l'origine (a_P, b_P, c_P) de la force P, ce qui donne, d'après (35) :

(66)
$$\delta p = \sqrt{(x - a_P)^2 + (y - b_P)^2 + (z - c_P)^2} -$$
$$\sqrt{(x + \delta x - a_P)^2 + (y + \delta y - b_P)^2 + (z + \delta z - c_P)^2}$$

et en développant selon le théorème du binôme :

(67)
$$\delta p = -\frac{x - a_P}{p}\delta x - \frac{y - b_P}{p}\delta y - \frac{z - c_P}{p}\delta z +$$
$$A\delta x^2 + B\delta y^2 + C\delta z^2 +$$
$$+D\delta x\delta y + E\delta x\delta z + F\delta y\delta z +$$
$$+\&c.$$
$$= -\frac{\partial p}{\partial x}\delta x - \frac{\partial p}{\partial y}\delta y - \frac{\partial p}{\partial z}\delta z + A\delta x^2 + B\delta y^2 + \&c.,$$

où les coefficients A, B, C, D, E, F, &c. sont faciles à déterminer avec un peu de travail.

Si l'on considère δx, δy, δz comme des incréments infiniment petits, en omettant les quantités infiniment petites d'ordre supérieur et en répétant le même raisonnement pour q, &c., en remplaçant dans (65), on obtient :

(68) $d^2x\delta x + d^2y\delta y + d^2z\delta z + d^2p\delta p + d^2q\delta q + \&c. = 0.$

De là, en introduisant le temps, les indices, et les masses, et en remplaçant $\frac{d^2p}{dt^2}$, $\frac{d^2q}{dt^2}$, &c. respectivement par 'P', 'Q', &c., on parvient exactement à (17).

Ainsi, le principe des vitesses virtuelles est une conséquence purement mathématique de l'interprétation différentielle de la vitesse et de la force, et de l'usage des variations pour représenter les vitesses virtuelles. Il s'ensuit qu'il suffit de fournir une interprétation fonctionnelle et non différentielle de la vitesse et de la force, et de remplacer d'une part les vitesses virtuelles δx, δy, δz, &c., par des incréments indéterminés arbitraires des variables, et d'autre part les vitesses virtuelles δp, δq, &c., par les premiers incréments de p, q, &c. relativement à ceux de x, y, z, pour parvenir à une fondation complètement mathématique et non différentielle de la mécanique des systèmes discrets [1]. Pour cela, il n'est pas même nécessaire d'introduire une nouvelle interprétation non différentielle du calcul des variations. La méthode de Lagrange en est, en elle-même, complètement indépendante. Seules les relations mathématiques entre les vitesses virtuelles, exprimées à l'aide des δ-différentielles, et les règles R.1et R.2 sont, en effet, nécessaires pour une application correcte de cette méthode.

1. Considérons une fonction $y = y(x)$ et posons AM $= x$ et MP $= y(x)$. On peut considérer les incréments de $y(x)$ de différentes manières :

(*i*) on peut augmenter x de $dx =$ MN et considérer l'incrément de $y(x)$ égal à

$$y(x + dx) - y(x) = y'(x)dx + \frac{dx^2}{2!}y''(x) + \&c. = BC,$$

ce qui correspond à la différence totale de $y = y(x)$;

(*ii*) on peut augmenter x de $dx =$ MN et considérer l'incrément de $y(x)$ égal à

$$dy = d[y(x)] = y'(x)dx = BE,$$

ce qui correspond à la différentielle de $y = y(x)$:

(*iii*) on peut augmenter y directement par un incrément arbitraire et indépendant $\delta y =$ PR, ce qui correspond à sa variation.

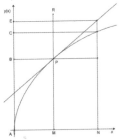

La différence entre (*ii*) et (*iii*) est claire : dans (*ii*), y est prise comme une fonction $y = y(x)$, alors que dans (*iii*) y est prise comme une variable indépendante (dans le premier cas, on a, en général, $y' \neq 1$, alors que, dans le second cas, $y' = 1$). Soient, maintenant, x et y deux fonctions d'une variable commune t, avec $y = f(x)$, comme ci-dessus. On peut considérer les variations (qui sont des incréments indépendants du lien fonctionnel entre y et x, mais pas du celui entre y et t) au moins de deux manières différentes (avec mn $= \delta t$ et $t' = 1$) :

(*iv*) $\delta[y(t)] = y'(t)\delta t + y''(t)\dfrac{\delta t^2}{2!} + \&c. = bc$;

(*v*) $\delta[y(t)] = y'(t)\delta t = be$.

Une réduction complète de la mécanique des systèmes discrets à l'algèbre ne dépend ainsi que de la réduction de la géométrie et du calcul différentiel à l'algèbre. De plus, l'interprétation de la mécanique des systèmes discrets donnée par Lagrange dans la *Mécanique analytique* s'accorde parfaitement avec ce programme réductionniste radical, qu'il s'efforcera de réaliser dans la *Théorie*.

3. LA FONDATION DE LA MÉCANIQUE DES SYSTÈMES DISCRETS DANS LA *Théorie des fonctions analytiques*

3.1. *Le cadre général de la Théorie*

3.1.1. Bien que Lagrange ait écrit sa *Théorie des fonctions analytiques* (Lagrange, 1797, 1813) [1] pour des raisons didactiques [2], on ne peut

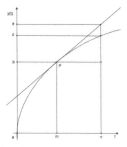

Si l'on considère δy comme dépendant seulement de propriétés ponctuelles, on doit choisir (*v*). La différence entre (*ii*), (*iii*) et (*v*) tient au choix de la variable indépendante. Dans (*ii*), on a choisi x (ce qui fait que $x' = 1$). Dans (*iii*), on a choisi y (ce qui fait que $y' = 1$). Dans (*v*), on a choisi t (ce qui fait que $t' = 1$). Les vitesses virtuelles d'un point materiel (x, y, z) le long des directions des axes x, y, z doivent, donc, être représentées par les variations $\delta x, \delta y, \delta z$ ($x' = 1, y' = 1, z' = 1$), alors que celle de ce même point le long de la direction p doit l'être par le premier incrément de p par rapport aux incréments $\delta x, \delta y, \delta z$ de x, y, z :

$$\delta p = \delta[p(x, y, z)] = \delta_x p \delta x + \delta_y p \delta y + \delta_z p \delta z.$$

Notons que δp n'est pas la vitesse virtuelle de p (une ligne n'ayant pas de vitesse virtuelle) mais la variation de p correspondant au changement de position du corps produit par sa vitesse virtuelle. Ce raisonnement utilise uniquement des outils lagrangiens, et l'on verra que l'idée générale de Lagrange dans la *Théorie* n'en diffère pas de manière essentielle.

1. Les citations sont tirées de la première édition. Sauf mention du contraire, les mêmes passages peuvent être trouvés dans la seconde édition sans modification substantielle. Je soulignerai, en revanche, toute différence importante concernant les problèmes que nous allons considérer.

2. Voir Lagrange (1797), art. 1, p. 5 :

pas considérer ce traité comme un simple manuel. La motivation principale du travail de Lagrange est épistémologique, et son objectif est la défense d'une thèse philosophique : toutes les mathématiques peuvent être réduites à « l'analyse algébrique des quantités finies » [1]. Pour montrer comment mettre en œuvre ce projet, Lagrange donne une interprétation purement fonctionnelle du Calcul [b] (ce qu'il appelle théorie des fonctions analytiques), et donne un aperçu de ses « applications » à la géométrie et à la mécanique des systèmes discrets.

La difficulté à utiliser la théorie de Lagrange pour résoudre des problèmes courants spécifiques et pour expliquer les phénomènes naturels était un argument répandu contre son applicabilit, à la recherche mathématique comme à l'enseignement. Cette remarque faite par de Prony en est un bon exemple (de Prony, 1835, p. 365) :

> Cette théorie est assurément une très-intéressante partie de ce qu'on pourrait appeler l'étude purement *philosophique* des mathématiques ; mais quand il s'agit de faire de l'analyse transcendante un *instrument* d'exploration pour les questions que présentent l'astronomie, la marine, la géodésie et les différentes branches de la science de l'ingénieur, la considération des infiniment petits conduit au but d'une manière plus facile, plus prompte, plus immédiatement adaptée à la nature de ces questions, et voilà pourquoi la méthode *leibnitienne* a, en général, prévalu dans les écoles françaises.

Lazare Carnot est encore plus explicite (Carnot, 1797, p. 197) :

> [...] m'étant trouvé engagé par des circonstances particulières à développer les principes généraux de l'analyse, j'ai rappelé mes anciennes idées sur ceux du calcul différentiel, et j'ai fait de nouvelles réflexions tendant à Ies confirmer et à Ies généraliser ; c'est ce qui a occasionné cet écrit, que je ne me détermine à publier que par Ia considération de l'utilité dont il peut être à ceux qui étudient cette branche importante de l'analyse.

Les « circonstances particulières » auxquelles fait référence Lagrange sont ses cours à l'École Polytechnique en 1795 et 1796 : voir, par exemple, de Prony (1795, p. 208 et 1835, p. 365), ainsi que la *Correspondance de l'École Polytechnique* III, 1, p. 93. Les « anciennes idées » sont celles exposées dans Lagrange (1772).

1. Voir le titre complet de l'ouvrage : *Théorie des fonctions analytiques, contenant les principes du calcul différentiel, dégagés de toute considération d'infiniment petits ou d'évanouissans, de limites ou de fluxions, et réduits a l'analyse algébrique des quantités finies.* Sur son caractère philosophique voir aussi Ovaert (1976), Fraser (1987), et Panza (1992), § III.6.α.

b. Voir ci-dessus la note a, p. 225.

Le véritable obstacle à l'adoption d'une méthode aussi lumineuse est la nouveauté de l'algorithme pour lequel il faudrait abandonner celui qu'une longue habitude a consacré et d'après lequel sont rédigés tous les ouvrages originaux qui ont paru depuis un siècle ; ainsi par exemple il faudrait refondre toutes les collections académiques, tous les écrits d'Euler et ceux de Lagrange lui même. Cette pensée était la sienne [de Lagrange] lorsqu'il publia la nouvelle édition de sa *Mécanique analytique* ; il n'y emploie point son algorithme [...].

Pour appuyer son jugement, Carnot cite le passage suivant de l'*Avertissement* de la seconde édition de la *Mécanique analytique* (Lagrange, 1811-1815, t. I, p. VI) :

On a conservé la notation ordinaire du Calcul différentiel, parce qu'elle répond au système des infiniment petits, adopté dans ce Traité. Lorsqu'on a bien conçu l'esprit de ce système, et qu'on s'est convaincu de l'exactitude de ses résultats par la méthode géométrique des premières et dernières raisons, ou par la méthode analytique des fonctions dérivées, on peut employer les infiniment petits comme un instrument sûr et commode pour abréger et simplifier les démonstrations.

Sur la base de remarques comme celles-ci, les historiens ont souvent conclu à une opposition mathématique et philosophique entre les deux traités principaux de Lagrange. Ce jugement prend source dans la surestimation historique et mathématique de l'utilisation des quantités et notations infinitésimales comme tournant conceptuel dans l'histoire du Calcul.

Malgré cette conviction générale, si l'on considère le cadre mathématique dans lequel Lagrange utilise les infinitésimaux en mécanique et dans ses travaux analytiques précédents, on peut reconstruire un chemin cohérent dont la *Théorie* est un résultat naturel. La conservation des notations différentielles dans la seconde édition de la *Mécanique analytique* est, en effet, un symptôme d'une correspondance plus profonde et très stricte entre l'organisation mathématique de la mécanique dans les deux traités. Ce que montrent les remarques de de Prony et Carnot est, en revanche, que l'approche de Lagrange était largement mal comprise.

Le but de la *Mécanique analytique* est de faire de la mécanique une « nouvelle branche » de l'analyse, comme l'écrit Lagrange tant dans la première que dans la seconde édition (Lagrange, 1788, *Avertissement*, p. VI, et 1811-1815, *Avertissement*, t. I, p. V). Le but de la *Théorie* est de réduire toute l'analyse mathématique à l'analyse algébrique. Ainsi, il est naturel que dans ce dernier traité, Lagrange donne un aperçu des conséquences de sa réduction dans toutes les branches de l'analyse et que, dans la seconde édition du premier ouvrage, il ne revienne pas sur cette question. Les deux travaux sont deux parties différentes d'un même programme.

3.1.2. La structure d'ensemble de la *Théorie* repose sur la séparation entre contexte formel et contexte numérique, qui est considérée comme légitime sur la base de la présupposition que pour toute fonction $f(x)$, il existe un et un seul développement de la forme

(69)   '$f(x) + p\xi^\alpha + p\xi^\beta + $ &c.'

(où α, β, &c. sont des exposants rationnels, et p, q, &c. des fonctions de x), qui converge vers $f(x + \xi)$ pour un ξ suffisamment petit. Lagrange prouve qu'en effet α, β, &c., sont « en général » (c'est-à-dire pour tout x sauf en des valeurs isolées) des nombres naturels, de sorte qu'il est toujours possible de développer $f(x + \xi)$ en une série entière convergeant vers une telle fonction, si ξ est suffisamment petit [1, c].

Sur cette base, on peut concevoir une théorie générale des fonctions en tant que théorie des développements en séries entières, et fonder ses applications à des quantités particulières sur la base de résultats généraux relatifs à l'évaluation du reste de ces développements.

En particulier, en écrivant '$f'(x)$' à la place de 'p', '$\dfrac{f''(x)}{2!}$' à la place de 'q', &c., Lagrange prouve que [2] :

(*i*) Il est possible que ξ soit pris suffisamment petit pour que, pour tout nombre naturel n, on ait

$$\frac{f^{(n)}}{n!}\xi^n > \sum_{k=n+1}^{\infty} \frac{f(x)}{k!}\xi^n.$$

---

1. Cette supposition repose sur le concept de fonction de Lagrange. Une analyse des présuppositions de Lagrange et de leur relation avec sa manière de concevoir les concepts mathématiques fondamentaux n'est pas possible ici. J'ai traité cette question dans (Panza, 1992, partie III, ch. 6).

2. Les relations entre ces théorèmes (et même leur forme précise) sont loin d'être clarifiées dans le traité de Lagrange. A ce sujet, on pourra consulter Grabiner (1981*b*) et Ovaert (1976). J'ai proposé ma propre interprétation dans Panza (1992), Sect. III.6.*d*. Quant au traité de Lagrange, voir Lagrange (1797), p. 11-12, 45-50 et 226, (1801), p. 78-79, (1813), p. 14-15, 59-69 et 315.

c. Pour un traitement plus récent et complet de cet aspect de la *Théorie*, ainsi que de celui évoqué ci-dessous dans la note 2, p. 409, on peut consulter le chapitre IV du présent volume.

(*ii*) Le reste de la série peut s'écrire sous la forme

$$\langle \frac{f^{(n+1)}(x + v)}{(n+1)!} \xi^{n+1},$$

où $0 < v < \xi$, de sorte que l'on a « en général » :

$$\begin{aligned}
(70) \qquad f(x + \xi) &= f(x) + f'(x)\xi + \frac{f''(x)}{2!}\xi^2 + \ldots \\
&+ \frac{f^{(n)}(x)}{n!}\xi^n + \frac{f^{(n+1)}(x + \lambda\xi)}{(n+1)!}\xi^{n+1}
\end{aligned}$$

où $0 \leq \lambda \leq 1$.

Après avoir prouvé (70), Lagrange écrit (1797, art. 53, p. 50) :

> La perfection des méthodes d'approximation dans lesquelles on emploie
> les séries, dépend non seulement de la convergence des séries, mais
> encore de ce qu'on puisse estimer l'erreur qui résulte des termes qu'on
> néglige, et à cet égard on peut dire que presque toutes les méthodes d'ap-
> proximation dont on fait usage dans la solution des problèmes géomé-
> triques et mécaniques, sont encore très imparfaites. Le théorème précé-
> dent pourra servir dans beaucoup d'occasions à donner à ces méthodes
> la perfection qui leur manque, et sans laquelle il est souvent dangereux
> de les employer.

Par « méthodes d'approximation », Lagrange entend l'utilisation
de séries tronquées pour représenter la fonction. En ce sens, dans la
Théorie, toute la mécanique des systèmes discrets est fondée sur une
« méthode d'approximation perfectionnée » et prétendument rigoureuse.
Si l'on représente l'espace traversé par un corps mouvant au temps t
par la fonction $s = f(t)$, alors Lagrange montre que pour déterminer
l'équation de mouvement de ce corps à l'instant t, il faut considérer la
différence $f(t - \vartheta) - f(\vartheta)$ — exprimant la distance parcourue en un
temps ϑ — comme étant parfaitement représentée par la série tronquée
$f'(t)\vartheta + \frac{\vartheta^2}{2!}f''(t)$. Dans son langage, ceci signifie qu'« on peut faire
abstraction des autres termes » (Lagrange, 1797, art. 188, p. 226).

3.2. *Mouvement, vitesse et force*

3.2.1. D'après Lagrange, un mouvement est représenté par une relation fonctionnelle entre l'espace et le temps. Si l'on considère l'espace
comme étant représenté dans un système de trois coordonnées orthogonales x, y, z, on a en général $x = x(t)$, $y = y(t)$, $z = z(t)$. Ainsi, la

mécanique peut être considérée comme une « géométrie à quatre dimensions »[1], et une interprétation analytique de la géométrie est au fondement de la réduction de la mécanique à l'analyse.

En conséquence, si le mouvement d'un point matériel unitaire[2] est représenté par $f(t)$, et que l'on parvient à justifier la représentation de sa vitesse par $f'(t)$, et de la force agissant sur lui par $f''(t)$, tous les résultats de la *Mécanique analytique* peuvent être reproduits à l'aide d'un simple changement linguistique. Cependant, dans le nouveau contexte, Lagrange ne peut plus justifier ces résultats en ayant recours au principe des vitesses virtuelles[3]. Une déduction strictement mathématique, fondée seulement sur les lois de Newton, est nécessaire pour réaliser son programme[4]. Dans le § 2.3.9, ci-dessus, j'ai montré que cela est possible. Lagrange procède de manière assez similaire.

3.2.2. Commençons par la justification que donne Lagrange pour la représentation de la vitesse et de la force en termes de dérivées (Lagrange, 1797, art. 185-189, p. 223-228).

Si le mouvement est généralement représenté par une relation fonctionnelle exprimant l'espace couvert dans un temps donné, on peut toujours représenter le mouvement au cours du temps $t + \vartheta - t = \vartheta$ par la différence fonctionnelle

$$(71) \qquad f(t + \vartheta) - f(t) = f'(t)\vartheta + \frac{f''(t)}{2!}\vartheta^2 + \frac{f'''(t)}{3!}\vartheta^3 + \&c.$$

Comme t et ϑ sont deux variables indépendantes entre elles, en étudiant le mouvement au cours du temps ϑ, on peut considérer t comme une

1. Voir ci-dessus la note 1, p. 353.

2. Il est clair que pour un problème à un corps, la considération de la masse est inutile du point de vue analytique, c'est-à-dire que l'on peut toujours prendre la masse du corps comme étant unitaire. Ainsi, les forces agissant sur le corps peuvent être parfaitement représentées par les accélérations qu'elles produisent. Par conséquent, dans les § suivants, je ne considérerai les masses des corps que lorsqu'il sera question de problèmes à n corps ($n > 1$).

3. À propos du rôle du principe des vitesses virtuelles dans la *Théorie*, voir, toutefois, le § 3.3.7, ci-dessous

4. On peut distinguer deux sortes de principes propres à la mécanique analytique du xviiie siècle : les trois lois de Newton, d'une part, et les autres principes, comme le principe de moindre action ou le principe des vitesses virtuelles, d'autre part. J'ai insisté sur cette distinction dans Panza (1995), § 1. Même si le rôle des seconds principes, au sein de la mécanique analytique des systèmes à n corps, était considéré comme essentiel, leur déduction à partir des lois de Newton demeurait une exigence philosophique. Le programme de Lagrange dans la partie mécanique de la *Théorie* me semble être une réponse à cette exigence.

constante. Tous les mouvements (espaces) peuvent donc être considérés comme composés (en tant que somme) par des mouvements (espaces) élémentaires tels que $a\vartheta$, $b\vartheta^2$, $c\vartheta^3$, &c., où a, b, c, &c. sont des constantes.

Considérons un déplacement représenté par un segment de ligne droite s. La fonction $s = a\vartheta$ représente un mouvement rectiligne où les espaces sont toujours proportionnels aux temps dans lesquels ils sont parcourus. Un tel mouvement est appelé 'uniforme' et la constante a — exprimant le rapport constant entre l'espace et le temps — est proportionnelle à la vitesse, qui est à son tour constante. On sait, de par « l'observation et l'expérience », qu'il s'agit du mouvement d'un « corps mis en mouvement d'une manière quelconque, si on écarte toutes les causes d'altération qui peuvent agir sur lui » (Lagrange, 1797, art. 185, p. 223-224). Ainsi, à partir de « l'observation et l'expérience », Lagrange tire la « première loi de mouvement » (*ibidem*, p. 224)[1] :

> la vitesse une fois imprimée, se conserve toujours la même, et suivant la même direction.

Si s est un segment de droite, la fonction $s = b\vartheta^2$ représente, en revanche, un mouvement rectiligne où les espaces sont toujours proportionnels aux carrés des temps. Si le rapport entre l'espace et le temps exprime la vitesse, b est le rapport entre la vitesse et le temps qui, ici, est constant. Puisque le rythme de changement de l'espace augmente, on appelle un tel mouvement 'accéléré'. C'est le mouvement produit par une force agissant continûment sur un corps, dont l'accélération est mesurée par le rapport entre la vitesse et le temps. Il s'ensuit que la constante b mesure la force accélératrice (ou accélération) et le mouvement sera, ansi, uniformément accéléré. On sait, à nouveau grâce à « l'observation et l'expérience », que ce mouvement est celui des corps tombants« en faisant abstraction de la résistance de l'air, et de toute autre cause étrangère d'altération » (*ibidem*, art. 186, p. 224)[2].

---

1. À propos de l'appel à l'expérience, voir ci-dessous la note 2, p. 412.

2. Comme souvent, dans les textes du xviiie siècle, l'appel isolé et générique à l'observation et à l'expérience est seulement un outil rhétorique pour éviter toute discussion philosophique sur le fondement et la légitimité des sciences de la nature. Il serait faux de le concevoir comme indice d'une conception épistémologique générale. Les mêmes lois de l'inertie et de la chute des corps peuvent parfaitement être conçues comme pures conséquences des concepts mathématiques de vitesse et de force. Une telle conception est certainement plus conforme à la démarche réductionniste de Lagrange, mais il devient alors beaucoup plus difficile de justifier la mécanique comme science des phénomènes naturels réels. Comme tous les scientifiques des Lumières, au lieu d'affronter une telle difficulté, Lagrange préfère la masquer.

Les fonctions $c\vartheta^3$, &c., ne représentent aucun mouvement naturel et, nous dit Lagrange, « nous ignorons ce que le coefficient c pourrait représenter, en le considérant d'une manière absolue et indépendante des vitesses et des forces » (*ibidem*, art. 186, p. 225).

En composant les deux premières fonctions, on obtient un mouvement rectiligne composé, qui est représenté par la fonction $s = a\vartheta + b\vartheta^2$. Ceci, nous dit Lagrange (*ibidem*, art. 187, p. 225),

> sera par conséquent composé d'un mouvement uniforme et d'un mouvement uniformément accéléré, et [...] résultera de la réunion de deux causes qui peuvent produire chacun d'eux en particulier, c'est-à-dire, d'une vîtesse proportionnelle à a, primitivement imprimée, et d'une force accélératrice proportionnelle à b, agissant continuellement sur le mobile

Ici, a et b sont considérées comme des mesures constantes de la vitesse et de l'accélération moyennes du premier et second mouvement respectivement. Comme a n'est, comme le dit Lagrange, proportionnelle qu'à la vitesse initiale du mouvement composé, elle ne mesurera ni la vitesse moyenne de ce mouvement, ni celle instantanée en n'importe quel autre instant que l'instant initial de ϑ. Cette dernière vitesse sera plutôt mesurée par la vitesse constante d'un mouvement rectiligne uniforme ayant la même vitesse que ce mouvement dans l'instant considéré. En revanche, comme b est proportionnelle à l'accélération constante de ce mouvement le long de ϑ, elle l'est aussi à l'accélération instantanée de ce mouvement en tout instant de ce temps. Donc, à l'instant initial de ce temps, a et b sont respectivement proportionnelles à la vitesse et à l'accélération instantanées du mouvement composé représenté par la fonction $s = a\vartheta + b\vartheta^2$.

L'instant initial du temps ϑ est, bien entendu, l'instant désigné par 't' dans (71). Ainsi, si l'on prouve que, pour toute fonction $s = a\vartheta + b\vartheta^2$ autre que $s = f'(t)\vartheta + \dfrac{f''(t)}{2}\vartheta^2$ (c'est-à-dire toute paire de constantes a et b respectivement distinctes de $f'(t)$ et $\dfrac{f''(t)}{2}$), l'on peut prendre une valeur assez petite de ϑ telle que, pout toute fonction f, la valeur absolue de la différence entre $f(t + \vartheta) - f(t)$ et $f'(t)\vartheta + \dfrac{f''(t)}{2}\vartheta^2$ soit plus petite que la valeur absolue de la différence entre $f(t + \vartheta) - f(t)$ et $a\vartheta + b\vartheta^2$, alors on aura prouvé qu'« on peut prendre ϑ assez petit pour que le mouvement composé des deux termes $\vartheta f'(t) + \dfrac{\vartheta^2}{2} f''(t)$ approche plus du véritable mouvement que ne pourrait faire tout autre mouvement composé d'un mouvement uniforme et d'un mouvement uniformément accéléré » (*ibidem*, art. 188, p.226-227)[1]. Ceka suffirait don, à prouver que pour tout mouvement $s = f(t)$, la vitesse instantanée en t est proportionnelle à la vitesse moyenne du mouvement $s = f'(t)\vartheta$ au cours du temps ϑ, c'est-à-dire à $f'(t)$, et l'accélération instantanée en t est proportionnelle à l'accélération moyenne du mouvement $s = \dfrac{f''(t)}{2}\vartheta^2$ au cours de ϑ, c'est-à-dire à $\dfrac{f''(t)}{2}$, et donc à $f''(t)$. Il s'ensuivrait qu'on peut mesurer la vitesse et l'accélération en l'instant t de tout mouvement $s = f(t)$ par $f'(t)$ et $f''(t)$, respectivement.

---

1.   Ici, le mouvement est clairement représenté par l'espace parcouru, et l'on a :

$$AB = f(t)$$

$BC = f(t + \vartheta) - f(t)$ [espace parcouru en ϑ par un mouvement $s = f(t)$],

$BD = f'(t)\vartheta + \dfrac{f''(t)}{2}\vartheta^2$ [espace parcouru en ϑ par un mouvement

$$s = f(t) + f'(t)\vartheta + \frac{f''(t)}{2}\vartheta^2],$$

$BE = a\vartheta + b\vartheta^2$ [espace parcouru en ϑ par un mouvement $s = f(t) + a\vartheta + b\vartheta^2$],

d'où il suit que

$$\left| f(t + \vartheta) - f(t) - f'(t)\vartheta - \frac{f''(t)}{2!}\vartheta^2 \right| = CD$$
$$\left| f(t + \vartheta) - f(t) - a\vartheta - b\vartheta^2 \right| = CE$$

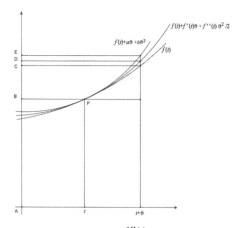

et l'on peut prouver que $s = f(t) + f'(t)\vartheta + \dfrac{f''(t)}{2}\vartheta^2$ est la parabole osculatrice à $f(t)$ en t, qui représente le mouvement uniformément accéléré avec la même vitesse et la même accélération instantanées que $f(t)$ en t.

Les mesures d'une vitesse et d'une accélération (ou force accélératrice) données par des grandeurs spatiales, en particulier des espaces parcourus ou supposément tels, peuvent être directement conçues comme étant les représentations de cette vitesse et de cette accélération. Ce n'est toutefois pas le cas pour une force motrice (ou force tout court, pour faire vite), qui dépend de la masse du corps sur laquelle elle agit, et ne peut, donc, qu'être représentée par une quantité proportionnelle à sa mesure donnée par un espace parcouru. Cependant, si la masse est prise comme étant unitaire, on peut aussi représenter une force par une telle mesure. Il s'ensuit que, dans ce cas, la représentation de l'accélération devient *ipso facto* une représentation de la force.

Comme, d'après (70), on a

(72) $$\left| [f(t + \vartheta) - f(t)] - \left[f'(t)\vartheta + \frac{f''(t)}{2}\vartheta^2 \right] \right| = \left| \frac{f'''(t + \lambda\vartheta)}{3!}\vartheta^3 \right|$$

$$[0 \leq \lambda \leq 1],$$

pour prouver que la vitesse et l'accélération d'un mouvement $s = f(t)$ peuvent être respectivement représentées par $f'(t)$, et $f''(t)$, et que cette dernière représentation vaut aussi pour la force agissant sur le corps mû, pourvu que sa masse soit unitaire, il faut donc prouver que :

Pour tout a et b respectivement distinctes de $f'(t)$ et $\frac{f''(t)}{2}$, on peut prendre une valeur assez petite de ϑ telle que

(73) $$\left| \frac{f'''(t + \lambda\vartheta)}{3!}\vartheta^3 \right| < \left| [f'(t) - a]\vartheta + \left[\frac{f''(t + \lambda\vartheta)}{2!} - b \right]\vartheta^2 + \frac{f'''(t + \lambda\vartheta)}{3!}\vartheta^3 \right|$$

pour $0 \leq \lambda \leq 1$.

Lagrange énonce ce résultat sans faire de référence explicite aux valeurs absolues, et en inversant l'ordre de la quantification universelle et de la quantification existentielle (« tant que a et b diffèrent de $f'(t)$ et $\frac{f''(t)}{2}$, on pourra toujours prendre ϑ assez petit pour que [...] », *ibidem*, art. 188, p. 227). Pour s'en justifier, Lagrange renvoie cependant à un argument avancé précédemment (sur lequel je vais revenir ci-dessous), ce qui montre clairement que la proposition véritablement démontrée est, en fait, celle que j'ai moi-même énoncée, et qui est celle qui est effectivement requise. Les inversions de quantificateurs dans l'énoncé d'un théorème (et autres confusions analogues) sont communes dans les travaux mathématiques avant la seconde moitié du XIXᵉ siècle, car la différence logique entre les deux formulations (et les affirmations correspondantes) n'était pas comprise. Dans les cas les plus favorables, comme ici, lorsque seulement la version plus faible doit être démontrée, de telles confusions ne relevaient que d'inexactitude linguistique, et demeuraient sans conséquence sur le plan mathématique. Mais il pouvait en aller tout autrement, et d'autres cas pouvaient donner lieu à de graves erreurs mathématiques.

Dans sa forme corrigée, le théorème à prouver est un cas particulier d'un résultat géométrique général énoncé et prouvé par Lagrange au tout début de la partie de la *Théorie* consacrée aux « applications à la géométrie » (cette partie correspond aux articles 108-184, p. 117-223 de Lagrange, 1797 ; le résultat en question est prouvé et expliqué aux articles 110-112, p. 119-223 ; son énoncé cité se trouve à l'article 112, p. 121-122) :

> [...] si l'on a une courbe quelconque, et qu'une autre courbe donnée ait un point commun avec celle-là, ce qui exige que leurs ordonnées pour la même abscisse soient égales ; que, de plus, les fonctions primes de ces ordonnées pour la même abscisse commune soient aussi égales, alors il sera impossible qu'aucune autre courbe qu'on mènerait par le même point commun passe entre les deux courbes, à moins que la fonction prime de son ordonnée pour la même abscisse, ne soit aussi égale aux fonctions primes de leurs ordonnées. Et si, outre les fonctions primes de ces ordonnées, leurs fonctions secondes pour la même abscisse étaient aussi égales, alors il serait impossible qu'aucune autre courbe qui passerait par le point commun, passât entre les deux courbes, À moins que les fonctions prime et seconde de son ordonnée ne fussent respectivement égales aux fonctions prime et seconde de l'ordonnée commune aux deux courbes, et ainsi du reste.

Dans un langage un peu plus moderne, cela revient à affirmer qu'aucune courbe référée à un système de coordonnées rectilignes orthogonales x, y, passant par le point $(x_0, f(x_0))$, possédant une ordonnée exprimée par une fonction dont au moins l'une des n premières dérivées évaluées en $x = x_0$ diffère respectivement de $f'(x_0)$, $f''(x_0)$, ..., $f^{(n)}(x_0)$ ne peut passer, autour de ce point $(x_0, f(x_0))$, entre les courbes d'équation $y = f(x)$ et $y = \sum_{i=0}^{n} \frac{f^{(i)}(x_0)}{i!}(x - x_0)^i$ (relativement à ce même système de coordonnées).

Dit autrement : la courbe d'équation $y = \sum_{i=0}^{n} \frac{f^{(i)}(x_0)}{i!}(x - x_0)^i$ est la courbe osculatrice de degré n à la courbe d'équation $y = f(x)$ en $x = x_0$.

Au lieu de rappeler ce résultat général et de considérer le théorème à prouver comme un simple corollaire, Lagrange affirme que celui-ci peut être prouvé par « un raisonnement semblable » à celui employé pour prouver ce résultat général (*ibidem*, art. 188, p. 227). Cette étrange manière de procéder vient probablement du fait que dans la preuve que Lagrange donne de ce résultat général, les dérivées n'apparaissent qu'en tant qu'*alias* des coefficients pertinents et, donc, de manière parfaitement indépendante de toute règle de dérivation et, plus généralement, de tout formalisme les concernant. Cela suggère qu'en se réclamant d'un « raisonnement semblable », il souhaite souligner que le théorème à prouver peut l'être, *de facto*, sans aucune référence explicite à la notion de fonction dérivée et au formalisme correspondant.

Il reste, cependant, que cette preuve est passablement obscure, si on la prend à la lettre. En introduisant la référence explicite aux valeurs absolues, et en supposant que $f'(t)$, $f''(t)$ et $f'''(t)$ soient des fonctions continues en t — ce que Lagrange considère comme allant de soit [1] — le « raisonnement semblable » servant à prouver le théorème précédent peut être reconstruit comme suit.

Notons respectivement 'A', 'B', et 'C' les coefficients de ϑ, ϑ^2, et ϑ^3 dans (73). Si $A \neq 0$, il est évident que l'on peut toujours choisir un nombre (réel) positif η_1 tel que si $0 < \vartheta \leq \eta_1$, alors le trinôme $A + B\vartheta + C\vartheta^2$ a le même signe que A. Il s'ensuit que :

(74)
    i)   si $A > 0$ et $0 < \vartheta \leq \eta_1$, alors $A + B\vartheta + C\vartheta^2 > 0$

    ii) si $A < 0$ et $0 < \vartheta \leq \eta_1$, alors $A + B\vartheta + C\vartheta^2 < 0$

Or, en supposant que $0 < \vartheta \leq \eta_1$, rien n'empêche de diviser les deux membres de l'inégalité (73) par ϑ, de sorte à obtenir :

$$(75) \qquad \left| C\vartheta^3 \right| < \left| A + B\vartheta + C\vartheta^2 \right|,$$

Il s'ensuit que si l'on suppose que $A > 0$, cette inégalité devient :

$$(76) \qquad A + B\vartheta + (C - |C|)\,\vartheta^2 > 0$$

et l'on peut toujours choisir un nombre (réel) positif η_2 tel que si $0 < \vartheta \leq Min\{\eta_1, \eta_2\}$, alors cette dernière égalité est vraie et donc le trinôme a le même signe que A.

---

1. Le terme « continu » est utilisé ici dans le sens moderne habituel.

En supposant que $A < 0$ et, à nouveau, $0 < \vartheta \leq \eta_1$, l'inégalité (73) devient, en revanche :

(77) $$A + B\vartheta + (C + |C|)\,\vartheta^2 < 0$$

et l'on peut, encore, toujours choisir un nombre (réel) positif η_2 tel que si $0 < \vartheta \leq Min\{\eta_1, \eta_2\}$, alors cette dernière égalité est vraie (et le trinôme a donc le même signe que A).

En supposant que $A = 0$ et $B \neq 0$, on peut toujours choisir un nombre (réel) positif η_3 tel que le binôme $B + C\vartheta$ ait le même signe que B et la preuve se poursuit de manière analogue a celle dans le cas où $A \leq 0$.

Si $A = 0$ et $B = 0$, les conditions du théorème ne sont pas satisfaites, car $a = f'(t)$ et $b = \dfrac{f''(t)}{2}$.

Même en admettant que Lagrange envisageait une preuve différente de celle-ci, cette preuve rend manifeste le fait que le théorème ne requiert qu'une preuve purement algébrique, car il est *de facto* un théorème purement algébrique. Il me semble difficile de douter que Lagrange n'ait pas vu cela. Le point crucial tient alors au fait qu'en supposant l'égalité (70), la représentation de la vitesse et de l'accélération (et, donc aussi de la force, si la masse du corps mouvant est unitaire) ne tient qu'à un fait algébrique.

C'est ce fait algébrique qui justifie la conclusion qui suit (*ibidem*, art. 188-189, p. 227-228) :

> [...] tout mouvement rectiligne représenté par l'équation $s = f(t)$ [1], peut, dans un instant quelconque au bout du temps t, être regardé comme composé d'un mouvement uniforme dû à une vitesse imprimée au mobile, mesurée par $f'(t)$, et d'un mouvement uniformément accéléré dû à une force accélératrice agissant sur le mobile et proportionnelle à $\dfrac{1}{2}f''(t)$, ou simplement à $f''(t)$; que par conséquent, si les causes qui empêchent le mouvement proposé d'être uniforme, venaient à cesser tout-à-coup, le mouvement se continuerait, dès cet instant, d'une manière uniforme avec une vitesse mesurée par $f'(t)$; et que si l'effet de ces causes, au lieu de devenir nul, devenait constant, le mouvement deviendrait composé du mouvement uniforme dont nous venons de parler, et d'un mouvement uniformément accéléré, commençant au même instant, en vertu d'une force accélératrice constante et proportionnelle à $f''(t)$. [...] Donc en général, dans tout mouvement rectiligne dans lequel l'espace parcouru est une fonction donnée du

---

1. Lagrange écrit ici 'x' où, par souci d'uniformité avec la notation précédente, j'écris 's'.

temps écoulé, la fonction prime de cette fonction représentera la vitesse, et la fonction seconde représentera la force accélératrice dans un instant quelconque [...].

3.2.3. La justification avancée par Lagrange pour la représentation analytique de la vitesse et de l'accélération par des fonctions dérivées est, donc, parfaitement indépendante du formalisme propre à ces fonctions : la vitesse et l'accélération sont simplement représentées par des coefficients dans le développement en série entière de la différence $f(t + \vartheta) - f(t)$ (qui est supposé exister pour toute fonction f, exception faite de points isolés). De cette manière, Lagrange rend la question de la détermination de cette représentation analytique parfaitement indépendante de celle de la détermination de l'algorithme du Calcul.

Cela lui permet de réaliser une version complètement analytique du programme fondationnel rattaché à la théorie des fluxions, en suivant le programme qui avait été, en particulier, présenté par Maclaurin dans son *Treatise of Fluxions* (Maclaurin, 1742).

L'idée centrale d'un tel programme [1] est que la vitesse instantanée d'un point mobile traçant un segment de ligne droite, c'est-à-dire la fluxion de ce segment (ou, plus généralement, la vitesse instantanée de variation d'une variable, ou la fluxion de cette variable), est mesurée (et représentée) par la vitesse moyenne d'un autre point se mouvant au cours d'un temps donné (pas nécessairement infinitésimal) avec un mouvement rectiligne uniforme et à la même vitesse que celle du premier point à l'instant donné [2] (ou par la vitesse moyenne de variation d'une autre variable variant uniformément au cours du même temps, avec une vitesse égale à la vitesse de variation de la première variable à cet instant). De manière analogue, l'accélération instantanée de ce même point, c'est-à-dire la fluxion seconde du segment qu'il décrit (ou le rythme de changement instantané de la vitesse de variation de cette variable, ou fluxion seconde de cette variable) est mesurée (et représentée) par l'accélération moyenne d'un autre point se mouvant au cours de ce temps d'un mouvement rectiligne uniformément accéléré avec la même accélération que le premier point à l'instant donné (ou par le rythme de changement moyen de la vitesse de variation d'une autre variable variant au cours de ce temps avec un rythme de changement de la vitesse de variation constant et égal au

---

1. Pour une justification de mon interprétation d'un tel programme, voir Panza, 1989, chs. 3 et 4.

2. Voir ci-dessus la note 1, p. 391.

rythme de changement de la vitesse de variation de la première variable à l'instant donné).

Dans cette perspective, le problème crucial propre à la fondation du Calcul était d'identifier des mouvements virtuels appropriés, ayant respectivement une vitesse et une accélération constantes, à associer à chaque mouvement rectiligne donné, de manière à en mesurer (et représenter) la vitesse et l'accélération instantanées (et analogiquement pour la variation d'une variable). Si la représentation géométrique de ces mouvements virtuels (ou des variations virtuelles jouant le même rôle), respectivement par une tangente et une parabole osculatrice à la courbe représentant le mouvement effectif (ou la variation effective), ne présentait aucun problème, il n'en allait pas de même pour la représentation analytique de ces mouvements (ou variations), c'est-à-dire la détermination d'une expression analytique apte à les exprimer. La seule possibilité pour identifier cette expression était en effet de la caractériser comme celle résultant de l'application de l'algorithme employé pour résoudre analytiquement le problème des tangentes et celui des paraboles osculatrices. Ainsi, si d'un côté la fondation du Calcul venait à dépendre d'un problème essentiellement différent, en tant que tel, de celui de la détermination et de la justification de son algorithme — celui, comme je viens de dire, de la détermination des mouvements virtuels appropriés (ou variations virtuelles appropriées) —, d'un autre côté, la solution de ce problème ne présentait toutefois aucun corrélat analytique identifié indépendamment de la considération de cet algorithme.

La démarche de Lagrange, dans les premières pages de la partie de la *Théorie* consacrée à la mécanique, dont je viens de rendre compte, peut être lue comme une manière de sortir de cette impasse. Il y montre, en effet, que les mouvements virtuels en question ne sont que ceux qui s'expriment analytiquement par deux fonctions $s = a\vartheta$ et $s = b\vartheta^2$, où les constantes a et b ne sont, respectivement, que le coefficient de ϑ, et celui de ϑ^2 multiplié par 2, dans le développement en série entière de $f(t + \vartheta)$, la fonction $s = f(t)$ étant celle qui exprime le mouvement effectif donné (ou la variation effective donnée). De plus, l'existence et l'unicité d'un tel développement étant admises, Lagrange procède moyennant une argumentation purement algébrique (car son appel à « l'observation et l'expérience » n'a aucun rôle dans l'identification de ces mouvements, et ne sert qu'à reconnaître respectivement dans ceux-ci le mouvement inertiel et le mouvement gravitationnel).

Lagrange parvient à ce résultat à rebours. Plutôt que de chercher les mouvements rectilignes uniformes et uniformément accélérés avec la vitesse et l'accélération moyennes appropriées (ou la ligne droite et la parabole ayant respectivement la même direction et la même courbure que la courbe originale), il considère chaque mouvement rectiligne comme étant composé, et analyse les propriétés mécaniques des mouvements composés, en trouvant que parmi les mouvements composants, celui qui est uniforme a une vitesse constante égale à la vitesse instantanée du mouvement original à l'instant initial, tandis que celui qui est uniformément accéléré a une accélération constante égale à l'accélération instantanée du mouvement original à ce même instant.

Ainsi, pour étudier la vitesse et l'accélération instantanées de chaque mouvement rectiligne, nous pouvons nous limiter, respectivement, à l'étude de la composante uniforme et de la composante uniformément accélérée de ce mouvement. L'outil méthodologique de la déduction de Lagrange est, ainsi, la réduction à des éléments simples.

En partant de ces premiers résultats, le programme de Lagrange est de parvenir à une géométrie générale des vitesses et des forces, exprimée analytiquement.

Si les coefficients des développements en série entière acquièrent une expression analytique déterminée, les formules générales peuvent acquérir, à leur tour, un contenu quantitatif, c'est-à-dire que l'on peut les utiliser pour calculer le mouvement des corps. S'ils n'acquièrent pas une telle expression, ces formules ne demeurent qu'une expression générale de relations formelles entre les grandeurs mécaniques et ces coefficients.

La distinction entre la forme et la valeur est complète. On peut exprimer la forme analytique d'une grandeur mécanique même si l'on ne peut pas établir sa valeur [1].

Il s'ensuit que, si la nouvelle représentation fonctionnelle des vitesses permet de conserver substantiellement l'organisation interne de la mécanique ainsi qu'elle présentée dans la *Mécanique analytique*, la signification mathématique des formules change complètement. Si l'on veut insister sur l'organisation interne de la mécanique et donner une simple liste de formules générales à utiliser pour résoudre les problèmes mécaniques, alors la nouvelle approche en termes de fonctions dérivées est parfaitement analogue à celle classique, employée dans ce traité, en

---

1. Ce n'est pas le cas de l'expression différentielle des formules de la mécanique. Les symboles '$\frac{dy}{dx}$', et $y'(x)$ ont, en effet, deux sens différents. Le premier exprime le résultat de l'application de l'algorithme différentiel à $y = y(x)$, tandis que le second exprime une entité formelle (le premier coefficient d'un développement en série entière) qui est totalement indépendante de cet algorithme.

termes de différentielles et variations. Cela explique pourquoi Lagrange
ne change pas ces notations et ces preuves dans la seconde édition d'un
tel traité. Si, en revanche, on souhaite insister sur les aspects génétiques
et fondationnels de la mécanique, en mettant en avant sa réductibilité à
l'analyse algébrique, et affirmer l'idée générale de la séparation entre
forme et valeur, alors sa réformation en termes de fonctions dérivées
devient essentielle.

3.3. *Équations du mouvement*

3.3.1. Soit τ une variable temporelle et t un instant générique (c'est-à-
dire une valeur générique de τ). Considérons trois mouvements rectilignes
$x = x(\tau)$, $y = y(\tau)$ et $z = z(\tau)$ le long des directions de trois axes orthogonaux x, y et z. Le mouvement curviligne d'un corps peut être représenté
par la trajectoire d'un point référée à un tel système de coordonnées, de
sorte que les mouvements rectilignes $x = x(\tau)$, $y = y(\tau)$ et $z = z(\tau)$
viennent à jouer le rôle des projections de cette représentation sur les axes,
et donc de représentation des composantes d'un tel mouvement le long de
ceux-là (Lagrange 1797, art. 190, p. 229-230).

Soit $\mathsf{T}(x(t), y(t), z(t))$ la position du corps à l'instant t. Si l'on veut
étudier sa vitesse instantanée, on peut se limiter à la composition des
mouvements rectilignes virtuels le long des axes ayant une vitesse
moyenne égale à la vitesse instantanée des mouvements $x = x(\tau)$, $y = y(\tau)$
et $z = z(\tau)$ à l'instant t (correspondant à la vitesse ponctuelle du corps en
T). Si l'on prend un temps donné ϑ comme paramètre, ces mouvements
sont exprimés par les espaces

$$(78) \quad \begin{aligned} \mathsf{X}(\vartheta) &= x(t) + x'(t)\vartheta - x(t) = x'(t)\vartheta \\ \mathsf{Y}(\vartheta) &= y(t) + y'(t)\vartheta - y(t) = y'(t)\vartheta \\ \mathsf{Z}(\vartheta) &= z(t) + z'(t)\vartheta - z(t) = z'(t)\vartheta. \end{aligned}$$

En revanche, si l'on veut étudier l'accélération instantanée, on peut se
limiter à la composition des mouvements rectilignes virtuels le long des
axes ayant une accélération moyenne égale à l'accélération instantanée
des mouvements $x = x(\tau)$, $y = y(\tau)$ et $z = z(\tau)$ à l'instant t (correspondant

à l'accélération ponctuelle du corps en T). Pour le même paramètre ϑ, ces mouvements sont exprimés par les espaces

$$X(\vartheta) = x(t) + \frac{1}{2}x''(t)\vartheta^2 - x(t) = \frac{1}{2}x''(t)\vartheta^2$$

(79) $$Y(\vartheta) = y(t) + \frac{1}{2}y''(t)\vartheta^2 - y(t) = \frac{1}{2}y''(t)\vartheta^2$$

$$Z(\vartheta) = z(t) + \frac{1}{2}z''(t)\vartheta^2 - z(t) = \frac{1}{2}z''(t)\vartheta^2.$$

Le problème général de la détermination des équations du mouvement d'un corps mobile se transforme ainsi en problème de la détermination des relations géométriques entre les coefficients dans (78) et (79) et la vitesse et l'accélération de ce mouvement (ce qui correspond au problème de la détermination de la loi de composition des vitesses et des accélérations, ou forces). Voyons comment Lagrange l'aborde (*ibidem*, art. 191-197, p. 230-237) [1].

Commençons par la vitesse. En éliminant ϑ des trois équations (78) et en choisissant $X(\vartheta)$ comme variable indépendante, on a :

(80) $$Y(\vartheta) = X(\vartheta)\frac{y'(t)}{x'(t)} \qquad ; \qquad Z(\vartheta) = X(\vartheta)\frac{z'(t)}{x'(t)},$$

qui, en prenant $X(\vartheta)$, $Y(\vartheta)$, $Z(\vartheta)$ comme variables, expriment une ligne droite dans l'espace, passant par T et tangente en ce point à la trajectoire curviligne du corps. L'espace parcouru au cours du temps ϑ par un mouvement rectiligne uniforme le long de cette ligne ayant une vitesse constante égale à la vitesse du corps au point T (ou à l'instant t), sera la distance entre les points $T(X(0), Y(0), Z(0))$ et $V(X(\vartheta), Y(\vartheta), Z(\vartheta))$, c'est-à-dire :

(81) $$\sqrt{X(\vartheta)^2 + Y(\vartheta)^2 + Z(\vartheta)^2} = \vartheta \sqrt{[x'(t)]^2 + [y'(t)]^2 + [z'(t)]^2}.$$

Cet espace représente un mouvement uniforme dont la vitesse constante mesure la vitesse instantanée du corps à l'instant t. Ainsi, en notant cette vitesse par '$v(t)$', on a :

(82) $$v(t) = \sqrt{[x'(t)]^2 + [y'(t)]^2 + [z'(t)]^2}$$

---

1. Lagrange utilise un seul symbole là où j'utilise respectivement trois symboles, 'x', 'X' et 'X', 'y', 'Y' et 'Y', et 'z', 'Z' et 'Z', et il utilise 't' pour dénoter à la fois un instant et un temps. Il est donc contraint d'exprimer les mouvements rectilignes composant le mouvement curviligne de manière générique, par '$x = at$', '$y = bt$', '$z = ct$' et $x = \frac{1}{2}gt^2$, $y = \frac{1}{2}ht^2$, $z = \frac{1}{2}kt^2$, en n'introduisant qu'à la fin les notations pour les fonctions dérivées ; 'x'' pour 'a', 'y'' pour 'b', 'z'' pour 'c' et 'x''' pour 'g', 'y''' pour 'h', 'z''' pour 'k'.

où $x'(t)$, $y'(t)$ et $z'(t)$ expriment respectivement les vitesses instantanées en t des mouvements composants $x = x(\tau)$, $y = y(\tau)$ et $z = z(\tau)$ [1].

Puisque $x'(t)\vartheta$, $y'(t)\vartheta$ et $z'(t)\vartheta$ sont les projections du segment de droite TV sur les axes x, y, z, si l'on dénote par 'ε', 'ζ' et 'η' les angles formés par la ligne droite exprimée par les équations (80) et ces axes, la loi de décomposition de la vitesse le long de trois directions orthogonales

---

1. Dans la notation de Lagrange (voir ci-dessus la note 1, p. 423), au lieu de (82), on a a $A = \sqrt{a^2 + b^2 + z^2}$, A étant, selon ses propres mots, « la vitesse du mouvement composé » (Lagrange, 1797, art. 192, p. 230). Ceci rend évident que ce que Lagrange appelle ici 'vitesse' n'est, dans notre langage, que le module d'une vitesse, dont la direction et le sens sont déterminés par les rapports entre les valeurs de a, b et c (ou $x'(t)$, $y'(t)$ et $z'(t)$) — c'est-à-dire par la direction de la droite exprimée par les équations (80) et par l'identification de la demi-droite prise sur cette droite à partir du point T sur laquelle se trouve l'autre point V —, alors que A (ou $v(t)$) est par définition positive et ne dépend que de leurs valeurs absolues, ou, plus précisément, de la somme de leurs carrés. La situation n'est ici pas très différente de celle déjà apparue ci-dessus à deux occasions, à propos de la différentielle ds (voir § 2.1.3 et note 1, p. 393), ainsi que de celle habituelle, au cours du XVIIIe siècle au sein du calcul différentiel, où la vitesse d'un mouvement le long d'une courbe dans l'espace, référée à trois coordonnées cartésiennes orthogonales, x, y, z, était définie comme le rapport différentiel $\frac{ds}{dt} = \sqrt{dx^2 + dy^2 + dz^2}$. Cependant, une telle remarque est digne d'intérêt en raison du rôle qui sera joué par la suite par les égalités (83) et (91), qu'on va tirer respectivement de (82) et de l'autre égalité (88), analogue à (82) pour le cas de la force. Cette conception de la vitesse comme une grandeur purement scalaire pourrait aisément se justifier, dans le contexte de la *Théorie*, en se réclamant de la représentation de la vitesse par un espace rectiligne parcouru, et en supposant que Lagrange regardait cet espace comme un segment non orienté pris sur une droite quelconque, indépendamment de la direction de cette droite par rapport à un repère donné, c'est-à-dire, en ne prenant en compte que la longueur de ce segment. Il reste, cependant, qu'en se limitant à une telle justification, on passerait sous silence le fait crucial qu'une telle conception ne s'applique que partiellement à a, b et c (ou $x'(t)$, $y'(t)$ et $z'(t)$), que Lagrange qualifie aussi de « vitesses », en particulier de vitesses des « trois mouvements relatifs aux axes » (*ibidem*). Car, si leur direction est supposée connue et fixée à l'avance, elles ont bien un signe et ne sont, donc, pas de purs modules, mais plutôt des grandeurs orientées. On ne peut donc pas dire qu'en parlant de vitesses dans la *Théorie*, Lagrange se réfère toujours à ce qui est pour nous le module d'une vitesse : ceci est vrai pour la vitesse d'un mouvement dans l'espace conçu comme composé par trois mouvements rectilignes le long de trois axes donnés, mais non pas pour les vitesses de ce trois mouvements. Donc, à proprement parler, seules ces trois dernières vitesses sont des fonctions dérivées — des fonctions $x = x(t)$, $y = y(t)$ et $z = z(t)$, respectivement —, alors que la première est la valeur absolue d'une fonction dérivée — en particulier la valeur absolue $|s'(t)|$ de la dérivée de la fonction $s = f(t)$.

est simplement exprimée par les égalités [1] :

$$(83) \quad x'(t) = v(t) \cos \varepsilon \quad ; \quad y'(t) = v(t) \cos \zeta \quad ; \quad z'(t) = v(t) \cos \eta.$$

Si le mouvement effectif d'un corps est le résultat de la composition de m mouvements différents dont la vitesse instantanée en t, prise le long d'une direction donnée, est $v_j(t)$ ($j = 1, 2, \ldots, m$) [2], alors, en composant des vitesses le long de la même direction commune comme des espaces rectilignes, et en dénotant la vitesse instantanée totale du corps par '$v(t)$', on obtient :

$$(84) \quad v(t) = \sqrt{\left[\sum_{j=1}^{m} x'_j(t)\right]^2 + \left[\sum_{j=1}^{m} y'_j(t)\right]^2 + \left[\sum_{j=1}^{m} z'_j(t)\right]^2}.$$

Ainsi, si ε, ζ, η et ε_j, ζ_j, η_j sont respectivement les angles formés par les axes x, y, z, et la droite exprimée par les équations (80), d'une part, et

---

1. Puisque $v(t)$ est par définition positive, alors que ceci n'est pas en général le cas de $x'(t)$, $y'(t)$ et $z'(t)$ (comme je viens de l'observer ci-dessus dans la note 1, p. 424), il s'ensuit que les cosinus de ε, ζ et η ne peuvent pas, à leur tour, être toujours positifs, leur signe étant nécessairement celui de ces dernières vitesses. Ceci implique que ces angles doivent être ceux qui sont respectivement formés en T par des droites parallèles à x, y, z, avec le segment TV, pris dans un sens de rotation conventionnellement fixé une fois pour toutes, par exemple, si l'on se conforme à l'usage courent, le sens inverse des aiguilles d'une montre. C'est exactement ce que Lagrange semble indiquer dans le passage suivant (Lagrange, 1797, art. 191, p. 230) :

> La partie de [...][la] droite qui répond aux coordonnées x, y, z, sera donc $\sqrt{x^2 + y^2 + z^2} = t\sqrt{a^2 + b^2 + c^2}$; ce sera l'espace décrit pendant le temps t, en vertu des trois mouvemens uniformes. Ce mouvement composé sera donc aussi rectiligne uniforme, avec une vitesse égale à $\sqrt{a^2 + b^2 + c^2}$. A l'égard de sa direction, il est plus simple de la rapporter aux trois axes des coordonnées x, y, z, et il est visible que [...] les rapports $\dfrac{a}{\sqrt{a^2 + b^2 + c^2}}$, $\dfrac{b}{\sqrt{a^2 + b^2 + c^2}}$, $\dfrac{c}{\sqrt{a^2 + b^2 + c^2}}$ seront les cosinus des angles que cette direction fait avec les mêmes axes.

D'après la note 1, p. 423, il devrait être clair que la « partie de droite », dont parle ici Lagrange n'est rien d'autre que la distance (81), c'est-à-dire le segment TV, alors que « le temps t » est celui que je dénote par 'ϑ'.

2. Il est clair que chacun de ces mouvements doit être considéré comme le résultat de la composition de trois mouvements orthogonaux $x_j = x_j(\tau)$, $y_j = y_j(\tau)$ et $z_j = z_j(\tau)$ tels que $x_1(t) = x_2(t) = \ldots = x_m(t)$, $y_1(t) = y_2(t) = \ldots = y_m(t)$ et $z_1(t) = z_2(t) = \ldots = z_m(t)$.

les directions des vitesses $v_j(t)$ des m mouvements considérés, de l'autre, alors de (83), il suit que :

$$x'(t) = v(t) \cos \varepsilon = \sum_{j=1}^{m} v_j(t) \cos \varepsilon_j = \sum_{j=1}^{m} x_j'(t)$$

(85) $$y'(t) = v(t) \cos \zeta = \sum_{j=1}^{m} v_j(t) \cos \zeta_j = \sum_{j=1}^{m} y_j'(t)$$

$$z'(t) = v(t) \cos \eta = \sum_{j=1}^{m} v_j(t) \cos \eta_j = \sum_{j=1}^{m} z_j'(t)$$

qui exprime la loi générale de décomposition d'un nombre quelconque de vitesses en trois vitesses orthogonales [1].

De la même manière, on peut déduire la loi de composition des accélérations et des forces. En éliminant ϑ dans les trois équations (79), on obtient :

(86) $$Y(\vartheta) = X(\vartheta) \frac{y''(t)}{x''(t)} \qquad ; \qquad Z(\vartheta) = X\vartheta) \frac{z''(t)}{x''(t)}$$

qui expriment aussi une ligne droite dans l'espace passant par T, de sorte que l'espace parcouru au cours de ϑ par un mouvement rectiligne

---

1. Lagrange (1797, art. 192, p. 231) se contente du cas $m = 2$ et n'explicite pas la déduction de (85) à partir de (83) avec la l'hypothèse nécessaire de la loi de composition des vitesses le long de la même direction. De plus, il maintient l'attitude signalée ci-dessus dans la note 1, p. 423, et dénote génériquement par 'A', 'B', 'C', les vitesses que je dénote par '$v_1(t)$', '$v_2(t)$', '$v(t)$', en présentant les deux premières comme « deux vitesses A et B suivant des directions données », et les angles que je dénote respectivement par 'ε_1', 'ζ_1', 'η_1' et 'ε_2', 'ζ_2', 'η_2' comme les angles entre ces directions et les axes. Cependant, comme on l'a vu ci-dessus dans la note 1, p. 424, A n'est à proprement parler que le module d'une vitesse, et l'on devrait supposer qu'il soit de même pour B. En parlant des « vitesses A et B suivant des directions donnés », Lagrange semble ainsi supposer que ces modules sont ceux de deux vitesses dont la direction est supposée connue par ailleurs. En d'autres termes, il semble utiliser le symboles 'A' et 'B' pour dénoter tant le module d'une vitesse connue par ailleurs (comme celle d'un certain mouvement uniforme) que cette même vitesse, purement identifiée à l'aide de l'un ou l'autre de ces symboles. Je me permets de faire de même pour simplifier l'exposition. De ce que j'ai dit dans les notes 1, p. 424, 1, p. 425, et 2, p. 425, il suit, alors, que $v(t)$ et $v_j(t)$ doivent être conçus respectivement comme les modules des vitesses du mouvement total et des mouvements qui le composent, et les angles ε, ζ, η et ε_j, ζ_j, η_j comme les angles, pris dans le sens de rotation conventionnellement fixé, respectivement formés en T par des droites parallèles à x, y, z, avec les segments TV et TV$_j$ — où V$_j$ sont les points $(X_j(\vartheta), Y_j(\vartheta), Z_j(\vartheta))$ et $X_j(\vartheta) = x_j'(t)\vartheta$, $Y_j(\vartheta) = y_j'(t)\vartheta$, $Z_j(\vartheta) = z_j'(t)\vartheta$, comme en (78) —, de sorte que leurs cosinus sont positifs ou négatifs selon la position de ces derniers points.

uniformément accéléré le long de cette ligne, et ayant une accélération constante égale à l'accélération du corps au point T, sera la distance :

$$(87) \qquad \sqrt{X(\vartheta)^2 + Y(\vartheta)^2 + Z(\vartheta)^2} = \frac{\vartheta^2}{2} \sqrt{[x''(t)]^2 + [y''(t)]^2 + [z''(t)]^2}.$$

entre les points $\mathsf{T}(X(0), Y(0), Z(0))$ et $\mathsf{F}(X(\vartheta), Y(\vartheta), Z(\vartheta))$.

Il s'ensuit que si α, β, γ sont les angles que cette droite forme respectivement avec les axes x, y, z, et '$u(t)$' dénote l'accélération du corps à l'instant t — c'est-à-dire la force accélératrice à laquelle est dû le mouvement uniformément accéléré ayant une accélération constante égale à l'accélération du corps à l'instant t, ainsi que la force motrice agissante sur le corps si la masse du corps est prise comme unitaire — toutes les formules précédentes peuvent être reproduites en remplaçant simplement '$v(t)$' par '$u(t)$', '$x'(t)$', '$y'(t)$' et '$z'(t)$' par '$x''(t)$', '$y''(t)$' et '$z''(t)$', et 'ε', 'ζ', 'η' par 'α', 'β', 'γ'. Ainsi, à la place de (82), (83), (84) et (85), on aura respectivement :

$$(88) \qquad u(t) = \sqrt{[x''(t)]^2 + [y''(t)]^2 + [z''(t)]^2},$$

$$(89) \quad x''(t) = u(t)\cos\alpha \quad ; \quad y''(t) = v(t)\cos\beta \quad ; \quad z''(t) = v(t)\cos\gamma,$$

$$(90) \qquad u(t) = \sqrt{\left[\sum_{j=1}^{m} x''_j(t)\right]^2 + \left[\sum_{j=1}^{m} y''_j(t)\right]^2 + \left[\sum_{j=1}^{m} z''_j(t)\right]^2},$$

et

$$(91) \qquad \begin{aligned} x''(t) &= u(t)\cos\alpha = \sum_{j=1}^{m} u_j(t)\cos\alpha_j = \sum_{j=1}^{m} x''_j(t) \\ y''(t) &= u(t)\cos\beta = \sum_{j=1}^{m} u_j(t)\cos\beta_j = \sum_{j=1}^{m} y''_j(t) \\ z''(t) &= u(t)\cos\gamma = \sum_{j=1}^{m} u_j(t)\cos\gamma_j = \sum_{j=1}^{m} z''_j(t) \end{aligned}$$

où $u(t)$ et α, β, γ sont telles que définie ci-dessus :, $x''(t), y''(t), z''(t)$ et $x''_j(t), y''_j(t), z''_j(t)$ sont respectivement les forces accélératrices (ou motrices, si la masse du corps est prise comme unitaire) totales le long de la direction des axes, et les forces qui les composent ; les $u_j(t)$ sont les forces respectivement composées par $x''_j(t), y''_j(t), z''_j(t)$, et α_j, β_j et

γ_j les angles formés par les axes et les directions des forces $u_j(t)$ [1]. En particulier, les égalités (91) expriment la loi de composition des forces accélératrices (et aussi des forces motrices, si la masse du corps est prise comme unitaire).

1. Sous la plume de Lagrange, en lieu de (88), on trouve le passage qui suit (Lagrange, 1797, art. 193, p. 232 ; voir ci-dessus la note 1, p. 423) :

[...] l'on voit que [...][le] mouvement [composé] sera [...] dû à une force accélératrice égale à $\sqrt{g^2 + h^2 + k^2}$.

Plus loin (*ibidem*, p. 233), Lagrange dénote par 'G', 'H' « deux forces [...] », suivant des direction données » et par 'K' « la force unique résultant de celles-ci », et il écrit les égalités (91) pour $m = 2$ (limitées à leurs second et troisième membres) avec 'K' au lieu de '$u(t)$', et 'G', 'H' au lieu de '$u_1(t)$', et '$u_2(t)$', en se répétant encore quelques pages plus loin (en limitant cette fois les égalités (91) pour $m = 2$ à leurs premiers et troisièmes membres) avec 'P' et 'Q' à la place de 'G' et 'H' (*ibidem*, art. 196, p. 236 ; la raison de cette répétition est que Lagrange distingue le cas où le mouvement total est uniforme ou uniformément accéléré, de celui où il est quelconque, une distinction essentiellement inutile, dont je ne rends pas compte ici). Ceci rend clair, d'un côté, que ce que Lagrange appelle ici 'force' n'est, dans notre langage, que l'intensité d'une force — de sorte qu'à proprement parler, '$u(t)$' et '$u_j(t)$' dénotent ici les modules des accélérations ou les intensités des forces concernées, plutôt que ces mêmes accélérations ou forces —, et, d'un autre côté, qu'il s'autorise à dénoter par un même symbole, tel que 'G', 'H', 'P', ou 'Q', tant l'intensité d'une force supposée connue par ailleurs (comme la force produisant un certain mouvement uniformément accéléré) que cette même force, purement identifiée à l'aide de ce symbole, ce que je me permets de faire aussi pour simplifier d'exposition. La situation est donc complément analogue à celle décrite ci-dessus dans la note 1, p. 424, pour le cas de la vitesse. Et, comme dans ce cas, il faut prendre garde au fait qu'une telle conception de la force comme étant une grandeur purement scalaire (qui pourrait aisément se justifier, dans le contexte de la *Théorie*, de la même manière qu'on l'a fait dans cette note pour la conception analogue de la vitesse) ne s'applique que partiellement à g, h et k (ou $x''(t)$, $y''(t)$ et $z''(t)$), que Lagrange qualifie aussi de « forces accélératrices », car, tout en ayant une direction supposée connue et fixée à l'avance, elles ont un signe et ne sont donc pas de purs modules, mais plutôt des grandeurs orientées. Il s'ensuit que les angles α, β, γ et α_j, β_j, γ_j seront ceux, pris dans le sens de rotation conventionnellement fixé, respectivement formés en T par des droites parallèles à x, y, z, avec le segment TF et les segments TF$_j$ — où F$_j$ sont les points $(X_j(\vartheta), Y_j(\vartheta), Z_j(\vartheta))$ et $X_j(\vartheta) = \frac{1}{2}x_j'(t)\vartheta$, $Y_j(\vartheta) = \frac{1}{2}y_j''(t)\vartheta$, $Z_j(\vartheta) = \frac{1}{2}z_j''(t)\vartheta$, comme en (79) —, ce qui fait que leurs cosinus seront positifs ou négatifs selon la position de ces derniers points. Le passage qui suit, qui complète celui cité plus haut, confirme cette interprétation (Lagrange, 1797, art. 193, p. 232 ; d'après la note 1, p. 423, il devrait être clair que la « partie de droite » mentionnée ici est le segment TF, et « le temps t » est, à nouveau, celui que je dénote par 'ϑ') :

La partie de [...][la] droite qui répond aux coordonnées x, y, z, sera donc $\sqrt{x^2 + y^2 + z^2} = \frac{1}{2}t\sqrt{a^2 + b^2 + c^2}$; ce sera l'espace parcouru par le mouvement composé, pendant le temps t ; d'où l'on voit que ce mouvement sera aussi uniformément accéléré, et dû à une force accélératrice égale à $\sqrt{g^2 + h^2 + k^2}$. Et [...]

Soit maintenant $\Delta_{v,u}$ l'angle formé en T par les directions de $u(t)$ et de $v(t)$ [1]. Grâce à des considérations géométriques très simples, on trouve que :

$$(92) \qquad \cos \Delta_{v,u} = \cos \varepsilon \cdot \cos \alpha + \cos \zeta \cdot \cos \beta + \cos \eta \cdot \cos \gamma$$

En multipliant les égalités (91) respectivement par $\cos \varepsilon$, $\cos \zeta$ et $\cos \eta$, et en additionnant, on trouve, ainsi, d'après (82) et (85) :

$$
\begin{aligned}
(93) \qquad & x''(t) \cos \varepsilon + y''(t) \cos \zeta + z''(t) \cos \eta = \\
& = \frac{x''(t)x'(t) + y''(t)y'(t) + z''(t)z'(t)}{v(t)} \\
& = u(t) \cos \Delta_{v,u} = \sum_{j=1}^{m} u_j(t) \cos \Delta_{v,u_j},
\end{aligned}
$$

où Δ_{v,u_j} sont les angles formés en T par les direction de $u_j(t)$ et de $v(t)$ [2].

3.3.2. Dans les formules précédentes [3], il n'est question que d'un seul corps. Rien n'empêche, donc, de prendre sa masse comme unitaire, ce qui

les rapports $\dfrac{g}{\sqrt{g^2 + h^2 + k^2}}$, $\dfrac{h}{\sqrt{g^2 + h^2 + k^2}}$, $\dfrac{k}{\sqrt{g^2 + h^2 + k^2}}$ seront les cosinus des angles que la direction du mouvement composé fera avec les mêmes axes.

La conclusion à tirer de tout ceci est la même que dans le cas de la vitesse : en parlant de force dans la *Théorie*, Lagrange ne se réfère pas toujours à ce qui est pour nous l'intensité d'une force. Ceci est vrai pour une force agissant selon une direction quelconque conçue comme composée de trois forces agissant le long de trois axes donnés, mais pas pour ces trois forces, de sorte qu'à proprement parler, seulement ces dernières forces s'identifient, ou sont proportionnelles (selon qu'elles sont accélératrices ou motrices) à des fonctions dérivées deuxièmes — des fonctions $x = x(t)$, $y = y(t)$ et $z = z(t)$, respectivement —, alors que la première s'identifie, ou est proportionnelle, à la valeur absolue d'une fonction dérivée deuxième — en particulier la valeur absolue $|s''(t)|$ de la dérivée seconde de la fonction $s = f(t)$.

1. C'est-à-dire, d'après ce que j'ai dit dans la note 1, p. 426 et la note 1, p. 428, l'angle, pris dans le sens de rotation conventionnellement fixé, formé en T par les deux segments TV et TF. Le cosinus de cet angle sera donc positif ou négatif selon les positions de V et F, relativement à T.

2. Ces angles doivent être naturellement conçus de la même manière que l'angle $\Delta_{v,u}$, c'est-à-dire en accord avec ce que j'ai dit ci-dessus dans la note 1, p. 429.

3. Dans ce §, je vais donner une interprétation des formules précédentes de Lagrange apte à souligner leurs correspondance avec la formulation variationnelle du principe des vitesses virtuelles proposé dans la *Mécanique analytique*. Bien que (94) et (98) ne soient pas explicitement déduites par Lagrange dans la *Théorie*, elles montrent la correspondance complète entre les deux fondations de la mécanique des systèmes discrets qu'on trouve dans ses deux traités.

entraîne que force accélératrice (ou accélération) et force motrice coïncident. Lagrange parle souvent explicitement de force accélératrice, mais également, en plusieurs occasions, de force tout court. La coïncidence entre les deux sortes de force rend cette apparente ambiguïté inoffensive. Lorsque plusieurs corps sont pris en compte, les choses doivent cependant être clarifiées. Plus loin, dans son traité, il parle de "valeurs absolues des forces" (Lagrange, 1797, art. 199, p. 239) ou de "force absolue" (*ibidem*, art. 204, p. 247, pas exemple), en dénotant ces forces par des symboles atomiques tels que 'P', 'Q', … En supposant que l'accélération instantanée d'un point matériel de masse M, produite par une telle force P soit $u(t)$, on aurait donc que $P = Mu(t)$[1], c'est-à-dire $u(t) = \dfrac{P}{M}$, comme Lagrange lui même le dit explicitement[2]. Cela marque une différence par rapport à la notation utilisée dans les travaux précédents, où Lagrange dénote par 'P', 'Q', &c., les effets des forces sur un corps (c'est-à-dire, les accélérations ou forces accélératrices)[3], et il introduit les masses M_i ($i = 1, 2, …, n$) comme des facteurs communs pour donner le principe général des vitesses virtuelles. Pour clarifier la correspondance entre les formules qui suivent et celles de ces travaux, je préfère, cependant, ne pas adopter la nouvelle notation de Lagrange, en conservant celle de ces derniers travaux. Je dénoterai donc une force motrice[4] par '$Mu(t)$'.

---

1. De ce que j'ai dit ci-dessus dans la note 1, p. 428, il suit que $P = Mu(t)$ doit être considérée comme l'intensité d'une force, même si, comme je l'ai remarqué dans cette même note, Lagrange s'autorise (ainsi que je le ferai à mon tour) à dénoter par le même symbole (dans ce cas 'P') tant cette intensité que cette même force, supposée connue par ailleurs.

2. Voir Lagrange, 1797, art. 198-199, p. 238-239) :

> […] en général, l'effet d'une force donnée sur une masse donnée est en raison directe de la force et en raison inverse de la masse, ou comme la force divisée par la masse. […] Il [en] résulte […] que les forces accélératrices d'un corps doivent être estimées par les valeurs absolues des forces qui agissent sur le corps, divisées par la masse même du corps. Ainsi, si P, Q, &c., expriment les valeurs. absolues des forces qui agissent sur un corps dont la masse est M […], il faudra, dans les formules du n° 196 mettre par-tout $\dfrac{P}{M}$, $\dfrac{Q}{M}$, &c., à la place de P, Q, &c.., ou, ce qui revient au même, multiplier par M les quantités x'', y'', z''.

Les formule du n° 196 sont celles que j'ai rendues par les égalités (91), où, comme je l'ai observé ci-dessus dans la note 1, p. 428, Lagrange dénote par 'P' et 'Q', ce que je dénote par '$u_1(t)$' et '$u_2(t)$'.

3. Voir ci-dessus la note 2, p. 364.

4. Et plus particulièrement, son intensité : voir ci-dessus la note 1, p. 428 et la note 1, p. 430.

Explicitement référée aux forces motrices, (93) devient, alors :

$$(94) \quad M\left[x''(t)x'(t) + y''(t)y'(t) + z''(t)z'(t) - \sum_{j=1}^{m} u_j(t)v(t)\cos\Delta_{v,u_j}\right] = 0$$

Même si Lagrange ne le mentionne pas, il est facile de voir que cette formule exprime le principe général des vitesses virtuelles pour les systèmes discrets. En effet, dans ses travaux précédents, Lagrange représente la vitesse virtuelle d'un corps par une variation composée des trois variations indépendantes δx, δy, δz de ses variables de position. Si x, y et z sont des fonctions arbitraires et indépendantes du temps, on peut considérer ces variations comme des incréments de telles fonctions produites au cours d'un temps $\delta t = \vartheta$. Il s'ensuit que :

$$(95) \quad \delta x = x'(t)\delta t \quad ; \quad \delta y = y'(t)\delta t \quad ; \quad \delta z = z'(t)\delta t \quad ; \quad \delta s = s'(t)\delta t,$$

ce qui montre que les projections de la vitesse virtuelle sur les axes x, y, et z peuvent être représentées par les dérivées premières de $x = x(\tau)$, $y = y(\tau)$ et $z = z(\tau)$ au point T (car δt est évidemment constante). De plus, en posant $P = u(t)$, d'après (36), (85), (92) et (95), on dérive :

$$(96) \quad \begin{aligned} \delta p &= \delta x \cos\alpha + \delta y \cos\beta + \delta z \cos\gamma \\ &= [x'(t)\cos\alpha + y'(t)\cos\beta + z'(t)\cos\gamma]\,\delta t \\ &= v(t)\cos\Delta_{v,u}\delta t. \end{aligned}$$

Du fait que la force tend à diminuer la distance entre un point et son origine, en suivant l'indication donnée par Lagrange dans la *Mécanique analytique* [1], on doit pendre cette variation négativement. Donc en posant $\delta t = 1$, et en remplaçant respectivement '$x''(t)$', '$y''(t)$', '$z''(t)$' par 'X', 'Y', 'Z', et '$u_j(t)$' $(j = 1, 2, \ldots m)$ par 'P', 'Q', &c., en accord avec la notation utilisée par Lagrange dans ce même traité, la (94) peut se réécrire ansi :

$$(97) \quad M[X\delta x + Y\delta y + Zz\delta z + P\delta p + Q\delta q + \&\text{c.}] = 0$$

qui n'est rien d'autre que le principe des vitesses virtuelles pour le mouvement d'un seul corps, écrit en notation variationelle.

---

1. Voir p. 386, ci-dessus.

En passant à un système discret à n corps, ce principe correspond ainsi à l'égalité

$$(98) \quad \sum_{i=1}^{n} M_i \left[\begin{array}{c} x_i''(t)x_i'(t) + y_i''(t)y_i'(t) + z_i''(t)z_i'(t) \\ - \sum_{j=1}^{m} u_{i,j}(t)s_i'(t)\cos\Delta_{v_i,u_{i,j}} \end{array} \right] = 0$$

qui n'est, donc, rien d'autre qu'une généralisation de (93).

En introduisant un paramètre temporel, on peut donc exprimer la version dynamique du principe des vitesses virtuelles pour les systèmes discrets, comme Lagrange la donne dans la *Méchanique analitique*, sans faire appele à aucune variation. Dans la nouvelle formulation, les variations indépendantes sont remplacées par les dérivées premières de fonctions appropriées d'un tel paramètre, exprimant des mouvements également indépendants entre eux, ce qui permet de continuer à appliquer la méthode générale des coefficients indéterminés à partir de cette nouvelle version du principe.

3.3.3. Cependant la solution des problèmes usuels de la dynamique des systèmes discrets ne peut désormais être obtenue, à partir de ces bases, qu'à condition d'éliminer de ses conséquences la variable externe t. La position d'un corps est, en effet, habituellement donnée par une relation fonctionnelle entre des variables de position, et, si les vitesses virtuelles doivent être indépendantes de ce lien fonctionnel (pour permettre d'appliquer la méthode des coefficients indéterminés), ce n'est pas le cas pour les forces.

Il s'ensuit que, pour rendre opératoire sa nouvelle représentation de la vitesse et de la force en termes de dérivées, Lagrange a besoin d'une méthode générale d'élimination du temps dans les équations du mouvement. Dans ce nouveau cadre, cette méthode devient ainsi un outil essentiel de la mécanique.

Le problème de l'élimination du temps dans ces équations est un cas particulier du problème général consistant à établir les relations analytiques entre les dérivées par rapport à x d'une fonction quelconque $f(x)$ et les dérivées de cette même fonction par rapport à n'importe quelle fonction de x, $g(x)$. Lagrange aborde ce problème de manière complètement générale dans la leçon VII[e] de ses *Leçons sur le calcul des fonctions* (Lagrange, 1801, p. 47-52, 1806, p. 62-68), une sorte de commentaire à la *Théorie*, dont la première édition paraît quatre ans après celle de ce dernier traité. Si, en suivant Lagrange, on conçoit une fonction comme une forme analytique [d], opérer un changement de variable revient, à strictement parler, à changer la fonction elle-même. Ainsi, pour considérer différentes dérivées de la même fonction par rapport à différentes fonctions prises comme variables, il faut considérer les fonctions comme des objets qui restent les mêmes après un changement de leur forme analytique, c'est-à-dire autrement que comme de simples objets formels. Plus précisément, cela revient à les considérer comme des quantités (géométriques ou mécaniques), plutôt que comme des entités purement analytiques. La leçon consacrée à ce problème est, de ce fait, l'un des textes les plus problématiques, dans les traités de Lagrange concernant la théorie des fonctions analytiques, pour ce qui regarde le point de vue général qu'il défend à propos de la nature des fonctions. Elle trouve probablement son origine dans la considération de problèmes particuliers d'élimination des variables.

Un problème similaire — qui montre bien que les mathématiques traditionnelles présentent des aspects dont il est bien difficile de rendre compte du point de vue radical de Lagrange et à l'aide de sa notion de fonction — apparaît à deux reprises dans la *Théorie*. La première occurrence concerne le passage de la théorie des fonctions primitives à une variable à la théorie des fonctions primitives à deux variables (Lagrange, 1797, art. 63, p. 60). La seconde est celle dont il est ici question et concerne la méthode d'élimination du temps dans les équations de mouvement. Ici, les quantités pertinentes sont les coordonnées de position du point T qui restent évidemment les mêmes selon qu'elles sont considérées comme des fonctions indépendantes du temps, ou comme liées par une relation fonctionnelle. Ainsi, leurs dérivées par rapport à t ou x sont de objets analytiques différents, qui conservent des relations analytiques standard avec des objets non analytiques. Le problème est précisément celui de déterminer ces relations.

C'est peut-être à cause de ces difficultés conceptuelles générales qu'en traitant de la question de l'élimination du temps des équations de mouvement, Lagrange ne fait pas appel à la formule générale prouvée lors de son premier traitement du problème d'élimination des variables, mais la prouve à nouveau d'une manière différente (*ibidem*, art. 199-200, p. 239-241).

---

d. Voir le § 2 du chapitre IV de ce même volume.

Si x et y sont considérées, comme auparavant, comme des fonctions arbitraires du temps, on a, en rendant explicites les variables par rapport auxquelles on prend les dérivées [1] :

$$
\begin{aligned}
(99) \quad & x(t + \vartheta) = x(t) + x_t'(t)\vartheta + \frac{\vartheta^2}{2!}x_t''(t) + \frac{\vartheta^3}{3!}x_t'''(t) + \&\text{c.} \\
& y(t + \vartheta) = y(t) + y_t'(t)\vartheta + \frac{\vartheta^2}{2!}y_t''(t) + \frac{\vartheta^3}{3!}y_t'''(t) + \&\text{c.}
\end{aligned}
$$

De plus, si l'on considère y comme fonction de x et que l'on dénote un incrément arbitraire de x par 'ξ', on obtient :

$$
(100) \qquad y(x + \xi) = y(x) + y_x'(x)\xi + \frac{\xi^2}{2!}y_x''(x) + \frac{\xi^3}{3!}y_x'''(x) + \&\text{c.}
$$

Puisque ξ est arbitraire, on peut poser

$$
(101) \qquad \xi = \xi(t) = x_t'(t)\vartheta + \frac{\vartheta^2}{2!}x_t''(t) + \frac{\vartheta^3}{3!}x_t'''(t) + \&\text{c.},
$$

en considérant que '$t + \vartheta$' et '$x + \xi$' réfèrent à des incréments correspondants. On a alors :

$$
(102) \qquad y(t + \vartheta) - y(t) = y(x + \xi) - y(x) \ ;
$$

c'est-à-dire :

$$
(103) \qquad y_t'(t)\vartheta + \frac{\vartheta^2}{2!}y_t''(t) + \&\text{c.} = y_x'(x)\xi + \frac{\xi^2}{2!}y_x''(x) + \&\text{c.}
$$

En remplaçant ξ par sa valeur et en égalant à zéro les coefficients des puissance de ϑ, on obtient :

$$
\begin{aligned}
(104) \quad & y_t'(t) = y_x'(x)x_t'(t) \\
& y_t''(t) = y_x'(x)x_t''(t) + y_x''(x)[x_t'(t)]^2 \\
& y_t'''(t) = y_x'(x)x_t'''(t) + 3y_x''(x)x_t'(t)x_t''(t) + y_x'''[x_t'(t)]^3 \\
& \&\text{c.,}
\end{aligned}
$$

où $x_t'(t)$ est la vitesse initiale (ou vitesse virtuelle) du corps le long de la direction de l'axe x, et $x = x(t)$ est considérée comme une variable indépendante de $y = y(x)$.

La même déduction peut évidemment être répétée de sorte à trouver des formules similaires concernant les dérivées de $z(t)$.

---

1. Je dénote les dérivées de x par rapport à une variable v évaluées au point w par '$x_v'(w)$', '$x_v''(w)$', ... Je procède de même pour les autres variables de position.

3.3.4. Dans la nouvelle approche de Lagrange, l'équation dynamique générale d'un système de corps est déduite à partir de la considération d'un corps isolé. Ainsi, l'équation générique de mouvement d'un corps, qui, d'après la méthode générale de la *Mécanique analytique*, est obtenue en égalant les coefficients des vitesses virtuelles de ce corps à zéro, est maintenant obtenue à la première étape du raisonnement. En conséquence, le premier exemple donné par Lagrange concerne la solution d'un problème à un corps (*ibidem*, art. 201-205, p. 241-251).

Ce problème consiste à trouver la résistance ponctuelle d'un milieu pour qu'un corps lancé dans ce milieu décrive une courbe donnée. C'est le Problème III (Proposition X) du second livre des *Principia* de Newton. Toutefois, la solution que donne Newton dans la première édition des *Principia* (Newton, 1687, p. 260-269) est fausse. L'erreur fut remarquée par Jean Ier et Nicolas Bernoulli en 1711 (Bernoulli, 1711a, p. 50-51, Bernoulli, 1711b), bien que le premier n'identifie pas sa source dans l'argument de Newton, et le second la localise dans un passage qui s'avère être correct. Une nouvelle solution, correcte cette fois, est donnée par Newton dans la seconde édition des *Principia* (Newton, 1713, p. 232-239)[1], dans laquelle il change complètement sa méthode, sans signaler non plus la source de l'erreur dans son raisonnement précédent. Après avoir résolu le problème de deux manières différentes, Lagrange revient, en revanche, sur ce raisonnement afin d'en trouver la faute et de reconstruire la méthode qu'il emploie, fondée sur l'usage de développements en série[2].

Les deux solutions de Lagrange sont simplement des applications des égalités générales (104) pour éliminer t des équations du problème qui proviennent des égalités (91) :

$$(105) \quad x''(t) = -R\cos\varepsilon \quad ; \quad y''(t) = -R\cos\zeta - g \quad ; \quad z''(t) = -R\cos\eta$$

où ε, ζ et η sont les angles entre la tangente à la trajectoire du corps et les axes[3] x, y, z ; R est le rapport entre la résistance (considérée comme

---

1. À propos de l'erreur de Newton, voir la section 6 (p. 312-424) du volume VIII de Newton, *Mathematical Papers*.

2. D'importants changements figurent dans la seconde édition (Lagrange, 1813, chap. III.4, p. 334-349). Clairement, c'est l'intérêt historique du problème qui motive le choix de Lagrange de le prendre comme exemple de sa nouvelle méthode de solution des problèmes mécaniques. Pour une discussion plus détaillée des solutions données par Lagrange et de ses remarques sur la première preuve de Newton, voir Panza (1991).

3. La résistance du milieu est en effet considérée comme une force agissant le long de la direction de la tangente à la courbe trajectoire, c'est-à-dire de la vitesse ponctuelle du corps, ce qui explique que 'α', 'β' et 'γ' soient remplacés par 'ε', 'ζ' et 'η'.

une force négative agissant sur le corps le long de la direction de cette tangente) et la masse du corps ; et g est la force de gravité, qui est indépendante de la masse du corps et est supposée agir seulement le long de la direction de l'axe y, les axes x et z étant pris, respectivement, comme parallèle et perpendiculaire à l'horizon.

Cet exemple montre que dans la nouvelle méthode de Lagrange, si les égalités (91) sont données, la solution d'un problème de dynamique à un corps se réduit essentiellement à une procédure formelle de transformation des fonctions dérivées relativement à une certaine variable en fonctions dérivées relatives à une autre variable.

3.3.5. Retournons aux égalités (91)[1]. Ces égalités expriment la loi de la composition des forces agissant sur un corps (de masse unitaire). Il disent, en particulier, comment ces forces peuvent être réduites à trois forces agissant respectivement le long des directions de trois axes orthogonaux. Pour trouver ces trois dernières forces et appliquer ces égalités lors de la recherche des équations du mouvement d'un corps, il faut naturellement connaître toutes les forces agissant sur ce corps.

Considérons tout d'abord un corps libre sur lequel n'agit qu'une force centrale $u(t)$. Si la position de ce corps et des origines des forces est exprimée relativement à trois coordonnées orthogonales x, y, z, les égalités (91) peuvent être simplement appliquées en éliminant les expressions trigonométriques. Car, si l'on prend le point (a, b, c) comme origine de la force, l'on suppose que le corps soit placé en $\mathsf{T}(x(t), y(t), z(t))$, et que l'on dénote par 'p' la distance entre T et le point (a, b, c), alors, de simples considérations géométriques nous montrent que :

$$(106) \quad \cos\alpha = \frac{x(t) - a}{p} \quad , \quad \cos\beta_j = \frac{y(t) - b}{p} \quad , \quad \cos\gamma_j = \frac{z(t) - c}{p},$$

où α, β et γ sont les angles formés en T par la direction de p avec les trois axes x, y, z, respectivement[2]. Or, il suffit d'observer que

$$(107) \qquad p = \sqrt{(x(t) - a)^2 + (y(t) - b)^2 + (z(t) - c)^2}$$

---

1. Lagrange traite ce que je considère dans ce paragraphe et dans le prochain de manière assez différente dans la première et la seconde édition de la *Théorie* (Lagrange, 1797, art. 206-210, p. 251-256, 1813, chap. III.V, art. III.25-30, p. 350-357). Mon exposé, dans ces deux §, vise à reconstruire le noyau commun aux deux traitements. Je considérerai plus en détail une différence importante entre les deux éditions dans le § 3.3.7.

2. En accord avec ce que j'ai dit ci-dessus dans la note 1, p. 428, on doit comprendre ces angles comme ceux formés en T par des droites parallèles à x, y, z, avec le segment TC, où C est le point (a, b, c), ces angles étant pris dans le sens de rotation conventionnellement fixé.

pour voir que cela est équivalent à poser

$$(108) \qquad \cos \alpha = (p)'_x \quad , \quad \cos \beta = (p)'_y \quad , \quad \cos \gamma = (p)'_z ,$$

où $(p)'_x$, $(p)'_y$ et $(p)'_z$ sont respectivement les dérivées partielles de p relativement à x, y, z, ces trois variables étant prises comme étant indépendantes autant d'entre elles que de t.

Cette dernière remarque suggère que le cas des contraintes agissant sur un corps peut être traité comme celui d'une force centrale, à l'aide d'une procédure similaire à la méthodes des multiplicateurs, introduite d'abord par Lagrange dans la *Mécanique analytique* (Lagrange, 1788, art. I.IV.1-9, p. 44-49, et 1811-1815, art. I.IV.2-8, p. 74-79). Si p est prise comme une constante, l'équation

$$(109) \qquad \sqrt{(x(t) - a)^2 + (y(t) - b)^2 + (z(t) - c)^2} - p = 0$$

sera celle d'une surface sphérique de rayon p et centre (a, b, c) et, si on dénote cette équation par '$S(x, y, z) = 0$', les fonctions $\dfrac{x-a}{p}, \dfrac{y-b}{p}, \dfrac{z-c}{p}$ pourront être conçues comme les dérivées partielles $S'_x(x, y, z)$, $S'_y(x, y, z)$, et $S'_z(x, y, z)$ de la fonction $S(x, y, z)$. Or, comme la direction d'une force agissant le long de p sera perpendiculaire à toute surface tangente à cette sphère, on pourra concevoir une contrainte, forçant le corps à se déplacer (au cours du temps t) sur une telle surface, comme une « action, ou plutôt [...] [une] résistance que la surface oppose au corps » (Lagrange, 1813, art. III.26, p. 351), agissant comme une force centrale de centre (a, b, c). Soit '$W(x, y, z) = 0$' l'équation d'une telle surface. D'après un résultat géométrique précédent (Lagrange, 1797, art. 151, p.178 179 et 1813, art. I.40, p.238 240) [1], il s'ensuit que les dérivées partielles $W'_x(x, y, z)$, $W'_y(x, y, z)$, $W'_z(x, y, z)$ seront respectivement proportionnelles aux dérivées partielles correspondantes de $S(x, y, z)$. La force centrale assimilée à la contrainte en question pourra, alors, être représentée analytiquement par ces mêmes dérivées multipliées par un facteur de proportionnalité commun.

De plus, comme toute sorte de contrainte agissant sur un corps isolé ne peut être exprimée analytiquement que par une équation ne faisant intervenir que les variables de position du corps, on peut toujours assimiler n'importe quelle contrainte à celle qui force le corps à se déplacer sur une surface. Donc, n'importe quelle équation de condition '$F(x, y, z) = 0$'

---

1. Ce résultat n'est pas rendu explicite dans la première édition, dans laquelle les équations dont il découle sont toutefois déduites.

exprimant une contrainte propre au mouvement du corps pourra être traitée comme l'équation '$W(x, y, z) = 0$', de sorte qu'imposer cette condition équivaudra à introduire respectivement dans les troisièmes membres des trois égalités (91) des termes comme $\Pi u(t)F'_x(x, y, z)$, $\Pi u(t)F'_y(x, y, z)$, $\Pi u(t)F'_z(x, y, z)$, où $\Pi u(t)$ est un facteur indéterminé à éliminer afin de résoudre tout problème considéré [1].

1. Dans la note 1, p. 428, j'ai observé que Lagrange dénote de manière générique, par 'P' et 'Q', &c., les forces, ou plus précisément leurs intensités, qui dans les égalités (91) sont dénotées par '$u_j(t)$', en supposant que leur direction et leur sens soit connu par ailleurs. Il adopte ici une attitude similaire, mais, pour ainsi dire, encore plus radicale : il dénote par 'P' la force assimilée à la contrainte, que je dénote, à mon tour, par '$u(t)$', et, lorsqu'il introduit le coefficient Π, il le conçoit tel qu'il englobe, en même temps, le coefficient exprimant cette force, la constante de proportionnalité entre les dérivées de $S(x, y, z)$, et celles tirées de l'équation de condition exprimant la contrainte. Il est clair, cependant, que dans ce cas, on ne connait de cette force que sens et direction, son intensité demeurant inconnue. C'est exactement ce qui rend le coefficient Π indéterminé. Ceci est particulièrement clair dans la première édition (Lagrange, 1797, art. 206-207, p. 251-253), où, après avoir observé que, au moyen des résultats précédents (Lagrange, 1797, art. 92 et 152, p. 96-98 et 178-179), on a

$$\frac{x - a}{p} = \frac{W'_x(x, y, z)}{\sqrt{[W'_x(x, y, z)]^2 + [W'_y(x, y, z)]^2 + [W'_z(x, y, z)]^2}}$$

$$\frac{y - b}{p} = \frac{W'_y(x, y, z)}{\sqrt{[W'_x(x, y, z)]^2 + [W'_y(x, y, z)]^2 + [W'_z(x, y, z)]^2}}$$

$$\frac{z - c}{p} = \frac{W'_z(x, y, z)}{\sqrt{[W'_x(x, y, z)]^2 + [W'_y(x, y, z)]^2 + [W'_z(x, y, z)]^2}},$$

Lagrange pose

$$\Pi = \frac{P}{\sqrt{[W'_x(x, y, z)]^2 + [W'_y(x, y, z)]^2 + [W'_z(x, y, z)]^2}},$$

et en tire que si P et la force due à « l'action de la surface [d'équation $W(x, y, z) = 0$] sur le corps », alors, « les termes dus à cette force » dans les égalités (91) sont $\Pi W'_x(x, y, z)$, $\Pi W'_y(x, y, z)$, $\Pi W'_z(x, y, z)$. En considérant, ensuite, une équation de condition quelconque $F(x, y, z) = 0$, il en conclut directement que les termes correspondants dans ces mêmes égalités sont $\Pi F'_x(x, y, z)$, $\Pi F'_y(x, y, z)$, $\Pi F'_z(x, y, z)$, en faisant ainsi disparaître toute notation séparée par la force à laquelle la contrainte est assimilée. Comme on l'a vu dans la note 1, p. 428, ce que Lagrange appelle 'force' dans le cas d'une force agissant le long d'une direction quelconque, n'est pourtant, à proprement parler, que l'intensité d'une force, c'est-à-dire une grandeur purement scalaire conventionnellement prise comme positive. Comme ceci est aussi le cas d'un coefficient de proportionnalité, il s'ensuit que le signe de ces termes, et donc le sens des forces le long des axes, n'est décidé que par les dérivées $F'_x(x, y, z)$, $F'_x(x, y, z)$ $F'_z(x, y, z)$. Ces dérivées échouent pourtant à déterminer l'intensité de ces forces qui reste parfaitement indéterminée, car, comme l'observe explicitement Lagrange

La conclusion à tirer de toutes ces considérations est que, si sur un corps (de masse unitaire) agissent h forces centrales et opèrent $m - h$ contraintes ($0 \leq h \leq m$), les égalités (91) relatives à ce corps donneront :

$$x''(t) = \sum_{j=1}^{h} u_j(t) \left(S_j\right)_x' (x, y, z) + \sum_{j=h+1}^{m} \Pi_j u_j(t) \left(F_j\right)_x' (x, y, z)$$

(110)
$$y''(t) = \sum_{j=1}^{h} u_j(t) \left(S_j\right)_y' (x, y, z) + \sum_{j=h+1}^{m} \Pi_j u_j(t) \left(F_j\right)_y' (x, y, z)$$

$$z'''(t) = \sum_{j=1}^{h} u_j(t) \left(S_j\right)_z' (x, y, z) + \sum_{j=h+1}^{m} \Pi_j u_j(t) \left(F_j\right)_z' (x, y, z)$$

où $u_j(t)\Pi_j$ ($j = h + 1, \ldots, m$) sont des coefficients indéterminés [1].

3.3.6. Bien que j'aie montré ci-dessus (§ 3.3.2) la correspondance analytique entre les formules de Lagrange concernant un corps isolé et l'équation générale des vitesses virtuelles, Lagrange n'a jusqu'ici considéré, quant à lui, que des corps isolés. Son propos est, en fait, de déduire les équations du mouvement propre à un système discret, sans présupposer l'équation générale du principe des vitesses virtuelles [2] à partir des égalités (91), et en considérant un corps du système à la fois. En d'autres termes, plutôt que d'opérer du haut vers le bas, en commençant par cette équation générale dont il réduirait les termes, en introduisant des liens fonctionnels donnés par les équations de condition, afin d'arriver aux équations du mouvement du système étudié, en égalant séparément à zéro les coefficients des variables indépendantes choisies, Lagrange prescrit d'opérer du bas vers le haut, en déterminant directement ces équations à partir de la considération des égalités (91) relatives à chaque corps du système,

---

(*ibidem*, art. 207, p. 252), celle-ci n'est « donnée que dans sa direction, [et] sa valeur demeurera inconnue ». C'est ce qui fait dire à Lagrange que « la quantité Π entrera dans [...][les] équations [...][(91)] comme une inconnue », même si, « comme on a l'équation $F(x, y, z) = 0$, à laquelle les valeurs de x, y, z doivent satisfaire, quel que soit le temps t, en éliminant Π, on aura encore autant d'équations qu'il sera nécessaire pour la solution du problème » (Lagrange écrit 'f' là où en suivant la notation de la seconde édition, j'écris 'F').

1. De ce qu'on a dit dans la note 1, p. 428, et la note 1, p. 438, il s'ensuit que ces coefficients seront tous positifs, les signes de $x''(t)$, $y''(t)$ et $z''(t)$, et donc les sens des forces le long des axes, n'étant décidés que par les dérivées $\left(S_j\right)_x'(x, y, z)$, $\left(S_j\right)_y'(x, y, z)$, $\left(S_j\right)_z'(x, y, z)$, et $\left(F_j\right)_x'(x, y, z)$, $\left(F_j\right)_y'(x, y, z)$, $\left(F_j\right)_z'(x, y, z)$.

2. Voir § 3.3.7, ci-dessous.

assimilant ainsi les contraintes propres au sytème à des forces centrales appropriées agissant sur le corps ou les corps pertinents. Si le système est composé de n corps, en réunissant les égalités (91) propres à chaque corps, on obtient, en effet les équations suivantes :

(111)
$$\sum_{i=1}^{n} M_i \left[x_i''(t) - \sum_{j=1}^{m_i} u_{i,j}(t) \cos \alpha_{i,j} \right] = 0$$

$$\sum_{i=1}^{n} M_i \left[y_i''(t) - \sum_{j=1}^{m_i} u_{i,j}(t) \cos \beta_{i,j} \right] = 0$$

$$\sum_{i=1}^{n} M_i \left[z_i''(t) - \sum_{j=1}^{m_i} u_{i,j}(t) \cos \gamma_{i,j} \right] = 0$$

et il n'est pas difficile de voir que si l'on est capable d'exprimer les termes $\sum_{j=1}^{m_i} u_{i,j}(t) \cos \alpha_{i,j}$, $\sum_{j=1}^{m_i} u_{i,j}(t) \cos \beta_{i,j}$, $\sum_{j=1}^{m_i} u_{i,j}(t) \cos \gamma_{i,j}$ intervenant dans ces équations, en fonction de variables de position indépendantes convenables, on peut obtenir de là, directement, les équations de mouvement du système.

Voici comment Lagrange raisonne en général.

Un système discret peut ainsi être caractérisé en spécifiant les forces internes et externes qui agissent sur chaque corps, ainsi que les contraintes internes relatives à son mouvement.

Pour ce qui est des forces externes, on peut raisonner comme on a raisonné ci-dessus pour un corps isolé. Ainsi, si une force externe $M_\nu u_{\nu,\upsilon}(t)$ ($1 \le \nu \le n$, $1 \le \upsilon \le m_\nu$) agit sur le ν-ième corps du système, de position (x_ν, y_ν, z_ν) et de masse M_ν (qui ne pourra plus être prise comme unitaire), on peut déduire les termes à introduire dans les équations (111) relatives à ce corps d'une équation comme

(112)
$$\sqrt{(x_\nu - a_\upsilon)^2 + (y_\nu - b_\upsilon)^2 + (z_\nu - c_\upsilon)^2} - p_\nu = 0,$$

où p_ν est la distance variable du corps à l'origine $(a_\upsilon, b_\upsilon, c_\upsilon)$ de la force. Ces termes ne seront rien d'autre que les dérivées partielles du premier membre d'une telle équation relativement aux variables x_ν, y_ν, z_ν qui y apparaissent explicitement (p_ν étant pris comme constante), multipliées par le coefficient $M_\nu u_{\nu,\upsilon}(t)$.

On peut également raisonner comme ci-dessus à propos des contraintes auxquelles le système est soumis. Il suit que chacune d'elles, qu'elle soit relative ou absolue, sera exprimée par une équation de condition fixant une relation entre des coordonnées donnant la position d'un ou plusieurs corps. Soient alors (x_ν, y_ν, z_ν), (x_μ, y_μ, z_μ), &c. les positions respectives du ν-ème, μ-ème, &c.corps du système. Une contrainte relative concernant ces corps sera alors exprimée par une équation de condition

$$(113) \qquad F(x_\nu, y_\nu, z_\nu, x_\mu, y_\mu, z_\mu, \&c.) = 0.$$

entre les variables de position propres à ces corps [1]. Il en sera de même pour une contrainte absolue, avec la seule différence que cette équation ne tiendra qu'aux variables de position d'un seul corps. On pourra donc se limiter au cas plus général d'une contrainte relative.

Or, puisque « la direction des forces [...] doit être la même dans un instant quelconque, soit que les corps se meuvent ou non, puisqu'elle dépend uniquement de la disposition mutuelle des corps dans cet instant » (Lagrange, 1797, art. 208, p. 254), l'équation (113) donnera, pour chacun des corps concernés, des termes indépendants à introduire dans les équations (111) qui devront être établis en supposant que la position des autres corps soit fixe. Il s'ensuit que ces termes seront donnés au moyen du produit d'un coefficient indéterminé (exprimant une force) par les dérivées partielles de la fonction $F(x_\nu, \&c.)$ par rapport aux coordonnées de position du corps considéré. Ils seront donc les suivants :

$$\Pi_{\nu,\iota} F'_{x_\nu}(x_\nu, \&c.) \,, \; \Pi_{\nu,\iota} F'_{y_\nu}(x_\nu, \&c.) \,, \; \Pi_{\nu,\iota} F'_{z_\nu}(x_\nu, \&c.)$$
$$\text{[pour le } \nu\text{-ème corps]}$$

$$(114) \qquad \Pi_{\mu,\kappa} F'_{x_\mu}(x_\nu, \&c.) \,, \; \Pi_{\mu,\kappa} F'_{y_\mu}(x_\nu, \&c.) \,, \; \Pi_{\mu,\kappa} F'_{z_\mu}(x_\nu, \&c.) \,,$$
$$\text{[pour le } \mu\text{-ème corps]}$$

$$\&c.$$

où les indices 'ι' et 'κ' indiquent que les forces en question sont respectivement prises comme la ι-ème force agissant sur le ν-ième corps, et la κ-ème force agissant sur le μ-ième corps.

Bien que, pris trois à trois, ces termes concernent des forces agissant sur des corps différents, ils proviennent tous de la même équation de

---

1. Pour une meilleure compréhension de ce qui suit, il est important d'observer que, de par la nature même d'une contrainte, l'équation (113) ne contiendra aucune variable autre que les variables de position des corps considérés, ces variables étant toutes prises comme dépendant du paramètre t. Dans ce qui suit, le terme 'équation de condition' ne désignera qu'une équation de la sorte.

condition exprimant une seule contrainte agissant sur plusieurs corps à la fois. Lagrange en tire que les coefficients indéterminés qui y interviennent, affectant les diverses dérivées de la fonction $F(x_\nu, \&c.)$, doivent être tous égaux entre eux [1], c'est-à-dire que $\Pi_{\nu,\iota} = \Pi_{\mu,\kappa} = \&c.$

Venons maintenant aux forces internes. Elles peuvent être aisément traitées de deux manières différentes, qui sont l'une et l'autre non seulement compatibles avec les traitements des forces externes et des contraintes, mais aussi manifestement suggérées par eux.

D'une part, le cas des forces internes peut être assimilé à celui des forces externes. La force agissant sur le ν-ième corps du système due à l'attraction ou la répulsion exercée par le μ-ième corps sera alors traitée comme la force externe $M_\nu u_{\nu,\nu}(t)$ considérée ci-dessus, en remplaçant simplement, dans (112), les coordonnées fixes a_ν, b_ν, c_ν par les coordonnées variables x_μ, y_μ, z_μ ($1 \leq \mu \leq n$, $\mu \neq \nu$) donnant la position de ce dernier corps, et la distance p_ν, entre le ν-ième corps et le point fixe (a_ν, b_ν, c_ν) par la distance $p_{\nu,\mu}$, entre le ν-ième et le μ-ième corps, les dérivées partielles étant toujours prises par rapport à x_ν, y_ν et z_ν ($p_{\nu,\mu}$ étant considéré comme une constante). On aura alors l'équation

$$(115) \qquad \sqrt{(x_\nu - x_\mu)^2 + (y_\nu - y_\mu)^2 + (z_\nu - z_\mu)^2} - p_{\nu,\mu} = 0,$$

donnant les termes $M_\nu u_{\nu,\iota}(t)\dfrac{x_\nu - x_\mu}{p_{\nu,\mu}}$, $M_\nu u_{\nu,\iota}(t)\dfrac{y_\nu - y_\mu}{p_{\nu,\mu}}$, et $M_\nu u_{\nu,\iota}(t)\dfrac{z_\nu - z_\mu}{p_{\nu,\mu}}$.

Si l'on choisit cette stratégie, une éventuelle force réciproque agissant sur le ν-ième corps du système et due à l'attraction ou répulsion exercée par le μ-ième corps devra être traitée séparément. Les termes qui en résulteront seront $M_\mu u_{\mu,\kappa}(t)\dfrac{x_\mu - x_\nu}{p_{\mu,\nu}}$, $M_\mu u_{\mu,\kappa}(t)\dfrac{y_\mu - y_\nu}{p_{\mu,\nu}}$, et $M_\mu u_{\mu,\kappa}(t)\dfrac{z_\mu - z_\nu}{p_{\mu,\nu}}$, où il faudra supposer que $p_{\mu,\nu} = p_{\nu,\mu}$. En supposant que les forces accélératrices d'attraction ou répulsion soient (pour la même distance) proportionnelles à la masse du corps qui les exerce, on en tirera que $M_\mu u_{\mu,\kappa}(t) = M_\nu u_{\nu,\iota}(t)$, de sorte que les termes donnés par ces forces s'annuleront entre-eux, comme on l'attend [2].

---

1. Je reviendrais sur cette condition cruciale pour le fonctionnement de la méthode dans le § 3.3.7, ci-dessous. Pour l'instant, il suffira d'observer que Lagrange dénote d'emblée tous ces coefficients par le même symbole atomique 'Π' (voir ci-dessus la note 2, p. 430 et la note 1, p. 438), ce qui cache (ou du moins rend moins évident) le caractère problématique d'une telle condition.

2. Notons que cette conclusion ne découle qu'à condition de supposer que $M_\mu u_{\mu,\kappa}(t) = M_\nu u_{\nu,\iota}(t)$, plutôt que $M_\mu u_{\mu,\kappa}(t) = -M_\nu u_{\nu,\iota}(t)$. Ce qui rend la première hypothèse correcte est clairement le fait, observé ci-dessus dans la note 1, p. 428, que les fonctions $u_{\mu,\kappa}(t)$ et

D'autre part, le cas des forces internes peut être assimilé à celui des contraintes. Dans ce cas, l'équation (115) sera conçue comme une équation

(116) $\qquad F(x_\nu, y_\nu, z_\nu, x_\mu, y_\mu, z_\mu, p_{\nu,\mu}) = 0,$

exprimant une contrainte relative à la fois au ν-ème et μ-ème corps, et elle donnera, de ce fait, six termes consistant en les dérivées partielles de son premier membre ($p_{\nu,\mu}$ étant prise comme constante) affectées par des coefficients indéterminés égaux, qui, naturellement, s'annuleront entre eux. Il faudra pourtant être attentif au fait que, ainsi conçue, cette équation différera de (113) puisqu'elle contient aussi, outre les variables de position des corps pertinents [1], la variable $p_{\nu,\mu}$, qui, tout en étant dépendante de ces variables, et donc du paramètre t, devra être traitée comme si elle était indépendante de celle-ci lors de la détermination des dérivées partielles du premier membre de l'équation.

La seconde stratégie est certainement plus simple et immédiate, mais n'est appropriée qu'à condition d'admettre d'emblée qu'une attraction ou une répulsion d'un corps sur un autre s'accompagne toujours d'une attraction ou une répulsion du second corps sur le premier. De plus, c'est seulement l'hypothèse selon laquelle l'intensité de ces forces est la même, c'est-à-dire $M_\mu u_{\mu,\kappa}(t) = M_\nu u_{\nu,\iota}(t)$ [2], qui justifie ici le fait que les six termes venant de l'équation (115), en accord avec la seconde option, soient affectés par le même coefficient, ce qui suggère une primauté conceptuelle de la première stratégie sur la seconde.

Bien qu'il ne soit pas totalement explicite sur la question et qu'il ne distingue pas les deux stratégies, Lagrange opte, cependant, pour la seconde, en excluant donc d'emblée le cas des forces internes exercées par un premier corps sur un autre corps, mais pas par celui-ci sur celui-là (ou, en supposant, du moins, implicitement, que ce cas doive se traiter différemment) [3].

$u_{\nu,\iota}(t)$ n'expriment que l'intensité des forces en question, leurs direction et leurs sens étant plutôt reflétés ici par les valeurs des dérivées $\dfrac{x_\nu - x_\mu}{p_{\nu,\mu}}$, $\dfrac{y_\nu - y_\mu}{p_{\nu,\mu}}$, $\dfrac{z_\nu - z_\mu}{p_{\nu,\mu}}$ et $\dfrac{x_\mu - x_\nu}{p_{\mu,\nu}}$, $\dfrac{y_\mu - y_\nu}{p_{\mu,\nu}}$, $\dfrac{z_\mu - z_\nu}{p_{\mu,\nu}}$.

1. Voir ci-dessus la note 1, p. 441.
2. Voir ci-dessus la note 2, p. 442.
3. Dans la première édition (Lagrange, 1797, art. 209, p. 254-255), il traite explicitement le cas où « des corps s'attirent ou se repoussent par des forces intrinsèques », et il observe que, dans un tel cas, « comme la force s'exerce suivant la ligne qui joint les deux corps qui

On peut donc considérer un système discret comme étant complètement déterminé par la masse des corps qui le composent et par trois sortes
d'équations exprimant respectivement les forces attractives externes, les
forces internes, et les contraintes :

$$i) \quad \sqrt{(x_v - a_v)^2 + (y_v - b_v)^2 + (z_v - c_v)^2} - p_v = 0$$

(117) $$ii) \quad F(x_v, y_v, z_v, x_\mu, y_\mu, z_\mu, p_{v,\mu}) = 0$$

$$iii) \quad F(x_v, y_v, z_v, x_\mu, y_\mu, z_\mu, \&c.) = 0.$$

Bien que distinctes, quant à leurs fonctions, ces équations peuvent
toutefois être traitées de manière analogue lorsqu'il est question d'en tirer
les termes qui interviennent dans les équations (111). Cela fait que si le
système est caractérisé de cette manière, il devient aisé de déterminer
ces équations (111), et, de là, les équations de mouvement cherchées.
Il suffit d'additionner entre elles les dérivées partielles, par rapport aux
variables de position du corps considéré, du premier membre de chacune
des équations (117) où apparaissent ces coordonnées, après avoir multiplié
chacune de ces dérivées par un coefficient approprié qui devra être le
même pour toutes les dérivées venant de la même équation [1]. Pour vérifier
que les équations finales trouvées de cette manière sont les mêmes que
celles trouvées moyennant le principe des vitesses virtuelles, il suffira
ensuite de montrer qu'en sommant les équations (111), mises sous une
forme convenable, et en introduisant les vitesses instantanées comme dans

agissent l'un sur l'autre, sa direction sera, pour chaque corps, perpendiculaire à la surface
sphérique qui passerait par ce corps, et aurait son centre dans l'autre corps ». Il en tire que
l'équation (115) sera à la fois celle des deux surfaces, pourvu que l'on considère le point
(x_v, y_v, z_v) ou le point (x_μ, y_μ, z_μ) comme fixe, et il prescrit, donc, de poser (« puisque la
quantité [. . .][$p_{v,\mu}$] doit être regardée comme constante »)

$$F(x_v, y_v, z_v, x_\mu, y_\mu, z_\mu) = \sqrt{(x_v - x_\mu)^2 + (y_v - y_\mu)^2 + (z_v - z_\mu)^2},$$

de prendre Π comme « la force absolue qui agit, sur les deux corps », et d'en tirer
les termes $\Pi F'_{x_v}(x_v, \&c.)$, $\Pi F'_{y_v}(x_v, \&c.)$, $\Pi F'_{z_v}(x_v, \&c.)$, et $\Pi F'_{x_\mu}(x_v, \&c.)$, $\Pi F'_{y_\mu}(x_v, \&c.)$,
$\Pi F'_{z_\mu}(x_v, \&c.)$ « pour l'effet de cette force dans le mouvement des [deux] corps », en ajoutant
que « ici, il est évident que la quantité Π doit être la même pour les termes qui résultant de la
même fonction [. . .] dans les équations relatives aux [deux] corps ». Dans la seconde édition,
il revient sur l'idée déjà employée, quelques temps auparavant, dans la seconde édition de
la *Mécanique analytique* (voir § 2.3.2, ci dessus), pour démontrer le principe des vitesses
virtuelles, et assimile les forces centrales à des tractions dues à des fils inextensibles passant
par des poulies, et, donc, à nouveau le cas des forces externes à celui des contraintes : je
reviendrai sur son argument dans le § 3.3.7, ci-dessous.

1. Je vais revenir sur ce point dans le § 3.3.7.

(93), on obtient la même équation donnée par ce principe interprété en accord avec le nouveau cadre fonctionnel fixé par la *Théorie*.

Considérons un exemple simple (que Lagrange ne considère pas explicitement comme tel) : celui d'un système libre (de toute contrainte) composé par deux corps de masse respective M_1 et M_2 et de position (x_1, y_1, z_1) et (x_2, y_2, z_2), dont chacun est attiré par une force externe et par une force interne due à l'attraction de l'autre corps. Un tel système sera caractérisé par deux équations comme (117.*i*), c'est-à-dire

$$(118) \qquad \begin{aligned} \sqrt{(x_1 - a_1)^2 + (y_1 - b_1)^2 + (z_1 - c_1)^2} &= p_1 \\ \sqrt{(x_2 - a_2)^2 + (y_2 - b_2)^2 + (z_2 - c_2)^2} &= p_2 \end{aligned} \;,$$

et une équation comme (117.*ii*), c'est-à-dire

$$(119) \qquad \sqrt{(x_1 - x_2)^2 + (y_1 - y_2)^2 + (z_1 - z_2)^2} = p_{1,2}.$$

Ces équations donnent respectivement les termes suivants à introduire dans les équations (111) :

$$(120) \quad \begin{cases} i) \begin{cases} M_1 u_{1,1}(t)\dfrac{x_1 - a_1}{p_1}, \; M_1 u_{1,1}(t)\dfrac{y_1 - b_1}{p_1}, \; M_1 u_{1,1}(t)\dfrac{z_1 - c_1}{p_1} \\ \qquad\qquad\qquad\qquad\qquad\quad \text{[pour le 1}^{\text{er}}\text{ corps]} \\ M_2 u_{2,1}(t)\dfrac{x_2 - a_2}{p_2}, \; M_2 u_{2,1}(t)\dfrac{y_2 - b_2}{p_2}, \; M_2 u_{2,1}(t)\dfrac{z_2 - c_2}{p_2} \\ \qquad\qquad\qquad\qquad\qquad\quad \text{[pour le 2}^{\text{nd}}\text{ corps]} \end{cases} \\[2em] ii) \begin{cases} \Pi\dfrac{x_1 - x_2}{p_{1,2}}, \; \Pi\dfrac{y_1 - y_2}{p_{1,2}}, \; \Pi\dfrac{z_1 - z_2}{p_{1,2}} \\ \Pi\dfrac{x_2 - x_1}{p_{1,2}}, \; \Pi\dfrac{y_2 - y_1}{p_{1,2}}, \; \Pi\dfrac{z_2 - z_1}{p_{1,2}} \\ \qquad\qquad\qquad\qquad \text{[pour les deux corps]} \end{cases} \end{cases} \;,$$

où Π est un coefficient indéterminé.

Ainsi, les équations (111) pour ce système seront

$$(121) \quad \begin{aligned} \sum_{i=1}^{2} M_i \left[x_i''(t) - u_{i,1}\frac{x_i - a_i}{p_i} - \Pi\frac{x_i - x_{3-i}}{p_{1,2}} \right] &= 0 \\ \sum_{i=1}^{2} M_i \left[y_i''(t) - u_{i,1}\frac{y_i - b_i}{p_i} - \Pi\frac{y_i - y_{3-i}}{p_{1,2}} \right] &= 0 \\ \sum_{i=1}^{2} M_i \left[z_i''(t) - u_{i,1}\frac{z_i - c_i}{p_i} - \Pi\frac{z_i - z_{3-i}}{p_{1,2}} \right] &= 0 \end{aligned} \;,$$

qui, additionnées entre elles, donnent :

$$(122) \quad \sum_{i=1}^{2} M_i \left[x''(t) + y''(t) + z''(t) \right] =$$

$$M_1 u_{1,1} (p_1)'_s + M_2 u_{2,1} (p_2)'_s + \Pi (p_{1,2})'_s,$$

où $(p_1)'_s$, $(p_2)'_s$ et $(p_{1,2})'_s$ sont respectivement les dérivées totales des premiers membres des équations (118) et de l'équation (119) par rapport aux variables de position qui y interviennent [1].

Pour vérifier que ce résultat est correct, il suffit d'observer que si avant d'en tirer l'équation (122), on multiplie chaque terme de chacune des équations (121) respectivement par $x'_i(t)$, $y'_i(t)$ et $z'_i(t)$, et que l'on n'additionne ces équations qu'après avoir fait ceci, au lieu de (122), on parvient à :

$$(123) \quad \sum_{i=1}^{2} M_i \left[x''(t)x'(t) + y''(t)y'(t) + z''(t)z'(t) \right] =$$

$$M_1 u_{1,1} (p_1)'_t + M_2 u_{2,1} (p_2)'_t + \Pi (p_{1,2})'_t,$$

où $(p_1)'_t$, $(p_2)'_t$, et $(p_{1,2})'_t$ sont respectivement les dérivées totales des premiers membres des équations (118) et de l'équation (119) par rapport à t. Cette équation correspond en effet à l'équation des vitesses virtuelles (17) pour le système considéré, en substituant $u_{1,1}$ à P_1, $u_{2,1}$ à P_2, Π à $2M_1Q_1 = 2M_2Q_2$, et $p_{1,2}$ à $q_1 = q_2$.

3.3.7. Au début du § 3.3.6, j'ai observé que le propos de Lagrange dans la *Théorie* est de déduire les équations du mouvement pour un système discret sans présupposer l'équation générale du principe des vitesses virtuelles. Il n'en reste pas moins que, dans la première édition de son traité, il est tout de même forcé de se réclamer localement de la version statique de ce principe pour justifier un détail crucial de son traitement des contraintes. Il s'en sert, en particulier, pour prouver que le coefficient par lequel on doit multiplier les dérivées partielles de la fonction entrant dans une équation comme (117.*iii*), pour obtenir les termes à introduire dans les équations (111), doit toujours être le même pour la même équation.

Il le fait, justement, à l'aide d'un argument fondé sur l'accord entre ce principe et la méthode générale exposée ci-dessus, dans le § 3.3.6.

---

1. Il est évident que le terme $\Pi (p_{1,2})'_s$ est nul, car $(p_{1,2})'_s = 0$. Toutefois, je l'ai introduit explicitement dans (122) pour exemplifier la procédure générale.

Lagrange remarque (Lagrange, 1797, art. 210, p. 255) que « les forces dues à [...][une] equation de condition » comme (117.*iii*) sont « des forces de résistance, qui naissent de l'action mutuelle des corps, ou qui viennent des obstacles qui [...] altèrent et changent les mouvement des corps », ce qui fait que « si [...] on imprimait à chaque corps des forces égales et directement contraires à celles-là, l'effet des ces forces serait détruit », et « le système devrait demeurer en équilibre ». En appliquant la méthode précédente, on en tire que les forces contraires à celles exprimées par les termes (114) « devront se faire équilibre ». Mais, d'après le principe des vitesses virtuelles, « la somme des forces multipliées chacune par la vitesse que le point où elle est appliqué aurait, suivant la direction de la force, si on donnait au système un mouvement quelconque, doit être nulle dans le cas de l'équilibre ». Donc, en « prenant [...] les vitesses réelles [...] des corps [...] suivant les directions de leurs coordonnées, pour les vitesses virtuelles, suivant ces ces directions », on en tire qu'il y aura équilibre lorsque

$$
(124) \quad
\begin{aligned}
-\Pi_{\nu,\iota} &
\begin{bmatrix}
F'_{x_\nu}(x_\nu, \&\text{c.})\, x'_\nu(t) + \\
F'_{y_\nu}(x_\nu, \&\text{c.})\, y'_\nu(t) + \\
F'_{z_\nu}(x_\nu, \&\text{c.})\, z'_\nu(t)
\end{bmatrix} \\
-\Pi_{\mu,\kappa} &
\begin{bmatrix}
F'_{x_\nu}(x_\mu, \&\text{c.})\, x'_\mu(t) + \\
F'_{y_\nu}(x_\mu, \&\text{c.})\, y'_\mu(t) + \\
F'_{z_\nu}(x_\mu, \&\text{c.})\, z'_\mu(t)
\end{bmatrix}
- \&\text{c.} = 0
\end{aligned}
,
$$

équation qui, par la méthode des coefficients indéterminés, est compatible, pour n'importe quelle valeur des variables de position, avec l'équation tirée de (117.*iii*) en dérivant par rapport au temps, c'est-à-dire

$$
(125) \quad
\begin{aligned}
& F'_{x_\nu}(x_\nu, \&\text{c.})\, x'_\nu(t) + F'_{y_\nu}(x_\nu, \&\text{c.})\, y'_\nu(t) + F'_{z_\nu}(x_\nu, \&\text{c.})\, z'_\nu(t) + \\
& F'_{x_\mu}(x_\nu, \&\text{c.})\, x'_\mu(t) + F'_{y_\mu}(x_\nu, \&\text{c.})\, y'_\mu(t) + F'_{z_\mu}(x_\nu, \&\text{c.})\, z'_\mu(t) + \;, \\
& \&\text{c.} = 0
\end{aligned}
$$

seulement si

$$(126) \qquad \Pi_{\nu,\iota} = \Pi_{\mu,\kappa} = \&\text{c.}$$

Cet appel explicite au principe des vitesses virtuelles disparaît dans la seconde édition, où Lagrange justifie sa méthode différemment (Lagrange, 1813, art. III.27-30, p. 352-357), à l'aide de la même astuce utilisée dans la seconde édition pour prouver ce principe [1], et termine en observant

---

1. Voir le § 2.3.2, ci-dessus.

(*ibidem*, art. III.30, p. 357) qu'un tel principe devient, dans le nouveau cadre, « une conséquence naturelle des formules qui expriment les forces d'après les équations de condition ».

Considérons un système de deux corps respectivement placés en (x_1, y_1, z_1) et (x_2, y_2, z_2), et liés par un fil passant par une poulie fixe placée en (a_1, b_1, c_1). La contrainte qui est à l'œuvre ici se laisse exprimer par l'équation suivante :

$$(127) \qquad \begin{aligned} \sqrt{(x_1 - a_1)^2 + (y_1 - b_1)^2 + (z_1 - c_1)^2} + \\ \sqrt{(x_2 - a_1)^2 + (y_2 - b_1)^2 + (z_2 - c_1)^2} - d = 0 \end{aligned}$$

où d est la longueur du fil et est, donc, constante. En opérant sur cette équation comme sur l'équation (117.*iii*), on en tire les deux premiers triplets de termes (114) pour $v = 1$ et $\mu = 2$. Dans ce simple cas, il est clair que le coefficient qui multiplie les dérivées partielles doit être le même pour les termes concernant les deux corps car il est censé exprimer la seule force agissant dans le système, c'est-à-dire la tension du fil.

Si le fil passe par deux poulies fixes respectivement placées en (a_1, b_1, c_1) et (a_2, b_2, c_2), on aura la même équation (127) avec les simples remplacements de 'a_1', 'b_1' et 'c_1' par 'a_2' 'b_2' et 'c_2' dans la seconde racine, pourvu que d soit, maintenant, égale à longueur du fil moins la distance entre les deux poulies. On aura donc, à nouveau, les mêmes termes que précédemment.

Supposons ensuite que le fil parte du premier corps, aille vers la première poulie et revienne m fois, puis passe par la seconde poulie vers le second corps et revienne n fois. L'équation de condition est alors la suivante :

$$(128) \qquad \begin{aligned} m\sqrt{(x_v - a_v)^2 + (y_v - y_v)^2 + (z_v - c_v)^2} + \\ n\sqrt{(x_\mu - a_\mu)^2 + (y_\mu - b_\mu)^2 + (z_\mu - z_\mu)^2} - d = 0 \end{aligned}$$

où d est encore la longueur du fil moins la distance entre les deux poulies, et elle est, donc, à nouveau constante. En opérant sur cette nouvelle équation comme sur l'équation (117.*iii*), on en tire encore les mêmes termes que plus haut, pourvu, cette fois, que les dérivées partielles soient celles du premier membre de (128), multipliées encore par un coefficient commun, car ceci n'est à nouveau censé exprimer que la tension du fil. Si les deux forces qui agissent sur les deux corps sont respectivement $M_1 P$ et

M_2Q (M_1 et M_2 étant les masses de deux corps) et si T est ce coefficient commun, on aura alors $M_1P = mT$ et $M_2Q = nT$ [1], ce qui fait que ces forces sont commensurables. Ceci n'implique pourtant pas, pour Lagrange, qu'un système à deux corps sur lesquels agissent respectivement deux forces externes ne puisse être assimilé à un tel système que si ces forces sont commensurables. En effet, il écrit (*ibidem*, art. III.27, p. 354)), « quelles que soient les forces $[M_1]P$ et $[M_2]Q$, on peut toujours les représenter par mT et nT, en prenant dans le cas où elles seraient incommensurables, les nombres m et n très grands et la quantité T infiniment petite ».

Cela une fois admis, Lagrange continue en observant que, quelle que soit l'équation de condition du type (117.*iii*), dans laquelle n'entrent que les variables de position des deux corps,

> [...] on peut, en regardant les constantes qui entrent dans [...][128] comme arbitraires, faire coïncider non seulement les équations mêmes, mais encore toutes leurs fonctions primes pour des valeurs données des variables [...][$x_1, y_1, z_1, x_2, y_2, z_2$, de sorte que] les deux équations deviendront comme tangentes l'une de l'autre [...]; et quelque que soit la liaison des deux corps qui est représentée par l'équation [...][(117.*iii*)] elle deviendra équivalente a celle d'un fil qui passe par deux poulies.

Et il en tire que :

> [...] dans un système de deux corps dont la liaison dépend de l'équation [...][(117.*iii*)], leur action mutuelle produit sur l'un des corps les forces [...][$\Pi F'_{x_\nu}(x_\nu, \&c.), \Pi F'_{y_\nu}(x_\nu, \&c.), \Pi F'_{z_\nu}(x_\nu, \&c.)$] suivant les trois coordonnées rectangles [...][x_1, y_1, z_1], et sur l'autre corps les forces [...][$\Pi F'_{x_\mu}(x_\nu, \&c.), \Pi F'_{y_\mu}(x_\nu, \&c.), \Pi F'_{z_\mu}(x_\nu, \&c.)$], suivant les coordonnées rectangles [...][x_2, y_2, z_2], Π étant un coefficient indéterminé.

Après avoir répété, *mutatis mutandis*, le même argument pour un système à trois corps, Lagrange termine en généralisant (*ibidem*, art. III.30, p. 356) :

> [...] les forces qui peuvent résulter de l'action mutuelle des corps d'un système donné, se déduisent directement des équations de condition qui doivent avoir lieu entre les coordonnées des différents corps du système, en prenant les fonctions primes des fonctions qui sont nulles en vertu de ces équations. Les fonctions primes de la même fonction, prises

---

1. Remarquons à nouveau que ce ne sont, à proprement parler, que les intensités des forces en question, leur direction et leur sens résultant de la valeur des dérivées partielles que Lagrange appelle ici 'forces'. Voir ci-dessus la note 1, p. 428, sur ce point.

par rapport aux différentes coordonnées, sont toujours proportionnelles aux forces qui agissent suivant ces coordonnées, et qui dépendent de la condition exprimée par cette fonction.

Quel que soit le jugement qu'on veuille donner sur cette prétendue démonstration de Lagrange, ce qui importe pour nous est la remarque qu'il en tire (*ibidem*) :

> J'étais déjà arrivé à un résultat semblable dans la Mécanique analytique, en partant du principe général des vitesses virtuelles ; en effet, ce principe est renfermé dans le résultat que nous venons de trouver. Car il est évident que si plusieurs forces appliquées à un système de corps sont en équilibre, elles doivent être égales et directement opposées à celles qui résultent de leur action mutuelle.

Voici comment il s'en explique (*ibidem*, art. III.30, p. 356-357).

Soient $M_i X_i$, $M_i Y_i$, $M_i Z_i$ ($i = 1, 2, 3$) neuf forces respectivement appliquées à trois corps placés aux points (x_i, y_i, z_i), le long des directions de trois coordonnées orthogonales x, y, z. Soient aussi $F_1 = 0$, $F_2 = 0$, &c., deux équations de condition comme (117.*iii*), dans les neuf variables x_i, y_i, z_i, exprimant la « liaison des corps » (*ibidem*, art. III.29, p. 355). D'après la méthode générale on aura alors :

$$(129) \quad \begin{aligned} M_i X_i &= \Pi_1 (F_1)'_{x_i} + \Pi_2 (F_2)'_{x_i} \\ M_i Y_i &= \Pi_1 (F_1)'_{y_i} + \Pi_1 (F_2)'_{y_i} \\ M_i Z_i &= \Pi_1 (F_1)'_{z_i} + \Pi_1 (F_2)'_{z_i} \end{aligned}$$

où Π_1, Π_2 sont des coefficients indéterminés. Donc, en introduisant les vitesses le long des axes (ou dérivées des variables de position, par rapport au temps) et en additionnant, on tirera que :

$$(130) \quad \sum_{i=1}^{3} M_i [X_i x'_i(t) + Y_i y'_i(t) + Z_i z'_i(t)] = \Pi_1 (F_1)'_t + \Pi_2 (F_2)'_t$$

Mais en vertu des équations données, le second membre de cette équation est nul, et, par conséquent, le premier est égal à zéro, ce qui exprime précisément la version statique du principe des vitesses virtuelles pour les trois forces $M_i X_i$, $M_i Y_i$, $M_i Z_i$.

Bien qu'il utilise de nouveaux outils et méthodes mathématiques, cet argument ne diffère pas substantiellement des raisonnements mathématiques considérés dans le § 2, ci-dessus. En particulier, il n'y a pas de grande différence avec la preuve du principe des vitesses virtuelles que j'ai présentée dans le § 2.3.9, employant les principes et définitions de Lagrange.

En effet, si on la considère suffisamment profondément, la théorie générale de Lagrange n'est pas réellement changée depuis sa première formulation en 1764.

3.3.8. Dans la *Théorie*, comme dans ses travaux précédents, Lagrange prouve le pouvoir déductif de sa méthode par la déduction analytique des principaux principes de la mécanique des systèmes discrets. Cela entraîne que les dernières pages du traité sont consacrées à la déduction et à la discussion du principe de conservation du mouvement du centre de gravité, de la loi des aires, et du principe de la conservation des forces vives pour de tels systèmes.

Ses arguments ne sont pas vraiment différents de ceux utilisés dans ses travaux précédents. Je me contenterai de les esquisser.

Pour prouver le premier principe (Lagrange, 1797, art. 211-214, p. 257-261), supposons que le système soit totalement libre de se déplacer le long de la direction de l'axe x. Cela revient à supposer que les équations de condition exprimant les contraintes internes du système soient complètement indépendantes de l'origine de cet axe, c'est-à-dire que les fonctions formant les premiers membres de ces équations soient telles que, « si on augmente à la fois les abscisses [...] des différens corps, d'une même quantité quelconque ξ, cette quantité disparaisse d'elle-même des fonctions » (*ibidem*, art. 211, p. 256).

Si (117.*iii*) est une telle équation, on devra alors supposer que tous les facteurs des puissances successives de ξ dans le développement de $F(x_\nu + \xi, y_\nu, z_\nu, x_\mu + \xi, y_\mu, z_\mu, \&\text{c.})$ soient séparément nuls. En considérant seulement les premiers parmi ces facteurs, on aura [1] :

$$(131) \qquad F'_{x_\nu}(x_\nu, \&\text{c.}) + F'_{x_\mu}(x_\nu, \&\text{c.}) + \&\text{c.} = 0$$

dont il s'ensuit que les termes de la somme $\sum_{i=1}^{n} M_i[x_i''(t)]$ dus à une telle équation sont tous nuls, et que cela a lieu pour toutes les équations de condition exprimant les contraintes internes du système.

---

1. Il est évident que l'on peut obtenir la même équation (131) en observant simplement que si le système est complètement libre de se déplacer le long de la direction de l'axe x, et (117.*iii*) est une de ses équations de condition, alors on aura :

$$F(x_\nu + \xi, y_\nu, z_\nu, x_\mu + \xi, y_\mu, z_\mu, \&\text{c.}) =$$
$$F(x_\nu) + \xi[F'_{x_\nu}(x_\nu, \&\text{c.}) + F'_{x_\mu}(x_\mu, \&\text{c.}) + \&\text{c.}] + \&\text{c.} = 0$$

dont on déduit (131) par la méthode des coefficients indéterminés.

Le même raisonnement peut naturellement être appliqué aux termes de cette somme venant des forces internes — et déduits, donc, d'équations comme (117.ii) —, en parvenant à la même conclusion.

Par conséquent, si le système est libre de se déplacer le long de la direction de l'axe x, on aura :

$$(132) \qquad \sum_{i=1}^{n} M_i[x_i''(t)] = \sum_{i=1}^{n} M_i X_i^{Ex}$$

où $M_i X_i^{Ex}$ ($i = 1, 2, \ldots, n$) sont les forces externes totales agissant sur les corps placés en (x_i, t_i, z_i) et de masse M_i le long de la direction de l'axe x [1]. Ainsi, en posant

$$(133) \qquad \begin{aligned} \sum_{i=1}^{n} M_i x_i(t) &= x_G(t) \sum_{i=1}^{n} M_i \\ \sum_{i=1}^{n} M_i y_i(t) &= y_G(t) \sum_{i=1}^{n} M_i \quad, \\ \sum_{i=1}^{n} M_i z_i(t) &= z_G(t) \sum_{i=1}^{n} M_i \end{aligned}$$

et en répétant le même raisonnement pour les axes y et z, on conclura que :

$$(134) \qquad \begin{aligned} x_G''(t) \sum_{i=1}^{n} M_i &= \sum_{i=1}^{n} M_i X_i^{Ex} \\ y_G''(t) \sum_{i=1}^{n} M_i &= \sum_{i=1}^{n} M_i Y_i^{Ex} \quad, \\ z_G''(t) \sum_{i=1}^{n} M_i &= \sum_{i=1}^{n} M_i Z_i^{Ex} \end{aligned}$$

d'où il suit que le point $T_G(x_G(t), y_G(t), z_G(t))$ « se mouvra comme si tous les corps y étaient concentrés, et que toutes les forces y fussent appliquées chacune suivant sa direction propre », c'est-à-dire comme s'il était doté d'une masse égale à $\displaystyle\sum_{i=1}^{n} M_i$ et que toutes les forces du système agissaient

---

1. Il est clair, d'après ce qu'on a dit ci-dessus dans la note 1, p. 428, que les $M_i X_i^{Ex}$ doivent être conçues ici comme des grandeurs orientées, c'est à dire comme l'expression, en même temps, de l'intensité et du sens des forces en question.

sur lui le long de leur propres directions [1]. Il suffit alors de reconnaître dans ce point le centre de gravité du système, pour avoir à la fois une définition de ce dernier et une déduction analytique du principe de conservation de son mouvement.

Pour prouver la loi des aires (*ibidem*, art. 215-218, p. 261-266), Lagrange raisonne de manière fort similaire. Il commence par supposer que le système est libre de tourner autour de l'axe z perpendiculaire au plan x, y, et observe que, sous cette condition, on peut faire tourner le système autour de cet axe d'un angle χ, ce qui conduit à remplacer les ordonnées x_i et y_i ($i = 1, 2, \ldots, n$) de chaque corps respectivement par $x_i \cos\chi - y_i \sin\chi$ et $y_i \cos\chi + x_i \sin\chi$. Si l'on pose

$$(135) \quad \xi_i = x_i(\cos\chi - 1) - y_i \sin\chi \quad ; \quad \omega_i = y_i(\cos\chi - 1) + x_i \sin\chi,$$

un tel remplacement est équivalent à celui de x_i et y_i respectivement par $x_i + \xi_i$ et $y_i + \omega_i$, où ξ_i et ω_i peuvent être considérés comme des incréments arbitraires indéterminés. Alors, en supposant que ($117.iii$) soit une équation de condition exprimant une contrainte, on aura que :

$$
\begin{aligned}
(136) \quad & F(x_\nu + \xi_\nu, y_\nu + \omega_\nu, z_\nu, x_\mu + \xi_\mu, y_\mu + \omega_\mu, z_\mu, \&c.) = \\
& F(x_\nu, \&c.) + \xi_\nu F'_{x_\nu}(x_\nu, \&c.) + \omega_\nu F'_{y_\nu}(x_\nu, \&c.) \\
& + \xi_\mu F'_{x_\mu}(x_\nu, \&c.) + \omega_\mu F'_{y_\mu}(x_\nu, \&c.) + \&c. \\
& + \frac{\xi_\nu^2}{2!} F''_{x_\nu}(x_\nu, \&c.) + \&c. \\
& + \&c.
\end{aligned}
$$

En remplaçant ξ_h et ω_h ($h = \nu, \mu, \&c.$) par leurs valeurs (135), puis $\cos\chi$ et $\sin\chi$ par leur développement en série entière, $1 - \dfrac{\chi^2}{2!} + \&c.$ et $\chi - \dfrac{\chi^3}{3!} + \&c.$, et en égalant les coefficients de χ à zéro, on trouve que :

$$
\begin{aligned}
(137) \quad & x_\nu F'_{y_\nu}(x_\nu, \&c.) - y_\nu F'_{x_\nu}(x_\nu, \&c.) + \\
& x_\mu F'_{y_\mu}(x_\nu, \&c.) - y_\mu F'_{x_\mu}(x_\nu, \&c.) = 0,
\end{aligned}
$$

---

1. Notons qu'en l'absence de toute force externe, nous avons, pour un système qui est libre de se déplacer le long des directions des trois axes :

$$\sum_{i=1}^{n} M_i[x_i''(t)] = 0 \; ; \; \sum_{i=1}^{n} M_i[y_i''(t)] = 0 \; ; \; \sum_{i=1}^{n} M_i[z_i''(t)] = 0$$

dont il est aisé de tirer :

$$x_G(t) = H_1 t + H_2 \; ; \; y_G(t) = K_1 t + K_2 \; ; \; z_G(t) = W_1 t + W_2$$

(où $H_1, H_2, K_1, K_2, W_1, W_2$ sont des constantes), qui expriment le fait que, en l'absence de ces forces, le centre de gravité se déplace avec un mouvement rectiligne uniforme.

dont il s'ensuit que les termes de la somme $\sum_{i=1}^{n} M_i[y_i''(t)x_i(t) - x_i''(t)y_i(t)]$ dus à l'équation (117.iii) sont tous nuls, et que cela a lieu pour toutes les équations de condition exprimant les contraintes internes du système.

Dans ce cas également, le même raisonnement peut être appliqué aux termes de cette somme venant des forces internes — et déduits, donc, d'équations comme (117.ii) —, en parvenant à la même conclusion.

Considérons maintenant les forces externes. D'après la méthode générale, pour chacun des corps du système, les équations exprimant ces forces produisent des termes comme $\Pi \dfrac{x_i - a}{p}$ et $\Pi \dfrac{y_i - a}{p}$ (a, b, et p étant des constantes appropriées) qu'on doit introduire dans les deux premières parmi les équations (111). Il s'ensuit qu'en présence de telles forces, la somme $\sum_{i=1}^{n} M_i[y_i''(t)x_i(t) - x_i''(t)y_i(t)]$ ne peut pas être en général nulle. Néanmoins, c'est précisément le cas si les forces externes agissant sur chaque corps sont parallèles à l'axe z ou si elles leur centre sur cet axe [1].

Comme le même raisonnement peut être appliqué pour les rotations autour des axes y et x, en intégrant, on conclura aisément que, si le système est libre de tourner autour de l'origine des axes et si les seules forces d'actraction qui lui sont propres y ont leur centre, on obtiendra :

$$\sum_{i=1}^{n} M_i[y_i'(t)x_i(t) - x_i'(t)y_i(t)] = C_1$$

(138)
$$\sum_{i=1}^{n} M_i[x_i'(t)z_i(t) - z_i'(t)x_i(t)] = C_2$$

$$\sum_{i=1}^{n} M_i[z_i'(t)y_i(t) - y_i'(t)z_i(t)] = C_3$$

ce qui, dans le langage des dérivées, exprime justement la loi des aires [2].

---

1. Dans ces deux cas, les équations exprimant les forces externes prennent, en fait, respectivement les formes ' $\sqrt{z_i - c} - q = 0$' et ' $\sqrt{x_i^2 + y_i^2 + (z_i - c)^2} - q = 0$' ($c$ et q étant des constantes appropriées). Et, alors que dans le premier cas, $x_i'(t)$ et $y_i'(t)$ seront séparément nulles, dans le second cas, on aura :

$$y_i''(t)x_i(t) - z_i''(t)y_i(t) = \sum_{j=1}^{m} \Pi_j \frac{y_i(t)}{p_j} x_i(t) - \Pi_j \frac{z_i(t)}{p_j} y_i(t) = 0.$$

2. Voir le § 2.3.7, ci-dessus

La démonstration du principe de conservation des forces vives (*ibidem*, art. 219-222, p. 266-271) suit, à son tour, une voie très similaire à celle des deux raisonnement précédents.

Considérons tout d'abord un système de corps soumis à certaines contraintes, sur lesquels n'agit aucune force interne ou externe. Un tel système sera complètement déterminé par un ensemble d'équations de condition, $F_j = 0$ ($j = 1, 2, \ldots k$), telles que (117.*iii*). En appliquant, *mutatis mutandis*, le raisonnement conduisant à (130) et en le généralisant, on obtient :

$$(139) \qquad \sum_{i=1}^{n} M_i[x_i''(t)x_i'(t) + y_i''(t)y_i'(t) + z_i''(t)z_i'(t)] = \sum_{j=1}^{k} \Pi_j(F_j)_t' = 0,$$

En intégrant, il s'ensuivra que :

$$(140) \qquad \sum_{i=1}^{n} M_i[v_i(t)]^2 = 2C_1$$

ce qui exprime clairement la conservation des forces vives pour tous les systèmes discrets dans lesquels les corps « n'éprouvent d'autres actions que celles qui résultent de leur liaison, et, en général, de toutes les conditions qui peuvent être exprimées par des équations entre les différentes coordonnées du corps, sans que le temps y entre » (*ibidem*, art. 268, p. 267-268).

Si des forces internes agissent sur les corps du système, on devra considérer des équations comme (117.*ii*). En raisonnant comme ci-dessus par rapport à de telles équations, $F_j = 0$ ($j = 1, 2, \ldots, k$), on en conclura bien que

$$(141) \qquad \sum_{i=1}^{n} M_i[x_i''(t) + y_i''(t) + z_i''(t)] = \sum_{j=1}^{k} \Pi_j(F_j)_s'$$

mais, à cause de la présence dans des telles équations d'une variable autre que les variables de position, on n'aura plus

$$(142) \qquad \sum_{i=1}^{n} M_i[x_i''(t)x_i'(t) + y_i''(t)y_i'(t) + z_i''(t)z_i'(t)] = \sum_{j=1}^{k} \Pi_j(F_j)_t' = 0.$$

De (141) il suivra, plutôt, que :

$$(143) \qquad \sum_{i=1}^{n} M_i[x_i''(t)x_i'(t) + y_i''(t)y_i'(t) + z_i''(t)z_i'(t)] = \sum_{j=1}^{k} \Pi_j(p_{(v,\mu)_j})_t'$$

où, $p_{(v,\mu)_j}$ est la distance entre les deux corps sur lesquels agit la j-ième force interne.

Si des forces attractives externes agissent aussi sur les corps du système, on devra aussi prendre en compte les termes déduits des équations correspondantes comme (117.i). En ajoutant ces termes à (143), on aura alors :

$$(144) \quad \sum_{i=1}^{n} M_i[x_i''(t)x_i'(t) + y_i''(t)y_i'(t) + z_i''(t)z_i'(t)] = \begin{cases} \displaystyle\sum_{j=1}^{k} \Pi_j(p_{(v,\mu)_j})_t' + \\ \displaystyle\sum_{l=1}^{h} \Xi_l(p_l)_t' \end{cases}$$

où les Ξ_l sont des coefficients appropriés exprimant l'intensité des forces en question, et p_l les distances entre les centres de ces forces et les corps sur lesquels elles agissent.

Il est clair, bien que Lagrange ne le mentionne pas, que cette équation exprime le principe des vitesses virtuelles pour un système discret quelconque, les vitesses virtuelles le long des directions des forces internes et externes étant représentées par les dérivées des distances entre leur centre et leur point d'action.

De plus, si l'on prend les forces comme des fonctions de ces distances, on peut aussi considérer le deuxième membre de (144) comme la dérivée première d'une fonction de ces même distances. Si, pour faire simple, on dénote ces distances par 'q_j' ($j = 1, 2, \ldots m$; $m = h + k$) et cette fonction par '$f(q_1, \ldots, q_m)$', en intégrant on aura, alors :

$$(145) \qquad \sum_{i=1}^{n} M_i[v_i(t)]^2 = 2C_2 + f(q_1, \ldots, q_m)$$

qui exprime justement le principe de conservation des forces vives pour les systèmes discrets. La correspondance entre la nouvelle déduction de cette équation par Lagrange et celles de 1764 et 1788 est évidente [1].

3.3.9. La preuve du principe de conservation des forces vives et la présentation de son application à quelques cas particuliers (Lagrange, 1797, art. 223-227, p. 271-276) closent le traité de Lagrange, précédant seulement un court article qui tient lieu de conclusion (*ibidem*, art. 228, p. 276-277). Le début de cet article reflète parfaitement l'esprit de son travail :

---

1. Voir respectivement les § 2.2.3 et 2.3.7.

> Je ne m'étends pas davantage sur les applications à la mécanique, et je ne m'arrêterai pas à résoudre des problèmes particuliers. Comme mon dessein n'est pas de donner un Traité de mécanique, je me contente d'avoir déduit par la théorie des fonctions, les principes et les équations fondamentales du mouvement, qu'on ne démontre ordinairement que par la considération des infiniment petits.

Dans la seconde édition, ce dernier article est supprimé, et son début est intégré à l'article précédent. Le passage précédent est maintenu, mais Lagrange y ajoute encore quelques mots (Lagrange, 1813, art. III.47, p. 381 :

> [...], et d'avoir donné, d'une manière nouvelle, les lois générales du mouvement des corps animés par des forces quelconques, et qui agissent les uns sur les autres ; et je renverrai à la *Mécanique analytique* ceux qui désireraient un plus grand détail.

La référence à la *Mécanique analytique* pourrait surprendre ceux qui penseraient que la nouvelle fondation du Calcul proposée dans la *Théorie* est incompatible avec une approche franchement infinitésimaliste, comme celle du premier traité. Mais elle est en fait très naturelle à la lumière des reconstructions précédentes. Loin de contredire l'ancienne approche de la fondation de la mécanique, la nouvelle exposition de Lagrange semble, en effet, être une traduction (en vérité assez libre) des méthodes, preuves et résultats précédents dans un nouveau contexte.

4. Conclusion

Mon but, dans cet essai était de reconstruire l'évolution de la fondation de la mécanique des systèmes discrets proposée par Lagrange, depuis son premier mémoire en 1760-61 jusqu'à la *Théorie des fonctions analytiques*, dont la première édition est publiée en 1797. Ma conclusion principale est que cette évolution peut être vue comme la réalisation d'un programme scientifique (et philosophique) qui reste fortement cohérent avec lui-même durant toute cette période, malgré un changement marquant dans la conception des fondements du Calcul. Ce programme est réduction-niste : la mécanique des systèmes discrets doit être réduite à l'analyse mathématique appliquée à certains principes de base.

À la fois dans ses travaux de 1760-61, et en 1764 et 1780, Lagrange fonde toute la mécanique sur une formule analytique qui est censée exprimer un principe général, capable de résumer en soi toute la théorie des systèmes discrets : le principe de moindre action dans le premier cas, le principe des vitesses virtuelles dans les deux autres. En revanche, dans la *Méchanique analitique*, le point de départ est une formulation discursive de ce dernier principe, de sorte que la première étape de sa démarche consiste en la justification d'une reformulation de ce principe au moyen d'une formule analytique. Pour cela, Lagrange fait appel à une interprétation différentielle classique de la vitesse et de la force. La mécanique des systèmes discrets est donc fondée sur un principe général et sur une interprétation mathématique de ses concepts centraux à l'aide du calcul différentiel.

Le but principal de la *Théorie des fonctions analytiques* est de montrer que l'analyse supérieure peut être complètement fondée sur l'analyse ordinaire, c'est-à-dire que le Calcul peut être réduit à l'algèbre. Plutôt que de se restreindre à une nouvelle justification de l'algorithme du Calcul et à une règle générale pour remplacer les différentielles par des fonctions dérivées, Lagrange veut reconstruire tout l'édifice de l'analyse supérieure classique sur la base d'un théorème d'existence et d'unicité du développement en série entière de toute fonction. Ainsi, il est naturel pour lui de se consacrer à une reconstruction de l'une des branches principales de l'analyse supérieure, comme la mécanique des systèmes discrets.

Le fondement d'une telle reconstruction est donné par une nouvelle interprétation, en termes de fonctions dérivées, de la vitesse et de la force. Bien que cela ne soit jamais dit de manière explicite, la dépendance historique et conceptuelle de cette interprétation à la fondation fluxionnelle du Calcul apparaît clairement. La vitesse et la force sont mesurées par un espace rectiligne parcouru au cours d'un temps donné, et sont de ce fait représentées par des objets géométriques. Mais comme Maclaurin (1742) et Newton lui-même [1] l'avaient déjà montré, les objets géométriques fondamentaux de la théorie des courbes peuvent être représentés analytiquement par les termes d'un développement en série entière, de sorte que la géométrie (et en particulier la théorie des courbes) peut être réduite à une théorie générale des séries entières, et donc à l'algèbre. Si l'on peut reconstruire la mécanique des systèmes discrets comme une géométrie des (espaces mesurant les) vitesses et forces, le but général sera donc atteint.

La seule différence véritable entre ce programme et la fondation de la mécanique des systèmes discrets dans la *Méchanique analitique* tient à

---

1. Voir par exemple le troisième corollaire de la proposition X du second livre de la première édition des *Principia* (Newton, 1687), et la seconde partie de la preuve de cette proposition dans la seconde édition (Newton, 1713).

la nouvelle interprétation des objets géométriques pertinents en termes de fonctions dérivées.

Les idées principales et les outils mathématiques à l'œuvre dans les travaux précédents peuvent donc encore être utilisés dans le nouveau contexte.

Il reste cependant que la traduction de ces idées et outils dans le nouveau contexte n'est pas littérale. La place du principe systémique des vitesses virtuelles devient beaucoup moins centrale, et l'on comprend facilement qu'un tel principe peut être évité. Plutôt que de déduire les équations du mouvement de chaque corps composant un système discret d'une équation générale caractérisant ce système, Lagrange détermine directement ces équations sur la base d'une caractérisation du système à l'aide d'un ensemble d'équations concernant les forces et les contraintes opérant sur chaque corps. La méthode qu'il met en place pour compléter cette déduction n'est pas nouvelle. On la trouve déjà dans la *Méchanique analitique* en tant que procédure alternative pour la résolution des problèmes mécaniques. Le principe des vitesses virtuelles peut alors être déduit en sommant entre elles les équations de mouvement de tous les corps d'un système libre de toute contrainte.

Un aspect particulièrement intéressant de la reformulation de Lagrange est le remplacement des variations par des dérivées par rapport au temps. L'introduction du temps, en tant que paramètre de variation de toute variable, est, par ailleurs, l'outil mathématique permettant la nouvelle interprétation de la vitesse et de la force. Toutefois, l'introduction d'un tel paramètre n'est possible qu'à condition de caractériser une fonction autrement qu'en tant que forme analytique. Cela fait apparaître un des principaux problèmes internes à la théorie des fonctions analytiques de Lagrange : la notion de fonction sur laquelle cette théorie est entièrement fondée se révèle ne pas être suffisamment robuste pour justifier l'ensemble de ces applications.

BIBLIOGRAPHIE

Aepinus, F. U. T. 1760-1761, « Demonstratio generalis theorematis newtoniani de binomio ad potentiam indefinitam elevando », *Novi Commentarii academiae scientiarum imperialis Petropolitanae*, 8, 169–180 (sommaire aux p. 27–29 de *Summarium Dissertationum*), publié en 1763. Traduction française (par J. Dhombres et M. Pensivy) dans *Sciences and Techniques en Perspective*, 11, 1986-1987, p. 204-218.

Alembert, J. B. le Rond d' 1743, *Traité de dynamique*, Paris, David.

—— 1751a, « Analytique », dans *Encyclopédie, ou dictionnaire raisonné des sciences, des arts et des métiers*, Paris, Briasson, David l'aîné, le Breton, Durand, 1751-1780 (35 vols), vol. 1, p. 403-404.

—— 1751b, « Discours préliminaire des éditeurs », dans *Encyclopédie, ou dictionnaire raisonné des sciences, des arts et des métiers*, Paris, Briasson, David l'aîné, le Breton, Durand, 1751-1780 (35 vols), vol. 1, p. I-XLV.

—— 1768, « Réflexions sur les suites et les racines imaginaires », dans *Opuscules mathématiques*, Paris, David, Briasson, C. A. Jombert, 1761-1780 (8 tomes en 5 volumes), t. V, p. 171-215.

Alvarez, C. 1997, « Mathematical analysis and analytical science. », dans *Otte et Panza (1997)*, p. 103–145.

Ampère, A. M. 1806, « Recherches sur l'application des formules générales du calcul des variations aux problèmes de la mécanique », *Mémoires présentés à l'Institut des sciences, lettres et arts, par divers savans, et lus dans ses assemblées. Sciences mathématiques et Physiques*, I (Janvier), p. 493–523, présenté le 26 Floréal an XI (16 mai 1803).

Apollonius 1706, *De sectione rationis libri duo. Ex Arabico Ms^{to}. Latine Versi, Opera & studio E. Halley*, Oxonii, E Theatro Sheldoniano.

—— 1891-1893, *Apollonii Pergæi quæ Græce extant cum commentariis antiquis*, Lipsiæ, Teubner, 2 volumes édités avec une traduction latine et un commentaire par J. L. Heiberg.

ARANA, A. 2008, « Logical and semantic purity », *Protosociology*, 25, p. 36–48.

—— à paraître, « Descartes' single motion criterion for geometricity », manuscrit transmis par l'auteur.

ARANA, A. et MANCOSU, P. 2012, « On the relationship between plane and solid geometry », *The Review of Symbolic Logic*, 5, p. 294–353.

ARBOGAST, L. F. A. 1789, *Essai sur des nouveaux principes de calcul différentiel et de calcul intégral*, Manuscrit conservé à la *Biblioteca Medicea-Laurenziana* à Florence (Cod. Laur. Ashb. App. 1840) et à la Bibliothèque de l'*École des Ponts et Chaussées* à Paris (Ms. 2809).

ARCHIMÈDE 1897, *The Works of Archimedes,* edited in Modern Notation with introductory chapter by T. L. Heath, Cambridge, Cambridge University Press.

—— 1972-1975, *Archimedis Opera Omnia*, Stuttgart (4 vols), Iterum editit I. L. Heiberg ; corrigenda adiecit E. S. Stamatis (pour les vols I-III), Teubner.

ARCY, P. d' 1749, « Réflexion sur le principe de moindre action de M. de Maupertuis », *Histoire de l'Académie Royale des Sciences [de Paris]. Avec les Mémoires de Mathématiques et Physique*, p. 531–538, publié en 1753.

—— 1752, « Réplique à un Mémoire de M. de Maupertuis sur le principe de la moindre action, inséré dans les *Mémoires de l'Académie Royale des Sciences de Berlin de l'année* 1752 », *Histoire de l'Académie Royale des Sciences [de Paris]. Avec les Mémoires de Mathématiques et Physique*, p. 503–519, publié en 1756.

ARISTOTE 1844, *Aristotelis Organon Graece. Novis codicum auxiliis adiutus recognovit, scholiis ineditis et commentario instruxit Theodorus Waitz*, Lipsiae, Sumtibus Hahnianis.

—— 1975, *Aristotle's Posterior Analytics,* Translated with notes by J. Barnes, Oxford, Clarendon Press.

AVIGAD, J., DEAN, W. et MUMMA, J. 2009, « A formal system for Euclid's *Elements* », *The Review of Symbolic Logic*, 2, p. 700–768.

AZZOUNI, J. 2004, « Proof and ontology in Euclidean mathematics », dans *New Trends in he History and Philosophy of Mathematics*, éd. par T. H. Kjeldsen, S. A. Pederson et L. M. Sonne-Hansen, Odense, University Press of Southern Denmark, p. 117–133.

BARROSO-FILHO, W. et COMTE, C. 1988, « La formalisation de la dynamique par Lagrange : l'introduction du calcul des variations et l'unification à partir du principe de moindre action », dans *Sciences à l'époque de la Révolution française*, éd. par R. Rashed, Paris, Blanchard, p. 329–348.

BERNOULLI, D. 1726, « Examen principiorum mechanicae, et demonstrationes geometricae de compositione et resolutione virium », *Commentarii academiæ scientiarum Imperialis Petropolitanæ*, 1, p. 26–142, présenté en février 1726, publié en 1728.

—— 1745, « Nouveau Problème de Mecanique resolu par Mr. D. Bernoulli », *Histoire de Académie Royale des Sciences et Belles Lettres [de Berlin], Mémoires de la Classe de Mathématiques*, p. 54–70, publié en 1746.

BERNOULLI, J. 1711*a*, « Extrait d'une lettre de M. Bernoulli écrite de Bâle le 10 janvier 1711, touchant la manière de trouver les forces centrales dans des milieux résistans en raisons composées de leurs densités et des puissances quelconque des vitesses du mobile », *Histoire de l'Académie Royale des Sciences [de Paris]. Avec les Mémoires de Mathématiques et Physique*, p. 47–54, publié en 1730.

—— 1718, « Remarques sur ce qu'on a donné jusqu'ici de solutions des problèmes sur les isoperimétres », *Histoire de l'Académie Royale des Sciences [de Paris]. Avec les Mémoires de Mathématiques et Physique*, p. 100–138 du tome I, deux tomes publiés en 1719 et 1720.

BERNOULLI, N. 1711*b*, « Addition de M. (Nicolas) Bernoulli neveu de l'auteur de ce memoire-cy », *Histoire de l'Académie Royale des Sciences [de Paris]. Avec les Mémoires de Mathématiques et Physique*, p. 54–56, publié en 1730.

BOLZANO, B. P. J. N. 1817, *Rein analytischer Beweis des Lehrsatzes […]*, Prag, Gedruckt bei Gottlieb Haase, für *Abhandlungen der Königlichen Böhmischen Gesellschaft der Wissenschaften*, trad. fr. dans Sebestik (1964).

BOREL, É. 1928, *Leçons sur les séries divergentes*, Paris, Gauthier-Villars.

BOS, H. J. M. 2001, *Redefining Geometrical Exactness. Descartes' Transformation of the Early Modern Concept of Construction*, New York, Berlin, etc., Springer Verlag.

BOTTAZZINI, U. 1986, *The Higher Calculus. A History of Real and Complex Analysis from Euler to Weierstrass*, New York, Springer.

—— 1990, « Geometrical rigour and 'modern analysis'. An introduction to Cauchy's *Cours d'analyse* », dans A. L. Cauchy, *Cours d'analyse de l'école royale polytechnique. Première partie. Analyse algébrique*, éd. par U. Bottazzini, Bologna, CLUEB, p. XI–CLVII.

BURNYEAT, M. F. 1987, « Platonism and mathematics : A prelude to discussion », dans *Mathematics and Metaphysics in Aristotle*, éd. par

A. Graeser, Bern and Stuttgart, Haupt, p. 213–240.

CARNOT, L. 1797, *Réflexions sur la métaphysique du calcul infinitésimal*, Paris, an V, Duprat, 2de édition, M. V. Courcier, Paris, 1813.

CAUCHY, A. L. 1821, *Cours d'analyse de l'École royale polytechnique [...]. Première partie. Analyse algèbrique*, Paris, Debure frères, aussi in *Œuvres Complètes*, sér. 2, vol. III.

—— 1822, « Sur le développement des fonctions en séries, et sur l'intégration des équations différéntielles, ou aux différences partielles », *Bulletin des Sciences par la Societé Philomatique de Paris*, p. 49–54, aussi in *Œuvres Complètes*, sér. 2, vol. II, p. 276-282. Les références sont relatives à cette dernière édition.

—— 1823, *Résumé des leçons données à l'École royale polytechnique sur le calcul infinitésimal*, Paris, Imprimerie Royale, chez Debure, aussi in Cauchy, *Œuvres Complètes*, sér. 2, vol. IV, p. 9-261.

—— 1882-1903, *Œuvres Complètes*, Paris, Gauthier-Villars et fils, 27 volumes en 2 séries.

CAVEING, M. 1982, « Quelques remarques sur le traitement du continu dans les *Éléments* d'Euclide et la *Physique* d'Aristote », dans *Penser les mathématiques*, éd. par R. Apéry *et al.*, Paris, Éditions du Seuil, p. 145–166.

—— 1990, « Introduction générale », dans Euclide, *Les Éléments*, Paris, PUF, p. 13–148.

—— 1997, *La figure et le nombre. Recherches sur les premières mathématiques des Grecs*, Villeneuve d'Ascq, Presses Universitaires du Septentrion.

CHIHARA, C. 2004, *A structural Account of Mathematics*, Oxford, Clarendon Press.

CLARD, A.-J. 1982, *Book Catalogue of the Library of the Royal Society*, Frederick (Md.), Univ. Publ. of America, 5 vols.

CLAVIUS, C. 1574, *Euclidis Elementorum Libri XV. Accessit XVI de solidorum Regolarium comparatione [...]*, Romæ, apud Vincentium Accoltum.

COLIVA, A. 2012, « Human diagrammatic reasoning and seeing-as », *Synthese*, 186, p. 121–148.

CONDILLAC, E. B. an VI : 1797, *La langue des calculs*, Paris, Imp. de Ch. Houel.

CONDORCET, M. J. A. C. 1765, *Du calcul intégral*, Paris, Didot.

COURTIVRON, G. 1748 et 1749, « Recherches de Statique et de Dynamique [...] », *Histoire de l'Académie Royale des Sciences [de Paris]. Avec les Mémoires de Mathématiques et Physique*, p. 304 (1748) et p. 15–27

(1749), publié en 1752 et 1753.

DAHAN-DALMEDICO, A. 1990, « Le formalisme variationnel dans les travaux de Lagrange », Actes du colloque tenu à Paris, Collège de France, 27-29 Septembre 1988. Supplément au n. 124 des *Atti della Accademia delle Scienze di Torino, Classe di Scienze Fisiche, Matematiche e Naturali*, p. 81–86.

—— 1992, « La méthode critique du "mathématicien-philosophe" », dans Dhombres (1992), p. 171–192.

DESANTI, J.-T. 1973, « Notes sur l'épistémologie hégélienne ; l'intériorisation au concept », *Dialectique*, 1(1-2), p. 55–87, republié en tant que partie de J.-T. Desanti, *La philosophie silencieuse ou critique de la philosophie de la science*, Seuil, Paris, 1975, p. 22-66.

DESCARTES, R. 1637, *Discours de la méthode pour bien conduire sa raison et chercher la vérité dans les sciences, plus la dioptrique, les météores et la géométrie qui sont des essais de cette méthode*, Leyde, I. Maire, aussi in *Œuvres de Descartes*, vol. VI, p. 367-485.

—— 1897-1910, *Œuvres de Descartes*, éditées par C. Adam et P. Tannery, Paris, Cerf, 12 volumes. Nouvelle édition, Paris, Vrin, 1964-1971, réimpression en poche, Paris, Vrin, 1996.

DETLEFSEN, M. 2008, « Purity as an ideal of proof », dans Mancosu (2008), p. 179–197.

DHOMBRES, J. 1982-1983, « La langue des calculs de Condillac (ou comment propager les lumières ?) », *Sciences et techniques en perspective*, 2, p. 197–230.

—— 1987a, « Sur un texte d'Euler relatif à une équation fonctionnelle. Archaïsme, pédagogie et style d'écriture », *Historia Scientiarum*, 33, p. 77–123.

—— 1987b, « Un style axiomatique dans l'écriture de la physique mathématique au 18ième siècle. Daniel Bernoulli et la composition des forces », *Sciences et techniques en perspective*, 11, p. 1–68.

—— 1988, « Un texte d'Euler sur les fonctions continues et le fonctions discontinues, véritable programme d'organisation de l'analyse au 18ième siècle », *Cahiers du Séminaire d'Histoire des Mathématiques*, 9, p. 23–97, avec une traduction française de Euler (1765).

DHOMBRES, J. (éd.) 1992, *L'École Normale de l'an III. Leçons de mathématiques. Laplace - Lagrange - Monge*, Dunod, Paris.

DHOMBRES, J. et PENSIVY, M. 1988, « Esprit de rigueur et présentation mathématique au XVIIIème siècle : le cas d'une démonstration d'Aepinus », *Historia Mathematica*, 15, p. 9–31.

DHOMBRES, J. et RADELET DE GRAVE, P. 1991, « Contingence et nécessité en mécanique. Étude de deux textes inédits de Jean d'Alembert », *Physis*, 28, p. 35–114.

DIJKSTERHUIS, E. J. 1956, *Archimedes*, Copenhagen, Ejnar Munksgaard.

DOMSKI, M. 2009, « The intelligibility of motion and construction : Descartes early mathematics and metaphysics », *Studies in History and Philosophy of Science*, 40, p. 119–130.

DUGAC, P. 2003, *Histoire de l'analyse. Autour de la notion de limite et de ses voisinages*, Paris, Vuibert.

DUGAS, R. 1950, *Histoire de la Mécanique*, Paris et Éd. du Griffon, Neuchâtel, Dunod.

DUMMETT, M. 1991, *Frege. Philosophy of Mathematics*, London, Duckworth.

DÜRING, I. 1966, *Aristoteles. Darstellung und Interpretation seines Denkens*, Heidelberg, Carl Winter Universitätsverlag, (seconde édition citée, 2005).

ÉCOLE NORMALE AN IIIa s.d., *Séances des écoles normales, recueillies par des sténographes et revues par les professeurs. Première partie. Leçons*, Paris, 6 volumes, L. Reynier.

ÉCOLE NORMALE AN IIIb s.d., *Séances des écoles normales, recueillies par des sténographes et revues par les professeurs. Seconde partie. Débats*, Paris, 3 volumes, Impr. du Cercle Social.

ÉCOLE NORMALE AN IIIc 1800-1801, *Séances des écoles normales, recueillies par des sténographes et revues par les professeurs.* Nouvelle édition, Paris, 3 volumes, *Leçons*, 1-10 et *Débats*, 1-3, Impr. du Cercle Social.

EUCLIDE 1883-1899, *Euclidis Opera Omnia*, Lipsiæ, Ediderunt I. L. Heiberg et H. Menge, 8 volumes et 1 volume de supplément. B. G. Teubneri, nouvelle édition de E. S. Stamatis, Teubner, Leipzig, 1969-1977 (5 volumes en 6 tomes).

—— 1926, *The Thirteen Books of the Elements*, Cambridge, translated with introduction and commentary by Sir Thomas L. Heath. Cambridge Univ. Press, 2de édition, 3 vols.

—— 1990-2001, *Les Éléments,* traduction et commentaires de B. Vitrac, 4 vols, Paris, PUF, 4 vols.

EULER, L. 1736, *Mechanica, sive motus scientia analytice exposita*, Petropoli, Ex typographia Academiæ scientiarum, 2 vols. Aussi *in Opera Omnia*, sér. 2, vols 1-2.

—— 1744, *Methodus inveniendi lineas curvas [···]*, Lausanne & Genevæ, Apud M.-M. Bousquet & Socios, aussi *in Opera Omnia*, sér.

1, vol. 24.

—— 1746, « De motu corporum in superficiebu mobilibus », dans L. Euler, *Opuscola varii argumenti*, Berolini, Sumtibus A. Haude & J. C. Speneri, t. 1, 1–136, aussi *in Opera Omnia*, sér. 2, vol. 6, p. 75-174.

—— 1748, *Introductio in analysin infinitorum*, Lausannæ, Apud M.-M. Bousquet & Soc., 2 volumes. Aussi *in Opera Omnia*, sér. 1, vols 8-9.

—— 1749, « De vibratione chordarum exercitatio », *Nova Acta Eruditorum*, (Septembris), 512–527, aussi *in Opera Omnia*, sér. 2, vol. 10, p. 50-62.

—— 1751, « Harmonie entre les principes généraux de repos et de mouvement de M. de Maupertuis », *Histoire de Académie Royale des Sciences et Belles Lettres [de Berlin], Mémoires de la Classe de Mathématiques*, 169–198, publié en 1753. Aussi *in Opera Omnia*, sér. 2, vol. 5, p. 152-176.

—— 1753, « Remarques sur les mémoires précédens de M. Bernoulli », *Histoire de Académie Royale des Sciences et Belles Lettres [de Berlin], Mémoires de la Classe de Mathématiques*, 9, 196–222, publié en 1755. Aussi *in Opera Omnia*, sér. 2, vol. 10, p. 233-254.

—— 1765, « De usu functionum discontinarum in analysi », *Novi Commentarii academiae scientiarum Imperialis Petropolitanæ*, 11, 3–27 (abstract at pp. 5–7 of *Summarium Dissertationum*), publié en 1767. Aussi *in Opera Omnia*, sér. 1, vol. 23, p. 74-91.

—— 1787, « Nova demonstratio quod evolutio potestatum binomii neutoniana etiam pro exponentibus fracti valeat », *Nova acta academiæ scientiarum imperialis Petropolitanæ*, 5, p. 52–58, publié en 1789. Aussi *in Opera Omnia*, sér. 1, vol. 16/1, p. 112-121.

—— 1796-1797, *Introduction à l'analyse infinitésimale,* Traduit du latin en français, avec des Notes et de Éclarcissements par J. B. Labey., Paris, ans IV-V, Chez Barrois aîné, 2 volumes.

—— 1911-..., *Leonhardi Euleri Opera omnia*, Plusieurs éditeurs sous le contrôle du Comité Euler de l'Académie des Sciences Suisse.

FERRARO, G. 2000, « Functions, functional relations and the laws of continuity in Euler », *Historia Mathematica*, 27, p. 107–132.

—— 2001, « Analytical symbols and geometrical figures in Eighteenth century calculus », *Studies in History and Philosophy of Science Part A*, 32, p. 535–555.

—— 2002, « Convergence and formal manipulation of series in the first decades of the Eighteenth century », *Annals of Science*, 59, p. 178–99.

—— 2004, « Differentials and differential coefficients in the Eulerian foundations of the calculus », *Historia Mathematica*, 31, p. 34–61.

—— 2007, « The foundational aspects of Gauss's work on the hypergeometric, factorial and digamma functions », *Archive for History of Exact Sciences*, 61, p. 457–518.

FERRARO, G. et PANZA, M. 2003, « Developing into series and returning from series. A note on the foundation of Eighteenth-century analysis », *Historia Mathematica*, 30, p. 17–46.

FRASER, C. 1983, « J. L. Lagrange's early contributions to the principles and methods of mechanics », *Archive for History of Exact Sciences*, 28, p. 197–241.

—— 1985*a*, « D'Alembert's principle : The original formulation and application in Jean d'Alembert's *Traité de Dynamique* (1753) », *Centaurus*, 28, p. 31–61 et 145–159.

—— 1985*b*, « J. L. Lagrange's changing approach to the foundation of the calculus of variations », *Archive for History of Exact Sciences*, 39, p. 151–191.

—— 1987, « Joseph Louis Lagrange algebraic vision of the calculus », *Historia Mathematica*, 14, p. 38–53.

—— 1989, « The calculus as algebraic analysis : Some observations on mathematical analysis in the 18th century », *Archive for History of Exact Sciences*, 39, p. 317–335.

FRIEDMAN, M. 1985, « Kant's theory of geometry », *Philosophical Review*, 94, p. 455–506, aussi *dans* M. Friedman, *Kant and the Exact Sciences*, Harvard U. P., Cambridge (Mass), 1992, p. 55-95. Les références renvoient à cette dernière édition.

—— 2012, « Kant on geometry and spatial intuition », *Synthese*, 186(1), p. 231–255.

GALOIS, E. 1976, *Écrits et mémoires mathématiques d'Evariste Galois*, édités par R. Bourgne et J.-P. Azra, deuxième édition, Paris, Gauthier-Villars.

GARCEAU, B. 1968, *Judicium. Vocabulaire, sources, doctrine de Saint Thomas d'Aquin*, Montreal et Paris, Institut d'Etudes Médiévales et Vrin.

GAUSS, C. F. 1801, *Disquisitiones Arithmeticæ*, Lipsiæ, In commissis apud Gerh. Fleischer Jun.

—— 1863-1933, *Werke*, Göttingen, Königlichen Gesellschaft der Wissenschaften zu Göttingen, 12 vols.

GILAIN, C. 1988, « Condorcet et le calcul intégral », dans *Sciences à l'époque de la Révolution française*, éd. par R. Rashed, Paris, Blanchard, p. 85–147.

GIUSTI, E. 1983, *Analisi matematica*, Torino, Boringhieri, 2 vols.

GOLDSTINE, H. H. 1980, *A History of the Calculus of Variations from the 17th through the 19th Century*, New York, Heidelberg, Berlin, Springer.

GRABINER, J.-V. 1974, « Is mathematical truth time-dependent ? », *The American Mathematical Monthly*, 81, p. 354–365.

—— 1981*a*, « Changing attitudes towards mathematical rigor : Lagrange and analysis in the Eighteenth and Nineteenth centuries », dans *Epistemological and Social Problems of the Sciences in the Early Nineteenth Century*, éd. par H. N. Jahnke et M. Otte, Dordrecht, Boston, London, D. Reidel P. C., p. 311–330.

GRABINER, J. V. 1981*b*, *The Origins of Cauchy's Rigorous Calculus*, Cambridge (Mass.), M.I.T. Press.

—— 1990, *The Calculus as Algebra. J. L. Lagrange, 1736-1813*, New York and London, Garland Publishing, réimpression de la thèse soutenue en 1966.

GRATTAN-GUINNESS, I. 1970, *The Development of Foundations of Mathematical Analysis from Euler to Riemann*, Cambridge (Mass.), London, MIT Press.

—— 1990, *Convolutions in French Mathematics, 1800-1840*, Basel, Boston, Berlin, Birkhäuser, 3 vols.

GREGORY, J. 1667, *Vera circuli et hyperbolæ quadratura [···]*, Patavii, Ex Typographia Iacobi de Cadorinis.

GUSDORF, G. 1971, *Les principes de la pensée au siècle des lumières*, Paris, Payot.

HALLETT, M. 2008, « Reflections on the purity of method in Hilbert's *Grundlagen der Geometrie* », dans Mancosu (2008), p. 198–255.

HARARI, O. 2003, « The concept of existence and the role of constructions in Euclid's *Elements* », *Archive for History of Exact Sciences*, 57, p. 1–23.

HARTSHORNE, R. 2000, *Geometry : Euclid and Beyond*, New York, Berlin, Heidelberg, Springer.

HEATH, T. 1961, *A History of Greek Mathematics*, Oxford, Clarendon Press, 2 vols.

HEIBERG, J. L. 1903, « Paralipomena zu Euklid », *Hermes*, 38, p. 46–74, 161–201, 321–356.

HILBERT, D. 1899, « Grundlagen der Geometrie », dans *Festschrift zur Feier der Enthüllung des Gauss-Weber-Denkmals in Göttingen*, Leipzig, B. G. Teubner, p. 3–92, deuxième édition, 1903 ; troisième édition, 1909.

—— 1998, « Neubegründung der Mathematik : Erste Mitteilung », *Abhandlungen aus dem Seminar der Hamburgischen Universität*, 3(1),

p. 157–177, trad. fr. dans Largeault (1992), p. 107-130. Les références renvoient à cette traduction.

HINTIKKA, J. 1975, *Time and Necessity. Studies in Aristotle's theory of modality*, Oxford, Clarendon Press.

HINTIKKA, J. et REMES, U. 1974, *The Method of Analysis : Its Geometrical Origin and Its General Significance*, Dordrecht, Reidel.

ISRAEL, G. 1997, « The analytical method in Descartes' *Geometry* », dans Otte et Panza (1997), p. 3–34.

—— 1998, « Des *Regulae* à la *Géométrie* », *Revue d'histoire des sciences*, 51, p. 183–236.

JOUGUET, E. 1908-1909, *Lectures de mécanique [...]*, Paris, Gauthier-Villars, 2 vols.

JULLIEN, V. 1996, *Descartes. La "Géométrie" de 1637*, Paris, PUF.

—— 2006, *Philosophie naturelle et géométrie au XVIIᵉ siècle*, Paris, Honoré Champion.

KANT, I. 1990, *Critique de la raison pure*, Paris, Gallimard, traduit de l'allemand par Jules Barni et révisé par Alexandre J.-L. Delamarre et François Marty.

KLEIN, J. 1934-1936, « Die griechische Logistik und die Entstehung der Algebra », *Quellen und Studien zur Geschichte der Mathematik, Astronomie und Physik, Abteilung B (Studien)*, 3(1 et 3), p. 18–105 (n. 1 : 1934) et p. 122–235 (n. 3 : 1936), traduction anglaise (d'une version légèrement amendée) par E. Brann : *Greek Mathematical Thought and the Origin of Algebra*, MIT Press, Cambridge (Mass), 1968.

KLÜGEL, G.-S. 1800, « Erläuterungen über den Beweis des polyno-mischen Lehrsatzes von dem Verfasser des Beweises », *Sammlung combinatorisch-analytischer Abhandlungen*, 2, p. 145–154.

KNORR, W. R. 1986, *The Ancient Tradition of Geometric Problems*, Boston, Basel, Stuttgart, Birkhäuser.

—— 1989, *Textual Studies in Ancient and Medieval Geometry*, Boston, Basel, Berlin, Birkhäuser.

LACROIX, S. F. 1797-1798, *Traité du calcul différentiel et du calcul inté-gral*, Paris, ans. V-VI, Duprat, 2 volumes.

LACROIX, S.-F. 1800, *Traité des différences et des séries : faisant suite au Traité du calcul différentiel et du calcul intégral*, Paris, Duprat, 2 vols.

—— 1810-1819, *Traité du calcul différentiel et du calcul intégral*, Paris, Courcier, 3 vols.

LAGRANGE, J.-L. 1760-61*a*, «Essai d'une nouvelle méthode pour déter-miner les maxima et les minima des formules intégrales », *Mélanges* *de Philosophie et de Mathématiques de la Société Royale de Turin*, p. 173–195 (tomus alter), aussi *in Œuvres*, vol. I, p. 335-362.

—— 1760-61*b*, « Applications de la méthode précédente à la solution de différens problèmes de dynamique », *Mélanges de Philosophie et de Mathématiques de la Société Royale de Turin*, p. 196–208 (tomus alter), aussi *in Œuvres*, vol. I, p. 363-468.

—— 1764, « Recherches sur la libration de la Lune, dans lesquelles on tâche de résoudre la question proposée par l'Académie royale des rciences pour le Prix de l'année 1764 », *Recueil des pièces ayant remporté les prix de l'Académie Royale des Sciences [de Paris]*, 9, p. 1–50 (numération séparée), publié en 1777, contenant les pièces de 1764, 1765, 1766, 1770, 1772. Aussi *in Œuvres*, vol. VI, p. 4-61.

—— 1772, « Sur une nouvelle espéce de calcul relatif à la différentiation et à l'intégration des quantités variables », *Nouveaux Mémoires de l'Académie Royale des Sciences et Belles-Lettres [de Berlin]*, p. 185–221, publié en 1774. Aussi *in Œuvres*, vol. III, p. 441-476.

—— 1780, « Théorie de la libration de la Lune, et des autres phénomenes qui dépendent de la figure non sphérique de cette planète », *Nouveaux Mémoires de l'Académie Royale des Sciences et Belles-Lettres [de Berlin]*, p. 203–309, publié en 1782. Aussi *in Œuvres*, volume V, pp. 5-122.

—— 1788, *Méchanique Analitique*, Paris, La veuve Desaint.

—— 1797, *Théorie des fonctions analytiques*, Paris, Prairial an V, Mai-Juin, Impr. de la République.

—— 1798, *De la résolution des équations numériques de tous les degrés*, Paris, an VI, Duprat.

—— 1799, « Discours sur l'objet de la théorie des fonctions analytiques », *Journal de l'École Polytechnique*, 2(6), p. 232–235, aussi *in Œuvres*, vol. VII, p. 325-328.

—— 1801, *Leçons sur le calcul des fonctions*, Paris, Impr. du Cercle Social, volume X (*Leçons*) de ÉCOLE NORMALE AN IIIc ; réimprimé avec des légères révisions en tant que 12ème cahier du *Journal de l'École Polytecnique*, *Thermidor*, an XII, July-August 1804. Les références renvoient à cette dernière édition.

—— 1806, *Leçons sur le calcul des fonctions*, nouvelle édition revue, corrigée et augmentée par l'auteur, Paris, Courcier, aussi *in Œuvres*, vol. X.

—— 1808, *Traité de la résolution des équations numériques de tous les degrés. Avec des Notes sur plusieurs points de la Théorie des équations algébriques*, Paris, Courcier, aussi *in Œuvres*, vol. VIII.

—— 1811-1815, *Mécanique analytique*, Paris, Courcier, 2 vols. Aussi *in Œuvres*, vols. XI-XII.

—— 1813, *Théorie des fonctions analytiques*, Paris, Courcier, aussi *in Œuvres*, vol. IX.

—— 1853-55, *Mécanique Analytique*, Paris, IIIème édition revue, corrigée et annotée par M. J. Bretrand, Mallet-Bachelier.

—— 1867-1892, *Œuvres de Lagrange*, Paris, Gauthier-Villars, 14 vols. Publiées par les soins deM. J.-A. Serret [et G. Darboux].

LAGUERRE, E. 1878-1879, « Sur l'intégrale $\int_z^\infty \frac{e^{-x}}{x} dx$ », *Bulletin de la Société mathématique de France*, 7, p. 72–81.

LAKATOS, I. 1976, *Proofs and Refutations*, Cambridge, Cambridge Univ. Press, édité par J. Worral et E. Zahar.

—— 1978, *Philosophical Papers*, Cambridge, Cambridge Univ. Press, deux vols. : vol. I : *The Methodology of Scientific Research Programmes* ; vol. II : *Mathematics, Science and Epistemology*.

LAPLACE, P. S. 1812, *Théorie analytique des probabilités*, Paris, Courcier.

LARGEAULT, J. (éd.) 1992, *Intuitionnisme et théorie de la démonstration. Textes de Bernays, Brouwer, Gentzen, Gödel, Hilbert, Kreisel, Weyl*, Paris, Vrin.

LÜTZEN, J. 2010, « The algebra of geometric impossibility : Descartes and Montucla on the impossibility of the duplication of the cube and the trisection of the angle », *Centaurus*, 52, p. 4–37.

MACBETH, D. 2010, « Diagrammatic reasoning in Euclid's *Elements* », dans *Philosophical Perspectives on Mathematical Practice*, éd. par B. Van Kerkhove, J. De Vuyst et J. P. Van Bendegem, London, College Publications, p. 235–267.

MACH, E. 1883, *Die Mechanik in ihrer Entwicklung. Historisch-kritisch Dargestellt*, Leipzig, F. A. Brockhlaus, les références sont à la troisième édition de 1897.

MACLAURIN, C. 1742, *A Treatise of Fluxions*, Edinburg, T. W. and T. Ruddimans.

MÄENPÄÄ, P. et VON PLATO, L. 1990, « The logic of Euclidean construction procedures », *Acta Philosophica Fennica*, 39, p. 275–293.

MANCOSU, P. 1996, *Philosophy of mathematics and mathematical practice in the seventeenth century*, New York, Oxford University Press.

—— 2007, « Descartes and mathematics », dans *A Companion to Descartes*, éd. par J. Broughton et J. Carriero, Malden (MA), Oxford, Victoria, Blackwell, p. 103–123.

MANCOSU, P. (éd.) 2008, *The Philosophy of Mathematical Practice*, Oxford, Clarendon Press.

Mancosu, P. et Arana, A. 2010, « Descartes and the cylindrical helix », *Historia Mathematica*, 37, p. 403–427.

Manders, K.   2008*a*, « Diagram-based geometric practice », dans Mancosu (2008), p. 65–79.

—— 2008*b*, « The Euclidean diagram (1995) », dans Mancosu (2008), p. 80–133.

Maupertuis, P. L. M. 1740, « Loi du repos des corps », *Histoire de l'Académie Royale des Sciences [de Paris], Mémoires de Mathématiques et Physique*, p. 170–176, présenté le 20 février 1740, publié en 1742.

McLarty, C.   2008, « What structuralism achieves », dans Mancosu (2008), p. 354–369.

Miller, N. 2008, *Euclid and his Twentieth Century Rivals : Diagrams in the Logic of Euclidean Geometry*, Stanford, CSLI.

Molland, A. G. 1976, « Shifting the foundations : Descartes's transformation of ancient geometry », *Historia Mathematica*, 3, p. 21–49.

Monna, A. F.   1972, « The concept of function in the 19th and 20th centuries [···] », *Archive for History of Exact Sciences*, 9, p. 57–84.

Mueller, I. 1981, *Philosophy of Mathematics and Deductive Structure in Euclid's Elements*, Cambridge (Mass.), London, MIT Press.

Mumma, J. 2006, *Intuition Formalized : Ancient and Modern Methods of Proof in Elementary Geometry*, Carnegie Mellon University, Thèse de doctorat.

—— 2010, « Proofs, pictures, and Euclid », *Synthese*, 175, p. 255–287.

—— 2012, « Constructive geometrical reasoning and diagrams », *Synthese*, 186(1), p. 103–119.

Nayrīzī, al 1899, *Anaritii in decem libros priores Elementorun Euclidis commentarii, ex interpretazione Gherardi Cremonensis [...]*, Leipzig, Edidit M. Curtze. Teubner, *Supplementum* d'Euclide, *Opera Omnia*.

Netz, R. 1999, *The Shaping of Deduction in Greek Mathematics. A Study in Cognitive History*, Cambridge, New York, Melbourne, Cambridge University Press.

Neugebauer, O.   1938, « Über eine Methode zur Distanzbestimmung Alexandria-Rom bei Heron », *Kongelige Danske Videnskabernes Selskabs Skriften*, 26, p. 21–246.

Newton, I. 1687, *Philosophiae naturalis principia mathematica*, London, jussu. Soc. regiae ac typis J. Streater.

—— 1713, *Philosophiae naturalis principia mathematica*, Cantabrigiæ, Editio Secunda Auctior et Emendatior. Sans éditeur.

—— 1967-1981, *The Mathematical Papers of Isaac Newton*, Cambridge, Cambridge University Press, edited by D. T. Whiteside (8 vols.).

NORMAN, J. 2006, *After Euclid. Visual Reasoning and the Epistemology of Diagrams*, Stanford, CSLI Publications.

OTTE, M et PANZA, M. (éds.) 1997, *Analysis and synthesis in Mathematics. History and Philosophy*, Dordrecht, Boston London, Kluwer A. P.

OVAERT, J. L. 1976, « La thèse de Lagrange et la transformation de l'analyse », dans *Philosophie et calcul de l'infini*, éd. par C. Houzel, J. L. Ovaert, P. Raymond, J.-L. Sansuc, Paris, Maspero, p. 157–222.

PANZA, M. 1985, « Il manoscritto del 1789 di Arbogast sui principi del calcolo differenziale e integrale », *Rivista di storia della scienza*, 2, p. 123–157.

—— 1989, *La statua di Fidia : analisi filosofica di una teoria matematica : il calcolo delle flussioni*, Ed. Unicopli.

—— 1991, « Eliminare il tempo : Newton, Lagrange e il problema inverso del moto resistente », dans *Giornate di storia della matematica*, éd. par M. Galuzzi, Commenda di Rende (Cosenza), Editel, p. 487–537.

—— 1992, *La forma della quantità. Analisi algebrica e analisi superiore : il problema dell'unità della matematica nel secolo dell'illuminismo*, *Cahiers d'histoire et de philosophie des sciences*, t. 38 et 39, Paris, 2 volumes.

—— 1995, « De la nature épargnante aux forces généreuses : le principe de moindre action entre mathématiques et métaphysique. Maupertuis et Euler, 1740-1751 », *Revue d'Histoire des Sciences*, p. 435–520.

—— 1996, « Concept of function, between quantity and form, in the Eighteenth century », dans *History of Mathematics and Education : Ideas and Experiences*, éd. par N. Knoche H. N. Jahnke et M. Otte, Göttingen, Vandenhoeck & Ruprecht, p. 241–274.

—— 1997, « Mathematical acts of reasoning as synthetic *a priori* », dans Otte et Panza (1997), p. 273–326.

—— 1999, « Die Entstehung der analytischen Mechanik im 18. Jahrhundert », dans *Geschichte der Analysis*, éd. par H. N. Jahnke, Heidelberg, Berlin, Spektrum Akad. Verlag, p. 171–190.

—— 2002, « Continuidad local aristotélica y geometría euclideana », dans *La Continuidad en las Ciencias*, éd. par C. Alvarez et A. Barahona, México D.F., Fondo de Cultura Económica, p. 37–120.

—— 2005, *Newton et les origines de l'analyse : 1664-1666*, Paris, Blanchard.

—— 2007a, « Euler's *Introductio in analysin infinitorum* and the program of algebraic analysis : Quantities, functions and numerical partitions », dans *Euler Reconsidered. Tercentenary essays*, éd. par R. Backer, Heber City (Utah), Kendrick Press, p. 119–166.

—— 2007*b*, « What is new and what is old in Viète's analysis restituita and algebra nova, and where do they come from ? Some reflections on the relations between algebra and analysis before Viète », *Revue d'Histoire des mathématiques*, 13, p. 83–153.

—— 2008, « The role of algebraic inferences in Naîm ibn Mûsa's *Collection of geometrical propositions* », *Arabic Sciences and Philosophy*, 18, p. 65–191.

—— 2010, « What more there is in early-modern algebra than its literal formalism », dans *Philosophical Aspects of Symbolic Reasoning in Early-Modern Mathematics*, éd. par A. Heeffer et M. Van Dyck, London, College Publications, p. 193–230.

PANZA, M. et SERENI, A. 2019, « Frege's constraint and the nature of Frege's foundational program », *The Review of Symbolic Logic*, 12(1), p. 97–143.

PAPPUS 1588, *Pappus Alexandrini Mathematicæ collectiones a Federico Commandino [...] in latini conversæ [...]*, Pisauri, apud H. Concordiam.

—— 1876-1878, *Pappi Alexandrini Collectionis quaæ supersunt [...]*, Berolini, Latina interpretatione et commentariis instruxit F. Hultsch. Apud Weidmannos, 3 vols.

—— 1933, *La Collection mathématique*, Œuvre traduite pour la première fois du grec en français avec une introduction et des notes par Paul Ver Ecke, 2 vols., Paris, Bruges, Desclée de Brouwer.

—— 1986, *Book 7 of the* Collection edited with English translation and commentary by A. Jones, 2 vols., New York, Springer-Verlag.

PARSONS, C. 2008, *Mathematical Thought and Its Objects*, Cambridge, New York, etc., Cambridge University Press.

PEANO, G. 1891, « Sulla formula di Taylor », *Atti della Reale Accademia delle Scienze di Torino*, 27, p. 40–46, aussi *in* : G. Peano, *Opere Scelte*, Edizioni Cremonese, Roma, 1957-1959 (3 vols), vol. 1, p. 204-209.

PENSIVY, M. 1987-1988, *Jalons historiques pour une épistémologie de la série infinie du binôme*, vol.14 de *Sciences et techniques en Perspective*.

PEPE, L. 1986, « Tre 'prime edizioni' ed un'introduzione della *Théorie des fonctions analytiques* di Lagrange », *Bollettino di storia delle scienze matematiche*, 6, p. 17–44.

PLATON 1967-1986, *Plato, in twelve volumes : with an English translation*, Cambridge (Mass), Harvard U. P., 12 volumes.

—— 2016, *La République,* traduction et présentation par Georges Leroux, Paris, Flammarion.

POINSOT, L.   1846, « Remarque sur un point fondamental de la *Mécanique analytique* de Lagrange », *Journal de Mathématiques Pures et Appliquées*, série I, 11, p. 241–253.

POISSON, S.-D.   1805, « Démonstration du théorème de Taylor », *Correspondance de l'École Polytechnique*, 1(3ème Pluviôse an XIII, janvier-février 1805), p. 52–55.

POLYA, G. 1945, *How to Solve It*, Princeton, Princeton Univ. Press.

PRADO, J. de et VILLALPANDO, J. B.   1596-1604, *In Ezechielem explanationes et apparatus urbis ac templi hierosolymitani. Commentariis et imaginibus illustratus [...]*, Romæ, ex typogr. A. Zannetti (et J. Ciaconii).

PROCLUS 1873, *In primum Euclidis Elementorum librum commentarii*, Lipsiæ, Ex recognitione G. Friedlein. In ædibus B. G. Teubneri.

—— 1970, *A Commentary on the First Book of Euclid's Elements*, translated with introduction and notes by G. R. Morrow. , Princeton, Princeton University Press.

PRONY, G. R. de 1795, « Notice sur un cours élémentaire d'analyse fait par Lagrange », *Journal de l'École Polytechnique*, 2ème cahier, floréal et prairial [an III] (20 avril-18 juin 1795), p. 206–208, publié en nivôse an IV (22 décembre 1795-20 janvier 1796).

—— 1835, « Brunacci », dans *Biographie Universelle ancienne et moderne. Supplément*, vol. 59, Paris, Chez L.-G. Michaud, p. 363–367.

PULTE, H.   1989, *Das Prinzip der Kleinsten Wirkung Und Die Kraftkonzeptionen der Rationalen Mechanik Eine Untersuchung Zur Grundlegungsproblematik Bei Leonhard Euler, Pierre Louis Moreau de Maupertuis Und Joseph Louis Lagrange*, Vol. 19 de *Studia Leibnitiana*.

REED, V. 1995, *Figures of Thought. Mathematics and Mathematical Texts*, London and New York, Routledge.

ROSS, W.D. 1949, *Aristotle's Prior and Posterior Analytics.* A revised text with introduction and commentary by W. D. Ross, Oxford, Clarendon Press.

RUSSO, L. 1988, « The definitions of fundamental geometric entities contained in Book I of Euclid's *Elements* », *Archive for History of Exact Sciences*, 52, p. 195–219.

SAITO, K. 2006, « A preliminary study in the critical assessment of diagrams in Greek mathematical works », *Sciamus*, 7, p. 81–144.

SEBESTIK, J. 1964, « Bernard Bolzano et son mémoire sur le théorème fondamental de l'analyse », *Revue d'histoire des sciences*, 17, p. 129–164, avec une traduction française de Bolzano (1817).

SERFATI, M. 1993, « Les compas cartésiens », *Archives de Philosphie*, 56, p. 197–230.

―――― 2002, « Règle-glissière cartésienne et transformée de Descartes », dans M. Serfati, *De la méthode. Recherches en histoire et philosophie des mathématiques*, Besançon, Presses Universitaires Franc-Comtoises, p. 81–94.

SHABEL, L. 2003, *Mathematics in Kant's Critical Philosophy*, New York and London, Routledge.

SMITH, R. 1983, *Aristotle's Prior Analytics,* translation with introduction, notes and commentary by R. Smith, Indianapolis, Cambridge, Haeken P. C.

STEKELER-WEITHOFER, P. 1992, « On the concept of proof in elementary geometry », dans *Proof and Knowledge in Mathematics*, éd. par M. Detlefsen, London and New York, Routledge, p. 135–157.

SZABÓ, A. 1987, « Working backwards and proving by synthesis », dans Hintikka et Remes (1974), p. 118–130.

TAISBAK, C. M. 2003, *ΔΕΔΟΜΕΝΑ. Euclid's Data or The Importance of Being Given*, Copenhagen, Museum Tusculanum Press.

TENNANT, N. 1986, « The withering away of formal semantics ? », *Mind and Language*, 1, p. 302–318.

TIMMERMANS, B. 1995, *La résolution des problèmes de Descartes à Kant*, Paris, PUF.

TRUESDELL, C. 1960a, *The Rational Mechanics of Flexible or Elastic Bodies 1638-1788*, Volume IX, sér. 2 de Euler, *Opera Omnia*.

―――― 1960b, « A program toward rediscovering the rational mechanics of the age of reason », *Archive for history of exact sciences*, 1(1), p. 1–36.

―――― 1964, « Whence the law of moment of momentum », dans *Mélanges Alexandre Koyré : publiés à l'occasion de son soixante-dixième anniversaire*, Paris, Hermann, t. 1, p. 588–612.

―――― 1968, « Reactions of late baroque mechanics to success, conjecture, error, and failure in Newton's *Principia* », dans C. Truesdell, *Essays in the history of mechanics*, New York, Springer-Verlag, p. 138–183.

VARIGNON, P. 1725, *Nouvelle mécanique ou Statique [...]*, Paris, C. Jombert, 2 vols.

VIÈTE, F. 1591a, *In artem analyticem isagoge*, Turonis, Jamet Mettayer, aussi *in Opera Mathematica*, p. 1-11.

―――― 1591b, *Zeteticorom libri quinque*, Turonis, Jamet Mettayer, aussi *in Opera Mathematica*, p. 42-81.

―――― 1593, *Supplementum geometriae*, Turonis, Jamet Mettayer, aussi *in Opera Mathematica*, p. 240-257.

—— 1646, *Opera Mathematica,* Operâ atque studio F. à Schooten, Lugduni Batavorum, B. & A. Elzeriorum.

—— 1983, *The Analytic Art. Nine Studies in Algebra, Geometry and Trigonometry from the* Opus Restituitæ Mathematicæ Analyseos, seu Algebrâ Novâ. Edited and translated in English by T. R. Witmer, Kent (Ohio), Kent State University Press.

VUILLEMIN, J. 1962, *La philosophie de l'algèbre*, Paris, P.U.F.

WIELAND, W. 1962, *Die aristotelische Physik*, Göttingen, Vandenhoeck & Ruprecht, (troisième édition citée : 1992).

WILKES, M.-V. 1990, « Hershel, Peacock, Babbage and the development of the Cambridge curriculum », *Notes and Records of the Royal Society of London*, 44, p. 205–219.

WOODHOUSE, R. 1803, *The Principles of Analytical Calculation*, Cambridge, Cambridge Univ. Press.

WRIGHT, C. 2000, « Neo-Fregean foundations for real analysis : Some reflections on Frege's constraint », *Notre Dame Journal of Formal Logic*, 41, p. 317–334.

YOUSCHKEVITCH, A. 1976-1977, « The concept of function up to the middle of the 19th century », *Archive for History of Exact Sciences*, 16, p. 37–85.

ZEUTHEN, H. G. 1896, « Die geometrische Construction als Existenzbeweis in der antiken Geometrie », *Mathematische Annalen*, 47, p. 222–228.

ZIMMERMANN, E. A. 1796, « Neue Entdeckungen », *Intelligenzblatt der allgemeinen Literatur-Zeitung*, (66, 1ten Junius), p.554.

ZIMMERMANN, K. 1934, *Arbogast als Mathematiker, und Historiker der Mathematik*, Heidelberg, Ruprecht-Karls-Universität, inaugural-Dissertation zur Erlangung der Doktorwürde der Hohen Naturwissenschaftlich-Mathematischen Fakultät.

INDEX DES NOMS

TABLE DES MATIÈRES

ACHEVÉ D'IMPRIMER
EN NOVEMBRE 2021
SUR LES PRESSES
DE
L'IMPRIMERIE F. PAILLART
À ABBEVILLE

DÉPÔT LÉGAL : 4ᵉ TRIMESTRE 2021
Nᵒ. IMP. 16902